Der Geist der kritischen Schule

Mitglieder der Jakob Friedrich Fries-Gesellschaft 1913/1914
Quelle: AdsD/FES; 6/FOTA029581

Kay Herrmann · Boris Schwitzer
(Hrsg.)

Der Geist der kritischen Schule

Kantisches Denken in der Tradition von Jakob Friedrich Fries und Leonard Nelson im 20. Jahrhundert: Wirkungen und Aktualität

J.B. METZLER

Hrsg.
Kay Herrmann
Institut für Pädagogik, Philosophische Fakultät, Technische Universität Chemnitz
Chemnitz, Deutschland

Boris Schwitzer
TU Darmstadt
Darmstadt, Deutschland

ISBN 978-3-662-68344-6 ISBN 978-3-662-68345-3 (eBook)
https://doi.org/10.1007/978-3-662-68345-3

Die Deutsche Nationalbibliothek verzeichnet diese Publikation in der Deutschen Nationalbibliografie; detaillierte bibliografische Daten sind im Internet über https://portal.dnb.de abrufbar.

Planung/Lektorat: Frank Schindler
J.B. Metzler ist ein Imprint der eingetragenen Gesellschaft Springer-Verlag GmbH, DE und ist ein Teil von Springer Nature.
Die Anschrift der Gesellschaft ist: Heidelberger Platz 3, 14197 Berlin, Germany

Das Papier dieses Produkts ist recycelbar.

Vorwort

Die Schriftenreihe *Abhandlungen der Fries'schen Schule, Neue Folge,* beginnen die Herausgeber Gerhard Hessenberg, Karl Kaiser und Leonard Nelson mit demselben Vorwort, mit dem auch die Fries-Schüler Ernst Friedrich Apelt (1812–1859), Matthias Jakob Schleiden (1804–1881), Oskar Schlömilch (1823–1901) und Oskar Schmidt (1823–1886) die in den Jahren 1847 und 1849 erschienenen *Abhandlungen der Fries'schen Schule* eröffnen:

> Die Herausgeber dieser Blätter haben sich vereinigt, eine Reihe von Abhandlungen erscheinen zu lassen, die alle in demselben Geist verfaßt sind, wie verschieden auch die Individualität ihrer Verfasser und die Wahl ihrer Studien sein mag. Dieser Geist ist kein anderer als der der kritischen Schule, wie sie von *Kant* gestiftet und von *Fries* fortgebildet worden ist. (Hessenberg et al. 1904, 3)

Diesem Geist der kritischen Schule möchte der vorliegende Band nachspüren.

Er versteht sich als zugleich als Beitrag zum Kantjahr 2024, aber auch zum 40. Todesjahr der Philosophin Grete Henry-Hermann. Er wendet sich an Philosophen, Vertreter naturwissenschaftlich-mathematischer und sozialwissenschaftlicher Fachrichtungen, an Theologen, Historiker, aber auch an interessierte Laien. Zusammengefasst sind Beiträge einer zu Unrecht fast vergessenen philosophischen Schule zusammen, nämlich der um den Göttinger Philosophen Leonard Nelson (1882–1927) 1903 neu gegründeten Fries'schen Schule. Sie steht in der Tradition der Philosophie von Immanuel Kant (1724–1804) und Jakob Friedrich Fries (1773–1843). Bemerkenswert ist der von dieser Schule verfolgte interdisziplinäre Ansatz, der mit dem des Wiener Kreises vergleichbar ist. Anhänger des Kreises um Nelson kamen unter anderem aus Fachrichtungen wie Mathematik, Physik, Philosophie, Psychologie, Sozial- und Wirtschaftswissenschaften und Theologie. Über diese wirkte die kantisch-friessche Philosophie teilweise in andere Fachdisziplinen hinein. Zu nennen sind z. B. der Psychiater und Psychologe Arthur Kronfeld (1886–1941), der Biochemiker und Nobelpreisträger Otto Meyerhof (1884–1951), der Mathematiker Gerhard Hessenberg (1874–1925), die Philosophin und Physikerin Grete Henry-Hermann (1901–1984), die Pädagogin Minna Specht (1879–1961), der Wirtschaftswissenschaftler Alexander Rüstow (1885–1963), der Theologe Rudolf Otto (1869–1937), der Soziologe Franz Oppenheimer (1864–1943) und der Sozialwissenschaftler Gerhard Weisser (1898–1989).

Bislang war die Ausstrahlung des kantisch-friesschen Ansatzes auf unterschiedliche Fachbereiche noch nicht Gegenstand einer umfangreichen Untersuchung. Diese Lücke will der vorliegende Band schließen helfen.

Auch die Autoren dieses Bandes sind Experten unterschiedlicher Fachbereiche. Sie beleuchten das philosophische und interdisziplinäre Wirken des Nelsonkreises aus historischer, aber auch aus aktueller Sicht und machen die Bedeutung der Ansätze von Kant, Fries, Nelson und anderer für die moderne Axiomatik (Beiträge von V. Peckhaus und K. Herrmann), die Interpretation der Quantenmechanik (Beiträge von A. Reichenberger, L. Jaeger und K. Herrmann), die Tierethik (Beitrag von D. Birnbacher), die Psychiatrie (Beiträge von P. Hoff und A. Seeck), die Religionswissenschaft und Theologie (Beitrag von A. Wollbold), die Wirtschaftswissenschaften (Beitrag F. und R. Maier-Rigaud), die Pädagogik (Beiträge von S. Engelmann, K. Blesenkemper, B. Schwitzer, R. Schaper), das praktische Philosophieren und die Didaktik (Beiträge von K. Blesenkemper und G. Raupach-Strey), die Sozialpolitik (Beitrag von A. Netzler) und die Sozialwissenschaften (Beitrag von V. Kruse) deutlich.

Wer sich mit Wissenschaften befasst, muss zugleich klären, was unter Wissen zu verstehen ist. Eine solche Reflexion nahm innerhalb der Fries'schen Schule um Nelson stets eine bedeutende Rolle ein. Diesen Themen widmen sich u. a. die Beiträge von A. Brandt und H. Gronke. Der Versuch, einen zeitgemäßen Wissensbegriff in analytischer Form zu entwickeln, wird von R. Kleinknecht und A. Zimmermann unternommen. Sie entwerfen, basierend auf einer Funktion für Glaubensgrade, in analytischer Weise einen Wissensbegriff, der einerseits an das kantisch-friessche Wissenskonzept anknüpft, anderseits aber auch den Aspekt der Fallibilität von Wissen abbildet.

Wenn heute wieder (z. B. im Rahmen von Markus Gabriels ‚Neuer Moralischer Realismus') über universale Werte diskutiert wird, so ist darauf hinzuweisen, dass gerade diese Debatte im Kreis um Nelson intensiv geführt wurde. Mit Nelsons Ethik befasst sich der Beitrag von J. Schroth.

Hervorzuheben ist, dass insbesondere Grete Henry-Hermann Wesentliches zur Weiterentwicklung von Nelsons Ethik beigetragen hat. Die Anerkennung von Grundwerten reiche nicht aus, um konkrete Wertfragen des Einzelnen oder der Gesellschaft zu entscheiden. Grundwerte liefern Prinzipien, an denen individuelle Entscheidungen, herrschende Meinungen und gesellschaftliche Verhältnisse zu überprüfen sind.

Gustav Heckmann betont im Vorwort zu Grete Henry-Hermanns Buch ‚Die Überwindung des Zufalls', dass Wertvorstellungen das Ergebnis der Geschichte und der Machtkämpfe unserer Umwelt sind, in denen sich auch die herrschenden Machtverhältnisse ausdrücken. Daher bedarf es Kriterien zur Überprüfung von Wertvorstellungen, um solche abzulehnen, die lediglich der Aufrechterhaltung von Machtverhältnissen dienen.

Der Kreis um Nelson war zugleich auch politisch wirksam. Zur Zeit des Nationalsozialismus organisierten sich Anhänger Nelsons im Widerstand gegen das Hitlerregime. Die politische Wirkung Nelsons und der von ihm gegründeten Organisationen wird insbesondere im Beitrag von B. Neißer aufgearbeitet.

Die Geschichte des Nelsonkreises und seiner Nachfolgeorganisationen sowie deren Wirkung bis in die Gegenwart hinein bilden bis heute ein Desiderat. Diesem Thema widmet sich die Einführung von K. Herrmann, welche die Wirkungsfäden nachzeichnen möchte.

Wir bedanken uns bei allen, die zum Gelingen des Editionsvorhabens beigetragen haben; in erster Linie natürlich den Autoren des vorliegenden Bandes. Zu großem Dank verpflichtet sind wir der Philosophisch-Politischen Akademie e. V., Bonn, die dieses Projekt gefördert hat. Für die Formatierungsarbeiten danken wir Herrn Manfred Ecker. Besonders gedankt sei Herrn Frank Schindler vom J. B. Metzler Verlag für die ausgezeichnete Betreuung des Buchprojektes.

Chemnitz
Heidelberg
im August 2024

Kay Herrmann
Boris Schwitzer

Inhaltsverzeichnis

Autorenverzeichnis

Dieter Birnbacher, Prof. Dr. Dr. h. c. Von 1993 bis 1996 Professor für Philosophie an der Universität Dortmund, von 1996 bis 2012 an der Heinrich-Heine-Universität Düsseldorf. Vizepräsident der Schopenhauer-Gesellschaft e. V., Frankfurt/M. Vizepräsident der Gesellschaft für Humanes Sterben e. V., Berlin. Mitglied der Deutschen Akademie der Naturforscher Leopoldina/Nationale Akademie der Wissenschaften. Mitglied der Ethikkommission der Medizinischen Fakultät der Heinrich-Heine-Universität Düsseldorf. Mitglied der Schriftleitung der Zeitschrift ‚Ethik in der Medizin', des Schopenhauer-Jahrbuchs und der Buchreihen ‚Grundthemen Philosophie' und ‚Beiträge zur Philosophie Schopenhauers'.

Klaus Blesenkemper, Prof. Dr. phil., hat nach seiner Promotion über Kants Öffentlichkeitsbegriff (1987) viele Jahre als Gymnasiallehrer für Philosophie/Praktische Philosophie, Deutsch und Sozialwissenschaften gearbeitet. In dieser Zeit sind auch eine Reihe fachwissenschaftlicher Aufsätze, etwa zur Philosophie der Gefühle, und fachdidaktischer Beiträge, zum Beispiel zur Inklusion, Dilemmadiskussion, Unterrichtsplanung und Kant als Didaktiker, erschienen. Ab 2012 war Blesenkemper Professor für Fachdidaktik Philosophie an der Universität Münster. In dieser Zeit und auch nach Dienstende (2017) konzentrierte er sich stärker auf das Philosophieren mit Kindern und ist seit 2020 Mitherausgeber der Zeitschrift ‚Philosophie & Ethik in der Grundschule'.

Andreas Brandt, Dr. phil., studierte in Münster und Göttingen Philosophie, Evangelische Theologie und Mittlere und Neuere Geschichte. Er legte 1995 das Magisterexamen ab und promovierte 2000 bei Konrad Cramer mit der Dissertation: „Ethischer Kritizismus. Untersuchungen zu Leonard Nelsons ‚Kritik der praktischen Vernunft' und ihren philosophischen Kontexten". Von 1999 bis 2015 war er Wissenschaftlicher Mitarbeiter am Philosophischen Seminar der Universität Göttingen. Er ist dort seit 2015 Lehrbeauftragter. Seine Schwerpunkte in Lehre und Forschung sind Geschichte der Philosophie der Neuzeit Descartes bis Kant, Fries/Nelson, Ethik, Religionsphilosophie.

Sebastian Engelmann, Jun.-Prof. Dr., studierte an den Universitäten Oldenburg und Jena Sozialwissenschaften, Pädagogik und Angewandte Ethik. Von 2015 bis

2017 promovierte er am Lehrstuhl für Historische Pädagogik und Globale Bildung mit einer historisch-systematischen Arbeit zur Pädagogik Minna Spechts. Nach einer Anstellung als Post-Doc in der Abteilung Allgemeine Pädagogik an der Universität Tübingen von 2017 bis 2021 ist er seit 2021 Juniorprofessor für Allgemeine Erziehungswissenschaft an der Pädagogischen Hochschule Karlsruhe. Er beschäftigt sich mit grundlegenden Fragen von Erziehungs- und Bildungstheorie, der Geschichte der Pädagogik und der Demokratiepädagogik in Theorie und Praxis.

Horst Gronke, Dr. phil., Dipl.-Ing., selbstständiger Kommunikations- und Ethikberater, Lehrtätigkeiten am Berliner Senat für Bildung, Jugend und Familie, am Berliner Bildungscampus für Gesundheitsberufe sowie an der Medical School Berlin und der Health and Medical University Potsdam. Dipl.-Ing. (FH Saarbrücken), M. A. (Univ. des Saarlandes), Dr. phil. (Freie Univ. Berlin); 1991–2002 Wiss. Mitarbeiter/Assistent am Zentralinstitut für Fachdidaktiken und am Institut für Philosophie der FU Berlin, danach wiss. Mitarbeiter in ethischen Forschungsprojekten an der FU Berlin, u. a. am Hans-Jonas-Zentrum, Koordinator des DFG-Graduiertenkollegs Schriftbildlichkeit (2008–2012). Forschungsschwerpunkte: Gesprächs- und Diskurstheorie, Bio- und Medizinethik; Publikationen u. a.: Das Denken des Anderen, Würzburg 2002; Editionen: Hans Jonas, Organismus und Freiheit, (Bd. 1/1 der Kritischen Gesamtausgabe der Werke von Hans Jonas), Freiburg i. Br. u. a. 2010; Funktionen: Stellvertretender Vorsitzender (seit 2004) und Vorsitzender (2019–2021) der Gesellschaft für Sokratisches Philosophieren (GSP); Zweiter Vorsitzender der Philosophisch-Politischen Akademie (PPA) seit 2014.

Kay Hermann, Prof. Dr. phil. Dipl.-Phys., ist Außerplanmäßiger Professor für Philosophie, mit dem Schwerpunkt Wissenschaftstheorie, am Institut für Pädagogik der Technischen Universität Chemnitz. Er studierte Physik und Philosophie an der Friedrich-Schiller-Universität Jena, erwarb das Lehramt in Physik und Mathematik. Er ist Vorstandsmitglied der Philosophisch-Politischen Akademie e. V. (PPA e. V.). Weitere Informationen unter www.kayherrmann.de oder www.kayherrmann.eu

Paul Hoff, Prof. em. Dr. med. Dr. phil., Studium der Humanmedizin und der Philosophie in Mainz und München. Promotionen 1980 (Dr. med.), 1988 (Dr. phil.), Habilitation für Psychiatrie in München 1994. Facharzt für Psychiatrie und Psychotherapie (FMH). Ärztliche Tätigkeiten an den psychiatrischen Universitätskliniken in München, Aachen und – von 2003 bis zum Altersrücktritt in der klinischen Funktion auf Ende Mai 2021 – Zürich. Er ist seit Juni 2021 affiliierter Wissenschaftler an der Psychiatrischen Universitätsklinik Zürich, ambulante Sprechstunde an der Privatklinik Hohenegg, Meilen. Seit Januar 2021 ist er Präsident der Zentralen Ethikkommission (ZEK) der Schweizerischen Akademie der Medizinischen Wissenschaften (SAMW). Wissenschaftliche Schwerpunkte sind psychopathologische, psychiatriehistorische und wissenschaftstheoretische Themen, die als notwendige Grundlage jeder psychiatrischen Tätigkeit verstanden werden.

Lars Jaeger, Dr. rer. nat., hat Physik, Mathematik, Philosophie und Geschichte in Bonn und Paris studiert und mehrere Jahre in der theoretischen Physik im Bereich der Quantenfeldtheorien und Chaostheorie (Universität Bonn, Max-Planck-Institut für Physik komplexer Systeme, Dresden) geforscht. Er beschäftigte sich lange mit mathematischen Methoden zur Modellierung der globalen Kapitalmärkte und hat zudem zahlreiche Bücher über Naturwissenschaften und Philosophie geschrieben.

Reinhard Kleinknecht, Prof. Dr. phil. habil., Wissenschaftlicher Assistent an der Technischen Universität München (1974), Promotion (1976), Habilitation (1978), Professur für Philosophie, Wissenschaftstheorie und Logik an der Technischen Universität München (1980), Berufung an die Universität Innsbruck als O. Univ.-Prof. (1989), Berufung an die Universität Salzburg (2002), Emeritierung (2013).

Volker Kruse, Prof. i. R. Dr., Studium der Geschichte und Sozialwissenschaften, Promotion 1988 und Habilitation 1994 an der Fakultät für Soziologie, Universität Bielefeld, dort von 2006 bis 2019 Professor für Soziologische Theorie, Geschichte der Soziologie und Historische Soziologie. Forschungsschwerpunkte: Historische Soziologie und Zeitdiagnostik in der Weimarer Republik und in der Nachkriegszeit, Strukturdynamiken von Gesellschaften in „großen" Kriegen (Erster und Zweiter Weltkrieg). Letzte Buchpublikationen: Volker Kruse, Kriegsgesellschaftliche Moderne. Zur strukturbildenden Dynamik großer Kriege, UVK Konstanz und München 2015; Geschichte der Soziologie, 3. Auflage, UVK Konstanz und München 2018; Volker Kruse und Torsten Strulik (Hg.): „Hochschulexperimentierplatz Bielefeld". 60 Jahre Fakultät für Soziologie, transcript Verlag, Bielefeld 2019.

Frank Maier-Rigaud, Philippe, Prof. Dr., ist Geschäftsführer der ABC economics einer international tätigen wissenschaftsnahen auf Wettbewerbs- und Regulierungsfragen spezialisierten ökonomischen Beratungsfirma und Professor am Department of Economics and Quantitative Methods der IÉSEG School of Management in Paris sowie der katholischen Universität Lille. Er ist ebenfalls Forscher am LEM-CNRS. Er hat viele Jahre in der Competition Division bei der OECD und als Beamter in der Generaldirektion Wettbewerb der Europäischen Kommission gearbeitet. Seine Promotion zum Volkswirt absolvierte er bei Nobelpreisträger Reinhard Selten an der Rheinischen Friedrich-Wilhelms-Universität Bonn. Neben zahlreichen wissenschaftlichen Veröffentlichungen ist er Mitherausgeber der 2001 neu erschienen dritten vollständig überarbeiteten Auflage des Werkes „Das Versagen des Wirtschaftsliberalismus" von Alexander Rüstow.

Remi Maier-Rigaud, Prof. Dr., seit 2017 Professor für Sozialpolitik und Leiter des Studiengangs Nachhaltige Sozialpolitik (B.A.) an der Hochschule Bonn-Rhein-Sieg. Zwischen 2015 und 2017 hatte er eine Professur für Volkswirtschaftslehre und Sozialpolitik an der Hochschule RheinMain in Wiesbaden inne. Nach seinem Studium der Volkswirtschaftslehre, Politikwissenschaft und Soziologie in Berkeley, Freiburg und Köln. Er promovierte an der Universität zu Köln, wo er viele Jahre als Wissenschaftlicher Mitarbeiter und Akademischer Rat am Institut für Soziologie und Sozialpsychologie (ISS), Lehrstuhl für Sozialpolitik und Methoden der qualitativen Sozialforschung tätig war. Von 2008 bis 2011 war er Referent bei der Europäischen Kommission, Pharma and Health Services Unit der Generaldirektion Wettbewerb in Brüssel. Er ist Mitherausgeber der Zeitschrift für Gemeinwirtschaft und Gemeinwohl.

Barbara Neißer, studierte Philosophie, Germanistik und Theologie in Tübingen und Saarbrücken. Sie lehrte an Gymnasien und Gesamtschulen und an der Universität Saarbrücken. Von 1997 bis 2010 war sie Studiendirektorin in der Lehrerausbildung und -fortbildung sowie Fachleiterin am Zentrum für schulpraktische Lehrerausbildung, Köln. Seit 1987 ist sie Mitglied der Philosophisch-Politischen Akademie (PPA), Bonn und seit 1994 der Gesellschaft für Sokratisches Philosophieren. Von 2007 bis 2021 war sie Vorsitzende der Philosophisch-Politischen Akademie (PPA), Bonn, und seit 1996 ist sie Mitherausgeberin der Schriftenreihe „Sokratisches Philosophieren" Sie hatte von 2009 bis 2017 einen Lehrauftrag für Philosophiedidaktik an der TU Dortmund.

Andreas Netzler, Dr. rer. pol., studierte Betriebswissenschaft, Sozioökonomie und Volkswirtschaft sowie Sozialrecht und Rechtsphilosophie. Er promovierte 1982 zum Thema ‚Soziale Gerechtigkeit durch Familienlastenausgleich. Eine normative Analyse unter besonderer Berücksichtigung der Rechtsphilosophie von Leonard Nelson'. Nach einer Tätigkeit am Internationalen Institut für empirische Sozialökonomie (INIFES gGmbH) in Augsburg-Leitershofen, am Staatsinstitut für Frühpädagogik und Familienforschung war er auf der Funktionsebene eines leitenden Ministerialrats Referatsleiter für ‚Volkswirtschaftliche Analysen' am Bayrischen Staatsministerium für Arbeit und Sozialordnung. Er hat u. a. Lehraufträge an der FH Augsburg, der Bayerischen Akademie für Werbung und Marketing, der Akademie für Gesundheit und Lebensmittelsicherheit in Bayern und ist u. a. Mitglied in ministerialen Bund-Länder-Arbeitskreisen und Kommissionen, Arbeitskreisen der Bayerischen Akademie der Wissenschaften und des Landeskomitees der Katholiken in Bayern.

Volker Peckhaus, Prof. Dr. phil. Studium des Maschinenbaus, der Geschichte, Germanistik und Philosophie an der RWTH Aachen, Promotion 1990 und Habilitation 1997 an der Universität Erlangen-Nürnberg, Vertretungsprofessuren in Erlangen, Essen und Paderborn. 2002–2023 Professor für Wissenschaftstheorie und Philosophie der Technik an der Universität Paderborn. Zahlreiche Veröffentlichungen zur Geschichte der Logik und zur Geschichte und Philosophie der Mathematik. Seit 2006 Editor-in-Chief der Zeitschrift *History and Philosophy of Logic*.

Gisela Raupach-Strey, Dr. phil., Didaktikerin des Philosophie- und Ethik-Unterrichts an der Martin-Luther-Universität Halle-Wittenberg 1992–2012, vorher Gymnasiallehrerin für Philosophie und Mathematik in Hannover und Berlin. Mitbegründerin der Zeitschrift für Didaktik der Philosophie (und Ethik). Vielfache

Veröffentlichungen zur Didaktik und Konzeption des Philosophie- und Ethik-Unterrichts (auch im Verhältnis zum Religions-Unterricht) sowie zur Sokratischen Methode in der Nelson/Heckmann-Tradition (Dissertation „Sokratische Didaktik" 2002, 2. Aufl. 2012). Sokratische Gesprächsleiterin seit 1977. Mitglied mehrerer philosophischer Vereinigungen.

Andrea Reichenberger, Dr. phil., Promotion 2014 (Universität Paderborn); aktuell Vertretungsprofessorin für Technikgeschichte am Deutschen Museum, Technische Universität München, Department of Science, Technology and Society; war wissenschaftliche Mitarbeiterin an der Universität Siegen und an der FernUniversität Hagen; 2019–2021 Postdoc-Stipendiatin an der Universität Paderborn; 2016–2019 wissenschaftliche Mitarbeiterin im Projekt „Center for the History of Women Philosophers and Scientists" an der Universität Paderborn, gefördert vom Ministerium für Innovation, Wissenschaft und Forschung NRW; davor wissenschaftliche Mitarbeiterin im DFG-Forschungsprojekt „Gedankenexperiment, Metapher, Modell" am Institut für Philosophie I der Ruhr-Universität Bochum.

Ralf Schaper, Dr. rer. nat., 1964 – 1969 Studium der Mathematik und Physik an den Universitäten Marburg und Göttingen, 1969 Diplom-Mathematiker, ab 1971 Studentisches Mitglied in Gründungsgremien der Gesamthochschule Kassel, 1974 Promotion in Mathematik, ab 1974 wissenschaftlicher Bediensteter für Mathematik an der Gesamthochschule Kassel, später bis 2010 akademischer Oberrat am Fachbereich Mathematik der Universität Kassel. Weitere Hinweise auf www.ralfschaper.info.

Jörg Schroth, Dr. phil. habil., lehrt als wissenschaftlicher Mitarbeiter Praktische Philosophie am Philosophischen Seminar der Universität Göttingen. Promotion 1999 in Göttingen, Habilitation 2008 in München. Zahlreiche Veröffentlichungen zur Praktischen Philosophie und zu Leonard Nelson. Weitere Informationen auf http://www.ethikseite.de.

Boris Schwitzer, Prof. Dr. phil. StD, Studium der Philosophie und der Geschichte an den Universitäten Heidelberg und Frankfurt am Main. 2000 bis 2004 wissenschaftlicher Mitarbeiter an der Universität Mannheim (Lehrstuhl Prof. Dr. Schönhoven). 2004 bis 2006 Studienreferendar. Ausbildung zum Museumspädagogen. Seit dem Schuljahr 2007/2008 Lehrer am Heidelberger Bunsengymnasium, seit 2008 Fachleiter für Philosophie/Ethik. 2012 Ernennung zum Studiendirektor als Fachberater Ethik/Philosophie am Regierungspräsidium Karlsruhe. Stellvertretender Vorsitzender des baden-württembergischen Fachverbandes für Philosophie. Seit 2008 Lehraufträge am Philosophischen Institut der TU, seit 2013 Lehraufträge zur Philosophiedidaktik an der Universität Mannheim. Jährliches Kooperationsprojekt zwischen dem Staatlichen Seminar für Didaktik und Lehrerbildung Heidelberg und der TU Darmstadt. Gründer und Leiter des ‚Heidelberger Arbeitskreises für neosokratisches Philosophieren (HANS)'.

Andreas Seeck, M. A., studierte in Göttingen (Physik, Ethnologie, Philosophie), war wissenschaftlicher Mitarbeiter der Magnus-Hirschfeld-Gesellschaft und hatte Lehraufträge am damaligen Institut für Kulturwissenschaft der Humboldt-Universität in Berlin. Forschungsschwerpunkte: Wissenschaftsgeschichte/Wissenschaftstheorie (Physik, Psychologie, Sexualwissenschaft). Gegenwärtiges Projekt: Geschichte der Übertragung des Energiesatzes der Physik auf die Psychologie. Neuere Publikation: Bahnfahrt mit Maxwell – Sigmund Freud und der Energieerhaltungssatz der Physik. In: Luzifer-Amor. Zeitschrift zur Geschichte der Psychoanalyse, 67 (Jg. 34, 2020): 92–174.

Andreas Wollbold, Prof. Dr. theol., Studium in Rom, Trier, Pune und München, 1986 Lizenziat in Theologie und patristischen Wissenschaften am Augustinianum (Rom), 1993 Promotion an der Theologischen Fakultät Trier, 1997 Habilitation an der Albert-Ludwigs-Universität Freiburg, 1997–2003 Professor für Pastoraltheologie und Religionspädagogik an der Theologischen Fakultät Erfurt, seit 2003 Professor für Pastoraltheologie an der LMU München.

Alexander Zimmermann, Dr. MMag. MEd, Studium der Philosophie mit Schwerpunkt Mathematik, Studium der Musikwissenschaft und Lehramtsstudium Mathematik und Informatik. Forschungsaufenthalte im Bereich der Logik sowie den Grundlagen der Philosophie und der Mathematik, derzeit Professor an der Privaten Pädagogischen Hochschule Burgenland.

Nelsons Fortführung der Fries'schen Schule, Formen ihrer Institutionalisierung sowie deren Wirkungen in Philosophie und Politik – ein kurzer Abriss

1

Kay Herrmann

Der Nelsonkreis und die Jakob Friedrich Fries-Gesellschaft: 1901 bis 1918

Nelson und der erste Diskussionskreis

Es ist dem Göttinger Philosophen Leonard Nelson zu verdanken, dass die Philosophie von Jakob Friedrich Fries (1773–1843) wieder aufgegriffen wurde und zu Formen der Institutionalisierung gefunden hat, die teilweise bis heute noch wirksam sind.

Geboren wurde Leonard Nelson am 11. Juli 1882 in Berlin als Sohn des erfolgreichen jüdischen Rechtsanwaltes Heinrich Nelson (1854–1929). Seine Mutter Elisabeth Nelson (1860–1920) ist eine geborene Lejeune-Dirichlet, die verwandt ist mit den Familien von Felix Mendelssohn-Bartholdy (1809–1847), Emil Heinrich du Bois-Reymond (1818–1896) sowie mit dem Philosophen Paul Hensel (1860–1930).

Der entscheidende erste Kontakt mit der Philosophie von Jakob Friedrich Fries datiert auf das Jahr 1896, als Nelson zur Konfirmation Ernst Halliers (1831–1904) Buch *Kulturgeschichte des neunzehnten Jahrhunderts in ihren Beziehungen zu der Entwickelung der Naturwissenschaften. Enke, Stuttgart 1889* geschenkt bekam. Die dort vorgenommene Darstellung von Fries weckte Nelsons Interesse und regte ihn an, sich intensiver mit Fries' Philosophie beschäftigen.

Nelson hatte früh das Bedürfnis, um sich einen Kreis philosophisch interessierter Freunde zu versammeln. So gründete er noch während seiner Zeit am

K. Herrmann (✉)
Institut für Pädagogik, Philosophische Fakultät, Technische Universität Chemnitz, Chemnitz, Deutschland
E-Mail: kay.herrmann@phil.tu-chemnitz.de

K. Herrmann und B. Schwitzer (Hrsg.), *Der Geist der kritischen Schule*,
https://doi.org/10.1007/978-3-662-68345-3_1

Französischen Gymnasium in Berlin einen kleinen Diskussionskreis, dem u. a. Marcel T. Djuvara (1880–1919), Otto Meyerhof (1884–1951) und Gerhard Hessenberg[1] (1874–1925), bei dem Nelson private Mathematikstunden nahm, angehörten (Peckhaus 1990, 130; Blencke 1978, 199).

Im Sommersemester 1901 begann Nelson sein Studium in Heidelberg, wo er u. a. Vorlesungen bei Kuno Fischer (1824–1907) sowie bei seinem Onkel Paul Hensel (Logik) und das mathematische Kolleg von Leo Königsberger (1837–1921) besuchte. Nach der Fortsetzung des Studiums in Berlin wechselte er zum Wintersemester 1903/04 nach Göttingen und reichte bereits im 6. Semester bei Julius Baumann (1837–1916) seine Dissertation ein. Baumann wies diese Arbeit zurück. Erst ein halbes Jahr später wurde Nelsons Studie *Jakob Friedrich Fries und seine jüngsten Kritiker* wohlwollend von Baumann angenommen. Seine Doktorprüfung bestand Nelson im Juli 1904 (Peckhaus 1990, 131).

Die Institutionalisierung der Fries'schen Philosophie: die Abhandlungen der Fries'schen Schule. Neue Folge und die Jakob Friedrich Fries-Gesellschaft

1903 versammelte Nelson in Göttingen einen Diskussionskreis um sich. Nach Erinnerung von Alexander Rüstow (1885–1963)[2] (siehe Kap. 24) werden als Gründungsmitglieder des Diskussionskreises um Nelson genannt: Alexander Rüstow, Carl Brinkmann[3] (1885–1954) und Heinrich Goesch[4] (1880–1930). Nicht sicher ist, ob es nur diese drei Gründungsmitglieder waren. Erna Blencke[5] (1896–1991) weist darauf hin, dass in Nelsons Briefen aus den Jahren 1903 weitere Gesprächspartner genannt werden: der Theologe Rudolf Otto (siehe Kap. 22)[6] (1869–1937) und der Psychologiestudent Walter Baade[7] (Blencke 1978, 200).

Der von Nelson 1903 ins Leben gerufene Diskussionskreis wird in der Literatur häufig als ‚Neue Fries'sche Schule' bezeichnet. Dazu ist jedoch anzumerken, dass sich eine solche Selbstzuschreibung weder in den offiziellen Dokumenten noch in der Korrespondenz des Nelsonkreises bis 1919 nachweisen lässt. Nach 1919 löste sich die Schule auf.

---

[1] Deutscher Mathematiker, beschäftigte sich u. a. mit Differentialgeometrie (geodätische Linien), Grundlagenfragen der Geometrie und Mengenlehre.

[2] Deutscher Soziologe und Wirtschaftswissenschaftler.

[3] Deutscher Historiker und Soziologe.

[4] Deutscher Jurist, Architekt, Geschichtsphilosoph und Kulturtheoretiker.

[5] Schülerin von Leonard Nelson, Pädagogin und Politikerin.

[6] Deutscher Religionswissenschaftler und evangelischer Theologe, vertrat die Auffassung, dass Erfahrung des Heiligen auch irrationale Momente und damit verbundene Gefühle einschließe, die sich der rationalen begrifflichen Fassung entziehen.

[7] War 1903 bis 1906 als Student der Naturwissenschaften und der Philosophie (Psychologie) in Göttingen eingeschrieben (Peckhaus 1990, 132, Fußnote 384).

Arthur Kronfeld verfasste einen Text mit dem Titel *Geleitworte zum zehnjährigen Bestehen der neuen Friesschen Schule* (1913), der in dem Band *Das Wesen der psychiatrischen Erkenntnis: Beiträge zur allgemeinen Psychiatrie* (1920) erschien. Dies ist die erste nachweisbare Verwendung der Schreibweise ‚neue Fries'sche Schule'. Die Kleinschreibung des Wortes ‚neu' scheint aber darauf hinzuweisen, dass es sich eben gerade nicht um einen ‚Neu-ismus' handelt. Da Kronfeld im Band von 1920 keine Quelle angibt, bleibt offen, ob der Text bereits 1913 oder erst 1920 (nach dem Ende der Schule) veröffentlicht wurde.

In der 1923 erschienenen 12. Auflage des von Friedrich Ueberweg begründeten *Grundrisses der Geschichte der Philosophie* diskutiert Traugott Konstantin Oesterreich (1880–1949) insgesamt sieben neukantianische Richtungen (Oesterreich 1923, 417): die physiologische Richtung (Helmholtz, Lange), die metaphysische Richtung (Liebmann, Volkelt), die realistische Richtung (Riehl), die logizistische Richtung (Cohen, Natorp, Cassirer – Marburger Schule), den werttheoretischen Kritizismus (Windelband, Rickert, Münsterberg – südwestdeutsche oder badische Schule), die relativistische Umbildung des Kritizismus (Simmel) und schließlich die psychologische Richtung (Neue Fries'sche Schule, Nelson). Hier taucht zum ersten Mal die Schreibweise ‚Neue Fries'sche Schule' auf. Zum einen handelt es sich um eine Fremdzuschreibung, zum anderen existierte die Schule zu diesem Zeitpunkt nicht mehr.

Als Selbstzuschreibung verwenden die Mitglieder den Begriff *Fries'sche Schule*. Es spricht einiges dafür, dass die Nichtverwendung des Begriffs *Neue Fries'sche Schule* durch die Mitglieder der Schule durchaus strukturell-konzeptioneller Natur war. Nelson wollte – im Gegensatz zu den Vertretern des Neukantianismus, die teilweise völlig neue Wege gingen – die Philosophie von Immanuel Kant, Jakob Friedrich Fries und Ernst Friedrich Apelt nicht grundlegend revidieren. Sein Ansatz stand vielmehr für wissenschaftliche Kontinuität, nicht für Bruch oder Neubeginn. Dafür spricht, dass Kurt Grelling in seinem 1912 erschienenen Aufsatz ‚Ernst Friedrich Apelt und die Friessche Schule' Leonard Nelson als „Begründer der neufriesschen Schule" (Grelling 1912, 294) bezeichnet, aber in der Fußnote hinzufügt: „Diese Bezeichnung hat nur chronologische Bedeutung und soll nicht etwa einen sachlichen Unterschied gegen die alte Friessche Schule ausdrücken." (Grelling 1912, 294, Fußnote 3).

Die Bezeichnung ‚Neue Fries'sche Schule' tauchte erst wieder in einem Brief von Alexander Rüstow an Martin H. Schaefer vom 19. 9. 1958 auf. Er bezeichnet sich darin als „eines der drei Gründungsmitglieder der Neuen Fries'schen Schule" (AdsD, Nachlass Nelson [Martin H. Schaefer], Box 6). Die Bezeichnung *Neue Fries'sche Schule* wurde 1978 von Erna Blencke (1896–1991) in ihrem Aufsatz *Zur Geschichte der Neuen Fries'schen Schule und der Jakob Friedrich Fries-Gesellschaft* übernommen.

Im Jahre 1904 erschien das erste Heft des ersten Bandes der *Abhandlungen der Fries'schen Schule. Neue Folge.* Die Herausgeber waren: Gerhard Hessenberg, Karl Kaiser (1861–ca. 1933) und Leonard Nelson. Sie knüpften an die von den Fries-Schülern Ernst Friedrich Apelt (1812–1859), Matthias Jakob Schleiden (1804–1881), Oskar Schlömilch (1823–1901) und Oskar Schmidt (1823–1886) begründeten *Abhandlungen der Fries'schen Schule* an, die in den Jahren 1847 und 1849 erschienen und zwei Hefte umfassten (Blencke 1978, 201). Das erste Heft des ersten Bandes der *Abhandlungen der Fries'schen Schule, Neue Folge* beginnt mit dem Vorwort der *Abhandlungen der Fries'schen Schule:*

> Die Herausgeber dieser Blätter haben sich vereinigt, eine Reihe von Abhandlungen erscheinen zu lassen, die alle in demselben Geist verfaßt sind, wie verschieden auch die Individualität ihrer Verfasser und die Wahl ihrer Studien sein mag. Dieser Geist ist kein anderer als der der kritischen Schule, wie sie von *Kant* gestiftet und von *Fries* fortgebildet worden ist. (Hessenberg et al. 1904, 3)

Zusätzlich erklären die Herausgeber der *Abhandlungen der Fries'schen Schule, Neue Folge* u. a.:

> Gleich weit entfernt aber von der anschaulichen Evidenz der mathematischen Grundwahrheiten wie von der sinnlichen Deutlichkeit der empirischen Tatsachen ist die philosophische Wahrheit. Sie wird daher naturgemäß am spätesten die Form strenger Wissenschaft annehmen. (Hessenberg et al. 1904, 12)

Die von Nelson gegründete Arbeitsgemeinschaft setzte sich folgende Ziele: Suche nach verschollenen Schriften von Fries, deren Bekanntmachung durch Wiederveröffentlichung und die Auseinandersetzung mit ihnen. Die Treffen fanden in Nelsons Wohnung statt. Es wird berichtet, dass zu den Teilnehmern auch Iris Runge[8] (1888–1966), Max Born[9] (1882–1970) und Richard Courant[10] (1888–1972) gehörten (Blencke 1978, 201).

Insgesamt handelte es sich zunächst um eine informelle Gemeinschaft, deren Diskussionsrunden u. a. in Göttingen, Berlin und Heidelberg stattfanden. Um der Zersplitterung der Bewegung entgegenzuwirken, trug sich Nelson bereits 1907 mit dem Gedanken, einen institutionellen Rahmen zu schaffen. Er unterrichtete Hessenberg 1908 von seinen Plänen, eine *Gesellschaft für kritische Philosophie* zu gründen. Hierfür entwickelte er ein 10-Punkte-Programm (Peckhaus 1990, 152). Diese Pläne wurden wieder verworfen, wobei der Beschluss zu größeren jährlichen Tagungen gefasst wurde, zu denen auch auswärtige Gäste geladen werden sollten. Die erste Versammlung fand im unmittelbaren Anschluss an den 3. Internationalen Kongress für Philosophie in Heidelberg statt (1. bis 5. September). Auf der Teilnehmerliste des Kongresses sind aus den Reihen des Nelsonkreises u. a. folgende Namen zu finden: Nelson (Diskussion über nichteuklidische Geometrie, Diskussion über den Pragmatismus), Hessenberg und Grelling (Elsenhans 1909). Die konstituierende Versammlung von Nelsons Fries'scher Schule fand offenbar am 5. September 1908 statt (Peckhaus 1990, 153).

---

[8] Deutsche Mathematikerin und Physikerin.

[9] Deutscher Mathematiker und Physiker, leistete grundlegende Beiträge zur Quantenmechanik und wurde 1954 mit dem Nobelpreis für Physik ausgezeichnet.

[10] Deutsch-amerikanischer Mathematiker.

Insgesamt sind folgende Versammlungen belegt:

1. *Versammlung der Fries'schen Schule, 6. September 1908, Heidelberg*

Als Mitglieder werden genannt: Blumenthal, Goesch, Grelling, Hessenberg, Kronfeld (siehe Kap. 20 und 21), Meyerhof (siehe Kap. 17) und Nelson (Fries-Gesellschaft 1908–1918, [1).[11]

2. *Versammlung der Fries'schen Schule, 10. – 15.10.1909*

Als Vortragende werden genannt: Alleweldt (Vergleichung der Prinzipien der Ethik bei Kant und Fries), Blumenthal (Vitalismus und kritische Philosophie), W. Bousset (Staat und Kirche), A. Kronfeld (Die Voraussetzungen einer psychologischen Theorie der geistigen Erkrankungen), C. Brinkmann (Über historische Methoden), O. Meyerhof (Über die Methode in Goethes Naturforschung) (Fries-Gesellschaft 1908–1918, [2).

3. *Friesianer-Versammlung [sic!], 9. – 15. Oktober 1910*

Als Referenten werden aufgelistet: Kaiser, Meyerhof, Kronfeld, Rüstow, Bernays (siehe Kap. 17), Nelson, Alleweldt, Kopperschmidt, G. Fraenkel, Otto, Djuvara.

Als Gäste waren eingeladen: Wilhelm Ohr[12] (1877–1916), Rosenthal[13], Alfred Kastil[14] (1874–1950), Ruben[15]. Zu Ruben wird vermerkt, dass dieser abgesagt habe. Über die anderen Gäste ist nichts bekannt.

Es wird erwähnt, dass die Versammlungen keinen öffentlichen Charakter hatten, und es bestand die Verpflichtung zum regelmäßigen Erscheinen (Fries-Gesellschaft 1908–1918, [3).

4. *Versammlung der Fries'schen Schule in Göttingen, 5.–9. Juni 1911*

Mit Manuskripten und Typoskripten waren angemeldet: Apelt, Bernays, Grelling, Kohlmeyer, Kronfeld, Meyerhof, Pagel (Fries-Gesellschaft 1908–1918, [4).

Im Jahre 1911 schlossen sich auf Hans Mühlesteins[16] Anregung hin einige Studenten, die Vorlesungen Nelsons besuchten, zur Veranstaltung von Diskussionsabenden zusammen. Daraus konstituierte sich 1912 die Jakob Friedrich Fries-Gesellschaft (J. F. F. G.). Nelson übernahm den Vorsitz.

---

[11] Nummerierung „[1" usw. ist eine Nummerierungsform des Archivs.

[12] Wilhelm Ohr (1877–1916) Privatdozent, Generalsekretär des Nationalvereins für das liberale Deutschland.

[13] Vermutlich Georg Wilhelm Otto Rosenthal (1874–1934), deutscher klassischer Philologe und Pädagoge.

[14] Österreichischer Philosoph, in den 1920er Jahren Mitbegründer des ersten Franz-Brentano-Archives, Verfasser der Schrift *Jakob Friedrich Fries' Lehre von der unmittelbaren Erkenntnis; eine Nachprüfung seiner Reform der theoretischen Philosophie Kants, 1912.*

[15] Vermutlich Ludwig Ruben.

[16] Hans Mühlestein (1887 bis 1969 in Zürich), Schweizer Kulturhistoriker und Schriftsteller, war befreundet mit Ferdinand Hodler, Thomas Mann und Romain Rolland.

Zum 6.8.1911 bestand die J. F. F. G. aus folgenden Mitgliedern: 1. Ackermann, Walter; 2. Alleweldt, Walther; 3. Apelt, Otto, 4. Berg, Otto; 5. Bernays, Paul; 6. Bousset, Wilhelm; 7. Brinkmann, Carl; 8. Courant, Richard; 9. Djuvara, Marcel; 10. Djuvara, Mircea; 11. Fränkel, Georg; 12. Grelling, Kurt; 13. Hausmann, Fritz; 14. Herzfeld, Arnold; 15. Herzfeld, Franziska; 16. Herzfeld, Manfred; 17. Hessenberg, Gerhard; 18. Hoffmann, Ernst; 19. Kaiser, Karl; 20. Kantorowicz, Hermann; 21. Koehler, Eva; 22. Kohlmeyer, Ernst; 23. König, Eckmund; 24. Kopperschmidt, Friedr.; 25. Kronfeld, Arthur; 26. Löwenstein, (stud. phil., Bonn); 27. Meyerhof, Otto; 28. Michelis, Enrico de; 29. Mühlestein, Hans; 30. Nahnsen, Martin; 31. Nelson, Leonard; 32. Ohr, Wilhelm; 33. Otto, Rudolf[17]; 34. Pagel, Albert; 35. Ruben, Ludwig; 36. Rüstow, Alexander; 37. Schallenberg, Herwig(?); 38. Schönfeld, Fritz; 39. Traubenfeld, Heinz Rausch v.; 40. Wachsmuth, Wolfgang; 41. Wiesmann, Richard (Fries-Gesellschaft 1908–1918, [9–10).

Erst am 1. Mai 1913 erfolgte die offizielle Gründung der J. F. F. G. (Blencke 1978, 205). Die nächste Mitgliederversammlung der J. F. F. G fand vom 31. Mai (Pfingstsonntag) bis 3. Juni 1914 in Göttingen statt. Vorträge hielten u. a. Otto Apelt[18] (1845–1932), Paul Bernays[19] (1888–1977), Kurt Grelling[20] (1886–1942), Ackermann[21] (Fries-Gesellschaft 1908–1918, [6). David Hilbert (siehe Kap. 5 und 6) (1862–1943) trat der J. F. F. G 1917 als unterstützendes Mitglied bei (Peckhaus 1990, 154).

Nelson knüpfte nicht nur an die Philosophie von Kant und Fries an, sondern förderte auf deren Grundlage auch einen fruchtbaren interdisziplinären Dialog zwischen Wissenschaftlern unterschiedlicher Fachrichtungen. Hessenberg zeigte Parallelen zwischen der Philosophie von Fries und der modernen Mathematik auf, Grelling und Nelson verfassten einen Beitrag zur Antinomiendiskussion in der Mathematik, Rudolf Otto und Wilhelm Bousset[22] (1865–1920) griffen die Fries'sche Religionsphilosophie auf, Meyerhof bezog sich auf die Philosophie von Fries bei seinem Versuch einer philosophischen Grundlegung der Psychologie (Meyerhof 1910).

---

[17] Otto griff bei seinen religionsphilosophischen Arbeiten auf das Fries'sche Ahndungskonzept zurück. Wegweisend ist seine Schrift *Kantisch-Fries'sche Religionsphilosophie und ihre Anwendung auf die Theologie*.

[18] Deutscher klassischer Philologe, Übersetzer und Gymnasiallehrer, Sohn von Ernst Friedrich Apelt.

[19] Mathematiker und Logiker, entstammte einer deutsch-jüdischen Gelehrtenfamilie und war Bürger der Stadt Zürich, baute die Beweistheorie von David Hilbert weiter aus, mit dem er das von ihm zum größten Teil allein verfasste Werk über die Grundlagen der Mathematik veröffentlichte.

[20] Studierte Mathematik, Physik und Philosophie. Leistete in seiner Dissertation einen Beitrag zum Übergang von der axiomatisierten Mengenlehre zu den arithmetischen Axiomensystemen. Im September 1942 wurde er mit seiner Frau Greta Grelling nach Auschwitz deportiert. Es ist davon auszugehen, dass beide in den Gaskammern umgekommen sind (Peckhaus 1990, 145 ff.)

[21] Vermutlich Walter Ackermann (1889–1978), deutscher Pädagoge, 1922 zunächst am Lietz'schen Landerziehungsheim Schloss Bieberstein tätig.

[22] Deutscher evangelischer Theologe, trat insbesondere für das Theologiestudium von Frauen ein.

Der Erste Weltkrieg unterbrach schließlich die Arbeit des Kreises um Nelson. Das dritte Heft des vierten Bandes der *Abhandlungen der Fries'schen Schule, Neue Folge* erschien 1914, das Abschlussheft des Bandes konnte erst 1918 folgen. Im zweiten und dritten Kriegsrundschreiben (1917 und 1918), die von der Schriftführerin der J. F. F. G., Bertha Gysin, verschickt wurden, warf Nelson die Frage nach einem Neubeginn der J. F. F. G. auf, wobei die künftigen Aufgaben und Arbeitsweisen überdacht werden sollten. Die Teilnehmer wurden auf eine Tagung im Oktober 1919 vorbereitet. Philosophische Vorträge standen nicht auf der Tagesordnung (Blencke 1978, 206).

Das Jahr 1918 markierte einen Wendepunkt. Ehemalige Mitglieder kehrten Nelson den Rücken. Unter ihnen Meinhard Hasselblatt[23], der sich darüber beklagte, dass Nelson unbedingtes Vertrauen in seine Führung verlangte: „Mir fehlt das volle Vertrauen zu Nelson." (Fries-Gesellschaft 1908–1918, [8). Rademacher[24] bedauerte Nelsons „ungütige und lieblose Art" und eine Clara Wulff betonte ihre Schwierigkeiten mit einer nach dem Führerprinzip organisierten Gemeinschaft (Fries-Gesellschaft 1908–1918, [8).

Die Tagung im Oktober 1919 begann mit einem Referat Nelsons. Er hielt nicht mehr an seinem im dritten Kriegsrundschreiben gemachten Vorschlag fest, sich neben der wissenschaftlichen Arbeit auch politischen Aufgaben zu widmen, um die als philosophisch richtig erkannten Grundsätze in die Öffentlichkeit zu tragen. Nelson beharrte jedoch auf seiner Forderung, die J. F. F. G. in eine Philosophenschule nach dem Vorbild von Platons Akademie umzuwandeln (Blencke 1978, 207).

Eine letzte Tagung fand im August 2021 im unmittelbaren Anschluss an eine Ausbildungswoche des *Internationalen Jugendbundes* statt. Auf dieser Tagung hielt Kurt Grelling einen Vortrag zum Thema *Relativitätstheorie und kritische Philosophie,* dessen Grundgedanken an Überlegungen von Hans Reichenbach (1891–1953) anknüpften. Grelling stellte in seinem Beitrag die Unvereinbarkeit von Relativitätstheorie und kritischer Philosophie fest. Nelson sah die Grundlagen der kritischen Philosophie angegriffen (Herrmann und Schroth 2004, 211 ff.).

1922 kam es zum Bruch zwischen Nelson und Grelling. In den folgenden Jahren wandte sich Grelling der empiristischen Philosophie zu und organisierte zusammen mit Hans Reichenbach die Treffen der *Berliner Gesellschaft für empirische Philosophie.*

---

[23] Von Hasselblatt stammt das *Buch Jakob Friedrich Fries: Seine Philosophie u. s. Persönlichkeit. Eine einführende Darst. Philosophische Reihe; Bd. 46. München 1922.*

[24] Offenbar Hans Rademacher (1892–1969); deutscher Mathematiker, arbeitete hauptsächlich im Bereich der Zahlentheorie und hier speziell in der analytischen Zahlentheorie.

Hilbert und Nelson

Nelson initiierte in Göttingen eine fruchtbare und nicht immer spannungsfreie Zusammenarbeit zwischen den Mathematikern um David Hilbert und dem um ihn versammelten Kreis von Wissenschaftlern (Peckhaus 1990, 125). Die persönlichen Beziehungen zwischen Hilbert und Nelson begannen 1906. In diese Zeit fällt Hilberts ‚philosophische Wende' in seinem Grundlegungsprogramm der Mathematik. Auslöser dieser philosophischen Wende war die Veröffentlichung der logischen und mengentheoretischen Antinomien durch Bertrand Russell (1872–1970) und Gottlob Frege (1848–1925) im Jahre 1903. Hilbert war dadurch zu der Überzeugung gelangt, dass die Grundlegung der Mathematik eine Zusammenarbeit von Mathematikern, Logikern und Philosophen erfordere (Peckhaus 1990, 226). Deshalb zeigte Hilbert großes Interesse an dem jungen Mathematiker Ernst Zermelo[25] (1871–1953) und dem Philosophen Leonard Nelson. Ernst Zermelo gedachte Hilbert die Bewältigung des mathematischen und logischen Teils zu; die Bearbeitung der philosophischen Aspekte seines axiomatischen Programms erhoffte er sich von Leonard Nelson. Dieses Engagement für Nelson ist insofern erstaunlich, als Nelson zwischen 1908 und 1918 keinen Beitrag zur Philosophie der Mathematik verfasst hatte. Nelson brachte jedoch eine mathematische Ausbildung mit und bekundete durch seine Teilnahme an den Seminaren und Sitzungen der *Göttinger Mathematischen Gesellschaft* sein Interesse an mathematischen Grundlagenfragen (Peckhaus 1990, 228). Die Gründe für Hilberts Entscheidung für Nelson scheinen aber noch tiefer zu liegen. Besonders hervorzuheben sind:

1. Nelson vertrat die Idee einer *Philosophie als Wissenschaft,* die sich am Exaktheitsideal der Mathematik orientiert.
2. Die von Hessenberg und Nelson vertretene kritische Mathematik nahm die axiomatisierte Mathematik Hilberts zum Vorbild. Hessenberg und Nelson zeigten Parallelen zwischen der Erkenntnislehre von Fries und der axiomatisierten Mathematik Hilberts auf (siehe Kap. 6).
3. Nelsons Übernahme des ‚Kant-Fries'schen Programms', die Mathematik als ein System synthetisch-apriorischer Sätze aufzufassen, und sein Streben nach einer kritischen Begründung dieses Systems kamen Hilberts philosophischen Ambitionen entgegen.
4. Nelsons schulbildende Kraft mag überdies Hilberts Aufmerksamkeit erweckt haben (Peckhaus 1990, 228 f.).

Nachdem Edmund Husserl (1859–1938) zum Sommersemester 1916 einen Ruf an die Universität Freiburg i. Br. angenommen hatte, versuchte Hilbert, Nelson

---

[25] Deutscher Mathematiker, formulierte das Auswahlaxiom und bewies damit den Wohlordnungssatz, begründete die axiomatische Mengenlehre mit den Axiomen der Zermelo-Mengenlehre (1907/08) und schuf damit die Basis für die Zermelo-Fraenkel-Mengenlehre, die heute als Standardzugang etabliert ist.

fest an die Göttinger Universität zu binden. So ist es maßgeblich dem persönlichen Engagement David Hilberts zu verdanken, dass Nelson am 28. Juni 1919 zum Extraordinarius an der Göttinger Universität berufen wurde (Peckhaus 1990, 223). Der hohe Stellenwert, den Hilbert Nelson beimaß, geht u. a. auch aus einem Schreiben Hilberts an den Minister hervor, in dem er Argumente für die Berufung Nelsons sammelte:

> Ich kann ein[en] wichtigen Teil meines Lebensprogramms nicht durchführen ohne N[elson]. N[elson] ist der Sauerteig[,] er wird hier eine Ausschlag gebende, auf feste Principien gerichtete Schule vertreten: Seine Berufung ist Kulturtat 1sten Ranges: Reformation des Geistes des Professorentums. Ohne N[elson] bin ich Nichts in der Fakultät. (zitiert nach: Peckhaus 1990, 224)

Das Praktischwerden der Philosophie: 1918 bis 1927

Demokratie und Führerschaft und der Internationale Jungendbund (IJB)

Nelsons *Kritik der praktischen Vernunft* erschien 1917. Im Zentrum steht die Deduktion des Sittengesetzes. Bei der weiteren Ausarbeitung der Ethik zielte er nicht nur auf die Begründung sittlicher Grundsätze, sondern auch auf deren Verwirklichung. Ab 1917 löste sich die J. F. F. G. auf, da deren Mitglieder den politischen Weg von Nelson nicht mitgehen wollten. Nelson hatte vergeblich versucht, die J. F. F. G. in eine politische Erziehungsgemeinschaft umzugestalten (Link 1964, 51). Im Jahre 1918 erschien Nelsons Schrift *Demokratie und Führerschaft.* Im selben Jahr gründete Nelson den Internationalen Jugendbund (IJB), in dem Führungseliten einer zukünftigen sozialen und gerechten Gesellschaft ausgebildet werden sollten. Anregungen erhielt Nelson durch seine Mitarbeit im *Nationalverein für das liberale Deutschland.* Mit Wilhelm Ohr, dem Generalsekretär des Vereins, verband Nelson seit 1908 eine enge Freundschaft (Link 1964, 49). Ohr fiel 1914, wodurch der Verein führerlos wurde (Link 1964, 50).

Der IJB wuchs in den folgenden Jahren auf ca. 300 Mitglieder an. Er war antidemokratisch organisiert. Nelson stand an dessen Spitze. Das Führer-Gefolgschaft-Modell erlangte im ‚Nelson-Bund' konstitutive Bedeutung. Zum Führer berufen sei derjenige mit der tiefsten Einsicht in das Wesen der Vernunft und dem stärksten Willen. Diese Rolle gestand sich Nelson selbst zu; Toleranz betrachtete er als Ausdruck von Überzeugungslosigkeit (Hubmann 1997, 341). Den Mitgliedern des Bundes wurde in der Lebensführung die Einhaltung konkreter Anforderungen (Alkoholverbot, Rauchverbot, vegetarische Ernährung und Pünktlichkeit) abverlangt (Hubmann 1997, 340). Damit nahm der ‚Nelson-Bund' sektenhafte und totalitäre Züge an. Das Ziel war die Verwirklichung einer vernunftorientierten Politik (Neißer 2019, 27).

Obwohl Nelson der Gründer und Leiter des Bundes war, spielten auch andere Personen eine prägende Rolle. Zu nennen sind Max Hodann[26] (1894–1946), Minna Specht (siehe Kap. 13) (1879–1961), die seit 1915 mit Nelson zusammenarbeitete, und Hans Mühlestein, der elitäre Auffassungen *(Herrschaft der Weisen)* vertrat (Link 1964, 57).

Die Walkemühle und die Philosophisch-Politische Akademie (PPA)

1922 wurde von Nelson die Philosophisch-Politische Akademie (PPA) gegründet, die von der Gesellschaft der Freunde der Philosophisch-Politischen Akademie (GFA) unterstützt wurde (Krohn 2019, 43). Ziel der PPA war es, die Bildungsarbeit des IJB zu unterstützen und Nelsons Schriften zu veröffentlichen. Für die Akademie gab es ein Haus in Berlin. Sie bot politische und philosophische Kurse für junge Menschen an und wurde von Minna Specht geleitet (Neißer 2019, 28).

Durch eine großzügige Spende von Hermann Roos konnte Nelson 1924 das Landeserziehungsheim Walkemühle (siehe Kap. 16) (im Kreis Melsungen, in der Nähe von Kassel) gründen, das von Minna Specht geleitet wurde. Die Kinder wurden nach reformpädagogischen Prinzipien unterrichtet, wobei die Sokratische Methode (siehe Kap. 15) eine besondere Rolle spielte (Neißer 2019, 28). Die Walkemühle war als ‚Kaderschmiede' des Internationalen Sozialistischen Kampfbundes (ISK) gedacht. Nelson hatte diesen Gedanken von Wilhelm Ohr übernommen und war inspiriert vom Erziehungsexperiment von Hermann Lietz[27] (1868–1919) (Link 1964, 108). Minna Specht bereitete sich auf die Leitung der Walkemühle durch ihre Tätigkeit am Lietz'schen Landeserziehungsheim Haubinda vor. Ziel der Walkemühle sollte es nicht sein, Menschen abzurichten, sondern sie zum Bewusstsein ihrer Menschenwürde zu führen (Link 1964, 108).

[26] Deutscher Arzt, Eugeniker, Sexualpädagoge und Publizist, zählt zu den Pionieren der marxistischen Sexualpädagogik. Nach seinem Bruch mit Nelson wechselte er 1926 an Hirschfelds Institut für Sexualwissenschaft auf eine vakante Stelle als Hirschfelds engster Mitarbeiter. Er engagierte sich im Reichsverband für Geburtenregelung und Sexualhygiene und im Komitee für Geburtenregelung.

Sein Grundtenor im IJB war die Überwindung der Demokratie, ohne jedoch zum Despotismus der Vergangenheit zurückkehren zu wollen. Die Einsicht wahrer politischer Führer sollte nicht dem Willen der Massen ausgeliefert werden.

[27] Deutscher Reformpädagoge und Begründer der Landerziehungsheime, Kritik an der Paukschule und der drillartigen Erziehung in ‚grauen Städten'; Erziehung der Zöglinge zu guten Menschen in einer natürlichen und gesunden Umgebung; einzelnes Kind soll Möglichkeiten erhalten, seine Fähigkeiten zu entwickeln.

Der Internationale Sozialistische Kampfbund (ISK)

Da Nelsons Demokratiekritik und sein Sozialismuskonzept nicht mit den Grundsätzen der SPD vereinbar waren, kam es 1925 zum Ausschluss der IJB-Mitglieder aus der SPD. Daraufhin gründete Nelson 1926 den Internationalen Sozialistischen Kampfbund (ISK) als eigenständige politische Partei. Bereits in den ersten Proklamationen traten sektiererische Züge zutage: das Streben nach einer reinen Lehre, um das ursprüngliche Anliegen der Arbeiterklasse deutlicher hervortreten zu lassen, und eine aktivistisch-voluntaristische Komponente (Link 1964, 101). Den Mitgliedern wurden ebenso strenge Lebensregeln auferlegt wie den Mitgliedern des IJB (Neißer 2019, 28 f.). Der ISK war nach dem Führerprinzip organisiert; er sollte von vernunftbestimmten Funktionären geleitet werden. Die Mitglieder waren zwar in Ortsvereinen organisiert, eine Machtposition hatte aber nur der Bundesvorstand inne. Mehrheitsentscheidungen waren damit ausgeschlossen (Link 1964, 103). Trotz seiner Demokratiekritik waren die Grundrechte ‚individuelle Freiheit', ‚Gleichheit' und ‚soziale Gerechtigkeit' in seinem Programm verankert (Neißer 2019, 30). Der ISK blieb eine Randgruppe der Arbeiterbewegung. Er wurde nie zur Massenpartei.

Für den ISK war die obligatorische Mitarbeit in den Gewerkschaften besonders wertvoll, da dort Verbindungen zur Arbeiterbewegung geschaffen werden konnten (Link 1964, 136). Göttingen blieb der Sitz des Bundesvorstandes, es bestand zugleich eine internationale Parteiexekutive aus Willi Eichler[28] (1896–1971) (Deutschland), Wei Siluan (1895–1992)[29] (China) und Zeko Torboff (1899–1987) (Bulgarien). Dennoch blieb der ISK eine wesentlich deutsche Partei, deren Führer nach dem Tod Nelsons (29.10.2027) Willi Eichler war (Link 1964, 140). Als theoretisches Organ diente der Partei die monatlich erscheinende Zeitschrift *ISK* (Link 1964, 145).

Die Russlandreise

Im April/Mai 1927 unternahmen Leonard Nelson und Minna Specht eine Reise nach Russland. Nelson wollte einerseits prüfen, ob eine Annäherung des ISK an die Kommunistische Partei ratsam wäre (Nelson 1927/1972, Bl. 3), andererseits

[28] Deutscher Journalist und Politiker (SPD); von 1947 bis März 1948 im nordrhein-westfälischen Landtag; von 1952 bis 1953 stellvertretender Vorsitzender des Bundestagsausschusses für Fragen der Presse, des Rundfunks und des Films; 1950 bis 1954 Mitglied der Parlamentarischen Versammlung des Europarates.

[29] Im Jahr 1922 der erste Student aus China an der Georg-August Universität Göttingen, der später ein wichtiger Mathematiker in China wurde (https://uni-goettingen.de/de/528603.html).

Vgl. auch: Sichuanren 四川人: Cheng Qixiang 程其襄, Cheng Qiying 程其英 und Wei Siluan 魏嗣銮 in Deutschland (https://www.zo.uni-heidelberg.de/sinologie/shan/nl-archiv/2017_NL93.html#2).

sollte das Interesse geweckt werden, ein Schulprojekt in Sowjetrussland zu initiieren (Nelson 1927/1972, Bl. 9), und zudem zeigte Nelson großes Interesse an der chinesischen Revolution. Zu Gesprächen mit Spitzenfunktionären (abgesehen von einer Unterredung mit Lenins Witwe Nadeschda Konstantinowna Krupskaja[30] [1869–1939]) kam es nicht. Es stellte sich schnell Ernüchterung ein, denn die Diskussionen waren zumeist geprägt von gegenseitigem Nichtverstehen und Nichtverstehen-Wollen. Nelson kritisierte die Zensur und die kollektivistische Wirtschaft (Nelson 1927/1972, Bl. 37 f.). Lobend hob er die Popoff-Schule hervor, eine Versuchsschule, die von Minna Specht als eine der besten bezeichnet wurde, die sie in Russland gesehen habe (Nelson 1927/1972, Bl. 41).

Das Gespräch mit Krupskaja verlief ernüchternd. Nelsons Ankündigung, dass man Berufsrevolutionäre erziehen wolle, weckte wenig Interesse (Nelson 1927/1972, Bl. 47). Erwähnt wird der Besuch einer Vorlesung von August Thalheimer[31] (1884–1948), der u. a. über die Unbrauchbarkeit der Lehren von Konfuzius und Laotse sprach. Nelson unterhielt sich während der Vorlesung mit Thalheimers Frau. Sarkastisch merkte er an: „Er sprach gerade von der Dialektik der Gegensätze, das ging über ihren Verstand, über meinen auch." (Nelson 1927/1972, Bl. 55) Nelson stellte sich die Frage, wer Russland eigentlich regiere. Er kam zu dem Schluss, dass Russland von der Angst beherrscht werde, und von niemandem anders:

> von dem Gleichgewicht der Aegnste, das aus dem Zusammenspiel von Misstrauen und Eifersucht all dieser rivalisierenden Gruppen entsteht, wo jede Person und jede Behörde die nebengeordnete fürchtet, wo die Untergeordneten vor den Uebergeordneten, die Uebergeordneten vor den Untergeordneten, die Kontrollierenden vor den Kontrollierten Angst haben und umgekehrt (Nelson 1927/1972, Bl. 67).

Nelson gestand nur zwei Organisationen in Russland eine Machtposition zu: der GPU[32] und der Roten Armee.

Ein Vortrag Nelsons über das Sokratische Gespräch fand wenig Anklang, auch Nelsons Hinweis auf die Widersprüche zwischen Theorie und Praxis stieß auf Unverständnis. So entgegnete ihm der russische Volkswirtschaftler Lew Natanowitsch

[30] Russische Politikerin, Revolutionärin, Pädagogin sowie Ehefrau Lenins.

[31] Deutscher kommunistischer Politiker und Theoretiker, Studium der Medizin, Sprachwissenschaft und Ethnologie, Philosophie und Ökonomie, schloss sich dem Kreis der SPD-Linken um Karl Liebknecht und Rosa Luxemburg an; 1919 bis 1924 Mitglied der Zentrale der KPD; war die folgenden Jahre in Moskau, wo er am Marx-Engels-Institut Philosophie lehrte und eine Vortragsreihe in der Sun-Yat-sen-Universität zu Moskau hielt.

[32] Von Felix Dserschinski wurde am 20. Dezember 1917 im Auftrag von Lenin die Tscheka gegründet, sie nannte sich *Außerordentliche Gesamtrussische Kommission zur Bekämpfung der Konterrevolution, Spekulation und Sabotage*. Sie wurde für Massenerschießungen, Verhaftungen und Folterungen von ‚Klassenfeinden' (politische Gegner, Menschewiki, Sozialrevolutionäre, bürgerliche Demokraten, Kleriker, Kosaken) sowie für die Durchführung von Deportationen in ‚Besserungslager' eingesetzt. Die Tscheka wurde am 8. Februar 1922 zur GPU umgebaut. Nach dem Tode Stalins wurde daraus 1953/54 das Komitee für Staatssicherheit (KGB).

Krizman[33] (1890–1938): „Wir nennen das, was nicht zu unserer Theorie passt, Oberflächenerscheinungen." (Nelson 1927/1972, Bl. 82).

Aus den Erfahrungen in Russland zog Nelson den Schluss, dass die Gründung des ISK nicht nur richtig, sondern notwendig war. Er beendete seinen Bericht über die Russlandreise mit den Worten: „Versuchen wir, der Freiheit, die wir genießen, uns als würdig zu erweisen." (Nelson 1927/1972, Bl. 87).

Der Widerstand gegen den Nationalsozialismus, Exil und die Reform der Kritischen Philosophie: 1927 bis 1945

Der Kampf gegen den Nationalsozialismus

Leonard Nelson verstarb im Oktober 1927 an den Folgen einer Lungenentzündung. Willi Eichler übernahm die Führung des ISK und Minna Specht leitete weiterhin die Walkemühle und die Philosophisch-Politische Akademie (PPA).

Die Mitglieder des ISK und der PPA sahen in den späten 1920ern und vor allem ab den 1930er Jahren im aufkommenden Faschismus sowie in den Wahlerfolgen der *Nationalsozialistischen Partei* unter Führung von Adolf Hitler (1889–1945) die größte politische Gefahr. Deshalb setzte sich der ISK dafür ein, dass alle linken und sozialistischen Organisationen eine Einheitsfront gegen den Nationalsozialismus bilden sollten. Die Mitglieder des ISK verfassten hierzu einen ‚Dringenden Appell', der von prominenten Persönlichkeiten wie Albert Einstein (1879–1955), Käthe Kollwitz (1867–1945), Heinrich Mann (1871–1945) u. a. unterschrieben wurde. Die Einheitsfront kam nie zustande (Neißer 2019, 32).

Nach den Wahlerfolgen der Nationalsozialisten entschloss sich 1932 eine Gruppe führender ISK-Funktionäre zur Herausgabe der Tageszeitung *Der Funke,* um vor den Gefahren des Faschismus zu warnen.

Der ISK im Exil

Im ISK erkannte man, dass nach der nationalsozialistischen Machtergreifung am 30. Januar 1933 eine längere Zeit der nationalsozialistischen Diktatur bevorstand. Deshalb wurde erwogen, dieser Situation durch organisatorische Maßnahmen Rechnung zu tragen: Die Ortsvereine wurden von Willi Eichler auf eine zu erwartende Illegalität vorbereitet (Link 1964, 173).

Schließlich wurden die PPA (1933) und der ISK verboten, das Landeserziehungsheim Walkemühle unterlag der Beschlagnahmung und Schließung durch die SA. Nelsons Schriften wurden verboten. Bereits vor 1933 hatte die ISK-Führung Kontakte zu Sympathisanten in London und Paris geknüpft. Willi Eichler

[33] Marxistischer Wirtschafts- und Sozialwissenschaftler; bis etwa 1930 einer der einflussreichsten Ökonomen der UdSSR.

emigrierte im November 1933 über das Saargebiet nach Frankreich. 1938 floh er über Paris und die Schweiz nach London. Minna Specht flüchtete mit Kindern und zwei Lehrern nach Dänemark. Im Jahre 1935 wurde der juristische Träger, der für die Walkemühle in Deutschland zuständig gewesen war, neu nach dänischem Recht als Skolehjemment Østrupgaard eingerichtet (Krohn 2019, 45).

Aufgrund der wachsenden Bedrohung durch die Nationalsozialisten entschlossen sich Minna Specht und ihre Kolleginnen 1938, gemeinsam mit den Kindern ins Exil nach England zu gehen (Neißer 2019, 33; Krohn, 2019, 45). Zu den sie begleitenden Lehrerinnen und Lehrern gehörten Gustav Heckmann (siehe Kap. 15)[34] (1898–1996), Charlotte Sonntag[35] und Lieselotte Wettig[36] (Krohn 2019, 41). Sie gründeten in England eine gemeinnützige Stiftung (charity), die *Society for the Futherance of Critical Philosophy* (SFCP), die Trägerin einer neuen Schule in Großbritannien war. Die SFCP wurde 1940 von Grete Hermann (1901–1984) (siehe Kap. 18 und 19) und Minna Specht ins Leben gerufen. Im Juli 1940 erhielt sie die Anerkennung als staatliche Bildungsbehörde (Board of Education) (Krohn 2019, 56).

ISK-Mitglieder, die in Deutschland geblieben waren, organisierten ab 1933 Widerstandsaktionen gegen die Nationalsozialisten. Es wurden in verschiedenen Städten Fünfergruppen eingerichtet, die unabhängig voneinander agierten, sich zwar nicht kannten, jedoch über Kontaktpersonen miteinander vernetzt waren. Zur Tarnung wurden vegetarische Restaurants und Brotgroßhandlungen gegründet. Trotz der Vorsichtsmaßnahmen kam es 1936 zu einer Verhaftungswelle. Da die Situation 1937/38 in Deutschland zu gefährlich geworden war, flohen weitere ISK-Mitglieder ins Ausland.

Die Gruppe von ISK-Funktionären, die ab 1938 in London lebte, unter ihnen Willi Eichler, Fritz Eberhardt[37] (1896–1982), Minna Specht, Grete Hermann und Gustav Heckmann, bemühte sich um das Fortbestehen des ISK im Exil. Unter dem Einfluss der angelsächsischen Demokratie wandten sie sich von der Demokratiekritik Nelsons und der führerzentrierten Organisation des ISK ab. Sie knüpften Kontakte zu anderen sozialistischen und sozialdemokratischen Gruppen. Der Widerstand gegen das Hitlerregime stand im Vordergrund.

[34] Lehrer, Philosoph; studierte Mathematik, Physik und Philosophie in Göttingen, wo er auch 1924 bei Max Born promovierte und 1925 das Staatsexamen für das höhere Lehramt ablegte; 1946 Professur für Philosophie und Pädagogik an der Pädagogischen Hochschule Hannover.

[35] Die 1909 geborene Charlotte Sonntag heiratete 1945 Gustav Heckmann.

[36] Geboren 1907, arbeitete später auch an den Nachfolgeschulen in Dänemark und Großbritannien und nach dem Zweiten Weltkrieg als Erzieherin für verhaltensgestörte Kinder in Hamburg.

[37] Geboren als Adolf Arthur Egon Hellmuth Freiherr von Rauschenplat; deutscher Journalist, sozialdemokratischer Politiker; 1949 bis 1958 Intendant des Süddeutschen Rundfunks; in der Redaktion der Tageszeitung des ISK (Der Funke); 1932/33 für wirtschaftspolitische Fragen zuständig.

Die Wirkung der Nelsonorganisationen im angelsächsischen Bereich

Der Quäker John S. Stephens nahm bereits 1919 an der ersten Tagung des IJB in Göttingen teil. Der Experimentalphysiker Patrick M. Blackett[38] (1897–1974), der mit seiner Frau 1924/25 in Göttingen lebte, besuchte die Walkemühle und war beeindruckt. Mitglieder des IJB und später des ISK wurden zu internationalen Tagungen entsandt, um Kontakte zu knüpfen. Die Nelsonbewegung fand seit den 1920er Jahren in Großbritannien Anhänger (Krohn 2019, 47).

Die Zahl der Mitglieder der englischen Abteilung des ISK blieb gering, bis es zu einer Änderung des Charakters der Organisation und der Anforderungen an die Mitglieder kam: 1941 wurde die *Socialist Vanguard Group* und 1951 die *Socialist Union* gegründet (Krohn 2019, 48).

Zu den Treuhändern der SFCP gehörte u. a. Rush Rhees (1905–1989). Rush Rhees war Student und Freund von Ludwig Wittgenstein (1889–1951) sowie Verwalter seines wissenschaftlichen Nachlasses. Rhees stand bereits seit den 1920er Jahren mit Mitgliedern des ISK in Verbindung. Er gab zusammen mit Gertrude Elizabeth Margaret Anscombe[39] (1919–2001) Wittgensteins *Philosophical Investigations* heraus (Krohn 2019, 58). Tätig war Rhees am University College of Swansea, und er hatte auch kaum Ambitionen, an eine andere Universität zu wechseln. Anfänglich schien er Sympathisant der Nelsonanhänger gewesen zu sein, wenngleich er Nelsons Auffassungen skeptisch gegenüberstand. Später zog er die Wichtigkeit politischer Aktivitäten überhaupt in Zweifel (Krohn 2019, 59).

Bis 1989 waren die Treuhänder zumeist eng mit der Nelsonbewegung in Großbritannien verbunden, unter ihnen: George Green[40] (1908–1989), Mary Saran[41] (1897–1976), Allan Flanders[42] (1910–1973), Rene Saran (1921–2023) und Paul Branton (1916–1990) (Rene Sarans Ehemann).

[38] Englischer Physiker und Nobelpreisträger; Forschungen an der Nebelkammer; 1924 erste Aufnahmen der Umwandlung von Stickstoff in ein Sauerstoff-Isotop; entwickelte auf der Basis der Dirac'schen Theorie das Konzept der Paarerzeugung.

[39] Britische Philosophin; Schülerin Ludwig Wittgensteins; leistete wichtige Beiträge zur Handlungstheorie sowie Tugendethik.

[40] Britischer Gewerkschaftsführer.

[41] Deutsch-britische Publizistin; zeitweise mit Max Hodann verheiratet; ab 1941 Redakteurin des *Socialist Commentary*; blieb 1945 in Großbritannien und gab in der Nachfolge von Willi Eichler bis 1947 ‚Europe speaks' heraus; danach freie publizistische Tätigkeit, Mitarbeiterin der UNESCO und ab 1954 Frauensekretärin der Sozialistischen Internationalen.

[42] Britischer Soziologe; einflussreichster Vertreter der britischen Industrial Relations-Experten; einer der Begründer der sogenannten Oxford School of Industrial Relations, einer Denkrichtung, die wissenschaftlich der von John Dunlop begründeten Systemtheorie der Industrial Relations nahesteht und politisch dem Pluralismus zugerechnet wird; wurde in der Erwachsenenabteilung des Landerziehungsheims Walkemühle bei Kassel mit der von Immanuel Kant und Fries geprägten Philosophie Leonard Nelsons vertraut; Mitglied des ISK.

Da das Betreiben einer Schule bzw. von Schulen zum Zweck der SFCP gehörte, kaufte die SFCP Butcombe Court und begann ihre Arbeit mit Kindern aus Quäker-Siedlungen. Da die meisten Lehrerinnen und Lehrer Deutsche waren, wurde die Schule bereits 1940 wieder geschlossen. Der Zweck der SFCP wurde 1992 dahin gehend geändert, dass die Erforschung der Auswirkungen der kritischen Philosophie in der Tradition von Immanuel Kant, Jakob Friedrich Fries und Leonard Nelson auf die Menschen und die Gesellschaft im Vordergrund stand (Krohn 2019, 62).

Die Reform der Kritischen Philosophie nach Nelsons Tod

Das Relativitätsprinzip der Elektrodynamik lehnte Nelson ab, weil es u. a. Kants *dritter Analogie der Erfahrung*[43] widerspreche. Seine ablehnende Position gegenüber der Relativitätstheorie stand einer offenen Diskussion über die Konsequenzen der modernen Physik innerhalb Nelsons Schule im Wege (Herrmann 2012, 68).

Als im August 1921 Kurt Grelling mit seinem Referat *Relativitätstheorie und kritische Philosophie* auf der J. F. F. G. auftrat und auf die Unvereinbarkeit von Relativitätstheorie und kritischer Philosophie hinwies, kam es zu einem Konflikt mit Nelson. Nach dem endgültigen Bruch mit Nelson im Jahre 1922 wegen Streitigkeiten bei der Organisation des IJB (Peckhaus 1990, 148) wandte sich Grelling der empirischen Philosophie von Hans Reichenbach zu (siehe Kap. 17).

In den Jahren 1929/33 und 1933/37 erschienen mit den Teilen 5 und 6 die letzten Bände der *Abhandlungen der Fries'schen Schule, Neue Folge,* an deren Herausgabe Franz Oppenheimer[44] (1864–1943), Otto Meyerhof, Minna Specht und Grete Henry-Hermann beteiligt waren.

Nach Nelsons Tod (1927) entwickelte sich innerhalb des Nelson-Kreises eine neue Sichtweise des Verhältnisses von kritischer Philosophie und moderner Physik. Paul Bernays kam später zu dem Schluss, dass die Kant-Fries'sche Lehre nicht als eine den modernen Naturwissenschaften und der neuen Mathematik adäquate Lehre betrachtet werden könne. Die Vernunft mache sich nicht durch Prinzipien a priori geltend, sondern im Fortschritt der Begriffsbildungen und Erklärungsmethoden (Bernays 1937, 289; Herrmann 2012, 76).

Eine Schlüsselrolle bei der Reform der kritischen Philosophie spielte Grete Hermann. Hermanns Auseinandersetzung mit der Quantenmechanik wird von zwei grundsätzlichen Themen bestimmt: der Frage nach der Rolle der *Kausalität in der Quantenmechanik* und dem Problem der *Vollständigkeit der Quantenmechanik.* Mit ihren Lösungsansätzen versuchte sie, eine Verbindung zwischen

[43] Kants dritte Analogie der Erfahrung besagt, dass Gegenstände, die zugleich sind, in Wechselwirkung stehen. Mit der Relativitätstheorie verliere jedoch der Begriff der Gleichzeitigkeit seine objektive Bedeutung. Dadurch entstehe eine objektive Unterbestimmtheit des Zeitverhältnisses von Erscheinungen (Nelson 2004, 145).

[44] Deutscher Arzt, Soziologe, Nationalökonom; Soziologieprofessor.

zwei ihr nahestehenden Forschungstraditionen herzustellen (Hermann 1935, 1937): nämlich zwischen Nelsons kritischer Philosophie einerseits und der von Niels Bohr (1885–1962), Werner Heisenberg (1901–1976) und Carl Friedrich von Weizsäcker (1912–2007) entwickelten Quantenmechanik andererseits (Herrmann 2012, 78 ff.; Herrmann 1998, 114 ff.). Werner Heisenberg widmet in seinem Buch *Der Teil und das Ganze* den Gesprächen mit Grete Hermann über *Quantenmechanik und Kant'sche Philosophie* ein komplettes Kapitel (Kap. 10).

Kern von Grete Hermanns Reform der kritischen Philosophie Nelsons war die Rücknahme von „irreführenden Absolutheitsansprüchen" (Heckmann 1985, XI), die Nelsons Naturphilosophie prägten, aber auch in seiner Ethik spürbar waren. Nach einer langen Publikationspause zu Nelsons Philosophie meldete sich Grete Henry-Hermann – so hieß sie jetzt – mit ihrer Arbeit *Die Überwindung des Zufalls* zu Wort. Die Auseinandersetzung mit der Nelson'schen Ethik konfrontierte sie mit größeren Problemen als die Überarbeitung der Fries-Nelson'schen Naturphilosophie. Ihr wesentliches Ergebnis war, dass bei allen geistig-seelischen Tätigkeiten stets *Sinnlichkeit* und *Vernunft* zusammenwirken (Heckmann 1985, XVI). Diese Einsicht steht Nelsons Auffassung diametral entgegen. Nelson glaubte an eine *reine* Vernunft, die ohne sinnliche Anregung zur Tätigkeit kommt, was auch auf das darauf gegründete sittliche Handeln zuträfe. Nur Vernunft, die ohne sinnliche Anregung tätig ist, wäre dem Zufall entzogen. Sittliche Vernunft sollte sowohl im Leben des Einzelnen wie auch in Gesellschaft und Staat wirksam sein (Heckmann 1985, XVI).

Die Philosophisch-Politische Akademie, das Sokratische Gespräch und die Fries-Forschung heute: 1949 bis 2021

Der politische Neuanfang und die Philosophisch-Politische Akademie (PPA)

Willi Eichler und Otto Bennemann (1903–2003) kehrten nach dem Kriegsende 1945 nach Deutschland zurück und nahmen Kontakt zum Vorsitzenden der SPD, Kurt Schumacher (1895–1952), auf. Der ISK löste sich 1945 als politische Partei auf. Ein Großteil der Mitglieder trat der SPD bei. Nach einem Bericht von Eichler erklärte sich Schumacher bereit, den ehemaligen ISK-Mitgliedern eine organisatorische Verbindung innerhalb der SPD zu ermöglichen. Willi Eichler widmete dem Thema der Fortführung der ISK-Arbeit innerhalb der SPD in einem Rundbrief vom 10. Dezember 1945 an die Freunde des ISK große Aufmerksamkeit (Link 1964, 327). Letztlich verzichtete man völlig auf eine organisatorische Absicherung. Es erfolgte die Neugründung des Verlages *Öffentliches Leben,* der mit der Herausgabe von Nelsons Schriften begann (Link 1964, 328). Als theoretisches Organ diente die Monatszeitschrift *Geist und Tat.*

Willi Eichler wirkte am Godesberger Programm der SPD von 1959 mit. Sieben ISK-Mitglieder und den Nelsonorganisationen Nahestehende waren in der Programmkommission aktiv (Neißer 2019, 36). Ehemalige ISK-Mitglieder nahmen

Schlüsselfunktionen in der jungen Demokratie ein: Otto Bennemann wurde 1948 Bürgermeister von Braunschweig und von 1959 bis 1967 Innenminister von Niedersachsen, Minna Specht übernahm 1946 die Leitung der Odenwaldschule, Grete Henry-Hermann und Gustav Heckmann wurden Professoren an den Pädagogischen Hochschulen Bremen und Hannover, und Erna Blencke leitete eine Heimvolkshochschule in Niedersachsen.

Die Philosophisch-Politische Akademie (PPA) wurde 1949 als reine Bildungseinrichtung neu gegründet. Nelsons Gesammelte Schriften erschienen ab 1970. Auch nach 1990 blieb die Sichtung und Erforschung des Nelsonnachlasses eine der Hauptaufgaben der PPA. Zudem veranstaltet die PPA Tagungen und fördert Projekte, die sich im Umfeld der kritischen Philosophie bewegen.

Seit 2019 rücken verstärkt der Nachlass sowie die Schriften von Grete Henry-Hermann, aber auch die Wechselbeziehungen zwischen Mitgliedern des Nelsonkreises und anderen Forschungsgruppen in den Fokus des Interesses.

Die Gesellschaft für Sokratisches Philosophieren (GSP)

Leonard Nelson entwickelte, angeregt durch Sokrates, Kant und Fries, eine Methode des mündlichen Philosophierens, die er als sokratische Methode 1922 in einem Vortrag an der Göttinger Universität vorstellte (Nelson 1922, GS 1, 269–316). Dieses analytisch-regressive Verfahren erhielt später, vor allem durch Gustav Heckmann (Heckmann 1981), eine praktische Ausgestaltung in Form des Sokratischen Gespräches, bei dem sich eine Gruppe von Personen im reflexiven Gespräch die Grundprinzipien des vernünftigen Denkens und Handelns bewusst macht. Typische Themen sind: Freiheit des menschlichen Willens, Verantwortlichkeit für die Zukunft, Vereinbarkeit von Freiheit und Staat, Grenzen der Toleranz, aber auch mathematische Themen.

Ausgehend von Fragestellungen aus dem eigenen Leben, legen die Teilnehmer durch stückweise regressive Abstraktion Überzeugungen, Werte und Prinzipien frei, um zu verallgemeinerungsfähigen Aussagen zu gelangen. Ein Sokratisches Gespräch dauert meist mehrere Tage.

Gustav Heckmann entwickelte das Sokratische Gespräch zu einer Lehr-Lern-Methode und praktizierte diese auch mit Studierenden an der Universität Hannover. In den 70er und 80er Jahren erlangten die Sokratischen Gespräch eine immer größere Bedeutung, auch über die PPA hinaus. Von einem Kreis Sokratischer Leiter wurden die Gespräche an Schulen und Hochschulen praktiziert, ferner wurden unabhängig davon Kurse angeboten. Im Jahre 1994 gründeten Sokratische Leiterinnen und Leiter die *Gesellschaft für Sokratisches Philosophieren* (GSP) als Schwesterorganisation der PPA.

Gisela Raupach-Strey definiert die folgenden konstitutiven Momente des Sokratischen Gesprächs: Voraussetzungslosigkeit (jeder kann teilnehmen), Erfahrungsbasis (lebensweltliche Situationen als Ausgangspunkt), Non-Dogmatismus (keine Berufung auf unbefragte Lehrsätze), Mäeutik (Formulierung eigener Gedanken), Selbstvertrauen der Vernunft (nur Gedanken akzeptieren, die durch eigenes Nachdenken gewonnen wurden), Denkgemeinschaft (gemeinsames Nachdenken) sowie Wahrheit und die Suche nach Verbindlichkeiten (Raupach-Strey 2000, 94 ff.).

PPA und GSP führen im Abstand von mehreren Jahren, zumeist in Kooperation mit der englischen Gesellschaft *Society for the Futherance of Critical Philosophy* (SFCP), internationale Tagungen und Kolloquien durch (Neißer 2019, 39).

Fries, Nelson und der Kritische Rationalismus

Vor allem über den mit Karl Popper (1902–1994) befreundeten Soziologen Julius Kraft[45] (1898–1960), der 1924 bei Nelson promoviert wurde, wurden Bezugnahmen von Vertretern des Kritischen Rationalismus auf Jakob Friedrich Fries initiiert. Karl Popper und Hans Albert (geb. 1921) bezogen sich mehrfach, tendenziell aber eher skeptisch, auf Jakob Friedrich Fries (Popper 1994, 2005). Popper bezeichnete Fries als Psychologisten – eine Interpretation, die allerdings auf einem Missverständnis beruht; ebenso wie die Formulierung des sogenannten Fries'schen Trilemmas „Dogmatismus – unendlicher Regress – Psychologismus", kommt doch ein solches Trilemma, wie Gert König gezeigt hat, bei Fries gar nicht vor (König 2000, 88). Popper hat auch nicht bemerkt, dass bei Fries bereits die (von Fries allerdings Heinrich Friedrich Link[46] [1767–1851] zugeschriebene) Falsifizierbarkeitsforderung[47] zu finden ist.

Friesforschung heute

Die neuere Fries-Forschung steht vor allem im Zusammenhang mit der 1967 begonnenen Ausgabe der *Fries'schen Sämtlichen Schriften* von Gert König (Ruhr-Universität Bochum) und Lutz Geldsetzer (1937–2019; Universität Düsseldorf), die sich zum Ziel gesetzt hat, alle im Druck erschienenen Schriften von Fries grundsätzlich ‚in der Fassung letzter Hand' zugänglich zu machen. Zusätzlich sind auch Briefbände erschienen. Insgesamt soll die Ausgabe 32 Bände umfassen, wobei die Bände 31 und 32 als Personenglossar bzw. Fries-Lexikon konzipiert sind.

---

[45] Deutscher Soziologe; studierte ab 1919 in Göttingen, u. a. bei Nelson; war mit Karl Popper befreundet; von 1925 bis 1928 Assistent Franz Oppenheimers in Frankfurt.

[46] Deutscher Naturwissenschaftler, beherrschte als einer der letzten das gesamte Wissen der *Naturlehre* noch umfassend.

[47] Die ‚Maxime von Link' besagt, dass keine von der Erfahrung nicht widerlegbaren Voraussetzung gemacht werden sollen, „es sey dann, daß die a priori bestimmte mathematische Ansicht der Körperwelt uns dazu nöthigte oder berechtigte." (WW 13, 23) Eine Recherche von Gert König ergab, dass sich eine solche Maxime bei Link nicht nachweisen lässt. Es ist davon auszugehen, dass diese Maxime von Fries selbst stammt.

Ab den 1990er Jahren setzte an der Universität in Jena wieder die Erforschung des Werkes von Jakob Friedrich Fries ein. Bereits 1992 fanden Lehrveranstaltungen zur Naturphilosophie von Fries statt. 1993–1997 führte Kay Herrmann ein DFG-Projekt zu Fries' Beziehungen zu den Naturwissenschaften durch, das seinen Abschluss in Form einer Fries-Tagung fand. Später gab es im Rahmen des Sonderforschungsbereichs *Jena-Weimar um 1800* Forschungen zu Fries, die zur Veröffentlichung einzelner Aufsätze führten.

Bis heute sind kaum englischsprachige Übersetzungen von Fries-Werken verfügbar. Zu den wenigen Übersetzungen gehören:

Dialogues on Morality and Religion/Jakob Friedrich Fries; Edited by D. Z. Phillips; Translated by David Walford; Introduction by Rush Rhees. Published by Basil Blackwell Publisher Limited (1982).

Knowledge, belief and aesthetic sense/Jakob Friedrich Fries; edited with an introduction by Frederick Gregory; translated by Kent Richter. Köln: J. Dinter, 1989.

Literatur – Siglen – Archivalien – Primärliteratur – Sekundärliteratur

Siglen

AFSNF	Abhandlungen der Fries'schen Schule. Neue Folge. 1906–1937.
AdsD	Archiv der sozialen Demokratie
GS	Leonard Nelson. Gesammelte Schriften. Hg. von Paul Bernays et al.. (Hamburg 1970–1977), Bde. 1–9.
GSP	Gesellschaft für Sokratisches Philosophieren.
IJB	Internationaler Jugendbund.
ISK	Internationaler Sozialistischer Kampfbund.
PPA	Philosophisch-Politische Akademie.
J. F. F. G.	Jakob Friedrich Fries-Gesellschaft.
SFCP	Society for the Futherance of Critical Philosophy
WW	Jakob Friedrich Fries: *Sämtliche Schriften.* Nach den Ausgaben letzter Hand zusammengestellt von Gert König et al., 1–29; 31 (Personenglossar und Kommentar zu den in WW 27–29 abgedruckten Briefen) im Druck, 30 (Briefe 4), 32 (Ergänzungsband) und 33 (Index) in Vorbereitung. Aalen seit 1967.

Archivalien

AdsD, Alexander Rüstow an Martin H. Schäfer, dat. Heidelberg, 19.9.1958, Nachlass Nelson (Martin H. Schaefer), Box 6.

Unterlagen der Fries-Gesellschaft (1908–1918): UB Kassel, 2° Ms. philos. 38 (= Fries-Gesellschaft 1908–1918).

SUB Göttingen, Cod. Ms. D. Hilbert 482 Akte Nelson.

Leonard Nelson: Bericht über die Russlandreise 1927. Als Manuskript vervielfältigt (25 num. Ex.). Frankfurt (M.), Mai 1972 (im Privatbesitz, unveröff.) (= Nelson 1927/1972).

Literatur

Primärliteratur

Bernays, Paul: *Grundsätzliche Betrachtungen zur Erkenntnistheorie*. In: *AFSNF* 6/3–4 (1937), 277–290.

Blencke, Erna: Zur Geschichte der Neuen Fries'schen Schule und der Jakob Friedrich Fries-*Gesellschaft*. In: *Archiv für Geschichte der Philosophie* 60/2 (1978), 199–208

Elsenhans, Theodor (Hg.): *Bericht über den Internationalen Kongress für Philosophie zu Heidelberg: 1. bis 5. September 1908*. Heidelberg 1909

Hallier, Ernst: *Kulturgeschichte des neunzehnten Jahrhunderts in ihren Beziehungen zu der Entwickelung der Naturwissenschaften*. Stuttgart 1889

Heckmann, Gustav: *Das Sokratische Gespräch – Erfahrungen in philosophischen Hochschulseminaren*. Hannover 1981

Heckmann, Gustav: *Vorwort (1984)*. In: Grete Henry-Hermann: *Die Überwindung des Zufalls. Kritische Betrachtungen zu Leonard Nelsons Begründung der Ethik als Wissenschaft*. Hamburg 1985, XI–XX

Hermann, Grete: *Die naturphilosophischen Grundlagen der Quantenmechanik*, In: *AFSNF* 6/2 (1935), 69–152

Hermann, *Grete: Über die Grundlagen physikalischer Aussagen in den älteren und den modernen Theorien*. In: *AFSNF* 6/3–4 (1937), 309–398

Henry-Hermann, Grete: *Die Überwindung des Zufalls. Kritischen Betrachtungen zu Leonard Nelsons Begründung der Ethik als Wissenschaft*. Hamburg 1985

Hessenberg, Gerhard/Kaiser, Karl/Nelson, Leonard: Vorwort (1904). AFSNF. 1. Bd. 1. Heft, 3–12

Kronfeld, Arthur: *Das Wesen der psychiatrischen Erkenntnis*. Berlin 1920

Meyerhof, Otto: *Beiträge zur psychologischen Theorie der Geistesstörungen*. Göttingen 1910

Nelson, Leonard: *Die sokratische Methode* (1922). In: *GS 1*, 269–316

Nelson, Leonard: Kritik der *praktischen* Vernunft (1917). In: *GS 4*

Otto, Rudolf: *Kantisch-Fries'sche Religionsphilosophie und ihre Anwendung auf die Theologie. Zur Einleitung in die Glaubenslehre für Studenten der Theologie*. Tübingen 1909

Protokoll der Tagung der Fries-Gesellschaft im August 1921. In: Kay Herrmann/Jörg Schroth (Hg.): *Nelson, Leonard: Kritische Naturphilosophie. Mitschriften aus dem Nachlass*. Heidelberg 2004, 211–218

Sekundärliteratur

Grelling, Kurt: *Ernst Friedrich Apelt und die Friessche Schule: zu Apelts 100. Geburtstag*. In: *Sozialistische Monatshefte* 18/5 (1912), 289–295.

Hasselblatt, Meinhard: *Jakob Friedrich Fries: Seine Philosophie und seine Persönlichkeit. Eine einführende Darstellung*. Philosophische Reihe, Bd. 46. München 1922

Herrmann, Kay: *Transzendentalphilosophie und moderne Physik*. In: Dieter Krohn/Barbara Neißer/Nora Walter (Hg.): *„Sokratisches Philosophieren", Schriftenreihe der Philosophisch-Politischen Akademie*, 4. Bde. Frankfurt a. M. 1998, 107–130

Herrmann, Kay: *Apriori im Wandel – Für und wider eine kritische Metaphysik der Natur.* Heidelberg 2012

Heisenberg, Werner: *Der Teil und das Ganze.* München ^{12}1991

Hubmann, Gerald: *Ethische Überzeugung und politisches Handeln. Jakob Friedrich Fries und die deutsche Tradition der Gesinnungsethik.* Heidelberg 1997.

König, Gert: *Fries und Popper.* In: Uwe Jens/Hajo Romahn (Hg.): *Sozialpolitik und Sozialökonomik. Soziale Ökonomie im Zeichen der Globalisierung. Festschrift für Lothar F. Neumann.* Marburg 2000, 81–95

Krohn, Dieter: *The Society fort he Futherance of Critical Philosophy (SFCP): Ihre Ursprünge und ihre Gründung im Jahr 1940.* In: Holger Franke/Horst Gronke/Dieter Krohn/Barbara Neißer (Hg.): *Leonard Nelson. Wie Vernunft praktisch werden kann. Eine Einführung in seine praktische und neosokratische Philosophie und deren Wirkungsgeschichte.* Bonn/Hannover/London 2019, 41–62

Link, Werner: *Die Geschichte des Internationalen Jugend-Bundes (IJB) und des Internationalen Sozialistischen Kampf-Bundes (ISK). Ein Beitrag zur Geschichte der Arbeiterbewegung in der Weimarer Republik und im Dritten Reich.* Meisenheim am Glan 1964

Neißer, Barbara: *Leben und Wirken Leonard Nelsons.* In: Holger Franke/Horst Gronke/Dieter Krohn/Barbara Neißer (Hg.): *Leonard Nelson. Wie Vernunft praktisch werden kann. Eine Einführung in seine praktische und neosokratische Philosophie und deren Wirkungsgeschichte.* Bonn/Hannover/London 2019, 23–40

Oesterreich, Traugott Konstantin (Hg.): Di*e deutsche Philosophie des XIX. Jahrhunderts und der Gegenwart.* Berlin ^{12}1923 (= Friedrich Ueberwegs Grundriss der Geschichte der Philosophie, Tl. 4)

Peckhaus, Volker: *Hilbertprogramm und Kritische Philosophie. Das Göttinger Modell interdisziplinärer Zusammenarbeit zwischen Mathematik und Philosophie.* Göttingen 1990

Popper, Karl: *Logik der Forschung* [1935]. Tübingen 2005

Popper, Karl: *Die beiden Grundprobleme der Erkenntnistheorie* [1978]. Tübingen ^{2}1994

Raupach-Strey, Gisela: *Die Bedeutung der Sokratischen Methode für den Ethikunterricht.* In: Dieter Krohn/Barbara Neißer/Nora Walter (Hg.): *‚Sokratisches Philosophieren'*, Bd. 7. Frankfurt a. M. 2000, 90–104

Teil I
Kritische Philosophie bei Leonard Nelson

2 Deduktion und Faktum: Wie Leonard Nelson ein kantisches Dilemma gelöst hat

Andreas Brandt

Leonard Nelson ist in moralphilosophischer Hinsicht als Erneurer der Ethik Kants aufgetreten. Formal ist dieser Umstand bereits an der Wiederholung des kantischen Titels *Kritik der praktischen Vernunft* in Nelsons Werk von 1917 zu erkennen. Inhaltlich sind Nelsons innovatorische Leistungen im Vergleich zu Kant weniger leicht zu beurteilen. In diesem Beitrag wird eines seiner zentralen Theoriestücke, die ‚Deduktion des Sittengesetzes', hinsichtlich ihres theoretischen Stellenwertes betrachtet und mit den entsprechenden Bestrebungen Kants verglichen. Es wird eine Interpretation angeboten, nach der Nelson ein kantisches Problem gelöst hat, nämlich durch eine veränderte Fassung des Konzepts der Deduktion, das einen gangbaren Mittelweg zwischen Kants gescheiterter objektiver Deduktion im dritten Abschnitt der *Grundlegung der Metaphysik der Sitten* (1785) und der in begründungstheoretischer Hinsicht unbefriedigenden Faktum-Lehre der *Kritik der praktischen Vernunft* (1788) einnimmt. Nelsons subjektive, psychologische Deduktion trägt einerseits dem Erfordernis einer kritischen Begründung der Prinzipien der Ethik, andererseits der Anerkennung eines genuinen, nicht weiter ableitbaren moralischen Interesses des Menschen in seiner Eigenschaft als Vernunftwesen Rechnung. Als Vernunftwesen sind wir an der Vernünftigkeit des Wollens und Handelns interessiert. Die theoretische Sicherstellung dieses Interesses, das seinerseits das Moralprinzip begründet, ist die legitime und angemessene Aufgabe einer ‚Kritik der praktischen Vernunft', und sie wird bei Nelson mit einer theoretischen Geschlossenheit und Konsequenz ausgeführt, die im philosophischen Schrifttum ihresgleichen sucht.

A. Brandt (✉)
Göttingen, Deutschland
E-Mail: abrandt1@gwdg.de

K. Herrmann und B. Schwitzer (Hrsg.), *Der Geist der kritischen Schule*,
https://doi.org/10.1007/978-3-662-68345-3_2

Die Problemstellung einer Deduktion eines obersten Prinzips der Moral

Die in der *Kritik der reinen Vernunft* (= KrV) von 1781 enthaltene ‚transzendentale Deduktion der reinen Verstandesbegriffe' ist dasjenige zentrale Theoriestück, mit dem Kant die kritischen Begründungsansprüche der theoretischen Metaphysik einzulösen versucht hat. In ihr wird der Nachweis geführt, dass bestimme Begriffe a priori einen objektiv gültigen Gebrauch in der Metaphysik besitzen, d. h., dass sie sich auf eine mögliche Realität beziehen. Ein zweiter Schritt ist die Formulierung und Begründung der ‚Grundsätze des reinen Verstandes', die die Kategorien auf Erscheinungen anwenden und damit obersten Prämissen unserer Naturerkenntnis ausdrücken; auch für sie wird eine neuartige Begründung in Form der ‚transzendentalen Beweise' geliefert (erst in der 2. Auflage 1787 in schulmäßiger Form).[1] Kant hielt diese neuen Argumente für erforderlich, weil er sich davon überzeugt hatte, dass seine in den 1760er Jahren verfolgten Bestrebungen einer ‚analytischen' Metaphysik[2] (als Kontrastprogramm zur deduktiv-axiomatischen Methode des Wolff'schen Systems) nicht ausreichten, um den analytisch exponierten Grundbegriffen und Grundsätzen einen objektiven Gegenstandsbezug zu sichern. Diese Bedenken bezogen sich beispielsweise auf die Begriffe ‚Ursache' und ‚Wirkung', von denen Hume nachgewiesen hatte, dass die in ihr gedachte notwendige Verknüpfung keinen impressionalen Gehalt besitzt (Kant 1783, Vorrede, AA 04:260). Kants Frage in einem Brief an Marcus Herz von 1772, wie sich Begriffe a priori auf Gegenstände beziehen können (Brief an Marcus Herz vom 21.02.1772 (AA 10:130 f.)), konnte nur durch ein von der bloßen Analyse der Begriffe unabhängiges Argument beantwortet werden. Die Ausarbeitung dieser Argumentation war das Haupthindernis (Kant 1783, Vorrede (AA 04:260)) während der etwa zehnjährigen Periode des „Schweigens" (Carl 1989), bis die angekündigte ‚Kritik' 1781 endlich erscheinen konnte. Seither gilt die ‚Deduktion' neben der ‚Exposition' der Prinzipien als Hauptbestandteil einer „Kritik", d. h. einer erkenntniskritischen Voruntersuchung oder Propädeutik, die notwendig ist, bevor man an den ‚doktrinalen', progressiven Aufbau der Metaphysik geht; denn die Metaphysik

[1] Kants Werke werden mit der Band- und Seitenzahl der sog. Akademie-Ausgabe (AA) zitiert: Kant, Immanuel: *Gesammelte Schriften*. Hrsg.: Bde. 1–22 Preußische Akademie der Wissenschaften, Bd. 23 Deutsche Akademie der Wissenschaften zu Berlin, ab Bd. 24 Akademie der Wissenschaften zu Göttingen. Berlin 1900 ff. (fachübliche Ausnahme: die *Kritik der reinen Vernunft* nach den Originalpaginierungen der 1. und 2. Auflage). Die Kurztitelangabe der einzelnen Schriften erfolgt jedoch mittels des Erscheinungsjahrs der Originalausgabe, das sich besser zur Identifikation eignet als die AA (vgl. Literaturverzeichnis).

[2] Vgl. Kant (1764): „Es ist das Geschäfte der Weltweisheit, Begriffe, die als verworren gegeben sind, zu zergliedern, ausführlich und bestimmt zu machen" (AA 02:278). Kant teilte zu dieser Zeit Bestrebungen von Crusius, Mendelssohn und Lambert, sich vom Wolff'schen *mos geometricus* zu befreien und die Metaphysik auf eine eher sprachanalytische Grundlage zu stellen. Vgl. Crusius (1766), Mendelssohn (1786), Lambert (1764, 1915, 1918).

soll den „sicheren Gang einer Wissenschaft" gehen (Kant 1781, Vorrede zur 2. Auflage, B 7) und benötigt dafür erkenntniskritisch gesicherte Grundlagen.

In Kants praktischer Philosophie stellen sich diese Dinge jedoch etwas anders dar als in der theoretischen. Als er die Ausarbeitung einer *Metaphysik der Sitten* ins Auge fasste und zunächst eine kritische Voruntersuchung unter dem Namen *Grundlegung der Metaphysik der Sitten* (= GMS) separat erscheinen ließ, folgte er darin noch grundsätzlich dem Aufbau einer *Kritik*, indem er die „Aufsuchung" des obersten Prinzips der Sittlichkeit – die Exposition – von der „Festsetzung" – Deduktion – trennte;[3] auf die Exposition entfallen bekanntlich die ersten beiden Teile der GMS, auf die Deduktion der dritte. Kant hat die GMS jedoch nicht als vollständige *Kritik* (nach dem Muster der ersten) abgefasst, sondern nur wesentliche Teile ihrer *Analytik* dargestellt. Zu einer vollständigen *Kritik* fehlt (mindestens) eine Dialektik, eine Methodenlehre, sowie auch ein Teil, der eine *Ästhetik*, d. h. hier eine gesonderte Triebfederlehre bietet, wie überhaupt die Exposition in den Teilen 1 und 2 eher nach analytischer Methode (wie in den *Prolegomena*) und nicht in der synthetischen Weise der KrV entwickelt wird, die mit den ersten Gründen oder Elementen der Erkenntnis (Sinnlichkeit und Verstand) anfängt und die Erkenntnis daraus progressiv aufbaut. Die *Kritik der praktischen Vernunft* (= KpV), die Kant 1788 nachlieferte, bietet zwar diese fehlenden Teile, wartet aber mit einer überraschend veränderten Begründungskonzeption auf: Eine „Deduction" (Kant 1788, AA 05:47) des obersten Prinzips der Sittlichkeit wird aus bestimmten Gründen für unmöglich erklärt und stattdessen erscheint die Lehre vom ‚Faktum der Vernunft', die das moralische Bewusstsein mit seinem Prinzip (dem kategorischen Imperativ) als unableitbaren, nicht weiter begründungsbedürftigen und -fähigen Grundsachverhalt darstellt. Mit der Verabschiedung des Deduktionsprogramms werden in einem Zuge auch alle anderen Formen einer kritischen Begründung zurückgewiesen und es wird nur konstatiert, dass dieses Faktum unleugbar sei und für sich feststehe. Kant beruft sich ausdrücklich auf den *Common Sense*.

Wie diese begründungstheoretische Revision zwischen 1785 und 1788 zu beurteilen ist, ist seit Langem umstritten. Schon Dieter Henrich hat die Faktum-Lehre als Kants reife Einsicht verteidigt, die der Unbedingtheit des Sittengesetzes Rechnung trage (Henrich 1960, 110–113). Dagegen hat Gerold Prauss sie als schiere „Verzweiflungstat" bezeichnet, mit der Kant ein nicht behebbares Begründungsdefizit überspielt (Prauss 1983, 67 f.). Neuere Arbeiten zeigen eine Tendenz, die Faktum-Lehre zu verteidigen (Beispiele: Wolff 2009; Schönecker 2013; Zimmermann 2014; Ludwig 2018). Man möchte aber fragen: Ist dies noch kritische Philosophie? Hätte Kant nicht mehr tun können und sollen, um das behauptete ‚Faktum' moralpsychologisch oder phänomenologisch plausibel zu machen? Die Frage ist dabei nicht nur, ob es ein Bewusstsein moralischer Verbindlichkeit überhaupt gibt, sondern vor allem, ob seine theoretische Beschreibung adäquat ist.

[3] Vgl. Kant (1785), Vorrede, AA 04:392: „Gegenwärtige Grundlegung ist aber nichts mehr, als die Aufsuchung und Festsetzung des obersten Princips der Moralität."

Kants Hinweise darauf, welche deskriptiven Eigenschaften dieses Faktum besitzt und warum man so sicher sein kann, dass alle Menschen es anerkennen, sind sparsam und beiläufig. Auch wenn man zuzugestehen bereit ist, dass es dieses Faktum gibt, so wäre es sicherlich die Aufgabe einer kritischen Theorie, es so zu beschreiben und theoretisch einzubetten, dass ideologiekritischen Einwänden begegnet und der Vorzug gegenüber konkurrierenden ethischen Theorien dargestellt werden kann.

Eine Untersuchung, die grundsätzlich im kantischen Theorierahmen verbleibt, aber dem genannten Erfordernis wesentlich besser genügt, hat ca. 130 Jahre später Leonard Nelson in seiner *Kritik der praktischen Vernunft* von 1917 versucht. Hier findet sich ein gegenüber Kant stark verändertes Deduktionskonzept, obwohl das grundsätzliche Anliegen einer Kritik sowie ihre hauptsächlichen Elemente, wie die Doppelstruktur von Exposition und Deduktion und eine Methodenlehre, gewahrt bleiben. Die Begründungstheorie folgt selbständigen Überlegungen von J. F. Fries, aus denen sich die Neubestimmung des Deduktionsbegriffs ergibt. Statt einer Begründung der objektiven Gültigkeit der Begriffe (eine Problemstellung, die Nelson für verfehlt hält)[4] erscheint ein erkenntnistheoretischer Fundamentalismus, der sich mit der Frage der Objektbeziehung nicht länger aufhält. Eine *Deduktion des Sittengesetzes* ist nach Nelson eine moralpsychologische Untersuchung, die nachweist, dass wir eine *reine praktische Vernunft* besitzen, das bedeutet: ein *unmittelbares, reines, diskursives Interesse*, das unseren moralischen Urteilen zugrunde liegt und dessen abstrakte Konzeptualisierung das Sittengesetz (als höchstes Prinzip der ethischen Theorie) ist. Dieses Prinzip selbst nimmt bei Nelson einen gegenüber Kants kategorischem Imperativ veränderten Inhalt an, in dem es die *Berücksichtigung der gleichen Achtung der Interessen der von einer Handlung betroffenen Personen* fordert unter Abstraktion von der numerischen Identität der Personen. Es wird in Nelsons KpV zuerst in einer regressiven Abstraktion von konkreten moralischen Urteilen aufgestellt (Exposition) und dann mittels einer Theorie der Interessen sowie einer Analyse des moralischen Gefühls gerechtfertigt, die den Grund des exponierten Prinzips, d. h. das moralische Interesse, als psychologisches Faktum aufdeckt (Deduktion). Das aufgewiesene Interesse kann, weil es nur als Tatsache zu konstatieren, aber nicht auf andere Gründe zurückführbar ist, mit Kant als ‚Faktum der Vernunft' bezeichnet werden; aber zugleich wird es in der Deduktion theoretisch eingebettet und hinsichtlich seiner begründungstheoretischen Fundamentalität erörtert. Die kantische Alternative *Deduktion oder Faktum* besteht in dieser Gestalt nicht mehr. Es wird ein Faktum der Vernunft aufgewiesen und durch eben diese Art der Aufweisung erfolgt eine kritische Rechtfertigung des Moralprinzips, die (im Rahmen der vorausgesetzten Begründungstheorie) die Anforderungen einer ‚Kritik' konsequent durchführt und erfüllt. Im Folgenden werden diese Theoriestücke Kants und Nelsons genauer erläutert, um das Verhältnis mit hinreichender Präzision darstellen zu können.

[4] Siehe Nelsons Überlegungen zum Beweis der „Unmöglichkeit der Erkenntnistheorie" GS 2, 89–152 u. 459–483.

Die *Deduktion* im dritten Abschnitt der GMS

Der Begriff der Deduktion ist bei Kant nicht primär mit dem des deduktiven Beweises in der Logik, sondern mit dem eines *Rechtsnachweises* verbunden (juridischer Begriff): es ist der Nachweis des legitimen Gebrauchs einer Sache, d. h. hier der objektiven Gültigkeit (Sachhaltigkeit oder Nichtleerheit) eines Begriffs mit Bezug auf seine Verwendung in einer Theorie (Kant 1781/1787, A 84 B 116). Von dieser Art ist die Deduktion der reinen Verstandesbegriffe, deren Realität nicht durch einfache Beobachtung gesichert werden kann, wie es bei empirischen Begriffen möglich wäre. In einem weiteren Sinne spricht Kant auch von der Deduktion von *Sätzen* (Prinzipien), wenn es um ihre Rechtfertigung geht. Die Rede von einer *Deduktion des Sittengesetzes* hat sich für den dritten Abschnitt der GMS eingebürgert, obwohl der Sprachgebrauch umstritten ist (v. a. Ludwig 2018). Was Kant hier ankündigt, ist eine Untersuchung, die (mit Bezug auf den kategorischen Imperativ) zeigt, „wie ein solcher synthetischer praktischer Satz *a priori* möglich und warum er nothwendig sei". Sie zeigt damit, dass „Sittlichkeit kein Hirngespinst sei", und sie „erfordert einen möglichen synthetischen Gebrauch der reinen praktischen Vernunft, den wir aber nicht wagen dürfen, ohne eine Kritik dieses Vernunftvermögens selbst voranzuschicken." (Kant 1785, AA 04:445) Der dritte Abschnitt ist eine knappe Skizze einer ‚Kritik der reinen praktischen Vernunft'. Im Verlauf dieser Untersuchung wird gezeigt, wie ein kategorischer Imperativ möglich ist, nämlich durch die Aufweisung eines nicht-logischen Grundes für die Verknüpfung der den synthetischen Satz bildenden Begriffe. Der aufgewiesene Grund ist die *Idee des reinen Willens*, mit dem jedes vernünftige Wesen sich identifizieren muss, sofern es nur unter der Idee der Freiheit handeln kann und sich deswegen auf den „Standpunkt" der „Verstandeswelt" stellen muss (Kant 1785, AA 04:454). Insofern der eigene, aber ‚rein' gedachte Wille gesetzgebend ist, ist das eigene empirische Sollen zugleich das eigene intelligible Wollen. Das Problem bei dieser Argumentation besteht darin, dass es keinen theoretischen Freiheitsbeweis gibt, wie auch, dass die Idee eines reinen Willens als Glied einer intelligiblen Welt nach den Prämissen der *KrV* theoretisch nicht zu rechtfertigen ist (von einer intelligiblen Welt der Dinge an sich wissen wir nichts). Es spricht einiges dafür, dass Kant aus diesen Gründen diese *Deduktion* verworfen und durch die Faktum-Lehre der KpV ersetzt hat. Vermutlich spielte H. A. Pistorius' Rezension von J. Schulzes *Erläuterungen der Kritik der reinen Vernunft* eine entscheidende Rolle (Gesang 2007, 16 f.). Die in der Forschung umstrittene Frage, welche Details in der Argumentation in GMS 3 Kant verworfen hat und welche nicht, ist hier nicht im Einzelnen zu untersuchen; halten wir uns an die Aussagen in der *Kritik der praktischen Vernunft* (= KpV).

Die Faktum-Lehre in der KpV

In der KpV wird der kategorische Imperativ, im Gegensatz zum relativ anschaulichen Vorgehen der GMS, aus wenigen Begriffsanalysen gewonnen. Die ersten Paragraphen der ‚Analytik' der KpV exponieren die Begriffe ‚praktischer Grundsatz', Maxime', ‚Gesetz', ‚Imperativ' und erörtern in recht abstrakter Weise ‚Materie' und ‚Form' praktischer Gesetze, mit dem Ergebnis, dass ein praktisches Gesetz nur die Form, nicht die Materie der Bestimmungsgründe des Willens betreffen kann; damit ist über den Inhalt der Formel des ‚Grundgesetzes der reinen praktischen Vernunft', die erst in § 7 angegeben wird (es ist die aus der GMS bekannte Gesetzesformel des KI), schon entschieden. In den ‚Aufgaben' in den §§ 5 und 6 wird eine wechselseitige Implikation zwischen der *bloß gesetzgebenden Form der Maximen eines Willens* und der *Freiheit des Willens* begründet: Beide sind äquivalent – der Wille ist frei genau dann, wenn er nur durch die gesetzgebende Form der Maxime bestimmt ist. Da es keinen unabhängigen Freiheitsbeweis gibt, kann die Erkenntnis der Sittlichkeit nur vom moralischen Gesetz ausgehen. Die Argumentation setzt als nicht näher begründete Prämisse voraus, dass wenigstens eines von beiden erkennbar ist: wenn nicht die Freiheit, dann die Gültigkeit des moralischen Gesetzes. Aber ist dieser Weg tatsächlich offen? Dass die Gültigkeit des Grundgesetzes der reinen praktischen Vernunft allen Menschen „unmittelbar bewusst" ist und sich „zuerst darbietet" (Kant 1788, AA 05:29), ist der Inhalt der *Faktum-Lehre*:

> Man kann das Bewußtsein dieses Grundgesetzes ein Factum der Vernunft nennen, weil man es nicht aus vorhergehenden Datis der Vernunft, z. B. dem Bewußtsein der Freiheit (denn dieses ist uns nicht vorher gegeben), herausvernünfteln kann, sondern weil es sich für sich selbst uns aufdringt als synthetischer Satz *a priori*, der auf keiner, weder reinen noch empirischen, Anschauung gegründet ist, ob er gleich analytisch sein würde, wenn man die Freiheit des Willens voraussetzte, wozu aber, als positivem Begriffe, eine intellectuelle Anschauung erfordert werden würde, die man hier gar nicht annehmen darf. (Kant 1788, AA 05:31)

Demnach gibt es keine ‚Deduktion' auf der Basis der Annahme eines externen Grundes – auch nicht der Idee eines reinen Willens wie in GMS 3, so scheint es. Wie aber ist dieses ‚Bewusstsein dieses Grundgesetzes' zu beschreiben? Eine *unmittelbare Evidenz* der Gültigkeit des KI *in seiner abstrakten Formulierung* hat niemand. Die Form dieses Bewusstseins könnte erstens keine anschaulich klare Vorstellung sein, weil der Inhalt des KI nicht intuitiv, sondern diskursiv ist. Eine logisch klare Vorstellung (wie in einem analytischen Satz) kann es auch nicht sein, weil der KI als synthetischer Satz nicht mit logischen Mitteln allein erkannt werden kann. Die wenigen Hinweise, die Kant gibt, zeigen, dass dieses Bewusstsein eher ein *Gefühl* ist und mittelbar durch Prinzipienreflexion anhand konkreter Einzelfälle gewonnen wird (Kant 1788, AA 05:32). Dabei ist fraglich, wie der genaue Inhalt des Prinzips gesichert werden kann. Zwar wurde er in der Exposition (KpV §§ 1–7 bzw. GMS 1–2) bestimmt, die aber nur begriffsanalytisch vorgeht und damit keine Tatsachen des Bewusstseins offenbart und auch Fehler enthalten kann. Auf was das Gefühl einer unbedingten moralischen Verbindlichkeit genau hinweist, ist offen.

Ein grundsätzlicherer Einwand betrifft den Status des Faktums im Rahmen des kritischen Anspruchs der *Kritiken*. Eine faktische Gewissheit, sei sie noch stark, wäre für den Kant der *Kritik der reinen Vernunft* kein Grund, sie zur Grundlage einer kritischen Metaphysik zu machen. Was das Substanzprinzip in abstrakter Form wiedergibt, ist eine der stärksten und revisionsresistentesten Überzeugungen, die wir haben (wie jeder weiß, der einmal drei Stunden lang verzweifelt einen Schlüssel gesucht hat); trotzdem hat Kant die Deduktion des Substanzbegriffs und aller anderen Kategorien für notwendig gehalten und über zehn Jahre daran gearbeitet. Die in GMS noch gestellte Frage, ob Sittlichkeit nicht vielleicht ein Hirngespinst ist, kann nicht beiseitegeschoben werden, sondern betrifft den gesamten Anspruch der Vernunftkritik als einer *kritischen* Theorie; sie ist die Kernfrage. Wenn sie in der praktischen Philosophie prinzipiell unlösbar sein sollte, muss dies in einer kritischen Untersuchung gezeigt werden.

Darüber hinaus ist die Behauptung, dass jeder Mensch ein solches Prinzip (und überhaupt ein bestimmtes Moralprinzip) anerkennt, ziemlich gewagt; mit der Existenz wirklicher Amoralisten hat Kant offenbar nicht gerechnet. Spätestens nach den Erfahrungen im Totalitarismus des 20. Jahrhunderts kann man diesbezüglich nicht mehr so sicher sein.

Zur Nichtdeduzierbarkeit des Sittengesetzes schreibt Kant im entsprechenden Abschnitt der KpV (Kant 1788, AA 05:47 f.), dass die Möglichkeit, einen transzendentalen Beweis aus der „Möglichkeit der Erfahrung" (nach dem Muster der ersten *Kritik*) in der praktischen Philosophie nicht besteht, weil die Gegenstände, um die es hier geht, in keiner möglichen Erfahrung gegeben werden können. Man könnte argumentieren: das Sittengesetz ist Bedingung der Möglichkeit der gegebenen ethischen Werturteile, ähnlich wie das Kausalgesetz Bedingung der Möglichkeit gegebener Kausalurteile ist; aber die Existenz dieser Gegenstände – gebotene Handlungen – sind keine Tatsachen, die es transzendental rechtfertigen können; es gibt keine *gegebenen* Gegenstände, die der Pflicht wirklich angemessen sind und kraft ihrer Gegebenheit einen Beweisgrund für ihr Prinzip abgeben können. Kant fährt fort, indem er auf die Apriorität und Apodiktizität des Prinzips hinweist, um andersartige, empirische Begründungen gleichfalls auszuschließen (Kant 1788, AA 05:47).

Nelsons Version der Deduktion des Sittengesetzes

Nelson hat die Aufgabe einer Deduktion deutlich anders als Kant aufgefasst. Nach seiner Methodenlehre bedürfen Sätze (Urteile) grundsätzlich einer Begründung, die entweder mittelbar in anderen Sätzen bestehen kann – dann handelt es sich um einen *Beweis* – oder in einer unmittelbaren (basalen, nicht weiter begründbaren) Erkenntnis. Dies kann eine Anschauung sein, wie sie durch sinnliche Eindrücke oder auch durch die Einbildungskraft gegeben wird, oder eine diskursive, wie sie den philosophischen Prinzipien zugrunde liegt als eine invariante Struktur des Geistes. Formen der Aufweisung solcher Erkenntnisse sind die *Demonstration* (bei Anschauungen) und die *Deduktion* (bei diskursiven Erkenntnissen). Während Anschauungen unmittelbar klar sind und leicht aufgewiesen werden können, sind diskursive Erkenntnisse ursprünglich dunkel und können nur durch Reflexion klar werden, ihr Aufweis wird innerhalb einer Theorie des Geistes geführt, die zeigt, welche unmittelbaren Erkenntnisse wir wirklich besitzen. Die Aufgabe der Begründung der objektiven Gültigkeit von Erkenntnis überhaupt entspringt einer verfehlten Problemstellung: Da wir eine Erkenntnis nicht mit ihrem Gegenstand vergleichen können, kann das Begründungsproblem nur in dem Problem der Identifikation unmittelbarer Erkenntnisse und Rückführung mittelbarer (reflektierter) Erkenntnisse auf jene bestehen. Für die unmittelbare Erkenntnis gilt der ‚Grundsatz des Selbstvertrauens der Vernunft'; nicht ob Erkenntnis überhaupt objektiv gültig ist, ist die Frage, sondern nur, welche Erkenntnisse wir faktisch besitzen und ob bestimmte Erkenntnisprätentionen durch eine wirkliche Erkenntnis gedeckt sind. Diese Position entspricht einem klassischen erkenntnistheoretischen Fundamentalismus, der sich ausgesprochen unkantisch ausnimmt. Der besonders problematische Begriff der ‚unmittelbaren Erkenntnis' scheint in auffälligem Kontrast zur kantischen Zweiquellentheorie zu stehen und erweckt den Verdacht, in eine naive *Common-Sense*-Philosophie zu münden oder Konzepte des cartesischen bzw. Leibniz'schen Rationalismus wiederzubeleben. Um die größten Missverständnisse zu vermeiden, ist wichtig zu bemerken, dass ‚Unmittelbarkeit' nur den Gegensatz zur willkürlichen Reflexion des Verstandes bezeichnet. Sie bedeutet weder *Einfachheit* – auch die unmittelbaren Erkenntnisse sind Produkte einer (unwillkürlichen) Synthesis aus verschiedenen Quellen des Geistes –, noch bedeutet sie *unmittelbare Gewissheit* oder Evidenz. Sie bedeutet Fundamentalität, Unableitbarkeit, Unkorrigierbarkeit durch andere, besser begründete Erkenntnisse.

Eine *Deduktion* eines Satzes ist der theoretische Nachweis der Existenz einer unmittelbaren Erkenntnis, die durch den Satz artikuliert wird. Die Existenz einer unmittelbaren Erkenntnis im menschlichen Geist ist eine anthropologische Tatsache. Ihr Nachweis steht nicht auf derselben logischen Ebene wie der Satz selber, d. h. sie ist keine logische Prämisse, aus der er beweisbar wäre. Aufgrund dieser Unterscheidung der Theorieebenen ist es nicht ausgemacht, dass eine Deduktion von philosophischen Prinzipien a priori selber nur a priori geführt werden kann, und tatsächlich führt Nelson die Deduktion des Sittengesetzes im Rahmen einer psychologischen Theorie des Geistes aus, genauer einer Theorie des *Interesses*. Interessen begründen praktische Sätze in analoger Weise, wie Erkenntnisse theoretische Sätze begründen.

Die Problemstellung einer *Kritik der praktischen Vernunft* bedeutet eine Untersuchung, die zeigt, welche Prinzipien unsere Werturteile leiten und welcher Art die Interessen sind, die unsere Werturteile bzw. deren Prinzipien begründen. ‚Reine praktische Vernunft' bedeutet ein Vermögen des Besitzes von reinen (nicht-sinnlichen) Interessen, die nicht mit den Umständen wechseln, sondern einen invarianten Bestand des Geistes bilden.

Die *Exposition* der ethischen Prinzipien wird als regressive Abstraktion von konkreten moralischen Urteilen ausgeführt. Sie erörtert zuerst den Begriff der

Pflicht (mit dem analytischen Prinzip der *sittlichen Allgemeingültigkeit*, das von der kantischen Gesetzesformel des KI zu unterscheiden ist), dann das Kriterium der Pflicht. Sie entwickelt ein oberstes synthetisches Prinzip: der *Grundsatz der Gleichheit der persönlichen Würde*, der die gleiche Achtung (d. h. Berücksichtigung) der von einer Handlung betroffenen Interessen unter Abstraktion von dem numerischen Unterschied der Personen. Als Formel, die die Gleichheit der Würde der Personen in eine Handlungsanweisung transformiert, dient das „Abwägungsgesetz“: „Handle nie so, dass du nicht auch in deine Handlungsweise einwilligen könntest, wenn die Interessen der von ihr Betroffen auch deine eigenen wären.“ (Nelson 1972, 133).

Die Exposition enthält verschiedene Ansätze, die im Vergleich zu Kant klarere Begriffsbildungen aufweisen, wie die Theorie der ethischen Wertungen (moralische, rechtliche und ästhetische Wertung), die Verhältnisbestimmung von Begriff der Pflicht und Begriff des Guten oder die Behandlung der Pflichten gegen sich selbst sowie die Unterscheidung der vollkommenen und unvollkommenen Pflichten, die Nelson verwirft und anders konzeptualisiert (Brandt 2002, Kap. 2).

Die *Deduktion* des Moralprinzips ist in eine *Theorie der Interessen* eingebettet. Interessen begründen Werturteile. Die Theorie besteht erstens in einer Definition und Klassifizierung der Interessen, zweitens in den deskriptiven Analysen des (sinnlichen, ästhetischen und sittlichen) Gefühls, von dem angenommen wird, dass ihm bestimmte Interessen zugrunde liegen, deren Ausdruck das Gefühl ist. Die deskriptive Analyse des Gefühls entscheidet darüber, welcher Arten von Interessen existieren.

Die Klassifikation der Interessen in mittelbare und unmittelbare, sinnliche und reine, intuitive und diskursive ist auf die Begründungstheorie zugeschnitten: Unmittelbare Interessen sind solche, die nicht durch noch andere Interessen weiter begründet oder korrigiert werden können und daher letztgültige Begründungen für Werturteile bilden. Reine Interessen wechseln nicht mit den Umständen ihrer Wahrnehmung, d. h., sie gehören der Vernunft an. Diskursive Interessen sind durch Reflexion auflösbar, d. h. als Beurteilungsregeln begrifflich formulierbar.

Bei der Disposition dieses Begründungsprogramms ist die Frage naheliegend, warum eine Analyse des moralischen Gefühls überhaupt Auskunft über Existenz und Eigenschaften einer reinen Vernunft geben soll. Gehören Gefühle nicht zur Sinnlichkeit? Nach Nelson besitzt das moralische Gefühl heterogene Quellen. Äußerungen der Achtung, Verachtung, Entrüstung besitzen emotive oder sinnliche Komponenten, aber sie entstehen nicht ursprünglich aus der Sinnlichkeit, sondern ruhen einer moralischen Billigung oder Missbilligung auf, die eher urteilsartig ist. Wer sich entrüstet, hat in der Regel einen Grund dazu; eine heftige emotionale Reaktion entsteht nicht ohne eine moralische Beurteilung. Hier kommt ein besonderer Zug der Fries-Nelson'schen Gefühlstheorie zum Zuge. Es gibt Gefühle, die nicht der Sinnlichkeit angehören, sondern Ausdruck eines dunklen Akts des Reflexionsvermögens bzw. der Urteilskraft sind. Dieser Art ist sowohl das Wahrheitsgefühl (bei der theoretischen Beurteilung von Sachverhalten) als auch das moralische Gefühl (bei moralischen Wertungen). Sie bestehen in einer vorbegrifflichen, logisch undeutlichen Gesamtbeurteilung einer Problemlage: Noch ehe wir explizite logische Schlüsse ziehen, haben wir einen gefühlsmäßigen Eindruck, wie die Sache zu beurteilen ist.

Die emotiven Komponenten Achtung, Verachtung und Entrüstung scheidet Nelson zunächst ab, um nur die Äußerungen der Billigung und Missbilligung zu untersuchen (erst in den §§ 271–275, nach Abschluss der Deduktion, werden sie erörtert).

In der gefühlsmäßigen Billigung oder Missbilligung findet Nelson eine Reihe von charakteristischen Eigenschaften der moralischen Wertung. Sie ist kein bloß subjektives Gefallen bzw. Missfallen, sondern erhebt einen Anspruch auf Objektivität; sie bezieht sich nicht nur zufällig auf einen individuellen Sachverhalt, sondern entspricht einer Regel des Wertes, die für alle Sachverhalte einer bestimmten Klasse gilt (Anspruch auf Apodiktizität); sie ist nicht evident (intuitiv klar), sondern dunkel, lässt sich aber begrifflich auflösen, d. h. auf einen begrifflich beschreibbaren Grund zurückführen; die Wertung ist negativ, d. h. einer missbilligten Handlung wird ein absoluter Unwert zugeschrieben, während die gebilligte zwar der missbilligten vorzuziehen, aber nicht an sich schätzenswert ist (man tut nur seine Pflicht); schließlich drückt das Gefühl aus, dass eine missbilligte Handlung hätte unterbleiben sollen (imperativischer Charakter).

Diese Eigenschaften des moralischen Gefühls werden nun verwendet, um das darin involvierte moralische Interesse hinsichtlich seiner Eigenschaften zu bestimmen. Ist es sinnlicher Natur oder gehört es zur Vernunft? Welche moralischen Kriterien sind daraus ableitbar? In einem ersten Schritt leitet Nelson nur die Existenz eines rein vernünftigen Interesses ab (‚Deduktion der Form des Sittengesetzes'). Diese erste Argumentreihe schließt aus den Eigenschaften nacheinander den sinnlichen Charakter, den intuitiven Charakter sowie die Unmittelbarkeit des Gefühls selbst aus, so dass auf ein dem Gefühl zugrunde liegendes unmittelbares Interesse geschlossen werden muss, das nicht selbst Gefühl ist. Die Gefühlsreaktion erscheint als vermittelnder Akt, in dem eine Handlung einer impliziten Bewertungsregel (einem allgemeinen, regelartigen Interesse) subsumiert wird. Dieses unmittelbare Interesse wird wiederum als nichtsinnlich, nichtintuitiv und schließlich als begrifflich auflösbar bestimmt. Das sittliche Interesse ist somit ein unmittelbares, reines, diskursives und kann damit eine Bewertungsregel von apodiktischer Gültigkeit begründen.

In einer zweiten Argumentreihe bestimmt Nelson den Inhalt des Interesses, der zur Begründung eines inhaltlichen ethischen Kriteriums führen soll (‚Deduktion des Inhalts des Sittengesetzes'). Er verwendet wieder dieselben Daten aus der Analyse des moralischen Gefühls, zieht aber daraus weiter reichende Schlüsse. Die komplizierte Argumentation umfasst folgende Schritte, die hier nur stichwortartig genannt werden können, da eine detaillierte Darstellung und Kritik in diesem Rahmen nicht möglich ist (Brandt 2002, 224–277). 1. Ausschluss der sinnlichen und ästhetischen Werte; 2. Ausschluss aller materialen Kriterien überhaupt (formaler Charakter des Sittengesetzes); 3. Beziehung auf Werte (das Sittengesetz wird als Wertgesetz bestimmt, das nicht selber Werte aufstellt, sondern nur eine gesetzmäßige Beziehung zu gegebenen Werten formuliert); 4. beschränkender Charakter; 5. Einführung des Prinzips der Abstraktion von der numerischen Bestimmtheit der Umstände einer Handlung; 6. Einführung der Interessen (die Werte werden als Werte von Handlungen von Personen näher bestimmt); 7. Ausschließung des praktischen Irrtums (Abstraktion von den Mängeln der Reflexion); 8. Nachweis der Gerechtigkeit als einziges Prinzip aller Pflichten. Als Ergebnis der Inhaltsbestimmung des Sittengesetzes ergibt sich, dass es

> diejenigen Interessen von den Bestimmungsgründen des Handelns ausschließt, die durch Abstraktion von der numerischen Bestimmtheit der Umstände ohnehin von den Bestimmungsgründen des Handelns ausgeschlossen würden, vorausgesetzt, dass die Abwägung der Interessen unter Abstraktion vom praktischen Irrtum erfolgt. (Nelson 1972, 561)

Der Inhalt entspricht dem zuvor exponierten Prinzip der Gleichheit der persönlichen Würde, verstanden als Anspruch auf gleiche Berücksichtigung aller von einer Handlung betroffenen Interessen unabhängig von der persönlichen Zugehörigkeit. Es ist ein Unparteilichkeits- oder Fairnessprinzip. Praktische Vernunft zu besitzen heißt, Handlungen unabhängig von der personalen Zugehörigkeit der Interessen der davon betroffenen Personen zu bewerten, d. h. die Interessen dieser Personen in gleicher Weise mit zu berücksichtigen wie die eigenen. Dieses Interesse, Handlungen so zu bewerten, ist im Rahmen der vorausgesetzten Theorie der Interessen fundamental und dies ist das ‚Faktum der Vernunft'. Mehr ist begründungstheoretisch nicht zu zeigen.

Vergleich mit Kant

Kant hat eine objektive Deduktion des Moralprinzips verworfen, weil er keine Möglichkeit sah, den KI aus der menschlichen Willensfreiheit als unabhängiger Prämisse zu rechtfertigen. Der Freiheitsbegriff, der bei Nelson an den Rand gedrängt wird,[5] weil es ihm nur um die Urteilsbegründung, nicht um die Existenz des Gegenstandes der Vernunft geht, steht bei Kant im Zentrum. Kant geht von dem engen (quasi analytischen) Verhältnis zwischen KI und Freiheitsbegriff aus, das aus der Ableitung der Formeln des kategorischen Imperativs gewonnen wird: Ein Gesetz der Kausalität aus Freiheit muss mit dem KI identisch sein, dies folgt aus der Exposition des Begriffs eines kategorischen Imperativs bzw. eines praktischen Gesetzes. Nur dadurch kommt die enge Verbindung zwischen Freiheitsbegriff und Sittengesetz zustande, die dann entweder in der einen oder der anderen Implikationsrichtung genutzt werden kann (Kant 1788, AA 05:28–30). Das erklärt die systematisch zentrale Stellung des Freiheitsbegriffs und die Fokussierung der Deduktionsproblematik. Hätte Kant zugegeben oder deutlicher erkannt, dass der Moral ein materiales, nicht bloß die Form praktischer Gesetze überhaupt enthaltendes Prinzip zugrunde liegt, hätte er anders vorgehen müssen.

---

[5] Er erscheint nur als eines der *Postulate der Anwendbarkeit des Sittengesetzes überhaupt* (Nelson 1972, 273–290).

Wenn die Problemstellung einer ‚Kritik' so formuliert wird, dass es um die *Möglichkeit synthetischer Urteile a priori* geht, so ist zu sagen: Das „Dritte", das die Verknüpfung der Begriffe im synthetischen Satz ermöglicht, ist in Kants GMS die Idee des reinen Willens (als Teil der Verstandeswelt). Der aber ist eine bloße Idee, deren Wirklichkeit nicht bewiesen werden kann; „wirklich" nur in dem Sinne, dass die Idee als solche unser moralisches Urteilen wirklich bestimmt (Kant 1785, AA 04:453–455). In der KpV ist es die *Existenz eines intelligiblen Gegenstandes,* nämlich des freien Willens bzw. der durch ihn bestimmten Handlung aus Pflicht. Deren Realitätsnachweis scheitert wegen der Nichtexistenz einer Gegebenheitssphäre, in der sie als gegebener Gegenstand erscheinen kann (wie die Gegenstände der theoretischen Grundsätze in der Natur). Bei Nelson ist es *die Existenz eines unmittelbaren Interesses,* die den Grund des praktischen Grundsatzes bildet. In Nelsons Begründungstheorie ist die Bezugnahme auf den Gegenstand als verifikationstranszendent ausgeklammert und durch den Grundsatz des Selbstvertrauens der Vernunft ersetzt; also muss die Begründung synthetischer Urteile auf unmittelbare Erkenntnisse, nicht auf deren Gegenstände rekurrieren. Das Interesse verknüpft unmittelbar Subjekt und Prädikat, nämlich das Subjekt der moralischen Verantwortung (im Urteilen und Handeln) mit dem Gegenstand des Interesses. Die Freiheit kommt nur als Anwendungspostulat am Rande vor; für die Urteilsbegründung – die Aufweisung eines Interesses mit den geforderten Eigenschaften der Unmittelbarkeit, Reinheit und Diskursivität – ist sie nicht zentral. Dass Sittlichkeit ‚kein Hirngespinst ist', kann nicht so nicht bewiesen werden, sondern wird postulatorisch vorausgesetzt. Nelsons Deduktionskonzept betrifft nur die Aufweisung des Grundes der moralischen Urteile im Subjekt, nicht die objektive Wirklichkeit eines Gegenstandes, an deren Nachweis Kants objektive Deduktion scheitert.

Das kantische ‚Dilemma', ist keines, das Kant selbst formuliert hätte. Es ergibt sich aus der hier gegebenen Kantinterpretation. Nelson ‚löst' den konstatierten Gegensatz, indem er mit der Aufweisung eines reinen Interesses ein ‚Faktum der Vernunft' geltend macht, aber gerade durch die Art der Aufweisung eine kritische Rechtfertigung des Moralprinzips leistet, die den zuvor in der Methodenlehre dargelegten Anforderungen einer kritischen Begründung konsequent entspricht. Anspruch und tatsächlich erbrachte Leistung sind hier in einem seltenen Einklang.

Literatur

Brandt, Andreas: *Ethischer Kritizismus. Untersuchungen zu Leonard Nelsons ‚Kritik der praktischen Vernunft' und ihren philosophischen Kontexten.* Göttingen 2002

Carl, Wolfgang: *Der schweigende Kant.* Göttingen 1989

Crusius, Christian August: *Entwurf der nothwendigen Vernunft-Wahrheiten, wiefern sie den zufälligen entgegengesetzt werden.* Leipzig 1766

Gesang, Bernward (Hg.): *Kants vergessener Rezensent. Die Kritik der theoretischen und praktischen Philosophie Kants in fünf frühen Rezensionen von Hermann Andreas Pistorius.* Hamburg 2007

Henrich, Dieter: Der Begriff der sittlichen Einsicht und Kants Lehre vom Faktum der Vernunft. In: D. Henrich, W. Schulz, K.-H. Volckmann-Schluck (Hg.): *Die Gegenwart der Griechen im neueren Denken. Festschrift für Hans-Georg Gadamer zum 60. Geburtstag*. Tübingen 1960, 77–115. (Wiederabgedr. in: G. Prauss (Hg.): *Kant. Zur Deutung seiner Theorie von Erkennen und Handeln.* Köln 1974, (223–254.)

Kant, Immanuel: *Gesammelte Schriften*. Hrsg.: Bde. 1–22 Preussische Akademie der Wissenschaften, Bd. 23 Deutsche Akademie der Wissenschaften zu Berlin, ab Bd. 24 Akademie der Wissenschaften zu Göttingen. Berlin 1900 ff. (= AA)

Kant, Immanuel: *Untersuchung über die Deutlichkeit der Grundsätze der natürlichen Theologie und Moral. 1764*

Kant, Immanuel: *Kritik der reinen Vernunft.* Riga 1781 (= A), 2. Aufl. Riga 1787 (= B)

Kant, Immanuel: *Prolegomena zu einer jeden künftigen Metaphysik, die als Wissenschaft wird auftreten können.* Riga 1783

Kant, Immanuel: *Grundlegung zur Metaphysik der Sitten.* Riga 1785

Kant, Immanuel: *Kritik der praktischen Vernunft.* Riga 1788

Lambert, Johann Heinrich: *Neues Organon über die Erforschung und Bezeichnung des Wahren und dessen Unterschied vom Irrthum und Schein*, Erster Band. Leipzig 1764

Lambert, Johann Heinrich: *Abhandlung vom Criterium veritas.* Hrsg.v. K. Bopp. Berlin 1915

Lambert, Johann Heinrich: Über die Methode, die Metaphysik, Theologie und Moral richtiger zu beweisen. Hrsg. v. K. Bopp. Berlin 1918

Ludwig, Bernd: Über drei Deduktionen in Kants Moralphilosophie – und über eine vierte, die man dort vergeblich sucht. Zur Rehabilitation von Grundlegung III. In: *Kant-Studien* 109/1 (2018), 47–71

Mendelssohn, Moses: *Abhandlung über die Evidenz in metaphysischen Wissenschaften.* Berlin 1786

Nelson, Leonard: Vorlesung über die Grundlagen der Ethik. Erster Teil: Kritik der praktischen Vernunft. In: *GS*, Bd. 4, Hamburg 1972

Prauss, Gerold: *Kant über Freiheit als Autonomie.* Frankfurt a. M. 1983

Schönecker, Dieter: Das gefühlte Faktum der Vernunft. Skizze einer Interpretation und Verteidigung. In: *DZPhil* 61/1 (2013), 91–107

Wolff, Michael: Warum das Faktum der Vernunft ein Faktum ist. Auflösung einiger Verständnisschwierigkeiten in Kants Grundlegung der Moral. In: *DZPhil* 57/4 (2009), 511–549

Zimmermann, Stephan: Faktum statt Deduktion. Kants Lehre von der praktischen Selbstrechtfertigung des Sittengesetzes: In: Puls, Heiko: (Hg.): *Kants Rechtfertigung des Sittengesetzes in Grundlegung III: Deduktion oder Faktum?* Berlin, München, Boston: De Gruyter, 2014, 103–132

Die Methode der regressiven Abstraktion

3

Horst Gronke

Vorbemerkung

Leonard Nelsons Denken scheint klar und deutlich zu sein; je mehr man sich in sein Denken vertieft, umso unklarer und rätselhafter wird es.

Leonard Nelson hat Philosophie in zweierlei Hinsicht betrieben. Zum einen in *pädagogisch*-philosophischer Hinsicht, indem er mit Gesprächsgruppen zu charakteristisch philosophischen Fragen *dialogisch* philosophierte. Zum anderen in *akademisch*-philosophischer Hinsicht, indem er seinen Ansatz bzw. den Ansatz von Jakob Friedrich Fries[1] in Vorträgen und Veröffentlichungen darlegte. Die Methode, die er in letzterem Falle anwendete, lässt sich in einem ersten Zugriff mit einem Zitat aus einem Beitrag Hans-Johann Glocks zu Nelsons Verhältnis zur analytischen Philosophie beschreiben:

> Zugegebenermaßen ist für Nelson die eigentliche Methode der Philosophie weder dialogisch noch synthetisch, sondern *analytisch*. Aber nur in dem ganz traditionellen Sinn, dass sie […] nicht progressiv, sondern regressiv verfährt. Das heißt sie benützt die ‚regressive Methode der Abstraktion' und steigt von konkreten Beispielen zu allgemeinen Grundsätzen auf, beziehungsweise von zu begründenden Urteilen zu solchen, aus denen sie abgeleitet werden können. (Glock 2011, 59)

[1] Besonders auf erkenntnistheoretischem Gebiet ist Nelsons Ansatz in vielerlei Hinsicht eine Rekonstruktion des Fries'schen Ansatzes. Im Folgenden wird bei der Diskussion von Nelsons Philosophie daher in der Regel nicht mehr ausdrücklich auf Fries verwiesen.

H. Gronke (✉)
Berlin, Deutschland
E-Mail: gronke@pro-argumentis.de

K. Herrmann und B. Schwitzer (Hrsg.), *Der Geist der kritischen Schule*,
https://doi.org/10.1007/978-3-662-68345-3_3

In der Philosophie sollen ‚allgemeine Grundsätze' mittels des Rückgangs über eine Urteilskette gefunden werden, wobei die jeweils gefundenen Urteile als Zwischenglieder der Kette allgemeiner sind als die Urteile, die aus ihnen abgeleitet werden können. Zu guter Letzt soll die regressive Abstraktion zu Urteilen führen, die so allgemeingültig sind, dass sie als ‚allgemeine *Grund*sätze' nicht mehr aus noch allgemeineren Urteilen abgeleitet werden können und müssen. Wenn man sich der Wahrheit dieser Grundsätze sicher sein will, muss konsequenterweise – auf welchem Wege auch immer – gezeigt werden können, dass sie sowohl *hinreichende* Voraussetzungen für die Wahrheit darauf gründender Urteile als auch *notwendige* Voraussetzungen für mögliche wahrheitsbeanspruchende Urteile sind.

Der *Sinn* der Methode der regressiven Abstraktion scheint für Nelson nicht in erster Linie in ihrer genuinen *Aufgabe* zu liegen, hinreichende Gründe für die Wahrheit von Urteilen aufzufinden, sondern darin, auf diesem Wege zu *Kandidaten* für möglicherweise absolute Vernunftwahrheiten vorzustoßen. Ob diese Kandidaten tatsächlich absolute Vernunftwahrheiten darstellen, kann nach Nelsons Ansicht nicht durch die regressive Abstraktion selbst erwiesen werden, sondern wird einem anderen Verfahren zur *Aufgabe* gestellt: dem Verfahren der *transzendentalen* Deduktion, freilich in einer speziellen Fries'schen und Nelson'schen Form, nach der „die transzendentale Deduktion […] das Geschäft der psychologischen Methode der Kritik" ist, und „der Begriff des Transzendentalen […] den des Psychologischen einschließt" (Nelson 1970, 149).[2]

Die nachfolgenden Ausführungen legen diese Deutung eines Zusammenhangs von regressiver Abstraktion und transzendentaler Deduktion zugrunde. Beide Verfahren können demgemäß nicht unabhängig voneinander erläutert werden.

Vorkantische Philosophie: Verfehlte Abstraktionen

In seinem als Band 7 der Gesammelten Schriften posthum herausgegebenem geschichtsphilosophischem Werk ‚Fortschritte und Rückschritte der Philosophie' bestimmt Nelson als Ziel der Philosophie, die „notwendigen Wahrheiten der menschlichen Vernunft, die als solche unabhängig von der Erfahrung feststehen", zu begründen (Nelson 1977, 20). Diese Wahrheiten sollen keine Geschichte haben, sie sind der Vernunft auf ewig, also unabhängig auch vom Fortgang der empirischen Wissenschaften, eingeschrieben. Das Vorliegen solcher Wahrheiten impliziert jedoch nicht, dass wir eine klare Erkenntnis dieser Wahrheiten hätten. Was eine Geschichte hat, ist die Dialektik als einer Form des Denkens, mit der die – wie sich Nelson bewusstseinsphilosophisch ausdrückt – „im Geist eines jeden" (Nelson 1977, 20) mehr oder weniger unaufgeklärt liegende Erkenntnis „auf wissenschaftliche Form" (Nelson 1977, 20) zu bringen ist. Ob hierbei ein Fortschritt

[2] Im Folgenden werden die Begriffe ‚transzendental' bzw. ‚transzendentale Deduktion', sofern sie auf Fries' und Nelsons Ansatz bezogen werden, in diesem Sinne verwendet.

zu konstatieren ist, hängt entscheidend von der „Kunst des Abstrahierens“ (Nelson 1977, 20) ab.

> Wir gelangen zur Klarheit über eine philosophische Wahrheit nur dadurch, dass wir von dem anschaulichen Gehalt unserer Erkenntnis, das heißt von allem, was in ihr nicht philosophisch ist, abstrahieren, um so die mit diesem Gehalt verbundene philosophische Wahrheit in abstracto aufzufassen und ins Bewusstsein zu heben. Die Kunst dieser Abstraktion ist die eigentliche Kunst zu philosophieren. (Nelson 1977, 20)

An einer mangelnden Kunstfertigkeit der Abstraktion scheitern – trotz mancher Fortschritte, die im Wesentlichen in der Reflexion zuvor unausgewiesener Erkenntnisansprüche bestehen – die beiden Hauptströmungen der (vorkantischen) neuzeitlichen Philosophie, Rationalismus und Empirismus. Denn diese abstrahieren auf der Suche nach den Erkenntnisquellen *entweder* von der Sinnlichkeit *oder* vom Verstand und unterstellen damit eine vollständige Disjunktion zwischen Erkenntnis aus bloßem Verstand und Erkenntnis aus Erfahrung. Um aufzuzeigen, was daran falsch ist, nimmt Nelson lediglich das Mittel der Logik in Anspruch. Es handelt sich um „typische Denkfehler in der Philosophie“ (Nelson 2011), die in der Regel auf versteckten (problematischen) Prämissen und entsprechenden Begriffsvermengungen beruhen.

Die Logik arbeitet mit dem Anspruch auf Widerspruchsfreiheit bzw. mit dem Aufweis von Widersprüchen. Im Falle der vorkantischen Auffassungen des gegenseitigen Ausschließens von Rationalismus und Empirismus bedeutet dies, dass sie die Geltung der jeweils eigenen Position indirekt durch den Nachweis der Falschheit der Gegenposition erweisen zu können meinen. Wenn gezeigt werden kann, dass die These der *Erkenntnis aus bloßem Verstand (Rationalismus)* falsch ist, muss die These der *Erkenntnis aus Erfahrung (Empirismus)* wahr sein – und umgekehrt.

(entweder) Erkenntnis aus bloßem Verstand	(oder) Erkenntnis aus Erfahrung

Die Begriffsvermengung ergibt sich hier aus den versteckten (problematischen) Prämissen, dass *Erkenntnis aus bloßem Verstand* und *Erkenntnis nicht aus Erfahrung* sowie *Erkenntnis nicht aus bloßem Verstand* und *Erkenntnis aus Erfahrung* austauschbare Begriffe seien (die zu Unrecht gleichgesetzten Begriffe sind in der folgenden Tabelle untereinandergeschrieben).

(entweder) *Erkenntnis aus bloßem Verstand*	(oder) Erkenntnis nicht aus bloßem Verstand
(entweder) Erkenntnis nicht aus Erfahrung	(oder) *Erkenntnis aus Erfahrung*

Den tendenziell erkenntnisskeptischen, d. h. vor allem die Abstraktion auf Allgemeinbegriffe negierenden, Ansätzen des Empirismus widmet Nelson größere Aufmerksamkeit. Schließlich bildet der Skeptiker, vor allem der radikale Skeptiker, der etwa wie Berkeley „den Erkenntniswert der äußeren Wahrnehmung“ (Nelson

1977, 76 f.)[3] in Abrede stellt, die eigentliche Herausforderung für das Programm des Aufweises absoluter Vernunftwahrheiten als notwendiger Voraussetzungen für die mögliche Erkenntnis wahrer theoretischer oder praktischer Urteile.[4]

Immer wieder ist es der Nachweis von Begriffsvermengungen und unberechtigten Abstraktionen, die Nelson den Vernunftskeptikern entgegenhält. Bemerkenswert ist zum Beispiel der Einwand, den Nelson gegen Berkeleys berühmte These ‚esse = percipi' (Sein = Vorstellen) vorbringt, nach der es unmöglich sein soll, sich das *objektive* Sein eines Gegenstandes vorzustellen. Berkeley übersieht die Zweideutigkeit des Wortes ‚Vorstellung'. Er „behandelt das Vorgestellte wie das Vorstellen" und verkennt damit, dass „jede Vorstellung [...] die Vorstellung von etwas" ist. Es würde ins Absurde eines unendlichen Regresses der Vorstellung von der Vorstellung von der Vorstellung usw. führen, wenn dieses ‚Etwas' *nur subjektiv Vorgestelltes* wäre. Modern gesprochen thematisiert Nelson hier im Ansatz die *Intentionalität* des Bewusstseins, die für Edmund Husserls phänomenologische Aufhebung des cartesischen ‚ego cogito' (ich denke, zweifle, ...) in ein ‚ego cogito cogitatum' (ich denke etwas [als etwas], ich zweifle an etwas [als etwas], ...) maßgeblich wurde (Husserl 1950, 71). Nebenbei bemerkt könnte sich damit auch der gleichsam einem Wiederholungszwang unterliegende Traum einer naturwissenschaftlichen Einheitswissenschaft, die von allem Subjektiven auf objektive Tatsachen abstrahieren zu können meint, als metaphysischer Schein herausstellen, indem nämlich umgekehrt gilt, dass ein objektives ‚Etwas' immer ein subjektives ‚*ich denke* etwas' erfordert.

Die Ausgangsbasis für die hier schon aufscheinenden erfolgversprechenderen Versuche zum Aufweis einer standfesten Basis wahrheitsfähiger Urteile – im Zusammenhang dieses Beitrages sind das die Versuche von Immanuel Kant, Jakob Friedrich Fries und Leonard Nelson – legt David Hume. An ihm rühmt Nelson seine radikal (selbst-)kritische Einstellung, die erforderlich ist, um auf dem ‚sicheren Gang der Philosophie', wie man in Abwandlung von Kants Wort vom ‚sicheren Gang der Wissenschaft' sagen könnte, Fortschritte zu erzielen. Denn Hume hat „von jeder Voraussetzung, die er gebraucht, Rechenschaft abgelegt" und „jeden einzelnen Schritt in der Reihe seiner Schlüsse offen bloßgelegt" (Nelson 1977, 121). Es ist daher (weitgehend) nicht dem Fehler seiner Vorgänger verfallen, nämlich dem Fehler einer letztlich unkritischen metaphysischen Erkenntnistheorie. Hume hat seine radikal kritische Einstellung zu einem metaphysischen Skeptizismus geführt. Freilich, und das bildet hier den springenden Punkt, der Kants

---

[3] Die nachfolgenden auf Berkeley bezogenen Zitate finden sich in Nelson (1977, 76 f.).

[4] Ich beschränke mich in diesem Beitrag auf die Frage der Begründbarkeit von theoretischen Urteilen, also von Urteilen, in denen Geltungsansprüche auf objektive Wahrheit, auf das Vorliegen objektiver Tatsachen und (natur-)wissenschaftlicher Gesetzmäßigkeiten, erhoben werden. Wesentlich komplizierter würde sich eine Würdigung und Kritik von Nelsons Versuch einer Begründung praktischer Urteile darstellen (siehe die Erörterung von Jörg Schroth zu Nelsons Ethik im vorliegenden Band, Kap. 7). Auch die Frage der Begründbarkeit mathematischer Urteile (durch synthetische Urteile a priori) wird hier aus Platzgründen ausgespart (siehe dazu Volker Peckhaus Kap. 5 in diesem Band).

Reaktion herausforderte, hat er dabei zumindest *eine* Voraussetzung von seinen Vorgängern *unkritisch* übernommen: die Unterstellung, dass allein bloße Verstandesreflexion einerseits und Sinneswahrnehmung andererseits als Erkenntnisquellen infrage kommen.

Nelson hat die Ausgangssituation, die Hume bereitet hat, in einem Schaubild (Nelson 1977, 125) dargestellt, das hier zur besseren Verständlichkeit in leicht abgewandelter Form abgebildet ist.

In der oberen Hälfte des Schaubildes ist dargestellt, wie Hume aufgrund seiner Unterstellung einer Ausschließlichkeit der beiden (un-)möglichen Erkenntnisquellen Sinnesanschauung und Verstand zu seiner Schlussfolgerung einer *generellen* Unmöglichkeit einer sicheren Erkenntnisquelle gelangt. In der unteren Hälfte wird durch die gestrichelten Linien angedeutet, dass Nelson – Kant und vor allem Fries beerbend – einen abstraktiven Weg gefunden zu haben beansprucht, der zum widerspruchsfreien Aufweis einer absolut sicheren Erkenntnisquelle hinführt.

Dieser Weg, den Nelson den Weg der ‚regressiven Abstraktion' nennt, soll nun nachgezeichnet und – soweit möglich – verständlich gemacht werden. Dafür ist es unerlässlich, zunächst ein Schlaglicht auf Kants ‚regressive Methode' zu werfen.

Kants Kritiken der Vernunft zielen darauf ab, eine absolut sichere Geltungsbasis für theoretische und praktische Erkenntnis legen zu können, die sowohl das Überschreiten der Grenzen der Vernunft (Dogmatismus, klassische Metaphysik) als auch deren Unterschreiten (Skeptizismus, radikaler Fallibilismus) vermeidet. Sofern es sich um die Beantwortung der im Grunde bedeutungsgleichen Fragen ‚Was kann ich wissen?', ‚Was kann ich erkennen?', ‚Wie kann ich wissen, dass ein für wahr gehaltenes Urteil objektiv wahr ist?', ‚Wie ist objektive (naturwissenschaftliche) Erfahrungserkenntnis möglich?' handelt, arbeitet Kant seinen Ansatz in der Auseinandersetzung mit dem (überschwänglichen) cartesischen Rationalismus und dem (objektive Geltungsansprüche destruierenden) Hume'schen Empirismus heraus.

Hierzu unterscheidet Kant zunächst analytische und synthetische Urteile. Für die Zwecke dieses Beitrags mögen die folgenden Erläuterungen ausreichend sein. Beim analytischen Urteil ist im Subjektbegriff des Urteils das Prädikat des Urteils schon enthalten, sodass kein Erkenntnisgewinn zu verzeichnen ist. Analytische Urteile sind rein definitorisch. Beim synthetischen Urteil erweitert das Prädikat den Subjektbegriff, sodass sich (im Falle eines wahren Urteils) ein Erkenntnisgewinn einstellt. In aller Regel tritt dieser Erkenntnisgewinn durch Erfahrung ein, z. B. im naturwissenschaftlichen Experiment. Solche Urteile aufgrund von Erfahrung nennt Kant synthetische Urteile a posteriori. Ein Beispiel dafür ist das Newton'sche Gravitationsgesetz, nach dem Massen eine bestimmte anziehende Gravitationskraft aufeinander ausüben (die sich im wissenschaftlichen Experiment bisher bestätigende Hypothese der Gravitationskraft ist nicht schon im Begriff der Masse enthalten).

Wenn nun das Ziel der Philosophie darin besteht, „notwendige Wahrheiten der menschlichen Vernunft, die als solche unabhängig von der Erfahrung feststehen" (Nelson 1977, 20), zu begründen, dann müsste es *synthetische* Urteile unabhängig von der Erfahrung geben (analytische Urteile können ja zum Erkenntnisgewinn nichts beisteuern). Diese ‚synthetischen Urteile a priori' sind, obgleich unabhängig von der Erfahrung, dennoch erkenntniserweiternd, weil sie – so Kant – notwendige Bedingungen der Erfahrungserkenntnis sind.

Die Fragen, die darauf auf dem Fuße folgen, lauten: Wie findet man diese synthetischen Urteile a priori? Und wie begründet man ihre Wahrheit? Die erste Aufgabe ist der ‚regressiven Methode' vorbehalten, die zweite der ‚transzendentalen Deduktion'.

Was versteht Kant unter ‚regressiver Methode'? Für Irritation sorgt gelegentlich, dass Kant die Kennzeichnungen ‚analytisch' und ‚synthetisch' nicht nur zur Bestimmung von Urteilen verwendet, sondern auch zur Bestimmung von Methoden. So schreibt er im § 117 seiner ‚Logik, ein Handbuch zu Vorlesungen':

> Die analytische Methode ist der synthetischen entgegengesetzt. Jene fängt von dem Bedingten und Begründeten an und geht zu den Prinzipien fort [...], diese hingegen geht von den Prinzipien zu den Folgen oder vom Einfachen zum Zusammengesetzten. Die erstere könnte man auch die regressive, so wie die letztere die progressive nennen. (Kant 1869, 162–163)

Die berühmte Anmerkung in den ‚Prolegomena zu einer jeden künftigen Metaphysik' bringt noch deutlicher zum Ausdruck, dass die analytische Methode nicht mit der Verwendung analytischer Sätze gleichzusetzen ist, sondern gerade synthetische Sätze verwendet.

> Analytische Methode, sofern sie der synthetischen entgegengesetzt ist, ist ganz was anderes als ein Inbegriff analytischer Sätze; sie bedeutet nur, dass man von dem, was gesucht wird, als ob es gegeben sei, ausgeht und zu den Bedingungen aufsteigt, unter denen es allein möglich. In dieser Lehrart bedient man sich öfters lauter synthetischer Sätze [...] und sie könnte besser die regressive Lehrart zum Unterschiede von der synthetischen oder progressiven heißen. (Kant 1993, § 5, Anm., 25–26)

Nach diesen Erläuterungen zu urteilen, nimmt die regressive qua analytische Methode den folgenden Verlauf:

1) Den Ausgangspunkt bilden synthetische Urteile a posteriori, deren Wahrheit man gemeinhin anerkennt, die „man schon als zuverlässig kennt" und „von da man mit Zutrauen ausgehen" kann (Kant 1993, 24).
2) Von diesen Urteilen, deren Wahrheit man fürs Erste unhinterfragt zugesteht, ausgehend, versucht man nun ‚regressiv' bzw. ‚analytisch' – Schritt für Schritt aufsteigend – Urteile aufzufinden, die notwendige Bedingungen für die Möglichkeit der Ausgangsurteile sein können.

‚Notwendige Bedingungen für die Möglichkeit der Ausgangsurteile' bedeutet hier nicht, dass diese Bedingungen *hinreichende* Geltungsgründe für die Wahrheit der Ausgangsurteile bzw. der im Verlauf des regressiven Rückgangs jeweils für wahr gehaltenen Urteile sind. Es handelt sich vielmehr um ‚sinnkritische' Bedingungen, die vorausgesetzt werden müssen, damit Urteile a posteriori (Erfahrungsurteile) überhaupt mit Wahrheits*anspruch* auftreten können.

Im Ausgang von einem so elaborierten Urteil wie dem Gravitationsgesetz würde man sich in der regressiven Analyse zum Beispiel fragen, welche apriorischen Bedingungen anerkannt werden müssen, damit man für das Gravitationsgesetz überhaupt *Anspruch* auf Wahrheit erheben *kann.*

Bedeutsam für das rechte Verständnis von Kants regressiver Methode ist es meines Erachtens, dass sie *von Anfang an* ‚philosophisch' bzw. ‚transzendental' ausgelegt ist. Dementsprechend geht es ihr nicht darum, ‚Prämissen' – etwa durch sogenannte ‚abduktive Schlüsse' oder ‚Schlüsse auf die beste Erklärung' – aufzufinden, mit denen die Geltung jeweiliger Urteile gesichert werden könnte. Die Voraussetzungen sind vielmehr ‚Präsuppositionen' – Voraussetzungen also, die nicht (wie Prämissen) gesonderte Urteile sind, die mit dem Erfahrungsurteil erst logisch durch ein entsprechendes Schlussverfahren verbunden werden müssten, sondern Voraussetzungen, die mit dem Erfahrungsurteil notwendigerweise so verbunden sind, dass sie *einen konstitutiven Teil* von ihm bilden. Phänomenologisch formuliert hieße dies, das jeweilige Erfahrungsurteil könnte *als Urteil* gar nicht ‚erscheinen', wenn diese konstitutiven Elemente nicht in eins mit dem Urteil (implizit) mitgedacht würden.

Innerhalb der analytischen Philosophie, die einem starken (Letzt-)Begründungsanspruch ‚transzendentaler Argumente' (Bieri et al. 1979; Brune et al. 2017) skeptisch gegenübersteht, wird dieses regressive Argument freilich in eine aussagenlogische Prämissen-Schlussfolgerungsform jeweils eigenständiger Urteile gebracht, etwa wie folgt:

modus ponens: Wenn y (die unterstellte Möglichkeit von Erfahrungserkenntnis), dann (notwendigerweise) X (objektive Gültigkeit der Verstandeskategorien, z. B. Kausalität).

modus tollens: Wenn nicht X (objektive Gültigkeit der Verstandeskategorien, z. B. Kausalität), dann (notwendigerweise) auch nicht Y (die unterstellte Möglichkeit von Erfahrungserkenntnis).

Die Kritik daran, dass auf diesem (analytisch-philosophischem) Weg je der Aufweis synthetischer Urteile a priori gelingen könnte, liegt natürlich auf der Hand: Das zu ‚Beweisende' (X) wird abhängig gemacht von einem (psychologischen) Faktum, nämlich der Unterstellung möglicher gültiger Erfahrungserkenntnis (Y).

Kurz zusammengefasst stellt sich der Unterschied zwischen transzendentalem Urteilsverständnis und dem Urteilsverständnis der analytischen Philosophie wie folgt dar:

Transzendentales Urteilsverständnis (Kant): Ein Erfahrungsurteil setzt sich aus zwei untrennbaren Teilen zusammen, dem, was das Urteil aussagt (Gehalt des Urteils), und dem, was ihm einen wahrheitsfähigen Sinn verleiht (Präsupposition des Urteils).

Urteil = X als Präsupposition des Urteils, Y als Gehalt des Urteils

[Der Gehalt Y des Urteils ist nur wahrheitsfähig mit der Voraussetzung X, die beim Urteilen implizit mitgedacht wird.]

Aussagenlogische Transformation (Analytische Philosophie): Präsupposition X und Gehalt Y des Urteils werden in zwei getrennte Urteile (Prämisse und Schlussfolgerung) zerlegt:

Urteil Y ➡ *Urteil X* [Es gilt Y. Also gilt X].

¬ Urteil X ➡ ¬ Urteil Y [Es gilt nicht X. Also gilt nicht Y].

Regressive Abstraktion bei Fries und Nelson

Nelson hat seine Konzeption der regressiven Abstraktion von Jakob Friedrich Fries übernommen. Fries wiederum hat sie – ausdrücklich oder unausdrücklich – von Kant übernommen – freilich ohne hierbei Kants Konzeption der transzendentalen Deduktion nachzuvollziehen.[5]

Der *Ausgangspunkt* der regressiven Abstraktion ähnelt stark dem Ausgangspunkt, den Kant der regressiven Abstraktion zugrunde legt. Wo Kant von Urteilen spricht, von denen man ‚mit Zutrauen' ausgehen kann, sprechen Fries und Nelson von einem ‚Wahrheitsgefühl'. Es handelt sich hierbei um eine ‚gefühlsmäßig' sichere Beurteilung eines Einzelfalls, „ohne doch von den Gründen unseres Urteils Rechenschaft geben zu können" (Nelson 1977, 582 ff.).

Das Wahrheitsgefühl wird also nicht als Wahrheits*kriterium* verstanden, sondern als ein „dunkles" Bewusstsein der Wahrheit konkreter Urteile, das sich nicht ohne Weiteres auf die zugrunde liegenden Grundsätze überträgt, sich aber implizit auf sie mitbezieht – im Vertrauen darauf, dass sich das für wahr gehaltene Urteil auf Grundsätze zurückführen lasse. In diesem Sinne könnte das Wahrheitsgefühl eine Art Wegweiserrolle oder Indikatorenrolle bei der regressiven Abstraktion von den konkreten Urteilen übernehmen.

Auch was den *Prozess* der regressiven Abstraktion angeht, scheint die Nähe zu Kants regressiver Methode offensichtlich zu sein. Bei näherem Hinsehen stellt sich die Lage allerdings komplizierter dar. Des Öfteren ist darauf hingewiesen worden, dass es Nelson bei der Erläuterung der regressiven Abstraktion an Klarheit vermissen lässt (Kleinknecht 1994, 26–37; Schroth 1994, 114–150; Brandt 2011, 99–127). Die zentrale Kritik an Nelsons Darstellung bezieht sich auf Formulierungen wie die Folgende:

> *Dies abstrahierende Verfahren kehrt den gewöhnlichen Gedankengang der objektiven Beweisführung, der Ableitung der Folgen aus ihren Gründen, gerade um und steigt von den*

[5] Zur Auseinandersetzung Nelsons mit Kant siehe auch: Andreas Brandt ‚Deduktion und Faktum: Wie Leonard Nelson ein kantisches Dilemma gelöst hat', Kap. 2 in diesem Band.

> *Folgen aufwärts zu den Gründen zurück.* [...] Wir weisen nur ad hominem dem Empiriker aus seinem Schlagworte der Erfahrung synthetische Urteile a priori als Bedingungen ihrer Möglichkeit – dem Ethiker aus seinem Schlagworte der Sittlichkeit den Glauben an die Freiheit des Willens gleichfalls als Bedingung ihrer Möglichkeit auf. Wir beweisen dadurch nichts, *sondern wir suchen umgekehrt die logischen Gründe zu gegebenen Folgen.* (Nelson 1970, 12f.)

In dieser Formulierung habe ich jene Passagen *kursiv* geschrieben, die im Widerspruch zu den Passagen stehen, die nicht kursiv geschrieben sind. Zunächst zu den *kursiv geschriebenen Passagen*: Hier wird offensichtlich nahegelegt, dass die regressive Abstraktion auf möglicherweise *hinreichende* Gründe für die unterstellte Wahrheit konkreter Erfahrungs- oder moralischer Urteile abstrahiert. Damit würden die Folgen (die konkreten Urteile) zu *notwendigen* Bedingungen für die mögliche Geltung der Gründe (Grundsätze). Auch wenn das wegweisende Wahrheitsgefühl einer Vielfältigkeit von Gründen Grenzen setzen würde, ergäbe sich die merkwürdige und für das transzendentale Projekt desaströse Sachlage, dass die konkreten Urteile als notwendige Voraussetzungen der möglichen Geltung der allgemeinen Grundsätze angeführt würden.

Die in obigem Zitat nicht kursiv geschriebene Passage deutet jedoch auf ein anderes Verständnis der regressiven Abstraktion hin: Hier geht es darum, im Geiste der kantischen regressiven Methode von den konkreten Erfahrungs- oder moralischen Urteilen auf die synthetischen Urteile a priori als *notwendigen* Bedingungen der Möglichkeit dieser Urteile zu abstrahieren. Und soweit ich sehen kann, hat Nelson eben dies ‚praktiziert', mögen seine ‚theoretischen' Erläuterungen auch zwiespältiger Natur sein.

Gleichsam im Vorgriff der Vollkommenheit, der einem Theoriegebäude möglichst viel konsistente Kohärenz abgewinnen will, möchte ich eine Deutung von Nelsons regressiver Abstraktionskonzeption anbieten, mit der die aufgezeigte Widersprüchlichkeit aufgehoben werden könnte. Sie findet ihre Basis in einer Erläuterung Nelsons zur ‚axiomatischen Methode'[6] in seiner ‚Kritik der praktischen Vernunft':

> Die axiomatische Untersuchung eines Satzes hat zum Problem nicht die Wahrheit des Satzes, sondern hat es nur mit der Frage zu tun, welche Voraussetzungen zu einer Begründung *notwendig und hinreichend* sind. [...] In analogem Sinne kann man aber auch eine ganze Theorie einer axiomatischen Untersuchung unterwerfen. Die Axiomatik einer Theorie soll nicht deren Richtigkeit prüfen, sondern sie soll uns in den Stand setzen, von

[6] Volker Peckhaus hat überzeugend nachgewiesen, dass für Nelson (in der philosophischen Reflexion) „die axiomatische Methode mit der regressiven Methode zusammenfällt". (Peckhaus 1998, 37–61) Es ist allerdings darauf hinzuweisen, dass ein Theorieverständnis der empirischen Wissenschaften und ethischer Konzeptionen, das sich die Axiomatik zum Vorbild nimmt, dem Fallibilismus zu wenig Rechnung trägt. Die nicht-falliblen Grundsätze, zu denen die regressive Abstraktion hinführen soll, müssen selbst den Fallibilismus mehr oder weniger konkreter Urteile begründen, etwa in dem sie wie in der Diskurstheorie durch die regulative Idee des idealen (niemals erreichbaren) Konsenses als *hinreichende* Geltungsbedingung faktische Konsense bzw. Wahrheitsunterstellungen unter Fallibilitätsvorbehalt stellt.

> jedem Satze der Theorie zu entscheiden, welche Voraussetzungen zu seiner Begründung *notwendig und hinreichend* sind. (Nelson 1972, 620)[7]

Gehen wir von einem konkreten Urteil aus, das eine Personengruppe (etwa in einem Nelson'schen ‚sokratischen Gespräch') anhand einer Erfahrungssituation erarbeitet hat und für wahr hält. Um dieses durch das Wahrheitsgefühl gestützte Für-wahr-Halten zu einer Erkenntnis werden zu lassen, sucht sie (abstrahierend) Gründe/Prämissen, mit denen die Wahrheit des Urteils erwiesen werden könnte: *hinreichende* Gründe. Hierbei handelt es um Argumentationen, wie sie ganz alltäglich geführt werden, wenn auch in der Regel in einer nicht so konzentrierten und verständigungsorientierten Weise wie im Sokratischen Gespräch. Ähnlich verhält es sich in der Wissenschaft: Sie sucht nach *hinreichenden* Gründen (Gesetzmäßigkeiten) für die Wahrheit konkreterer Urteile.

Mit Fug und Recht kann diese Suche nach möglichen allgemeinen Gründen regressive Abstraktion genannt werden. Sie wird freilich in einer ‚natürlichen' Einstellung geführt, in der kein Ende des Rückgangs auf immer weitere Gründe in Sicht ist. Denn auch ein bloßes Für-wahr-Halten allgemeinerer Gründe erhält allein dadurch noch nicht das Siegel einer Erkenntnis, die nicht mehr hinterfragt werden könnte.

Wie immer es geschehen mag, an einer bestimmten Stelle des Gesprächs (bzw. der Forschung) wendet sich das Blatt. Die ‚natürliche' Einstellung wandelt sich in eine ‚philosophische' bzw. ‚selbstreflexive' Einstellung, und damit ändert sich auch die Suchrichtung der regressiven Abstraktion. Statt weiterhin nach ‚Prämissen' zu fahnden, wird nun der Versuch unternommen, ‚Präsuppositionen' aufzudecken, die notwendige Bedingungen der Möglichkeit der Urteilsbildungen, etwa der Bildung von Erfahrungsurteilen, sind. Zuvor – in der natürlichen Einstellung – konnte man z. B. noch konkrete Erfahrungsurteile an immer allgemeinere Erfahrungsurteile (oder konkrete moralische Urteile an immer allgemeinere Normen und Werte) zu knüpfen versuchen, nun – in der selbstreflexiven Einstellung (mit der Kant seine regressive Abstraktion beginnen lässt) – versucht man, auch *im Vernunftgebrauch selbst* notwendig vorausgesetzte synthetische Urteile a priori aufzufinden.

Auf diese Weise ließe sich die Unklarheit von Nelsons Erläuterungen in die (gegenüber Kant realitätsnähere) Konzeption einer *zweistufigen* regressiven Abstraktion überführen. In aller Regel verbleiben auch Sokratische Gespräche, die in der Nelson'schen Tradition geführt werden, in der natürlichen Einstellung der Suche nach Gründen (Prämissen) für konkrete Urteile. Nur höchst selten gelangt ein Sokratisches Gespräch, worauf Gustav Heckmann hingewiesen hat (Heckmann 2018, 93–112)[8], in die eigentliche – philosophische – Dimension der philoso-

[7] *Kursiv*schreibung von H. G.

[8] Auch in dem von Heckmann angeführten Gespräch wird die Stufe der philosophischen Abstraktion nicht erreicht. Vielmehr muss Heckmann auf eine schriftliche Arbeit von Grete Henry-Hermann (1985) verweisen, um die begrenzte Reichweite des Kausalitätsprinzips im Bereich menschlichen Urteilens aufzuzeigen.

phisch-regressiven Abstraktion, in der (häufig nach einem Zwischenstadium der Verwirrung) die konstitutiven Sinn- und Geltungsbedingungen der erhobenen Erkenntnisansprüche explizit reflektiert werden. Genau darin liegt jedoch der *Sinn* des ganzen Unternehmens ‚regressive Abstraktion', nämlich im Aufweis philosophischer Vernunftwahrheiten.

Zu Recht weist Nelson mit seiner These der Unmöglichkeit der Erkenntnistheorie auf die Unmöglichkeit hin, mittels der *Begründung von Urteilen durch Urteile* dieses Ziel zu erreichen. Es kann keine ‚letzten' Gründe (Urteile) geben, weil jeder Grund wiederum einen Grund (ein begründendes Urteil) verlangt usw. Damit ist freilich noch nicht ausgemacht, dass es eine andere Form des Nachweises philosophischer Vernunftwahrheiten gäbe, die diesem unendlichen Regress nicht verfallen würde. Bekanntlich gibt es heute (fast) nur noch Geltungs- bzw. Erkenntnistheorien, die ohne einen solch hohen Anspruch auskommen zu können glauben[9], etwa den Kritischen Rationalismus Karl Poppers, die Sprachspielpragmatik Ludwig Wittgensteins oder die auf der Bedingung einer mehr oder weniger rationalen Lebenswelt fußende Theorie des kommunikativen Handelns von Jürgen Habermas. Die Einwände, die von dieser Seite gegen Nelsons (Letzt-)Begründung grundlegender synthetischer Sätze a priori erhoben werden könnten[10], sind u. a.:

(a) Solipsismus, (b) Dogmatismus, (c) Psychologismus

(a) Auf Nelsons Ansatz trifft sicherlich der *solipsistische* Einwand zu, der Einwand einer sinnwidrigen Abstraktion von der intersubjektiven (Subjekt-Subjekt-)Relation der Vernunft. Die Unhaltbarkeit des Solipsismus voraussetzend, mag es genügen darauf hinzuweisen, dass Nelson tatsächlich eine solipsistische Auffassung vertrat, nämlich die urcartesische Auffassung, dass ‚einer allein' bzw. ‚privatim'[11], ohne andere vorauszusetzen, zu einer Erkenntnis, hier zur Erkenntnis wahrer Prinzipien, gelangen könne und erst von diesem Ursprung aus zu der Annahme berechtigt sei, dass diese Prinzipien auch von allen anderen Menschen vorausgesetzt werden müssten. Ein Zitat mit geradezu klassischen solipsistischen Formulierungen belegt dies:

> Wer die objektive Gültigkeit seiner Erkenntnis nicht durch das Selbstvertrauen zur eigenen Vernunft besitzt, der wird sie sich schwerlich dadurch verschaffen können, dass er erfährt, wie die Vernunft anderer organisiert ist. Wer aber dieses Selbstvertrauen zu seiner Vernunft besitzt, dem wird es, wenn er sich für philosophische Wissenschaft interessiert, genügen, diese seine Vernunft gründlich kennenzulernen; denn eben in ihr wird er die philosophische Wahrheit finden. [...] (D)a alle Geisteserkenntnis eine schlechthin innere ist,

[9] Kay Herrmann (2011) hat einige dieser Ansätze in seinem Buch ‚Apriori im Wandel. Für und wider eine kritische Metaphysik der Natur' thematisiert.

[10] Was die gegenwärtige philosophische Landschaft anbetrifft, ist der Konjunktiv hier angebracht, da einer Auseinandersetzung mit Nelsons transzendentalem Begründungsansatz kaum noch Beachtung geschenkt wird.

[11] In Anspielung auf Wittgensteins antisolipsistische These, dass man „nicht der Regel ‚privatim' folgen kann" (Wittgenstein 1982, § 202, 128).

> so kann ich nur durch Analogie von mir selbst auf die Existenz und Beschaffenheit anderer Geister schließen. [...] es ist eben der *Begriff* des Menschen, und zwar der einzige (psychologische) Begriff des Menschen, den ich bilden kann: der Begriff aller der geistigen Wesen, deren Vernunft so organisiert ist wie die meinige; denn erst von mir schließe ich auf andere Geister, anders könnte ich gar nicht auf sie zu reden kommen. (Nelson 1970, 35f.)[12]

(b) Mit dem Vorwurf Solipsismus verbindet sich in gewisser Weise der Vorwurf des *Dogmatismus,* allein schon deshalb, weil ohne die gleichursprünglichen Stimmen der Anderen die Selbstkritik nur unvollkommene Kritik sein kann. Grundsätzlich muss man jedoch konstatieren, dass es sich bei Nelsons zur psychologischen Deduktion hinführender regressiver Abstraktion der Intention nach nicht um einen willkürlichen, rein dezisionistischen Abbruch der Begründung handelt. Nelson beansprucht lediglich, dass diese Begründung nicht in der Form einer Begründung von Urteilen durch andere Urteile geschehen könne.[13]

(c) Ist der Vorwurf der *Psychologismus*, jenes Ansatzes, der die quaestio juris, die Frage nach wahren Grundsätzen der Erkenntnis, auf die quaestio facti, die Frage nach psychologischen Gesetzmäßigkeiten, reduziert, berechtigt? Nelson hat diese Deutung seines und des Fries'schen Ansatzes vehement zurückgewiesen, zumal er selbst psychologistische Erkenntnistheorien aufs Schärfste kritisiert hatte. In vielen Fällen sind die Kritiken – etwa der Neukantianer, die Nelson nur ungern in ihren Reihen duldeten – zu undifferenziert.[14] Freilich ist damit noch nicht geklärt, welchen Sinn Nelsons mittels psychologischer Selbstbeobachtung erfolgender Aufweis der apodiktischen Geltung regressiv abstrahierter Grundurteile durch eine unmittelbare (nicht über ein begründendes Urteil vermittelte) Erkenntnis haben könnte. Warum sollte eigentlich eine unmittelbare Erkenntnis noch als Tatsache psychologischer Selbstbeobachtung aufgewiesen werden müssen? Setzt ‚Erkenntnis' qua Erkenntnis nicht schon das *Wissen* der Erkenntnis voraus?

[12] Ein Beleg dafür, dass eine intersubjektive Relation für den Begriff und die Erkenntnis der objektiven Welt notwendig ist (ich sie also nicht nur in meinem Geist auffinden kann) und es alles andere als einfach ist, „von mir auf andere Geister zu schließen" (Nelson 1970, 35), sind Edmund Husserls (letztlich scheiternden) Versuche, im Ausgang von einem solipsistischen Bewusstsein die Möglichkeit intersubjektiver Intentionalität aufzuweisen.

[13] Auf einem anderen Blatt steht, dass Nelson durch seine mitunter barsche und abkanzelnde Gegenrede selbst den Eindruck des Dogmatismus befördert hat. Sätze wie „Jene Frage (nach der Abhängigkeit der Allgemeingültigkeit metaphysischer Prinzipien von der Vernunft anderer Menschen, H. G.) hat das vermeintliche philosophische Interesse gar nicht, das man ihr beilegt" (Nelson 1970, 35) gehört noch zu den verhältnismäßig höflichen Formulierungen.

[14] Bedauerlicherweise trifft dies, worauf Volker Peckhaus zu Recht hingewiesen hat (Peckhaus 2000, 191–209), auch auf die zu undifferenzierte Psychologismusunterstellung in meinen Beiträgen zu Nelsons Vernunftkonzeption zu: Gronke (1994, 55–67; 1998, 89–113).

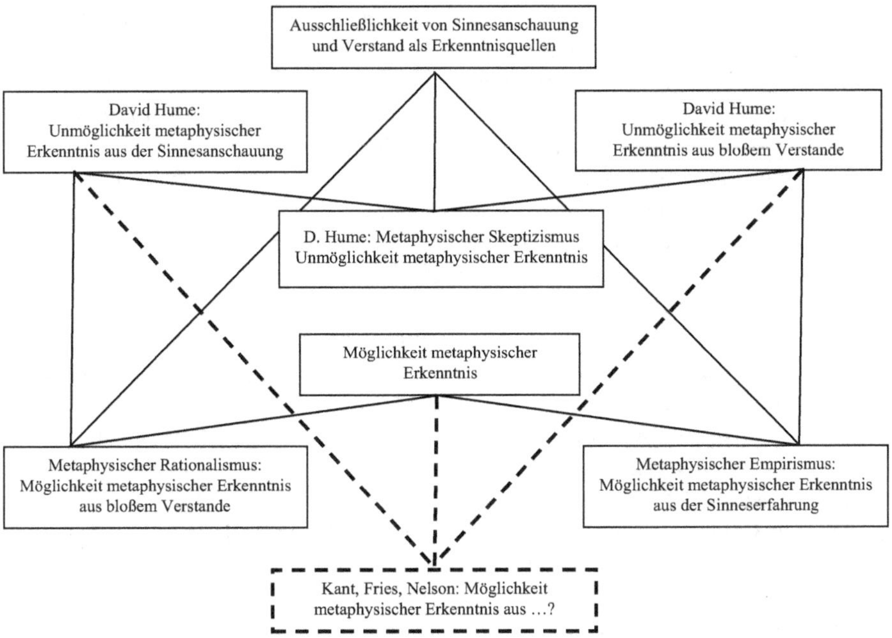

Abb. 3.1 Regressive Methode bei Kant

Pars pro Toto gibt dazu diese Zitatfolge aus den Erläuterungen Nelsons zur Methodenlehre Jakob Friedrich Fries' Auskunft:

> Es ist nämlich durchaus zweierlei […]: Unmittelbarkeit der Erkenntnis und Unmittelbarkeit des Bewusstseins um die Erkenntnis, […] Wo diese Unmittelbarkeit des Bewusstseins um die Erkenntnis fehlt, […] liegt diese unmittelbare Erkenntnis selbst noch durchaus im dunkeln, so dass nicht einmal ihre Existenz, geschweige denn ihr Inhalt ohne weiteres zutage liegt.
>
> […] es gibt für uns gar kein unmittelbares Bewusstsein um die metaphysische unmittelbare Erkenntnis. Die metaphysische Wahrheit wird uns nur vermittels des Nachdenkens in der Form des Urteils klar und gar nicht unabhängig vom Urteil.
>
> Diese unmittelbare Erkenntnis kommt uns aber nicht unabhängig von dem Urteil zum Bewusstsein. Es bleibt daher, um diese Vergleichung [der Grundurteile mit der ihnen zugrunde liegenden unmittelbaren Erfahrung, H. G.] nichts anderes übrig, als […] die unmittelbare metaphysische Erkenntnis erst zum Gegenstand einer eigenen Untersuchung zu machen […].
>
> […] Aus einer psychologischen Theorie der Vernunft also muss die Deduktion der metaphysischen Grundsätze geführt werden. Diese Deduktion ist kein Beweis der zu begründenden metaphysischen Urteile; […]. Wohl aber ist sie der psychologische Beweis der Existenz einer diesen Urteilen zugrunde liegenden nichtanschaulichen unmittelbaren Erkenntnis. (Nelson 1977, 582–587)

Halten wir die wichtigsten Etappen fest, die mittels der zweistufigen Abstraktion zur transzendentalen Deduktion führen:

1) Zunächst geht man von konkreten Erfahrungsurteilen U aus, von deren Wahrheit man überzeugt ist, Urteilen also, die (geleitet vom Wahrheitsgefühl) keinem ernsthaften Zweifel unterliegen.[15]
2) Dann (auf der ersten – ‚natürlichen' – Stufe der regressiven Abstraktion) sucht man regressiv abstrahierend allgemeinere Urteile U' (z. B. Gesetzmäßigkeiten) auf, mittels derer die konkreten Erfahrungsurteile begründet werden können.
3) Sofern die Begründung logisch hinreichend erscheint und sich auch hier kein ernsthafter Zweifel an der Wahrheit des allgemeineren Urteils meldet, sucht man wiederum noch allgemeinere Urteile U" auf, mit denen sich die Urteile U' begründen lassen usw.
4) Auf diese Weise gelangt man schließlich (auf der zweiten – ‚philosophischen' – Stufe der regressiven Abstraktion) zu Grundurteilen G. Wie der abstrahierende Geist weiß, dass es sich um Grundurteile handelt, ist ein offenes Problem, dem Nelson, wie mir scheint, zu wenig Beachtung widmet. Es steht wohl mit einer ‚philosophischen' Reflexionsumstellung in Zusammenhang, aus der die Erkenntnis der Unmöglichkeit hervorgeht, diese Grundurteile nochmals mit weiteren Grundurteilen zu begründen oder zu bezweifeln, da sie notwendige Voraussetzungen sowohl des Begründens als auch des Bezweifelns der Grundurteile sind.[16]
5) Sofern es sich wirklich um nicht weiter urteilsartig zu begründende Grundurteile handelt, müssen diese Nelson zufolge mit der Gewissheit einer unmittelbaren Erkenntnis einhergehen.
6) Des Wissens der unmittelbaren Erkenntnis ist man sich häufig nicht voll bewusst.
7) In einer (urteilsartigen, falliblen) psychologischen Selbstbeobachtung soll nun *bewiesen* werden, dass *diese* unmittelbare Erkenntnis tatsächlich *existiert*; sie wird bei gelingender Beweisführung in Bewusstheit überführt.

---

[15] Auch wenn kein Zweifel aufkommt, bedeutet dies nicht, dass diese Urteile *unbezweifelbar* sind. Andernfalls wäre die Suche nach Gründen zu ihrer geltungslogischen Stützung sinnlos.

[16] Die Unmöglichkeit, für *alle* Urteile noch eine Begründung durch weitere Urteile zu verlangen oder *alle* Urteile noch einem möglichen Zweifel auszusetzen, kann nur durch einen elenktischen Nachweis der Widersprüchlichkeit dieser Anmutung aufgewiesen werden. Tatsächlich macht Nelson eine solche Argumentation geltend: „Wollten wir die Wahrheit der unmittelbaren Erkenntnis bezweifeln, so müssten wir sie, sofern sie unmittelbare Erkenntnis ist, zu diesem Zweifel selbst voraussetzen. Der Zweifel an der unmittelbaren Erkenntnis führt zum Widerspruch." (Nelson 1970, 24) Nelson hat jedoch die substanziellen Gehalte, die mit diesem elenktischen Nachweis verbunden sind, nicht gehoben. Er konnte sie nicht heben, weil er die Argumentationsfigur des Aufweises eines performativen bzw. pragmatischen Selbstwiderspruchs noch nicht kannte. Karl-Otto Apel, der mit Nelson die Intention einer Grundlegung des Vernunftgebrauchs teilt, hat diese sprachphilosophische Argumentationsfigur zum Aufweis unhintergehbarer universaler Bedingungen der Erhebung von Geltungsansprüchen ausgearbeitet (Apel 2011).

Als Beispiel für die zur transzendentalen Deduktion zu rechnenden Schritte 5–7 führt Nelson (in Bezug auf mögliche Erfahrungserkenntnis) den Aufweis der (vermeintlich) absoluten Geltung des Kausalitätsprinzips an (Nelson 1977, 592).

Das in der regressiven Abstraktion ermittelte Grundurteil lautet:

„B) Jede Veränderung hat eine Ursache."

Der sich aus der psychologischen Selbstbeobachtung ergebende empirische Beweis der *Existenz* der unmittelbaren Erkenntnis lautet:

„B') B (Jede Veränderung hat eine Ursache, H. G.) ist die Wiedergabe einer unmittelbaren Erkenntnis."

Die Aufgabe dieses Beitrags besteht nicht in der Kritik der transzendentalen Deduktion bei Fries und Nelson, die etwa ‚mit Nelson gegen Nelson' bei einer mutmaßlichen Begriffsvermengung von ‚nicht mittelbarer Erkenntnis' und ‚unmittelbarer Erkenntnis' ansetzen könnte, die von der (eingeführten) Prämisse (dem Grundsatz) des ‚Selbstvertrauens der Vernunft' getragen wird. Es liegt mir vielmehr daran, die (heuristische) Fruchtbarkeit dieser Denkweise ins rechte Licht zu rücken. Auch wenn Nelson die schon zu seiner Zeit aufkeimenden neuen sprachphilosophischen Entdeckungen kaum zur Kenntnis genommen hat, lassen sich manche seiner und Fries' subjektphilosophischen Überlegungen in eine sprachphilosophische Betrachtung transformieren. So könnte etwa die vom Wittgensteinianer Gilbert Ryle vorgenommene Unterscheidung eines in gewisser Weise sicheren, aber dunklen sprachlichen Knowing how (sprachliches Können/unausdrückliches sprachliches Gebrauchswissen) und eines falliblen, aber deutlicheren Knowing that des sprachlichen Könnens (ausdrückliches Sprachwissen) als eine Übertragung von Nelsons Unterscheidung zwischen bewusster und unbewusster (Un-)Gewissheit der unmittelbaren Erkenntnis in ein sprachphilosophisches Gewand aufgefasst werden (Ryle 1949).[17]

In diesem Sinne hat Nelsons Theorie der regressiven Abstraktion und der transzendentalen Deduktion eine Geschichte – eine Geschichte, die sowohl die Notwendigkeit als auch Potenzial zu ihrer Weiterentwicklung in sich trägt.

Literatur

Apel, Karl-Otto: *Paradigmen der Ersten Philosophie.* Frankfurt a. M. 2011

Bieri, Peter/Horstmann, Rolf-Peter/Krüger, Lorenz (Hg.): *Transcendental Arguments and Science. Essays in Epistemology.* Dordrecht 1979

Brandt, Andreas: Die Voraussetzungen unserer Urteile. Überlegungen zu Nelsons Methode der regressiven Abstraktion. In: Armin Berger et al. (Hg.): *Leonard Nelson – ein früher Denker der Analytischen Philosophie? PPA-Schriften, Bd. 2,* Münster 2011, 99–127

Brune, Jens Peter/Stern, Robert/Werner, Micha H. (Hg.): *Transcendental Arguments in Moral Theory.* Berlin 2017

[17] Es soll damit allerdings nicht nahegelegt werden, dass diese – im Kern lebensform- bzw. kulturrelative – Konzeption dazu geeignet ist, Nelsons Projekt des Aufweises grundlegender Vernunftwahrheiten aufzuheben.

Glock, Hans-Johann: Nelson und die analytische Philosophie. In: Armin Berger et al. (Hg.): *Leonard Nelson – ein früher Denker der Analytischen Philosophie? PPA-Schriften, Bd. 2*. Münster 2011, 39–70

Gronke, Horst: Nelson, Husserl, Apel: Kontinuität der Letztbegründungsphilosophie. In: Reinhard Kleinknecht/Barbara Neißer (Hg.): *Leonard Nelson in der Diskussion (= Schriftenreihe „Sokratisches Philosophieren", Bd. 1)*. Frankfurt a. M. 1994, 55–67

Gronke, Horst: Nelsons Vernunftethik. Ihr Stellenwert in der moralphilosophischen Diskussion der Gegenwart. In: Dieter Krohn et al. (Hg.): *Zwischen Kant und Hare. Eine Evaluation einer Ethik Leonard Nelsons (= Schriftenreihe „Sokratisches Philosophieren", Bd. 5)*. Frankfurt a. M. 1998, 89–113

Heckmann, Gustav: Auf der Suche nach dem Sittengesetz. Der Weg der Abstraktion. In: Ders.: *Das sokratische Gespräch. Mit aktualisiertem Vorwort von Dieter Krohn (= Schriftenreiche „Sokratisches Philosophieren", Bd. 16)*. Berlin ^{3}2018, 93–112

Henry-Hermann, Grete: *Die Überwindung des Zufalls. Kritische Betrachtung zu Leonard Nelsons Begründung der Ethik als Wissenschaft*. Hamburg 1985

Herrmann, Kay: *Apriori im Wandel. Für und wider eine kritische Metaphysik der Natur.* Heidelberg 2011.

Husserl, Edmund: *Cartesianische Meditationen und Pariser Vorträge. Husserliana: Edmund Husserls Gesammelte Werke*, Bd. I. Hrsg. v. Stephan Strasser. Den Haag 1950

Kant, Immanuel: *Logik: ein Handbuch zu Vorlesungen*. Herausgegeben von Gottlob Benjamin Jäsche. Berlin 1869.

Kant, Immanuel: *Prolegomena zu einer jeden künftigen Metaphysik*. Herausgegeben von Karl Vorländer. Hamburg ^{7}1993

Kleinknecht, Reinhard: Leonard Nelsons Theorie der Begründung. In: Reinhard Kleinknecht/Barbara Neißer (Hg.): *Leonard Nelson in der Diskussion (= Schriftenreihe „Sokratisches Philosophieren", Bd. 1)*. Frankfurt a. M. 1994, 26–37

Nelson, Leonard: *Die Schule der kritischen Philosophie und ihre Methode. Gesammelte Schriften*. Herausgegeben von Paul Bernays et al., *Bd. 1*. Hamburg 1970

Nelson, Leonard: *Kritik der praktischen Vernunft. Gesammelte Schriften*. Herausgegeben von Paul Bernays et al., *Bd. 4*. Darmstadt 1972

Nelson, Leonard: *Fortschritte und Rückschritte der Philosophie. Gesammelte Schriften*. Herausgegeben von Paul Bernays et al., *Bd. 7*. Aus dem Nachlass herausgegeben von Julius Kraft. Hamburg 1977

Nelson, Leonard: *Typische Denkfehler in der Philosophie. Nachschrift der Vorlesung vom Sommersemester 1921*. Aus dem Nachlass herausgegeben von Andreas Brandt und Jörg Schroth. Hamburg 2011

Peckhaus, Volker: Axiomatische Ethik. In: Dieter Krohn et al. (Hg.): *Zwischen Kant und Hare. Eine Evaluation einer Ethik Leonard Nelsons (= Schriftenreihe „Sokratisches Philosophieren", Bd. 5)*. Frankfurt a. M. 1998, 37–61

Peckhaus, Volker: Kantianer oder Neukantianer? Über die Schwierigkeiten, Frege der Philosophie seiner Zeit zuzuordnen. In: Gottfried Gabriel/Uwe Dathe (Hg.): *Gottlob Frege – Werk und Wirkung*. Paderborn 2000, 191–209

Ryle, Gilbert: *The Concept of Mind*. London 1949

Schroth, Jörg: Regressive Methode der Abstraktion und unmittelbare Erkenntnis bei Leonard Nelson. Reinhard Kleinknecht/Barbara Neißer (Hg.): *Leonard Nelson in der Diskussion (= Schriftenreihe „Sokratisches Philosophieren", Bd. 1)*. Frankfurt a. M. 1994, 114–150

Wittgenstein, Ludwig: *Philosophische Untersuchungen*. Herausgegeben von Gertrude Elizabeth Anscombe, Georg Henrik von Wright und Rush Rhees. Frankfurt a. M. 1982

4 Zum systematischen Zusammenhang zwischen Glauben und Wissen

Reinhard Kleinknecht und Alexander Zimmermann

Fürwahrhalten und Wahrheit

Mit erkenntnistheoretischen Fragen beschäftigte sich Leonard Nelson ausführlich in seiner umfangreichen Abhandlung *Über das sogenannte Erkenntnisproblem* (Nelson 1908). In dieser Schrift präsentiert er zu Beginn einen „Beweis der Unmöglichkeit der Erkenntnistheorie" (Nelson 1908, 92), durch den er in der Fachwelt bald Aufmerksamkeit erlangte. In einem Vortrag mit dem Titel *Die Unmöglichkeit der Erkenntnistheorie* von 1911 (publiziert 1918) griff er dieses Thema in fast gleichlautenden Worten noch einmal auf. Einleitend beklagt er, dass „die Philosophie jetzt noch nicht eine Wissenschaft ist" (Nelson 1918, 462), was er dann am Beispiel der philosophischen Erkenntnistheorie begründen möchte. Diese beschäftigt sich nach ihm mit der Lösung eines Problems, das er für unlösbar hält. Er ist der Ansicht, mit seiner Argumentation zugleich die Unmöglichkeit der Erkenntnistheorie bewiesen zu haben. Dies freilich ist eine allzu voreilige Behauptung, die er bei Lichte gesehen gar nicht nachgewiesen hat. Nach Nelsons Auffassung geht es in der Erkenntnistheorie um die „Untersuchung der objektiven Gültigkeit der Erkenntnis überhaupt" (Nelson 1908, 92). Im Vortrag spricht er stattdessen von der „Wahrheit oder objektive[n] Gültigkeit unserer Erkenntnis" (Nelson 1918, 465). Das Vorhandensein einer solchen Erkenntnis bezeichnet er als „Problem" (Nelson 1908, 92; 1918, 465), dessen Unlösbarkeit er beweisen will.

R. Kleinknecht (✉)
Fachbereich Philosophie, Kultur- und Geisteswissenschaftliche Fakultät,
Paris-Lodron-Universität Salzburg, Salzburg, Österreich
E-Mail: reinhard.kleinknecht@plus.ac.at

A. Zimmermann
Private Pädagogische Hochschule Burgenland, Eisenstadt, Österreich
E-Mail: alexander.zimmermann@ph-burgenland.at

K. Herrmann und B. Schwitzer (Hrsg.), *Der Geist der kritischen Schule*,
https://doi.org/10.1007/978-3-662-68345-3_4

Hierbei setzt er ohne Begründung voraus, dass zur Lösung des Problems ein Kriterium – er nennt es u. a. „Wahrheitskriterium" (Nelson 1918, 466) – erforderlich ist. Leider verrät er nicht, was er darunter versteht. Aus dem Text ergibt sich lediglich, dass es etwas ist, mit dessen Hilfe entschieden werden kann, ob eine Erkenntnis wahr (‚objektiv gültig') ist. Für seinen vermeintlichen Beweis geht er von der indirekten Annahme aus, es gäbe ein solches Kriterium *K*. Dann macht er eine Fallunterscheidung.

- Fall 1: *K* ist eine Erkenntnis. Dann muss laut Nelson aber zunächst festgestellt werden, ob *K* wahr ist. Hierzu müsste *K* auf sich selbst angewendet werden, was er ohne weitere Ausführungen kurzerhand für unmöglich erklärt. Allerdings übersieht er, dass jemand, der *K* für ein Wahrheitskriterium *hält*, es anwenden kann, ohne in den von Nelson behaupteten Widerspruch zu geraten.
- Fall 2: *K* ist keine Erkenntnis. Nelson zufolge müsste dann *erkannt* werden, dass *K* ein Wahrheitskriterium ist, und diese Erkenntnis müsste somit selbst auf ihre Wahrheit hin überprüft werden. Allerdings könnte jemand *K* einfach darum anwenden, weil er *K* für ein Wahrheitskriterium hält. Die Forderung Nelsons, auch dieses Fürwahrhalten unter Anwendung von *K* auf seine Wahrheit hin zu überprüfen, würde dieser jemand wohl als sinnwidrig zurückweisen. Außerdem müsste die Forderung Nelsons nicht nur für die hier in Frage stehende, sondern auch für jede andere Erkenntnis gelten.

Sein vermeintlicher Beweis über die ‚Unmöglichkeit der Erkenntnistheorie' weist nicht die sonst für Nelson charakteristische analytische Schärfe auf. Es werden Voraussetzungen gemacht, die nicht einmal explizit angegeben werden. Auch Nelsons Voraussetzung, die zentrale Aufgabe der Erkenntnistheorie sei einzig das von ihm für unlösbar gehaltene Problem, ist historisch unzutreffend. Die auf den ersten Blick exakt, ja fast mathematisch aussehende Fallunterscheidung ist logisch überflüssig, da in jedem Fall erkannt werden müsste, dass *K* ein Wahrheitskriterium ist. Im Übrigen ist Nelsons Formulierung, dass es um die Prüfung der „objektive[n] Gültigkeit der Erkenntnis" (Nelson 1918, 465) geht, schon rein sprachlich unklar und irreführend. Denn dann müsste es auch eine nicht objektiv gültige Erkenntnis geben. Ganz nebenbei schreibt er allerdings: „die Wahrheit oder objektive Gültigkeit unserer Erkenntnis" (Nelson 1918, 465). Nelson identifiziert demnach ‚die Wahrheit unserer Erkenntnis' mit ihrer ‚objektiven Gültigkeit'. Infolgedessen geht es bloß um die Feststellung der Wahrheit unserer Erkenntnis. Da man aber nicht sinnvoll von einer ‚falschen Erkenntnis'[1] sprechen kann, reduziert sich seine Redeweise schlicht darauf, festzustellen, ob etwas für wahr *Gehaltenes* auch wahr *ist*.

Die hinter dem von Nelson angestrebten Wahrheitskriterium steckende Idee lässt sich vielleicht folgendermaßen verdeutlichen. Ein Kriterium ist etwas, mit Hilfe

[1] Gemäß den Verlagsvorgaben werden zur Bildung von Anführungsnamen und anstelle der Quine'schen Ecken ebenso die beiden Zeichen ‚ und ' verwendet.

dessen eine Feststellung ermöglicht wird. So kann mit dem Lackmustest die Frage beantwortet werden, ob eine Flüssigkeit eine Säure ist. Nelsons angestrebtes Kriterium müsste also die Gestalt einer generellen Äquivalenz haben:

(*) Für jede Proposition (Aussage) A gilt: A ist genau dann wahr, wenn A die Bedingung soundso erfüllt.

Eine Anwendung von (*) auf eine bestimmte Proposition A_0 ist dann ein folgerichtiger Schluss mit wahren Prämissen von der Gestalt:

(a) A_0 erfüllt die Bedingung soundso (nicht).
(b) (*)

(c) A_0 ist wahr (nicht wahr).

Setzt man, wie Nelson, voraus, dass die Wahrheit einer Proposition *nur* durch Anwendung des ins Auge gefassten Kriteriums feststellbar ist, so muss man auch die Wahrheit der als wahr vorausgesetzten Prämissen (a) und (b) mittels eben dieses Kriteriums ermitteln. Dazu bedürfte es eines weiteren folgerichtigen Schlusses mit wahren Prämissen obiger Gestalt, dessen Prämissen wiederum auf ihre Wahrheit hin zu überprüfen wären usw. Dies aber würde nicht, wie Nelson behauptet, auf einen Widerspruch, sondern auf einen unendlichen Regress hinauslaufen. Die ganze Idee eines so verstandenen Wahrheitskriteriums ist abwegig.

Nelsons Aussage, dass ein Erkenntniskriterium unmöglich ist, besagt bei Lichte besehen nur dies: Es gibt nichts, mit dessen Hilfe definitiv entschieden werden kann, ob etwas für wahr *Gehaltenes* auch wahr *ist*. Interessanterweise ist dies die Kernidee des Fallibilismus. Einer der Hauptvertreter dieser seinerzeit vieldiskutierten Richtung, Hans Albert, führt in seinem *Traktat über kritische Vernunft* aus, dass „jeder *Unfehlbarkeitsanspruch* für irgendeine Instanz" (Albert 1969, 36) zurückzuweisen ist. Er nennt dies „*Fallibilismus* in bezug auf jedwede mögliche Instanz" (Albert 1969, 36). In seinem Buch *Die Wissenschaft und die Fehlbarkeit der Vernunft* heißt es, „dass es keine Wahrheits*garantie* gibt." (Albert 1982, 63). Keine Instanz sei also unfehlbar.[2] Obwohl Alberts Ausführungen die nötige logische Bestimmtheit vermissen lassen, meint er offenbar:

(1) Jede Aussage ist möglicherweise falsch.

Dabei übersieht er aber, dass nach (1) auch die logisch wahren Aussagen möglicherweise falsch sind. Dies jedoch ist unmöglich. Dann bleibt dem konsequenten Fallibilisten aber nur noch der Ausweg, (1) auf Aussagen einzuschränken, die nicht logisch wahr sind, d. h.,

(2) Jede Aussage, die nicht logisch wahr ist, ist möglicherweise falsch.

[2] Siehe dazu auch (Jakovljević 2021).

Aber (2) ist offensichtlich selbst eine logisch wahre Aussage und der Fallibilismus dann eine bloße Selbstverständlichkeit.

Nachfolgend sprechen wir nicht über Aussagesätze, sondern über Propositionen. Wir verstehen unter ‚Proposition' grob gesagt das, was durch einen Aussagesatz behauptet wird, einen gemeinten Sachverhalt. Wenn eine Proposition für wahr gehalten wird, obwohl sie falsch ist, liegt ein Irrtum vor. Die Erfahrung zeigt, dass nicht jede für wahr gehaltene Proposition wahr ist. Niemand ist gegen Irrtum gefeit.

Eine schöne philosophische Formulierung dessen stammt von Xenophanes, der als Begründer der eleatischen Schule gilt. Er ist der Verfasser des berühmten Fragmentes B 34, des vermutlich ältesten erhaltenen Textes erkenntnistheoretischen Inhalts, wenn auch in mythologischer Einkleidung. Hier ein Übersetzungsvorschlag, in dem versucht wird, das von Xenophanes Gemeinte angemessen und unter Berücksichtigung der in dieser Abhandlung behandelten Fragen auszudrücken:

Und das Untrügliche hat nun freilich kein Mensch erblickt. Und es wird auch nie einen geben, der es erblickt hat hinsichtlich der Götter und all dem, worüber ich spreche; denn auch wenn es einem in höchstem Maße gelänge, die reine Wahrheit auszusprechen, wüsste er selber es nicht: Vermeintlichkeit haftet an allem.

Die Essenz dieses Textes lässt sich folgendermaßen ausdrücken: Wir können nicht aus unserem Fürwahrhalten heraustreten, gleichsam in die Sphäre der reinen Wahrheit eintreten. Alles für wahr Gehaltene gilt nur bis auf weiteres. Nur im Modus des Fürwahrhaltens erfassen wir die Wahrheit. Prägnant formuliert: Was immer wir für *wahr* halten, *halten* wir für wahr. Sextus Empiricus vergleicht diejenigen, welche Wahrheit suchen, mit jenen, die im Dunkeln Schätze suchen, aber selbst dann, wenn sie welche gefunden haben, dies nicht wissen können (Adversus mathematicos 7, 52).

Glauben, Überzeugung, Zweifel

In dieser Abhandlung stellen wir eine Systematisierung des epistemischen Glaubensbegriffs vor, die zu einer neuen Wissensdefinition führt.[3] Aus Platzgründen und Gründen der Einfachheit geben wir hier nur wenige Definitionen und Theoreme an und verzichten gänzlich auf formal-technische Details und auf die Ausführung von Beweisen. Außerdem lassen wir die Relativierung auf die Zeit und andere Relativierungen der Einfachheit halber weg. Wir betonen, dass wir keine formale Sprache verwenden, sondern bloß mit Abkürzungen arbeiten.

[3] Schon seit längerem gibt es zum Thema Glauben und Wissen eine reichhaltige philosophisch-logische Literatur, beispielsweise (Jeffrey 1990; Lenzen 1980; Burks 1977; Kutschera 1976; Armstrong 1973; Griffiths und McQueen 1973).

Wir verwenden

- ‚x' und ‚y' als Variablen für urteilsfähige Personen,
- ‚A' und ‚B' als Variablen für Propositionen (also weder für Formeln noch für Aussagesätze),
- ‚$\sim A$' als abkürzende Schreibweise für ‚Es ist nicht der Fall, dass A',
- ‚$A \sqcap B$' als abkürzende Schreibweise für ‚A und B',
- ‚$A \sqcup B$' als abkürzende Schreibweise für ‚A oder B' in dem Sinne, dass A oder B oder beide der Fall sind, und
- ‚A/B' als abkürzende Schreibweise für ‚A unter der Bedingung B'.

Da wir ‚A' und ‚B' als Variablen für Propositionen verwenden, gebrauchen wir nicht die im Kontext formaler Sprachen häufig genutzten Zeichen ‚$\neg$', ‚$\wedge$' und ‚$\vee$', sondern die Zeichen ‚$\sim$', ‚$\sqcap$', ‚$\sqcup$' und ‚/'. Es gelten die beiden folgenden Klammerersparnisregeln:

- $\sim$ bindet stärker als $\sqcap$ und als $\sqcup$ sowie
- $\sqcap$ und $\sqcup$ binden stärker als /.

Für Propositionen gelten offensichtlich Prinzipien wie die folgenden:

- $\sim\sim A = A$
- $A \sqcap A = A \sqcup A = A$
- $A \sqcap B = B \sqcap A$
- $A \sqcup B = B \sqcup A$

Da wir Glauben als ein Fürwahrhalten auffassen, aber aus Einfachheitsgründen u. a. die Relativierung auf die Zeit weglassen, gelangen wir zu einer zweistelligen Relation: eine Person x glaubt, dass A der Fall ist. Nun kann eine Proposition mehr oder weniger stark geglaubt werden. Ein Glaube kann schwach sein, also Vermutungscharakter haben, aber mit zunehmender Stärke kann er bis zu einer felsenfesten Überzeugung anwachsen. Hierzu wird eine Funktion definiert, welche – grob formuliert – die reellen Zahlen von 0 bis 1 umfasst und einer Person x und einer Proposition A den Grad des Glaubens von x, dass A der Fall ist, in Form einer solchen reellen Zahl zuordnet. Eine solche Funktion sei ‚Glaubensgradfunktion' genannt. Die Bestimmungen der Definition 1 ähneln den entsprechenden Gegebenheiten aus der Wahrscheinlichkeitstheorie. Eine Glaubensgradfunktion setzt voraus, dass es sich nicht um ein blindes, unreflektiertes Fürwahrhalten, sondern um einen vernünftigen, wohlerwogenen Glauben handelt, für den man einzustehen bereit ist, der also auf einer Abwägung von Pro und Contra beruht. Die Glaubensgradfunktion metrisiert somit nicht eine bloße Meinung über etwas, worüber man nichts Näheres weiß, sondern einen Glauben, der auch weitergehenden Fragen standhält. Daher ist ausgeschlossen, dass jemand etwas, das er für falsch hält, glauben kann. Für einen solchen Glauben gilt, dass sich der Glaubensgrad einer

Person bezüglich A sich wie bei einer Waage zu ihrem Glaubensgrad bezüglich $\sim A$ verhält. So gelangt man zur folgenden Definition:

Definition 1: Für jedes g gilt:
g ist eine Glaubensgradfunktion gdw[4] g eine Funktion ist, die jedem x sowie jedem A eine reelle Zahl $g_x(A)$ derart zuordnet, dass gilt:
(a) $0 \leq g_x(A) \leq 1$ und
(b) $g_x(\sim A) = 1 - g_x(A)$.

Von nun an fungiert g als Variable für eine Glaubensgradfunktion im definierten Sinn. Aus Gründen besserer Lesbarkeit verzichten wir im Einklang damit in den Definienda der folgenden Definitionen auf die explizite Erwähnung von g. Ferner lassen wir in den Theoremen und Thesen den immer gleichen Vorspann, dass g eine Glaubensgradfunktion ist, weg. Die Definitionen, Theoreme und Thesen werden fortlaufend nummeriert.

Es lässt sich leicht zeigen:

Theorem 2: Für jedes x sowie für jedes A gilt:
(a) $g_x(A) + g_x(\sim A) = 1$.
(b) $g_x(A) = 1$ gdw $g_x(\sim A) = 0$.

Nun definieren wir auf Basis obiger Definition, was es heißt, dass eine Person x glaubt, dass A der Fall ist. Dies ist definitionsgemäß genau dann der Fall, wenn die Glaubensgradfunktion g relativ zu x der Proposition A eine Zahl größer als $\frac{1}{2}$ zuordnet.

Definition 3: Für jedes x sowie für jedes A gilt:
x glaubt, dass A, [kurz: $G(x, A)$] gdw $g_x(A) > \frac{1}{2}$.

Es lässt sich leicht zeigen:

Theorem 4: Für jedes x sowie für jedes A gilt:
(a) $G(x, A)$ gdw $g_x(A) > g_x(\sim A)$.
(b) Wenn $G(x, A)$, dann $\sim G(x, \sim A)$.

Überzeugung definieren wir als stärkste Form von Glauben:

[4] ‚gdw' steht kurz für ‚genau dann, wenn'.

Definition 5: Für jedes x sowie für jedes A gilt:
x ist überzeugt, dass A, [kurz: $Ü(x, A)$] gdw $g_x(A) = 1$.

Es lässt sich leicht zeigen:

Theorem 6: Für jedes x sowie für jedes A gilt:
(a) Wenn $Ü(x, A)$, dann $G(x, A)$.
(b) Wenn $Ü(x, A)$, dann $\sim Ü(x, \sim A)$.

Dieses Theorem stimmt mit unserer Intuition überein: Wenn jemand von A überzeugt ist, dann glaubt er auch daran; und wenn jemand von A überzeugt ist, dann nicht auch von dessen Gegenteil.

Zweifel definieren wir als eine Art Gegenstück zum Glauben. Eine Person bezweifelt, dass A, besagt, dass ihr entsprechender Glaubensgrad kleiner als $\frac{1}{2}$ ist. Je stärker der Glaube von x ist, dass A, desto weniger bezweifelt x, dass A, und vice versa. Mit anderen Worten: Je stärker der Glaube von x, dass A, desto stärker der Zweifel von x, dass $\sim A$, desto kleiner also $g_x(\sim A)$.

Definition 7: Für jedes x sowie für jedes A gilt:
x bezweifelt, dass A, [kurz: $Z(x, A)$] gdw $g_x(A) < \frac{1}{2}$.

All dies lässt sich in Form einer Skala wie folgt darstellen:

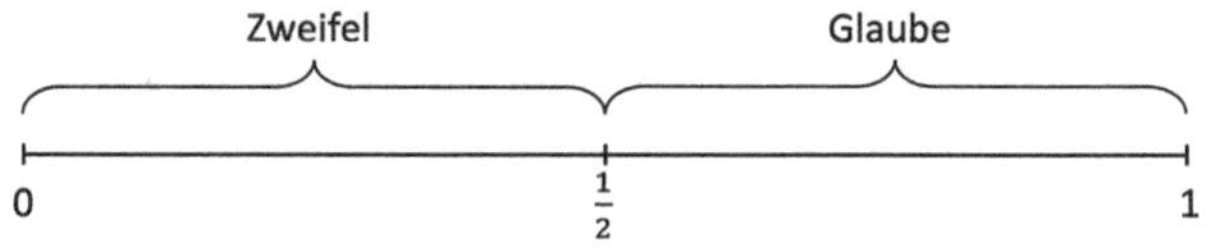

Man kann leicht zeigen:

Theorem 8: Für jedes x sowie für jedes A gilt:
(a) $Z(x, A)$ gdw $g_x(A) < g_x(\sim A)$.
(b) $Z(x, A)$ gdw $G(x, \sim A)$.

Der Glaubensgrad $\frac{1}{2}$ repräsentiert den Zustand, in dem x weder glaubt, dass A, noch bezweifelt, dass A, bezüglich A also indifferent ist.

Definition 9: Für jedes x sowie für jedes A gilt:
x ist bezüglich A indifferent [kurz: $I(x, A)$] gdw $g_x(A) = \frac{1}{2}$.

Es lässt sich leicht zeigen:

Theorem 10: Für jedes x sowie für jedes A gilt:
(a) $I(x, A)$ gdw $g_x(A) = g_x(\sim A)$.

(b) $I(x, A)$ gdw gilt: $\sim G(x, A)$ und $\sim G(x, \sim A)$.
(c) $I(x, A)$ gdw gilt: $\sim G(x, A)$ und $\sim Z(x, A)$.

Kritik zweier Wissensdefinitionen

In diesem Abschnitt prüfen wir zwei Wissensdefinitionen. Zu deren leichteren Unterscheidung verwenden wir einen numerischen Subindex. Die klassische Definition (Lenzen 1980, 52 ff.), nach der Wissen wahre Überzeugung (*δόξα ἀληθής*) ist (Theaitetos, 187b), geht auf Platon zurück, der sie bereits eingehend diskutiert und schließlich als inadäquat verworfen hat (Theaitetos, 200d-201c).

Definition 11: Für jedes x sowie für jedes A gilt:
x weiß$_1$, *dass A*, [kurz: $W_1(x, A)$] gdw gilt:
(a) $\ddot{U}(x, A)$ und
(b) es ist wahr, dass A.

Die Bestimmung (a) dieser Definition beinhaltet die subjektive Komponente, (b) die objektive. Beide sind nicht steigerungsfähig (Kutschera 1976, 89). Zwar wird die Definition 11 auch heute noch von vielen zumindest implizit akzeptiert, doch sind gegen sie zahlreiche Einwände vorgetragen worden. Die Inadäquatheit dieser Definition ergibt sich schon daraus, dass man etwa von einem Hellseher, der aufgrund eines Blickes in eine Glaskugel zur Auffassung gelangt, dass in Bälde ein Erdbeben stattfinden wird, auch dann, wenn es tatsächlich stattfindet, nicht sagen würde, er habe gewusst, dass es bald stattfinden wird. Seine Auffassung ist nicht hinreichend fundiert.

Nachfolgend zeigen wir unter Verwendung einer auf F. B. Fitch zurückgehenden Beweisidee ein viel tiefergehendes Argument gegen die Definition 11 (Fitch 1963, 138; vgl. auch Routley 1981, 96 ff., und Rescher 1985, 365, Anmerkung 8). Es besagt, dass sich auf der Grundlage von Definition 11 und einigen weiteren, unproblematisch erscheinenden Voraussetzungen die völlig abwegige Konklusion ergibt: Wenn A wahr ist, dann weiß$_1$ jede Person x auch, dass A. Dazu verwenden wir für die folgende Darstellung drei Prinzipien als Prämissen. Hinzu kommen noch zwei Regeln, mit deren Hilfe aus den Prämissen Konsequenzen gewonnen werden können. Um dabei auszudrücken, dass eine Proposition A logisch notwendig ist, schreiben wir kurz ‚$\Box A$‘. Wenn $\sim A$ nicht logisch notwendig ist, A also nicht logisch ausgeschlossen, sondern logisch möglich ist, schreiben wir kurz ‚$\Diamond A$‘. Die drei Prinzipien lauten:

Für jedes x sowie für jedes A sowie für jedes B gilt:

(P1) Wenn $W_1(x, A)$, dann A.
(P2) Wenn $W_1(x, A \sqcap B)$, dann $W_1(x, A) \sqcap W_1(x, B)$.
(P3) Wenn A, dann $\Diamond W_1(x, A)$.

Die Plausibilität von (P3) beruht hauptsächlich darauf, dass ein überzeugendes Gegenbeispiel nicht in Sicht ist. Die beiden Regeln lauten:

(R1) (P1), (P2) und (P3) sowie jede Proposition, die daraus logisch folgt, ist beweisbar.

(R2) Für jedes A gilt: Wenn A beweisbar ist, dann auch $\Box A$.

Dann lässt sich zeigen:

These 12: Für jedes A gilt:
Wenn A, dann gilt für jedes x: $W_1(x, A)$.

Begründung:

Zunächst erhält man durch Einsetzung in (P1):

(1) Wenn $W_1(x, \sim W_1(x, A))$, dann $\sim W_1(x, A)$.

Hieraus folgt durch aussagenlogische Umformung:

(2) $\sim(W_1(x, \sim W_1(x, A)) \sqcap W_1(x, A))$.

Gemäß (P2) gilt:

(3) Wenn $W_1(x, \sim W_1(x, A) \sqcap A)$, dann $W_1(x, \sim W_1(x, A)) \sqcap W_1(x, A)$.

Aus (2) und (3) folgt mit Modus Tollens:

(4) $\sim W_1(x, \sim W_1(x, A) \sqcap A)$.

Mit (R2) ergibt sich hieraus:

(5) $\Box \sim W_1(x, \sim W_1(x, A) \sqcap A)$.

Das heißt:

(6) $\sim \Diamond W_1(x, \sim W_1(x, A) \sqcap A)$.

Gemäß (P3) gilt:

(7) Wenn $\sim W_1(x, A) \sqcap A$, dann $\Diamond W_1(x, \sim W_1(x, A) \sqcap A)$.

Aus (6) und (7) folgt mit Modus Tollens:

(8) $\sim(\sim W_1(x, A) \sqcap A)$.

Durch aussagenlogische Umformung ergibt sich daraus:

(9) Wenn A, dann $W_1(x, A)$.

Dieses katastrophale Ergebnis nötigt dazu, (P1), (P2), (P3), (R1) und (R2) zu überdenken. Offensichtlich ist (P1) preiszugeben. Da (P1) eine einfache logische Folgerung aus der Definition 11 ist, ist auch diese Definition aufzugeben.

Anmerkung 1: Rescher behält (P1) bei und gibt (P3) preis, was allerdings nicht plausibel erscheint. Außerdem ist zu Reschers Darstellung anzumerken, dass er die Regel (R2) nicht explizit erwähnt (Rescher 1985, 365 f., Anmerkung 8).

Anmerkung 2: Dass $W_1(x, A)$ mit der Falschheit von A vereinbar ist, besagt nicht das, was Fallibilisten vermutlich oft meinen, nämlich:

(a) Daraus, dass x A für wahr hält, folgt nicht, dass A wahr ist. (‚Es gibt keine Wahrheitsgarantie.‘)

Unter Berücksichtigung der Bedeutung des Folgerungsbegriffs gilt dann:

(b) Es kann sein, dass jemand eine Proposition A für wahr hält, die falsch ist.

Durch Spezialisierung von A auf das Tertium non datur (TND) ergibt sich aus (b):

(c) Es kann sein, dass jemand das TND für wahr hält und dass das TND falsch ist.

Zweifelsohne kann aber das TND nicht falsch sein. Infolgedessen ist (a) falsch.

Indem wir (P1) und damit die Definition 11 preisgeben, müssen wir nach einer Wissensdefinition Ausschau halten, welche die Wahrheit des Gewussten nicht bereits per definitionem einschließt. Freilich ist dann die Möglichkeit, etwas Falsches zu wissen, einzuräumen. Achten wir jedoch darauf, wie der Ausdruck ‚Wissen‘ im Alltag und in der Wissenschaft üblicherweise verwendet wird, so verliert (P1) ohnehin seine anfängliche Plausibilität. Wissen ist für gewöhnlich das Ergebnis einer Bemühung. Wer etwas zu wissen beansprucht, muss sich die Frage gefallen lassen: Woher wissen Sie das? Diese Frage zielt auf die Gründe ab, die in der Wissensbehauptung enthalten sind. Diese Gründe müssen überprüfbar sein. Nicht das Wahrsein des Gewussten, sondern die Gründe, die für das Gewusste vorgebracht werden können, sind also ausschlaggebend. Dies entspricht auch dem Gedanken von Xenophanes, dass wir aus dem Bereich des Fürwahrhaltens nicht heraustreten können. In der Wissenschaft ist nicht ein unkorrigierbares, unfehlbares Wissen entscheidend, sondern eines, das hinsichtlich seiner Gründe infrage gestellt werden kann. Indem haltbarere Gründe gefunden werden, kommt es zu einem wissenschaftlichen Fortschritt.

Zu dem von uns intendierten Wissensbegriff gehört also, dass das Gewusste auch hinreichende Gründe einschließt. Die folgende Definition erscheint auf den ersten Blick naheliegend. Wir schreiben für ‚x hat einen hinreichenden Grund für A‘ kurz ‚$HG(x, A)$‘.

Definition 13: Für jedes x sowie für jedes A gilt:
x weiß$_2$*, dass A*, [kurz: $W_2(x, A)$] gdw gilt:
(a) $\ddot{U}(x, A)$ und
(b) $HG(x, A)$.

Was als hinreichend begründet gilt, ändert sich mitunter im Laufe der Zeit. Es stellt sich also die Frage, was es heißt, dass x mindestens einen hinreichenden Grund für A hat. Darauf gehen wir später näher ein. Zu betonen ist aber, dass das Wahrsein von A kein Merkmal der Definition 13 ist und auch das Vorliegen hinreichender Gründe noch nicht die Wahrheit des Begründeten einschließt. Dies ist ganz im Sinne von Xenophanes, gemäß dem alles Wissen bloß bis auf weiteres gilt. Es ist also nicht ausgeschlossen, dass jemand etwas Falsches weiß$_2$. Aber nach Definition

13 und (P2) kann *y* nicht wissen_2, dass *x* das Gegenteil des von *y* Gewussten weiß_2. Dabei ist zu beachten, dass *x* und *y* nicht verschieden sein müssen.

These 14: Für jedes *y* sowie für jedes *x* sowie für jedes *A* gilt:
$\sim W_2(y, W_2(x, A) \sqcap \sim A)$.

Denn wäre $W_2(y, W_2(x, A) \sqcap \sim A)$, dann wäre nach (P2): $W_2(y, W_2(x, A)) \sqcap W_2(y, \sim A)$. Also wäre nach Definition 13: $\ddot{U}(y, HG(x, A))$ und $\ddot{U}(y, \sim A)$. Vernünftigerweise kann *y* aber nicht davon überzeugt sein, dass jemand hinreichende Gründe für etwas hat, aber zugleich auch vom Gegenteil dessen überzeugt sein. Es kann aber sehr wohl etwas hinreichend begründet und dennoch falsch *sein.*

Dieses Resultat deutet auf die inhaltliche Unangemessenheit der Definition 13 hin. Weitere Betrachtungen zum Begriff des Grundes stellen wir später an. Zuvor müssen wir noch die Glaubensmaßdefinition einführen.

Glaubensmaß

Um auch komplexe Propositionen hinsichtlich des Glaubensgrades einer Person systematisieren zu können, führen wir in diesem Abschnitt die Glaubensmaßdefinition ein. Sie beruht auf der Glaubensgradfunktion. Hinzu kommen noch drei weitere Bestimmungen. Evidente Propositionen haben den maximalen Glaubensgrad. Dabei verstehen wir den Ausdruck ‚Evidenz' im objektiven Sinn, d. h., dass die jeweilige Proposition von höchster Überzeugungskraft ist: Wer sie versteht, dem leuchtet sie unmittelbar ein, ohne einer Begründung zu bedürfen. Wir könnten hier auch von der ‚inneren Leuchtkraft' evidenter Propositionen sprechen, die wir anstelle von ‚Evidenz' sprachlich wohl besser als ‚Apparenz' bezeichnen sollten. Doch da sich der Ausdruck ‚Evidenz' in philosophicis eingebürgert hat, wird dieser Sprachgebrauch übernommen. Die zweite Bestimmung der Definition 15 betrifft konjunktionsartige Propositionen, die dritte adjunktionsartige. Beide ähneln entsprechenden wahrscheinlichkeitstheoretischen Gegebenheiten.[5] Auch wenn diese beiden Bestimmungen prima facie wohl etwas merkwürdig erscheinen, können sie gut begründet werden. Wie bei Definitionen üblich kommt es nämlich darauf an, dass man mit ihrer Hilfe weitere Definitionen und vor allem Theoreme gewinnen kann, die sich als völlig vernünftig herausstellen und den entsprechenden Erwartungen genügen. Daraus ergibt sich die Akzeptanz der folgenden Definition.

Definition 15: Für jedes *g* gilt:
g ist ein Glaubensmaß gdw *g* eine Glaubensgradfunktion ist derart, dass für jedes *x* sowie für jedes *A* sowie für jedes *B* gilt:

---

[5] Wichtige Gemeinsamkeiten und Unterschiede zwischen unserer Systematik und der Wahrscheinlichkeitstheorie sollen in einer eigenen Abhandlung diskutiert werden.

(a) Wenn A evident ist, dann $g_x(A) = 1$,
(b) $g_x(A \sqcap B) = g_x(A) \cdot g_x(B/A)$ und
(c) $g_x(A \sqcup B) = g_x(A) + g_x(B) - g_x(A \sqcap B)$.

Die Bestimmung (b) dieser Definition sei ‚Multiplikationsprinzip', (c) ‚Additionsprinzip' genannt. Wir betonen, dass – grob formuliert – $g_x(B/A)$ nicht explizit definiert wird. Zur Veranschaulichung dieser Bestimmungen drei Beispiele:

- Beispiel 1:

A: Morgen wird die Sonne aufgehen.
B: Morgen wird die Sonne untergehen.

Ist nun etwa $g_x(A) = g_x(B) = 1$, so ist klar, dass $g_x(B/A) = 1$. Daraus ergibt sich, dass $g_x(A \sqcap B) = g_x(A \sqcup B) = 1$.

- Beispiel 2:

A: Hans wird morgen auf Besuch kommen.
B: Maria wird morgen auf Besuch kommen.

Angenommen $g_x(A) = 1$ und $g_x(B) = \frac{1}{2}$. Dann ist $g_x(B/A) = \frac{1}{2}$. Daraus ergibt sich, dass $g_x(A \sqcap B) = \frac{1}{2}$ und $g_x(A \sqcup B) = 1$.

- Beispiel 3:

A: Beim nächsten Münzwurf erscheint Kopf.
B: Beim nächsten Münzwurf erscheint Zahl.

Dann ist erwartungsgemäß $g_x(A) = g_x(B) = \frac{1}{2}$. Also ist klar, dass $g_x(B/A) = 0$. Also ist $g_x(A \sqcap B) = 0$ und $g_x(A \sqcup B) = 1$.

Von nun an wird ‚*g*' als Variable für ein Glaubensmaß verwendet. Naheliegenderweise gilt:

Theorem 16: Für jedes x sowie für jedes A sowie für jedes B gilt:
(a) $g_x(A \sqcup \sim A) = 1$.
(b) $g_x(A \sqcap \sim A) = 0$.
(c) $g_x(A \sqcap B) \leq g_x(A)$ und $g_x(A \sqcap B) \leq g_x(B)$.
(d) $g_x(A \sqcup B) \geq g_x(A)$ und $g_x(A \sqcup B) \geq g_x(B)$.

Während die ersten beiden dieser Sätze leicht zu zeigen sind, erfordern die letzten beiden bereits einen größeren Aufwand.

Theorem 17: Für jedes x sowie für jedes A sowie für jedes B gilt:
(a) Wenn $\sim A$ evident ist, dann $g_x(A) = 0$.
(b) Wenn $\sim(A \sqcap B)$ evident ist, dann $g_x(A \sqcup B) = g_x(A) + g_x(B)$.
(c) Wenn A/B und B/A evident sind, dann $g_x(A) = g_x(B)$.

Die im nächsten Theorem zusammengefassten Sätze erfordern einen vergleichsweise großen Beweisaufwand.

Theorem 18: Für jedes x sowie für jedes A sowie für jedes B gilt:
(a) Wenn $g_x(A/B) \geq g_x(A/{\sim}B)$, dann $g_x(A/B) \geq g_x(A) \geq g_x(A/{\sim}B)$.
(b) Wenn $g_x(A/B) \leq g_x(A/{\sim}B)$, dann $g_x(A/B) \leq g_x(A) \leq g_x(A/{\sim}B)$.

Das Theorem 18(a) lässt sich durch folgendes Beispiel veranschaulichen:

A: Der Zug kommt auf freier Strecke abrupt zum Stehen.
B: Eine Notbremse dieses Zuges wurde betätigt.

Ein Beispiel für das Theorem 18(b) ist:

A: Die Kinder gehen morgen zum Baden.
B: Morgen wird es regnen.

Mit Hilfe der vorigen Theoreme können einige wichtige Folgerungen bezüglich Glauben, Überzeugung und Zweifel bewiesen werden.

Theorem 19: Für jedes x sowie für jedes A sowie für jedes B gilt:
Wenn $G(x, A \sqcap B)$, dann gilt: $G(x, A)$ und $G(x, B)$.

Die Umkehrung des Theorems 19 gilt jedoch nicht, wie folgendes Beispiel zeigt:
A: Beim nächsten Würfelwurf erscheint weder 1 noch 2.
B: Beim nächsten Würfelwurf erscheint weder 5 noch 6.

Dann ist $g_x(A) = g_x(B) = \frac{2}{3}$, also nach Definition 3: $G(x, A)$ und $G(x, B)$. Da dann $g_x(B/A) = \frac{2}{4} = \frac{1}{2}$ und damit $g_x(A \sqcap B) = \frac{2}{6} = \frac{1}{3}$, ist $g_x(A \sqcap B) < \frac{1}{2}$, also nach Definition 3: ${\sim}G(x, A \sqcap B)$.

Im Unterschied zum Glauben ist für Überzeugungen jedoch beweisbar:

Theorem 20: Für jedes x sowie für jedes A sowie für jedes B gilt:
$\ddot{U}(x, A \sqcap B)$ gdw gilt: $\ddot{U}(x, A)$ und $\ddot{U}(x, B)$.

Wie zu erwarten ist, gilt:

Theorem 21: Für jedes x sowie für jedes A sowie für jedes B gilt:
Wenn $G(x, A)$ oder $G(x, B)$, dann $G(x, A \sqcup B)$.

Auch hier gilt die Umkehrung jedoch nicht, wie das folgende Beispiel zeigt:
A: Beim nächsten Würfelwurf erscheint 1 oder 2.
B: Beim nächsten Würfelwurf erscheint 5 oder 6.

Dann ist $g_x(A) = g_x(B) = \frac{1}{3}$ und also $g_x(A \sqcup B) = \frac{2}{3}$, da ja $g_x(B/A) = 0$. Dann ist zwar $g_x(A \sqcup B) > \frac{1}{2}$, jedoch $g_x(A) < \frac{1}{2}$ und $g_x(B) < \frac{1}{2}$. Somit gilt nach Definition 3 zwar, dass $G(x, A \sqcup B)$, aber ${\sim}G(x, A)$ und ${\sim}G(x, B)$.

Das nächste Theorem ist auf den ersten Blick überraschend:

Theorem 22: Für jedes x sowie für jedes A sowie für jedes B gilt:
Wenn $Z(x, A \sqcup B)$, dann gilt: $Z(x, A)$ und $Z(x, B)$.

Das Beispiel von eben zeigt auch, dass die Umkehrung des Theorems 22 nicht gilt:
A: Beim nächsten Würfelwurf erscheint 1 oder 2.
B: Beim nächsten Würfelwurf erscheint 5 oder 6.

Dann ist $g_x(A \sqcap B) = 0$ und $g_x(A) = g_x(B) < \frac{1}{2}$. Also nach Definition 7: $Z(x, A)$ und $Z(x, B)$. Zusammen mit Bestimmung (c) der Definition 15 gilt: $g_x(A \sqcup B) = g_x(A) + g_x(B) - g_x(A \sqcap B) = g_x(A) + g_x(B) = \frac{1}{3} + \frac{1}{3} = \frac{2}{3} > \frac{1}{2}$. Also ist $g_x(A \sqcup B) > \frac{1}{2}$. Also nach Definition 7: $\sim Z(x, A \sqcup B)$.

Für Glauben, Überzeugung und Zweifel gilt u. a.:

Theorem 23: Für jedes x sowie für jedes A sowie für jedes B gilt:
(a) Wenn $G(x, A/B)$ und $G(x, A/{\sim}B)$, dann $G(x, A)$.
(b) Wenn $Ü(x, A/B)$ und $Ü(x, A/{\sim}B)$, dann $Ü(x, A)$.
(c) Wenn $Z(x, A/B)$ und $Z(x, A/{\sim}B)$, dann $Z(x, A)$.

Glaubensgrund

Nach diesen Vorbereitungen führen wir nun die fundamentale Glaubensgrunddefinition ein. In Definition 13 verwendeten wir einen noch nicht expliziten Begriff des hinreichenden Grundes, aus dem eine bemerkenswerte These gewonnen werden konnte. Nun definieren wir, was es heißt, dass A ein Glaubensgrund einer Person x für B ist. Gemeint ist damit, grob gesagt, dass A für x ein hinreichender Grund ist, zu glauben, dass B der Fall ist. So wie ein Haus ein stabiles Fundament erfordert, so werden wir vom Wissen$_3$ (siehe nächster Abschnitt) verlangen, dass es auf einem stabilen, allerdings nicht unumstößlichen Fundament aufbaut.

Definition 24: Für jedes A sowie für jedes x sowie für jedes B gilt:
A ist ein Glaubensgrund von x für B [kurz: $GG_x(A, B)$] gdw gilt:
(a) $G(x, A)$,
(b) $G(x, B/A)$,
(c) B/A ist nicht evident,[6]
(d) $g_x(B/A) > g_x(B/{\sim}A)$ und
(e) $g_x(A/B) = g_x(A/{\sim}B)$.[7]

---

[6] Es sei nochmals darauf hingewiesen, dass der Ausdruck ‚evident' hier gemäß der ursprünglichen Wortbedeutung im Sinne von ‚unmittelbar einleuchtend' gebraucht wird.

[7] Genaugenommen müsste das vierstellige Prädikat ‚A ist ein Glaubensgrund von x für B auf Basis von g' definiert werden, wobei zu beachten ist, dass in dieser Abhandlung Relativierungen wie etwa die auf die Zeit der Einfachheit halber weggelassen werden.

Nach der ersten Bestimmung ist ein Glaubensgrund A etwas, das von x geglaubt wird. Ein Glaubensgrund kann also nicht bezweifelt, nicht für indifferent und schon gar nicht für ausgeschlossen gehalten werden. Es lässt sich sogar beweisen, dass x von A überzeugt ist (siehe das Theorem 26). Die zweite Bestimmung beinhaltet den Glauben von x, dass B/A. Natürlich muss auch B von x geglaubt werden. Dies lässt sich jedoch beweisen (siehe das Theorem 27). Die Bestimmung (c) schließt aus, dass B/A evident ist. Denn sonst wäre ja die Suche von x nach einem Glaubensgrund für B überflüssig. Die vierte Bestimmung besagt, dass für x B von A *doxastisch abhängig* ist. Das Ausmaß dieser Abhängigkeit hängt natürlich davon ab, inwieweit x die jeweils vorliegende Situation beurteilen kann. Die letzte Bestimmung schließlich besagt, dass für x A von B *doxastisch unabhängig* ist.[8]

Der Begriff des Glaubensgrundes muss streng von dem der Ursache unterschieden werden. Die Ursache (der Realgrund) dafür, dass eine Fensterscheibe zu Bruch gegangen ist, kann etwa darin bestehen, dass sie von einem Fußball getroffen wurde. Etwas ganz anderes aber ist der Grund, den eine Person x hat, zu glauben, dass die Scheibe zu Bruch gegangen ist. Ein Grund könnte etwa der sein, dass x von einer vertrauenswürdigen Person davon in Kenntnis gesetzt wurde. Dabei müssen alle Bestimmungen der Definition 24 erfüllt sein. Während das Verhältnis von Ursache und Wirkung etwas Objektives ist, handelt es sich bei der Glaubensgrundbeziehung um etwas Subjektives. Dem trägt schon die Bezugnahme auf eine Person x Rechnung.

Ferner muss der Begriff des Glaubensgrundes streng von dem der logischen Folgerung unterschieden werden. Auch wenn A ein Glaubensgrund von x für B ist, heißt das nicht, dass B aus A auch logisch folgt. Ebenso wenig kann auf die Wahrheit von B logisch geschlossen werden.

Folgendes Beispiel veranschaulicht die Definition 24:
Der Graf ist im Arbeitszimmer seiner Villa ermordet worden. Es spricht vieles dafür, dass des Grafen Butler der Mörder ist, da er die Villa des Grafen und dessen Lebensgewohnheiten am besten kannte.
A: Der Täter kannte die Villa des Grafen und dessen Lebensgewohnheiten am besten.
B: Der Butler des Grafen ist der Mörder.
x: Der mit der Untersuchung betraute Kommissar.

Die Glaubensgrundrelation ist irreflexiv und asymmetrisch:

Theorem 25: Für jedes x sowie für jedes A sowie für jedes B gilt:
(a) $\sim GG_x(A, A)$.
(b) Wenn $GG_x(A, B)$, dann $\sim GG_x(B, A)$.

[8] Siehe dazu auch (Davis 1977).

Das nächste Theorem ist gleichermaßen überraschend wie stark. Denn der Definition 24 ist nicht ohne weiteres anzusehen, dass ein Glaubensgrund auch eine Überzeugung von x ist. Entsprechend aufwendig ist auch der Beweis.

Theorem 26: Für jedes x sowie für jedes A sowie für jedes B gilt:
Wenn $GG_x(A, B)$, dann $Ü(x, A)$.

Ferner lässt sich mit entsprechendem Aufwand zeigen:

Theorem 27: Für jedes x sowie für jedes A sowie für jedes B gilt:
Wenn $GG_x(A, B)$, dann $G(x, B)$.

Das nächste Theorem zeigt eine Art innere Konsistenz der Glaubensgrundrelation.

Theorem 28: Für jedes x sowie für jedes A sowie für jedes B gilt:
(a) Wenn $GG_x(A, B)$, dann $\sim GG_x(\sim A, B)$.
(b) Wenn $GG_x(A, B)$, dann $\sim GG_x(A, \sim B)$.

Eine neue Wissensdefinition

Wir sind nun am Ziel dieser Abhandlung angelangt, nämlich unserer einfachen Wissensdefinition, die auf der Definition des Glaubensgrundes beruht:

Definition 29: Für jedes x sowie für jedes A gilt:
x weiß$_3$*, dass A*, [kurz: $W_3(x, A)$] gdw es mindestens ein B gibt derart, dass $GG_x(B, A)$.

Diese Definition entspricht unserer Vorstellung, dass der Wissende einen hinreichenden Grund für sein Wissen haben muss. Für das in der Wissenschaft übliche Wissensverständnis ist es charakteristisch, dass man sich nicht bedenkenlos darauf verlassen kann, dass etwas, was jemand weiß$_3$, auch wahr ist. Irrtum ist auch in der Wissenschaft üblicherweise nicht auszuschließen. Zwar ist wissenschaftliches Wissen für gewöhnlich einigermaßen stabil, aber nicht unumstößlich und gilt also nur bis auf weiteres. Dies alles ist im Einklang mit der philosophischen Weisheit des Xenophanes.

Drei wesentliche Merkmale von Wissen$_3$ sind im folgenden Theorem zusammengestellt:

Theorem 30: Für jedes x sowie für jedes A gilt:
(a) Wenn $W_3(x, A)$, dann $G(x, A)$.
(b) Wenn $W_3(x, A)$, dann $\sim Z(x, A)$.
(c) Wenn $W_3(x, A)$, dann ist A nicht evident.

Dass nach Theorem 30(c) Gewusstes$_3$ nicht evident ist, stimmt mit unserer Intuition überein. Evidentes ist nämlich unmittelbar einleuchtend und bedarf daher keiner Begründung, kann also auch nicht gewusst$_3$ werden.

Abschließend eine These, die ein Thema betrifft, mit dem wir uns im Hinblick auf Wissen$_2$ bereits beschäftigt haben:

These 31: Für jedes x sowie für jedes A gilt:
$\sim W_3(x, W_3(x, A) \sqcap \sim A)$.

Denn wäre $W_3(x, W_3(x, A) \sqcap \sim A)$, so wäre nach Theorem 30(a) und Theorem 19: $G(x, G(x, A))$ und $G(x, \sim A)$. Da wegen $G(x, G(x, A))$ vernünftigerweise auch $G(x, A)$ der Fall wäre, wäre auch $G(x, A)$ und $G(x, \sim A)$ der Fall. Also nach Definition 3: $g_x(A) + g_x(\sim A) > 1$, im Widerspruch zu Theorem 2(a).

Literatur

Albert, Hans: *Traktat über kritische Vernunft*. Tübingen [2]1969.

Albert, Hans: *Die Wissenschaft und die Fehlbarkeit der Vernunft*. Tübingen 1982.

Armstrong, David M.: *Belief, Truth and Knowledge*. Cambridge 1973.

Burks, Arthur W.: *Chance, Cause, Reason. An Inquiry into the Nature of Scientific Evidence*. Chicago/London [3]1977.

Davis, Wayne A.: *A Systematization of Commonsense Psychology*. Princeton 1977.

Fitch, Frederic B.: A Logical Analysis of Some Value Concepts. In: *Journal of Symbolic Logic* 28/2 (1963), 135–142.

Griffiths, A. Philipps/McQueen, Donald: Belief and Reasons for Belief. In: *Proceedings of the Aristotelian Society, Supplementary Volume* 47 (1973), 53–86.

Jakovljević, Dragan: *Das Selbstvertrauen der Vernunft und die Sokratische Methodik. Leonard Nelsons kritische Philosophie heute*. Podgorica 2021.

Jeffrey, Richard C.: *The Logic of Decision*. New York et al. [2]1990.

Kutschera, Franz von: *Einführung in die intensionale Semantik*. Berlin 1976.

Lenzen, Wolfgang: *Glauben, Wissen und Wahrscheinlichkeit. Systeme der epistemischen Logik*. Wien/New York 1980.

Nelson, Leonard: Die Unmöglichkeit der Erkenntnistheorie. In: Ders.: *Gesammelte Schriften in neun Bänden, Bd. 2. Geschichte und Kritik der Erkenntnistheorie*. Hamburg 1973, 459–483.

Nelson, Leonard: Über das sogenannte Erkenntnisproblem (1908). In: Ders.: *Gesammelte Schriften in neun Bänden, Bd. 2. Geschichte und Kritik der Erkenntnistheorie*. Hamburg 1973, 59–393.

Rescher, Nicholas: *Die Grenzen der Wissenschaft*. Stuttgart 1985.

Routley, Richard: Necessary Limits of Knowledge: Unknowable Truths. In: Edgar Morscher/Otto Neumaier/Gerhard Zecha (Hg.): *Philosophie als Wissenschaft/Essays in Scientific Philosophy*. Paul Weingartner gewidmet. Bad Reichenhall 1981, 93–115.

Kritische Mathematik und die Axiomatik Hilberts

5

Volker Peckhaus

Einleitung

Die von Leonard Nelson (1882–1927) und Gerhard Hessenberg (1874–1925) konzipierte Kritische Mathematik ist ein zentrales Lehrstück der neofriesschen Methodenlehre.[1] Sie folgte den Vorstellungen von Jakob Friedrich Fries, der in seiner *Mathematischen Naturphilosophie* (1822) die Aufgabe einer Philosophie der Mathematik darin sah, die Rechtmäßigkeit der Ansprüche der Mathematik zu prüfen: Die „*Mathesis prima* oder *Philosophie der Mathematik*" soll danach folgende Fragen beantworten: „woher kommt uns die mathematische Erkenntniß und welche Ansprüche hat sie im ganzen Systeme der menschlichen Ueberzeugungen zu machen?" (Fries 1822, 35). Im Göttinger Diskussionskontext war die Kritische Mathematik als philosophischer Unterbau für die Grundlegungsüberlegungen des Göttinger Mathematikers David Hilbert (1862–1943) gedacht. Zentral in diesem Zusammenhang ist das axiomatische Programm, das David Hilbert in den *Grundlagen der Geometrie* (Hilbert 1899) präsentierte und in den folgenden Jahren in weiteren wegweisenden Arbeiten zur Philosophie der Arithmetik und zur Logik ausarbeitete. Dieses Programm wurde später mit dem Label ‚Formalismus' versehen. Es wurde der seit den 1930er Jahren zum Gemeinplatz gewordene grundlagentheoretischen Triadik von Logizismus, Formalismus und Intuitionismus

[1] Dies ist eine Umarbeitung eines als Peckhaus 2018 veröffentlichten Beitrages. Vgl. umfassend zur Einordnung der Kritischen Mathematik in die Göttinger Grundlagendiskussion vor dem Ersten Weltkrieg und zum hochschulpolitischen Kontext Peckhaus (1990).

V. Peckhaus (✉)
Institut für Humanwissenschaften, Fakultät für Kulturwissenschaften, Universität Paderborn, Paderborn, Deutschland
E-Mail: volker.peckhaus@upb.de

K. Herrmann und B. Schwitzer (Hrsg.), *Der Geist der kritischen Schule*,
https://doi.org/10.1007/978-3-662-68345-3_5

zugeordnet (Carnap 1931; Heyting 1931; von Neumann 1931). Dies ist zumindest für die frühen grundlagentheoretischen Arbeiten Hilberts problematisch, weil diese kein Grundlegungsprogramm im eigentlichen Sinne konstituierten. Die Triadik setzt also Ungleichartiges in eine Beziehung. Erst die beweistheoretischen Arbeiten Hilberts nach dem Ersten Weltkrieg sind echte Beiträge zur Grundlegung der Mathematik. Wie die Analyse der zeitgenössischen Göttinger Diskurse zeigt (dazu umfassend Peckhaus 1990), wurde die Auffassung von den mangelnden Grundlegungsqualitäten der frühen Axiomatik im Kreis um Leonard Nelson geteilt. Nach anfänglichen Irritationen versuchten Nelson und seine Anhänger, Hilberts Überlegungen in ihr Konzept einer Kritischen Mathematik zu integrieren und auf diese Weise mit einem philosophischen Unterbau zu versehen.

Briefwechsel Nelson – Hessenberg

Im Juni 1905 wies Gerhard Hessenberg seinen Schüler aus Berliner Tagen und nun Göttinger Freund Leonard Nelson auf die grundlagentheoretischen Arbeiten David Hilbert hin. Am 16. Juni 1905 antwortete Nelson wie folgt:

> Von Hilberts philosophischen „Resultaten“ mach’ Dir nur lieber keine großen Hoffnungen. Ich bin bereits durch das, was er bisher davon produziert hat, recht enttäuscht. Solange er mit rein mathematischen Mitteln operiert, ist er zwar oft schwer verständlich, aber was er bringt, ist natürlich bewunderungswürdig. Daß er das Bedürfnis nach mehr fühlt, ist ja auch sehr schön, aber so wie er das rein Mathematische verläßt, wird er einfach albern. Von der ganzen kritischen Auffassung der Ursprungsfrage hat er offenbar niemals gehört, soviel er auch über das Thema redet, erwähnt er doch nicht einmal ihre Möglichkeit, geschweige denn ihre Existenz. Ein von andern Sätzen unabhängiges Axiom ist für ihn von vornherein identisch mit einer neuen Beobachtung. So beruht z.B. das Archimedische Axiom auf der Beobachtung, daß wir Fixsternentfernungen mit unsern irdischen Entfernungen messen können. U[nd] das Parallelenaxiom beruht auf Gauß’ Messung des Dreiecks Göttingen, Inselberg u. Hohenhagen. Wenn Gauß mehr als 2 R. gefunden hätte, so hätte er auch auf den Satz verzichten müssen, daß von 3 Punkten auf einer Geraden immer einer zwischen den beiden andern liegt u.s.w. Um den Widerspruch in der Mengenlehre zu beseitigen, will er (nicht etwa die Mengenlehre sondern) die Logik reformieren. Nun, wir wollen sehen, wie er es macht. (Nelson an Hessenberg, dat. Göttingen 16.6.1905, Bundesarchiv Berlin, N 2210, Nachlass Nelson, Nr. 389, Bll. 50–53)

Diese negative Einschätzung wollte Hessenberg nicht teilen. „Von Hilberts philosoph[ischen] Sachen mache ich mir trotz Deines absprechenden Urteils sehr viele Hoffnungen.“ (Hessenberg an Nelson, dat. Grunewald, 26.6.1905, Archiv der sozialen Demokratie, Nachlass Nelson, Leonard, Box 28) Er verwies auf Hilberts Heidelberger Vortrag ‚Über die Grundlagen der Logik und der Arithmetik‘ (Hilbert 1905a), von dem er einen Sonderdruck erhalten hatte. Hessenberg fand Hilberts Methoden und Resultate hervorragend, obwohl alles nur flüchtig dargestellt sei.

> Daß man, um die Mengenlehre widerspruchsfrei zu machen, die Logik reformieren muss, halte ich durchaus nicht für paradox. Erstens einmal ist die Logik bisher überhaupt noch nicht scharf von arithmetischen Betrachtungen zu trennen. Zweitens aber: wenn in der

> Mengenlehre Paradoxieen [sic!] stecken, so sind entweder die Schlüsse unkorrekt, oder die gebildeten Begriffe sind widerspruchsvoll. In beiden Fällen ist es eine logische Aufgabe, entweder den Schlussfehler oder den der Begriffsbildung aufzudecken. Und mit Recht, meines Erachtens, wird der Fehler in der Begriffsbildung gesucht. Nach den Gesetzen der Logik aber fällt ein Ding *a* entweder unter den Begriff *b* oder nicht. Ein anderes Princip wird beim Mengenbegriff nicht gebraucht. Hilbert stellt nun für die Arithmetik in dem betreffenden Vortrag viel schärfere Anforderungen an die Begriffsbildung. Dadurch wird z. B. der paradoxe Begriff der Menge aller Mengen oder der Menge aller Dinge von vornherein hinfällig, ebenso wird es von vornherein unzulässig[,] den Begriff der Menge aller Mengen[,] die sich selbst enthalten, zu bilden. (Hessenberg an Nelson, dat. Grunewald, 26.6.1905, Archiv der sozialen Demokratie, Nachlass Nelson, Leonard, Box 28)

Zu den erkenntnistheoretischen Implikationen von Hilberts revidiertem axiomatischem Programm schreibt Hessenberg nur: „Das Problem des Ursprungs der Erkenntnis mag Hilbert wohl nicht bekannt sein. Es gehört ja aber auch nicht in die Logik, sondern in die Psychologie". Nelson sah sich daraufhin diesen Vortrag, wenn auch nur flüchtig, an:

> Der Grundmangel des Ganzen scheint mir darin zu liegen, daß er kein Princip zur Scheidung analytischer u[nd] synthetischer Urteile hat u[nd] diesen ganzen Unterschied nicht kennt. Daher das gänzliche Durcheinander von Logik u[nd] Arithmetik. Der Begriff der Menge ist zweifellos *kein* arithmetischer, sondern ein rein philosophischer. Die Frage kann nur sein, ob er metaphysisch (als Kategorie der Vielheit, nämlich der Dinge, die unter einen Begriff fallen) oder irgend wie rein logisch unterzubringen ist, was ich nicht glaube. (Nelson an Hessenberg, dat. Göttingen, 7.7.1905, Bundesarchiv Berlin, N 2210, Nachlass Nelson, Nr. 389, Bll. 56 f.)

Im August hatte Nelson die Arbeit genauer gelesen. Möglicherweise war er aber auch von Hilberts Vorlesung ‚Über die logischen Principien des mathematischen Denkens', die er besucht hatte,[2] beeinflusst: „Ich glaube damit", schrieb er an Hessenberg,

> was die Sache betrifft, ganz mit Hilbert übereinzustimmen u[nd] nur seine unbeholfene Sprache ins Philosophische zu übersetzen. Was ich damals gegen seine scheinbare Ineinssetzung von Logik u[nd] Arithmetik schrieb, muß ich ganz zurücknehmen, er stellt nur den Sprachgebrauch vielfach auf den Kopf, steht aber im Wesentlichen auf dem von mir angegebenen Standpunkt. Er fügt jedesmal einem aufgestellten Axiomensystem das allgemeine Axiom hinzu: Es *giebt* Dinge, die etc. (Nelson an Hessenberg, undat. Postkarte, Poststempel Berlin, 16.8.1905, Bundesarchiv Berlin, N 2210, Nachlass Nelson, Nr. 389, Bl. 60.)

Nelson sieht den Nachweis der Lösbarkeit eines jeden mathematischen Problems als das höchste Ziel von Hilberts grundlagentheoretischen Arbeiten an. Dieses Ziel

---

[2] Es sind zwei vollständige Mitschriften erhalten, die ‚offizielle' Mitschrift von Ernst Hellinger (Hilbert 1905b) und eine offenbar bearbeitete Fassung von Max Born (Hilbert 1905c). Leonard Nelsons knappe eigene Mitschrift findet sich im Archiv der sozialen Demokratie, Nachlass Nelson, Leonard, Box 37.

werde aber durch den von Nelson und Hessenberg vertretenen kritischen Ansatz erfüllt:

> Hilbert habe in der Vorlesung wiederholt gesagt, es sei sein höchstes Ziel bei all' diesen Untersuchungen, zu beweisen, dass jedes mathematische Problem lösbar sei, ein Ziel, von dem er noch gar nicht absehen könne, wie es zu erreichen sei. Nach meiner Ansicht ist dies Ziel für die kritische Auffassung eo ipso erreicht. Dies Beispiel kann zeigen, dass man mit rein mathematischen u[nd] logischen Methoden bei diesen Fragen nicht auskommt, dass vielmehr die Kritik (die Frage des Ursprungs) nicht zu umgehen ist. (Nelson an Hessenberg, dat. Westend, 14.8.1905, Bundesarchiv Berlin, N 2210, Nachlass Nelson, Nr. 389, Bll. 58 f.)

Hilbert'sches Programm

David Hilbert hatte 1899 mit seinen Grundlagen der Geometrie (Hilbert 1899) eine axiomatische Darstellung der euklidischen Geometrie vorgelegt, in der von der bis dato üblichen anschaulichen Begründung abgewichen wurde. Die Rechtfertigung eines axiomatischen Systems des von Hilbert vorgeschlagenen Typs erfolgt über meta-axiomatische Untersuchungen der Unabhängigkeit der Axiome voneinander, der Vollständigkeit und der Widerspruchsfreiheit des axiomatischen Systems. Damit werden die alten philosophischen Fragen nach der Natur mathematischer Objekte und nach dem Wesen mathematischer Wahrheit neu gestellt bzw. de facto ausgeblendet. Hilberts Ontologie mathematischer Objekte war nämlich sehr schlicht. Bereits die widerspruchsfreie Möglichkeit eines mathematischen Objekts sicherte für Hilbert die Existenz dieses Objekts (Peckhaus 2004a, 2005). Die mathematische Praxis konnte auf diese Weise gesichert werden, denn ein arbeitender Mathematiker lief in mathematischen Gebieten, deren Widerspruchsfreiheit erwiesen worden war, nicht Gefahr, sich in Widersprüchen zu verfangen, es sei denn durch eigene Fehler. Die eigentlich philosophischen Fragen nach der Existenzweise abstrakter Objekte und nach der Natur mathematischer Erkenntnis wurden allerdings nicht thematisiert, u. a., weil ihre Beantwortung für die Lösung mathematischer Probleme nun als irrelevant angesehen wurde. Andererseits hatte Hilbert eine sehr umfassende Auffassung vom Mathematischen, die ein Interesse für Grundlagen und Anwendungen einschloss. Für ein solches Verständnis der Mathematik sind Fragen der Ontologie und Epistemologie durchaus von Bedeutung, und diese Auffassung würde Hilbert auch bestätigen. Es ist nur nicht Aufgabe des Mathematikers, solche philosophischen Probleme zu lösen. Das sollten Philosophen tun, mit denen man in Institutionen wie der Mathematischen Gesellschaft in Göttingen ins Gespräch kommen wollte.

Es ist ein Gemeinplatz in der Logik seit alters her, dass Behauptungen nur dann Geltung beanspruchen können, wenn ihre Basis widerspruchsfrei ist, denn aus Falschem oder aus Widersprüchen folgt Beliebiges. Die Widerspruchsfreiheit ist damit eine evidente Forderung an eine jede Theorie. Nicht ganz so evident ist die Forderung, die Widerspruchsfreiheit von Theorien auch zu beweisen. Genau diese Forderung stellte Hilbert aber für axiomatische Theorien. Der Beweis der Widerspruchsfreiheit axiomatischer Systeme wurde sogar zum zentralen Problem der axiomatischen Forschung. Die Widerspruchsfreiheit der Axiome der euklidischen Geometrie hatte Hilbert nur unter der Voraussetzung der Widerspruchsfreiheit der Axiome der Arithmetik beweisen können. Die hier angewandte Methode relativer Widerspruchsfreiheitsbeweise ließ sich aber für den Beweis der Widerspruchsfreiheit der Arithmetik selbst nicht nutzen. Wie sich schnell zeigte, war ein solcher Beweis alles andere als leicht zu finden.

Die Grundlegungsbemühungen erlitten bereits 1903 einen Rückschlag, als die logisch-mengentheoretischen Antinomien bekannt wurden. Die von Bertrand Russell gefundene mengentheoretische Variante der Antinomien (Russell 1903) wurde in Göttingen zunächst nicht weiter mit Beunruhigung aufgenommen, da ähnliche Widersprüche in der Mengenlehre schon vor der Jahrhundertwende von David Hilbert und Ernst Zermelo selbst gefunden worden waren (vgl. Peckhaus/Kahle 2002, Peckhaus 2004b). Die Mengenlehre Georg Cantors wurde damals zudem noch als Konkurrenzprogramm zur Axiomatisierung der Arithmetik angesehen. Der Nachweis aber, dass sich die Antinomie auch in dem damals am weitesten ausgearbeiteten mathematisch-logischen System, den *Grundgesetzen der Arithmetik* von Gottlob Frege (1893), ableiten ließ, konnte nicht ohne Auswirkungen auf Hilberts Programm bleiben. Konsistenzbeweise lassen sich nun einmal nicht mit Hilfe einer als inkonsistent erwiesenen Logik führen. 1904/05 begann in Göttingen die Arbeit an der Revision des Hilbert'schen Programms: Mengenlehre und Logik wurden nun selbst in die Liste der im Rahmen des axiomatischen Programms zu axiomatisierenden Disziplinen aufgenommen. Es war klar, dass der Widerspruchsfreiheitsbeweis für eine axiomatisierte Logik nicht mehr durch Angabe eines Modells geführt werden konnte. Hilbert forderte stattdessen einen direkten Widerspruchsfreiheitsbeweis, ohne aber näher angeben zu können, wie er sich einen solchen Beweis vorstellte (Hilbert 1905a). In dieser Lage bot Leonard Nelson den Göttinger Mathematikern eine philosophische Begründung mathematischer Axiome an.

Hessenberg über die Kritische Mathematik

Grundlegungsinstrument war die ‚Kritische Mathematik', die Nelson zusammen mit Gerhard Hessenberg aufbaute. Ihr Konzept ging auf Schriften von Jakob Friedrich Fries zurück, insbesondere auf dessen *Mathematische Naturphilosophie* (Fries 1822). Die geometrische Axiomatik Hilberts diente als Vorbild für die *mathematische* Komponente der Kritischen Mathematik, die im Rahmen der *philosophischen* Bemühungen der Neofriesianer mit einem ‚philosophischen Unterbau' versehen werden sollte.

Im November 1903 trug Gerhard Hessenberg in der Berliner Mathematischen Gesellschaft ‚Über die kritische Mathematik' vor (Hessenberg 1904). Für Hessenberg ist die Kritische Mathematik eine „kritische Voruntersuchung" der mathematischen Axiome. Dieses Gebiet gehe, so Hessenberg, auf Kants Vernunftkritik und auf Gauß zurück, sei aber „in jüngster Zeit bedeutend erweitert worden und hat sich als selbständiger, eigener Wissenszweig dem Arbeitsfelde der Mathematiker angegliedert" (Hessenberg 1904, 21). Das Arbeitsgebiet der Kritischen Mathematik sei in drei Bereiche eingeteilt:

1. Die Untersuchung der logischen Zusammenhänge der mathematischen Axiome,
2. das Problem der Deduktion der mathematischen Axiome, womit ein Verfahren für die Begründung der Axiome gemeint ist,
3. und das Problem der Erkenntnisquelle.

Ganz entsprechend der traditionellen Auffassung sind für Hessenberg Axiome Sätze, die keines Beweises bedürftig, aber auch keines Beweises fähig sind. Er akzeptiert aber nicht, den Verzicht auf den Beweis eines Axioms mit seiner unmittelbaren Evidenz zu begründen, denn es gebe ja auch einige aus Axiomen abgeleitete Lehrsätze, die ebenfalls unmittelbar evident seien. Hinreichende Kriterien für die Gültigkeit von Axiomensystemen sind für Hessenberg wie schon für Hilbert Unabhängigkeit, Widerspruchsfreiheit und Vollständigkeit der Axiome. Als „erstes Problem der kritischen Mathematik" sieht er die Aufgabe an, „die logische Widerspruchslosigkeit eines Axiomsystems zu erweisen" (Hessenberg 1904, 22). Ein wesentliches Charakteristikum von Widerspruchsfreiheitsbeweisen sei ihr logischer Formalismus. Der Formalismus ermögliche es, „die Frage nach der logischen Unabhängigkeit eines Axiomsystems auf Gebiete von Begriffen hinüberzuleiten, wo sie bequemer zu entscheiden sind" (Hessenberg 1904, 23). Er schlägt eine Arithmetisierung vor, d. h. die Zurückführung der Gebiete, für die ein Widerspruchsfreiheitsbeweis gesucht wird, auf „das Gebiet der Zahlen, weil auf diesem nur wenige Axiome gelten und die meisten Begriffe durch Definition gebildet werden können" (Hessenberg 1904, 23). Hessenberg bezieht sich hier offensichtlich auf Hilberts relativen Widerspruchsfreiheitsbeweis, der im Fall der geometrischen Axiome dadurch erfolgt, dass gezeigt wird, dass die Geometrie dann widerspruchsfrei ist, wenn die Arithmetik widerspruchsfrei ist. Die Widerspruchsfreiheit der arithmetischen Axiome wird also vorausgesetzt. Hessenberg muss eingestehen:

> Ein Nachweis für die Widerspruchslosigkeit der analytischen Grundvoraussetzungen ist zwar noch nicht erbracht. Hier sind wir aber derselben am ehesten gewiss, und die Durchführung des Nachweises hat daselbst die besten Aussichten. (Hessenberg 1904, 23)

Hessenberg teilt also Hilberts Optimismus. Dass sich Hessenberg an den metaaxiomatischen Überlegungen Hilberts in den *Grundlagen der Geometrie* orientiert, wird auch aus den von ihm gewählten Beispielen deutlich. Damit wird Hilbert als Vertreter der Kritischen Mathematik präsentiert, auch wenn sein Name nur im Zusammenhang mit Einwänden erwähnt wird, die der Kritischen Mathematik (damit ist an jener Stelle Hilberts Axiomatik gemeint) entgegengebracht worden sind. „Die Hilbertschen ‚Grundlagen der Geometrie'", so Hessenberg,

> sind vielfach als eine Grundlegung der Geometrie aufgefaßt, ja angeblich sogar als Lehrbuch für den Schulunterricht empfohlen worden. Daraus hat man dann für eine spätere

Untersuchung Herrn Hilberts einen Vorwurf abgeleitet, weil sie nicht für den Schulunterricht brauchbar ist. (Hessenberg 1904, 24)

Hessenberg meint, dass die Kritik an der Arithmetisierung der Geometrie allenfalls aus didaktischen Rücksichten motiviert werden könne:

Die Arithmetisierung der Mathematik kann also als schädlich nur aus der Befürchtung heraus bezeichnet werden, daß sie durch Unterdrückung der phantasiereichen geometrischen Forschungsweise den Fortschritt der Mathematik hemme und durch schwierige Exaktheitsprüfungen zu viel Zeitvergeudung veranlasse. Das *rein wissenschaftliche Bestreben* der „Arithmetisierung" läuft aber gerade auf eine klare und präzise Formulierung der geometrischen Anschauung hinaus und muß darum zu einer späteren Rückkehr zu der unrechtmäßig verdächtigten Geliebten „Geometrie" führen. (Hessenberg 1904, 25)

Kritische Mathematik ist in dieser Konzeption eine Metamathematik, die ihre Aufgabe in der Schaffung der Voraussetzungen für Widerspruchsfreiheitsbeweise hat. Damit sind die späteren Ansätze Hilberts vorweggenommen, eine Metamathematik oder Beweistheorie zu begründen, in der die formale, eigentliche Mathematik mit einem für die Grundlegung zuständigen Unterbau ‚inhaltlicher Mathematik' versehen werden sollte (Hilbert 1922; Hilbert und Bernays 1934, 1939).

Hessenbergs Ausführungen zu den beiden anderen genannten Arbeitsgebieten, der Deduktion der Axiome und der Untersuchung der Erkenntnisquelle, bleiben im Dunklen. Hessenberg verweist für die Deduktion der mathematischen Axiome auf den Ansatz des Fries-Schülers Ernst Friedrich Apelt, der 1857 versucht hatte, die Dreidimensionalität des Raumes psychologisch zu deduzieren (Apelt 1857, 199–201, Fußnote). Nach Hessenbergs Rekonstruktion ging Apelt bei dieser Deduktion von den Grundverhältnissen der menschlichen Erkenntnis aus. Darunter verstand Apelt „das Verhältniss der reinen Vernunft (der formalen Apperception) zu den Sinnen (der materialen Apperception) und zur Selbsterkenntnis (dem Bewusstsein)" (Apelt 1857, 199, Fußnote). Hessenberg bemerkt dazu:

Ich habe den Sinn seiner skizzenhaften Ausführungen bisher nicht verstanden und habe auch unter philosophisch gebildeten Freunden niemanden gefunden, der es vermocht hätte. Da aber *Apelt* eine wissenschaftlich durchaus ernst zu nehmende Persönlichkeit war, so ist anzunehmen, daß diese Fußnote nur als vorläufiger Hinweis zu betrachten ist, und daß er durch seinen frühzeitigen Tod an einer ausführlichen Darstellung gehindert wurde. (Hessenberg 1904, 25)

Auch bei der Behandlung der Erkenntnisquelle der mathematischen Axiome beschränkt sich Hessenberg auf Andeutungen, hier zur ‚reinen Anschauung' Kants und zum Missverständnis dieser Lehre bei Hermann von Helmholtz. Hessenberg schließt seinen Vortrag mit dem Hinweis, dass der Mathematiker bei seiner „kritischen Minierarbeit" in Bereiche kommt, wo er sich mit dem Philosophen trifft. Es sei „vielleicht kein frommer Wunsch", dass der Philosophie, „die sich vielfach resigniert auf historische Studien zurückgezogen hat, neues Material zu produktiver Betätigung zugeführt wird" (Hessenberg 1904, 28). Im „Nachtrag" (Hessenberg 1904, 28) zitiert er aus einem Brief des Herrn „cand. phil. Leonard Nelson in Göttingen", einem seiner „philosophischen Freunde" zur Einordnung der Kritischen Mathematik in das Werk von Jakob Friedrich Fries:

> Fries hat auf die Möglichkeit einer Übertragung der Kritik auf die Mathematik zuerst 1798 hingewiesen, die Aufgabe der Deduktion ihrer Axiome in der „Logik" (§ 112) [Fries 1837] präzisiert und die Kritische Mathematik selbst ausgeführt in der „Mathematischen Naturphilosophie", deren ganze erste Hälfte sie einnimmt. Hier tritt sie also schon als „selbständiger eigener Wissenszweig" auf (1822) [Fries 1822]. (Nelson an Hessenberg, dat. Göttingen, 16.1.1904, Bundesarchiv Berlin, N 2210, Nachlass Nelson, Nr. 389, Bll. 19–24, Zit. 19.)

Fries behandelt in seiner *Mathematischen Naturphilosophie* (Fries 1822) im ersten Teil (33–395) die „Philosophie der Mathematik". Er fasst diese „Mathesis prima" als „eigene Wissenschaft" auf, deren Frage ist: „woher kommt uns die mathematische Erkenntniß und welche Ansprüche hat sie im ganzen System der menschlichen Ueberzeugungen zu machen" (Fries 1822, 35). Der Terminus ‚Kritische Mathematik' fällt allerdings nicht. Fries betont: „Die Lehrmethode in der Mathematik ist immer die dogmatische, aber dieser liegt im Großen für die Erfindung der Theorien eine Untersuchung nach speculativer kritischer Methode zu Grunde" (Fries 1822, 47).

Nelsons Ausarbeitung der Kritischen Mathematik

Die Ausarbeitung der bei Hessenberg nur angedeuteten Teile der Kritischen Mathematik wurden von Leonard Nelson vorgenommen. In seinem zweiteiligen, 1905 und 1906 erschienenen Aufsatz ‚Bemerkungen über die Nicht-Euklidische Geometrie und den Ursprung der mathematischen Gewißheit' (Nelson 1905/06a) untersucht er allgemein das Ursprungsproblem, genauer die Frage nach dem „Ursprung der mathematischen Gewißheit", eine Frage, die durch die Konkurrenz euklidischer Geometrie und nichteuklidischer Geometrien virulent geworden war (Nelson 1905/06a, 386, Anm. 1).

Nelsons Ausgangspunkt ist Kants Unterscheidung zwischen analytischen und synthetischen Urteilen. Liegt der Grund für die Notwendigkeit eines Urteils im Subjektbegriff, so heißt das Urteil analytisch. Urteilen besteht dann in einer Zergliederung des Subjektbegriffs. Nelson betont, dass alle Definitionen oder aus Definitionen folgende Sätze solche analytischen Urteile sind, denn „die Definition enthält die vollständige Zergliederung eines Begriffs und dient als Kriterium dafür, ob ein Gegenstand (oder eine Klasse von Gegenständen) unter den Begriff fällt oder nicht" (Nelson 1905/06a, 377). Ein Urteil, dessen Prädikat nicht zu den definierenden Prädikaten des Subjektbegriffes gehört, ist dagegen synthetisch (Nelson 1905/06a, 377). „Alle mathematischen Axiome und alle auf ihnen beruhenden Theoreme sind synthetische Urteile" (Nelson 1905/06a, 378). Mathematische Urteile sind dann ganz in Kants Sinne synthetische Urteile a priori. Wie bei Kant ist für Nelson die reine Anschauung die Erkenntnisquelle der Mathematik, also eine Anschauung, die nicht logisch und nicht empirisch ist (Nelson 1905/06a, 386).

Mathematische Axiome sind für Nelson unmittelbar evidente Wahrheiten (Nelson 1905/06a, 381). Er bleibt uns aber eine Analyse schuldig, was denn unmittelbar evidente Wahrheiten überhaupt sind. Nur diejenigen evidenten Sätze sind mathematische Axiome, die nicht bewiesen werden können. Als beweisbar gelten jene Sätze, die durch eine endliche Anzahl rein syllogistischer Operationen aus unmittelbar evidenten Sätzen hergeleitet werden. Dabei muss der logischen Forderung an jede Wissenschaft Rechnung getragen werden, mit möglichst wenigen Voraussetzungen möglichst viel zu beweisen, d. h. die Anzahl der unbeweisbaren bzw. unbewiesenen Axiome muss auf ein Minimum reduziert werden. Axiomensysteme müssen den von Hilbert genannten Kriterien genügen: Ihre Axiome müssen voneinander unabhängig sein, und sie müssen vollständig sein, aus den Axiomen des Systems müssen also alle Lehrsätze der Wissenschaft, für die das System aufgestellt worden ist, ohne Zuhilfenahme anderer Sätze hergeleitet werden können (Nelson 1905/06a, 381 f.). Als Beweis für die logische Unabhängigkeit von Axiomen sieht Nelson den Nachweis an, dass Axiomensysteme widerspruchsfrei bleiben, wenn statt des auf Unabhängigkeit zu prüfenden Axioms ein ihm widersprechendes gesetzt wird. Nelson kritisiert die Auffassung, man könne von der Geltung mathematischer Axiome, die von jeder Erfahrung unabhängig sind, wie die der euklidischen Geometrie, auf die Unmöglichkeit von Gegenständen zu schließen, für die diese Axiome nicht vollständig erfüllt sind. Für die Rechtfertigung der nichteuklidischen Geometrie bedürfe es lediglich der logischen Möglichkeit ihres Systems, also ihrer inneren Widerspruchsfreiheit. Mit dem Nachweis der Widerspruchsfreiheit sei aber die Geltung des euklidischen Axiomensystems noch nicht umgestoßen (Nelson 1905/06a, 388). Aus der Möglichkeit der nichteuklidischen Geometrie schließt Nelson auf den nicht-logischen Ursprung der geometrischen Axiome. Gleichwohl könne aus dem nicht-logischen Ursprung der Axiome nicht auf deren empirischen Ursprung geschlossen werden (Nelson 1905/06a, 395–398). Zu Grundbegriffen und Grundsätzen könne man vielmehr nur durch Abstraktion von der Erfahrung gelangen (Nelson 1905/06a, 402). Mathematische Axiome sind für Nelson keine logischen Sätze, sie sind also keine analytischen Urteile im Sinne Kants. Sie sind aber auch nicht empirisch, also keine synthetischen Urteile a posteriori, sondern sie stellen eine dritte Satzkategorie dar. Nelson nennt sie in seinen erkenntnistheoretischen Schriften ‚unmittelbare Urteile' (Nelson 1904, 18). Sie entsprechen den synthetischen Urteilen a priori bei Kant. Für Nelson ist damit die Philosophie der Mathematik von Immanuel Kant bestätigt.

Wie sieht Nelson das Verhältnis der Mathematik zur Logik? Auch die Mathematik, so Nelson, unterliege wie jede Wissenschaft den Gesetzen der Logik. „Aber die Logik vermag nur *negative* Bedingungen der mathematischen Wahrheit aufzustellen, insofern sie den Widerspruch ausschließt" (Nelson 1904, 416). Logische Widerspruchsfreiheit impliziere aber noch nicht mathematische Existenz, dafür müsse man über die Logik hinausgehen (Nelson 1904, 416 f.). Die logische Möglichkeit eines Begriffs ist für Nelson also nicht das Kriterium für die Existenz des begrifflichen Gegenstands. Nelson stellt sich damit gegen die minimale Ontologie David Hilberts, für den die widerspruchsfreie Möglichkeit bestimmter mathematischer Gegenstände mit der Existenz dieser Gegenstände zusammenfällt.

Ansatzpunkt der Kritik ist Hilberts Verfahren der impliziten Definition mathematischer Gegenstände mittels der zugehörigen Axiomgruppen. Für Nelson führt aber die Ersetzung der Axiome durch Definitionen der in ihnen auftretenden Begriffe nicht auf gerechtfertigte Aussagen über die Existenz der definierten Begriffe. Zu jeder Definition müsste ein synthetisches Axiom über die Existenz des definierten Begriffes oder der definierten Operation hinzutreten:

> Diese Existentialaxiome lassen sich allerdings durch eine geeignete Methode auf ein minimales Maß einschränken. Dadurch nämlich, daß man die Zahlen von vornherein nur dadurch definiert, daß sie ein System von Dingen bilden, welches die in den arithmetischen Axiomen formulierten Bedingungen erfüllt. [...] Allein, so fruchtbar sich diese [...] „axiomatische" Methode für gewisse mathematische Untersuchungen erweist, so ist doch geltend zu machen, daß den auf solche Weise definierten Dingen zwar, sofern die definierenden Bedingungen ein in sich widerspruchsloses System bilden, logische Möglichkeit, an und für sich aber noch keineswegs mathematische Existenz zukommt. (Nelson 1905/06a, 418)

Nelson fordert also die Aufstellung zusätzlicher Existentialaxiome, ergänzt um eine Untersuchung der Bedingungen der Möglichkeit der definierten Gegenstände. Er sieht aber auch in Hilberts Schriften eine Entwicklung in diese Richtung. Zu den Schriften Hilberts zur Grundlegung der Arithmetik (Hilbert 1900a, 1905a) bemerkt er: „Es scheint daher die Durchführung der neuerdings von *Hilbert* ausgehenden Bestrebungen rücksichtlich der Grundlagen der Arithmetik unvermeidlich gerade zu der von uns vertretenen kritischen Auffassung zu drängen" (Nelson 1905/06a, 418, Anm. 1).

In der populären Fassung des Aufsatzes über die nichteuklidische Geometrie, die in der ‚Illustrierten Zeitschrift für Astronomie und verwandte Gebiete' *Das Weltall* veröffentlicht wurde, geht Nelson in einem Vorspann auf die kritische Methode zur Prüfung der Voraussetzungen der Axiome als synthetischer Urteile *a priori* ein. Danach habe die Kritische Mathematik eine doppelte Aufgabe. Sie habe erstens regressiv die Grundsätze aufzusuchen, die als logische Prinzipien den mathematischen Theorien zugrunde liegen: Es ist dies die Aufgabe der von Hilbert ‚axiomatisch' genannten Untersuchungsweise, dass sie eine mathematische Wahrheit nicht mit Rücksicht auf neue, aus ihr abzuleitende Sätze zu erforschen habe, sondern, „daß sie vielmehr die Stellung eines Satzes innerhalb des Systems der bekannten Wahrheiten in der Weise klarzulegen habe, daß sich sicher angeben läßt, welche Voraussetzungen zur Begründung jener Wahrheit notwendig und hinreichend sind" (Hilbert 1903a, 88). Nelson kommentiert dies wie folgt:

> Diese axiomatische Untersuchung erschöpft indessen nicht die Aufgabe der Kritischen Mathematik. Wir können nämlich den regressiven Gedankengang noch weiter fortsetzen, indem wir die Frage aufwerfen: Welches ist der Ursprung der Axiome, und worauf beruht ihre Geltung? Die Untersuchung dieser Frage ist die zweite Aufgabe der Kritischen Mathematik. Den Gegenstand dieser Aufgabe bildet die Erkenntnisquelle der mathematischen Axiome und somit der mathematischen Wahrheiten überhaupt. Während also die erste Aufgabe wesentlich logischer Natur ist, ist die zweite Aufgabe erkenntnistheoretischer Natur. (Nelson 1905/06b, 149)

Die paradigmatische Funktion von Hilberts axiomatischem Programm wird besonders deutlich in Nelsons Vortrag ‚Kritische Philosophie und mathematische Axiomatik', den er kurz vor seinem Tod auf der 56. Versammlung Deutscher Philologen und Schulmänner am 28. September 1927 in Göttingen gehalten hat. Auch in diesem Vortrag stellt Nelson heraus, dass Jakob Friedrich Fries mit der Kritischen Mathematik die ‚Philosophie der Mathematik' als eigene Disziplin begründet hat. Aufgabe dieser Kritischen Mathematik sei die klare Trennung des logisch Beweisbaren von den Voraussetzungen der Beweise. Die Anzahl der Axiome müsse dadurch auf ein Minimum beschränkt werden, dass alle beweisbaren Voraussetzungen auch tatsächlich bewiesen werden. Andererseits müsse die Anzahl der Axiome aber hinreichend sein, denn es müssen „alle Anleihen, die im Verlauf eines Beweises bei der Anschauung gemacht werden, als besondere Voraussetzungen formuliert" werden (Nelson 1928, 110). „Man sieht, diese ‚Kritische Mathematik' oder ‚Philosophie der Mathematik' ist nichts anderes als die dem modernen Mathematiker wohl vertraute Axiomatik" (Nelson 1928, 110). Eigentlicher Gegenstand des Vortrages ist aber die Herausarbeitung einer Analogie zwischen der Methode der Deduktion bei Jakob Friedrich Fries und dem von Hilbert ausgearbeiteten beweistheoretischen Programm, wonach Widerspruchsfreiheitsbeweise von mathematischen Axiomensystemen mittels finiter Methoden zu führen seien. Hilberts Versuch, die Widerspruchsfreiheit der Arithmetik zu zeigen (in Hilbert 1922), hält Nelson für gelungen (Nelson 1928, 112–113).

Kritische Mathematik und kritische Methode

Das frühe axiomatische Programm von David Hilbert mit der zugehörigen Variante des Formalismus war ein pragmatisches Konzept, das dazu dienen sollte, die Praxis mathematischer Arbeit dadurch abzusichern, dass die Widerspruchsfreiheit ihrer Ergebnisse garantiert wurde. Bei Hilbert geschieht dies zunächst durch ‚Tieferlegung der Fundamente' derjenigen Teile der Mathematik, deren Grundlagen infrage gestellt worden waren. Mit der ‚Tieferlegung' ist keine Letztbegründung gemeint. Sie geht vielmehr nur so weit wie nötig, um das Gebäude der Mathematik zu tragen (Hilbert 1918, 407). Hier setzt die Kritische Mathematik an, die diese mathematischen Fundamente durch einen philosophischen Unterbau stützen will. Die Kritische Mathematik ist damit eine philosophische Theorie, die selbst keine mathematischen, aber meta-mathematische Erträge liefert. Sie verbindet die von Kant und Fries entlehnte kritische Deduktion der Grundsätze der Theorie mit der Methode der regressiven Analyse, damit aber mit einem Verfahren der logisch-erkenntnistheoretischen Methodenlehre (Peckhaus 2002). Es lag nahe, die der Mathematik entlehnte, philosophisch gestützte axiomatische Methode auf die Philosophie selbst anzuwenden, wie es Nelson schon in seinem Buch ‚Über das sogenannte Erkenntnisproblem' (Nelson 1908, § 168) anregte. Eine axiomatische Philosophie ist ein nach axiomatischer Methode geordnetes Satzsystem, das auf Grundsätzen, aber nicht unbedingt auf Axiomen aufbaut. Ein solches System hat Nelson 1917 mit explizitem Bezug auf Hilbert für die Ethik vorgeschlagen, als er über eine ‚Axiomatik der möglichen ethischen Theorien' im vierten Teil seiner *Kritik der praktischen Philosophie* schrieb (Nelson 1917, Peckhaus 1998).

Literatur

Apelt, Ernst Friedrich: *Metaphysik.* Leipzig 1857

Carnap, Rudolf: Die logizistische Grundlegung der Mathematik. In: *Erkenntnis* 2 (1931) 91–105.

Frege, Gottlob: *Grundgesetze der Arithmetik, begriffsschriftlich abgeleitet,* Bd. 1. Jena 1893

Fries, Jakob Friedrich: *Die mathematische Naturphilosophie, nach philosophischer Methode bearbeitet. Ein Versuch.* Heidelberg 1822. Wieder in Fries 1979

Fries, Jakob Friedrich: *System der Logik. Ein Handbuch für Lehre und zum Selbstgebrauch.* Heidelberg ^{3}1837

Fries, Jakob Friedrich: *Sämtliche Schriften.* Hrsg. v. Gert König und Lutz Geldsetzer, Bd. 13. Aalen 1979

Hessenberg, Gerhard: Über die kritische Mathematik. In: *Sitzungsberichte der Berliner Mathematischen Gesellschaft* 3 (1904), 21–28. 20. Sitzung v. 25. November 1903, Anhang zu: *Archiv der Mathematik und Physik.* 3. Reihe 7 (1904)

Heyting, Arend: Die intuitionistische Grundlegung der Mathematik. In: *Erkenntnis* 2 (1931), 106–115.

Hilbert, David: Grundlagen der Geometrie. In: Fest-Comitee (Hg.): *Festschrift zur Feier der Enthüllung des Gauss-Weber-Denkmals in Göttingen.* Leipzig 1899, 1–92 (separat als zweite Auflage. Leipzig ^{2}1903. Stuttgart ^{14}1999)

Hilbert, David: *Grundlagen der Geometrie. Durch Zusätze vermehrte und mit fünf Anhängen versehene Auflage.* Leipzig ^{2}1903a

Hilbert, David: Über den Satz von der Gleichheit der Basiswinkel im gleichschenkligen Dreieck. In: *Proceedings of the London Mathematical Society* 35 (1903b), 50–68. Wiederabdruck u. a. in Hilbert 1903a, 88–107

Hilbert, David: Über die Grundlagen der Logik und der Arithmetik. In: Adolf Krazer (Hg.): *Verhandlungen des Dritten Internationalen Mathematiker-Kongresses in Heidelberg vom 8. bis 13. August 1904.* Leipzig 1905a, 174–185

Hilbert, David: *Logische Principien des mathematischen Denkens. Vorlesung SS 1905. Ausarbeitung von Ernst Hellinger. Bibliothek des Mathematischen Seminars der Universität Göttingen.* 1905b

Hilbert, David: *Logische Principien des mathematischen Denkens.* Vorlesung SS 1905. Ausarbeitung von Max Born. Niedersächsische Staats- und Universitätsbibliothek Göttingen, Cod. Ms. D. Hilbert 558a. 1905c

Hilbert, David: Neubegründung der Mathematik. Erste Mitteilung. In: *Abhandlungen aus dem Mathematischen Seminar der Hamburgischen Universität* 1 (1922), 157–177

Hilbert, David/Bernays, Paul: *Grundlagen der Mathematik,* Bd. 1. Berlin 1934

Hilbert, David/Bernays, Paul: *Grundlagen der Mathematik,* Bd. 2. Berlin 1939

Nelson, Leonard: Die kritische Methode und das Verhältnis der Psychologie zur Philosophie. Ein Kapitel aus der Methodenlehre. In: *Abhandlungen der Fries'schen Schule* N. F. 1/2 (1904), 373–392

Nelson, Leonard: Bemerkungen über die Nicht-Euklidische Geometrie und den Ursprung der mathematischen Gewissheit. In: *Abhandlungen der Fries'schen Schule* N. F. 1/2 und 3 (1905/06a), 373–430

Nelson, Leonard: Kant und die Nicht-Euklidische Geometrie. In: *Das Weltall* 6 (1905/06b) 147–155, 174–182, 186–193

Nelson, Leonard: Über das sogenannte Erkenntnisproblem. In: *Abhandlungen der Fries'schen Schule* N. F. 2/4 (1908), 413–818

Nelson, Leonard: *Vorlesungen über die Grundlagen der Ethik*, Bd. 1: *Kritik der praktischen Vernunft*. Leipzig 1917

Nelson, Leonard: Kritische Philosophie und mathematische Axiomatik. In: *Unterrichtsblätter für Mathematik und Naturwissenschaften* 34 (1928), 108–142.

Neumann, Johann von: Die formalistische Grundlegung der Mathematik. In: *Erkenntnis* 2 (1931), 116–121

Peckhaus, Volker: *Hilbertprogramm und Kritische Philosophie. Das Göttinger Modell interdisziplinärer Zusammenarbeit zwischen Mathematik und Philosophie*. Göttingen 1990

Peckhaus, Volker: Axiomatische Ethik. In: Dieter Krohn/Barbara Neißer/Nora Walter (Hg.): *Zwischen Kant und Hare. Eine Evaluation der Ethik Leonard Nelsons*. Frankfurt a. M. 1998, 37–61

Peckhaus, Volker. 2002. Regressive Analysis. In: Uwe Meixner/Albert Neven (Hg.): *Philosophiegeschichte und logische Analyse. Logical Analysis and History of Philosophy*, Bd. 5. Paderborn 2002, 97–100

Peckhaus, Volker: Garantiert Widerspruchsfreiheit Existenz? In: Bente Christiansen/Uwe Scheffler (Hg.): *Was folgt? Themen zu Wessel*. Berlin 2004a, 111–127

Peckhaus, Volker: Paradoxes in Göttingen. In: Godehard Link (Hg.): *One Hundred Years of Russell's Paradox. Mathematics, Logic, Philosophy*. Berlin/New York 2004b, 501–515

Peckhaus, Volker: Impliziert Widerspruchsfreiheit Existenz? Oskar Beckers Kritik am formalistischen Existenzbegriff. In: Ders. (Hg.): *Oskar Becker und die Philosophie der Mathematik*. München 2005, 77–99

Peckhaus, Volker: David Hilberts axiomatisches Programm und die Kritische Philosophie. In: *Mitteilungen der Mathematischen Gesellschaft in Hamburg* 38 (2018), 79–91.

Peckhaus, Volker/Kahle, Reinhard: Hilbert's Paradox. In: *Historia Mathematica* 29 (2002), 157–175.

Russell, Bertrand: *Principles of Mathematics*, Bd. 1. Cambridge 1903

Hilbert'sche Axiomatik und synthetisches Apriori

6

Kay Herrmann

Anmerkungen zur Rolle der Mathematik in der Fries-Nelson'schen Philosophie

Fries

Der erste umfassende Entwurf einer *Philosophie der Mathematik* (noch vor Novalis) geht auf Jakob Friedrich Fries zurück. Zwar präsentierte etwa 130 Jahre vor Fries in Jena (1693) Erhard Weigel[1] einen Entwurf einer Philosophie der Mathematik *(Philosophia Mathematica, Theologia Naturalis solida, Per singulas scientias continuata);* doch bei Weigel waren noch theologische, ontologische, logische, physikalische und mathematische Überlegungen vermischt (König und Geldsetzer 1979, 42).

Seinem 1822 erschienenen Werk *Mathematische Naturphilosophie* stellte Fries eine Philosophie der Mathematik voran, die mehr als die Hälfte dieser Arbeit beansprucht. Damit entwickelte Fries eine eigene Disziplin, die *Mathesis prima:*

[1] Erhard Weigel wurde 1625 geboren und starb 1699 in Jena. Er war tätig als Mathematiker, Astronom, Philosoph und Pädagoge. Mit seinen Bemühungen, die Methoden der Mathematik zur Grundlage aller übrigen Wissenschaften zu machen, beeinflusste er seine Schüler Leibniz und Pufendorf.

Leicht angepasste Fassung des Beitrages von Herrmann (2019, 17–33).

K. Herrmann (✉)
Philosophische Fakultät, Institut für Pädagogik, Technische Universität Chemnitz, Chemnitz, Deutschland
E-Mail: kay.herrmann@phil.tu-chemnitz.de

K. Herrmann und B. Schwitzer (Hrsg.), *Der Geist der kritischen Schule,*
https://doi.org/10.1007/978-3-662-68345-3_6

> Auf solche Art ergibt sich die Aufgabe einer eignen Wissenschaft, *Mathesis prima* oder *Philosophie der Mathematik* genannt, deren Frage ist: woher kommt uns die mathematische Erkenntniß und welche Ansprüche hat sie im ganzen System der menschlichen Ueberzeugungen zu machen? (Fries 1822, 35)

Im Jahre 1824 erhielt Fries eine Physikprofessur. Es begann eine Zeit intensiver Beschäftigung mit Mathematik und Physik, die zugleich mit zahlreichen Kontakten zu Naturwissenschaftlern und Mathematikern verbunden war. Die Arbeiten von Fries stießen auch bei Carl Friedrich Gauß (1777–1855) und Wilhelm Weber (1804–1891) auf große Beachtung und Wertschätzung. So wurde die letzte größere Arbeit von Fries, sein *Versuch einer Kritik der Prinzipien der Wahrscheinlichkeitsrechnung* (1842), von Gauß interessiert aufgenommen (Herrmann 2000, 143).

Die Fries'sche Schule (1847–1849)

Ernst Friedrich Apelt, Heinrich Johann Theodor Schmid, der Zoologe Oscar Schmidt und der Mathematiker Oskar Schlömilch gehörten zu den wichtigsten Vertretern der Fries'schen Schule, die ein interdisziplinäres Projekt von Philosophen und mathematisch-naturwissenschaftlich orientierten Wissenschaftlern darstellte.

Schlömilch erlangte als Mathematiker und Wissenschaftsorganisator Bekanntheit. Er wurde am Weimarer Gymnasium von dem Fries-Schüler Ludwig Kunze in Mathematik und Physik unterrichtet. Von Kunzes Lehrweise war Schlömilch angetan. Schlömilch kam im Frühjahr 1839 an die Jenaer Universität. Er begann zunächst mit dem Studium der Philosophie. Die Philosophie von Fries übte auf ihn eine besondere Anziehungskraft aus. Auf Fries' Anraten hin setzte Schlömilch 1840 sein Studium an der Universität zu Berlin fort, wo er bei Johann Peter Gustav Lejeune Dirichlet über die Theorie bestimmter Integrale und über die Zahlentheorie hörte. Schlömlich übernahm das Unendlichkeitskonzept von Fries, der das Aktual-Unendliche ablehnte und das Unendliche als Unvollendbares bestimmte, eine nicht zeittypische Position (Herrmann 2000, 208).

Nelsons Anknüpfung an die Tradition der Fries'schen Schule

Gerhard Hessenberg gehörte zu den wichtigsten Vertretern von Nelsons Schule. Mit seinem Vortrag ‚Über die kritische Mathematik' (1903) zeigte Hessenberg erstmals eine Verbindung zwischen David Hilberts axiomatischem Programm und der Fries'schen Philosophie auf (Peckhaus 1990, 134). Dieser Ansatz wurde von Hessenberg und später von Nelson im Detail ausgearbeitet. Hessenberg und Nelson betrachteten Fries als Vorläufer der *kritischen Mathematik.* Nach Nelson zeige „die moderne Axiomatik ein durchaus analoges Verhältnis, wie es zwischen der Fries'schen Vernunftkritik und dem System der Metaphysik besteht, wo auch die Prinzipien des Systems zum Gegenstand der Kritik gemacht werden, [...]" (Nelson 1927, 199). Nelson merkt an: „Was ist nun die heute jedem Mathematiker vertraute axiomatische Methode anderes als jene Fries'sche regressive Methode zur Aufdeckung der Prinzipien?" (Nelson 1927, 198) Bei Fries' regressiver Methode wird der *Inhalt* des Systems der Metaphysik zum *Gegenstand* derjenigen Erkenntnis, die *Inhalt* der Kritik ist. Analog gehe, so Nelson, die moderne Axiomatik vor: Die Sätze, die den *Inhalt* des Systems der Mathematik ausmachen, werden zum *Gegenstand* der Sätze, die den *Inhalt* der Axiomatik ausmachten (Nelson 1927, 198).

Eine besondere Förderung wurde Nelson durch den Göttinger Mathematiker David Hilbert zuteil. Ab dem Jahre 1904 setzte sich bei Hilbert die Überzeugung durch, dass die Grundlegung der Mathematik auch Anstrengungen philosophischer Art bedürfe. Der Briefwechsel mit Frege zwischen 1899 und 1900 dürfte hierbei eine Rolle gespielt haben (Peckhaus 1990, 151). In Nelson sah Hilbert einen fähigen Philosophen, eine solche Aufgabe leisten zu können. Nachdem Husserl zum Sommersemester 1916 einen Ruf an die Universität Freiburg i. Br. angenommen hatte, versuchte Hilbert, Nelson fest an die Göttinger Universität zu binden. So ist es maßgeblich dem persönlichen Engagement David Hilberts zu verdanken, dass Nelson am 28. Juni 1919 zum Extraordinarius an der Göttinger Universität berufen wurde (Peckhaus 1990, 223). Der hohe Stellenwert, den Hilbert Nelson beimaß, geht u. a. auch aus einem Schreiben Hilberts an den Minister hervor, in dem er Argumente für die Berufung Nelsons sammelte:

> Ich kann ein[en] wichtigen Teil meines Lebensprogramms nicht durchführen ohne N[elson]. N[elson] ist der Sauerteig[,] er wird hier eine Ausschlag gebende, auf feste Principien gerichtete Schule vertreten: Seine Berufung ist Kulturtat 1sten Ranges: Reformation des Geistes des Professorentums. Ohne N[elson] bin ich Nichts in der Fakultät. (Hilbert 1918, Bl. 15)

Eine Schlüsselrolle innerhalb des Nelsonkreises spielte der Mathematiker Paul Bernays, der 1909 nach Göttingen kam und 1912/13 Mitglied der von Nelson gegründeten Jakob-Friedrich-Fries-Gesellschaft wurde. Später wandte er sich der Philosophie Ferdinand Gonseths zu. Bernays betonte, dass gerade in der modernen Mathematik die kantische Lehre von der reinen Anschauung wieder Bedeutung erlangt habe. Denn für den Aufbau der Mathematik müsse eine gewisse Art rein anschaulicher Erkenntnis als Ausgangspunkt genommen werden. Er erwähnt z. B. die „anschauliche Vorstellung des Diskreten" (Bernays 1933, 108). Denn ausgehend vom Diskreten könne man auf konstruktive Art und Weise Kombinatorik und Arithmetik entwickeln. Bernays wies in diesem Zusammenhang auf Leopold Kronecker und Luitzen E. J. Brouwer hin, die die Mathematik allein aus dem Anschaulichen heraus zu entwickeln versuchten (Bernays 1933, 110). Zwar stehe Hilberts Standpunkt hierzu in Opposition, doch messe auch Hilbert dem Anschaulichen eine ausgezeichnete Stellung bei (Bernays 1933, 111):

> Im Gegensatz zu den früheren Bestrebungen von Frege und Dedekind erlangen wir die Überzeugung, daß als Vorbedingung für die Möglichkeit wissenschaftlicher Erkenntnis gewisse anschauliche Vorstellungen und Einsichten unentbehrlich sind und die Logik allein nicht ausreicht. Das Operieren mit dem Unendlichen kann nur durch das Endliche gesichert werden. (Hilbert 1925, 190)

Auch die Nelsonschülerin Grete Hermann (später Grete Henry-Hermann oder nur Grete Henry) beschäftigte sich zunächst intensiv mit Mathematik. Sie studierte bei Emmy Noether Mathematik und bei Leonard Nelson Philosophie. Mit ihrer Arbeit ‚Zur Frage der endlich vielen Schritte in der Theorie der Polynomideale' (unter Benutzung nachgelassener Sätze von K. Hentzelt) wurde sie 1925 bei Emmy Noether promoviert.

Das synthetische Apriori und der Wissenschaftlichkeitsanspruch der Philosophie

Nelson stand in der Tradition des kantischen Kritizismus, der die Quelle objektiver Erkenntnisse weder in der Logik noch in der Empirie sucht. Nach Kant ermöglichen allein synthetische Urteile a priori die Objektivität von Erkenntnissen, indem die *synthetischen Urteile a priori* die *Bedingungen der Möglichkeit für Erfahrung überhaupt* formulieren. Den Terminus ‚a priori' führt Kant in der Einleitung seiner ‚Kritik der reinen Vernunft, 2. Aufl. 1787' ein. Zunächst beginnt er mit einer ‚negativen' Bestimmung von Erkenntnissen a priori: „Wir werden also im Verfolg unter Erkenntnissen a priori nicht solche verstehen, die von dieser oder jener, sondern die schlechterdings von aller Erfahrung unabhängig stattfinden." (Kant 1787a, b, 2 f.)

Im Anschluss an diese ‚negative' (d. h. das Erfahrungsmäßige ausschließende) Bestimmung des Apriorischen fragt Kant nach einem Kriterium zur Unterscheidung zwischen apriorischen (oder reinen) und aposteriorischen (oder empirischen) Erkenntnissen:

> Es kommt hier auf ein Merkmal an, woran wir sicher ein reines Erkenntniß von empirischen unterscheiden können. (Kant 1787a, b, 3)

Die gesuchten Kriterien sind für ihn die *Notwendigkeit* und die *Allgemeinheit* einer Erkenntnis. Mit diesen Kriterien nimmt er eine ‚positive' Charakterisierung des Apriorischen vor. Die Begriffe *Notwendigkeit* und *(strenge bzw. unbeschränkte) Allgemeinheit* sind für Kant die einzigen ‚positiven' Merkmale des Apriorischen:

> Findet sich also erstlich ein Satz, der zugleich mit seiner Nothwendigkeit gedacht wird, so ist er ein Urtheil a priori; ist er überdem auch von keinem abgeleitet, als der selbst wiederum als ein nothwendiger Satz gültig ist, so ist er schlechterdings a priori. Zweitens: Erfahrung giebt niemals ihren Urtheilen wahre oder strenge, sondern nur angenommene und comparative Allgemeinheit (durch), so daß es eigentlich heißen muß: so viel wir bisher wahrgenommen haben, findet sich von dieser oder jener Regel keine Ausnahme. Wird also ein Urtheil in strenger Allgemeinheit gedacht, d. i. so, daß gar keine Ausnahme als möglich verstattet wird, so ist es nicht von der Erfahrung abgeleitet, sondern schlechterdings a priori gültig. (Kant 1787a, b, 3 f.)

Das von Kant vertretene Konzept des synthetischen Apriori, dem Nelson zustimmt, ist nicht vereinbar mit einem biologistischen Apriori-Konzept, wie es später von

Konrad Lorenz (1903–1989) und im Rahmen der an ihn anschließenden evolutionären Erkenntnistheorie vertreten wurde. Die evolutionäre Erkenntnistheorie interpretiert das Apriori im Sinne einer stammesgeschichtlich entstandenen Organfunktion, die (darwinistisch betrachtet) in Anpassung an Umgebungsfaktoren entstanden sei. Empiristische Deutungsversuche für das Apriori stehen der kantischen Tradition diametral entgegen, da diese die Frage nach dem Grund der objektiven Geltung von wissenschaftlicher Erkenntnis nicht klären. Selbst wenn eine empirische Theorie der Erkenntnis (etwa im Sinne der evolutionären Erkenntnistheorie) zutreffen sollte, bliebe eben das kantische Problem offen, woher wissenschaftliche Erkenntnisse ihre Objektivität nähmen, wenn alle Regeln nur empirisch bewährt wären. Hierzu schreibt Kant:

> Denn wo wollte selbst Erfahrung ihre Gewißheit hernehmen, wenn alle Regeln, nach denen sie fortgeht, immer wieder empirisch, mithin zufällig wären; daher man diese schwerlich für erste Grundsätze gelten lassen kann. (Kant 1787a, b, 5)

Leonard Nelson knüpft hier an: Die Metaphysik liefere die Kriterien für die Unterscheidung zwischen vernünftigen und unvernünftigen sowie zwischen wissenschaftlichen und unwissenschaftlichen Denkweisen (Nelson 1908b, 273 f.).

An Kant kritisierte Nelson, Fries folgend, dass dieser versucht habe, die metaphysischen Grundsätze zu *beweisen* (Nelson 1908a, 229). Nelson hielt, anknüpfend an Fries, entgegen, dass die Philosophie die metaphysischen Grundsätze, auf denen die Wissenschaften beruhen, lediglich nach dem regressiv-abstraktiven Verfahren *aufweisen* könne. Dabei müsse die Philosophie selbst den Charakter einer strengen Wissenschaft haben. Der Prototypus einer strengen Wissenschaft ist die Mathematik. Es ist somit nicht verwunderlich, dass Mathematik und mathematische Erkenntnis für Nelson, der auch hier Kant und Fries folgt, von besonderem Interesse sind.

Nelsons Konzept der mathematischen Erkenntnis

Das Begründungsproblem in der Mathematik besteht in der Frage, worauf mathematische Erkenntnisse gründen bzw. welche Erkenntnisquelle sie haben. Zur Lösung des Begründungsproblems in der Mathematik kamen für Nelson weder der Empirismus noch Gottlob Freges Logizismus infrage.

Ausgangspunkt für Nelsons Überlegungen hinsichtlich der Erkenntnisquelle mathematischer Erkenntnisse ist einerseits deren Anspruch auf allgemeine und notwendige Geltung, weshalb die Erfahrung als Erkenntnisquelle mathematischer Urteile ausscheide. Die mathematischen Erkenntnisse können somit keine empirischen Erkenntnisse sein. Andererseits schließe der Nachweis des synthetischen Charakters der mathematischen Erkenntnisse nach Nelson aus, dass diese der Logik entstammen. Somit können mathematische Erkenntnisse auch keine logischen Wahrheiten sein. Die Logik könne lediglich durch ihre Schlüsse die Gewissheit apodiktischer Grundsätze auf die Lehrsätze übertragen, aber die apodiktische (mit dem Bewusstsein der Notwendigkeit verbundene) Geltung müsse den Grundsätzen bereits innewohnen (Nelson 1905/1906, 14). Die mathematischen Sätze gründen nach Nelson vielmehr in der *mathematischen Anschauung* (Nelson 1905/1906, 11 f.). Nelsons Begriff der *mathematischen Anschauung* entspricht Kants Begriff der *reinen Anschauung* (Nelson 1905/1906, 12).

Zur Rolle der Anschauung

Die Rolle des *Anschaulichen* in der Mathematik steht in Nelsons Vortrag *Des fondaments de la géométrie (1914)* im Blickfeld. Nelson beginnt mit der Fragestellung, ob es eine Erkenntnis gibt, die nicht auf Logik rückführbar ist und trotzdem nicht aus der Erfahrung geschöpft werden kann. Er hebt hervor, dass die Arithmetisierung der Mathematik das Anschauliche zurückgedrängt habe und eher eine logizistische Konzeption begünstige. Hierfür spreche die Entwicklung der Analysis, aber auch, dass es gelungen sei, den Raumbegriff als Sonderfall einer *n-dimensionalen Mannigfaltigkeit* ohne Zuhilfenahme der Anschauung zu entwickeln (Nelson 1914, 162 f.). Doch Nelson hält entgegen, dass es unmöglich sei, den Begriff der Ausdehnung allein durch ein logisches Verfahren zu gewinnen.

Analog argumentiert er im Hinblick auf den Begriff des Differenzialquotienten.

$$\lim_{\Delta x \to \infty} \frac{\Delta y}{\Delta x} = l$$

Mit dem durch Grenzwertbildung vollzogenen Übergang vom Differenzenquotienten $\frac{\Delta y}{\Delta x}$ zum Differenzialquotienten $l = \frac{\mathrm{d}y}{\mathrm{d}x}$ werde der Übergang von einer Sekante zu einer Tangente nachgebildet. Ohne die anschauliche Vorstellung eines solchen Überganges gelange man zu dem sinnlosen Ausdruck:

$$\frac{0}{0}$$

Es gäbe kein analytisches Verfahren, das diesem anschaulichen Übergang entspreche (Nelson 1914, 170).

Als weiteres Beispiel für die Bedeutung der Anschauung in der Mathematik nennt Nelson die projektive Geometrie. Gemäß dem Dualitätsprinzip der projektiven Geometrie können in den Sätzen der projektiven Geometrie die Begriffe *Punkt* und *Gerade* ausgetauscht werden, ohne dass sich ein Widerspruch ergebe. Aber den Unterschied zwischen *Punkt* und *Gerade* könne man nur der Anschauung entnehmen (Nelson 1914, 170).

Nelson setzt sich mit dem Einwand auseinander, dass die Anschauung oft trüge. Er nennt als Beispiel das Möbius'sche Band, auf dessen Oberfläche man von jedem Punkt aus jeden beliebigen anderen Punkt erreichen könne, ohne dabei dessen Rand zu überschreiten – was eine eher kontraintuitive Vorstellung sei. Allerdings könne man daraus nicht schließen, dass uns die *Anschauung* täusche. Vielmehr hätten wir zu früh von den Besonderheiten des Möbius'schen Bandes abstrahiert, und somit sei unsere Aufmerksamkeit nicht auf den Unterschied zwischen zweiseitigen und einseitigen Oberflächen gelenkt worden. Der Grund für die Täuschung liege nicht in der Anschauung, sondern in einer vorschnellen *Reflexion.* Gerade die Anschauung könne diese Täuschung aufdecken (Nelson 1914, 172).

Die Konstruierbarkeit in der Anschauung gilt Nelson als Kriterium der mathematischen Existenz (Nelon 1905/1906, 42). Denn allein die logische Widerspruchsfreiheit sei nicht bereits gleichbedeutend mit mathematischer Existenz. So seien zwar Begriffe wie *größte Primzahl*[2], *regulärer Siebenflächner* logisch möglich, dennoch mathematisch nicht existent. Nelson konstatiert, dass sich keine ‚positiven' Kriterien der mathematischen Existenz aus bloßer Logik ableiten lassen.

Der synthetisch-apriorische Charakter der mathematischen Erkenntnis – Apriorität

Im Zentrum der Philosophie der Mathematik von Nelson steht die Behauptung vom synthetisch-apriorischen Charakter der mathematischen Urteile. Wie auch Kant unterschied Nelson zwischen *Erkenntnissen a posteriori* und *Erkenntnissen a priori.* Er nennt eine Erkenntnis *a posteriori* oder *empirisch,* wenn sie auf sinnliche Wahrnehmung gründet. Sei dies nicht der Fall, werde sie als Erkenntnis *a priori* bezeichnet (Nelson 1906, 70).

Die Apriorität der mathematischen Sätze belegt Nelson mit dem Hinweis, dass die Allgemeinheit dieser Sätze eine andere Quelle voraussetze als die Wahrnehmung; diese Sätze seien nicht durch die Messung sinnlich gegebener Naturkörper gewonnen worden (Nelson 1906, 74).

Empirisch könne ein geometrischer Satz weder bestätigt noch widerlegt werden. Ergäbe eine Vermessung des physikalischen Raumes nicht-euklidische Verhältnisse, könne daraus nicht auf die Widerlegung der euklidischen Geometrie geschlossen werden, vielmehr wäre gezeigt, dass sich die physikalischen Verhältnisse durch die euklidische Geometrie nicht in adäquater Weise beschreiben lassen (Nelson 1905/1906, 26). Nelson plausibilisiert diese Überlegung durch folgende Analogie: Der Satz von der Gleichheit aller Radien eines Kreises gilt ausnahmslos für alle Kreise, dennoch ist er nicht geeignet, die Form jedes einzelnen (wirklichen) Rades zu beschreiben (Nelson 1905/1906, 28).

[2] Erstaunlicherweise spricht Nelson dem Begriff ‚größte Primzahl' logische Möglichkeit zu, obwohl bereits der Beweis von Euklid zeigen konnte, dass die Annahme einer größten Primzahl auf einen logischen Widerspruch führt. Dasselbe gilt für den regulären Siebenflächner. In Euklids Elementen wird bewiesen, dass es genau fünf platonische Körper gibt. Für den Kantianer Nelson sind die größte Primzahl oder der reguläre Siebenflächner zwar logisch, aber nicht synthetisch möglich, weil sie nicht konstruierbar sind. Aus diesem Blickwinkel zeigt der Beweis von Euklid die synthetische Unmöglichkeit dieser mathematischen Objekte.

Nicht die Induktion führe zu den Grundsätzen der Geometrie, sondern das *regressive Verfahren der Abstraktion.* Die Induktion setze allgemeine, nicht-empirische Obersätze bereits voraus. So konnte Kepler seine Gesetze der Planetenbewegung aufstellen, weil er bereits a priori über die Gesetze der Kegelschnitte verfügte.

Bei der Abstraktion wird von einem verbundenen Ganzen der Erkenntnis ausgegangen, und dann der apriorische Teil abgetrennt und gesondert zu Bewusstsein gebracht. Auf diese Weise können beispielsweise Beziehungen der euklidischen Geometrie an hinreichend starren in der Natur vorkommenden Körpern entdeckt werden. Diese wären möglicherweise nie entdeckt worden, befänden wir uns in einer Welt, in der es keinerlei starre Körper gibt, was allerdings den Gültigkeitsanspruch der euklidischen Geometrie nicht einschränke.

Synthetizität

Nelson knüpft unmittelbar an Kants Unterscheidung *analytischer* und *synthetischer* Urteile in der Einleitung zur *Kritik der reinen Vernunft (2. Aufl. 1787)* an. Er stellt diese Unterscheidung am Urteil ‚S ist P' dar. In Überstimmung mit Kant definiert er: Ist das Prädikat P im Subjekt S bereits enthalten, handle es sich um ein analytisches Urteil, komme P als Neues zu S hinzu, müsse von einem synthetischen Urteil gesprochen werden (Nelson 1906, 61 f.). Nelson illustriert diese Unterscheidung anhand der Eigenschaften des Kreises. Der Satz ‚Alle Radien eines Kreises haben dieselbe Länge' liege bereits in der Definition des Kreises, weshalb es sich um ein analytisches Urteil handle. Dagegen müsse die Behauptung ‚Der Quotient aus Umfang und Durchmesser eines Kreises ergibt die Zahl Pi' eine andere Erkenntnisquelle haben als den begriffszergliedernden Verstand, da sich diese Aussage nicht unmittelbar aus der Definition des Kreises ergäbe. Diese Aussage sei kein analytischer Satz, also keine logische Wahrheit, sondern ein synthetisches Urteil. Die Logik könne somit nicht die Erkenntnisquelle mathematischer Urteile sein.

Im Hinblick auf den nicht-logischen Charakter arithmetischer Urteile setzt sich Nelson mit einem Gottfried Wilhelm Leibniz[3] zugeschriebenen Beweis des Satzes $2+2=4$ auseinander, der scheinbar nur auf Definitionen beruht. Die Zahlen 2, 3, 4 werden zunächst rein definitorisch eingeführt:

(1) $2:=1+1$
(2) $3:=2+1$
(3) $4:=3+1$ usw.

[3] Dieser Beweis wird unter anderem zitiert in Frege, G.: Die Grundlagen der Arithmetik (1884), § 6. Bei Leibniz ist er in Leibniz, G. W.: Neue Abhandlungen über den menschlichen Verstand. Berlin 1873, IV. Buch, VII. Kap., S. 455 f. zu finden.

Zu zeigen ist $2+2=4$.

Beweis:

Schritt 1:	Mit (1) folgt $2+2=2+(1+1)$
Schritt 2:	Aus Schritt 1 folgt: $2+(1+1)=(2+1)+1$
Schritt 3:	Aus Schritt 2 folgt mit (2): $2+(1+1)=3+1$
Schritt 4:	Aus Schritt 3 folgt mit (1) und (3) $2+2=4$

Um den Beweis zu führen, musste in Schritt 2 vom *Assoziativgesetz der Addition* Gebrauch gemacht werden. Nelson weist darauf hin, dass es sich beim Assoziativgesetz der Addition nicht um eine „Identität im logischen Sinne" (Nelson 1905/1906, 41) handle. Aus heutiger Sicht ist hinzuzufügen, dass sich in der Tat auch nicht-assoziative Algebren ohne logischen Widerspruch entwickeln lassen, was für Nelsons These vom nicht-logischen Charakter des Assoziativgesetzes spricht. Nelson erwähnt in diesem Zusammenhang, dass sich ohne logischen Widerspruch ein System von Zahlen denken lasse, das das kommutative Gesetz der Multiplikation nicht erfüllt, was aus heutiger Sicht ebenso zutreffend ist.

Als Synthetizitätskriterium gilt für Nelson „die logische Widerspruchslosigkeit des Gegenteils" (Nelson 1905/1906, 23).

Dieses Synthetizitätskriterium spielt für den Nachweis des synthetisch-apriorischen Charakters der geometrischen Axiome eine Schlüsselrolle. Durch die Entdeckung der nicht-euklidischen Geometrien sieht Nelson seine Argumente für den synthetisch-apriorischen Charakter der mathematischen Erkenntnisse bestätigt. Nach der Entdeckung der nicht-euklidischen Geometrien entbrannte ein Streit über den Charakter und den Ursprung der mathematischen Axiome. So vertrat Hermann von Helmholtz die Auffassung vom empirischen Ursprung der mathematischen Axiome. Nelson dagegen sah in den nicht-euklidischen Geometrien einen Beleg für den synthetisch-apriorischen Charakter der mathematischen Erkenntnisse.

Die nicht-euklidischen Geometrien wurden gewonnen, indem ein Axiom (konkret das Parallelenaxiom) durch eine widersprechende Annahme ersetzt werden konnte, ohne dass sich aus dem Axiomensystem ein logischer Widerspruch hätte ableiten lassen (Nelson 1905/1906, 16). Nelson schloss daraus auf den synthetischen (nicht-logischen) Charakter der geometrischen Axiome (Nelson 1905/1906, 23).

Nelsons Fazit

Nelsons Resümee besteht in der Feststellung: Die Mathematik könne weder in der Logik noch in der Erfahrung ihre Erkenntnisquelle haben, es müsse eine andere Erkenntnisquelle geben, und zwar die mathematische Anschauung.

Nelson betonte, dass aus dem synthetischen Charakter der geometrischen Axiome nicht auf deren empirischen Ursprung geschlossen werden könne, denn zwischen Logik und Empirie stehe eben noch die Wissenschaft aus synthetisch-apriorischen Sätzen. Aristoteles habe den Fehler gemacht, alle Erkenntnis in logische und empirische einzuteilen, tatsächlich ergebe sich aber folgendes Bild (Nelson 1905/1906, 77):

Erkenntnis	***A priori***	***A posteriori***
Analytisch	Logik	–
Synthetisch	Mathematik	Empirie

Ein Bewertungsversuch von Nelsons Konzept der mathematischen Erkenntnis

Nelsons Konzept der mathematischen Erkenntnis gründet wesentlich auf zwei Annahmen: *Anschaulichkeit* und *Synthetizität.*

Anschaulichkeit

Dass die mathematischen Axiome nicht aus der Erfahrung stammen, darin stimmen Nelson und Hilbert überein, dennoch haben die Axiome bei Hilbert nicht den Charakter *synthetischer Urteile a priori.* Ein Axiomensystem im Sinne von Hilbert hat keine inhaltliche Bedeutung. Es besteht aus einer Menge von Axiomen, die als Grundaussagen unbewiesen einer zu entwickelnden Theorie vorangestellt werden. Grundlegende Eigenschaften eines Axiomensystems sind seine Widerspruchsfreiheit, Unabhängigkeit und Vollständigkeit. Die Axiome definieren bestimmte Objekte (wie z. B. Punkt oder Gerade) nicht explizit, sondern stellen indirekte Definitionen für diese Objekte dar (Neßelmann 2010, 1).

Nelson argumentierte, dass erst die Anschauung die Existenz mathematischer Objekte garantieren könne.

> Es kann folglich auch jeder Existenzbeweis für einen geometrisch nicht darstellbaren und überhaupt nicht unmittelbar anschaulichen Begriff nur auf Grund einer mittelbaren Berufung auf die Anschauung geführt werden. (Nelson 1905/1906, 35)

Hilbert ging allerdings einen anderen Weg. Seiner Ansicht nach komme es nur auf den Erfolg der eingeführten Begriffe an.

> Nein, wenn über den Nachweis der Widerspruchsfreiheit hinaus noch die Frage der Berechtigung zu einer Maßnahme einen Sinn haben soll, so ist es doch nur die, ob die Maßnahme von einem entsprechenden Erfolge begleitet ist. In der Tat, der Erfolg ist notwendig; er ist auch hier die höchste Instanz, der sich jedermann beugt. (Hilbert 1925, 163)

In seiner Vorbemerkung zu Nelsons Aufsatz *Kritische Philosophie und mathematische Axiomatik* weist Wilhelm Ackermann darauf hin, dass Nelsons Orientierung auf die Anschauung Hilberts Standpunkt nicht gerecht werde. Zwar vertrete Hilbert die Auffassung, dass ein Teil der Mathematik (nicht nur die Metamathematik) auf eine anschaulich-finite Erkenntnisquelle zurückgehe (näher ausgeführt in § 2 von Bd. 1 der *Grundlagen der Mathematik* von Hilbert und Bernays), dass aber zu diesen finiten Schlussweisen die transfiniten hinzukommen müssten, die nicht mehr auf eine anschauliche Erkenntnisquelle zurückgehen (Ackermann 1974, 188).

Da Nelson das konstitutive Prinzip der Mathematik in der reinen Anschauung sah, gelangte er zu der folgenreichen Schlussfolgerung, dass von jeder mathematischen Aufgabe entweder eine ‚positive' Auflösung möglich sein oder der Beweis ihrer Unlösbarkeit erbracht werden müsse:

> ..., daß jedes mathematische Problem *entscheidbar* sein muß, in dem Sinne, daß wir über Wahrheit oder Falschheit jedes mathematischen Satzes durch reines Denken, ohne alle Hilfe von außen, zu entscheiden vermögen, .. (Nelson 1927, 204)

Gegen diese These wandte später Ackermann ein, dass im Jahre 1935 Alonzo Church[4] darlegte, dass es kein Entscheidungsverfahren gibt, um die Richtigkeit oder Falschheit aller zahlentheoretischen Sätze festzustellen (Ackermann 1959, 125).

Synthetizität

Den Synthetizitätsnachweis führt Nelson vermöge des *Prinzips der Widerspruchslosigkeit der Verneinung.*

Die nachstehende Tabelle soll dieses Prinzip verdeutlichen.

Der Satz A ist analytisch	*Der Satz A ist synthetisch*
‚Nicht A' führt auf einen logischen Widerspruch	‚Nicht A' führt nicht auf einen logischen Widerspruch
Bsp.: „Die Katze sei definiert als das fleischfressende Säugetier mit einziehbaren Krallen." (Nelson 1906, 70)	Bsp.: ‚Die Katze ist schwarz.'
Somit ist das Urteil A „die Katze hat einziehbare Krallen, […]" (Nelson 1906, 70) analytisch	
Der Satz ‚Es ist nicht so, dass A' (kurz: ‚Nicht A') impliziert einen logischen Widerspruch, da im Begriff der *Katze* eben die Einziehbarkeit der Krallen enthalten ist.	Der Satz ‚Es ist nicht so, dass A' (kurz: ‚Nicht A') impliziert keinen logischen Widerspruch, da die Farbe nicht zur Definition der Katze gehört. Es sind ohne Widerspruch Katzen denkbar, die weiß, grau, zimtfarben, schwarz-weiß gefleckt usw. sind.

[4] Der Unentscheidbarkeitssatz von Alonzo Church (1903-1995) ist ein Verwandter des Gödelschen Unvollständigkeitssatzes. Er besagt, dass es kein Entscheidungsverfahren gibt, mit dessen Hilfe wir errechnen können, ob eine vorgelegte Aussage der Zahlentheorie (oder der Mengenlehre) in der Zahlentheorie (bzw. einer Theorie der Mengenlehre) beweisbar ist.

Nelsons an Kant orientiertes Analytizitätskonzept ist durchaus an aktuelle Definitionen für *analytisch* anschlussfähig, denen zufolge unter analytischen Sätzen solche verstanden werden, die logisch oder definitorisch wahr sind (Schurz 2011, 86).

Unter Berufung auf das *Prinzip der Widerspruchslosigkeit der Verneinung* versuchte Nelson, den synthetischen Charakter mathematischer Axiomensysteme nachzuweisen. Nelson diskutiert dies im Detail am Beispiel der nicht-euklidischen Geometrien. Erwähnung findet auch die Möglichkeit nicht-kommutativer Algebren. Hier soll am Beispiel der nicht-kommutativen Algebren, aber zugleich übertragbar auf nicht-assoziative Algebren und nicht-euklidische Geometrien, Nelsons Schlusskette rekonstruiert werden.

Es sei **R** eine Algebra. Dann ist der Satz A: = ,**R** ist kommutativ' nach Nelsons Verständnis synthetisch, da auch Algebren (z. B. Quaternionen-Algebra) denkbar sind, in denen ,nicht A' wahr ist. Hierzu ist jedoch anzumerken, dass vom *synthetischen Charakter der Aussage A* nicht auf die *Synthetizität der Axiome von* **R** geschlossen werden kann. Die Aussage A bezieht sich auf das komplette Axiomensystem, womit über den Charakter der einzelnen Axiome noch nichts gesagt ist. Da Nelson jedoch vom *synthetischen Charakter* der mathematischen Axiome spricht, scheint er diesen Schluss vollzogen zu haben.

Steht um die Jahre 1905/06 für Nelson der synthetische Charakter der mathematischen Erkenntnis fest (Nelson 1905/1906, 40), so scheint, wie aus einer Nachschrift von Bernays hervorgeht, Nelson später von seiner Auffassung vom synthetischen Charakter der mathematischen Erkenntnis abgerückt zu sein. In seinen im Wintersemester 1910/11 abgehaltenen *Übungen über Philosophie der Mathematik und Naturwissenschaften* räumt er ein, dass die Zahlgesetze nicht der reinen Anschauung entspringen, da sie nicht nur auf anschauliche oder wirkliche Gegenstände, sondern auch auf beliebige Gegenstände des Denkens anwendbar sind (Nelson 2004, 55). Nelson zieht den analytischen Charakter der arithmetischen Urteile in Betracht. Den Begriff ,analytisch' verwendet Nelson hier im Sinne einer *definitorischen Wahrheit,* weshalb er die Unterscheidung zwischen ,formal' und ,analytisch' einführt, wobei dem Begriff des *Formalen* die *logischen Wahrheiten* entsprechen.

> Formal sind solche Sätze, die aus Sätzen der formalen Logik durch Einsetzen spezieller Begriffe entstehen, analytisch sind alle Sätze, bei welchen dasjenige, was in ihnen ausgesagt wird in dem Begriff der Dinge, von denen es ausgesagt wird, enthalten ist. In diesem Sinn sind die Gesetze der Arithmetik analytisch, aber nicht formal. (Übungen über Philosophie der Mathematik und Naturwissenschaften, WS 1910 – 1911) (Nelson 2004, 59)

Noch deutlicher scheint sich Nelson von seiner Ursprungsposition im *Kolloquium über Naturphilosophie* vom Sommersemester 1923 entfernt zu haben. So heißt es in einer Nachschrift, dass „Hilbert möglichst viele Eigenschaften in die Definitionen aufnimmt, nämlich alle voneinander unabhängigen, um ein vollständiges System von analytischen Urteilen zu erhalten." (Nelson 2004, 163) Wenige Zeilen später wird eingeräumt: „Die synthetische Erkenntnis der *Geometrie als solcher* ist zwar bei Hilbert verloren gegangen, die Sätze aber, die bei Euklid als geometrische Sätze a priori erscheinen, sind darum doch nicht verloren gegangen.“ (Nelson 2004, 163) Nelson sucht die synthetischen Zusammenhänge nun in der Art, wie sich die Sätze der Geometrie auf die Formen der physikalischen Körper beziehen. Sein früher Tod hat die systematische Ausarbeitung dieser Gedanken verhindert, weshalb seine Philosophie der Mathematik ein Fragment geblieben ist.

Siglen

AFSNF	Abhandlungen der Fries'schen Schule. Neue Folge. 1906–1937.
KrV	Kritik der reinen Vernunft (2. Aufl. 1787)
GS	Leonard Nelson. Gesammelte Schriften. Hg. von Paul Bernays et al. (Hamburg 1970–1977), Bde. 1–9.
WW	Jakob Friedrich Fries: Sämtliche Schriften. Nach den Ausgaben letzter Hand zusammengestellt von Gert König et al., 1–29; 31 (Personenglossar und Kommentar zu den in WW 27–29 abgedruckten Briefen) im Druck, 30 (Briefe 4), 22 (Ergänzungsband) und 33 (Index) in Vorbereitung (Aalen seit 1967).

Archivmaterial

Hilbert, David: Für den Minister (1918). In: SUB Göttingen, Cod. Ms. D. Hilbert 482.

Literatur

Ackermann, Wilhelm: *Anmerkungen zur Neuausgabe der vorstehenden Abhandlung*. In: Leonard Nelson: *Beiträge zur Philosophie der Logik und Mathematik. Mit einführenden und ergänzenden Bemerkungen von Wilhelm Ackermann, Paul Bernays, Bernays*. Frankfurt a. M. 1959, 125

Ackermann, Wilhelm: *Vorbemerkung zu Kritische Philosophie und mathematische Axiomatik* (1974). In: Ders.: *GS* 3, 188

Bernays, Paul: *Die Grundgedanken der Fries'schen Philosophie in ihrem Verhältnis zum heutigen Stand der Wissenschaft*. In: *AFSNF* 5/2 (1933), 97–113

Frege, Gottlob: *Die Grundlagen der Arithmetik*. Hrsg. von Joachim Schulte. Stuttgart 1986

Fries, Jakob Friedrich: *Die mathematische Naturphilosophie nach philosophischer Methode bearbeitet* [1822], in: *WW* 13

Herrmann, Kay: *Leonard Nelson: Mathematische Erkenntnis als synthetisches Apriori*. In: Ralf Krömer/Gregor Nickel/Daniel Koenig/Shafie Shokrani (Hg.): *Mathematik in der Tradition des Neukantianismus: Siegener Beiträge zur Geschichte und Philosophie der Mathematik*, Bd. 11. Siegen 2019, S. 17–33

Herrmann, Kay: *Mathematische Naturphilosophie in der Grundlagendiskussion. Jakob Friedrich Fries und die Wissenschaften*. Göttingen 2000

Hilbert, David: *Über das Unendliche*. In: *Math. Annalen* 95/1 (1925), 161–90

Hilbert, David/Bernays, Paul: *Grundlagen der Mathematik, Bd. 1*. Berlin 1934

Kant, Immanuel: *Kritik der reinen Vernunft* (2. Aufl. 1787). In: Kants *Werke. Akademie-Textausgabe*, Bd. 3. Berlin 1968

König, Gert/Geldsetzer, Lutz: *Vorbemerkung der Herausgeber zum 13. Band*. In: *WW* 13. Aalen 1979, 17–93

Leibniz, Gottfried Wilhelm v.: *Neue Abhandlungen über den menschlichen Verstand*. Ins Deutsche übersetzt, mit Einleitung, Lebensbeschreibung des Verfassers und erläuternden Anmerkungen versehen von C. Schaarschmidt. Berlin 1873

Nelson, Leonard: *Bemerkungen über die nicht-euklidische Geometrie und den Ursprung der mathematischen Gewißheit* (1905/1906). In: Ders.: *GS* 3, 3–52

Nelson, Leonard: *Die Unmöglichkeit der Erkenntnistheorie* (1918). In: Ders.: *GS* 2, 459–483

Nelson, Leonard: *Ist metaphysikfreie Naturwissenschaft möglich?* (1908b). In: Ders.: *GS* 3, 233–281

Nelson, Leonard: *Kant und die nicht-euklidische Geometrie (1906)*. In: Ders.: GS 3, 53–94

Nelson, Leonard: *Kritische Naturphilosophie. Mitschriften aus dem Nachlass, hg. von K. Herrmann und J. Schroth*. Heidelberg 2004

Nelson, Leonard: *Kritische Philosophie und mathematische Axiomatik* (1927). In: Ders.: *GS* 3, 187–220

Nelson, Leonard: *Über das sogenannte Erkenntnisproblem* (1908a). In: Ders.: *GS* 2, 59–393

Nelson, Leonard: *Über die Grundlagen der Geometrie* (1914). In: Ders.: *GS* 3, 157–185

Neßelmann, Dieter: *Manuskript zur Vorlesung Axiomatische Geometrie, gehalten an der Universität Rostock*. Rostock 2009 (Fassung vom 22. Februar 2010)

Peckhaus, Volker: *Hilbertprogramm und Kritische Philosophie. Das Göttinger Modell interdisziplinärer Zusammenarbeit zwischen Mathematik und Philosophie*. Göttingen 1990

Schurz, Gerhard: *Einführung in die Wissenschaftstheorie*. Darmstadt [3]2011

Nelsons Ethik – ein Überblick

7

Jörg Schroth

Einleitung

Nelsons Ethik ist die Krönung seines philosophischen Schaffens – in mehrfacher Hinsicht.

- Nelson selbst betrachtete die Ethik als den eigentlichen Zweck der Philosophie. Die theoretische Philosophie sollte durch die Begründung einer zuverlässigen philosophischen Methode die Grundlage dafür liefern, Ethik als Wissenschaft betreiben zu können.
- Die Ethik ist der einzige Teil des Systems der Philosophie, in dem Nelson seine in der theoretischen Philosophie begründete Methode umgesetzt und das System der Ethik begründet und ausformuliert hat.
- Die Ethik ist der akademisch wie außerakademisch wirkungsgeschichtlich einflussreichste Teil von Nelsons Philosophie.
- Nelsons Ethik ist nicht nur von philosophiehistorischem Interesse, sondern ist der Teil seiner Philosophie, der noch heute die systematische Debatte bereichern kann, insbesondere wenn man daran interessiert ist, wie eine plausible kantianische Ethik aussehen könnte und welche Gegensätze und Verbindungen es zwischen kantianischen bzw. deontologischen und konsequentialistischen Theorien gibt.

J. Schroth (✉)
Georg-August-Universität Göttingen, Göttingen, Deutschland
E-Mail: joerg.schroth@uni-goettingen.de

K. Herrmann und B. Schwitzer (Hrsg.), *Der Geist der kritischen Schule*,
https://doi.org/10.1007/978-3-662-68345-3_7

Die wichtigsten Quellen zu Nelsons Ethik sind:

- *Die Theorie des wahren Interesses und ihre rechtliche und politische Bedeutung* (1913),
- *Die kritische Ethik bei Kant, Schiller und Fries. Eine Revision ihrer Prinzipien* (1914) sowie die drei Bände seiner *Vorlesungen über die Grundlagen der Ethik*:
- Band 1: *Kritik der praktischen Vernunft* (1917)
- Band 2: *System der philosophischen Ethik und Pädagogik* (1932)
- Band 3: *System der philosophischen Rechtslehre und Politik* (1924).

Nelsons Auffassung der Philosophie und der philosophischen Methode

Um den Aufbau von Nelsons Ethik besser zu verstehen, ist es hilfreich, einen kurzen Blick auf Nelsons philosophische Methodenlehre und seine Auffassung der Philosophie zu werfen.

Die Philosophie ist nach Nelson eine reine Vernunftwissenschaft (Nelson 1970a, 92), die sich durch folgende Eigenschaften auszeichnet:

- Philosophische Erkenntnisse sind a priori und nicht-anschaulich (Nelson 1970d, 222). Die Apriorität unterscheidet die Philosophie von den empirischen Wissenschaften, die Nicht-Anschaulichkeit von der ebenfalls apriorischen, aber anschaulichen Mathematik.
- Philosophische Erkenntnisse sind nicht unmittelbar klar bzw. evident (Nelson 1970d, 237), sondern liegen ursprünglich dunkel in unserer Vernunft (Nelson 1970d, 240) und können nur durch Nachdenken entdeckt werden (Nelson 1970d, 222).
- Die Wahrheiten der Philosophie sind (im Gegensatz zu Tatsachenwahrheiten) notwendige Gesetze (Nelson 1970a, 92), die ihren Grund in unserer Vernunft haben (1, 240). Sie können nicht durch Erfahrung vermehrt oder vermindert werden, sondern bilden ein abgeschlossenes Ganzes (Nelson 1970d, 244 f., 1977, 20, 24 f.).
- Die Philosophie bildet folglich ein von der Vernunft eindeutig vorgezeichnetes System (Nelson 1970b, 46f.) und kann deshalb eine abgeschlossene, endgültige Gestalt erreichen (Nelson 1970d, 245). Die Geschichte der Philosophie endet, sobald dieses endgültige System der Philosophie errichtet ist (Nelson 1970c, 249; 1977, 24 f.).
- Das System der Philosophie besteht aus den analytischen Urteilen der Logik und den synthetischen Urteilen a priori der spekulativen und praktischen Metaphysik (Nelson 1970b, 1970d, 223 f., 16 f., 1976, 38).

Vom *System der Philosophie* muss die *Kritik der Vernunft* unterschieden werden. Sie ist selbst nicht Teil des Systems der Philosophie und enthält als Propädeutik alle für den systematischen Aufbau des Systems der Philosophie notwendigen Voruntersuchungen (Nelson 1972, x). Im ersten Teil der Kritik, der *philosophischen Methodenlehre,* wird untersucht, wie Philosophie als Wissenschaft möglich ist, d. h. welche Bedingungen für eine wissenschaftliche Begründung des Systems der Philosophie notwendig und hinreichend sind (Nelson 1972, xi). Diese Bedingungen betreffen die Form und den Gehalt des Systems. Was die Form betrifft, wird die logische Zurückführbarkeit auf Prinzipien gefordert, was den Gehalt betrifft, müssen die Prinzipien Erkenntnisse sein und als solche begründbar sein (Nelson 1972, xi). Nelsons Methodenlehre, die man heute als Erkenntnistheorie bezeichnen würde, enthält folgende zentrale Lehrstücke:

- die Unterscheidung zwischen einer progressiven (dogmatischen) und regressiven (kritischen) Methode,
- die Unterscheidungen zwischen Grund und Begründung, System und Kritik sowie Inhalt und Gegenstand der Kritik,
- die Theorie der unmittelbaren Erkenntnis und die Unterscheidung zwischen mittelbarer und unmittelbarer Erkenntnis,
- die Theorie der Begründung der Grundurteile durch Demonstration und Deduktion,
- der Satz vom Selbstvertrauen der Vernunft.

Im zweiten Teil der Kritik der Vernunft, der ‚Kritik der Vernunft im engeren Sinn' (Nelson 1972, xi) wird untersucht, ob, bzw. gezeigt, dass Philosophie als Wissenschaft möglich ist. Dazu werden im ersten Teil der Kritik der Vernunft i. e. S., der ‚Exposition der Prinzipien', die philosophischen Prinzipien aufgewiesen: Da die philosophischen Prinzipien umstritten sind, weil sie uns nicht unmittelbar bewusst sind, sondern dunkel in unserer Vernunft liegen, müssen wir von den sicheren Urteilen des ‚konkreten Verstandesgebrauchs', also von Einzelurteilen (z. B. über eine konkrete Handlung, die wir als moralisch falsch beurteilen) ausgehen und durch die *regressive Methode der Abstraktion* die den Einzelurteilen zugrunde liegenden Prinzipien auffinden. Anschließend müssen im zweiten Teil der Kritik der Vernunft i. e. S., der *Deduktion der Prinzipien,* die aufgewiesenen Prinzipien begründet werden, indem sie mittels einer psychologischen Theorie der Vernunft auf eine faktisch vorliegende unmittelbare Erkenntnis zurückgeführt werden. Wenn das psychologische Faktum, dass wir eine unmittelbare Erkenntnis von der Wahrheit der exponierten Prinzipien besitzen, durch die Deduktion aufgewiesen wurde, ist die Begründung der Prinzipien abgeschlossen, da die unmittelbare Erkenntnis selbst nicht begründet werden kann und nicht begründet werden muss, da wir gemäß dem Satz des Selbstvertrauens der Vernunft gewiss sind, dass unsere unmittelbare Erkenntnis wahr ist. Nach der erfolgreichen Durchführung der Kritik der Vernunft kann das *System der Philosophie* nach progressiver Methode aufgestellt werden (Nelson 1973, 264).

Stellung der Ethik im System der Philosophie

Ethik ist praktische Metaphysik bzw. Teleologie

Die Ethik enthält synthetische Urteile a priori und gehört daher zur Metaphysik, genauer zur praktischen Metaphysik bzw. Teleologie, die „die Erkenntnis der Gesetze für den Wert der Dinge" enthält, im Gegensatz zur spekulativen Metaphysik, die „die Erkenntnis der Gesetze für das Dasein der Dinge" enthält. Da man aus dem Dasein nicht „auf das, was zu tun wertvoll ist, noch auf das, was sein soll" (Nelson 1970b, 17) schließen kann, ist die praktische Metaphysik bzw. Teleologie ein autonomer Teil des Systems der Philosophie.

Ethik ist subjektive Teleologie bzw. praktische Naturlehre

Die Teleologie beschäftigt sich als objektive Teleologie mit „dem Zweck oder Wert, den die Dinge an sich, ihrem bloßen Dasein nach haben. Sie hat es letzten Endes zu tun mit dem höchsten und umfassendsten Zweck des Daseins der Dinge, mit dem Weltzweck" (Nelson 1970b, 18).

Da dieser Weltzweck nichts wissenschaftlich Erkennbares, sondern nur eine in das Gebiet der Religion fallende Idee ist, ist die objektive Teleologie nur praktische Ideenlehre (und nicht zu verwechseln mit der ethischen Ideallehre) (Nelson 1970b, 19). Das objektiv Wertvolle der objektiven Teleologie kann von uns nicht hervorgebracht, sondern „hinsichtlich seines Wertes nur anerkannt werden" (Nelson 1970b, 233).

Im Gegensatz dazu ist die Ethik subjektive Teleologie. Subjektive Teleologie ist „die Lehre vom Wert oder Zweck menschlichen Verhaltens" (Nelson 1970b, 29) und beschäftigt sich mit „dem für uns Wertvollen", also mit dem „durch unseren Willen erst Hervorzubringenden" (Nelson 1970b, 233), d. h. mit dem Wert der Dinge, „insofern, als dieser Wert eine Aufgabe für unser Handeln bestimmt", also mit „dem Wert, den etwas als Gegenstand unseres Willens hat" (Nelson 1970b, 18). Die subjektive Teleologie bezeichnet Nelson als praktische Naturlehre (Nelson 1970b, 19).

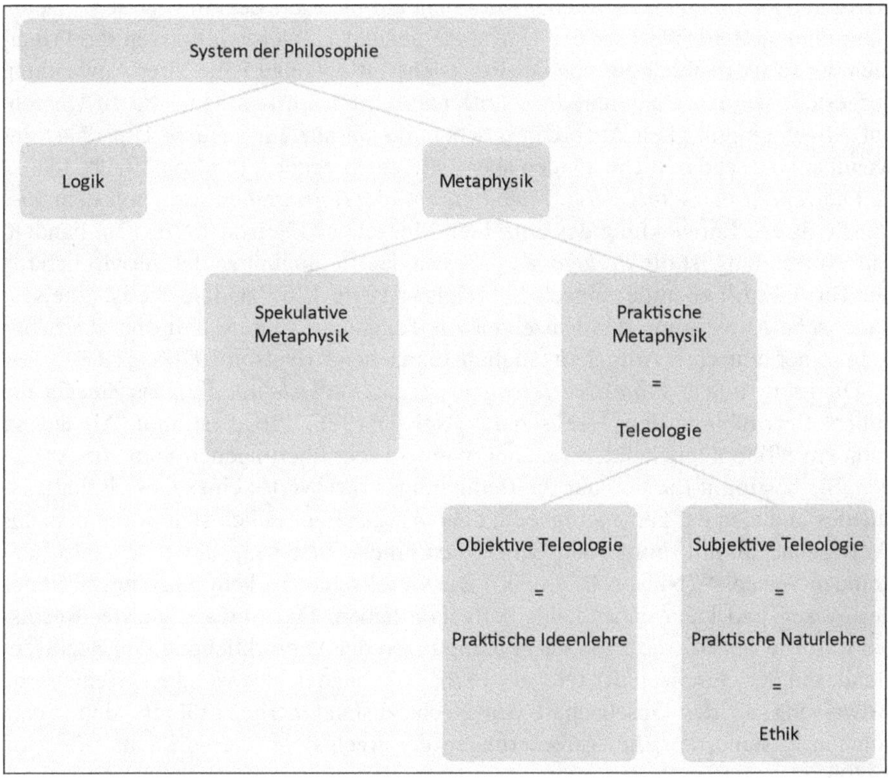

System der Ethik

Die *Ethik* (im weiten Sinn der subjektiven Teleologie) wird von Nelson zweifach unterteilt in einerseits innere und äußere Ethik bzw. innere und äußere subjektive Teleologie und andererseits reine und angewandte Ethik.

Die *innere subjektive Teleologie* (bzw. *innere praktische Naturlehre*) „handelt von dem Wert des Verhaltens des Einzelnen“ und den sich daraus ergebenden „ethischen Anforderungen an den Willen des Einzelnen.“ (Nelson 1970b, 29) Die *äußere subjektive Teleologie* handelt „vom Wert eines Gesellschaftszustandes“ (Nelson 1970b, 29) und fragt „nach der äußeren Form, in der die Einzelnen miteinander in Wechselwirkung stehen, und zwar insofern, als diese äußere Form durch den Inhalt der ethischen Anforderungen bestimmt ist.“ (Nelson 1970b, 29).

In beiden Bereichen der subjektiven Teleologie gibt es einen zugrunde liegenden reinen und einen darauf basierenden angewandten Teil. Im *System der reinen Ethik* kommt „alles auf restlose Reinheit und Abstraktheit der Prinzipien [an], auf

Befreiung aller Gedanken von der Rücksicht auf die Fälle der Anwendung.“ Denn: „Um dem stetigen Wechsel der Umstände gerecht zu werden, müssen die Prinzipien der Ethik unabhängig von der Rücksicht auf einzelne Fälle ihrer Anwendung aufgestellt werden. Anderenfalls würde man zu Sätzen kommen, die zu Unrecht auf Allgemeingültigkeit Anspruch erheben, da sie nur auf gewisse Umstände anwendbar sind, anderen Umständen aber nicht entsprechen.“ (Nelson 1970b, 14).

Die *reine innere subjektive Teleologie* ist die *Tugendlehre*, die „von dem Ziel für die innere Entwicklung des einzelnen Menschen“ (Nelson 1976, 126) handelt. Ihre Anwendung ist die *Pädagogik*, die „von den Bedingungen der Verwirklichung der Tugend im Leben des einzelnen“ (Nelson 1976, 126) handelt. Sie ist „die systematische Anweisung, den Einzelnen zur Tugend zu führen, d. h. ihn zur Erfüllung seiner ethischen Aufgaben tauglich zu machen.“ (Nelson 1970b, 31).

Die *reine äußere subjektive Teleologie* ist die *Rechtslehre*, die „das Ziel für die äußere Entwicklung der Gesellschaft“ (Nelson 1976, 126) bestimmt. Als äußere subjektive Teleologie handelt sie „nur in einem sehr übertragenen Sinn von Aufgaben. Sie bestimmt für sich nur die Bedingungen des Wertes eines Gesellschaftszustandes und also gar keine Aufgaben; denn Aufgaben beziehen sich, wenn man das Wort genau nimmt, immer auf den Willen eines Einzelnen, und zwar eines handelnden Wesens.“ (Nelson 1970b, 30) Die Gesellschaft ist kein einzelnes handelndes Wesen und kann daher keine Aufgaben haben. Die Anwendung der Rechtslehre ist die *Politik*, die „von den Bedingungen der Verwirklichung des Rechtszustandes in der Gesellschaft“ (Nelson 1976, 127) handelt. Sie ist „die systematische Anweisung, in der Gesellschaft den Rechtszustand herbeizuführen, d. h. einen solchen Zustand, der die Anforderungen der Rechtslehre verwirklicht.“ (Nelson 1970b, 31).

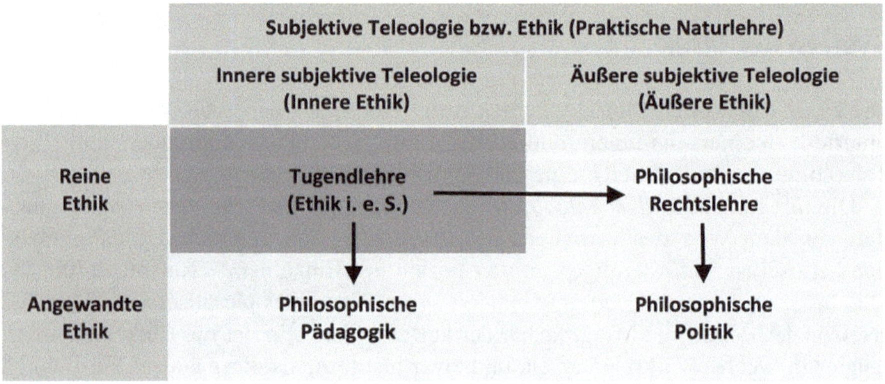

Tugendlehre (Ethik im engeren Sinn)

Die Tugendlehre ist die Grundlage des Systems der Ethik, auf dem alle anderen Teile (Rechtslehre, Pädagogik und Politik) aufbauen.

Zwei Teile der Tugendlehre: Pflichtenlehre und Ideallehre

Die *Tugendlehre* ist das System der ethischen Anforderungen an bzw. Aufgaben für einzelne Personen. Diese Anforderungen sind zum einen Pflichtgebote bzw. *kategorische Imperative,* die aus dem Sittengesetz abgeleitet werden und in den Bereich der Moral fallen. Von ihnen handelt die *Pflichtenlehre.* Die Pflichterfüllung – also das moralisch bzw. sittlich gute Handeln – hat selbst keinen positiven Wert, ist aber Voraussetzung dafür, dass Handlungen einen positiven Wert haben können. Die Pflichtenlehre bzw. Moral umfasst nur einen Teil der Ethik. „Wir sollten nämlich nicht nur unsere Pflicht tun, sondern darüber hinaus alles das, was zu tun wert, was vorzugswürdig ist, auch dann, wenn es nicht Pflicht ist." (Nelson 1970b, 42) Damit beschäftigt sich die *Ideallehre.*

> Der Grundbegriff der gesamten Ideallehre ist der Begriff des **Ideals**[1] selber. Wir denken darunter einen Maßstab des Wertes für das Verhalten vernünftiger Wesen in der Natur, eines Wertes, der unabhängig ist von der Rücksicht auf irgend einen weiteren durch ihn zu erreichenden Zweck. Sofern die Verwirklichung eines Ideals einen solchen objektiven, und zwar positiven Wert hat, können wir sagen, daß jedes Ideal unserem Handeln ein Ziel stellt, dem nahe zu kommen uns aufgegeben ist, ohne daß es *Pflicht* wäre, dieses Ziel zu erreichen. Wir nennen eine solche Aufgabe im Gegensatz zu dem kategorischen *Imperativ* der Pflicht einen kategorischen ***Optativ.*** Die Ideallehre ist das System der kategorischen Optative, so wie die Pflichtenlehre das System darstellt, das sich aus dem kategorischen Imperativ ergibt. (Nelson 1970b, 194 f.)

Die Erfüllung der Anforderungen der Pflicht ist Sittlichkeit, die Erfüllung der Anforderungen des Ideals ist Bildung. (Nelson 1970b, 42 f.)

Zwei Teile der Pflichtenlehre: formale und materiale Pflichtenlehre

Gemäß der Methode der regressiven Abstraktion beginnt die Exposition der ethischen Prinzipien mit der Analyse (‚Erörterung', ‚Zergliederung') der Begriffe. Da der Gegenstand der Tugendlehre das sittlich Gute ist, ist der Begriff des sittlich Guten der erste zu analysierende Begriff. Die Analyse zeigt, dass der Begriff

[1] Fett hervorgehobener Text in Zitaten stammt vom Autor dieses Aufsatzes.

des sittlich Guten auf den Begriff der Pflicht zurückführbar ist. Der Begriff der Pflicht kann dagegen nicht auf einfachere Begriffe reduziert werden und ist daher der Grundbegriff der Pflichtenlehre (Nelson 1970b, 48). Obwohl der Begriff der Pflicht nicht durch einfachere Begriffe definiert werden kann, lassen sich einige Folgerungen aus ihm ziehen, die ihn axiomatisch definieren. Diese Erörterung des Begriffs der Pflicht ist das Thema der *formalen Pflichtenlehre.* Da aus dem Begriff der Pflicht kein Kriterium bzw. Inhalt der Pflicht abgeleitet werden kann, muss es einen Teil der Pflichtenlehre geben, der über die Begriffsanalyse hinausgeht und das Kriterium bzw. den Inhalt der Pflicht, also die moralischen Prinzipien bzw. das Sittengesetz, systematisch darstellt: „Es ist die Aufgabe der *materialen Pflichtenlehre,* den Inhalt des Sittengesetzes zu bestimmen und die Folgerungen daraus zu ziehen." (Nelson 1970b, 103) Dies ist der wichtigste Teil von Nelsons Ethik.

Formale Pflichtenlehre: Der Begriff der Pflicht

Die formale Pflichtenlehre untersucht den Begriff der Pflicht unter völliger Abstraktion des erst in der materialen Pflichtenlehre zu bestimmenden Inhalts der Pflicht. Sie formuliert diejenigen Sätze, „die aus dem Begriff der Pflicht folgen und darum nicht ohne Widerspruch aus einer Pflichtenlehre ausgeschlossen werden können" (Nelson 1970b, 45 f.). Der *analytische Teil der formalen Pflichtenlehre* zergliedert den Begriff der Pflicht, ohne vorauszusetzen, dass etwas unter diesen Begriff fällt, d. h., ohne vorauszusetzen, dass es eine Pflicht (bzw. ein Sittengesetz) gibt. Die aus dieser Zergliederung gewonnenen „analytischen Prinzipien der formalen Pflichtenlehre" ergeben zusammen eine *axiomatische Definition des Begriffs der Pflicht* (Nelson 1970b, 51). Zu dieser Definition wird im *synthetischen Teil der formalen Pflichtenlehre* die Behauptung hinzugenommen, dass es eine Pflicht bzw. ein Sittengesetz gibt.

Analytische Prinzipien der formalen Pflichtenlehre: Axiomatische Definition des Begriffs der Pflicht[2]

Die axiomatische Definition des Begriffs der Pflicht besteht aus folgenden Prinzipien:

Prinzip der sittlichen Allgemeingültigkeit

> Im Begriff der Pflicht liegt nämlich der Begriff der Allgemeingültigkeit: Pflicht ist ein praktisches Gesetz, und jedes Gesetz ist eine allgemeingültige Regel. Ist aber das Sittengesetz eine allgemeingültige Regel, so folgt, daß, wenn für irgend jemand etwas Bestimmtes Pflicht ist, dasselbe für jeden anderen (in gleicher Lage) Pflicht ist, sowie auch,

---

[2] Außer Acht lasse ich hier Nelsons „analytische Prinzipien aus dem Begriff der Anwendbarkeit des Sittengesetzes in der Natur", die sich mit der sittlichen Zurechnung befassen (Nelson 1970b, 65–84).

daß, wenn für irgend jemand etwas Bestimmtes recht ist, dasselbe für jeden anderen (in gleicher Lage) recht ist. Dieser Satz, daß, was für *A* Pflicht und recht ist, auch für *B* Pflicht und recht sein muß, liegt in der Tat analytisch im Begriff der Pflicht eingeschlossen: er umschreibt nur die Allgemeingültigkeit, die im Begriff der Pflicht enthalten ist. (Nelson 1972, 118; vgl. Nelson 1970b, 52 f.)

Dieses Prinzip ist heute bekannt als Universalisierbarkeitsprinzip.

Prinzip der sittlichen Differenzierung

Es besagt, daß die Gesetzlichkeit, die im Begriff der Pflicht liegt, einen Spielraum läßt für verschiedene, mit der Verschiedenheit der Umstände wechselnde Pflichten und für die Häufigkeit, mit der diese Pflichten auftreten. (Nelson 1970b, 53f.; vgl. Nelson 1972, 121–23)

Prinzip der sittlichen Autonomie

Nach diesem Prinzip kann ein Gesetz nur für denjenigen verbindlich sein, der die Möglichkeit hat, es zu erkennen; denn das Gesetz, von dem hier die Rede ist, ist kein beliebiges Gesetz, sondern das Sittengesetz, und als solches bezieht es sich auf das Handeln oder, bestimmter gesagt, auf den Willen eines vernünftigen Wesens. Der Wille kann aber nur dann für die Erfüllung seiner Verpflichtungen aufkommen, wenn er sie erkennt. Es kann also keine Verbindlichkeit geben, die der Verpflichtete nicht als solche zu erkennen vermag. Dies ist das *Prinzip der sittlichen Autonomie.* (Nelson 1970b, 55, vgl. Nelson 1972, 91)

Prinzip der sittlichen Objektivität

Das Prinzip der Autonomie setzt also voraus, daß das Sittengesetz einen Inhalt hat. [...] Das Prinzip, dem gemäß der Inhalt der Pflicht objektiv und also unabhängig von der Pflichtüberzeugung feststeht, nenne ich das *Prinzip der sittlichen Objektivität.* (Nelson 1970b, 57)

Das Prinzip der Gesinnungsmoral

Dem Sittengesetz, als einem Gesetz, das sich unmittelbar an einen Willen richtet, kann nur Genüge getan werden durch Handlungen, deren Übereinstimmung mit dem Gesetz durch die Gesinnung des Handelnden gesichert ist. Das besagt der Grundsatz, den ich das *Prinzip der Gesinnungsmoral* nenne. (Nelson 1970b, 58)

Prinzip der moralischen Bereitschaft

Zu dem Prinzip der Gesinnungsmoral tritt hiermit ein ergänzendes Prinzip, das *Prinzip der moralischen Bereitschaft.* Nach ihm verlangt das Sittengesetz nicht, daß jede Handlung moralisch sei, sondern es verlangt moralisches Handeln nur dann, wenn die Pflicht nur durch eine moralische Handlung erfüllt werden kann. (Nelson 1970b, 60; vgl. Nelson 1972, 102 f.)

Prinzip des sittlichen Rigorismus

> Im Prädikat jedes Sollenssatzes denken wir ein Sollen, eine Verpflichtung. Es ist das Eigentümliche einer solchen praktischen Notwendigkeit, daß sie nicht abhängig sein kann von einem durch die Handlung zu verwirklichenden Zweck, sondern daß sie ihrerseits jeden möglichen Zweck einschränkt auf die Bedingung der Übereinstimmung mit der Pflicht. Diesen Sachverhalt nenne ich das *Prinzip des sittlichen Rigorismus.* (Nelson 1970b, 60)

Synthetische Sätze der formalen Pflichtenlehre

In diesem Teil der formalen Pflichtenlehre geht Nelson über den Begriff der Pflicht hinaus und behauptet die „praktische Realität des Pflichtbegriffs“ (Nelson 1970b, 86) mit dem „praktischen, synthetischen Grundsatz“ (Nelson 1970b, 85): „Es gibt ein Sittengesetz“ (Nelson 1970b, 85).

Aus der bloßen Form des Sittengesetzes folgt, „daß die Möglichkeit eines Widerstreits besteht zwischen dem, was geschieht, und dem, was geschehen soll“ (Nelson 1970b, 86), was besagt, „daß es kein Naturgesetz geben kann, wonach das Sittengesetz in der Natur gelten müßte oder nicht gelten könnte“ (Nelson 1970b, 87). Dies nennt Nelson die *Subsumtionsformel der formalen Pflichtenlehre* und folgert daraus und der praktischen Realität des Sittengesetzes das Gebot des Charakters:

Das Gebot des Charakters

> Gibt es also überhaupt ein Sittengesetz, so folgt für jedes vernünftige Wesen in der Natur das Gebot, die Erfüllung des Gesetzes dem Zufall zu entziehen, dem sie an sich in der Natur ausgesetzt ist, dem Zufall nämlich, ob gerade ein überwiegender Antrieb auf das gerichtet ist, was dem Gesetz nach geschehen soll. Es folgt also das Gebot, die Pflichterfüllung zum Gegenstand des Willens zu machen. Ich nenne dies das *Gebot des Charakters.* (Nelson 1970b, 89)

Gebot der sittlichen Gesinnung

das die „Unterwerfung der Neigungen unt die Herrschaft des Pflichtbewusstseins und also die Stiftung der moralischen Bereitschaft“ (Nelson 1970b, 103) verlangt, und die

Pflicht der sittlichen Wahrhaftigkeit, die

> gebietet, nach dem Besitz derjenigen Einsicht zu streben, die erforderlich ist, um zu hinreichend klarem Pflichtbewußtsein zu gelangen. Diese Pflicht ist aber als Pflicht selber nur eine Folge der Pflicht der moralischen Bereitschaft. (Nelson 1970b, 103)

Materiale Pflichtenlehre: Das Kriterium bzw. der Inhalt der Pflicht

> Wir hatten dort [in der formalen Pflichtenlehre] die Pflicht abgeleitet, nach der Erkenntnis des objektiven Inhalts der Pflicht zu streben, und also die Aufgabe, die materiale Pflichtenlehre in Angriff zu nehmen. Hier [in der materialen Pflichtenlehre] handelt es sich

in der Tat nicht mehr um die Aufgabe, Kriterien der Moralität aufzustellen, sondern nur darum, Kriterien der Rechtlichkeit zu entwickeln. Die Bedingungen der Moralität sind vollständig in der formalen Pflichtenlehre entwickelt, es gibt keine anderen als die der Reinheit des Charakters. Aber zu diesen Bedingungen gehört das Streben nach sittlicher Klarheit und also nach Einsicht in den Inhalt der Pflicht. Die Aufgabe der materialen Pflichtenlehre hängt also mit der der formalen insofern zusammen, als wir in der materialen Pflichtenlehre jene Auskunft über die Pflicht erhalten, nach der zu streben die formale Pflichtenlehre von uns fordert. (Nelson 1970b, 104f.)

Das Ziel der materialen Pflichtenlehre ist die Formulierung des Sittengesetzes. Diesem Ziel nähert sich Nelson, indem er in den folgenden Sätzen den Inhalt des Sittengesetzes „durch immer fortschreitende Bestimmungen" charakterisiert, „wobei jede Bestimmung eine Voraussetzung für die folgende sein wird." (Nelson 1970b, 105)

Der beschränkende Charakter des Sittengesetzes

Ich behaupte, daß das Sittengesetz an und für sich nur ein negatives Gebot enthält, d. h. unmittelbar nur *Unterlassungen* gebietet. [...] Der Satz vom beschränkenden Charakter des Sittengesetzes besagt, daß das Sittengesetz gewisse Handlungen, auf die sich ein Antrieb richtet, ausschließt, d. h. verbietet. Das Sittengesetz ist also unmittelbar nur in *Verboten* anwendbar, und es muß allemal schon ein Antrieb vorliegen, damit das Sittengesetz Anwendung finden kann. Es schreibt von sich aus nicht vor, wie wir positiv handeln sollen, d. h. welche Absichten wir verfolgen sollen, sondern greift nur, unter der Voraussetzung, daß wir Absichten verfolgen, beschränkend ein. (Nelson 1970b, 106)

Die Unmöglichkeit des Moralismus

Aus dem Satz vom beschränkenden Charakter des Sittengesetzes folgt der

Satz von der *Unmöglichkeit des Moralismus*. Ich verstehe unter Moralismus eine zur positiven Regelung des Lebens hinreichende Normierung durch sittliche Prinzipien. Der Moralismus schließt, mit anderen Worten, die Möglichkeit sittlich indifferenter Handlungen aus. Nach ihm müßte jede Handlung eindeutig entweder als Pflichterfüllung oder als Pflichtverletzung bestimmt sein. Er würde also für andere als aus dem Sittengesetz fließende Anforderungen keinen Spielraum lassen. Wäre das Sittengesetz von dieser Art, daß es zur vollständigen Regelung des Lebens hinreicht, dann könnte es nicht beschränkenden Charakter haben. (Nelson 1970b, 107)

Der formale Charakter des Sittengesetzes

Ich nenne die Handlung, die in einem bestimmten Fall geboten ist, die Materie der Pflicht und behaupte, daß die *Materie* der Pflicht sich nicht logisch aus dem Inhalt des Sittengesetzes ableiten läßt. Das ist es, was der Satz vom formalen Charakter des Sittengesetzes zum Ausdruck bringt. [...] Als formales Gesetz bestimmt das Sittengesetz die Pflicht in unvollständiger Weise, d. h. es reicht für sich nicht hin, eine Einzelpflicht abzuleiten. (Nelson 1970b, 109)

Die Unmöglichkeit eines Sittenkodex

Aus dem Satz vom formalen Charakter des Sittengesetzes folgt unmittelbar die Unmöglichkeit eines Sittenkodex, d. h. einer systematischen Aufzählung der Einzelpflichten, die uns lehren würde, wie wir uns in jedem vorkommenden Fall verhalten sollen. Denn die Materie der Pflicht läßt sich nach diesem Satz nicht a priori aus dem Sittengesetz ableiten, sie steht überhaupt nicht a priori fest, sondern hängt von den nur empirisch von Fall zu Fall feststellbaren Umständen ab, so daß der Einfluß der Umstände a priori nicht beschränkt ist. Die Kenntnis dieser individuellen Umstände, die den einzelnen Fall charakterisieren, kann nicht ersetzt werden durch eine noch so ins einzelne gehende Verhaltungsmaßregel. (Nelson 1970b, 110)

Die Unmöglichkeit einer Pflichtenkollision

Eine weitere Folge aus dem formalen Charakter des Sittengesetzes ist der Satz von der Unmöglichkeit einer Pflichtenkollision.

Man kann die Unmöglichkeit einer Kollision von Pflichten allerdings schon in der formalen Pflichtenlehre beweisen. Denn was wäre eine Kollision von Pflichten? Sie bestünde darin, dass wir einerseits die Pflicht haben, eine bestimmte Handlung unter bestimmten Umständen zu tun, und andererseits die Pflicht, jene Handlung unter den gleichen Umständen zu unterlassen. Die Pflicht würde also Widersprechendes fordern und sich damit selber aufheben. (Nelson 1970b, 112)

Die Pflicht der inneren Wahrhaftigkeit

Um zur Einsicht zu gelangen in das, was Pflicht ist, und also auch, um die Pflicht erfüllen zu können, ist die Berücksichtigung der jeweiligen Umstände erforderlich. Also wissen wir auf Grund des Satzes vom formalen Charakter des Sittengesetzes a priori, daß wir nicht a priori wissen können, was die Materie unserer Pflicht ist, sondern daß wir, um sie zu finden, auf die empirische Kenntnis der Tatsachen angewiesen sind. Wenn wir aber dies wissen, und zwar a priori wissen, so wissen wir auch, daß es unsere Pflicht ist, diese Umstände kennenzulernen, uns also in den Besitz der erforderlichen Tatsachenkenntnis zu setzen. Ich nenne diese Pflicht die *Pflicht der inneren Wahrhaftigkeit*. (Nelson 1970b, 113 f.)

Das Sittengesetz: Der Grundsatz der persönlichen Würde

Wir sind also durch das Sittengesetz in unserem Handeln insofern beschränkt, als wir andere Personen behandeln. Einern Gegenstand, der durch das Gesetz unserem Belieben entzogen ist, schreibt man Würde zu. Die Würde der Person ist daher die Bedingung, auf die das Sittengesetz unser Handeln einschränkt. Unterwerfung unseres Willens unter die Bedingung der Wahrung der Würde ist das, was man Achtung nennt. Wir können daher die aufgestellte Bedingung in der Form eines Gebots aussprechen: Achte die persönliche Würde! Diesen Satz nenne ich den *Grundsatz der persönlichen Würde*. (Nelson 1970b, 116)

Das Sittengesetz ist ein Rechtsgesetz

Auf Grund des Satzes von der persönlichen Würde kommt jeder Person der Anspruch zu, durch ihre Interessen den Willen anderer einzuschränken. Einen solchen Anspruch nennt man ein *Recht* der Person. Das Sittengesetz ist daher ein Rechtsgesetz, d. h. es bestimmt den Inhalt unserer Pflichten durch Rechte. (Nelson 1970b, 116)

Abstraktion vom praktischen Irrtum

Nun behaupte ich, daß die nach dem Grundsatz der Würde bestimmbare Pflicht der Achtung der Interessen der von uns behandelten Personen sich nicht erstreckt auf das vermeintliche, sondern auf das wahre Interesse. Es gilt, mit anderen Worten, die Interessen so zu berücksichtigen, wie sie in Erscheinung treten würden, wenn wir sie vom Irrtum befreit denken, also nicht nach dem Maß der zufälligen Stärke, mit der sie faktisch auftreten, sondern nach dem Gewicht, das sie bei hinreichender Ausbildung der Reflexion, also vom Irrtum befreit, besäßen. Insofern und nur insofern verlangen sie von uns Achtung. (Nelson 1970b, 123 f.)

Wir müssen also, ehe wir auf Grund der faktisch vorliegenden Interessen zu einer Entscheidung über die Materie unserer Pflicht gelangen können, in Gedanken eine Korrektur anbringen, die sich ergibt, wenn wir die Interessen vom praktischen Irrtum befreit denken, wobei die Interessen herausfallen, die nur auf einem praktischen Irrtum beruhen, und diejenigen hinzukommen, deren Fehlen nur auf einem praktischen Irrtum beruht, die also bei hinreichender Ausbildung der Reflexion faktisch auftreten würden. Ich nenne den hiermit ausgesprochenen Satz das *Prinzip der Abstraktion von den Mängeln der Reflexion oder vom praktischen Irrtum*. (Nelson 1970b, 124)

Die Pflicht der Ausbildung der praktischen Erkenntnis

Wenn wir das Prinzip der Abstraktion vom praktischen Irrtum weiter verfolgen, so führt es zu einem Satz, durch den wir die Pflicht der inneren Wahrhaftigkeit näher bestimmen. Wenn sich nämlich die Materie der Pflicht nur finden läßt unter Abstraktion vom praktischen Irrtum der von uns behandelten Person, so müssen wir, um die Materie unserer Pflicht zu erkennen, selber von solchen praktischen Irrtümern frei sein. Hieraus ergibt sich, daß die Pflicht der inneren Wahrhaftigkeit bedeutend mehr umfaßt als die Pflicht der Ausbildung der theoretischen Erkenntnis; sie erstreckt sich nämlich auf die Ausbildung der praktischen Erkenntnis, d. h. sie verlangt außer der Ausbildung der Erkenntnis der Tatsachen auch die der Erkenntnis der Werte. (Nelson 1970b, 129)

Das Gebot der Gerechtigkeit (Gesetz der Wahrung der persönlichen Gleichheit)

Auf die Frage, was Pflicht ist, können wir auf Grund des Vorhergehenden nur antworten: Wahrung des Rechts. Aber auf die Frage, wie weit sich das Recht einer Person gegenüber einer anderen erstreckt, darauf fehlt uns vorläufig die Antwort. Wir müssen sie in einem neuen Satz hinzunehmen. Sie liegt in dem Gesetz, wonach das Gebot der Achtung des Rechts seinen Inhalt erhält durch das *Gebot der Gerechtigkeit*. Das Sittengesetz, von dem wir bisher wissen, daß es die Wahrung der persönlichen Würde gebietet, ist, näher bestimmt, das Gebot der Gerechtigkeit oder das Gesetz der Wahrung der persönlichen Gleichheit.

Wir können das Gebot der Gerechtigkeit aussprechen in der folgenden Form: Jede Person hat als solche mit jeder anderen die gleiche Würde. (Nelson 1970b, 131 f.)

Abstraktion von der numerischen Bestimmtheit der Personen

Die Interessen sollen so gegen einander abgewogen werden, als ob der Unterschied der Personen *als solcher* gar nicht bestünde, d. h. so, wie der Handelnde abwägen würde, wenn die Interessen der behandelten Person auch seine eigenen wären. Die Bevorzugung also, die ein Interesse nur dadurch erhält, daß es das Interesse des Handelnden und nicht das des Behandelten ist, diese und nur diese Bevorzugung wird durch das Sittengesetz ausgeschlossen.

Nach diesen Überlegungen können wir das Kriterium der Pflicht, das wir in dem Grundsatz der persönlichen Gleichheit aufgestellt haben, formulieren als das *Prinzip der Abstraktion von der numerischen Bestimmtheit der Personen.* (Nelson 1970b, 134 f.)

Das Abwägungsgesetz (Gebot der gerechten Abwägung)

Aus dem Prinzip der Gerechtigkeit folgt für jede einzelne Handlung, durch die wir in Wechselwirkung mit anderen Personen treten, das Gebot, durch unsere Handlung kein fremdes Interesse zu verletzen, wenn wir nicht an der Handlung ein überwiegendes Interesse besitzen. Ich nenne dieses Gebot kurz das *Abwägungsgesetz* oder das *Gebot der gerechten Abwägung.* Es läßt sich folgendermaßen formulieren: Handle nie so, daß Du nicht auch in Deine Handlungsweise einwilligen könntest, wenn die Interessen der von ihr Betroffenen auch Deine eigenen wären. Das Kriterium der gerechten Abwägung liegt also in der Vereinigung der Interessen in einer und derselben Person. Diese Vereinigung hat unmittelbar zur Folge, daß, falls kein praktischer Irrtum vorliegt, nur die Handlung, auf die sich das vorzugswürdige Interesse richtet, vorgezogen werden kann. (Nelson 1970b, 143)

Das Gesetz der gerechten Vergeltung

Die Untersuchung des Gesetzes der gerechten Abwägung bedarf einer Ergänzung durch die Erörterung des Falles, daß dieses Gesetz verletzt wird. Wird gegen dieses Gebot verstoßen, so heißt dies, daß sich jemand eine Interessenbefriedigung verschafft, die ihm nach dem Gesetz der persönlichen Gleichheit nicht zukommt. Die dadurch geschaffene ungerechte Bevorzugung verlangt um der Wiederherstellung der persönlichen Gleichheit willen eine Ausgleichung, die nur dadurch möglich ist, daß der ungerecht Bevorzugte um eben so viel benachteiligt wird, wie er andere widerrechtlich benachteiligt hat. Der widerrechtlich Bevorzugte verliert also von dem Anspruch auf Interessenbefriedigung, den er sonst hätte, so viel, wie er den andern der Gleichheit entgegen entzogen hat. Das hieraus sich ergebende Gebot nenne ich das *Gesetz der gerechten Vergeltung.*

Man kann es kurz aussprechen: Du sollst in eine gleiche Nichtachtung Deiner Interessen einwilligen, wie Du sie andern gegenüber ausgeübt hast. (Nelson 1970b, 146 f.)

Sittengesetz: Grundsatz der persönlichen Würde

Achte die persönliche Würde. (V, 116)

Genauer (aufgrund der Möglichkeit des praktischen Irrtums):

Achte das wahre Interesse der von Dir behandelten Personen. (V, 131)

Das Sittengesetz wird näher bestimmt
durch das Gebot der Gerechtigkeit

↓

Gebot der Gerechtigkeit
bzw.
Gesetz der Wahrung der persönlichen Gleichheit

Jede Person hat als solche mit jeder anderen die gleiche Würde. (V, 132)

Zweifache Anwendung des
Gebots der Gererechtigkeit

Abwägungsgesetz bzw. Gebot der gerechten Abwägung	**Vergeltungsgesetz bzw. Gebot der gerechten Vergeltung**
Handle nie so, dass Du nicht auch in Deine Handlungsweise einwilligen könntest, wenn die Interessen der von ihr Betroffenen auch Deine eigenen Interessen wären. (V, 143)	Du sollst in eine gleiche Nichtachtung Deiner Interessen einwilligen, wie Du sie anderen gegenüber bewiesen hast. (V, 147)

Weitere aus dem Sittengesetz abgeleitete Pflichten

„Diese beiden Gesetze, das der gerechten Abwägung und das der gerechten Vergeltung, erschöpfen zusammen den Inhalt des Gebots der Gerechtigkeit und damit des Sittengesetzes überhaupt." (Nelson 1970b, 149) Mit diesem Ergebnis erklärt Nelson die Aufgabe der materialen Pflichtenlehre im Grunde für abgeschlossen, da man aufgrund des formalen Charakters des Sittengesetzes „rein philosophisch keine bestimmten Pflichtmaterien ableiten" kann (Nelson 1970b, 150). Was man innerhalb der materialen Pflichtenlehre lediglich noch zeigen kann, ist, dass es keine Pflichten geben kann, die das Gebot der Gerechtigkeit einschränken und dass sich alle anderen „angeblich weiterführenden Pflichten" aus dem Gebot der Gerechtigkeit ableiten lassen. (Nelson 1970b, 150) Solche Pflichten sind:

- Pflichten gegen Tiere (Nelson 1970b, 162 ff.),
- Pflicht der Verträglichkeit (Nelson 1970b, 176),
- Pflicht der Friedfertigkeit (Nelson 1970b, 176),
- Pflicht der Zuverlässigkeit (Nelson 1970b, 179),
- Pflicht der sittlichen Zuverlässigkeit (Nelson 1970b, 180),
- Pflicht der (äußeren) Wahrhaftigkeit (Nelson 1970b, 181 ff.),
- Pflicht der Treue (Nelson 1970b, 182 ff.),
- Pflicht der Billigkeit (Nelson 1970b, 190).

Formale Ideallehre

Analytische Prinzipien der formalen Ideallehre

Da Pflichten und Ideale beide ‚ethische Aufgaben' sind, lassen sich die analytischen Prinzipien der formalen Pflichtenlehre, die nur aus dem Begriff der ethischen Aufgabe folgen, auf die Ideallehre übertragen. Dies trifft auf alle analytischen Prinzipien der formalen Pflichtenlehre zu, abgesehen von dem Prinzip des sittlichen Rigorismus, das aus der im Begriff der Pflicht liegenden praktischen Notwendigkeit abgeleitet wurde, die im Begriff des Ideals fehlt. (Nelson 1970b, 197 f.)

Synthetische Sätze der formalen Ideallehre

Analog zur formalen Pflichtenlehre geht Nelson hier über die Analyse des Begriffs des Ideals hinaus und behauptet die ‚praktische Realität' des Ideals: „Es gibt ein Ideal." (Nelson 1970b, 200)

Ideal des Charakters

Analog zur Ableitung des Gebots des Charakters in der formalen Pflichtenlehre leitet Nelson hier das *Ideal des Charakters* ab: „das Ideal, den Charakter in den Dienst der Ideale zu stellen." (Nelson 1970b, 200).

„Wie das Gebot des Charakters dessen Moralität fordert, so verlangt dieses Ideal die Idealität des Charakters, den Idealismus." (Nelson 1970b, 200) „Die Idealität des Charakters umfaßt zwei Tugenden": die *Tugend der Geistesklarheit* (Nelson 1970b, 202) und die *Tugend der idealen Bereitschaft* (Nelson 1970b, 209).

Materiale Ideallehre

So wie die materiale Pflichtenlehre ein Kriterium der Pflicht formuliert, formuliert die materiale Ideallehre ein Kriterium des Ideals.

> Dieses Kriterium kann [...] nicht, wie das der Pflicht, nur beschränkenden Charakter haben und formaler Natur sein; denn während die Pflicht die Wahl unserer Zwecke nur einschränkt auf eine negative Bedingung, soll das Ideal die Wahl der Zwecke selber leiten, es soll uns die wahren Zwecke nennen, d. h. die vorzugswürdigen auszeichnen, gegenüber den minderwertigen. Dafür bedarf es eines positiven Kriteriums. (Nelson 1970b, 214)

Ideale der Bildung

Ideal der Bildung bzw. Ideal der vernünftigen Selbstbestimmung

Der Grundsatz der materialen Ideallehre, der das Kriterium des Ideals formuliert, ist das *Ideal der Bildung* (Nelson 1970b, 214) bzw. das *Ideal der vernünftigen Selbstbestimmung* (bzw. das Ideal der Menschlichkeit oder der Humanität) (Nelson 1970b, 217):

„Das Ideal der Bildung ist demnach nichts anderes als vernünftige Selbstbestimmung oder Herrschaft des vernünftig bestimmten Willens über das Leben." (5, 216)

Ideal der Wahrheitsliebe, Ideal der Gerechtigkeitsliebe und Ideal der Schönheitsliebe

> Das Ideal [der Bildung] verlangt Entfaltung der Vernunft überhaupt, der Vernunft als eines Erkenntnisvermögens und eines praktischen Vermögens. Es gehören also die Ausbildung des Erkenntnisvermögens und die Ausbildung der Interessen zum Ideal der Bildung. Die praktische Vernunft als Vermögen von Interessen umfasst sowohl das sittliche als auch das ästhetische Interesse. Das sittliche Interesse ist das Interesse an dem, was durch das Sittengesetz als vorzugswürdig bestimmt ist. Es ist demnach in diesem allgemeinen Sinn nichts anderes als das Interesse an der Gerechtigkeit. Ästhetisch nenne ich dagegen jedes Interesse am positiv Wertvollen überhaupt, d. h. an dem, was objektiv und positiv an sich wünschenswert ist, kurz: am Schönen.
>
> Das Ideal der Bildung umfaßt demnach die besonderen Ideale der Ausbildung der Erkenntnis, der Ausbildung des Interesses an der Gerechtigkeit und der Ausbildung des Interesses am Schönen. So erhalten wir hier drei Ideale, die wir kurz die *Ideale der Wahrheitsliebe, der Gerechtigkeitsliebe und der Schönheitsliebe* nennen können. (Nelson 1970b, 217f.)

Die folgende Abbildung bietet einen Gesamtüberblick über Nelsons Tugendlehre.

Tugendlehre (Ethik im engeren Sinn)					
Pflichtenlehre			**Ideallehre**		
Formale Pflichtenlehre (Begriff der Pflicht)		**Materiale Pflichtenlehre** (Kriterium der Pflicht)	**Formale Ideallehre**		**Materiale Ideallehre**
Analytische Prinzipien aus dem Begriff der Pflicht = Axiomatische Definition des Begriffs der Pflicht	Synthetische Prinzipien	Synthetische Prinzipien	Analytische Prinzipien aus dem Begriff des Ideals	Synthetische Prinzipien	Synthetische Prinzipien
• Prinzip der sittlichen Allgemeingültigkeit • Prinzip der sittlichen Differenzierung • Prinzip der sittlichen Autonomie • Prinzip der sittlichen Objektivität • Prinzip der Gesinnungsmoral • Prinzip der moralischen Bereitschaft • Prinzip des sittlichen Rigorismus	• Es gibt ein Sittengesetz • Gebot des Charakters • Gebot der sittlichen Gesinnung • Pflicht der sittlichen Wahrhaftigkeit	• Beschränkender Charakter des Sittengesetzes • Unmöglichkeit des Moralismus • Formale Charakter des Sittengesetzes • Unmöglichkeit eines Sittenkodex • Unmöglichkeit einer Pflichtenkollision • Pflicht der inneren Wahrhaftigkeit • **Sittengesetz: Grundsatz der persönlichen Würde** • Das Sittengesetz ist ein Rechtsgesetz • Abstraktion vom praktischen Irrtum • Unmöglichkeit von Pflichten gegenüber der eigenen Würde • Pflicht der Ausbildung der praktischen Erkenntnis • **Gebot der Gerechtigkeit (Gesetz der Wahrung der persönlichen Gleichheit)** • Abstraktion von der numerischen Bestimmtheit der Personen • **Abwägungsgesetz** • **Vergeltungsgesetz**	• Prinzip der sittlichen Allgemeingültigkeit • Prinzip der sittlichen Differenzierung • Prinzip der sittlichen Autonomie • Prinzip der sittlichen Objektivität • Das Prinzip der Gesinnungsmoral • Prinzip der moralischen Bereitschaft	• Es gibt ein Ideal • Gebot des Charakters	**Ideal der Bildung bzw. Ideal der vernünftigen Selbstbestimmung:** • Ideal der Wahrheitsliebe, • Ideal der Gerechtigkeitsliebe • Ideal der Schönheitsliebe

Die Materie der Pflicht

Die Materie der Pflicht ist „die Handlung, die in einem bestimmten Fall geboten ist“ (Nelson 1970b, 109). Aus dem formalen Charakter des Sittengesetzes folgt, dass sich die Materie der Pflicht nicht aus dem Sittengesetz ableiten lässt. Vielmehr hängt die Materie der Pflicht von den jeweiligen Umständen ab. „Je nach der Eigentümlichkeit der Umstände kann dann dieses oder jenes zur *Materie* der Pflicht werden.“ (Nelson 1970b, 111) Nelson scheint daraus zu schließen, dass im System der reinen (also von jeglicher Empirie freien) Ethik kein Platz für Aussagen über die Materie der Pflicht ist und vielleicht auch, dass man keine allgemeinen Aussagen zur Bestimmung der Materie der Pflicht machen kann. Dies ist äußerst sonderbar, da in der *Kritik der praktischen Vernunft* im Teil der Exposition der ethischen Prinzipien dem Abschnitt über das Kriterium der Pflicht ein (fast ebenso langer) Abschnitt (Nelson 1972, 201–72) über die Materie der Pflicht folgt, in dem ein Kapitel sogar ‚Die Regel der Abwägung der Interessen‘ lautet. (Dies ist auch das zentrale Thema in Nelsons Aufsatz ‚Die Theorie des wahren Interesses und ihre rechtliche und politische Bedeutung‘.) Nelson hat also sehr wohl eine Lehre zur Bestimmung der Materie der Pflicht, die aber im System der Ethik nicht auftaucht. Denn auch in Nelsons angewandter Ethik, die nur die Pädagogik und Politik umfasst, ist kein Ort für eine Lehre von der Materie der Pflicht, obwohl er im *System der Ethik* zur Bestimmung der Materie der Pflicht auf die angewandte Ethik verweist (Nelson 1970b, 44). Demnach müsste es im System der Ethik neben Pädagogik und Politik einen weiteren Teil der angewandten Ethik über die Bestimmung der Materie der Pflicht geben.

Zur Bestimmung der Materie der Pflicht benötigt man ein Kriterium, um zu entscheiden, welches von verschiedenen konfligierenden Interessen vorzugswürdig ist. Die Untersuchung, wie wir tatsächlich bei solchen Entscheidungen vorgehen, zeigt:

- Wir berücksichtigen die Stärke der Interessen.
- Wir berücksichtigen den Wert der Interessen.
- Wir schließen Interessen von der Berücksichtigung aus, wenn wir sie irrtümlich haben und wenn sie ‚widerrechtlich‘, also mit dem Sittengesetz unvereinbar, sind.
- Wir berücksichtigen Interessen, die wir hätten, wenn wir frei von Irrtümern wären.

Was den Wert der Interessen betrifft, unterscheidet Nelson zwischen subjektiven Interessen, wie z. B. dem Interesse „eine Speise zu genießen“ (Nelson 1972, 245), und objektiven Interessen, wie z. B. dem „Interesse an wissenschaftlichem oder künstlerischem Schaffen“ (Nelson 1972, 245): „Wir wollen ein Interesse *objektiv* nennen, wenn es seinem Gegenstand einen Wert beilegt, der ihm unabhängig davon zukommt, daß er Gegenstand eines Interesses ist, und *subjektiv,* wenn diese Bedingung nicht erfüllt ist.“ (Nelson 1972, 246) Da objektive Interessen von der

Einsicht der Personen abhängen, gibt es keine notwendige Übereinstimmung zwischen der Stärke und dem Wert eines objektiven Interesses, sodass unsere weniger wertvollen Interessen oft stärker sind als unsere wertvolleren Interessen. Daraus ergeben sich die beiden größten Schwierigkeiten für die Bestimmung der Materie der Pflicht: Wie bestimmt man den Wert objektiver Interessen und wie wägt man zwischen dem Wert und der Stärke von Interessen ab?
Ein Interesse bewerten wir nicht für sich, sondern wir

> vergleichen es mit den sonstigen Lebensäußerungen der Person, der es zukommt, und beurteilen es nach dem Verhältnis, in dem es zu dem Ganzen des Lebens dieser Person steht. Wir bewerten es danach, wie viel oder wenig es zu dem Wert des Lebens der Person überhaupt beiträgt. (Nelson 1972, 250)

Daher gibt es

> keine festen Regeln, nach denen sich unmittelbar ein bestimmtes vorgelegtes Interesse bewerten ließe. Ein Interesse, das wir bei dem einen als höchst wertvoll beurteilen, beurteilen wir bei dem anderen vielleicht als weniger wertvoll, bei einem dritten gar als minderwertig. Das Prinzip der hier vorliegenden Wertung geht also auf die Gesamtpersönlichkeit und nur mittelbar auf eine einzelne Lebensäußerung der Person, nämlich nur insoweit, als dadurch der Wert der Gesamtpersönlichkeit modifiziert wird. Das allgemeine Interesse, das der Bewertung unserer einzelnen Interessen zu Grunde liegt, ist also das *objektive Interesse am Wert unseres Lebens überhaupt.* (Nelson 1972, 17)

Dieses wiederum hängt ab

> von dem allgemeinen Urteil [...], das der einzelne über den Wert des Lebens überhaupt hat. Ich will die Ansicht, die der einzelne vom Wert des Lebens überhaupt hat, kurz seine *praktische Lebensansicht* nennen. Wir können dann sagen, daß die Bestimmung der Materie der Pflichtüberzeugung oder das subjektive Recht nicht nur abhängt von dem theoretischen Wissen des einzelnen, sondern auch von seiner praktischen Lebensansicht. Je nachdem diese eine rohere oder gebildetere ist, wird er den Wert der kollidierenden Interessen so oder anders beurteilen und demgemäß auch die Materie der Pflicht oder den Inhalt des Rechts richtig oder falsch bestimmen. (Nelson 1972, 253)

Nur eine *vollkommen gebildete Person* würde die Materie der Pflicht immer richtig bestimmen.

> Denn eine vollkommen gebildete Person ist dadurch definiert, daß sie einerseits stets das Wertvollere als solches erkennt und andererseits das als wertvoller Erkannte stets dem als weniger wertvoll Erkannten vorzieht. Sie ist also gerade dadurch charakterisiert, daß die Inkongruenz von Stärke und Wert der Interessen bei ihr nicht besteht. (Nelson 1972, 252)

Damit hält Nelson die beiden oben genannten Probleme bei der Bestimmung der Materie der Pflicht für gelöst und kann als *Kriterium für die Vorzugswürdigkeit eines Interesses* formulieren, „daß dasjenige Interesse vorzugswürdig ist, das eine vollkommen gebildete Person vorziehen würde, wenn die kollidierenden Interessen in ihr vereinigt wären.“ (Nelson 1972, 252).

Eine Schwierigkeit mit diesem Kriterium liegt darin, dass niemand von uns eine vollkommen gebildete Person ist und wissen kann, was sie vorziehen würde. (Die Tugendethik ist mit einem ähnlichen Problem konfrontiert, da sie die moralisch richtige Handlung danach bestimmt, was eine vollkommen tugendhafte Person tun würde.) Außerdem ist auch dieses Kriterium nur ein formales Kriterium, da es offenlässt, aufgrund welcher Kriterien die vollkommen gebildete Person die objektiven Interessen bewertet. Eine Antwort darauf kann nur in der Ideallehre gefunden werden, woraus sich ergibt, dass die Ideallehre zur Bestimmung der Materie der Pflicht vorausgesetzt werden muss.

Folgendes Schaubild fasst Nelsons Auffassung vom Kriterium (Inhalt) und der Materie der Pflicht zusammen:

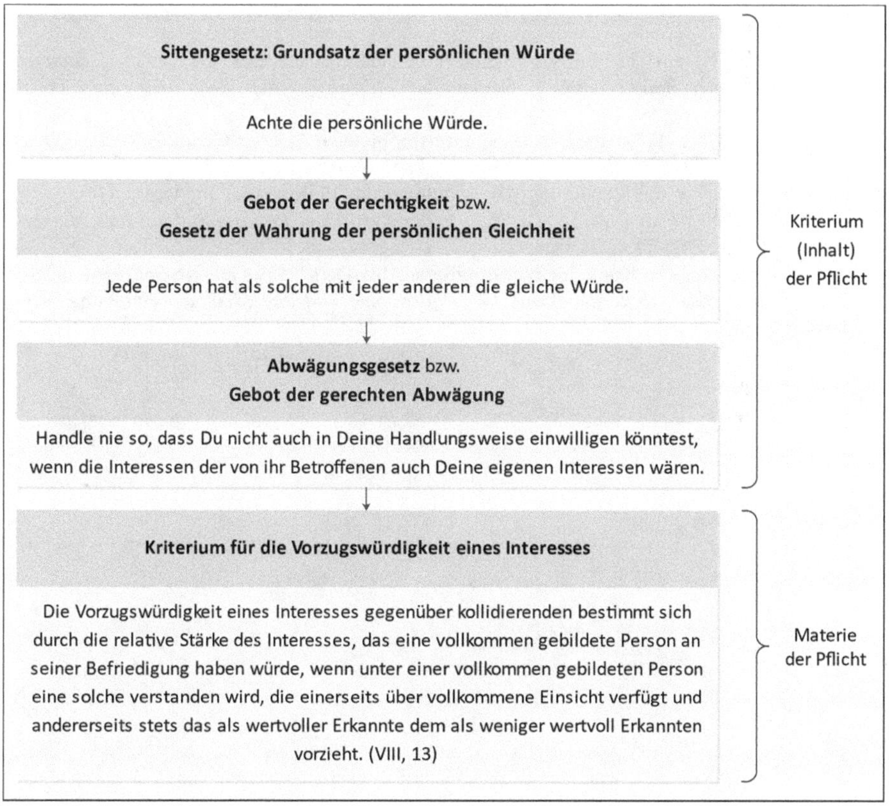

Literatur

Nelson, Leonard: Die kritische Ethik bei Kant, Schiller und Fries – Eine Revision ihrer Prinzipien. In: Ders.: *Gesammelte Schriften in neun Bänden, Bd. 8. Sittlichkeit und Bildung*. Hamburg 1971a, 27–192

Nelson, Leonard: Die Theorie des wahren Interesses und ihre rechtliche und politische Bedeutung. In: Ders.: *Gesammelte Schriften in neun Bänden, Bd. 8. Sittlichkeit und Bildung*. Hamburg 1971b, 3–26

Nelson, Leonard: Fortschritte und Rückschritte in der Philosophie. Von Hume und Kant bis Hegel und Fries. In: Ders.: *Gesammelte Schriften in neun Bänden, Bd. 7. Fortschritte und Rückschritte in der Philosophie*. Hamburg 1977

Nelson, Leonard: Jakob Friedrich Fries und seine jüngsten Kritiker. In: Ders.: *Gesammelte Schriften in neun Bänden, Bd. 1. Die Schule der Kritischen Philosophie und ihre Methode*. Hamburg 1970a, 79–150

Nelson, Leonard: Kritik der praktischen Vernunft. In: Ders.: *Gesammelte Schriften in neun Bänden, Bd. 4. Kritik der praktischen Vernunft*. Hamburg 1972

Nelson, Leonard: System der philosophischen Ethik und Pädagogik. In: Ders.: *Gesammelte Schriften in neun Bänden, Bd. 5. System der philosophischen Ethik und Pädagogik*. Hamburg 1970b

Nelson, Leonard: System der philosophischen Rechtslehre und Politik. In: Ders.: *Gesammelte Schriften in neun Bänden, Bd. 6. System der philosophischen Rechtslehre und Politik*. Hamburg 1976

Nelson, Leonard: Über das sogenannte Erkenntnisproblem. In: Ders.: *Gesammelte Schriften in neun Bänden, Bd. 2. Geschichte und Kritik der Erkenntnistheorie*. Hamburg 1973, 59–393

Nelson, Leonard: Über die Bedeutung der Schule in der Philosophie. In: Ders.: *Gesammelte Schriften in neun Bänden, Bd. 1. Die Schule der Kritischen Philosophie und ihre Methode*. Hamburg 1970c, 247–57

Nelson, Leonard: Von der Kunst zu philosophieren. In: Ders.: *Gesammelte Schriften in neun Bänden, Bd. 1. Die Schule der Kritischen Philosophie und ihre Methode*. Hamburg 1970d, 219–45

Leonard Nelsons philosophische Pädagogik

8

Boris Schwitzer

Bei Leonard Nelsons philosophischer Pädagogik, posthum in dem Band ‚System der philosophischen Ethik und Pädagogik' veröffentlicht, handelt es sich um eine von vier Studien, die man wegen ihrer Betitelung Nelsons ‚Systemschriften' nennen könnte. Es handelt sich im Einzelnen um das ‚System der philosophischen Ethik und Pädagogik' sowie das ‚System der philosophischen Rechtslehre und Politik'.[1]

Die Reihenfolge, in der Nelson unterschiedliche philosophische Materien bearbeitete, war nicht willkürlich gewählt, sondern folgt einem gedanklichen Fortschreiten von den Grundlagen zu den Spezialstudien. Diese Entwicklung kann grosso modo so beschrieben werden: Zunächst fand Nelson bei der Erkenntnisphilosophie von Jacob Friedrich Fries eine epistemologische Grundlage seines Denkens, die er geringfügig modifizierte. Deren Basis, die unter zwar prinzipieller Aufrechterhaltung des Kritizismus Kants Position jedoch in entscheidender Weise modifizierte, besteht im Wesentlichen in einer wahlweise als ‚psychologisch' oder ‚anthropologisch' bezeichneten Fundierung des Wissens in ‚ursprünglich dunklen Erkenntnissen'. Darin erblickt die Fries-Nelson'sche Theorielinie einen

[1] In dieser Reihenfolge veröffentlicht als Bde. 5 und 6 der Gesamtausgabe von Bernays et al. (1970–1977).

B. Schwitzer (✉)
TU Darmstadt, Darmstadt, Deutschland
E-Mail: schwitzer@phil.tu-darmstadt.de

K. Herrmann und B. Schwitzer (Hrsg.), *Der Geist der kritischen Schule*,
https://doi.org/10.1007/978-3-662-68345-3_8

invarianten Bestand an basalen Wissensbeständen der Vernunft, der mittels ‚regressiver Abstraktion' und ‚Deduktion' zur Klarheit gebracht werden kann. Die Abstraktion soll rückschreitend die ‚Grundurteile' aufdecken, die jedem Urteilen zugrunde liegen, die Deduktion identifiziert unter den Kandidaten für Grundurteile mittels eines ‚Wahrheitsgefühls' und geleitet durch den ‚Grundsatz des Selbstvertrauens der Vernunft' (GSV) dasjenige, das dem konkreten Fall zugrunde liegt.[2] Demnach werden nicht Sätze oder Prinzipien durch Rückführung auf andere Urteile bewiesen, sondern als faktischer Bestand unseres Erkenntnisvermögens aufgewiesen und damit gnoseologisch unterschiedliche Ebenen von Kritik und System inauguriert.

Auf dieser erkenntniskritischen Basis arbeitet Nelson sein ethisches Hauptwerk ‚Kritik der praktischen Vernunft' aus. Drei Aspekte dieses Werkes sollen hier genannt werden:

Erstens gelangt er darin zu einer neuen Fassung des Kategorischen Imperativs: „Handle nie so, dass du nicht auch in deine Handlungsweise einwilligen könntest, wenn die Interessen der von ihr Betroffenen auch deine eigenen wären". (Nelson 1972, 133).

Zweitens demonstriert er hier die Anwendung der in den theoretischen Schriften entwickelten Methodenlehre.

Drittens wird der Gegenstandsbereich der Ethik über Kants Position hinaus entscheidend erweitert. Der Pflichtenlehre, die er im Sittengesetz fundiert sieht und die ausschließlich einschränkenden Charakter hat, wird die Ideallehre, als Lehre der kategorischen Optative, zur Seite gestellt. Durch sie werden Handlungen danach bewertet, inwiefern sie einen positiven Wert erstreben und dadurch selbst wertvoll sind. Als wichtige Einschränkung gilt nur, aber ausnahmslos, dass auch ansonsten in diesem Sinne ideale Handlungen nicht den Anforderungen der Pflicht widersprechen dürfen.

Die Erfüllung der Anforderungen der Pflicht ist die ‚Sittlichkeit', derjenigen des Ideals ‚Bildung'; den unterschiedlichen ethischen Anforderungen insgesamt gerecht zu werden, nennt Nelson dagegen ‚Weisheit'. (Nelson 1970, 42).

Die hier als ‚Systemschriften' bezeichneten Arbeiten weisen grundlegende Gemeinsamkeiten ihrer Konzeptionen auf: Jede von ihnen wird eingeleitet durch eine Bestimmung der Aufgabe und eine Einteilung der jeweiligen philosophischen Wissenschaft, auf die – mit thematisch gebotener, unterschiedlicher Schwerpunktsetzung – jeweils eine Einteilung in den ‚formalen' und den ‚materialen' Teil des Gegenstandes folgt. Daneben gibt es zwischen den vier Werken grundlegende inhaltliche Bezüge, was auch daran liegt, dass die Ethik für die anderen Bände eine Art Referenzwissenschaft darstellt.

---

[2] Siehe hierzu den Beitrag Gronkes im vorliegenden Band, Kap. 3.

Begriffsbestimmung und Zielbestimmung

Nelson charakterisiert den Begriff ‚Pädagogik' zunächst sehr allgemein als „alles, was auf eine bestimmte Gestaltung der Persönlichkeit hinausläuft" (Nelson 1970, 319). Träten keine weiteren Bestimmungen hinzu, so müsste sich jede pädagogische Anweisung auf hypothetische Sätze beschränken; Sätze, die darüber aufklären, welche Maßnahmen innerhalb einer durch gesetzesmäßige Wechselwirkung von Ursachen und Wirkungen strukturierten Realität mit Blick auf das jeweilige Ziel der Erziehung dienlich wären und welche nicht. So wird deutlich, dass die Beurteilung dieser Maßnahmen und damit die Auszeichnung eines bestimmten pädagogischen Systems von dem Ziel abhängt, das damit erreicht werden soll. Damit ist der Bereich der Empirie nebst den aus ihr abzuleitenden hypothetischen Sätzen – also philosophisch-theoretischen Sätzen – überschritten. Das heißt nicht, dass sich Pädagogik im Allgemeinen nicht mit diesem Themenfeld beschäftigen müsse, vielmehr werden so in einem ersten Zugriff Aufgabe und Inhaltsbereich der *philosophischen* Pädagogik umrissen.

> Die philosophische Pädagogik fragt nach dem System, dessen Vorschriften nicht mit Rücksicht auf ihre Zweckmäßigkeit für ein beliebiges Ziel, sondern auf die Angemessenheit der Mittel in Bezug auf ein objektiv vorzugswürdiges Ziel bestimmt sind. [...] Die Auszeichnung eines solchen Ziels kann nicht auf Erfahrung beruhen, sondern muss, unabhängig und vor aller und jeder Erfahrung allein durch Nachdenken und also auf dem Wege der Philosophie gefunden werden. (Nelson 1970, 322).

Ein solches Ziel kann nach Nelson nur die Ethik bereitstellen. Trifft dies zu, so stellt sich zunächst die Frage: Wenn die Pädagogik an dem praktisch-philosophischen Bemühen, ein objektiv vorzugswürdiges Ziel zu bestimmen, keinen Anteil hat, worin liegt dann ihr spezifisch Philosophisches? Hier sind vor allem drei Aspekte hervorzuheben.

1. Die philosophische Pädagogik muss mit rein denkerischen Mitteln Gründe für ihre eigene Anwendung ausweisen. Dazu muss sie auf die Ideallehre rekurrieren.
2. Sie hat die philosophische Pädagogik selbst als System von Sätzen auszuführen.
3. An ihr ist es schließlich, Hinweise zu geben, wo die anhängige empirische Pädagogik nach geeigneten Maßnahmen für erzieherische Arbeit in der unter Gesetzen stehenden Wirklichkeit suchen muss, in die Nelson auch das geistige Leben einbezieht, in der pädagogisches Handeln stattfindet. Auch wenn dieser Aspekt in dem Werk nur gelegentlich in den Blick kommt, soll er doch der Vollständigkeit halber hier mit angeführt werden.

Es hat Gründe in der Sache und liegt nicht nur daran, dass spätere Ausführungen des vorliegenden Aufsatzes daran anknüpfen, wenn nun einige Reflexionen über die Ideallehre vorangestellt werden:

1. Die Ideallehre inauguriert den Rahmen zur Bewertung von Handlungen, auf den hin sämtliche weitere Reflexionen und Maßnahmen ausgerichtet sind.
2. Sie rechtfertigt pädagogisches Handeln, indem sie Erziehung als Begriff von praktischer Realität ausweist.
3. Sie enthält Elemente, die für die durch pädagogische Maßnahmen schrittweise anzustrebende moralische Autonomie der Schülerinnen und Schüler relevant sind.

Die Ideallehre und das Ideal der Bildung

Wenn Nelsons Unterscheidung zwischen Pflichten und Idealen zutrifft als ausschließliche Dimensionen des Ethischen, so muss es ein Ideal geben, aus dem die pädagogische Aufgabe abgeleitet werden kann und das ihr wesentliche Impulse vermittelt – schlichtweg auch aus dem Grund, weil es in dieser Theoriearchitektonik keine anderen Kriterien für vorzugswürdige Handlungen gibt; es handelt sich also nicht um ein Alleinstellungsmerkmal philosophischer Pädagogik.

Ein Ideal ist ein Handlungsmaßstab für vernünftige Wesen in der Natur. Anders als Pflicht handelt es sich um eine positive Wertung, die allerdings an die Bedingung geknüpft bleibt, dass keine Pflicht damit verletzt wird. Des Weiteren strebt es – anders, als eine verbreitete Auffassung dieses Begriffs vermuten lässt – die Verwirklichung des in ihm Angestrebten an. Schließlich handelt es sich um ein *ästhetisches* Wertungsprinzip, wie noch zu zeigen sein wird (hierzu instruktiv: Berger 2011).

Ein Kristallisationspunkt der für die philosophische Pädagogik relevanten Theoriestücke ist das von Nelson eingeführte ‚Ideal der Bildung'.

„Das Ideal der Bildung ist […] nichts anderes als vernünftige Selbstbestimmung oder Herrschaft des vernünftig bestimmten Willens über das Leben" (Nelson 1970, 216).

Hier begegnet uns ein erster Hinweis, was mit ‚ästhetischer Schätzung' gemeint sein könnte. Dazu muss zunächst ausgeführt werden, was hier unter Selbstbestimmung zu verstehen ist: Gemeint ist die Selbstgestaltung eines vernünftigen Wesens, das einerseits unter Naturgesetzen steht, andererseits über die exklusive Disposition zur Selbstbestimmung verfügt *und* diese Disposition auch verwirklicht – und durch diese Ausbildung der Vernunft, so Nelson, tritt die „Schönheit des eigenen Lebens" hervor (Nelson 1970, 220).

Hier stellt sich zunächst ein tiefliegendes Problem: Nelson behauptet, das objektiv Schätzenswerte sei ausschließlich das Schöne; es wird nicht aufgrund einer bestimmten Regel oder der Zugehörigkeit zu einer Begriffsklasse geschätzt und ist genau in diesem Sinne objektiv, weshalb es auch keine überzeugende ästhetische Theorie geben könne. Anders gewendet: Unsere Urteile über Schönes beruhen laut Nelson auf Gefühlen. Handlungen, und damit auch pädagogisches Handeln, hingegen sind aber, grob gesagt, Äußerungen eines von Antrieben bestimmten Willens und werden somit anhand bestimmter Kriterien beurteilt, wie z. B. dem, ob sie eine Pflicht verletzen.

Damit bleibt zunächst unersichtlich, wie, potentiell auch handlungsmotivierende, ästhetische Schätzung und Beurteilung von Handlungen zusammengedacht werden können. Denn wenn der ästhetische Gegenstand nicht begrifflich gefasst und diskursiv erschlossen werden kann, weil für ihn keine Gruppen- oder Regelzugehörigkeit qua definierendes Merkmal angegeben werden kann, scheint seine wissenschaftliche und eben auch philosophisch-pädagogische Behandlung unmöglich. Wenn andererseits nur Gesetzen unterliegende Naturgegenstände diskursiv verfügbar sind, dann ist entweder keine wissenschaftliche Reflexion der Ideale oder genauer: dann sind Ideale nicht möglich oder der ästhetische Gegenstand muss gleichzeitig ein Naturgegenstand sein. Stimmt man den voranstehenden Überlegungen zu, so erstaunt es nicht, dass Nelson im Menschen dasjenige Wesen erblickt, das gleichzeitig ästhetischer wie Naturgegenstand ist und deshalb Gegenstand ästhetischer Schätzung sein kann – unter Gesetzen stehend, kann er sich selbst dennoch autonom zum Guten hin gestalten, es ist nicht die Gestaltung von etwas durch etwas, sondern Selbstgestaltung:

„Das reale Prinzip der inneren Selbsttätigkeit ist der Wille. Die willkürliche Leitung des eigenen ist daher eine begrifflich bestimmbare Bedingung des ästhetischen Wertes der Persönlichkeit" (Nelson 1972, 452 f.) – und damit kommt schon sehr allgemein die wesentliche Erziehungsaufgabe in den Blick: Sie besteht darin, den Menschen bei der Ausbildung dieser Fähigkeit anzuleiten und zu unterstützen.

Die Ideale der Schönheitsliebe, Gerechtigkeitsliebe und Wahrheitsliebe

In seiner Ethik rückt Nelson die drei Ideale der Schönheits-, der Gerechtigkeits- und der Wahrheitsliebe, die für die Pädagogik eine prominente Rolle spielen, in einen gemeinsamen Kontext.

Zunächst sei wiederholt, dass sich die Schätzung – oder, wie Nelson auch sagt: die Liebe – nur auf das Schöne im oben charakterisierten Sinn richtet. Um die Schönheit des eigenen Lebens nicht zu realisieren, sondern vielmehr zu intendieren, bedarf es aber eines eigenen Ideals, nämlich des Ideals der Liebe zur Schönheitsliebe, das die Verwirklichung der Schönheit des Lebens erst als Optativ ausweist. Dies wiederum sieht er im Bildungsideal mit ausgesprochen. Wenn die Schätzung der Bildung auf die Vernunftausbildung und -praxis geht, so muss angegeben werden, worin diese Tätigkeit genau besteht. Nelson sieht sie als jeweils eigenes Ideal in der „Ausbildung der Erkenntnis, der Ausbildung des Interesses an der Gerechtigkeit und der Ausbildung des Interesses am Schönen" (Nelson 1970, 218). Dass Streben nach Erkenntnis Vernunfttätigkeit ausdrückt, liegt auf der Hand. Nun könnte man sagen, dass die Einsicht in das Sittengesetz ebenfalls eine Erkenntnistätigkeit beschreibt, die Pointe besteht aber hier darin, dass es sich um ein Ideal handelt, also die Herstellung gerechter Verhältnisse eine ethische Aufgabe darstellt.

Nelson selbst konstatiert, dass in dem Verhältnis zwischen der Schönheitsliebe und dem Ideal der Schönheitsliebe und ihrem Zusammenhang mit den Idealen der

Gerechtigkeitsliebe und der Wahrheitsliebe eine „gewisse dialektische Schwierigkeit […]" liegt (Nelson 1970, 219). Seine schließliche Bilanz, „wir kommen immer wieder auf unseren Ausgangspunkt zurück in einer unendlichen Reihe. Aber damit verwickeln wir uns nicht in einen Zirkel; denn die fragliche Reihe ist progressiv und regressiv" (Nelson 1970, 220), vermag nicht gänzlich zu überzeugen. Zwar weist er selbst darauf hin, dass das Ideal der Liebe zur Schönheit des eigenen Lebens das Ideal der Schönheit des eigenen Lebens beinhaltet, dennoch bleibt der Eindruck, Nelson scheint hier eine Topik eigentümlich ineinander verschränkter Begriffe vorzulegen, die m. E. noch weiterer philosophischer Durchdringung bedürfte, zumal von deren Validität auch die Überzeugungskraft der darauf gegründeten Pädagogik abhängt.

Pädagogik als Wissenschaft

Nachdem nun das theoretische Umfeld der Pädagogik grob umrissen ist, bleibt noch ein eigenes pädagogisches Ideal abzuleiten. Denn zugestanden, dass dem einzelnen Individuum aufgeben ist, seine ethischen Aufgaben zu erfüllen, Aufgaben, die gerade dadurch charakterisiert sind, dass sie nur vom Einzelnen selbst erfüllt werden können, so folgt daraus noch nicht, dass andere, Erzieherinnen und Erzieher, Lehrerinnen und Lehrer, ihn oder sie dabei unterstützen *sollen.* Denn Gedanken darüber, welche Maßnahmen die Bewältigung dieser Aufgabe fördern, wären hypothetische Sätze, denen keine praktisch-philosophische Relevanz zukommen kann (Nelson 1970, § 133).

Die Lösung dieses Problems sieht Nelson ebenfalls in der Ideallehre: Das Ideal der Schönheitsliebe, als eines der drei in der Tugendlehre koordinierten Ideale, enthält die Forderung, das an sich Schätzenswerte zu verwirklichen und darunter kann in dieser Theorie offenbar auch fallen, dass Lehrerinnen und Lehrer Einzelne bei der schönen Gestaltung ihrer Persönlichkeit unterstützen. Sowohl Erziehen als auch vernünftige Selbstgestaltung sind Handlungen, und das Schöne einer Handlung, vorausgesetzt, sie ist Ausdruck eines Willens, bezeichnet Nelson als das „an sich Gute" (Nelson 1970, 326). Bei der erstmaligen Behauptung dieses Entsprechungsverhältnisses scheint er sich ganz im gedanklichen Kontext der drei in der Ethik herausgehobenen Ideale zu bewegen. Bei der weiteren Lektüre wird allerdings deutlich, dass darin eine besondere Pointe liegt: Diese Gleichsetzung verbürgt nämlich die Wissenschaftlichkeit der Pädagogik: Zugestanden, Urteile über das Schöne beruhten auf Gefühlen, die nicht in eine Theorie zu bringen sind, dann könnten sie nicht Gegenstand einer Wissenschaft sein. Wenn aber das Schöne von Handlungen darin besteht, dass sie gut sind, die Moralität also deren Schönheit verbürgt, dann fällt diese Einschränkung weg, und in dieser Weise verbunden kann das Projekt einer philosophischen Pädagogik in Angriff genommen werden – Nelson war der Meinung, eine solche Ethik durch im Rückgriff auf Aspekte der Axiomentheorie und ergänzt durch sein Verfahren der ‚Deduktion' der nicht-evidenten Urteile, vorgelegt zu haben.

Allerdings bleiben auch hier gewisse Unschärfen bestehen wie bei der dialektischen Derivation der Ideale: Denn gerade, weil das Gute insofern reflexiv verfügbar ist, als es als Sittengesetz und Ideal ausbuchstabiert werden kann und von Nelson wird, kann es nicht eigentlich Gegenstand einer ästhetischen Schätzung sein. Das gilt auch dann, wenn man sich auf die Selbsttätigkeit des Willens als Wertvolles beschränkt – im Gegenteil, schätzenswert ist nur der durch Vernunft bestimmte Wille oder ein Wille, der dies zumindest versucht.

Für diese Gleichsetzung von *Schönem* und *Gutem* meint Nelson, in Platon seinen Gewährsmann zu finden. Darin könnte man ein Beispiel für Nelsons gelegentliche selektive Indienstnahme der Tradition erblicken. Seine Rezeption ist aber auch inhaltlich nur mit Abstrichen überzeugend, denn Platon diskutiert Schönheit aus verschiedenen Perspektiven.[3] Für die hier relevanten Fragen möchte ich mich mit dem Hinweis begnügen, dass das Schöne bzw. Schönheit etwa in *Philebos* neben dem *Verhältnismäßigen* und der *Wahrheit* zur *Umschreibung* der Idee des Guten dient und nicht thetisch die Kommensurabilität der Begriffe ‚Das Schöne' und ‚das Gute' gesetzt wird wie bei Nelson. Nicht das Gute erscheint hier im Schönen, sondern das Schöne im Guten (insbesondere Platon 1991, 61a).

Dennoch muss Nelsons Gedanken hier grundsätzlich Plausibilität zugestanden werden: wenn das Schöne von Handlungen nicht im engeren Sinn auf einem inexponiblen Gefühl beruht, dann liegt es nahe, das Gute – über dessen Schätzung in der Kritischen Philosophie kein Dissens herrscht – als eine Art Pendant des Schönen auch der Pädagogik zugrunde zu legen.

Übergang zur philosophischen Pädagogik

Auf dieser gedanklichen Basis wird zunächst deutlicher, welche Aufgaben einer philosophischen Pädagogik erwachsen, denn von der Ableitung des pädagogischen Ideals führt kein direkter Weg zu erzieherischem Handeln ebenso wenig wie von den in der Tugendlehre ausgeführten ethischen Aufgaben für den Einzelnen, denn „Diese Prinzipien sind, eben als Ergebnisse der Tugendlehre, noch keine Lehrsätze der Pädagogik" (Nelson 1970, 331).

Die philosophische Pädagogik hat darüber hinaus die Aufgabe, der ‚empirischen Psychologie' (Nelson dürfte hier Theorien, die heute als Entwicklungspsychologie, Kognitionspsychologie etc. rubriziert werden, im Auge haben) ihre Forschungsbereiche abzustecken, was bedeutet, ihr durch rein denkerisch begründete Perspektivierung philosophische Validität zu verleihen (Nelson 1970, 331), womit in eins deren Vorrang vor jener begründet ist.

Nelson unterteilt nun die philosophische Pädagogik in zwei Bereiche: den *formalen* und den *materialen* Teil. Die formale Pädagogik beschränkt sich auf alle

[3] Kontexte sind vor allem Liebe (Symp), menschliche Erkenntnis (Phdr), Erkenntnisgegenstände (Phdr), Empfänglichkeit der Seele für das Schöne und deren Wandelbarkeit durch Schönheit (Phdr) und Schönheit als Teilbegriff zur Bestimmung der Idee des Guten (Phlb).

Sätze, die aus dem Begriff des Erziehungszieles abgeleitet werden können. Damit ist gemeint, dass das von der Ethik benannte Erziehungsziel seinem Inhalt nach zunächst außer Betracht bleibt, worin gleichzeitig die philosophische Eigenständigkeit der Pädagogik von der Ethik ihren Ausdruck findet. Die einzig notwendige Bedingung ist die Behauptung, dass es ein solches Ziel gibt – das leuchtet ein, denn Erziehung, die nicht mit Blick auf irgendein durch sie zu erreichendes Ziel verfährt, ist ein widersprüchlicher Begriff.

Damit sieht Nelson einerseits zu Recht der wissenschaftstheoretischen Maxime, aus einem Minimum von Voraussetzungen ein Maximum von Folgerungen zu erhalten, Rechnung getragen. Andererseits verspricht er sich schon von dieser abstrakten Vorarbeit weitreichende Einsichten in pädagogisch sinnvolle Systeme, indem vorab alle diejenigen ausgeschieden werden, die mit dem Begriff des Erziehungsziels logisch nicht vereinbar sind. Doch Nelson dehnt die Abstraktion noch weiter aus: Es soll geprüft werden, wie unter Absehung von einem solchen Ziel Pädagogiken bewertet werden können ausschließlich mit Blick auf deren innere Widerspruchsfreiheit und die Untersuchung auf den Begriff der Erziehung selbst beschränkt. Dies scheint allerdings nicht völlig stimmig bzw. notwendig: Selbst wenn man den Begriff ‚Erziehungsziel' vermeidet, muss jedes erzieherische Handeln von irgendwelchen Absichten, Prinzipien, Maximen etc. geleitet sein – und es ist nicht recht einzusehen, warum das nicht unter den Begriff ‚Ziel' subsumiert werden könnte, auch wenn es von der entsprechenden Pädagogik selbst nicht explizit als Ziel betitelt wird.

Jedenfalls: Die einzige Bedingung, der der Begriff der Erziehung genügen muss, ist seine von Nelson so bezeichnete ‚praktische Realität', womit hier gemeint ist, dass dies ein sinnvoll gebildeter Begriff ist, unter den – vor und jenseits aller Empirie – eine im engen Wortsinn *denkbare* Aufgabe fällt.

Anwendungsbedingungen der philosophischen Pädagogik

Dies zugestanden, müssen nun die Voraussetzungen geklärt werden, unter denen die Anwendbarkeit der philosophischen Pädagogik steht. Dabei fasse ich wegen der hier gebotenen Kürze die verschiedenen Punkte, die im Werk selbst an unterschiedlichen Stellen zu finden sind, zusammen, will aber nicht unterschlagen, dass diese Bedingungen auf zwei grundsätzlich verschiedenen Ebenen angesiedelt sind. Die erste berührt die politisch-institutionellen Rahmenbedingungen, die zweite ein pädagogisches Grundproblem.

Was zunächst als Selbstverständlichkeit erscheint, erweist sich bei näherem Blick als durchaus relevant:

Wenn die Vorschriften der philosophischen Pädagogik Anwendung finden sollen, „müssen zunächst einmal Erzieher da sein, die fähig und gewillt sind, diese Vorschriften anzuwenden" (Nelson 1970, 338). Damit ist ein Rekrutierungsproblem angesprochen, das weder heute noch zu Nelsons Lebzeiten banal ist: Denn einerseits bedeutet die Bereitschaft, im Sinne Nelsons pädagogisch zu arbeiten eine exklusive Verpflichtung auf seine Philosophie sowie deren Verständnis. Dem steht andererseits generell die Vielstimmigkeit des pädagogischen Diskurses entgegen.

Damit eng verknüpft ist zweitens eine andere Herausforderung: Selbst vorausgesetzt, es gäbe ausreichend viele in diesem Sinne geeignete Lehrerinnen und Lehrer, so hinge es doch auch von den politischen und gesellschaftlichen Rahmenbedingungen ab, ob sie auch Eingang in pädagogische Wirkungsstätten fänden. Spielt diese Personalfrage allgemein auch im heutigen komplexen, föderalistischen Feld der Kulturpolitik eine wichtige Rolle, so gilt das erst recht für Nelsons Pädagogik mit dem Ausschließlichkeitsanspruch seiner Philosophie, die selbst erhebliche Veränderungen des politischen und gesellschaftlichen Systems anstrebt.

Die dritte Bedingung ist andersgeartet, sie berührt ein tiefliegendes philosophisches und pädagogisches Problem: Kant hat dieses Problem schon früh in der vielzitierten Frage auf den Punkt gebracht: ‚Wie kultiviere ich die Freiheit bei dem Zwange?‘. Diese Frage stellt sich gerade für Nelsons Pädagogik mit besonderer Dringlichkeit: Wenn die Befähigung junger Menschen zur ‚Erfüllung ihrer ethischen Aufgaben‘ im Mittelpunkt didaktisch-methodischer Anstrengungen stehen soll, dann muss eine Antwort auf die Frage gefunden werden, wie Schülerinnen und Schüler dazu beeinflusst werden können – und dürfen – autonom Pflichten zu erfüllen und die Realisierung von Idealen anzustreben.

Für den hierzu in der *Pädagogik* (Nelson 1970, § 141–145) vorgetragenen Gedankengang relativiert er auf der eine Seite einen Aspekt dieser komplexen Diskussion: Es dürfe nicht ausgeblendet werden, dass der Mensch nicht nur erzieherischem Einfluss ausgesetzt ist, sondern sein bzw. ihr Leben immer unter Einflüssen stehe – sowohl unter den Gesetzlichkeiten eines Naturwesens wie auch unter den Beeinflussungen des menschlichen Zusammenlebens. Das behindere nicht per se die Selbstbestimmung des Individuums zum Guten, aber unter diesen Voraussetzungen bleibt sie zufällig. Dies rechtfertigt in seinen Augen die systematische Einschränkung derjenigen Einflüsse, die diesem Entwicklungsprozess im Weg stehen, und die Stärkung solcher, die ihn fördern – kurz: die Schaffung eines spezifischen pädagogischen Milieus, das dies zu leisten vermag.

Auf der anderen Seite führt Nelson m. E. plausibel die Unterscheidung zwischen ‚Einfluss‘ und ‚Bestimmungsgrund‘ ein: Nicht jede Beeinflussung werde zu einem ‚Bestimmungsgrund‘ für den Willen – konkreter ausgedrückt: Nicht jeder Einfluss führe direkt zu einem willentlichen Handlungsentschluss des Individuums.

Damit sind die wesentlichen Elemente für pädagogisches Handeln angesprochen; mehr noch, damit ist laut Nelson der Rahmen der Erziehung abgesteckt.

„Aber hierin erschöpft sich auch die Aufgabe der Erziehung. Denn sobald sie dem Menschen eine äußere Verhaltensnorm als Richtschnur für sein Verhalten aufzwingen will, sinkt sie zu bloßer Abrichtung hinab“ (Nelson 1970, 354).

Aufbau der formalen Pädagogik und material-pädagogischer Ausblick

Die seiner Pädagogik zugrunde liegende formale Pädagogik, die einen Denkraum für erzieherische Maßnahmen absteckt und deren Sätzen kein Satz der nachgelagerten materialen Pädagogik widersprechen darf, gründet Nelson auf ein ‚Prinzip' in Form einer Art von Syllogismus. Es handelt sich um einen synthetischen Grundsatz, der wiederum nur die Bedingung der praktischen Realität erfüllen muss und der es ermöglichen soll, alle Lehrsätze der formalen Pädagogik daraus abzuleiten. Die Alternative, die man angesichts der vorangestellten Reflexionen über den Begriff des Erziehungszieles hätte erwarten dürfen, nämlich die Untersuchung mit diesem Begriff zu beginnen, muss Nelson mit Recht verwerfen, denn dessen dogmatische Einführung hätte nicht gerechtfertigt werden können.

1. Der Obersatz geht aus von dem Satz: „Es gibt es an sich Gutes für den Menschen" (Nelson 1970, 340).

Also von einem Guten, das einen höchsten Zweck bezeichnet, der nicht mehr Zweck zu Erreichung eines anderen Zieles ist. Das einzig Selbstzweckhafte ist nach Nelsons Theorie das Schöne, dem im Bereich des Handelns das Gute entspricht, das der Mensch anstreben soll, weil es sich um ein Ideal handelt: „Das an sich Gute für den Menschen ist […] die Schönheit des eigenen Lebens, wiefern es von ihm selbst abhängt, sie zu verwirklichen […], d. h. die Erfüllung seiner ethischen Aufgaben." (Nelson 1970, 341) Und das ist eben jener Satz, den die Pädagogik von der Ethik übernimmt.

2. Der Untersatz wird gebildet aus dem Begriff der Natur, verstanden als Gesamtzusammenhang der Wirkungen und Ursachen, unter denen der Mensch steht und unter denen es zufällig bleibt, ob das, was sein *soll,* auch sein *wird:*

„Es gibt kein Naturgesetz, durch das die Verwirklichung des an sich Guten gesichert wäre." (Nelson 1970, 342)

3. Der Schlusssatz zieht nun aus diesen Prämissen die Konsequenz, dass es unter diesen Rahmenbedingungen ein Ideal ist, zu erziehen – also das Schöne hervorzubringen – und zwar unter den Vorgaben eines eigenen Ideals:

„Diese Voraussetzung ist keine andere als die des Ideals der Schönheitsliebe. Sie sagt uns, dass wenn irgend etwas schön ist, es auch schön ist, das Schöne hervorzubringen." (Nelson 1970, 346). Und damit ist dargelegt, dass es ein Ideal der Erziehung gibt.

Beim späteren Übergang zur materialen Pädagogik innerhalb des Werkes zeigt sich, wie diese formale Voruntersuchung den Gedankengang auch in diesem zweiten Teil bestimmt. Fundiert in der Trias von Schönheitsliebe, Gerechtigkeitsliebe und Wahrheitsliebe ist die materiale Pädagogik erschöpfend durch die drei Bereiche der Lehre von der sittlichen, der intellektuellen und der ästhetischen Erziehung strukturiert; Lehren, die nicht Selbstzweck, sondern auf die Befähigung des Individuums zur Erfüllung seiner/ihrer ethischen Aufgaben hin ausgerichtet sind.[4]

Kritik der ‚Autoritätspädagogik' als Anwendungsbeispiel der formalen Pädagogik

Die formale Pädagogik hat, wie bereits angedeutet, neben anderem die Aufgabe, die Gesamtheit der möglichen Pädagogiken zu benennen und diejenigen auszuscheiden, deren innere Widersprüchlichkeit aufgedeckt werden kann.[5] Das kann kurz an der ‚Autoritätspädagogik' demonstriert werden. Hier reicht es, exemplarisch und ausschnittartig eines von mehreren – von Nelson wiederum sehr ausführlich vorgetragenen Argumenten – zu beleuchten. Dies soll zum einen die Anwendung der formalen Pädagogik illustrieren, zum anderen den weiterführenden Gedanken vorbereiten, was an möglichem und gebotenem Erziehungshandeln nach dieser kritischen Durchdringung denkbarer Pädagogiken noch verbleibt, kurzum: was sollen Lehrerinnen und Lehrer konkret tun?

Dass ein Erzieher, eine Erzieherin etwas für gut hält, ist zunächst einmal eine empirische Tatsache – das vielzitierte Sein, aus dem logisch kein Sollen folgt. Soll ein praktischer Satz handlungsmotivierend werden, gibt es prinzipiell zwei Alternativen: Entweder der Schüler, die Schülerin hat das darin angelegte Gute bereits selbst erkannt. Dann handelt er oder sie nicht, weil es befohlen wird, sondern, weil er oder sie es einsieht; das heißt, es würde auch befolgt ohne einen entsprechenden Zwang. Besteht diese Einsicht aber nicht, kann der zu Erziehende dem Gebot ohne Einsicht – sein Handeln autoritativer Vorgaben des Handelns äußerlich angleichend – zwar folgen, doch durch diese Handlung verlöre das Gebot seinen Sinn als praktischer Satz. Damit ist eine ethische Erziehung, die auf Autorität und Zwang setzt, unmöglich, weil sie das, was sie intendiert, selbst unmöglich macht.

Wille und Charakter als Objekte der Erziehung

Damit kommen wir nun schließlich zu der Frage, welche konkreten pädagogischen Maßnahmen Nelson nun vorschlägt.

---

[4] Siehe Genaueres in dem Beitrag Engelmanns im vorliegenden Band, Kap. 13.

[5] Ähnlich verfährt Nelson bereits in der KpV mit möglichen Ethiken.

Dazu muss zunächst noch einmal eine der Nelson'schen Grundprämissen in Erinnerung gerufen werden: Der Mensch ist ein zur Bildung befähigtes Wesen, dem Pflichten nicht zu verletzen und Ideale zu realisieren als Anlage und Aufgabe gegeben sind. Dass diese Anlage realiter vielfältig unter den Menschen variiert, räumt er dabei ausdrücklich ein, weist aber diesem Wissen einen Raum außerhalb der Philosophie zu. Das heißt umgekehrt: Seine philosophische Pädagogik ließe sich nur in dieser Gestalt ausführen, indem von dieser Anlage ausgegangen wird.

Wenn das Individuum seine ethischen Aufgaben erfüllen soll, der Wille das reale Prinzip der inneren Selbsttätigkeit darstellt und schließlich das Ideal der Erziehung pädagogisches Handeln rechtfertigt und motiviert, so müssen sich entsprechende Maßnahmen der Lehrerinnen und Lehrer notwendig an den Willen der Schülerinnen und Schüler richten, ohne autoritative Vorgaben machen zu dürfen, wie oben dargelegt wurde.

Der Wille wird nach Nelson wiederum durch Antriebe bestimmt, und eine Aufgabe der Pädagogik besteht dann entsprechend in der ‚Stiftung der sittlichen Bereitschaft'; also der Bereitschaft des Individuums, nach moralischen Ver- und Geboten zu handeln, wobei sich diese Bereitschaft und die Fähigkeit, sein Handeln nach ihr auszurichten, schrittweise und graduell vollzieht. Dies wiederum ist nach Nelson nicht primär eine Frage der intellektuellen bzw. akademischen Einsicht in Sittengesetz und Ideal, sondern deren Ausbildung vollzieht sich ganz wesenhaft in der Praxis. Und wenn die Unabhängigkeit des Willens von der „Herrschaft des zufällig herrschenden Antriebes" mit Nelson „Charakterbildung" genannt wird, dann „kann Erziehung ihre Aufgabe nur lösen durch die Bildung des Charakters" (Nelson 1970, 447). Daraus folgert Nelson eine klare Maßgabe für pädagogisches Handeln: Lehrerinnen und Lehrer müssen, eingebettet in das oben skizzierte pädagogische Milieu und dem jeweiligen Entwicklungsstand des Schülers, der Schülerin angepasst, Bewährungsproben für autonomes Urteilen in ethisch relevanten Situationen realisieren. Wie genau diese Szenarien ausgestaltet werden, darüber erhalten wir wenig Auskunft – allerdings kann Nelson sich darauf berufen, dass dies nicht Gegenstand der philosophischen Pädagogik sein kann. Allerdings bleiben hier doch kritische Fragen bestehen: Nelson schlägt nämlich u. a. einmal vor, die Einsicht in Sittlichkeit dadurch zu fördern, ein Kind einmal die Verletzung seiner eigenen Interessen sozusagen am eigenen Leib spüren zu lassen. Selbst wenn man mit Nelson konzediert, dass wegen der unterschiedlichen Gemengelagen des Lebens pädagogische Handlungen nicht in ein allgemeines ethisches System der Maßnahmen gebracht werden können (Nelson 1970, 364), so schiene es mir doch möglich und geboten, bei der Unterrichtsplanung zumindest auf einer Zwischenebene zwischen Philosophie und Empirie gewisse Handlungsoptionen zu standardisieren und dafür z. B. Vorrangregeln zu formulieren. Doch selbst, wenn Nelson in dieser Einschätzung recht hätte: Maßnahmen haben als Handlungen gleichursprünglich auch immer selbst eine ethische Dimension, eben auch dann, wenn über die erzieherische Applikation ethisch nichts systematisch auszumachen wäre.

Bilanz und Perspektiven

Sofern die folgenden Ausführungen Kritik an Nelsons Ansatz enthalten, so ist die Triftigkeit dieser Kritik immer auch vor dem Hintergrund der Entstehungsgeschichte des Werkes zu sehen. Es ist in interessierten Kreisen sattsam bekannt, dass Nelsons breitgefächerte philosophische, politische und pädagogische Aktivität, seine tiefe Entschlossenheit zur Einheit von Leben und Werk und die Kürze der Lebensspanne, die ihm vergönnt war, vieles unvollendet zurücklassen mussten. Hinzu kommt, dass es nur der kaum hoch genug zu schätzenden Arbeit Grete Hermanns und Minna Spechts zu verdanken ist, dass diese Theoriestücke auf uns kamen, die sie aber – worauf die Herausgeberinnen ausdrücklich selbst hinweisen – zu weiteren Systematisierungen zwangen, die Nelson zu Lebzeiten nicht autorisieren konnte. Es ist daher nicht ausgeschlossen, dass der Göttinger Philosoph manche Fragestellung später noch ausführlicher bearbeitet hätte und gelegentlich möglicherweise zu anderen Befunden gekommen wäre.

Zunächst bleibt festzuhalten, dass Nelsons philosophische Pädagogik in ihrer Klarheit, Durchdringungstiefe und Konsequenz in der pädagogischen Theoriedebatte kaum ihresgleichen hat. Sich intensiver – kritisch, Nelson selbst hätte nichts anderes gewollt! – damit zu beschäftigen, könnte dieser Debatte weitere Anregungen geben. Als Entwicklungsoptionen scheinen mir neben anderen folgende Aspekte von Bedeutung.

Philosophisch

Eine weitere Durchdringung des Problemkreises der ästhetischen Schätzung, denn von diesem Theorem hängt für die Erziehung, sowohl auf der Seite der Lehrerinnen und Lehrer wie auch auf der der Schülerinnen und Schüler viel ab, wie knapp zu zeigen versucht wurde.

Des Weiteren müsste m. E. die Frage der Legitimität bestimmter erzieherischer Maßnahmen des Nelson-Programmes, insbesondere der Beschränkung der Autonomie der Schülerinnen und Schüler, noch stärker reflektiert werden. Abseits der philosophischen Relevanz mag man in den Spannungen innerhalb des Walkemühle-Kollegiums – neben allen zwischenmenschlichen Gründen – einen zusätzlichen Fingerzeig vermuten, wie weit die Praxisauslegungen auch dieses geschlossenen und tief durchdachten Systems einer philosophischen Pädagogik auseinandergehen konnten.

Didaktisch-methodisch

Sollte Nelsons Pädagogik auch heute noch der Didaktik und Methodik Impulse vermitteln können, so wäre auch auf anderer Ebene noch Theoriearbeit zu leisten. Es bedürfte mindestens einer elaborierten Theorie der Lehrerinnen- und Lehrerausbildung, die neben anderem und unter Rückgriff auf entwicklungspsychologische Befunde vor allem Auskunft über die Genese und Ausgestaltung des geeigneten Unterrichtsmilieus zu geben – und sich nicht auf die in der Walkemühle de facto praktizierte Pädagogik zu beschränken – hätte, insbesondere darüber, wie die von Nelson angeregten ethischen Entscheidungsaufgaben zu realisieren wären.

Die Frage ‚Ist die Philosophie XY heute noch relevant?' ist gegenwärtig zum bedauerlichen Usus geworden. Darin offenbart sich ein Provinzialismus des Zeitgemäßen, der da meint, Vergangenes aus der Perspektive einer vermeintlich höheren Warte des Wissens beurteilen zu können. In der Tat: Die Vorstellung, eine Delegation wild entschlossener Nelsonianer trüge in den Machtzentren der aktuellen Bildungspolitik und -administration ihr pädagogisches Projekt vor, wäre nicht frei von satirischen Zügen. Was aber hier wie Kritik klingen mag, verbürgt im Gegenteil eine positive Einsicht: Eine weitgehend von dem Kompetenz-Paradigma durchdrungene Bildungsrealität mit ihrer Ausrichtung auf Integrierbarkeit von ‚Humanressourcen' in konkurrierende Volkswirtschaften muss sich notwendigerweise schwer damit tun, überhaupt zu verstehen, was der Sinn von Erziehung außerhalb der Kompetenzorientierung sein *könnte.* Und wenn es keine anderen Gründe gäbe, hier für Nelson zu werben – und es gibt sie –, dann spräche doch als Letztes dafür, dass auch der Erwerb von Kompetenzen und die Integration Einzelner in (Arbeits-) Gesellschaften mit der Frage konfrontiert bleibt: Was ist das letzte Ziel, auf das hin auch dieser Ansatz ausgerichtet bleibt? Und dass die Ausblendung dieser Frage die Verfehlung menschlicher Selbstbestimmung und -orientierung denkmöglich lässt, dürfte kaum bestritten werden können. Man mag Nelsons Beantwortung dieser Frage ablehnen, aber an dem tiefen Sinn der Frage selbst kann kein ernsthafter Zweifel bestehen.

Was bleibt? Als Lohnenswertes vielleicht als Erstes dieses: einem streitbaren Philosophen in dem Konzert streitbarer Pädagogen eine Stimme zu geben in der Zuversicht, eine vertiefte kritische Auseinandersetzung mit Nelson besitze ‚praktische Realität' – also die Zuversicht, dass damit eine sinnvoll denkbare Aufgabe bezeichnet ist.

Literatur

Berger, Armin: Ästhetik in der Ethik. In: Ders./Raupach-Strey/Schroth (Hg.): *Leonard Nelson – ein früher Denker der Analytischen Philosophie?* Berlin 2011, 213–238

Bernays, Paul et al. (Hg.): *Leonard Nelson, Gesammelte Schriften.* Hamburg 1970–1977

Eigler, Gunther et al. (Hg.): *Platon, Werke in acht Bänden.* Darmstadt 1991

Nelson, Leonard: Kritik der praktischen Vernunft. In: Ders.: *Gesammelte Schriften in neun Bänden, Bd. 4. Kritik der praktischen Vernunft.* Hamburg 1972

Nelson, Leonard: System der philosophischen Ethik und Pädagogik. In: Ders.: *Gesammelte Schriften in neun Bänden, Bd. 5. System der philosophischen Ethik und Pädagogik.* Hamburg 1970b

Platon: Phaidros. In: Ders.: *Werke in acht Bänden. Bd. 5. Phaidros.* Darmstadt 1991

Platon: Philebos. In: Ders.: *Werke in acht Bänden. Bd. 7. Philebos.* Darmstadt 1991

Platon: Symposion. In: Ders.: *Werke in acht Bänden. Bd. 3. Symposion.* Darmstadt 1991

Nelsons Rechtslehre und Ideallehre – ein kurzer Überblick

9

Andreas Netzler

Nelsons Aktualität für politische Fragestellungen

Die Aktualität der philosophischen Rechtslehre von Nelson kann z. B. betrachtet werden

a) mit einem Vergleich seiner Systematik mit anderen Systemen (z. B. Kant, Fries, Rawls usw.). Dies wird nachfolgend nur kurz angesprochen.
b) anwendungsbezogen: Was kann seinen Schriften z. B. zu aktuellen politischen Themen an Denkanstößen entnommen werden? Diese Vorgehensweise steht – insbesondere zu sozialpolitischen Fragestellungen – im Kap. 12 im Vordergrund.

Nelson betont in seinem System der philosophischen Rechtslehre und Politik u. a. die politische Bedeutung philosophischer Ethik: „In diesem Buch wird der Versuch unternommen, die Rechtslehre und die Politik auf ein festes wissenschaftliches Fundament zu stellen" (Nelson, 1970a, b 6, 7). Bevor wir politische Fragestellungen bei Nelson und aktuelle Anwendungsmöglichkeiten betrachten (siehe Kap. 12), ist es hilfreich, vorausgehend die Rechts- und Ideallehre von Nelson kurz zu skizzieren. Andere Fragen (u. a. zu erkenntnistheoretischen Voraussetzungen) werden nicht angesprochen (z. B. Fragen der nicht-anschaulichen unmittelbaren Erkenntnis, um nicht in einen unendlichen Begründungsregress zu geraten, der darum logisch keine Begründung liefert und in der Gefahr steht, ggf. nur eine bloße Übereinkunft ohne normative Verbindlichkeit für Dritte zu sein).

A. Netzler (✉)
Augsburg, Deutschland
E-Mail: andreasnetzler@gmail.com

K. Herrmann und B. Schwitzer (Hrsg.), *Der Geist der kritischen Schule*,
https://doi.org/10.1007/978-3-662-68345-3_9

Nelsons Systematik der Rechtslehre und Ideallehre

Nelson untergliedert seine Überlegungen u. a. in eine formale Rechtslehre, materiale Rechtslehre und Ideallehre (Theorie des wahren Interesses). Dieser Aufbau bedeutet ein stufenweises Vorgehen (dazu auch Netzler 1985, 40–80)

- von der Form des Rechts (Inhalte eines Begriffs des Rechts, soweit es überhaupt ein Recht gibt bzw. geben soll) (Nelson 1970a, b 5, 48–103)
- über eine Abwägungsregel für widerstreitende Interessen (materiale Rechtslehre mit einem Sittengesetz/kategorischen Imperativ, um den Modus der Interessen-Abwägung im Konfliktfall zu benennen) (Nelson 1970a, b 5, 104–193)
- bis hin zu einer Theorie des wahren Interesses bzw. einer Ideallehre, wobei letztere notwendig ist, um eine Bewertung von Interessen vorzunehmen (etwa um ein starkes Interesse mancher Mitmenschen an einer Ausbeutung anderer von ‚wertvolleren' Interessen zu unterscheiden), um nicht nur die Stärke von Interessen, sondern auch deren Qualität einzubeziehen (Nelson 1970a, b 5, 194–318).

Formale Rechtslehre: Formale Anforderungen an ein Recht unabhängig von der Bewertung und Abwägungsregel von Interessen

Inhalt der formalen Rechtslehre ist eine Ableitung notwendiger Bedingungen, denen ein Rechtszustand allein aufgrund des Begriffes (der Form) des Rechts genügen muss, damit er sich ohne logischen Widerspruch denken lässt. Die formale Rechtslehre abstrahiert von jedweder Abwägungsregel und Bewertung von Interessen im Falle von Handlungskonflikten.

Nelson geht von folgenden analytisch-rechtlichen Prinzipien aus (Nelson 1970a, b 6, 52–64): Das …

- der Allgemeingültigkeit (formale Gleichheit aller vor dem Gesetz).
- der Differenzierung (Variation der Rechtsfolgen mit den Bedingungen).
- der Autonomie (die rechtliche Verbindlichkeit muss dem Verpflichteten grundsätzlich einsichtig sein – wenn auch realiter nicht jedem); damit verbunden das Prinzip der Objektivität (Verbindlichkeit eines Gesetzes auch bei faktisch mangelnder Einsicht eines Verpflichteten).
- der Freiheit (rechtliche Unmöglichkeit aller rechtlich nicht notwendigen Beschränkungen).
- des Rechtszwanges (Unabhängigkeit der Geltung des Rechts von der rechtlichen Gesinnung des Einzelnen).
- des Rigorismus (der Wert eines Gesellschaftszustands ist eingeschränkt auf die Bedingung seiner Rechtlichkeit).

- des Indeterminismus (Nicht-Omnikompetenz des Rechts, d. h. Voraussetzung der Anwendung des Rechts sind anderweitig bestimmte Interessen und Werte).

Berücksichtigt man – wie Nelson – in einem nächsten Schritt die gesellschaftliche Notwendigkeit einer Kommunikation (insbesondere durch Sprache), einer Verteilung des Besitzes (soweit ein Gut jeweils nur durch eine Person genutzt werden kann), eines möglichen Mangels an gutem Willen und rechtlicher Einsicht, dann ergeben sich folgende vier Postulate der formalen Rechtslehre (Nelson 1970a, b 6, 65–86):

I. Recht der Sprache: Vernünftige Wesen sind zur Bezeichnung ihrer Gedanken, Gefühle, Interessen, Absichten usw. auf Sprache angewiesen. Eine dem Zweck der Gedankenmitteilung zuwiderlaufende Aussage kann damit eine Lüge sein. Auch kann der gedankenlose Gebrauch von Zeichen dem Zweck der Sprache widerstreiten: „Die Achtung des Rechts der Sprache und also Wahrhaftigkeit der Gedankenmitteilung ist daher das erste Postulat des formalen Rechts" (Nelson 1970a, b 6, 78) Nelson hat sich hier (trotz der auch von ihm verwendeten Begriffe ‚Aussage' und ‚Zeichen') auf Sprache konzentriert und andere Formen einer absichtlichen kommunikativen Täuschung nicht vertieft, wie etwa
   - vorsätzlich verschleiernde Begriffsbesetzungen (z. B. irreführende ‚Begriffsbesetzungen' bei Parteireklamen u. a. mit ‚Freiheit oder Sozialismus'),
   - unterschwellige Signale, um z. B. vom eigentlichen Inhalt abzulenken oder eigenständige Botschaften zu übermitteln,
   - ein Verschweigen wichtiger Informationen und Annahmen und dadurch irreführende Aussagen (z. B. ‚unsichtbare' Abweichungen zwischen den Berechnungsgrundlagen und angeblichen Schlussfolgerung in Verteilungsanalysen (z. B. Netzler 2020, 150–153; Stiebler 2017) als kommunikative Täuschungsstrategien, die einem Recht auf wahrhaftige Kommunikation zuwiderlaufen und damit eine wahrhaftige Kommunikation als wesentliche Voraussetzung der Demokratie ‚aushebeln'.

II. Eigentumsrecht: Da der ausschließliche persönliche Gebrauch von Sachen oftmals Voraussetzung für die Realisierung von Interessen ist (sogenannte private Güter; bei öffentlichen Gütern ist hingegen die Nutzung durch viele Menschen gleichzeitig möglich), sollte eine Verteilung privater Güter nach dem Recht erfolgen. Eine gerechte Besitzverteilung ist demzufolge staatliche Aufgabe und damit dem Bestreben z. B. nach einem ‚minimalistischen' Staat entzogen, soweit dieser den Wohlstand entscheidend dem ‚Spiel der Märkte' nach dessen Markt-Macht-Relationen überlässt.

III. Öffentlichkeit des Rechts: Da die Geltung des Rechts nicht von der zufälligen Einsicht und Willensstärke des Einzelnen (wir ergänzen: auch z. B. wirtschaftlichen Macht-Interessen und -Strukturen) abhängen soll, sollte die Schlichtung aller Rechtsstreitigkeiten durch ein öffentliches Gesetz und Gericht erfolgen.

IV. Rechtssicherheit: Wenn in einer Gesellschaft das Recht gelten soll, so erfordert dies einen absichtliche Übertretungen des Gesetzes ausschließenden Zwang. Dazu gehören auch – hier in Ergänzung zu Nelson – eine hinreichende Transparenz/Verständlichkeit/Vermeidung von Überkomplexitäten z. B. bei Steuergesetzen, weil dies Betroffenen die Wahrnehmung ihrer Rechte und das Verständnis ihrer Pflichten nehmen kann bzw. faktisch nimmt und damit vorsätzlich Rechtsunsicherheit schafft.

Materiale Rechtslehre: Abwägungsregeln für Interessenkonflikte

Zur Abwägungsregel bei Nelson

Die Bestimmung der Materie des Rechts erfordert neben der formalen Rechtslehre eine Abwägungsregel für widerstreitende Interessen. Die kürzeste Formulierung dieser Abwägungsregel (des Sittengesetzes oder auch kategorischen Imperativs) lautet bei Nelson: „Wahre die Gleichheit der persönlichen Würde“ (Nelson 1972, 132). Auch z. B. Artikel 1 (1) des Grundgesetzes enthält sinngemäß dieses Prinzip: „Die Würde des Menschen ist unantastbar. Sie zu achten und zu schützen ist Verpflichtung aller staatlichen Gewalt“, auch wenn sich dieser GG-Artikel zunächst nur auf die staatliche Gewalt bezieht, obwohl der Artikel für alle Bürger gilt.

Den Inhalt dieser Regel erläutert Nelson in zwei Versionen:

- „Handle nie so, dass du nicht auch in deine Handlungsweise einwilligen könntest, wenn die Interessen der von ihr Betroffenen auch deine eigenen wären“ (Nelson 1972, 136). Die Formulierung besagt aber nicht, dass die eigenen Interessen (Präferenzen, Neigungen, Risikobereitschaft usw.) auch als Interessen anderer Personen (bzw. interessenfähiger Wesen, also auch Tiere[1]) zu gelten hätten, dass also z. B. ein grausamer und zugleich dafür leidensbereiter Mensch seine Grausamkeiten auf andere Menschen übertragen dürfe und damit einen ‚Rechtszustand‘ schaffe, soweit er nur selbst erdulde, Grausamkeiten an sich hinzunehmen: Denn eine solche Eins-zu-eins-Übertragung eigener Interessen (und Risikobereitschaft) auf andere Personen würde gerade andere Menschen deren Selbstzweck nehmen und damit der Gleichheit der Würde widersprechen.
- Nelson erläutert die Abwägungsregel auch für den Fall einer Missachtung der gleichen Würde, womit ein Vergeltungsgrundsatz zur Gerechtigkeit gehört (nicht zu verwechseln mit Rache, die sich gerade nicht an der gleichen Würde der Person orientiert).

[1] Vgl. Zu Nelsons ethischen Aussagen zur Achtung von Tieren als empfindungs- und interessenfähigen Wesen z. B. (Nelson 1970a, b 6, 288): „[…] Tiere sowohl wie die Minderjährigen und die Geisteskranken sind als unmündig anzusehen. Da sie aber gleichwohl Personen sind bzw. Subjekte von Rechten, so ist zu fordern, dass ihre Interessen durch das Gesetz gegen Unrecht geschützt werden, dass sie auch im Gesetz als Subjekte von Rechten mit bedacht werden.“

> Du sollst in die gleiche Nichtbeachtung deiner Interessen einwilligen, wie du sie anderen gegenüber bewiesen hast. … Gemeinsam ist beiden Sätzen der Ausgleich der Interessen gemäß der Abstraktion vom Unterschied der Personen als solcher und also das Gebot der Wahrung der Gleichheit der Würde der Personen. (Nelson 1972, 136)

> Somit gehört der Vergeltungsgrundsatz zur Abwägungsregel, denn ohne diesen wäre die Gleichheit der Würde nicht gewahrt – vorausgesetzt, alle anderen Umstände sind gleich (was in der Empirie hohe Anforderungen an die Vergleichbarkeit stellt).

Vergleichen wir – wiederum sehr kurz – Nelsons Sittengesetz z. B. mit jenem bei Kant, Rawls (Urzustands-Regel) wie auch utilitaristischen Maximierungs-Regeln, was u. a. zeigen kann, warum Nelson in einem dritten Schritt eine Theorie des wahren Interesses (Ideallehre) formuliert.

Zur Abwägungsregel bei Kant

Bei Kant lautet die Abwägungsregel (auch Sittengesetz, kategorischer Imperativ, unbedingtes praktisches Gesetz): „Handle nur nach derjenigen Maxime, von der du wollen kannst, dass sie ein allgemeines Gesetz werde!“ (Kant 1781, 421). Oder: „Handle so, dass du die Menschheit sowohl in deiner Person, als in der Person eines jeden anderen jederzeit zugleich als Zweck, niemals bloß als Mittel brauchst“ (Kant 1781, 429). Auf den ersten Blick scheint sich die abstrakte Regel bei Kant nicht von jener bei Nelson zu unterscheiden, da beide gleichermaßen gebieten, andere Menschen niemals nur als Mittel zu gebrauchen, sondern als Selbstzweck zu achten – eine Regel, der nach Kant jeder vernünftige Mensch als allgemeinem Gesetz zustimmen würde (Kant 1781, 463). Kant ‚braucht‘ neben der Abwägungsregel kein weiteres Gedankengebäude zur Unterscheidung faktischer und wahrer Interessen, während Nelson in einem dritten Schritt eine Ideallehre bzw. Theorie eines wahren Interesses hinzunimmt (nicht im Detail festgeschrieben, aber als abstrakt notwendige Kategorie).

Was aber passiert „bei Kant“ z. B. in einer Gesellschaft von Sklavenhaltern und Sklaven, soweit alle Gesellschaftsmitglieder eine hinreichende Risikobereitschaft haben, ggf. selber zu den Sklaven zu gehören, weil sie dies akzeptieren für die Chance, ggf. zu den reichen Sklavenhaltern zu gehören (hohe ‚Glücksspieler-Mentalität‘, hohe Risiko-Bereitschaft)? Das muss nicht zwangsläufig dem Sittengesetz bei Kant widersprechen: Wen das Schicksal an die Position des Sklaven setzt, der wird zwar zum Mittel der Sklavenhalter, aber er selbst hat dieser Gesellschaft entsprechend seiner faktischen Risikobereitschaft zuvor zugestimmt. Was der Würde entspricht (Achtung des Selbstzweckes), ist damit auch von einer übereinstimmenden Risikobereitschaft der Gesellschaftsmitglieder abhängig, also von der rationalen Bereitschaft zu einem ‚Alles-oder-Nichts-Spiel‘ der Gesellschaftsmitglieder (was z. B. durchaus in Terror-Gruppen mit hoher eigener Opferbereitschaft realistisch sein kann). Dieses systematische Problem beachtet Nelson, indem er sein Sittengesetz auf Interessen bezieht und für eine Bewertung der Interessen ergänzend eine Theorie des wahren Interesses formuliert (siehe Kap. 12).

Zu utilitaristischen Abwägungsregeln

Ein kurzer Vergleich mit den geläufigsten Interessen-Abwägungs-Regeln im Utilitarismus zeigt: Regeln wie das Pareto-Optimum (ein Nutzen-Optimum ist so lange nicht erreicht, wie noch eine Person an Nutzen hinzugewinnen kann, ohne dass eine andere Person dadurch Nutzen verliert) und das „größtmögliche Glück für die größtmögliche Zahl" (nach Bentham; Höffe 1992) streben eine Maximierung des Gesamtnutzens der Gesellschaft an. Zwischen der Stärke und dem Wert eines Interesses wird nicht unterschieden (jedes Interesse bzw. jeder Nutzen ist gleich viel wert), womit dies z. B. auch mit einer fortbestehenden Missachtung der Würde Schwächerer einhergehen kann, solange die Würde nicht noch weiter vermindert wird. Zudem wird in den Dimensionen von Einkommen oder (allgemeiner formuliert) Nutzen argumentiert, womit Handlungen richtig oder falsch werden, je nachdem wie sie Nutzen verändern, unabhängig davon, wie ungerecht die Ausgangsbasis ist. So kann sich eine Nutzendsteigerung ergeben, indem sich z. B. statt bisher einem Haushalt mit einem ‚Sklaven' sich nun zwei Haushalte die Arbeit eines ‚Sklaven' teilen, ohne den Sklaven aus seiner Abhängigkeit zu entlassen.

Wir haben es deshalb mit (verbreiteten) volkswirtschaftlichen Wohlstands-Maximierungsregeln zu tun, die in Ergänzung – und teils auch im Widerspruch – zu ethischen Abwägungsregeln ein Unrecht beinhalten können, je nachdem, ob die Regeln den Vorrang der gleichen Würde der Personen beachten (rechtlicher Rigorismus): Eine gesellschaftliche Nutzenmaximierung darf niemanden bloß als Mittel benutzen, denn das würde der Würde widersprechen. Dass bei erfülltem Rechtszustand ‚on top' nutzenmaximierende Strategien hinzukommen können, ist damit nicht ausgeschlossen und wird auch von Nelson im Zusammenhang mit seinen Überlegungen zu einer gerechten Entlohnung erläutert, wobei Nelson zu teils gleichen Schlussfolgerungen wie z. B. Rawls kommt (siehe unten).

Zudem müssten utilitaristische Regeln die Fragen beantworten können, wieweit mehr/weniger bestimmte (materielle und immaterielle) Güter die unterschiedlichen Nutzen verschiedener Gruppen verändern, was u. a. empirisch eine interpersonelle Vergleichbarkeit und Kumulationsmöglichkeit von Nutzen für inhomogene Bevölkerungsgruppen voraussetzt – eine Aufgabe, die die Mikroökonomie bis heute nur theoretisch und modellhaft ‚löst' (und die selbst individuell oft schwierig zu beantworten ist, so z. B.: Wie lange sind mehr Erwerbstätigkeit und -einkommen nutzenbringender als mehr Freiraum für familienbezogene oder schöpferische Tätigkeiten?).

Zu Abwägungsregeln bei Rawls

Ein knapper Blick auf Rawls (Rawls 2014) Vertragstheorie und seine Abwägungsregel für widerstreitende Interessen zeigt, dass Rawls ein Gegenmodell zum Utilitarismus in Anlehnung an Kant (und damit auch Nelson) entwickelt hat: Wesentlicher Ausgangspunkt ist ein Gesellschaftsvertrag, dem alle Menschen – soweit ihre Entscheidungen vernünftig sind – in einem gesellschaftlichen Urzustand zustimmen könnten. Denn unter einem ‚Schleier des Nichtwissens' könnten Menschen eine gerechte Abwägungsregel für die Verteilung aller Gütern am ehesten erkennen und – noch wichtiger – akzeptieren, da die Unkenntnis über ihre spätere eigene Position in einer Gesellschaft einen jeden dazu bewege, einer Gesellschaft mit möglichst gleichen Chancen für alle zuzustimmen (Vermeidung von Bevorzugung oder Benachteiligung aufgrund einer zufälligen sozialen Stellung, einer glücklichen oder unglücklichen persönlichen Fähigkeit, keine festgelegten Interessen und Fähigkeiten und Ressourcen usw. in einem Urzustand). Ohne Kenntnis der späteren individuellen Lebenslage würden die meisten Menschen eine Gesellschaft mit einer gleichen Achtung und Freiheit für alle wählen.

Rawls veranschaulicht damit u. a. sowohl Kants ‚Maxime, von der du wollen kannst, dass sie ein allgemeines Gesetz werde' wie auch, dass ein anderer Mensch niemals nur Mittel sein sollte. Zudem entspricht dies im Kern Nelsons „Handle nie so, dass du nicht auch in deine Handlungsweise einwilligen könntest, wenn die Interessen der von ihr Betroffenen auch deine eigenen wären" (Nelson 1972, 136) unter der Voraussetzung, dass vernünftige Menschen risikoscheu sind und deshalb eine z. B. Sklavenhalter-Sklaven-Gesellschaft (mit einer Bereitschaft zu hohem Gewinn-Verlust-Risiko) vermeiden. Damit ist Rawls – der eine Theorie des wahren Interesses (Ideallehre) nicht explizit benennt – vor das gleiche Problem wie Kant gestellt, denn das ggf. risiko- wie leidensbereite Menschen eine Sklavenhalter-Sklaven-Gesellschaft als ihrem Selbstzweck (aufgrund hoher ‚Gewinnchancen') dienlich ansehen, ist nicht ausgeschlossen. Doch diese Schlussfolgerung sieht Rawls nicht vor (weil ‚unvernünftig'), da das Risiko eines Verzichtes auf Freiheit für eine ‚Gewinnchance' auf größte Freiheit und Reichtum angeblich nie vernünftig sei. Sein Prinzip, soziale und wirtschaftliche Ungleichheiten so zu gestalten, dass a) vernünftigerweise zu erwarten ist, dass sie zu jedermanns Vorteil dienen, schließt aber logisch und empirisch keineswegs Sklavenhalter-Sklaven-Gesellschaften aus, soweit eine Hoch-Gewinn-Verlust-Gesellschaft für mögliche persönliche Gewinne auch entsprechend hohe Risiken einzugehen bereit ist (eine Argumentation, die auch als Begründung für die sogenannte ‚freie' Marktwirtschaft anzutreffen ist).

Doch ist darauf hinzuweisen, dass Rawls letztlich über sein ‚Urzustands-Modell' hinaus geht, wenn er z. B. formuliert: Jedermann sollte ein „[...] gleiches Recht auf das umfangreichste System gleicher Grundfreiheiten haben, das mit dem gleichen System für alle anderen verträglich ist" (Rawls 2014, 266), womit Rawls u. a. Demokratie, Rede- und Versammlungsfreiheit, Recht auf persönliches Eigentum, Menschenwürde, Gleichheit vor dem Gesetz, Glaubensfreiheit usw. begründet. Das alles ergibt sich aber aus dem gedachten Urzustand nicht ohne die zusätzliche Annahme, dass eine Hoch-Gewinn-Risiko-Bereitschaft den Interessen von vielen Menschen widerspricht – was das Augenmerk auf eine Theorie wahrer Interessen lenkt.

Bewertung von Interessen – Theorie des wahren Interesses notwendig?

Was der formalen und materialen Rechtslehre noch fehlt, ist ein Schema, um Interessen nicht nur nach ihrer faktischen Stärke, sondern auch ihrer Qualität zu bewerten. Denn ohne wahre Interessen (und ihre Achtung aufgrund des Ideals der

Schönheit des eignen Lebens) wäre z. B. eine „Erziehung“ von Kindern in lebenslanger Bevormundung und Unselbstständigkeit erlaubt, soweit es nur gelingt, das faktische Interesse an der Persönlichkeitsbildung zu unterbinden (von Nelson ausführlich dargestellt im Zusammenhang mit dem Recht auf Bildung (Nelson 1970a, b 5, 319 ff., 1970 6, 362 ff.). Oder es wäre erlaubt, Menschen so unmündig zu halten, dass sie z. B. ihrer Ausbeutung durch Sklavenhalter rechtlich zustimmen würden. Eine – wie auch immer bezeichnete – Theorie eines wahren Interesses ist also erforderlich, um u. a. die Stärke und den Wert eines Interesses abwägen zu können, zumal beide auch gegenläufig sein können. Zudem schließt Nelson damit die Rechtlichkeit eines Verzichts auf ein wahres Interesse – z. B. unter Druck – als ungerecht aus (aus einem wahren Interesse heraus auf die Realisierung eines wahren Interesses zu verzichten, wäre ein Widerspruch in sich). Denn ein z. B. starkes Interesse, andere Menschen in Abhängigkeit zu halten und auszubeuten, mag u. a. in „freien“ Marktwirtschaften eine gewisse Akzeptanz erfahren, ein Rechtsideal ist diese Missachtung der Würde nicht (selbst wenn eine Mehrheit in einer egoistischen oder gleichgültigen Gesellschaft dies hinnimmt oder auf spätere eigene Vorteile hofft).

Um etwas so Ungleichartiges wie den Wert und die Stärke von Interessen in einer Bewertung zusammenzuführen, unterscheidet Nelson u. a. zwischen subjektiven und objektiven Interessen (Nelson 1975, 78–79): Die ersteren „erschöpfen sich in ihrem bloßen Dasein“ und hängen von der Art und Intensität des sinnlichen Empfindens ab. Die objektiven Interessen hängen (wir ergänzen: zusätzlich) von der Einsicht ab, inwieweit ein Interesse zum Wert „des Ganzen eines Lebens“ beiträgt. Nelson formuliert dies so: „Die Vorzugswürdigkeit eines Interesses gegenüber einem kollidierenden bestimmt sich durch die relative Stärke des Interesses, das eine vollkommen gebildete Person an seiner Befriedigung haben würde, wenn unter einer vollkommen gebildeten Person eine solche verstanden wird, die einerseits über vollkommene Einsicht verfügt und andererseits stets das als wertvoller Erkannte dem als weniger wertvoll Erkannten vorzieht“ (Nelson 1913, Ziffer II).

Damit ist ein gedankliches Schema gegeben, das Stärke und Wert von Interessen bei Konflikten abwägbar macht. Und da diese Wertschätzung als vernünftige Selbstbestimmung sich auf eine willentliche, selbständige Gestaltung des eigenen Lebens bezieht (nicht nur sinnlich oder sittlich), bezeichnet Nelson dies als eine ästhetische Kategorie. Was ein wahres Interesse konkret in einer individuellen Lebenssituation ist bzw. sein sollte, das kann und will Nelson keineswegs festschreiben.

> Was leistet nun diese Theorie des wahren Interesses für den Aufbau des Systems der Ethik, für Rechtslehre und Politik? Es gibt keinen Rechtskodex aus reiner Vernunft. Wir erhalten bestimmte Rechtssätze nur durch die Anwendung des Sittengesetzes auf die wirklichen Interessen […] und die wir als solche nur empirische kennen lernen können. Die entwickelte Theorie lehrt uns aber, dass es ein Interesse gibt, das […] Apriori bestimmt werden kann. Das ist das wahre Interesse jedes vernünftigen Wesens am Wert seines Lebens […]. Das wahre Interesse hat nun das Eigentümliche, dass seine Befriedigung nur durch Selbsttätigkeit möglich ist (wir ergänzen: insbesondere durch Bildung). Es kann also nie die Pflicht entstehen, dieses Interesse bei einem anderen Menschen zu befriedigen, sondern es kann nur Pflicht sein, ihm die Möglichkeit zu gewähren, es selbst zu befriedigen. (Nelson 1913, 4)

Damit verbleibt als Kernaussage der Theorie des wahren Interesses: „Alle ihrer Natur nach bildungsfähigen Wesen haben das gleiche Recht auf die äußere Möglichkeit, zur Bildung zu gelangen" (Nelson 1913, 4), wobei Bildung hier als umfassende Persönlichkeitsbildung (Einsicht, Mitgefühl, Willensbildung, Handlungsfähigkeit usw.) zu verstehen ist.

So kann es nicht Pflicht sein, für andere Personen bevormundend deren wahre Interessen bestimmen zu wollen oder zu erfüllen. Ob einem Menschen z. B. eine Hochschulausbildung wichtig ist (z. B. aus Freude am sinnlichen Abenteuer des Denkens oder einem Karrierestreben) oder eine Familientätigkeit (Erfüllung durch eine Tätigkeit mit Menschen), dies zu bestimmen ist nicht Pflicht anderer Personen. Die zu achtende Selbsttätigkeit des Menschen bedeutet, dass allen Menschen eine gleiche Erkenntnis- und Handlungsmöglichkeit zur selbstständigen Lebensgestaltung (soweit als möglich) zu eröffnen ist, damit ein jeder aus sich heraus mit gleicher Würde zu sich finden kann. Auch wenn jemand z. B. in einer ‚resignativen Abwärtsspirale' aus wiederholten Versuchen und Misserfolgen seine Selbstständigkeit einschränkt und sich zurückzieht, um sich vor weiteren kränkenden Misserfolgserlebnissen zu schützen, so kann auch das zum Wert des Ganzen eines Lebens betragen, da ein wahres Interesse immer noch maßgeblich bleibt (sich eine gewisse – wenn auch reduzierte – Lebensqualität zu bewahren). Dass Verstöße gegen wahre Interessen aus einem Irrtum, einer Resignation oder erzwungenen Anpassung heraus oft auftreten und hingenommen werden, ist ein anderer Sachverhalt.

Dass sich bei Nelson die Bestimmung eines wahren Interesses jeweils auf einzelne Personen und nicht ganze Gruppen/Gesellschaften bezieht, liegt daran, dass jeweils ein Einzelner Träger von Rechten und Pflichten ist. Der Hinweis, Nelson „[…] habe keine Verklammerung des individuellen sozialen Handelns in der Gesellschaft" (Neumann1979, 177) erarbeitet (Lösung des Mikro-Makro-Problems gesellschaftlicher Willensbildung), ist nicht mehr als der Hinweis, dass Nelson weder die gesellschaftliche Interessenbildung noch über die empirisch bestmöglichen Mechanismen, widerstreitende Interessen und Prioritätensetzungen gesamtgesellschaftlich abzubilden und zusammenzuführen, in den Mittelpunkt seiner philosophischen Ethik stellt, da dies andere interdisziplinäre und empirische Betrachtungen gesellschaftlicher Norm- und Willensbildung erfordert.

Können wir nun mit Nelsons Systematik unser Beispiel von der Sklavenhalter-Sklaven-Gesellschaft (Hoch-Risiko-Gewinn-Verlust-Gesellschaft) als denkbare Rechtsgemeinschaft verneinen? Ja, am ehesten: Denn ein Sklavendasein widerspricht dem Prinzip, dass alle ihrer Natur nach bildungsfähigen Wesen das gleiche Recht auf die äußere Möglichkeit haben und behalten sollen, zu Bildung und Handlungsfähigkeit zu gelangen, um ihr Leben fortlaufend (und nicht irreversibel unmöglich wie in einer Sklavenhalter-Sklaven-Gesellschaft) in Selbsttätigkeit entsprechend ihren wahren Interessen zu gestalten. Somit wäre auch eine extreme Risikobereitschaft mit einer ggf. Hinnahme eines Sklavendaseins nicht mehr mit einer Rechtsgemeinschaft (wegen andauernder Missachtung wahrer Interessen trotz einer faktischen ggf. einmaligen Zustimmung, insbesondere der Würde einer gleichen selbsttätigen Lebensgestaltung) in Einklang zu bringen, selbst wenn eine faktische subjektive Zustimmung Betroffener in eine Sklavenhalter-Sklaven-Lotterie gegeben wäre (entgegen dem wahren Interesse).

Abschließend stellt Nelson u. a. die individuelle Basis wahrer Interessen dar: Das ist das Ideal der Schönheit des eigenen Lebens. Dabei unterscheidet er das Ideal der Ausbildung der eigenen Vernunft und das der entsprechenden Handlungsbereitschaft sowie das der Gerechtigkeitsliebe (Interesse an der Gerechtigkeit) und letztlich ein ästhetisches Ideal der Schönheitsliebe (allumfassend mit einer Wahrhaftigkeitsliebe, Schönheitsliebe, auch Gerechtigkeitsliebe). Dabei ist z. B. die Liebe zur Schönheit des Lebens keine ‚exotische' Besonderheit von Nelson: So entwickelte z. B. Papst Benedikt XVI in seiner Sozialenzyklika ‚Caritas in veritate' (Papst Benedikt XVI, 2009) die Liebe als umfassende Wurzel für das gesamte gesellschaftliche Handeln (aus christlichen Wurzeln). Insbesondere Papst Franziskus beschreibt in den Enzykliken **‚Laudato si'** (Papst Franziskus et al. 2015) und „Fratelli tutti" (Papst Franziskus 2020) u. a. die ‚soziale' Liebe als Grundantrieb menschengemäßer Erkenntnis, Lebensgestaltung und politischer Handlungen (Dreiklang von ‚Freiheit, Gleichheit, Brüderlichkeit') gegen eine weitverbreitete Gleichgültigkeit.

Literatur

Höffe, O.: *Einführung in die utilitaristische Ethik.* Tübingen/Basel 1992

Kant, I.: *Kritik der reinen Vernunft. Band 4 der Akademieausgabe von Immanuel Kants Gesammelten Werken.* Königsberg: Universität Duisburg Essen (1781), https://korpora.org/kant/aa04/

Nelson, L.: *Leonard Nelson. Die Theorie des wahren Interesses und ihre rechtliche und politische Bedeutung.* Göttingen (1913), https://www.gleichsatz.de/b-u-t/begin/nelson/neon_tress.html

Nelson, L.: *Band 5, System der philosophischen Ethik und Pädagogik.* Hamburg 1970

Nelson, L.: *Band 6, System der philosophischen Rechtslehre und Politik.* Hamburg 1970

Nelson, L.: *Band 1: Kritik der praktischen Vernunft.* Hamburg 1972

Nelson, L.: *Vom Selbstvertrauen der Vernunft.* Hamburg 1975

Netzler, A.: *Soziale Gerechtigkeit durch Familienlastenausgleich. Eine normative Analyse unter besonderer Berücksichtigung der Rechtsphilosophie von Leonard Nelson.* Berlin 1985

Netzler, A.: Lebenslagen Älterer in der EU, Deutschland und den Bundesländern – ein Vergleich. In: S. Stadelbacher/W. Schneider (Hg.): *Lebenswirklichkeiten des Alter(n)s.* Wiesbaden 2020, 123–200

Neumann, L.: Die Bedeutung der kritischen Ethik für die Sozialwissenschaften. In: P. Schröder (Hg.): *Vernunft, Erkenntnis, Sittlichkeit. Internationales Philosophie-Symposion aus Anlass des 50. Todestages von L. Nelson.* Hamburg 1979, 169–188

Rawls, J.: *Eine Theorie der Gerechtigkeit.* Frankfurt a. M. 2014

Statistisches Bundesamt: *Amtliche Sozialberichterstattung Grundsicherung.* Berlin 2020/2

Stiebler, M.: *Der Sprechakt des Lügens. Gibt es Täuschungsstrategien sowie Möglichkeiten der Enttarnung?* München 2017

Nelson: Tierethik

10

Dieter Birnbacher

Personalität und Würde in der Ethik Kants

Die historische Stellung von Leonard Nelsons Tierethik erschließt sich am ehesten über einen Rückblick auf die Ethik Kants.

Zwei Begriffe, die für die Ethik Kants von zentraler Bedeutung sind, sind die Begriffe der Personalität und der Würde: *Personen* sind die Subjekte und direkten Objekte von moralischen Verpflichtungen; *Würde* verleiht diesen Subjekten eine über alle anderen Wesen hinausgehende Unangreifbarkeit. Den Status einer *Person* zu besitzen bedeutet, bestimmte moralische Rechte zu haben und diese gegenüber anderen geltend machen zu können; *Würde* bedeutet, ein Recht darauf zu haben, von anderen niemals bloß als Mittel gebraucht zu werden. Beide Begriffe werden von Kant ausschließlich Wesen zugeschrieben, die über Fähigkeiten verfügen, wie sie in der erfahrungszugänglichen Welt nur bei Menschen anzutreffen sind: Autonomie – die Fähigkeit zur freien Selbstbestimmung des Willens – und Moralität, die Fähigkeit, sich moralische Normen zu setzen und diesen im Handeln zu folgen. Kants Ethik ist in einem radikalen Sinne anthropozentrisch.

Viele nachkantische Denker haben in diesem Anthropozentrismus eins der grundlegenden Defizite dieser Ethik gesehen. Das gilt insbesondere für Denker, die darauf bestanden haben, die Tiere – zumindest die höheren, erlebnisfähigen Tiere – in ihre Ethik einzubeziehen, und zwar sowohl als eigenständige Erfahrungssubjekte als auch als direkte Objekte menschlicher Verpflichtungen. Von erheblichem Einfluss waren dabei die Ethik des zwischen 1860 und 1918 nicht nur in Deutschland ungemein populären Kantianers Schopenhauer und die Ethik der ‚Ehrfurcht vor dem Leben‘ Albert Schweitzers. Beide haben eine

D. Birnbacher (✉)
Düsseldorf, Deutschland
E-Mail: dieter.birnbacher@hhu.de

K. Herrmann und B. Schwitzer (Hrsg.), *Der Geist der kritischen Schule*,
https://doi.org/10.1007/978-3-662-68345-3_10

Entwicklung eingeleitet, die in den vielfältigen nicht-anthropozentrischen Tierethiken der Gegenwart ihren Kulminationspunkt erreicht hat. Aus der Perspektive dieser Tierethiken mutet es rückblickend nahezu paradox an, dass Kants radikaler Anthropozentrismus ausgerechnet in eine Phase des westlichen Denkens fällt, in der andere bereits begonnen hatten, die Exklusivität, mit der Ethik und Recht den Menschen traditionell vor allen anderen Lebewesen privilegieren, infrage zu stellen. Dazu gehören u. a. die von Kant selbst als Vorbilder und Inspiratoren anerkannten Denker Hume und Rousseau, aber auch Jeremy Bentham, der einige Jahre vor Kants *Metaphysik der Sitten* die Tiere ausdrücklich in seinen utilitaristischen Glückskalkül einbezogen hatte. Auf diesem Hintergrund wirkt die Ausschließlichkeit, mit der Kant den Menschen als Träger inneren Werts auszeichnet, wie immer konsequent sie innerhalb von Kants metaphysischem Schema sein mag, dogmatisch. Dabei spricht es für Kants menschliche Größe, dass ihm die Spannung, die zwischen seinem theoretischen Anthropozentrismus und seinen spontanen Intuitionen in Bezug auf die Wertigkeit der Natur besteht, nicht entgangen ist und dass er diese zumindest implizit auch unmissverständlich zum Ausdruck gebracht hat. Beispiele dafür sind seine Bewunderung für das Erhabene in der Natur und seine Verurteilung des Vandalismus an Naturobjekten, aber auch sein ausgeprägtes Interesse am Wohlergehen der Tiere. Dem Leser Kants drängt sich der Eindruck auf, Kant müsse sein spontanes Empfinden gewaltsam davon abhalten, den Tieren mehr zuzugestehen, als es seine anthropozentrische Ethik zulässt.

Im Resultat ist es ihm allerdings die Konsistenz seines Theoriegebäudes wichtiger als Erfahrungstreue. Der Kompromiss, den er mit sich selbst schließt, ist, dass Pflichten gegenüber Tieren lediglich indirekt bestehen, als Pflichten gegenüber Menschen: Tiere sollen nicht um ihrer selbst willen vor Grausamkeit durch den Menschen geschützt werden, sondern lediglich, um Grausamkeit gegen Menschen zu verhindern. Der Tierschutz soll gewissermaßen als Übungsfeld für Tugenden gelten, die ihre eigentliche Bestimmung im Umgang mit Menschen haben.

Die von Kant angeführten Beispiele für Grausamkeit gegen Tiere sprechen allerdings eine andere Sprache. Sie zeigen, dass Kant als Person sehr wohl an den Tieren um ihrer selbst willen gelegen ist. Dazu gehört etwa seine Verurteilung unnötiger Vivisektionen in der Wissenschaft (Kant 1907/14, 443), die kaum weniger sarkastisch ausfällt als die Schopenhauers (1988, 161 f.), aber auch seine Bemerkungen zur Dankbarkeit gegenüber Haustieren in der *Vorlesung über Ethik:*

> Wenn z. E. ein Hund seinem Herren sehr lange treu gedient hat, so ist das ein Analogon des Verdienstes, deswegen muss ich es belohnen und den Hund, wenn er nicht mehr dienen kann, bis an sein Ende erhalten. [...] Je mehr man sich mit der Beobachtung der Tiere und ihrem Betragen abgibt, desto mehr liebt man die Tiere, wenn man sieht, wie sehr sie für ihre Jungen Sorge tragen. Alsdann kann man auch nicht gegen den Wolf grausam denken. Leibniz setzte das Würmchen, welches er beobachtet hatte, wieder mit dem Blatt auf den Baum, damit es nicht durch seine Schuld zu Schaden käme. Es tut dem Menschen leid, ein solches Geschöpf ohne Raison zu zerstören, als ein Spiel. (Kant 1990, 256)

An solchen Stellen erscheint Kants ‚Kompromisslösung', menschliche Pflichten gegenüber Tieren als lediglich indirekte Pflichten anzuerkennen – als Pflichten nicht *gegen*, sondern *in Ansehung der* Tiere – als ein weit vom menschlichen Wertempfinden entferntes Konstrukt.

Leonard Nelsons Erweiterung des Personenbegriffs auf nicht-menschliche Interessensubjekte

Nelsons Ethik ist in formaler Hinsicht eine durch und durch kantianische Ethik. Sie beruft sich ausschließlich auf die Vernunft als Normquelle und ist streng deduktiv aufgebaut. Ihr Fundament ist ein apriorisches Verallgemeinerungsprinzip, nach dem moralische Prinzipien und Urteile von einem überpersönlichen Standpunkt aus gerechtfertigt sein müssen. Im Unterschied zu Kant kombiniert Nelson diese kantischen Elemente allerdings mit einem quasi utilitaristischen Interessenprinzip, wonach in Konfliktfällen die Interessen aller Betroffenen unparteilich gegeneinander abgewogen werden müssen. In diesem Zusammenhang nimmt Nelson mehrere Verfahren der überpersönlichen Urteilsfindung vorweg, die durch spätere Autoren bekannter geworden sind als durch seine weitgehend unbeachtet gebliebene Ethik, etwa C. I. Lewis' Modell der sukzessiven Identifikation mit allen Betroffenen (Nelson 1970, 136; Lewis 1971, 547) und Richard Hares Modell der hypothetischen Identifikation (Nelson 1970, 137; Hare 1963, Kap. 6).

Aus diesem Denkrahmen ergibt sich zwanglos, dass die Ethik die Grenzen des Menschlichen übersteigen und Regulative nicht nur für das Verhältnis zwischen Menschen, sondern zugleich auch für das Mensch-Tier-Verhältnis entwickeln muss. Da außer Menschen auch Tiere Interessen haben und nach dem apriorischen Gleichheitsprinzip Interessen ohne Ansehen des Interessensubjekts gleich viel zählen, müssen Menschen auch gegenüber Tieren moralische Pflichten anerkennen. Für das Gewicht dieser Pflichten kann es nicht entscheidend sein, ob das durch die Pflicht geschützte Interesse das Interesse eines Menschen oder das eines Tieres ist. Solange das Interesse gleich wichtig ist, ist auch die moralische Verpflichtung gleich wichtig.

Auf diesem Hintergrund ist für Nelson die kantische Begründung von Pflichten in Ansehung von Tieren inakzeptabel:

> Diese Begründung ist sehr künstlich. Für den, der nur zugibt, daß Tierquälerei überhaupt möglich ist, folgt das Verbot der Tierquälerei unmittelbar aus dem Sittengesetz. (Nelson 1971, 87)

Während Kant unterstellt, dass moralische Pflichten streng reziprok sind und nur gegenüber Wesen gelten, die ihrerseits Pflichten haben (Kant 1907/14, 442), kommt es für Nelson für das Bestehen moralischer Pflichten lediglich darauf an, ob und wie weit ein Wesen Interessen hat. Zwar ist das ‚Sittengesetz' nur für Menschen verbindlich. Moral ist in diesem Sinne zwangsläufig ‚anthropozentrisch'. Aber wie für die Vorgänger der modernen Naturethik, die der subhumanen Welt einen intrinsischen Wert zuschreiben, ist zwar der Kreis der der Moral Unterworfenen, aber nicht die Inhalte der Moral auf den Bereich des Menschlichen beschränkt.

Bei Nelson nimmt die Einbeziehung der Interessen der Tiere in den Horizont menschlicher Pflichten eine ausgesprochen radikale Form an. Erstens ist für Nelson die Anerkennung, dass Tiere Interessen haben, ununterscheidbar von der Anerkennung von *Tierrechten.* Nelson geht sogar so weit, interessensfähigen Tieren dieselben Rechte wie dem Menschen zuzuschreiben (Nelson 1972a, 132), wobei diese allerdings nach Art und Ausmaß des jeweiligen Interesses abgestuft sein sollen. Zweitens ist für ihn die Anerkennung tierlicher Recht so etwas wie der Lackmustest für die Moral einer ganzen Gesellschaft:

> Es ist der untrüglichste Maßstab für die Rechtlichkeit des Geistes einer Gesellschaft, wie weit sie die Rechte der Tiere anerkennt. (Nelson 1976, 289)

Die Ausbeutung von Tieren zum Nutzen des Menschen ist für ihn ein ebenso klarer Ausweis der moralischen Verdorbenheit einer Gesellschaft wie die Zulassung der Ausbeutung der Arbeiter durch die Kapitalisten:

> Ein Arbeiter, der gegen die Ausbeutung kämpfen will, darf aber erst recht nicht selbst an der Ausbeutung teilnehmen [...]. Er kann das, indem er dasselbe, was der Kapitalist mit ihm macht, mit denen tut, die sich gegen ihn noch viel weniger wehren können als er gegen den Kapitalisten – die die allerwehrlosesten sind, die sich nie durch Koalition zusammentun können, um allmählich ihre Rechte in einem Klassenkampf zu erobern. Ein Arbeiter, der nicht nur ein „verhinderter Kapitalist" sein will und dem es also Ernst ist mit dem Kampf gegen jede Ausbeutung, der beugt sich nicht der verächtlichen Gewohnheit, harmlose Tiere auszubeuten, der beteiligt sich nicht an dem täglichen millionenfachen Tiermord, der an Grausamkeit, Rohheit und Feigheit alle Schrecknisse des Weltkrieges in den Schatten stellt. (Nelson 1972b, 376)

Von hier aus ist es nicht weit zur Anerkennung von Tieren als *Personen.* Bei Nelson findet sich diese Anerkennung nur selten *expressis verbis.* Ausdrücklich als Personen werden Tiere lediglich in seiner Rechtsphilosophie anerkannt:

> Auch ein solches Wesen ist, sofern es Interessen hat, nicht als Sache, sondern als Person anzusehen. Als solche aber ist es Subjekt von Rechten, d. h. es hat Anspruch auf Achtung seiner Interessen nach dem Gesetz der persönlichen Gleichheit. (Nelson 1976, 287)

Häufiger findet sich die Anerkennung von Tieren als Personen implizit in Form einer Zuschreibung von Tierrechten. Indem Nelson den Begriff *Tier* so definiert, dass er – abweichend vom üblichen Sprachgebrauch – alle nicht-menschlichen Subjekte von Interessen umfasst, geht er sogar so weit, implizit *allen* Tieren den Status von Personen zuzuerkennen. Diese Folgerung ergibt sich daraus, dass Nelson alle Interessensubjekte als Personen definiert:

Eine Beschränkung tritt erst da auf, wo wir durch unser Handeln nicht nur auf unsere eigenen Interessen wirken, sondern auch auf fremde, wo wir es also mit

Wesen zu tun haben, die Interessen besitzen. Solche Wesen nennen wir *Personen.* (Nelson 1970, 115).

Gleichzeitig wird dadurch der Kreis der nicht-menschlichen Rechtssubjekte auf die interessensfähigen Tiere (im biologischen Sinn) eingeschränkt.

Offensichtlich geht Nelsons erweiterter Personenbegriff über den herkömmlichen anthropozentrischen Personenbegriff hinaus. Wie weit genau er darüber hinausgeht, hängt davon ab, was Nelson unter ‚Interesse' versteht und welchen Tieren wir Interessen im relevanten Sinne zuschreiben können. Es gehört zu den analytischen Verdiensten Nelsons, dass er sich über die Vieldeutigkeit des Interessenbegriffs sehr genau im Klaren war und entsprechend präzise Unterscheidungen vorgenommen hat. Wichtig für die Tierethik ist insbesondere seine Unterscheidung zwischen einem Interesse an x, das den *Gedanken* an x voraussetzt, und einem Interesse an x, das auch ohne einen Gedanken an x bestehen kann. Im ersten Fall könnte man von einem Interesse im *starken*, im zweiten von einem Interesse im *schwachen* Sinn sprechen (Birnbacher 1998, 21). Ein Interesse im schwachen Sinne kann immer dann gegeben sein, wenn x unmittelbar anschaulich präsent ist, sich das Interesse also auf das unmittelbare *hic et nunc* richtet. Damit ein Tier ein Interesse an x im schwachen Sinn hat, ist es hinreichend, dass es ein unmittelbar anschaulich präsentes x haben *will.* Es ist nicht erforderlich, dass es dieses x in irgendeiner Weise gedanklich repräsentiert. Dagegen können sich Interessen im starken Sinn auch auf zeitlich und räumlich ferne Gegenstände richten.

Die Unterscheidung zwischen Interessen im starken und im schwachen Sinn ist u. a. relevant für die Erklärung, warum wir den Begriff ‚Interesse' nicht nur in einem subjektiven, sondern auch in einem objektiven Sinn verwenden können. Wir sprechen von Interessen ja nicht nur in dem Sinne, dass *N ein Interesse an x hat,* sondern auch in dem Sinne, dass *x im Interesse von N ist.* Diese letztere Aussage setzt nicht voraus, dass N fähig ist, an x ein Interesse im starken Sinn zu haben. Sie setzt jedoch zumindest die Fähigkeit von N voraus, ein Interesse an x im schwachen Sinn zu haben. Dass x im Interesse von N ist, besagt nicht, dass N aktuell oder in Zukunft an x (oder an die Folgen von x) *denkt.* Wenn es im Interesse der Gesundheit von N ist, nicht zu rauchen, setzt das nicht voraus, dass N jetzt oder später an seine Gesundheit oder überhaupt an die Folgen seines Verhaltens denkt. Es setzt jedoch voraus, dass N, auch wenn er nicht an seine Gesundheit denkt, ein Interesse im schwachen Sinn an seiner Gesundheit bzw. an deren Folgen für sein Wohlbefinden hat. Er muss an den Gütern, die zu erhalten oder zu befördern in seinem Interesse ist, wenn nicht gegenwärtig, so doch voraussichtlich in Zukunft ein Interesse im schwachen Sinne haben.

Nelson versteht den Begriff ‚Interesse', soweit es um die Begründung von Rechten geht, ausdrücklich im *schwachen* Sinn. Wesen, die Interessen haben, müssen wollen und begehren können. Ein Interesse zu haben ist nicht denkbar ohne eine Wertung. Aber sie müssen nicht notwendig auch denken können, d. h. die Wertung muss nicht notwendig „die Form eines Urteils haben" (Nelson 1972a, 351). Interessen setzen im Unterschied zu „bewußten Zwecken" (Nelson

1970, 168 f.) keine Denkfähigkeit voraus. Ein Interesse im schwachen Sinne zu haben, bedeutet nicht mehr, als einen bestimmten gegenwärtigen Zustand oder ein bestimmtes gegebenes Objekt in einem elementaren Sinn positiv oder negativ zu bewerten, zu wollen oder nicht zu wollen, zu mögen oder nicht zu mögen. Deshalb können wir einem leidenden Tier ein Interesse im schwachen Sinn, nicht zu leiden, zuschreiben, ohne ihm zugleich die Fähigkeit zuzuschreiben, dieses Leiden zum Gegenstand eines Urteils zu machen, es begrifflich zu fassen oder gar verbal zu artikulieren.

Tierliche Würde

Wie viele Moralphilosophen nutzt Nelson die besondere Emphase, die der Begriff ‚Würde' mit sich führt, dazu, seiner Forderung nach der Anerkennung von Tierrechten besonderen Nachdruck zu verleihen:

> Man drückt den Umstand, dass die Person, als Träger von Interessen, im Unterschied von einer bloßen Sache dem Belieben entzogen ist, dadurch aus, dass man ihr *Würde* zuschreibt (Nelson 1972a, 132).

Anders als der Begriff der Rechte legt der Begriff ‚Würde' eine *ontologische* Fundierung der jeweils postulierten Rechte nahe. Schließlich können Rechte auch aus Gründen zugeschrieben werden, die mit der Natur der Rechtssubjekte wenig zu tun haben, wie etwa bei den juristischen Personen, die zwar (juridische) Rechte besitzen, aber häufig aus bloßer Zweckmäßigkeit. ‚Würde' dagegen besagt, dass die dem Würdesubjekt zugeschriebenen Rechte ihren Grund in den dem Würdesubjekt inhärenten Eigenschaften haben, in seinem inneren Wert und seiner eigenen Würdigkeit. Zugleich ist nicht zu übersehen, dass die Art von Würde, die Nelson den Inhabern von Rechten zuschreibt, sehr viel schwächer ist als die Würde, auf die der kantische Würdebegriff zielt. Bei Kant ist Würde nicht nur ein ethischer, sondern zugleich auch ein ontologisch-metaphysischer Begriff. Dem Menschen kommt Würde nicht nur insofern zu, als er der Inhaber von moralischen Rechten ist, sondern auch insofern, als er eine herausgehobene metaphysische Stellung einnimmt (Birnbacher 2020). Kants transzendentaler Idealismus besagt nicht weniger, als dass der Mensch als Person nicht nur Objekt, sondern auch Subjekt der Welt ist. Ohne den Menschen wäre die empirische Welt nicht in Raum und Zeit strukturiert. Der Mensch ist die Bedingung dafür, dass die Welt allererst so geordnet ist, dass sie gekannt und erkannt werden kann. Dagegen kommt Tieren – einschließlich der empfindungsfähigen Tiere – kein anderer Status als der von Objekten zu. Sie stehen metaphysisch auf einer Stufe mit der gesamten übrigen Natur unterhalb des Menschen. Bei dem Realisten Nelson ist von dieser Dimension der Würde keine Rede mehr. Ebenso wenig wie die Würde des Menschen wurzelt die Würde der Tiere für Nelson in einer metaphysischen Ausnahmestellung. Allein der ethische Gehalt ist übriggeblieben.

Folgerungen

Die wichtigsten Folgerungen, die Nelson aus dem Personenstatus und der damit verbundenen Würdesubjektivität von (interessenfähigen) Tieren zieht, sind zwei: 1. das Verbot, (interessenfähige) Tiere zu *töten*; und 2. die Forderung einer rechtlich kodifizierten Vormundschaft des Menschen für die Tiere, eines *Vormundschaftsrechts*.

Nelson argumentiert für ein Tötungsverbot bei Tieren in zweifacher Weise, zum einen in Form einer direkten Ableitung des Tötungsverbots aus der Tatsache tierischer Interessen, zum anderen aus einem Goldene-Regel-Argument, d. h. mithilfe der Methode der hypothetischen Identifikation.

Die erste Argumentation lässt sich als eine Abfolge von vier Schritten rekonstruieren. Am Anfang steht der für Nelson axiomatische und von der Alltagsmoral weitgehend geteilte Grundsatz der Berücksichtigungswürdigkeit der Interessen aller interessenfähigen Wesen:

1. Alle Wesen mit Interessen haben einen Anspruch auf Berücksichtigung ihrer Interessen. Moralische Normen müssen so gefasst sein, dass sie die Interessen aller – aktuell und potenziell – Betroffenen berücksichtigen. Dabei werden Interessen als Interessen im schwachen Sinne verstanden. Nicht nur gegenüber Tieren, die sich Zwecke setzen können, sondern auch gegenüber Tieren mit Interessen im schwachen Sinn bestehen direkte Schutzpflichten. Interessen im *schwachen* Sinn zu besitzen, erfordert dabei über die Bewusstseinsfähigkeit hinaus, dass dieses Bewusstsein ‚hedonisch getönt' ist, d. h. subjektive Zustände beinhaltet, die eine positive oder negative Wertung beinhalten. Die bloße Empfindungs- oder Wahrnehmungsfähigkeit (im Sinne eines sogenannten Sentientismus) genügt nicht.
   Es versteht sich, dass nicht alle Tiere im biologischen Sinn die Bedingung der Interessensfähigkeit erfüllen. Auch wenn wir nicht wissen, auf welcher genauen Stufe der Evolution und auf welcher Stufe neuronaler Komplexität es zur Dämmerung des Bewusstseins – der Repräsentation physischer Zustände in einem inneren Erlebnisraum -- gekommen ist, und auf welcher Entwicklungsstufe dieses Bewusstsein zusätzlich eine hedonische Färbung angenommen hat, gehen wir doch gemeinhin davon aus, dass ausschließlich Tiere mit einem zentralen Nervensystem über Bewusstsein verfügen und somit Kandidaten für die Zuschreibung von Interessen im schwachen Sinn sind.
2. Unter den nicht-menschlichen Naturwesen haben nur Tiere Interessen. Dies folgt aus der von Nelson zugrunde gelegten Definition des Begriffs ‚Tier'. Daraus ergibt sich unmittelbar der dritte Schritt.
3. Alle Tiere haben Interessen.
   Der vierte Schritt vollzieht nunmehr den Übergang zum Tötungsverbot.
4. Alle Tiere haben das Recht, nicht getötet zu werden.

Nelson hält es für mehr oder weniger selbstverständlich, allen Interessensubjekten aufgrund der Tatsache, dass sie Interessen haben, ein schwaches Lebensrecht (ein

Recht, nicht getötet zu werden – im Gegensatz zu einem starken Lebensrecht, vor dem Tod bewahrt zu werden) zuzuschreiben. Interessenfähigen Tieren müsse sogar ein ebenso weitgehendes Lebensrecht zugeschrieben werden, wie wir es gemeinhin Menschen zuschreiben (Nelson 1972a, 132). Eine Tötung von Tieren sei nur in Fällen zulässig, in denen sie auch bei Menschen zulässig wäre.

Welches Interesse wird durch die Tötung verletzt? Erstens ein möglicherweise bestehendes Interesse des Tiers an seinem eigenen Weiterleben, ein ‚Überlebensinteresse'. Ein solches Interesse würde durch die Tötung *direkt* verletzt. An diesem Punkt steckt für Nelsons Ableitung eine Schwierigkeit: Es könnte sein, dass wir *dieses* Interesse nur Tieren zuschreiben können, die in der Lage sind, ihren eigenen (späteren) Tod zu denken. Kontrovers ist allerdings, ob sich ein Tötungsverbot auch durch das ‚Überlebensinteresse' eines Tiers in einem schwächeren Sinne begründen lässt, nämlich im Sinne eines Interesses an *zukünftigen eigenen Handlungen und Zuständen, die das Überleben voraussetzen.* ‚Überlebensinteresse' bedeutet dann nicht ein intentional auf das Überleben als solches gerichtete Interesse, sondern ein Interesse an Dingen, die das Überleben voraussetzen (Hoerster 1991, 73). Um ein solches Interesse zu haben, würde das Tier nicht über die Fähigkeit verfügen müssen, seinen zukünftigen Tod zu denken. Es müsste lediglich fähig sein, spätere eigene Handlungen und Zustände zu denken. Diese Bedingung ist sehr viel weniger anspruchsvoll. Sie impliziert eine wie immer rudimentäre Form von Ichbewusstsein, impliziert aber nicht bereits die weitergehende Fähigkeit, sich selbst als lebend oder tot denken zu können und trifft deshalb auf eine sehr viel umfangreichere Klasse von Tieren (möglicherweise auf alle intelligenten Säugetiere) zu.

Zweitens käme als das durch eine Tötung verletzte Interesse des Tiers das Interesse in Frage, frei von Todesfurcht zu leben. Dieses Interesse würde durch die Tötung *indirekt* verletzt. Da dieses Interesse keinen Gedanken an die Furcht voraussetzt, wäre es für sich genommen ein Interesse im schwachen Sinn: Furcht ist kein Zustand, der als solcher gedacht werden muss, um als belastend empfunden zu werden. Aber Furcht ist ihrerseits – im Gegensatz zur ungerichteten ‚kreatürlichen' Angst – nur als intentional auf ihren Gegenstand bezogen denkbar, und dies ist im Fall des Todes ein zukünftiges, gedanklich repräsentiertes Ereignis. Die Tiere, denen wir ein Interesse an der Abwesenheit von Todesfurcht zuschreiben können, würden deshalb im Großen und Ganzen dieselben sein, denen wir ein Überlebensinteresse zuschreiben können. Nur diese Tiere werden durch die Tötung in einem ihrer Interessen verletzt.

Mit dem Ansatz einer Interessenethik lässt sich demnach ein *Tötungsverbot* bei Tieren sehr viel weniger leicht begründen als ein *Verbot der Leidenszufügung.* Dass es moralisch bedenklich ist, einem Tier Schmerzen, Angst, Stress oder andere als Belastung empfundene Zustände aufzuerlegen, folgt bereits daraus, dass jedem Tier, das unter Belastungen leiden kann, auch ein Interesse im schwachen Sinn unterstellt werden kann, von diesen Belastungen verschont zu bleiben. Das Interesse, Schmerzen, Leiden und andere subjektiv als Belastung erlebte Zustände zu vermeiden, ist universal. Die moralische Bedenklichkeit der

Tötung von Tieren lässt sich ohne weitere Zusatzannahmen nicht so leicht zeigen. Der Interessenansatz scheint nur für diejenigen Tiere plausibel, denen die Fähigkeit zu zukunfts- und selbstbezogenem Denken unterstellt werden kann.

Die daraus folgende Asymmetrie mag zunächst irritieren, da sie die übliche intuitive Abstufung umkehrt, nach der eine Tötung grundsätzlich bedenklicher ist als eine Leidenszufügung oder nicht-tödliche Schädigung. Aber diese Asymmetrie beruht wohl darauf, dass das, was beim Menschen der Normalfall ist – die Fähigkeit zu zukunftsbezogenen und selbstbezogenen Interessen im starken Sinn – beim Tier eher die Ausnahme ist. Im Normalfall hat der Mensch einen Begriff von sich selbst und seiner Zukunft und ist in der Lage, auch fernliegende und unanschauliche Gefahren zu fürchten. Da Tiere jedoch die Fähigkeit dazu im Normalfall nicht haben, kehrt sich die für den Menschen geltende Rangfolge in der moralischen Beurteilung von Tötung und Leidenszufügung in ihrem Fall um.

Das zweite Argument, mit dem Nelson das von ihm vertretene Tötungsverbot bei Tieren zu begründen versucht, ist ein ‚Goldene-Regel-Argument'. Es fordert dazu auf, die zur Debatte stehende Handlung aus der Perspektive der von dieser Handlung Betroffenen zu sehen, um auf diese Weise zu einer ausgewogeneren, allen Seiten gerecht werdenden Beurteilung zu kommen. Nelson fragt, ob *wir denn getötet werden wollten, wenn wir das Tier wären:*

Die Antwort ergibt sich leicht, wenn wir nur die Frage stellen, ob wir, wenn wir nur die Frage stellen, ob wir, wenn wir selbst schmerzlos getötet würden, *darum* in unsere Tötung einwilligen würden. Wir würden nicht einwilligen, weil unser Interesse am Leben durch die Tötung verletzt wird, mag die Tötung so schmerzlos oder so grausam sein, wie sie will. (Nelson 1970, 168).

Aber auch dieses Argument führt nicht zu dem von Nelson angestrebten Ergebnis. Ein imaginärer Rollenaustausch ist nur dann ethisch aussagekräftig, wenn derjenige, der sich in die Rolle des anderen hineinversetzt, sich die Interessen des anderen zu eigen macht, statt seine eigenen Interessen in die imaginär angenommene Rolle ‚mitzunehmen'. Es geht ja darum, die Interessen des *anderen* faktisch oder potenziell Betroffenen zu berücksichtigen, und nicht die Interessen, die *man selbst* hätte, falls man sich in ihrer Lage befände. Andernfalls wäre die Identifikation mit der Rolle des anderen nur sehr beschränkt in der Lage, im ursprünglichen Urteil enthaltene Vorurteile und Parteilichkeiten zu korrigieren. George Bernard Shaw hat diese Überlegung auf die Formel gebracht: „Do *not* do unto others as you would be done to by them; their tastes might not be the same." (Shaw 1903) Wenn also gefragt wird, was wir wollen *würden*, wenn *wir* das Tier wären (Nelson 1976, 87), dürfen wir dabei nicht von unseren besonderen menschlichen Fähigkeiten ausgehen und dem Tier Fähigkeiten und Interessen unterstellen, die es faktisch nur in seltenen Fällen hat.

Die zweite Folgerung, die Nelson aus der Verleihung des Personenstatus an Tiere zieht, steht auf vergleichsweise solideren Füßen: die Notwendigkeit einer Vormundfunktion des Menschen für die Tiere. Wenn Tiere Personen sind, die damit verbundenen Rechte aber nur begrenzt selbst wahrnehmen oder einfordern können, bedarf es eines Vormunds, der diese Rechte stellvertretend wahrnimmt.

> Auch ein solches Wesen ist, sofern es Interessen hat, nicht als Sache, sondern als Person anzusehen. Als solche aber ist es Subjekt von Rechten, d. h. es hat Anspruch auf Achtung seiner Interessen nach dem Gesetz der persönlichen Gleichheit. Dieser Anspruch begründet die Notwendigkeit eines eigenen Vormundschaftsrechtes. Das Vormundschaftsrecht darf daher nicht als ein Fall des Eigentumsrechts angesehen werden. Der Unmündige kann, da er keine Sache ist, auch kein Eigentum sein und also auch nicht das Eigentum seines Vormundes. (Nelson 1976, 287)

Nelson weist zu Recht auf die Tatsache hin, dass der Begriff der (moralischen) Rechte – im Gegensatz zu dem der Pflichten – eine *advokatorische* Funktion übernimmt. Wenn ein Wesen ein Recht hat, das es selbst nicht oder nur begrenzt wahrnehmen kann, hat es einen Anspruch darauf, dass andere dieses Recht stellvertretend wahrnehmen. Von Rechten geht ein Appell an andere aus, bei nicht oder nicht vollständig gegebener Mündigkeit des Rechteinhabers diese Rechte in dessen Namen geltend zu machen. Wenn Tiere – was heute weitgehend Teil der Alltagsmoral geworden ist – moralische Rechte haben, folgt daraus, dass Menschen als die Vormünder der Tiere die Pflicht haben, für deren Anerkennung und Achtung einzutreten.

Nachfolger

Mit seinem Postulat eines Lebensrechts für Tiere hat Nelson einen großen Schritt in ethisches Neuland hineingetan – einen sehr viel größeren, als es andere Moralphilosophen getan haben, die sich ebenfalls als Kantianer verstehen. Ein Beispiel ist die vielzitierte Ethikerin Christine Korsgaard (Korsgaard 2004; 2012; 2021). Korsgaard bemüht sich zwar ähnlich wie Nelson, die Tiere in den Umkreis eines kantischen Achtungsgebots zu integrieren, hält sich aber sehr viel näher in Übereinstimmung mit weithin akzeptierten Überzeugungen. Empfindungsfähige Tiere werden zwar insofern als achtungswürdig aufgefasst, als sie um ihrer selbst willen geschützt zu werden verdienen. Aber weder wird ihnen die volle Personalität noch ein der Menschenwürde analoger anspruchsvoller Würdestatus zugesprochen.

Vielleicht lag es an der Sperrigkeit von Nelsons Tierethik, vielleicht aber auch daran, dass seine Tierethik schlicht zu früh gekommen ist, um in der akademischen Tierethik eine mehr als marginale Rolle zu spielen. Ungleich wirkungsmächtiger ist eine Tierethik geworden, die viele Elemente von Nelsons Tierethik aufgreift, sich allerdings an keiner Stelle ausdrücklich auf Nelson bezieht: die Konzeption des 2017 verstorbenen Tom Regan. Regan vermeidet es, Tieren ausdrücklich einen Personenstatus zuzuschreiben. Allerdings schreibt er Tieren – zumindest bestimmten Tieren – einen „inherent value“ (Regan 1983, 235 ff.) und damit eine Art Würde zu. Jedenfalls entsprechen die weitgehenden Schutzrechte, die er zumindest Säugetieren zuerkennt, einem der zentralen Gehalte des kantischen Würdebegriffs, nämlich dem seit der zweiten Formulierung von Kants Kategorischem Imperativ mit der Würde assoziierten

Gebot, den jeweiligen Träger der Würde nicht ausschließlich als Mittel zu fremden Zwecken zu behandeln. Dementsprechend steht bei Regan anders als bei Nelson nicht das Lebensrecht, sondern das Instrumentalisierungsverbot im Vordergrund. Regan ist wie Nelson ein Vertreter des ethischen Vegetarismus. Aber er begründet ihn nicht mit einem Lebensrecht der Tiere, sondern in einem Recht auf „respectful treatment" (Regan 1983, 327). Auch lehnt Regan nicht nur die Tötung von Säugetieren zum Zweck der Fleischproduktion und im Zusammenhang mit Tierversuchen ab (Regan 1986, 45), sondern auch jede – wie immer humane – Form landwirtschaftlicher Nutzung (Regan 1983, 394). Anders als Nelson beschränkt Regan die Zuschreibung von Würde auf Tiere, die ‚Subjekte eines Lebens' sind, wobei die Fähigkeit, ‚Subjekt eines Lebens' zu sein, von Regan mit kognitiven Fähigkeiten wie Denken und Zukunftsbewusstsein verknüpft wird.

Auch wenn Regan aus diesen Grundsätzen ein radikales Verbot der Instrumentalisierung von Säugetieren ableiten zu können meint, gelingt ihm das nur unter Zuhilfenahme von zwei weiteren – und problematischen – Voraussetzungen. Die erste ist, dass ausnahmslos alle Säugetiere denkfähig und mit Zukunftsbewusstsein begabt sind. Diese Voraussetzung ist anfechtbar. Zukunftsbewusstsein ist für einige Säugetierarten gut belegt. Aber ob sämtliche Gattungen von Säugetieren eines Zukunftsbewusstseins fähig sind, ist zweifelhaft. Allenfalls könnte man die Annahme eines Zukunftsbewusstseins bei allen Säugetieren *pragmatisch* begründen, z. B. durch eine Praxisregel der ethischen Risikominimierung im Anschluss an T. H. Huxley (1898, 270). Eine solche Regel würde besagen, dass wir Säugetiere so behandeln sollten, *als ob* sie über Denkvermögen und Zukunftsbewusstsein verfügten, um im Zweifelsfall nicht zuungunsten derer zu irren, die ihre Bedürfnisse und ihr Leiden nicht unmissverständlich genug äußern können.

Zweitens setzt Regans Schlussfolgerung voraus, dass jede Instrumentalisierung Würde verletzt. Auch dies ist weniger sicher, als Regan annimmt. Wenn ich als Unternehmer einen Angestellten für mich arbeiten lasse, nutze ich zwar seine Arbeitskraft als Ressource und mache ihn zum Mittel fremder Zwecke, reduziere ihn aber damit noch nicht auf ein *bloßes* Mittel im Sinne einer moralisch kritikwürdigen Ausbeutung. Ob er durch die Indienstnahme zu einem *bloßen* Mittel gemacht wird, hängt davon ab, wie er ansonsten behandelt wird, z. B. ob er für seine Arbeit angemessen entlohnt wird, ob er das Recht behält, sich Aufgaben zu entziehen, die mit seinen Moralvorstellungen unvereinbar ist, wie viel Entscheidungsfreiheit ihm gelassen wird usw. Ebenso wird nicht jedes Tier, das als Mittel zu fremden Zwecken in Dienst genommen wird, dadurch zu einem *bloßen* Mittel. Das hängt vielmehr davon ab, wie es behandelt wird – ob es Leiden, Angst und Stress ausgesetzt ist, ob es überfordert oder vernachlässigt wird, ob es seiner Art und seinen individuellen Eigenarten gemäß gehalten wird und ob es über hinreichend viel Freiraum zum Ausleben seiner physischen und sozialen Bedürfnisse verfügt.

Wie Nelsons Tierethik wirft auch die Tierethik seines Nachfolgers Regan Fragen auf, die Stoff für künftige Debatten bieten.

Literatur

Birnbacher, Dieter: Nelsons Philosophie – eine Evaluation. In: Dieter Krohn/Barbara Neißer/Nora Walter (Hg.): *Zwischen Kant und Hare. Eine Evaluation der Ethik Leonard Nelsons.* Frankfurt a. M. 1998, 13–36

Birnbacher, Dieter: Sind Tiere Personen? *Tierethik* 9 (2017), 40–59

Birnbacher, Dieter: From Würde to Würde der Kreatur. Dignity in nature ethics and its Kantian roots. In: Yasushi Kato/Gerhard Schönrich (Hg.): *Kant's concept of dignity* (= Kantstudien-Ergänzungshefte 209). Berlin/Boston 2020, 31–48

Camenzind, Samuel: *Instrumentalisierung: Zu einer Grundkategorie der Ethik der Mensch-Tier-Beziehung*. Münster 2020

Frey, Raymond G.: Leonard Nelson and the moral rights of animals. In: Peter Schröder (Hg.): *Vernunft, Erkenntnis, Sittlichkeit.* Hamburg 1979, 289–297

Hare, Richard M.: *Freedom and reason.* Oxford 1963

Hoerster, Norbert: Abtreibung im säkularen Staat. Argumente gegen den § 218. Frankfurt a. M. 1991

Huxley, Thomas H.: Animals and human beings as conscious automata (1874). In: Joel Feinberg (Hg.): *Reason and Responsibility*. Encino/Belmont, CA ^{4}1978, 264–272

Kant, Immanuel: Metaphysik der Sitten. In: Ders.: *Werke. Akademieausgabe, Bd. 6.* Berlin 1907/14

Kant, Immanuel: Eine Vorlesung über Ethik. Hrsg. von Gerd Gerhardt. Frankfurt a. M. 1990

Korsgaard, Christine M.: *Fellow creatures: Kantian ethics and our duties to animals. The Tanner Lectures on human values* (2004). https://dash.harvard.edu/handle/1/3198692

Korsgaard, Christine M.: A Kantian case for Animal Rights. In: Margot Michel/Daniela Kühne/Julia Hänni (Hg.): *Animal Law – Tier und Recht. Developments and Perspectives in the 21st Century – Entwicklungen und Perspektiven im 21. Jahrhundert.* Zürich/St. Gallen 2012, 3–27

Korsgaard, Christine M.: *Tiere wie wir. Warum wir moralische Pflichten gegenüber Tieren haben.* München 2021

Lewis, C. I.: *An analysis of knowledge and valuation.* La Salle IL ^{4}1971

Nelson, Leonard: *System der philosophischen Ethik und Pädagogik* (1932) (= Gesammelte Schriften, Bd. 5). Hamburg 1970

Nelson, Leonard: Die kritische Ethik bei Kant, Schiller und Fries – eine Revision ihrer Prinzipien (1914): In: Ders.: *Sittlichkeit und Bildung* (= Gesammelte Schriften, Bd. 8) Hamburg 1971, 27–192

Nelson, Leonard: Kritik der praktischen Vernunft (1917) (= Gesammelte Schriften, Bd. 4). Hamburg 1972a

Nelson, Leonard: Lebensnähe (1926). In: Ders.: *Recht und Staat* (= Gesammelte Schriften, Bd. 9). Hamburg 1972b, 361–384

Nelson, Leonard: *System der philosophischen Rechtslehre und Politik* (= Gesammelte Schriften, Bd. 6). Hamburg 1976

Regan, Tom: *The case for animal rights*. London 1983

Regan, Tom: In Sachen Rechte der Tiere. In: Peter Singer (Hg.): Verteidigt die Tiere. Überlegungen für eine neue Menschlichkeit. Wien 1986, 28–47

Rude, Matthias: *Antispieziesismus. Die Befreiung von Mensch und Tier in der Tierrechtsbewegung und in der Linken*. Stuttgart 2013

Schopenhauer, Arthur: Die beiden Grundprobleme der Ethik. In: Ders.: *Sämtliche Werke, Bd. 4.* Hg. von Arthur Hübscher. Mannheim ^{4}1988

Shaw, George Bernard: Man and Superman. Maxims for Revolutionists. London 1903, https://en.wikisource.org/wiki/Man_and_Superman/Maxims_for_Revolutionists (21.06.2023)

Teil II
Wirkungen von Leonard Nelsons Kritischer Philosophie

11 Die politischen Wirkungen Leonard Nelsons

Barbara Neißer

Biographische Notizen. Wendepunkte in Nelsons Leben und Werk

1909 habilitierte sich Nelson an der philosophischen Fakultät der Universität Göttingen. Er strebte eine Universitätslaufbahn an und wurde im zweiten Anlauf mit Unterstützung des Mathematikers David Hilbert 1918 zum außerordentlichen Professor ernannt, Ordinarius wurde er nie. Dies mag daran gelegen haben, dass er sich in den ersten Jahren seiner wissenschaftlichen Tätigkeit durch seine schroffe Kritik und seine Angriffe auf die verschiedenen Strömungen des Neukantianismus zahlreiche Feinde unter seinen Kollegen geschaffen hatte. Diese wiederum, vor allem die Vertreter des Logischen Neukantianismus der Marburger Schule, hatten die Fries'sche Interpretation und Weiterentwicklung der kantschen Vernunftkritik heftig kritisiert und als ‚Psychologismus' bewertet. Nelson und die Vertreter der Neuen Fries'schen Schule sahen in der Vernunftkritik von Fries den Ausgangspunkt für die Begründung philosophischer Urteile und vor allem für die Begründung der Ethik als praktische Wissenschaft (Birnbacher 2011, 8 f.).

In den Jahren vor dem Ersten Weltkrieg fand Nelson unter den Göttinger Studenten und Studentinnen einen Kreis von Schülern und Schülerinnen, die seiner Weiterentwicklung der kantschen und der friesischen Philosophie besonders auf dem Gebiet der Ethik begeistert folgten und ihn als charismatischen Lehrer verehrten. Von Seiten der Göttinger Korpsstudenten und Burschenschaftler wurde Nelson allerdings angefeindet wegen seiner Ablehnung der nationalen Machtpolitik des Deutschen Kaiserreichs und seinem Eintreten für internationale Friedenssicherung (Franke 1991, 105–109).

B. Neißer (✉)
Köln, Deutschland
E-Mail: barbaraneisser@netcologne.de

K. Herrmann und B. Schwitzer (Hrsg.), *Der Geist der kritischen Schule*,
https://doi.org/10.1007/978-3-662-68345-3_11

1917 veröffentlichte Nelson seine *Kritik der praktischen Vernunft*, in der es ihm vor allem um die Deduktion des Sittengesetzes ging (Nelson 1972a). Bei der Ausarbeitung seiner Ethik verfolgte Nelson jedoch nicht nur den Aufweis ethischer Grundsätze, sondern befasste sich in seinen folgenden Schriften auch mit der angewandten Ethik in Politik, Gesellschaft und Pädagogik. 1924 veröffentlichte er dazu ‚Vorlesungen über die Grundlagen der Ethik, dritter Band: System der philosophischen Rechtslehre und Politik' (Nelson 1970). Und aus den nachgelassenen Schriften gaben Grete Hermann und Minna Specht 1932 Leonard Nelsons *System der philosophischen Ethik und Pädagogik* heraus (Nelson 1970).

Ethik als praktische Wissenschaft hat Nelson ganz im Sinne von Marx so verstanden, dass die Philosophie die Welt nicht nur interpretieren, sondern auch verändern sollte. Er sah seine Arbeit als Hochschullehrer niemals losgelöst von den gesellschaftspolitischen Problemen seiner Zeit. Er war in der Freideutschen Jugend und in liberalen Kreisen tätig und engagierte sich in der politischen Bildungsarbeit der Arbeiterbewegung. Sein wissenschaftliches Werk ist nach einer strengen Konsequenz aufgebaut. Zunächst zeigt er in der ‚Kritik der praktischen Vernunft' mit der ‚Deduktion des Sittengesetzes' den Ursprung der sittlichen Urteile auf und formuliert das Interessenabwägegesetz (Nelson 1972a, 619). Anschließend geht es ihm darum, die vernünftigen ethischen Erkenntnisse und Werte in Politik und Gesellschaft und Pädagogik zu verwirklichen. Dabei spielen die Erziehung und Bildung von Menschen eine zentrale Rolle. Der Bildung kommt entscheidende Bedeutung zu sowohl im politischen Kampf für eine ausbeutungsfreie, gerechte Gesellschaft wie auch als systematisches, methodisches Verfahren der philosophischen Erkenntnis und der Pädagogik. Nelsons methodisches Verfahren ist die Kritische Methode, eine empirisch-psychologische Methode der Reflexion mit der im Zentrum stehenden ‚regressiven Abstraktion', in der durch Nachdenken die Erkenntnisse auf klare Begriffe gebracht werden, die als ursprünglicher Besitz dunkel in unsere Vernunft ruhen. Diese dunklen, unbewussten Erkenntnisse kritisch und methodisch aufzuklären, und sie als Grundsätze des Handelns zu formulieren bestimmt seine philosophischen Theorien und seine Praxis von Bildung und Erziehung. Die Bewusstseins-Bildung und Klärung der Vernunfterkenntnisse tragen ebenso wesentlich zur Bildung und Selbstbestimmung der individuellen Persönlichkeiten bei.

Die Katastrophe des Ersten Weltkriegs bewegte und erschütterte Nelson. Er hielt bereits 1914 pazifistische und staatspolitische Vorlesungen zur Völkerbundidee (‚Vom Staatenbund'), die 1915 einen Konflikt mit der Leitung der philosophischen Fakultät der Universität Göttingen provozierten. Vor allem aber wurde ihm deutlich, dass neben der philosophischen Lehre praktische, politische Erziehungsarbeit und Bildung nötig sind, um Menschen auszubilden, die seine ethischen Grundsätze und eine gerechtere und humane Gesellschaftsordnung verwirklichen können. Die politische Radikalisierung Nelsons wurde durch die Ereignisse der Kriegsjahre vorangetrieben, aber seine philosophische Ausgangsposition, blieb davon ganz unberührt.

Die Gründung des Internationalen Jugendbundes (IJB) und des Internationalen Kampfbunds (ISK) – praktische Wege zur Vernunftpolitik

Zwischen 1917 bis 1924 befasste Nelson sich in mehreren Schriften mit den Fragen des öffentlichen Lebens und mit politischen, pädagogischen Problemen seiner Zeit. 1917 veröffentliche er die Schrift ‚Die Reformation der Gesinnung durch Erziehung zum Selbstvertrauen', ‚Öffentliches Leben' 1918 (Nelson 1971, 241–276) und 1920 folgte die Rede ‚Demokratie und Führerschaft' (Nelson 1972b, 385–571).

Von der Vorstellung einer bürgerlichen Bildung verabschiedet er sich in diesen Jahren. Bezeichnet dafür ist eine Rede, die Nelson am 20. Mai 1922 in Hannover vor Jungsozialisten hielt und die unter dem Titel ‚Vom Bildungswahn – ein Wort an die proletarische Jugend' veröffentlicht wurde.

Die bürgerliche Bildung ist zum Selbstzweck geworden, sie hat jeden Anspruch verloren, sie verführt Menschen, „sich an ihr genugzutun, sich an ihr zu sättigen, wo die anderen hungern." (Nelson 1971, 563) Die proletarische Jugend kann daraus nur eine Konsequenz ziehen, den politischen Kampf.

> Davon soll uns kein Bildungswahn abbringen. Will man unter solch barbarischen Zuständen überhaupt so hohe Worte wie „Bildung" gebrauchen, so habe man den Mut zum Eingeständnis, daß der Weg zu dieser Bildung für uns nur der des politischen Kampfes sein kann. (Nelson 1971, 551–570)

Nelsons besonderes Augenmerk lag bei seinem Bildungskonzept auf der Erziehung und Willensbildung politischer Führerpersönlichkeiten. In seiner ‚Rede Demokratie und Führerschaft' kritisiert er die Demokratie und deren Mangel an einem Ideal des Rechts sowie die demokratischen Mehrheitsentscheidungen:

> Entweder, es gibt überhaupt ein Ideal des Rechts für die Gesellschaft. Dann soll der Staat ihm gemäß regiert werden, unabhängig davon, ob sich eine Mehrheit findet, deren Wille auf dieses Ideal gerichtet ist. Oder aber, es gibt kein solches Rechtsideal für die Gesellschaft. Dann kann auch die Demokratie kein solches sein. (Nelson 1972b, 395)

Die Rechte, die eigentlich am Beginn der Demokratiegeschichte stehen, die Erklärung von Menschenrechten und Bürgerrechten werden nach Nelson in der ihm bekannten Weimarer Demokratie verraten an den ‚Zufall des Mehrheitsbeschlusses'. Auch die Versprechen der Demokratie, ‚der Tüchtigste kommt an die Spitze' und das Versprechen von ‚politischer Gleichberechtigung und Volkssouveränität' wird nicht erfüllt.

> Die Demokratie ist nicht die große Arena, aus der der Tüchtigste als Sieger hervorgeht. Sie ist die Narrenbühne, auf der der pfiffigste oder bestbezahlte Schwätzer dem vornehmen und nur auf seine gute Sache bauenden Charakter den Rang abläuft. (Nelson 1972b, 406)

In seiner Schrift ‚System der philosophischen Rechtslehre und Politik' (1924) geht Nelson von der Rechtslehre als praktische Metaphysik aus (Nelson 1976, 37), in der das „Recht als praktische Notwendigkeit der gegenseitigen Beschränkung der Freiheitssphären in der Wechselwirkung der Personen" von allen vernünftigen Wesen anerkannt werden soll (Nelson 1976, 52). Die Gesellschaft soll auf ein öffentliches Recht gegründet sein, das allen die äußeren Möglichkeiten bietet, zur Bildung zu gelangen, und die geistige Freiheit und den Schutz vor Bevormundung garantiert (Nelson 1972a, 120). Als einziges Naturrecht der Menschen anerkennt Nelson: „Alle vernünftigen Wesen haben das Recht auf die gleiche äußere Möglichkeit zur Selbstbestimmung zu gelangen" (Nelson 1976, 117).

Das ‚System der Politischen Rechtslehre und Politik' ist Bestandteil von Nelsons Gesamtsystem. Seine Ethik, als reine Tugendlehre, „wendet sich an den inneren individuellen Menschen und sein Handeln, die äußere Ethik stellt die Rechtslehre dar, sie befasst sich damit, wie der Rechtszustand in einer Gesellschaft hergestellt werden kann. Die angewandte Ethik differenziert er in Pädagogik, die sich mit der Erziehung und Bildung einzelner Personen zu selbstbestimmten Individuen beschäftigt und in die Politik, die eigentlich eine Staatsphilosophie ist" (Franke 1991, 21 ff.). In der Theorie der Politik übt Nelson scharfe Kritik an autoritären Staatsformen und ebenso an der Demokratie. Als einzige Alternative sieht er die Herrschaft der Weisen (Nelson 1972a, 245 ff.). Die weisen Herrscher sollen durch Bindung an das Recht und die Gesetze und durch Unterwerfung unter eine kritische Kontrolle der Öffentlichkeit in ihrer Macht beschränkt werden. Nelson sieht nicht in der Gewaltenteilung, sondern in der „moralischen Macht des öffentlichen Bewusstseins" einen Schutz gegen den Machtmissbrauch (Franke 1991, 27) Eine entscheidende Rolle spielt dabei die Erziehung und Bildung der politischen Führer, besonders deren Charakterbildung.

Die zeitgenössische Alternative zu den demokratischen Führern sah Nelson in Führern der katholischen Kirche und der Militärorganisationen. Hier sind die Führungspersönlichkeiten, die einem von der Mehrheit unabhängigen Ziel verpflichtet sind, das sie nach bester Einsicht verfolgen, und sie gebieten über die entsprechenden Mittel, um diese ohne Kontrollen zur Durchsetzung des Ziels einzusetzen. Dies kennzeichnet für ihn den „berufenen Führer" (Nelson 1972b, 402 ff.). Für die berufenen Führer im Staat fordert Nelson bestimmte Eigenschaften: klare Einsicht in das Ziel, Stärke und Reinheit des Willens in der Durchsetzung, Organisationgeschick, zu dem vor allem gute Menschenkenntnis und die kritische Selbsterkenntnis des Führers gehören. Er muss seine Grenzen kennen und eigene Stärken und Schwächen erkennen, um diese durch andere Führungspersonen ausgleichen zu lassen (Nelson 1972b, 407). Solche Führungspersonen müssen seiner Ansicht nach eine entsprechende Erziehung durchlaufen und aus den gebildeten Personen sollen dann diejenigen ausgesiebt werden, die die charakterlich Stärksten und Tüchtigsten sind. Zur Erziehung und Ausbildung solcher Führer empfiehlt er eine „Partei der Vernunft" oder eine „Partei des Rechts".

Der Führer der Vernunftpartei kann sich nicht auf äußere Machtmittel oder seine persönliche Autorität und Macht verlassen, sondern braucht, um seine

Aufgabe zu erfüllen das Vertrauen und die innere Bereitschaft und Freiwilligkeit seiner Gefolgschaft.

> Denn die Forderungen, die er vertritt und aus deren Vertretung alleine er sein Anrecht auf Vertrauen herleitet, sind Forderungen der Vernunft. Sie beanspruchen Allgemeingültigkeit und Notwendigkeit, und es ist ohne sie ganz preiszugeben, für ihn nicht möglich, etwas von ihnen nachzulassen, um sich der Schwäche seiner Gefolgschaft anzubequemen. (Nelson 1972b, 414f.)

Die von Nelson gegründeten politischen Organisationen sollten eine solche ‚Partei der Vernunft' sein, der es um die Menschenwürde und um die Organisation von Selbstbestimmung, Gleichheit und Freiheit für eine zukünftige Gesellschaft gehen sollte.

Ab 1917 wendete er sich einem Kreis junger Personen aus der Arbeiterschaft zu, die bereit waren, an ihrer eigenen charakterlichen und ethischen, politischen Ausbildung zu arbeiten und sich in politischen Parteien und Organisationen aktiv zu engagieren. Zu Beginn des Jahres 1918 gründete Nelson mit Gleichgesinnten den Internationalen Jugendbund (IJB) als Gesinnungs- und Erziehungsgemeinschaft – als ‚Partei der Vernunft', die in den folgenden Jahren ca. 300 Mitglieder umfasste. Dessen Mitglieder sollten in allen linken Gruppen aktiv tätig werden, eine Avantgarde bilden, die konsequent die Grundsätze von Nelsons Theorien vertreten und eine Politik der Vernunft und des Rechts fordern. Nelson geht in seiner Theorie von der Idee eines objektiven Rechts aus, das als Korrektiv staatlichen Handels fungiert. Gerechtigkeit ist nach ihm das oberste Prinzip einer vernunftorientierten Politik. Die Wahrung der ‚Gleichheit der Würde aller Menschen' ist das universelle Grundprinzip und der Grundwert für die Ethik und Politik. Damit hat die Politik die Aufgabe, jede Ausbeutung der Person als bloßes Mittel zu verhindern, sie soll nicht nur die kapitalistische Ausbeutung der Arbeiter in der Wirtschaft unterbinden, sondern auch auf kulturellem Gebiet den Klerikalismus, Militarismus und die autoritären Bildungsmonopole von Kirche und Staat bekämpfen. Alle Mitglieder der Gesellschaft sollen unabhängig von ihrem sozialen Stand die gleichen – auch materiellen – Möglichkeiten haben, ihre Fähigkeiten durch Bildung zu entwickeln, um Selbstbestimmung zu erlangen.

Der IJB sollte diese Ideale in praktische politische Tätigkeiten umsetzen. Der Bund war antidemokratisch und führerschaftlich organisiert; Nelson selbst stand an der Spitze der Organisation. Er bestimmte über die Besetzung der Vorstandsämter und über die Aufnahme von neuen Mitgliedern. Die Mitglieder waren verpflichtet, politische und philosophische Seminare zu besuchen und zugleich in Gewerkschaften und politischen Parteien mitzuarbeiten. Außerdem mussten sie sich verpflichten, persönlich ein vernunftorientiertes und an ethischen Grundsätzen orientiertes Leben zu führen, z. B. Austritt aus der Kirche, vegetarische Ernährung, kein Alkohol- und Tabakgenuss, Solidarität untereinander und aktive Arbeit in kleinen Gruppen. Die Forderungen der Vernunft sollten in politische Praxis umgesetzt werden und damit eine vollständige Veränderung der Gesellschaft bewirken. In der Rede Nelsons zur Gründung des IJB ‚Wege zur Vernunftpolitik. Leitsätze des IJB' heißt es:

> Der Internationale Jugendbund erwartet eine Reformation nicht von der bloßen Verbreitung vernünftiger Ideen, auch nicht von der bloßen Veredelung einzelner Menschen, er hält es vielmehr für notwendig, das Recht durch Institutionen zu sichern. Dabei ist er sich wohl bewusst, daß diese Institutionen nur geschaffen und erhalten werden können, wenn sich Menschen finden, die (ihre) Kraft und Willen dafür einsetzen. (zitiert nach Neißer und Walter 1987, 21)

In den Jahren 1923 bis 1925 geriet der ethisch begründete Sozialismus Nelsons in immer größeren Gegensatz zu den bestimmenden Massenorganisationen der Arbeiterschaft, der KPD und der SPD und USPD. Einerseits lehnten Nelson und seine Anhänger den rein materialistisch begründeten Klassenkampf und die Geschichtstheorie des Marxismus ab, ebenso auch die Abschaffung des Privateigentums, andererseits kritisierte sie scharf die parlamentarische Demokratie der Weimarer Republik. Damit vertraten sie sowohl von den Kommunisten wie von den Sozialdemokraten unterschiedene Positionen und Ideen. Um Überzeugungsarbeit zu leisten, traten viele Mitglieder des IJB der Sozialdemokratischen Partei Deutschlands (SPD) bei und arbeiteten aktiv in den Gewerkschaftsgruppen für die Rechte der Arbeiter. Um Nelson hatte sich ein immer engerer Kreis von politisch aktiven männlichen und weiblichen Anhängern gebildet, die seine rigorosen moralischen Vorschriften der persönlichen Lebensführung akzeptierten und die konsequente Umsetzung seiner Ideen verfolgten. Die Theorien Nelsons und die Aktivitäten der Mitglieder des IJB riefen Kritik und Widerstand vor allem in der SPD hervor. So wurde z. B. vor ihnen in ‚Der Führer, Monatszeitschrift für Führer und Helfer der Arbeiterjugendbewegung' im August 1925 gewarnt:

> Zur Erreichung dieser Ziele sind Nelson und seine Freunde in unserer Partei, in unserer Arbeiterjugend. Es gilt deshalb, die Augen offen zu halten. [...] Wir haben keine Ursache als Agitationsfeld für Bünde zu gelten, die mit unserem Ideal, dem demokratischen Sozialismus nicht nur nichts zu tun haben, sondern ihn bekämpfen. (Nelson 1972b, 421f.)

Über den IJB urteilt die Zeitschrift ‚Internationale': „eine reaktionäre Organisation, sein Programm ist politischer Mystizismus: Verwirklichung des Rechts." (Nelson 1972b, 419) In anderen Zeitungen werden Nelsons Gedankengänge als „philosophische Spekulation", als „bornierte Massenverachtung" und als „Diktatur der Geistigen" bezeichnet (Nelson 1972b, 417–424).

Als sich USPD und SPD vereinigten, traten die Mitglieder des IJB als Einzelpersonen der SPD bei, ohne ihre Mitgliedschaft im IJB aufzugeben oder diesen aufzulösen.

1925 kam es zum Bruch mit der SPD, der auf dem Heidelberger Parteitag der SPD folgendermaßen begründet wurde:

> Wir haben gesehen, dass sich eine Sekte in Göttingen gebildet hat, die gegen die Parolen der Parteiinstanzen Sturm lief (...). Es handelt sich um den Nelson-Bund, eine Sekte, die sich an Jungsozialisten und die Arbeiterjugend heranmacht und sie einzufangen sucht, die nicht begriffen hat, was Demokratie und Sozialismus ist. Was die Sekte lehrt, ist das Gegenteil von Marxismus und Demokratie. (Protokoll des Parteitags der SPD 1925, 106)

Eine Aussprache des IJB-Vorstandes mit Otto Wels, dem SPD-Parteivorsitzenden, endete am 2.11.1925 ergebnislos. Im November 1925 fasst der Parteivorstand der SPD einen Unvereinbarkeitsbeschluss, mit dem Nelson und seine Anhänger die Partei verlassen müssen. Nelson gründete daraufhin im Januar 1926 den Internationalen Sozialistischen Kampfbund (ISK) als eigenständige politische Partei. Diese war ebenfalls nach dem Führerprinzip organisiert und basierte auf den Grundsätzen der Philosophie Nelsons.

In der Satzung des ISK heißt es: „Zweck des Bundes ist der Kampf für die Verwirklichung der ausbeutungsfreien Gesellschaft“ (§ 2) und

> Funktionär des Bundes kann nur sein, wer sich des Vertrauens, das sein Amt erfordert, würdig erwiesen hat. Dazu gehört, daß er sich in seiner Lebensführung den Mindestanforderungen unterzieht, ohne deren Erfüllung auf die Wirksamkeit der inneren Kontrolle nicht gerechnet werden kann, die allein gegen den Mißbrauch der ihm anvertrauten Machtbefugnisse sichert. (§ 7; zitiert n. Neißer und Walter 1987, 28)

Den Mitgliedern wurde die Befolgung der gleichen strengen Regeln in ihrer persönlichen Lebensführung abverlangt wie im IJB. Sie waren Studenten von Nelson und junge Menschen aus der Arbeiterbewegung. Der fehlenden Orientierung am Rechtsideal und überpositiven Rechtsgrundsätzen, wie dem Mangel an Beachtung der Menschenwürde in der Weimarer Republik stellten die ISK-Mitglieder ein politisches Programm entgegen, das auf Recht und den ethischen Grundsätzen von Freiheit, Gleichheit und sozialer Gerechtigkeit gegründet war. Nelson und die Mitglieder des ISK sahen darin die Grundlagen für seinen ‚Ethischen Sozialismus‘ und eine gerechte Gesellschaft, die von vernunftbestimmten und gebildeten Funktionären geführt werden sollte.

Er und ebenso seine engsten Mitarbeiter nannten dieses Konzept auch ‚Liberaler Sozialismus‘ und ‚Ethischer Realismus‘.

> Nelson geht bei seinen gesellschaftlichen Idealen aus vom Ideal des Rechts und von der Pflicht des Menschen, Rechtsansprüche der anderen zu erfüllen. Der Maßstab für die Abwägung der Interessen – denn jeder Rechtsanspruch geht auf die Befriedigung von Interessen zurück – liegt darin, daß niemand einem anderen antun soll, was er sich selbst nicht zumuten würde. Aufbauend auf den Idealen des Rechts und der Pflicht zur Erfüllung berechtigter Ansprüche der Gesellschaftsmitglieder kommt Nelson zur Forderung des Rechtsstaates. (Eichler 1953, 139f.)

Der Politologe Thomas Meyer charakterisiert Nelsons Ideal des Sozialismus folgendermaßen:

> Sozialismus ist für Nelson nichts anderes als die gesellschaftliche Verwirklichung der Idee des Rechts. Er muss für die Verwirklichung des Ideals der Freiheit alle materielle Not und künstliche Bevormundung beseitigen, die den Einzelnen daran hindert, durch Selbstbetätigung zur Bildung zu gelangen. Und er muss zur Verwirklichung des Ideals der Gleichheit für eine gerechte Verteilung der Mittel sorgen, die zur Befriedigung der Interessen des Einzelnen nötig sind. (Meyer 1987, 16)

Die gerechte Verteilung von Gütern sah Nelson nicht – wie der Kommunismus – in der Abschaffung des Privateigentums, aber auch nicht in der ungeregelten und verantwortungslosen Vermehrung von Privatvermögen. Er forderte eine gleiche Verteilung des Wohlstands, und unter Wohlstand verstand er das Maß an Besitz, welches notwendig ist, um ein Höchstmaß an Bildung zu erreichen (Nelson 1976, 319). Schwächere sollten Unterstützung erhalten, Eigentum sollte durch Steuern umverteilt werden, staatliche Arbeitslosenfürsorge und staatliche Eingriffe in Monopole sollten für gerechte Güterverteilung sorgen. Außerdem schlug er eine Reihe wirtschaftlicher, genossenschaftlicher und arbeitsrechtlicher Maßnahmen vor und betonte die Notwendigkeit von Bildung und Erziehung in staatlichen Institutionen.

Zur Verwirklichung diese Grundsätze bedarf es vernünftig gebildete Politiker und Institutionen, die die Rechtgrundsätze in der Praxis verwirklichen. Er verband dabei das Ideal des Liberalismus, die freie Selbstbestimmung des Individuums mit dem Ideal der Freiheit und Gleichheit.

Politisch blieb der ISK jedoch eine Randgruppe, mit teilweise sektiererischen Zügen, innerhalb der Arbeiterbewegung, er wurde nie zu einer Massenpartei oder Massenbewegung (Klär 1982, 310–361). Der ISK gab eine Monatszeitschrift heraus ‚isk', in der die Mitglieder über aktuelle politische Ereignisse informiert wurden und grundlegende Theorien und Einstellungen des Bunds veröffentlicht wurden. Außerdem betrieb der Nelsonkreis auch einen eigenen Verlag ‚Öffentliches Leben'.

1922 hatte Nelson die Philosophisch-Politische Akademie (PPA) gegründet, die die Bildungsarbeit des IJB und später des ISK unterstützen sollte. Besonders hervor traten der ISK und die Akademie mit der Veröffentlichung und Verbreitung der Schriften Nelsons und seiner Anhänger. In Berlin wurden politische und philosophische Kurse für junge Menschen angeboten, um diese zu schulen und bei ihren Tätigkeiten in den Organisationen der Arbeiterbewegung zu unterstützen. Die Akademie wurde von Minna Specht geleitet.

1924 konnte Nelson durch eine großzügige Spende des Kaufmanns Hermann Roos das Landerziehungsheim Walkemühle im Kreis Melsungen in der Nähe der Stadt Kassel gründen. Dort wurde eine Schule für Kinder eröffnet, die von Nelsons Pädagogik geprägt war und die von der Pädagogin Minna Specht, Nelsons Lebensgefährtin, geleitet wurde. In erster Linie diente die Walkemühle jedoch als Ausbildungsstätte für die zukünftigen Führungspersonen und Funktionäre im IJB und ISK. Vorwiegend junge Arbeiter und Studenten wurden in philosophischen, politischen und ökonomischen Kursen geschult.

Widerstand gegen Hitler und den Nationalsozialismus im Deutschen Reich und im Exil 1927–1945

Leonard Nelson starb 1927 im Alter von 46 Jahren an einer Lungenentzündung. Nach dem Tod von Nelson übernahm Willi Eichler die Führung des ISK. Minna Specht leitete weiter die Walkemühle und die Philosophisch-Politische Akademie.

In den späten 20er Jahren und vor allem ab 1930 sahen die Mitglieder des ISK und der Philosophisch-Politischen Akademie die größte politische Gefahr in dem wachsenden Einfluss der NSDAP und des Faschismus. Der beachtliche Wahlerfolg der Nationalsozialistischen Partei unter der Führung von Adolf Hitler ab 1930 führte zu verstärktem Widerstand des ISK gegen die konservativen und rechten Parteien. Der ISK setzte sich dafür ein, dass alle linken und sozialistischen Organisationen der Arbeiterbewegung eine Einheitsfront zur Bekämpfung des Nationalsozialismus bilden sollten.

Dazu verfassten sie einen ‚Dringenden Appell':

> Die Vernichtung aller persönlichen und politischen Freiheit in Deutschland steht unmittelbar bevor, wenn es nicht in letzter Minute gelingt, unbeschadet von Prinzipiengegensätzen alle Kräfte zusammenzufassen, die in der Ablehnung des Faschismus einig sind. Die nächste Gelegenheit dazu ist der 31. Juli. Es gilt diese Gelegenheit zu nutzen und endlich einen Schritt zu tun
>
> Zum Aufbau einer einheitlichen Arbeiterfront, die nicht nur für die parlamentarische, sondern auch für die weitere Abwehr notwendig sein wird.
>
> Wir richten an jeden, der diese Überzeugung mit uns teilt, den dringenden Appell, zu helfen, daß ein Zusammengehen der Sozialdemokratischen und der Kommunistischen Partei für diesen Wahlkampf zustande kommt, am besten in der Form gemeinsamer Kandidatenlisten (……). Sorgen wir dafür, daß nicht Trägheit der Natur und Feigheit des Herzens uns in die Barbarei versinken lassen. (zitiert nach Neißer und Walter 1987, 30)

Der Appell wurde der von zahlreichen prominenten Persönlichkeiten wie Albert Einstein, Käthe Kollwitz, Heinrich Mann u. a. unterschrieben. Die Einheitsfront kam jedoch nie zustande, sowohl die Sozialdemokraten wie die Kommunisten haben sich diesem Vorhaben nicht angeschlossen.

Im Herbst 1931 beschlossen die führenden Funktionäre des ISK, insbesondere Willi Eichler, alle Aktivitäten auf den Kampf gegen den Faschismus zu konzentrieren und bei allen politischen, linken Parteien, Organisationen und Gewerkschaften für die Bildung einer Einheitsfront gegen die NSDAP und Hitler zu werben. Die politischen Kurse in dem Landerziehungsheim Walkemühle wurden aufgegeben und führenden Mitarbeiter des ISK, Eichler, von Rauschenplat, Grete Hermann u. a. in die Herausgabe der Tageszeitung ‚Der Funke' eingebunden. Die Zentrale des ISK wurde nach Berlin, in die Inselstraße 8a verlegt, als gemeinsame Arbeits- und Wohngemeinschaft. In der Tageszeitung analysierten sie die Politik und Wirtschaft in der Endphase der Weimarer Republik und warnten vor dem stetig wachsenden Einfluss der faschistischen Parteien und Bewegungen. Willi Eicher war verantwortlich für die politischen Artikel, Helmut von Rauschenplat für die ökonomischen Themen und Grete Hermann übernahm das außenpolitische Ressort. Die Herausgabe und Verbreitung der Zeitung forderte fast die gesamte Arbeitskraft der ISK-Mitglieder und erheblich finanzielle Mittel. Als 1932 die Nationalsozialisten die Wahlen gewannen und Hitler im Januar 1933 zum Reichskanzler ernannt wurde, wurden ISK und die Tageszeitung ‚Der Funke' umgehend verboten. Das Landerziehungsheim Walkemühle wurde geschlossen und die Gebäude von der SA beschlagnahmt. Etwa 20 führende Mitglieder sollten verhaftet werden und flüchteten teilweise ins Ausland, oder gingen in den Untergrund. Nelsons

Schriften wurden verboten. Die Führung des ISK hatte die politische Lage und die baldige Machtübernahme der NSDAP und Hitlers zutreffend analysiert und große Vermögensteile des ISK und wichtige Dokumente ins Ausland geschafft. In London bestand bereits seit 1927 eine Gruppe von ISK-Mitgliedern unter der Leitung von Gerhard Kumleben.

In Paris gab es eine Anlaufstelle für Emigranten. Eichler emigrierte über das Saargebiet nach Paris. Helmut von Rauschenplat, der sich ab 1933 Fritz Eberhard nannte, ging in den Untergrund und organisierte das Netzwerk der illegalen ISK-Gruppen und deren Widerstandsarbeit in den verschiedenen Städten in Deutschland.

Minna Specht und Grete Hermann gingen mit den Kindern der Schule des Landerziehungsheims Walkemühle und zwei Lehrern nach Dänemark, dort wurde die Schule im Exil nach mehreren Zwischenaufenthalten im Herrenhof von Östropgaad bis 1938 weitergeführt. 1938 gingen Schüler, Lehrerinnen und Lehrer ins Exil nach England (Nielsen 1985).

Ein großer Teil der ISK-Mitglieder, die in verschiedenen Städten Deutschlands lebten, blieb im Land und organisierte ab 1933 Widerstandsaktionen gegen die Nazis. In verschiedenen Städten wurden Fünfergruppen eingerichtet, die unabhängig voneinander agierten. Sie kannten sich nicht gegenseitig, waren jedoch durch jeweils eine Kontaktperson miteinander vernetzt. So konnten sie bei möglichen Verhaftungen andere Gruppen nicht verraten, aber sich in Gefahrensituation gegenseitig warnen und unterstützen. Zu ihrer Tarnung und um die illegalen Aktionen zu finanzieren, hatten sie vegetarische Restaurants und Brotgroßhandlungen gegründet. Fritz Eberhard, der die Arbeit der illegalen ISK-Gruppen und illegale Gewerkschaftsgruppen koordinierte, schreibt in seinen ‚Autobiographischen Aufzeichnungen‘ über die Vorteile dieser Einrichtungen: „Diese vegetarischen Restaurants hatten viele Vorteile: Man konnte Arbeitslose darin beschäftigen, man konnte einen Vervielfältigungsapparat nicht nur für die Speisekarte benutzen, sondern auch für ganz andere Zwecke; das Brotgroßhandelsgeschäft in Hannover hatte den Vorteil, daß man neben dem Brot auch Flugblätter austragen und Informationen einsammeln konnte.“ (Sösemann 2001, 37). Die Gruppen erstellten Flugblätter und Informationsbroschüren über die wahren Absichten und Hintergründe der nationalsozialistischen Politik, um die politische Handlungen und Ziele der Nazis aufzuklären und Informationen aus dem Ausland zu verbreiten. Jeden Monat erschienen auf Dünndruckpapier gedruckt die sogenannten ‚Reinhart-Briefe‘ mit wirtschaftlichen und politischen Informationen und Hinweisen auf mögliche kleine Aktionen des Widerstands. (Lemke-Müller 1996). Die Kriterien der illegalen Arbeit beschreibt Fritz Eberhard wie folgt:

1. Informationen: Informationen beschaffen, sammeln, weitergeben, mündlich oder gedruckt; denn aus der Presse konnte sich ja niemand über die wirklichen Tatsachen im In- und Ausland unterrichten.
2. Propaganda: versuchen den Gegnern des Systems Mut zu machen, ihnen zeigen, dass auch andere dagegen sind; klarmachen: Hitler bedeutet Krieg. Diese

Parole hatte auch die SPD in den letzten Wochen der Weimarer Republik allgemein ausgegeben.
3. Störungen der Nazis: die Nazis in ihrer Arbeit stören, wo es uns mit kleinen Kräften ohne Gefährdung möglich war; die Propaganda ‚ein Volk, ein Führer' und ‚alles ist Volksgemeinschaft' durch kleine Taten mindestens widerlegen, und später nach Möglichkeiten die Arbeit in Rüstungsbetrieben zu stören.
4. Selbstabsicherung: uns selbst gegen plötzliches Einschreiten der Gestapo und Verhaftung absichern. (Sösemann 2001, 36)

Zur Selbstabsicherung gehörte, dass Nachrichten mit unsichtbarer Tinte geschrieben wurden, dass beim Übermitteln Codes und Verschlüsselungen benutzt wurden, dass illegale Wohnungen, Zugabteile und teure Hotels für Treffen genutzt und irreführende Informationen über Treffpunkte verbreitet wurden. Die kleinen Taten waren teilweise fantasievolle Protestaktionen gegen Hitler und die NSDAP, wie sich selbst entfaltende Spruchbänder bei staatlichen Einweihungen, Aufschriften mit dem Slogan ‚Nieder mit Hitler' an Bahndämmen, Autobahnen und Straßen, die mit Chemikalien oder Düngemitteln hergestellt wurden. Scheinbare Liebespaare stellten bei ihren Treffen Koffer auf die Straßen oder Bahnsteigen, auf deren Unterseite Gummistempel waren und diese stempelten mit Hilfe von Chemikalien Parolen gegen die Nazis, die sich erst bei Tageslicht entwickelten (Sösemann 2001, 54). 1936 wurde trotz der Vorsichtsmaßnahmen durch eine unglückliche Verkettung von Ereignissen eine Reihe der ISK-Mitglieder verhaftet. 1937/38 war die Situation in Deutschland so gefährlich geworden, dass die Widerstandsarbeit eingestellt wurde und mehrere ISK-Mitglieder kurz vor ihrer Verhaftung ins Ausland flüchteten. Erna Blencke, die den Brothandel in Hannover betrieben hatte, ging in die USA. Fritz Eberhard wurde gewarnt und konnte kurz vor seiner Verhaftung nach London fliehen.

In London lebte 1938 eine ganze Gruppe führender Funktionäre des ISK, Willi Eichler, Fritz Eberhard, Grete Hermann, hinzu kamen Minna Specht, Gustav Heckmann, Charlotte Sonntag und Liselotte Wettig, die 1938 mit den Kindern der Exilschule aus Dänemark kamen. Sie wohnten zusammen in Gemeinschaftshäusern und Wohngemeinschaften und unterstützten sich gegenseitig. Sie arbeiteten teilweise im vegetarischen Restaurant ‚Vega' in London geleitet von Walter Flies (Krohn 2019, 44 f.). Sie erstellten Flugblätter und Informationsmaterial, das sie nach Deutschland und in die von den Nazis besetzten Gebiete schmuggelten, und sie unterstützen die Genossen der Widerstandsgruppen in Deutschland. Aber nach Ausbruch des Zweiten Weltkriegs begann 1940 in Großbritannien eine Internierungspolitik, durch die „feindliche Ausländer" (Deutsche, Österreicher, Tschechen und Italiener) in Lagern interniert oder in Länder des Commonwealth deportiert wurden. Auch ISK-Mitglieder waren davon betroffen, Minna Specht wurde auf der Isle of Man interniert, Gustav Heckmann nach Kanada deportiert und Otto Bennemann nach Australien. Gegen diese Politik gab es zahlreiche Proteste und sie wurde bald wieder aufgegeben. Doch die Aktivitäten des ISK, der sich in Großbritannien „Militant Socialist International" (MSI) nannte, wurden dadurch sehr eingeschränkt. Einige der Emigranten hatten Scheinehen mit britischen

Genossen geschlossen, wie Grete Hermann und Susanne Miller, sie waren von den Maßnahmen nicht betroffen. Von 1941 bis 1945 näherte sich der ISK/MSI anderen sozialistischen und sozialdemokratischen Exilgruppen (SAP) an. Sie bildeten gemeinsam die ‚Union deutscher sozialistischer Organisationen in Großbritannien'. Zugleich knüpften sie Kontakte zu Gewerkschaften in Großbritannien und Europa.

Die ideologischen Unterschiede zwischen den sozialistischen und sozialdemokratischen Gruppen traten mehr und mehr in den Hintergrund und die Gruppen arbeiteten gemeinsam im Widerstand gegen Hitler. Die Anforderungen an den persönlichen Lebensstil der Mitglieder wurden gelockert, auch britische Sozialisten schlossen sich der Gruppe an und man nannte sich ab 1941/42 ‚Socialist Vanguard Group' (SVG) Die strikte Führerideologie Nelsons konnte angesichts der historischen Ereignisse nicht mehr beibehalten werden. Im Exil in England hatten die ISK-Mitglieder auch die angelsächsische Demokratie kennen und schätzen gelernt. Sie wendeten sich von Nelsons Demokratiekritik und von der führerschaftlichen Organisation des ISK ab und entwickelten Konzepte für den Aufbau einer sozialen, demokratischen Gesellschaft für Deutschland nach dem Sieg über Hitler. Ihre Ideen und Konzepte veröffentlichten sie in verschiedenen deutsch- und englischsprachigen Broschüren: ‚Die sozialistische Warte', ‚Re-making Germany', ‚Solidarität mit den Kämpfern gegen den Faschismus', ‚Renaissance for right, freedom und progress' (Neißer und Walter 1987, 34 f.).

Funktion und Bedeutung der ISK-Mitglieder im Nachkriegsdeutschland und in der BRD 1945–1975

Nach Kriegsende kehrten Willi Eichler, Otto Bennemann und Fritz Eberhard schon im Jahr 1945 nach Deutschland zurück. Willi Eichler und Otto Bennemann nahmen Kontakt zu Kurt Schumacher, dem Parteivorsitzenden der SPD, auf, um über eine mögliche politische Zusammenarbeit zu verhandeln. Das Ergebnis war, dass der ISK sich als politische Partei 1945 selbst auflöste und der größte Teil seiner Mitglieder in die SPD eintraten, um dort politisch am Aufbau der Partei und der Bundesrepublik Deutschland mitzuarbeiten. „Daß die ehemaligen Kader Nelsons gut geschult und ernst genommen wurden, zeigen u. a. die Führungspositionen, die man ihnen anvertraute" (Franke 1991, 207).

Einige seien hier beispielhaft genannt: Hermann Beermann, Vorsitzender des Landesbezirk Niedersachsen des DGB, Franziska Bennemann, Mitglied des Deutschen Bundestags; Otto Bennemann, Oberbürgermeister von Braunschweig, Landtagsabgeordneter und Innenminister von Niedersachsen; Willi Eichler, Abgeordneter des Landtags Nordrhein-Westfalen, des Bundestags und des Europarats; Helmut Kalbitzer, Mitglied der Hamburger Bürgerschaft und des Deutschen Bundestags und Vizepräsident des Europäischen Parlaments; Fitz Eberhard, Landtagsabgeordneter in Baden-Württemberg, Mitglied des Parlamentarischen Rates und erster Intendant des Süddeutschen Rundfunks); Heinrich Düker, Oberbürgermeister von Göttingen, später Professor für Psychologie in Marburg; Susanne Miller;

Vorsitzende der Historischen Kommission, Mitglied der Grundwerte Kommission der SPD; Arthur Levi, Oberbürgermeister von Göttingen; Nora Platiel, Landtagsabgeordnete in Hessen und Landgerichtspräsidentin in Kassel (Neißer und Walter 1987, 39 ff.).

Den größten politischen Einfluss hatten Nelsons Ideen durch Willi Eichler auf das Godesberger Programm der SPD 1959. Willi Eichler war ab 1946 Mitglied im Vorstand der SPD und Vorsitzender der Kommission zur Erarbeitung des Godesberger Programms. Sieben ehemalige ISK-Mitglieder und Freunde der Nelson-Bünde saßen in der Programmkommission (Lemke-Müller 1988). Ebenfalls von Nelson stark beeinflusst war die politische Arbeit von Fritz Eberhard und Otto Bennemann.

Fitz Eberhard war Gründungsmitglied der SPD in Stuttgart 1945 und 1946 bis 1949 SPD-Landtagsabgeordneter für Stuttgart und Vorsitzender des Journalisten-Verbands Württemberg-Baden. 1948 wurde er in den Parlamentarischen Rat berufen und leistete erhebliche Arbeit an den völkerrechtlichen und sozialpolitischen Artikeln des Grundgesetzes. 1949 wurde er der erste Intendant des Süddeutschen Rundfunks bis 1958. Danach hatte er von 1961 bis 1968 eine Professur am Institut für Publizistik an der Freien Universität Berlin inne.

Otto Bennemann wurde 1948 Oberbürgermeister von Braunschweig und war von 1959 bis 1967 Innenminister von Niedersachsen. In Bennemanns Demokratieauffassung und seine politische Arbeit flossen Elemente von Nelsons Theorien ein. Er vertrat die Auffassung, dass politische Entscheidungsprozesse sich an Menschenwürde und Menschenrechten orientieren müssen und Macht und die individuellen Freiheiten sind dann zu begrenzen, wenn die Würde des Anderen verletzt wird (Grabenhorst 1991, 72–84).

Andere ISK-Mitglieder nahmen führende Positionen im Bildungswesen der jungen Demokratie ein, was Nelsons Überzeugung entsprach, dass man für den Aufbau einer sozialen und gerechten Gesellschaft auch Personen braucht, die entsprechend erzogen und gebildet sind, um die politischen Zielsetzungen zu realisieren. Minna Specht übernahm 1946 die Leitung der Odenwaldschule, eines berühmten, reformpädagogischen Internats in Südhessen (Hansen-Schaberg 1992). Grete Henry Herrmann war Professorin an der Pädagogischen Hochschule von Bremen (Miller und Müller 2001). Gustav Heckmann wurde Professor an den Pädagogischen Hochschulen von Hannover, dort bildete er zukünftige Lehrkräfte aus und engagierte sich in der Gewerkschaft. Er entwickelte die Sokratische Methode weiter (Heckmann 2018) und bildete einen Kreis von Sokratischen Leitern aus, die sich 1994 zur ‚Gesellschaft für Sokratisches Philosophieren' (GSP) zusammenschlossen. Erna Blencke leitete eine Heimvolkshochschule in Springe in Niedersachsen.

Fast alle ISK-Mitglieder, die nach Deutschland zurückgekommen waren, arbeiteten nach 1945 in politischen Organisationen und behielten die grundsätzlichen, politischen Überzeugungen, die sie von Nelson gelernt hatten, bei, mit der Ausnahme der Demokratiekritik und Idee der Führerschaft der Weisen. Fitz Eberhard umschreibt in seinen ‚Autobiographischen Aufzeichnungen' unter der Überschrift

‚Ich bin ein Schüler Nelson'. Das, was er und andere ISK-Mitglieder von Nelson gelernt haben, mit einem Zitat aus Goethes ‚Hermann und Dorothea':

> Wer zur schwankenden Zeit auch schwankend gesinnt ist, mehret das Übel und verbreitet es weiter und weiter. Wer aber fest auf dem Sinne beharrt, der gestaltet die Welt sich' [...] es galt für uns als ISK-Genossen. Daß ich diese Verse mit gutem Gewissen sagen konnte, verdanke ich Leonard Nelson. Daß wir illegalen ISK-Genossen von ehedem ihn mit gutem Gewissen sagen können, verdanken wir Leonard Nelson. (Sösemann 2001, 72)

Literatur

Birnbacher, Dieter: Einleitung. In: Leonard Nelson: *Typische Denkfehler der Philosophie.* Hrsg. v. Andreas Brandt u. Jörg Schroth. Stuttgart 2011, 7–13

Eichler, Willi: Ethischer Realismus. In: Minna Specht/Willi Eichler (Hg.): *Leonard Nelson zum Gedächtnis.* Frankfurt a. M./Göttingen 1953, 133–145

Franke, Holger: *Leonard Nelson. Ein biographischer Beitrag unter besonderer Berücksichtigung seiner rechts- und staatsphilosophischen Arbeiten.* Ammersbek bei Hamburg 1991

Franke, H./Gronke, H./Krohn, D./Neißer, B.: *Wie Vernunft praktisch werden kann.* Bonn/Hannover/London 2019

Grabenhorst, Carsten: *Otto Bennemann. Ein Beitrag zu einer politischen Biographie.* Braunschweig 1991

Hansen-Schaberg, Inge: Minna Specht-*Eine Sozialistin in der Landerziehungsheimbewegung.* Frankfurt/M. 1992

Heckmann, Gustav: *Das Sokratische Gespräch.* 3 Aufl. mit einem Vorwort und Nachwort v. Dieter Krohn. Münster 2018

Henry-Hermann, Grete: *Überwindung des Zufalls. Kritische Betrachtungen zu Leonard Nelsons Begründung der Ethik als Wissenschaft.* Hamburg 1985

Klär, Karl Heinz: Zwei Nelson-Bünde. Internationaler Jugendbund (IJB) und Sozialistischer Kampfbund (ISK) im Licht neuerer Quellen. In: *Internationale wissenschaftliche Korrespondenz zur Geschichte der Arbeiterbewegung* 18 (1982), 310–360

Krohn, Dieter: The Society fort the Furtherance oft the Critical Philosophy. In: Franke/Gronke/Krohn/Neißer: *Wie Vernunft praktisch werden kann.* Bonn/Hannover/London 2019, 41–62

Meyer, Thomas: Eine Philosophie für die Praxis. In: Neißer/Walter (Hg) (1987): *Wie Vernunft praktisch werden kann. Zur Aktualität des philosophischen Werkes von Leonard Nelson, Ausstellungskatalog.* Bonn 1987

Miller, Susanne/Müller Helmut (Hg.): *In der Spannung zwischen Naturwissenschaft, Pädagogik und Politik. Zum 100. Geburtstag von Grete Henry-Hermann.* Bonn 2001

Link, Werner: *Die Geschichte des Internationalen Jugendbundes (IJB) und des Internationalen Sozialistischen Kampfbundes (ISK). Ein Beitrag zur Geschichte der Arbeiterbewegung in der Weimarer Republik und im Dritten Reich.* Meisenheim 1964

Lemke-Müller, Sabine: *Ethischer Sozialismus und Soziale Demokratie. Der politische Weg Willi Eichlers vom ISK zur SPD.* Bonn 1988

Lemke-Müller, Sabine (Hg.): Ethik des Widerstands. Der Kampf des ISK gegen den Nationalsozialismus. Bonn 1996

Neißer, Barbara/Walter, Nora: Wie *Vernunft praktisch werden kann. Zur Aktualität des philosophischen Werkes von Leonard Nelson. Ausstellungskatalog.* Bonn 1987

Neißer, Barbara/Böck-Haag, Kay: *Macht und Ohnmacht der Vernunft. Zur Wirkungsgeschichte des Philosophen Leonard Nelson. (Video).* Bonn 1997

Nelson, Leonard: *Gesammelte Schriften in neun Bänden.* Hrsg. v. Paul Bernays/Willi Eichler/Arnold Gysin/Gustav Heckmann/Grete Henry-Hermann/Fritz von Hippel/Stephan Körner/Werner Kröbel/Gerhard Weisser. Hamburg 1970 -1977. (GS 1970ff.)

Nelson, Leonard: Kritik der praktischen Vernunft. In: Ders.: *Gesammelte Schriften in neun Bänden, Bd. 4*. Hamburg 1972

Nelson, Leonard: System der philosophischen Ethik und Pädagogik. In: Ders.: *Gesammelte Schriften in neun Bänden, Bd. 5*: Hamburg 1970

Nelson, Leonard: System der Philosophischen Rechtslehre und Politik. In: Ders.: *Gesammelte Schriften in neun Bänden, Bd. 6*: Hamburg 1976

Nelson, Leonard: Sittlichkeit und Bildung. In: Ders.: *Gesammelte Schriften in neun Bänden, Bd. 8*: Hamburg 1971

Nelson, Leonard: Recht und Staat. In: Ders.: *Gesammelte Schriften in neun Bänden*, Bd. 9: Hamburg 1972

Nielsen, Birgit S.: *Erziehung zum Selbstvertrauen. Ein sozialistischer Schulversuch im dänischen Exil 1933–1938.*Wuppertal 1985

Protokoll des Parteitags der SPD 1925 (library.fes.de/parteitage/pdf/pt-jahr/pt-1925.pdf)

Saran, Mary: *Never Give up, Memoris by Mary Saran.* London 1976. [Deutsch: Gib niemals auf. Bonn 1979}

Sösemann, Bernd (Hg.): *Eberhard, Fritz. Rückblick auf Biographie und Werk.* Stuttgart 2001

Vorholt, Udo: *Die politische Theorie Leonard Nelsons.* Baden-Baden1998

Nelsons Sozialpolitik und ihre Aktualität 12

Andreas Netzler

Nelsons Aktualität für sozialpolitische Fragestellungen

In Kap. 9 wurde die Rechts- und Ideallehre von Nelson knapp skizziert. Nelson hat darüber hinaus auf dieser Basis umfassend Schlussfolgerungen für verschiedene Politikbereiche formuliert, u. a. zur Sozialpolitik. Sind seine Überlegungen zur Sozialpolitik heute noch aktuell? Wie nachfolgend zu zeigen versucht wird, ist dies nach Meinung des Autors in hohem Maße der Fall (vor dem Erfahrungshintergrund des Autors als langjähriger Referatsleiter in einem Sozialministerium, befasst mit sozialpolitischen Grundsatzfragen und Verteilungsanalysen).

Formale Rechtslehre und Sozialpolitik

Inhalte der formalen Rechtslehre bei Nelson sind (siehe Kap. 9) vorausgehender Beitrag) das Prinzip …

- der Allgemeingültigkeit (formale Gleichheit aller vor dem Gesetz). Sozialpolitisch ist dies u. a. relevant hinsichtlich einer z. B. gebotenen Unabhängigkeit allgemeiner Leistungsgesetze von der sozialen Herkunft der Transferempfänger, dem Geschlecht, Beruf, Alter usw.
- der Differenzierung (Variation der Rechtsfolgen mit den Bedingungen). Sozialpolitisch relevant ist dies für eine gebotene Berücksichtigung z. B. unterschiedlicher Lebenslagen und ggf. ihrer Verursachung/Gründe usw.

A. Netzler (✉)
Augsburg, Deutschland
E-Mail: andreasnetzler@gmail.com

K. Herrmann und B. Schwitzer (Hrsg.), *Der Geist der kritischen Schule*,
https://doi.org/10.1007/978-3-662-68345-3_12

- der Autonomie (eine rechtliche Verbindlichkeit muss grundsätzlich einsichtig sein). Sozialpolitisch ist dies z. B. als Einsicht in die grundsätzliche Verpflichtung zu einer ehrlichen Offenlegung eigener finanzieller Ressourcen bei Bezug von Mindestsicherungsleistungen relevant, wobei die Verbindlichkeit auch bei mangelnder Einsicht eines Verpflichteten gilt (Objektivität eines Gesetzes).
- der rechtlichen Unmöglichkeit aller rechtlich nicht notwendigen Beschränkungen der Freiheit. Dies ist in der Sozialpolitik u. a. unter dem Begriff Subsidiaritätsprinzip relevant, in Deutschland u. a. als Begründung für eine Bedarfsabhängigkeit vieler Sozialleistungen und der Erfüllung sozialpolitischer Aufgaben durch nachgeordnete Träger (Möglichkeit der Selbsthilfe vor Fremdhilfe).
- des Rechtszwanges (Unabhängigkeit des Rechts von der rechtlichen Gesinnung des Einzelnen), so z. B. bei der Unterhaltsverpflichtung gegenüber Kindern, auch wenn ein Elternteil dies z. B. bei einem unzureichenden Zusammenleben nicht will.
- des Rigorismus (der Wert eines Gesellschaftszustands ist eingeschränkt auf die Bedingung seiner Rechtlichkeit): Damit kann z. B. sozialpolitische Armutsvermeidung nicht allein als ‚mildtätiges freiwilliges Geschenk' Reicherer an Ärmere organisiert werden (z. B. durch freiwillige Suppenküchen und ähnliche Einrichtungen), sondern bleibt originäre staatliche Rechtsaufgabe.
- des Indeterminismus oder Nicht-Omnikompetenz des Rechts: Voraussetzung der Anwendung des Rechts sind immer anderweitig bestimmte Interessen und Werte der Selbstverwirklichung, so z. B. hinsichtlich Erwerbstätigkeit, Familientätigkeit, Bildung, Kunst, Sport usw.

Die sich daran anschließenden vier Postulate der formalen Rechtslehre (siehe Kap. 9) sind ebenfalls sozialpolitisch relevant, ohne dass dies hier im Detail ausgeführt wird:

I. Die Achtung des Rechts der Sprache und also Wahrhaftigkeit der Gedankenmitteilung hatten wir als erstes Postulat des formalen Rechts dargestellt. Formen einer absichtlichen kommunikativen Täuschung wie durch falsche Gegenüberstellungen (z. B. ‚Freiheit oder Sozialismus', aussagenlogisch ein Verstoß gegen den ‚Grundsatz des ausgeschlossenen Dritten') oder der politischen Behauptung eines bereits verwirklichten Rechts auf Arbeit, dass aber nicht die Eigenschaften eines Rechts (z. B. Einklagbarkeit) hat, verstoßen gegen die Wahrhaftigkeit der Gedankenmitteilung, denn sie dienen teils einer Irreführung.
II. Eigentum (an privaten Gütern): Eine Verteilung des Eigentums sollte nach dem Recht erfolgen. Eine gerechte Eigentumsverteilung ist damit Rechtsaufgabe u. a. der Sozial- und Steuerpolitik (neben Sicherheit und Schutz vor bzw. Kompensation von benachteiligenden Risiken), der Staat kann diese Aufgabe nicht Akteuren überlassen, die nicht gleichermaßen an das Recht gebunden sind und/oder weniger Durchsetzungsmacht haben.
III. Öffentlichkeit des Rechts: Da die Geltung des Rechts nicht von der zufälligen Einsicht, Handlungsbereitschaft und Macht einzelner Personen und Interessengruppen abhängen darf, kann z. B. eine die Würde achtende Entlohnung

nicht allein der rechtlich zufälligen Markt-Macht der Tarifparteien überlassen bleiben, weshalb hier eine originäre sozialpolitische Gestaltungsaufgabe des Staates zum Schutze Schwächerer besteht. Diesem Grundsatz folgt z. B. teils das Gesetz über Mindestlöhne für Niedrigeinkommensbezieher seit 2015 (Kompensation geringer Verhandlungsmacht wirtschaftlich Schwächerer zur Durchsetzung marktwirtschaftlich möglicher Löhne). Ein Beispiel für eine noch anstehende Aufgabe ist die Korrektur der verminderten Verhandlungsmacht von Gewerkschaften bei zunehmend international agierenden Unternehmen durch europaweite Arbeitnehmer-Schutz-Gesetze.

IV. Rechtssicherheit: Die Probleme mangelhafter Transparenz/Verständlichkeit und Vermeidung von Überkomplexitäten mit der Folge von Rechtsunsicherheit betreffen soziale Leistungsgesetze besonders (z. B. hohes sozialrechtliches Detailwissen im Zusammenspiel von Grundsicherung, Kindergeldzuschlag, Wohngeld, BAföG), weil dies Betroffenen die Wahrnehmung ihrer Rechte nehmen kann bzw. faktisch oft nimmt. Gerade im Bereich der Steuer- und Sozialgesetze (mit über 150 kommunal-, landes- und bundesspezifische sozialpolitische Transferleistungen mit unterschiedlichen Inanspruchnahme-Voraussetzungen für Familien (Bujard 2014)) begegnen wir seit Jahrzehnten einer viele Bürger ‚entmündigenden' Intransparenz und Unüberschaubarkeit, was Betroffenen die Wahrnehmung von Rechten erschwert oder verhindert. Eine Folge davon sind z. B. eine Dunkelziffer der Nichtinanspruchnahme von Leistungen der Mindestsicherung (teils bis 50–60 %)[1] oder gruppenspezifische Steuer-Gestaltungsmöglichkeiten, die hohe Detailkenntnisse erfordern, die ‚Normalbürger' und teils auch Behörden überfordern. Eine immer wieder geforderte staatliche Transferbehörde[2], die alle Abgaben von und Leistungen an Bürger auf Basis einer Einkommens- und Vermögenserklärung bündelt und über Nutzungsmöglichkeiten gezielt informiert, findet seit Jahrzehnten keine politische Mehrheit, womit nach Meinung des Autors diese Rechtsunsicherheit planvoll hingenommen wird, u. a. mit einer verminderten Inanspruchnahme von Sozialleistungen.

Materiale Rechtslehre, Ideallehre und Sozialpolitik

Welche weiteren politischen Anregungen kann Nelsons Ethik über formalrechtliche Aspekte hinaus heute geben? Beispielhaft konzentrieren wir uns auf das ethische Entlohnungsprinzip bei Nelson und seine Überlegungen zum Theorem wahrer Interessen bzw. einer Ideallehre.

[1] Vgl. z. B. zu den Gründen und dem Umfang einer Nichtinanspruchnahme von zustehenden Leistungen der Mindestsicherung bei Hans-Böckler-Stiftung (Hans-Böckler-Stiftung 2012) und zur Überforderung von Bürgern (und Behörden) mit Einkommenssteuer-Erklärungen z. B. (Kirchhof 2019).

[2] Zu den Möglichkeiten z. B. (Netzler 1990), (Bünnagel 2009).

Ethisches Entlohnungsprinzip als Maßstab der Verteilungsgerechtigkeit

Sozialpolitische Anwendungsbeispiele zur materialen Rechtslehre und der Theorie des wahren Interesses gibt Nelson u. a. mit einem ethischen Entlohnungsprinzip. Dies besagt, dass der Staat jedem die gleiche Möglichkeit sichern sollte (Sittengesetz), zum Wohlstand zu gelangen (Erlangung äußerer Güter und Fähigkeiten als Bedingungen zur Interessenentwicklung und -erfüllung), und zwar so weit als möglich durch Selbsttätigkeit (Prinzip der rechtlichen Freiheit und Ideal der Schönheit des eigenen Lebens als wahres Interesse).

Zur Erläuterung: Da sich das Rechtsgesetz auf die Interessen bezieht, die Interessen jedoch zu ihrer Erfüllung vielfach äußere Mittel erfordern, können sich Unterschiede in der Behandlung zwischen den Personen nicht nur a) aufgrund von Interessenunterschieden und b) deren Wert ergeben, sondern auch daraus, in wieweit c) äußere Mittel zur Realisierung von Interessen notwendig sind (individuelle Funktionalität von Gütern: Nicht jedem ist z. B. Geld gleich wichtig): „Wir werden also unmittelbar nur Gleichheit in der Befriedigung der Bedürfnisse fordern und die Verteilung des Besitzes rechtlich nur danach beurteilen können, in welchem Verhältnis sie zur Möglichkeit der Befriedigung der Bedürfnisse stehen" (Nelson 1970, 297).

Das bedeutet: Sollten z. B. bei allen Menschen a) die wahren Interessen in etwa gleich ausgeprägt (oder entwicklungsfähig) sein und zusätzlich b) die Relation zwischen Einkommen und der damit möglichen Interessenrealisierung in etwa gleich oder ähnlich sein (bezogen auf die Gesamtheit aller Interessen in Relation zum Gesamteinkommen), so ergäbe sich – Ceteris paribus – die ethische Pflicht einer möglichst gleichen Verteilung der Einkommen (wir ergänzen: und Vermögensverteilung als Summe verfügbarer Güter).

Dabei sind zwei weitere Sachverhalte zu berücksichtigen: Das Arbeitsleid sowie der Fall des ‚glücklichen Finders'.

Zum Arbeitsleid:

- Denn solange Arbeit notwendig ist – weil wir noch nicht in einem Schlaraffenland leben und solange eine Arbeitstätigkeit einen Interessenverzicht bedeutet (individuell und gruppenspezifisch unterschiedliches Arbeitsleid je nach Interessen, Arbeitsbedingungen, sozialer Anerkennung usw., vgl. z. B. empirische Daten beim DGB-Indikator „gute Arbeit" (DGB 2020) – sollte ein solcher arbeitsbedingter Interessenverzicht die Entlohnung bestimmen: Da es dem Prinzip der persönlichen Gleichheit widerspricht, dass die einen arbeiten müssen (verbunden mit einem Arbeitsleid), damit andere ohne Arbeitsleid genießen können, muss ethisch die mit einer Arbeit verbundene Interessenverletzung/-erfüllung beachtet werden. Ein Interessenverzicht wegen Arbeit ist ethisch also für die Entlohnung relevant. Demzufolge ist z. B. ein erhöhtes Arbeitsleid durch ein höheres Einkommen oder eine kürzere Arbeitszeit zu kompensieren (siehe ausführlicher zum Arbeitsbegriff unten). Nur bei in etwa gleichem Arbeitsleid aller Personen ergäbe sich ggf. zunächst eine Gleichverteilung der Einkommen (bzw. Vermögen als Summe verfügbarer Güter für eine Interessenbefriedigung).

- Was ist Arbeit? Es sind all jene Tätigkeiten Arbeit, bei denen nicht schon unmittelbar durch die Tätigkeit selbst Bedürfnisse befriedigt werden (die nicht unmittelbar der Selbstverwirklichung dienen). Mit Nelson ziehen wir gemäß dem Prinzip der Gleichheit der Würde der Person den Schluss: Eine Tätigkeit, die zu erheblichen Teilen Selbstzweck ist, „erfordert einen umso geringeren Lohn, als sie schon an sich ein Bedürfnis befriedigt." Und umgekehrt: „Es bedarf zur Erlangung desselben Lohnes eines umso geringeren Maßes an Arbeit, als die Arbeit nicht schon an sich ein Bedürfnis befriedigt" (Nelson 1970, 302). Zugleich ist damit eine staatliche Aufgabe bestimmt, die Möglichkeiten und Bedingungen einer Arbeit zu regeln bzw. bei unzureichend verfügbarer Arbeit für Arbeitswillige oder besonders belastender Arbeit eine Kompensation zu schaffen (was der Staat auch – bei gleicher Rechtssicherheit – delegieren kann). Es handelt sich also um ein Prinzip der Entlohnung der Arbeit im umgekehrten Verhältnis zu der durch sie bedingten Interessenverletzung. Damit ist gerade keine Gleichverteilung der Einkommen begründet, denn ein gleiches Arbeitsleid anzunehmen wäre unrealistisch (dazu z. B. DGB 2020).
- Nelson erläutert dies u. a. wie folgt:

> Während die sogenannten höheren Berufe unmittelbar zur inneren Ausbildung und damit zum Wert des Lebens beitragen können, kann sich ein Lohnarbeiter überwiegend nur außerhalb seiner Arbeitszeit der Befriedigung eigentlicher Interessen widmen. Es bedarf folglich zur gleichen Möglichkeit eines für ihn wertvollen Lebens einer entsprechenden Verkürzung der Arbeitszeit [Anm. des Autors: ggf. auch Lebensarbeitszeit] oder einer Einkommenskompensation, soweit dies die gleiche Wirkung hat. Die Erfüllung dieser Forderung ist also unmittelbar ein Gebot der Gerechtigkeit. (Nelson 1970, 303)

Zum ‚glücklichen Finder' können wir Nelsons Aussagen (Nelson 1970, 307 f.) wie folgt zusammenfassen:

- Ein weiterer Faktor des Entlohnungsprinzips ist der Fall des glücklichen Finders, dessen Formulierung bei Nelson an zeitlich spätere Aussagen bei Rawls erinnert und wie auch an utilitaristische Argumente, wenn auch anders begründet: Die Situation des glücklichen Finders – oder des Leistungsfähigen, der mehr kann als andere ohne dabei ein erhöhtes Arbeitsleid auf sich nehmen zu müssen – ist dadurch gekennzeichnet, dass der-/diejenige bei geringerem Arbeitsaufwand einen gleich hohen Zuwachs an Gütern erreicht als andere, die sich dafür mehr anstrengen müssen. Demnach steht dem Leistungsfähigen (wegen geringerem Arbeitsleid) nach dem Rechtsprinzip zunächst auch weniger Einkommen/Vermögen zum Interessenausgleich zu.
- Doch kann eine Belohnung des Leistungsfähigen (als „glücklicher Finder") durch ein unvermindertes oder erhöhtes Einkommen/Vermögen zulässig sein, soweit dies im Interesse der Leistungsschwächeren an der erhöhten Leistung

des „glücklichen Finders“ ist, wenn a) dieser die Leistung nur bei einem derartigen Zusatzanreiz erbringt und b) die Leistung zusätzlich Leistungsschwächeren zugutekommt. Das Leistungsentgelt rechtfertigt sich also in einer Rechtsgemeinschaft daraus, inwieweit die Leistungsschwächeren auf eine gleiche Würde zu verzichten bereit sind zugunsten einer dies kompensierenden größeren Menge an äußeren Gütern, damit auch sie mehr Möglichkeiten zu einer besseren Lebensgestaltung haben. Ethisch-philosophisch ist diese Regel nicht näher zu bestimmen (z. B. Problematik des „Trickle-down-Theorems“[3]), auch wegen der empirisch erheblichen Messprobleme von Rückkoppelungseffekten einer Einkommensverteilung auf eine Arbeits- und Investitionsmotivation und die volkswirtschaftliche Gütermenge, was auch Nelson als gravierendes empirisches Problem anspricht (Nelson 1970 6, 335 f.).[4]

Zusammenfassend zu ergänzen ist noch, dass …

- beim Entlohnungsprinzip nicht auf eine Theorie des wahren Interesses verzichtet werden kann. Denn ansonsten müsste z. B. bei einer Arbeitsscheu das Einkommen steigen, da bei Faulheit ein Arbeitsleid zunimmt. Zudem käme es ohne eine Beachtung wahrer Interessen „[…] nur auf die faktischen Bedürfnisse des einzelnen an, um jeden in wirtschaftlicher Hinsicht zu seinem Recht kommen zu lassen“ (Nelson 1970, 315), womit (unter Missachtung wahrer Interessen) ein beliebig geringes Maß von Einkommen genügen würde, „wenn es nur gelänge, darauf hinzuwirken, dass die wirtschaftlichen Ansprüche der einzelnen sich unter einer hinreichend niedrigen Grenze halten“ (Nelson 1970, 315), z. B. durch fortlaufende politische Missachtung politisch und wirtschaftlich Schwächerer, bis diese sich resignativ in ungleiche u. a. Vermögensstrukturen ‚fügen‘.
- eine gerechte Sozialpolitik sich nicht auf formal-strukturell gleiche Zugangschancen beschränken kann (sogenannte ‚Zugangsgerechtigkeit‘ u. a. zum Arbeitsmarkt, Bildung, sozialen Leistungen), denn dies bedeutet eine ethische Missachtung der u. a. unterschiedlichen Leistungsfähigkeit (gleiche Bildung

[3] Das Trickle-down-Theorem besagt u. a., dass der Wohlstand und Vermögensreichtum der Reichen durch deren Konsum und Investitionen nach und nach auch den unteren Schichten der Gesellschaft zugutekäme und das deshalb die Ärmeren einer Ungleichheit zustimmen sollten, weil ihre gesteigerten Konsummöglichkeiten wichtiger seien als eine Chancengleichheit. Der Effekt ist empirisch-wirtschaftswissenschaftlich und ethisch umstritten.

[4] Nelson 1970, 334: „Eine Verteilungsart nämlich, die bei hinreichender Produktion sozial gerecht wäre, braucht es bei verminderter Produktion nicht mehr zu sein. […] Wenn nämlich die Ausschaltung des privatwirtschaftlichen Kapitalprofits eine Verminderung der Produktion zur Folge hat, derart, dass dadurch eine noch größere Herabdrückung des Wohlstands der Arbeiter entsteht als durch die kapitalistische Ausbeutung […] dann bedeutet die Beseitigung des Kapitalismus noch keine Verbesserung in sozialpolitischer Hinsicht. […] Vielmehr ist die Frage, ob mit dieser gleichmäßigeren Verteilung des Wohlstandes auch eine Hebung – oder wenigstens keine Senkung – der wirtschaftlichen Lage der Benachteiligten einhergeht.“

macht nicht alle Menschen gleich leistungsfähig) und Interessen und unterschiedlichem Arbeitsleid im Arbeitsprozess.

- ein Einkommen bzw. Vermögen selbst ein Gut sein kann (z. B. Einkommenshöhe als Statussymbol und damit persönlicher Nutzenfaktor), wenn Menschen entsprechend ihrem Besitz hoch oder gering geachtet werden, was dann unmittelbar eine Frage der Würde und Gerechtigkeit ist und keine z. B. des Neides. Damit ist eine Einkommensverteilung ethisch nicht mehr nur anhand des a) Arbeitsleides (einschließlich wahrer Interessen) und b) des Nutzens äußerer Güter für eine Person sowie c) nach dem Leistungsanreiz für Leistungsfähige zugunsten Schwächerer zu bewerten, sondern auch danach, d) welchen Selbstzweck Einkommen und Vermögen haben. So war z. B. eine wesentliche Begründung für die Einführung eines gesetzlichen Mindestlohnes im Jahr 2015 in Deutschland, dass damit ein Beitrag zu mehr sozialer Achtung von marktwirtschaftlich Leistungsschwächeren möglich sein könnte (z. B. Begründung zum Tarifautonomiestärkungsgesetz, Bundestagsdrucksache 18/1558, 1 f.).

Sozialpolitische Schlussfolgerungen aus dem Entlohnungsprinzip

Was haben wir mit diesen theoretischen Aussagen für eine Bewertung z. B. realer Einkommens- und Vermögensverteilung in Deutschland gewonnen? Denn zu all den genannten Faktoren des Entlohnungsprinzips (faktische und wahre Interessen, äußere Güter als Bedingung für individuell unterschiedliche Interessenrealisierungen, Arbeitsleid, Belohnung der ‚glücklichen Finder' zum Vorteil Schwächerer, Rückkoppelungseffekte einer Einkommensverteilung auf die volkswirtschaftliche Gütermenge, Recht auf eine entlohnte Tätigkeit, Einkommen als eigener Nutzen) sind Informationen bzw. empiriebezogene Annahmen notwendig, die mindestens gruppen- und lebenslagenspezifisch zu differenzieren sind, was eine weitaus differenziertere und zielgerichtetere Sozialberichterstattung als heute üblich erfordert.

Wir haben zwar gezeigt, dass eine Gleichverteilung der Einkommen bzw. des Vermögens nicht zwingend ist, aber noch nicht, was realiter am wahrscheinlichsten einem Rechtsideal entsprechen könnte angesichts einer bundesdeutschen Realität

- mit einer fundamental (absolut weiter zunehmenden) ungleichen Vermögensverteilung: Im Jahr 2017 hatten 50 % der Bevölkerung einen Anteil am gesamten Nettovermögen in Höhe von 2 % (einschließlich des gesamten Gebrauchsvermögens wie Wohnungsausstattung, Kfz, Kleidung, Computer, Versicherungsguthaben usw.). Ein Haushalt im 20sten Perzentil (20 % der Haushalte haben weniger Vermögen, 80 % mehr) hatte rund 3000 € Nettovermögen, im 80sten Perzentil waren es 334.000 €, also das rund 111-fache. Nach neueren Daten des DIW verfügen die oberen 10 % der privaten Haushalte über 67,3 % des gesamten individuellen Nettovermögens, das vermögensstärkste Prozent der Bevölkerung über 35 % des gesamten Nettovermögens, hingegen haben 25 % der Bevölkerung keinerlei Vermögen bzw. nur Schulden. In der Mitte der Gesellschaft (Median) betrug das Nettovermögen 22.800 € (DIW, 2020b, 511 ff.). Durch Vererbung werden sich die Unterschiede tendenziell erheblich weiter verstärken (Bundesbank 2019, 25).

- mit einer Armutsquote von 14,8 % der Bevölkerung im Jahr 2019 (über 65-Jährige und Ältere: 18,0 %, 18- bis 64-Jährige: 14,5 %, unter 18-Jährige: 12,1 %). Dabei betrug das Nettoäquivalenzeinkommen privater Haushalte (Haushaltsnettoeinkommen unterschiedlicher Haushalte werden zur Vergleichbarkeit auf einen Einpersonenhaushalt umgerechnet) im Mittel 903 € pro Monat, die Armutsschwelle von 1176 € in 2019 erreichten nur wenige Armutsbetroffene (Statistisches Bundesamt 2020). Zudem waren von Armut oder/und sozialer Ausgrenzung 2016 rund 20 % der Bevölkerung betroffen. Die Quote der Bevölkerung, die eine staatliche Grundsicherung in Anspruch nahm (um wenigstens ein sozio-kulturelles Existenzminimum zu erreichen), lag 2019 bei 8,3 % (Existenzminimum 1-Personen-Haushalt; 792 € pro Monat) (Statistisches Bundesamt 2020/2), wobei einzelne Gruppen (insbesondere Ältere und Haushalte mit mehreren Kindern) bis zu rund 60 % der ihnen zustehenden Grundsicherung nicht in Anspruch nahmen, weshalb die amtlichen Inanspruchnahme-Quoten der Grundsicherung die Problematik erheblich untererfassen (DIW 2019) und für eine Armutsberichterstattung wenig taugen (auch wenn sie politisch immer wieder so interpretiert werden).
- mit einer Spreizung der Einkommen (Einkommens-Vielfache) bis zum 170-Fachen: 21,7 % aller abhängig Beschäftigten 2018 hatten einen Bruttolohn von unter 11,40 € je Arbeitsstunde (Niedriglohnbereich) (DIW 2020a, 95 ff.). Das 90–10-Perzentil-Verhältnis[5] abhängig Beschäftigter lag bei 3,6. Zieht man den vereinbarten Stundenlohn heran, erhielten im Jahr 2018 etwa 2,4 Mio. Anspruchsberechtigte in der Haupttätigkeit nicht mal den gesetzlich vorgeschriebenen Mindestlohn (was u. a. die Notwendigkeit einer verlässlichen Erfassung der realen Arbeitsstunden und wirksamen Kontrolle zeigt). Die durchschnittliche Vergütung pro Vorstand in der Privatwirtschaft lag im Verhältnis zu den anderen abhängigen Beschäftigten im Unternehmen 2013 z. B. bei VW bei dem 170-Fachen, im Median beim 53-fachen (Hans-Böckler-Stiftung 2013). Und: „Der Abstand zwischen Arm und Reich hat sich […] im langjährigen Verlauf vergrößert". (Statistisches Bundesamt 2020/3, 240 ff.).

Sind derartige Vermögens- und Einkommensunterschiede u. a. mit Armutsquoten von 15 % zu rechtfertigen im Hinblick auf eine gleiche Würde und Freiheit der Lebensgestaltung? Was ist von den extremen Markteinkommens- und Vermögens-

[5] Bei 10er-Perzentilen werden die Beschäftigten nach der Höhe der Löhne aufsteigend sortiert und in 10 gleichgroße Gruppen eingeteilt. Das 90:10-Perzentilverhältnis gibt an, um wieviel mehr der obere Rand der Lohnverteilung im Vergleich zum unteren Rand verdient, hier eingeschränkt auf die Gruppe der abhängig Beschäftigten, ohne Auszubildende, Praktikanten.

unterschieden noch als Beitrag zugunsten Schwächeren zu rechtfertigen, zumal die Umverteilung zugunsten Schwächerer großteils über Sozialversicherungen erfolgt (Verbrauchssteuern belasten Einkommensschwächere markant mehr als Einkommensstarke), an denen sich Hochverdiener (oberhalb der Beitragsbemessungsgrenze) und einkommensstarke Gruppen (mit eigenen Versorgungswerken) nicht beteiligen[6], wodurch Einkommensschwächere einen sozialen Ausgleich wesentlich untereinander finanzieren? Die Unterschiede gehen nach Meinung des Autors selbst unter dem Aspekt globalisierter Märkte weit über einen würdevollen Umgang mit Schwächeren hinaus. Dass das Meinungsbild dazu in Deutschland (nicht nur da) widersprüchlich ist, zeigt z. B. eine repräsentative Studie, der zufolge 2019 84 % der Bevölkerung niedrige Einkommen in Deutschland als ungerecht bewerteten und ein Bedarfsprinzip bei Einkommen bejahen, aber gleichzeitig ein Leistungsprinzip in genau dem gleichen Ausmaß befürworteten (rund 60 % mit einer gleichzeitigen Bejahung beider Fragen) (DIW 2019, 817).

Familienpolitik – unentgeltliche Familientätigkeit und Entlohnungsprinzip

Wir sind gewohnt, dass Erwerbstätigkeit entgolten wird, Familientätigkeit (Kindererziehung, -bildung, -betreuung, Sorgearbeit, Pflege Angehöriger, Haushaltsführung) aber nicht. Üblicherweise wird dies mit der ‚Privatsache Familientätigkeit' begründet: Eine Familientätigkeit sei nicht zu entgelten, denn jede Familientätigkeit wäre im Interesse der Partner und ihrer Angehörigen und somit familialer Selbstzweck. Insofern richte sich jeder denkbare Entlohnungsanspruch gegen den Partner mit dessen (Erwerbs- und Vermögens-)Einkommen, was mit dem gleichen Teilhabeanspruch des Partners am Familieneinkommen erfüllt sei. Dass die Gesellschaft aus Interesse an einer besseren Kindererziehung oder aus demografischen oder anderen Nützlichkeitsüberlegungen darüber hinaus Zahlungen an Eltern erbringe (oder kürze), sei unmittelbar keine Gerechtigkeitsfrage.

Zu dieser Argumentation sind verschiedene Aussagen zu prüfen (ausführlicher (Netzler 1985, 1998, 2000):

a) Notwendigkeit einer zusätzlichen Entlohnung: Haben Familien einen so hohen Lebensstandard aus eigenem Vermögen und Einkommen, dass genug

[6] „Einen erheblichen Anteil an der gesamtstaatlichen Umverteilung hat das Sozialversicherungssystem, da mehr als die Hälfte der Ungleichheitsreduktion auf die Leistungen der Sozialversicherung zurückzuführen sind. Soweit für diese Leistungen versicherungsäquivalente Beiträge erhoben werden, findet in zeitlicher Betrachtung letztlich keine Umverteilung zwischen Personen oder Generationen statt. [...] Die Umverteilungswirkung des deutschen Steuer- und Transfersystems fällt insgesamt deutlich geringer aus, wenn nur die Grundsicherungsleistungen, die Sozialbeiträge und die Einkommensteuern einbezogen werden." (DIW 2015, 155).

materielle Mittel zur Selbstentfaltung für alle Familienmitglieder in der Regel und im Vergleich zu anderen Haushalten vorhanden sind?

b) Privatsache: Ist eine Tätigkeit dadurch, dass sie im Privatbereich der Familie erbracht wird, einem gerechten Entlohnungsprinzip und damit ggf. eigenständigen Entlohnung entzogen?
c) Arbeitsleid: Bedeutet Familientätigkeit weniger bzw. keinen Interessenverzicht im Vergleich mit einer Erwerbstätigkeit, weil sie i. d. R. unmittelbare Interessenbefriedigung ist (Selbstzweck ohne Arbeitsleid), weshalb sich keine Entgeltfrage stellt?
d) Wahres Interesse: Ist Familientätigkeit eine sozio-kulturell wertvolle Tätigkeit für jene, die sie erbringen (auch für die Angehörigen) oder ist sie es weniger als eine entgoltene Erwerbstätigkeit (also ein vergleichsweise minderwertiges Interesse)?

Zu a) Finanzielle familiale Ressourcen

Sind Familien(-tätige) so wohlhabend, dass eine Entlohnung der Familientätigkeit typischerweise durch den erwerbstätigen Partner möglich ist, ohne dass ein Familienleben zu einem benachteiligenden Lebensmodell wird? Empirische Daten z. B. zur materiellen Armut[7] zeigen (vgl. Tab. 12.1): Erziehung, Betreuung und Pflege von Kindern und Angehörigen sind mit einem wesentlich erhöhten Armutsrisiko verbunden. Kinder sind u. a. der wichtigste Armutsfaktor, da kinderlose Partner selbst bei Arbeitslosigkeit, Erwerbsunfähigkeit eines Partners, Scheidung/Trennung oder im Alter nicht annähernd so armutsgefährdet sind[8]. Und es gibt empirisch keinen Anhaltspunkt, dass dies erhöhte Armutsrisiko durch andere Nutzenfaktoren kompensiert wird (Hinweis: eine duldend resignative Hinnahme von Armut spricht noch nicht für eine erhöhte Armutsgleichgültigkeit von Eltern und Kindern).

Zu b) ‚Privatsache' einer Familientätigkeit

Ob es sich um ein privates Interesse handelt oder nicht, ist hinsichtlich einer gerechten Entlohnung irrelevant: Ausschlaggebend bleibt das faktische Interesse des Familientätigen, der Wert des Interesses (auch für die Leistungsempfänger, insbesondere Kinder und Gepflegte) und ob Familientätigkeit ein zu berücksichtigendes Arbeitsleid bedeuten kann (also nicht ausschließlich Selbstzweck ist). Da zudem auch der Entschluss zu einer Erwerbstätigkeit Privatsache ist, kommt es auf das Unterscheidungsmerkmal ‚Privatsache' nicht entscheidend an.

[7] Kritisch zu den Begriffen ‚Armutsquote', ‚Armutsrisikoquote' und ‚Armutsgefährdungsquote' Netzler 2020, 150–153, da alle diese Begriffe empirisch den gleichen Sachverhalt messen, aber im politischen Marketing die Tendenz besteht, sie mit unterschiedlichen – teils verharmlosenden – Assoziationen zu verbinden.

[8] Zum seit Jahrzehnten im Kern unveränderten ‚Armutsrisiko Kinder' für Familien im Vergleich zu Kinderlosen z. B. (Netzler 1996, 2000a) mit (Statistisches Bundesamt 2020/3).

Tab. 12.1 Armutsquoten[1)] in Deutschland in % (Veränderung in %-Punkten)

Merkmal	Jahr				
	2005	2010	2015	2019	2005–2019
Insgesamt	14,7	14,5	15,7	15,9	1,2
Haushaltstyp[2)]					
Einpersonenhaushalt	23,2	23,8	26,2	26,5	3,3
Zwei Erwachsene ohne Kind	8,3	8,7	9,3	8,7	0,4
Sonstiger Haushalt ohne Kind	9,0	8,7	9,3	8,8	–0,2
Ein(e) Erwachsene(r) mit Kind(ern)	39,3	38,6	43,8	**42,7**	**3,4**
Zwei Erwachsene und ein Kind	11,6	9,6	9,8	8,8	–2,8
Zwei Erwachsene und zwei Kinder	12,0	10,7	10,8	11,0	–1,0
Zwei Erwachsene und drei oder mehr Kinder	26,3	23,2	25,2	**30,9**	**4,6**
Sonstiger Haushalt mit Kind(ern)	17,5	17,4	18,3	**19,3**	**1,8**

Quelle: (IT:NRW 2020)

[1)] Anteil der Personen mit einem Äquivalenzeinkommen von weniger als 60 % des Medians der Äquivalenzeinkommen der Bevölkerung in Privathaushalten (auf Basis der neuen OECD-Skala berechnet)

[2)] Zu den Kindern zählen Personen im Alter von unter 18 Jahren

Zu c) Arbeitsleid

Bedeutet Familientätigkeit weniger bzw. keinen Interessenverzicht im Vergleich zu Erwerbstätigkeit? Arbeit ist (in Übereinstimmung mit Nelson) jede Tätigkeit, die auf die Erstellung von Gütern ausgerichtet ist, damit diese Güter nachfolgend (mittelbar) einer Interessenbefriedigung dienen. Wenn also Arbeit all jene Tätigkeiten umfasst, die nicht der eigenen unmittelbaren Interessenbefriedigung dienen (wie z. B. ein Hobby), sondern einer späteren Interessenbefriedigung in einem arbeitsteiligen Produktionsprozess, dann ist dieser Interessenaufschub (Arbeitsleid, Interessenverzicht) nach dem Grundsatz gerechter Entlohnung zu beachten:

> Unser Prinzip lässt sich hiernach dahin erweitern, dass der Lohn – oder, wie wir nunmehr zur Vermeidung scheinbarer Widersprüche besser sagen, das Einkommen – zu verteilen ist nach dem Maße, in dem überhaupt die Arbeit das Interesse des Arbeitenden unbefriedigt lässt. (Nelson 1970 6, 309)

Was man also wegen einer direkten Interessenbefriedigung für sich selbst tut, erfordert keinen Ausgleich durch ein Entgelt. Vielmehr wäre ein Entgelt eine doppelte Belohnung: Neben der unmittelbaren Erfüllung eines Interesses würde noch ein ‚ausgleichendes' Entgelt transferiert werden für etwas, dass nicht auszugleichen ist (ungerechtfertigte Privilegierung). Dies betrifft ggf. auch Erwerbstätige: Erwerbstätigkeit wird oft unabhängig davon bezahlt, ob Erwerbstätige eine erhebliche Interessenbefriedigung erfahren, wenn sie sich in der Tätigkeit unmittelbar verwirklichen und positive Bestätigung erfahren. So kann ein Tätigkeitsentgelt ohne Berücksichtigung der Bedeutung des Arbeitsleides eine ethisch ungerechtfertigte Begünstigung sein, denn der Betreffende erhält ohne Arbeitsleid eine zusätzliche Interessenbefriedigung. Dies könnte sich ethisch nur durch eine verbesserte Versorgung Leistungsschwächerer rechtfertigen (siehe oben den Fall des ‚glücklichen Finders').

Wie ist es aber im umgekehrten Fall bei einer Tätigkeit, bei der jemand kein Geld bekommt, obwohl die Tätigkeit wie eine Erwerbstätigkeit zum Lebensunterhalt erbracht wird und mit einem Interessenverzicht – also einem Arbeitsleid oder Interessenaufschub – verbunden ist? In diesem Fall handelt es sich um unentgeltliche oder gering entgoltene Arbeit. Hier ist ein fehlendes Entgelt Unrecht (unter der Voraussetzung, dass eine Gesellschaft überhaupt wohlhabend genug für ein Arbeitsentgelt für jeden Tätigen ist).

Nun gibt es ein Meinungsbild, dass Familienarbeit kein Entgelt (generell oder bei Bedarf wegen Einkommensschwäche) rechtfertigt, weil es keinen Lastenausgleich für Eltern geben sollte, denn Kinder seien ausschließlich unmittelbare Selbstverwirklichung der Eltern mit allen Freuden und Lasten (nutzentechnisch seien Kinder Konsumgüter der Eltern, also Teil einer unmittelbaren Interessenverwirklichung).

Diese Argumentation ist irreführend.

- Dass Kinder ein elterlicher Selbstzweck sind bzw. sein können, ist zutreffend. Nur haben wir keinen empirischen Beleg gefunden, dass Kinder (und die damit verbundene Familienarbeit) eindeutig mehr zur unmittelbaren Interessenbefriedigung beitrage als eine bezahlte Erwerbstätigkeit: Kinder und Familientätigkeit sind keineswegs typischerweise im Vergleich zu entlohnter Erwerbstätigkeit und Einkommen mit deutlich weniger Mühe bzw. Interessenaufschub verbunden. Kinder sind oftmals nicht weniger emotional und körperlich belastend und stressig (z. B. häusliche Isolation, Erschöpfung, Zeitdruck, Entscheidungs- und Verantwortungsdruck, als belastend empfundene Abhängigkeiten usw.) als eine Erwerbsarbeit. Zudem kann man in der Erwerbstätigkeit bei zu hoher psychischer Belastung z. B. Arbeitsstellen wechseln, Kinder und die damit verbundenen Verpflichtungen und Belastungen aber i. d. R. nicht. Eine verbreitet fehlende Anerkennung oder sogar Abwertung der Familienarbeit (‚die/der kümmert sich ja nur um die Kinder und kann nichts anderes') wirken zusätzlich würdelos und belastend.
- Die Erwerbstätigkeit, wie wir sie heute in entwickelten Volkswirtschaften ausüben, ist in vielerlei Hinsicht unmittelbare Selbstverwirklichung, denn sie ist eines der wichtigsten Mittel einer unmittelbaren Erlebensbereicherung, Selbstverwirklichung und positiven gesellschaftlichen Integration und Lebensstrukturierung.

Zu d) Wahres Interesse

Ist Familientätigkeit eine (sozio-kulturell) wertvolle Tätigkeit für jene, die sie erbringen (wie auch für die Angehörigen) oder ist sie weniger wertvoll als es eine entlohnte Erwerbstätigkeit? Der Kürze halber beantworten wir hier die Frage mit einem Verweis auf das Grundgesetz, dass den Wert von Kindern und – der damit verbunden – Familientätigkeit heraushebt: „Art 6. (1) Ehe und Familie stehen unter dem besonderen Schutze der staatlichen Ordnung. (2) Pflege und Erziehung der Kinder sind das natürliche Recht der Eltern und die zuvörderst ihnen obliegende Pflicht." (Art. 6 Grundgesetz) Familie zu schützen, aber dabei die Familienarbeit nicht entsprechend zu achten, würde damit den Schutzauftrag aushöhlen. Ausschlaggebend ist der hohe (soziokulturelle) Wert des Interesses für jene, die ‚Familie leben wollen' (z. B. Schmidt 2015), was die Familientätigkeit miteinschließt. Familientätigkeit ist also im Vergleich zur Erwerbstätigkeit kein minderwertiges, kein weniger wahres Interesse.

Eine Ergänzung ist – im Sinne von Nelsons Theorem des wahren Interesses – wichtig: Erziehen Eltern ihre Kinder etwa zu Unselbstständigkeit und blindem Gehorsam, habgieriger Rücksichtslosigkeit, Rücksichtslosigkeit gegenüber anderen Menschen durch Brutalität usw., ist dies keine mit Entgelt anzuerkennende Erziehungsarbeit: Eine Arbeit zur Schaffung eines Unrechts kann dafür kein gerechtigkeitsbegründetes Entgelt rechtfertigen, auch nicht bei Arbeitsleid. Denn das Entlohnungsprinzip zielt auf eine gleiche Würde aller Menschen – und ist bei einem Verstoß dagegen nicht gerechtfertigt, auch nicht bei grob andere Menschen missachtender Erziehung.

Die Diskussion der Punkte a) bis d) zeigt.

- Ein Familientätigkeitsentgelt ist grundsätzlich gerechtfertigt, um eine strukturelle Benachteiligung Familientätiger zu vermeiden. Dies darf aber bedarfsabhängig sein, um in einer Welt mit begrenzten äußeren Gütern möglichst allen Familientätigen eine Kompensation des Arbeitsleides bzw. der Chancen zu eröffnen, da bei einkommensstarken Familien eine innerfamiliale Arbeitsleidkompensation aus dem erhöhten Familieneinkommen bereits möglich ist und damit eine ‚Gießkannenförderung', deren Finanzierung auch Einkommensschwachen Freiheiten nimmt, nicht zwingend notwendig ist.
- Für das wesentlich erhöhte Armutsrisiko durch Familientätigkeit haben wir keinerlei Rechtfertigung gefunden, es ist insofern eine willkürliche und würdelose Gleichgültigkeit ‚der Gesellschaft'. Auch eine real stark erhöhte Inanspruchnahme der Grundsicherung bei Familienarbeit im Vergleich zu einer Erwerbstätigkeit widerspricht der Chancengleichheit, denn Familienarbeit sollte eine Inanspruchnahme der Grundsicherung gleichermaßen wie eine Erwerbstätigkeit vermeiden. Dies gilt umso mehr, als hier die These vertreten wird, dass die heutige Grundsicherung der Familien der Chancengleichheit widerspricht, und zwar a) aufgrund der Berechnung und Höhe des Sicherungsniveaus in der Grundsicherung (zur Diskussion z. B. (Sell 2020) und b) aus der ethischen Überlegung, dass ein Existenzminimum stets nur eine minimale Chancengleichheit sein kann, die darum eben – als minimale – keine wirkliche ist. Auch der Verweis darauf, dass die Kinder nur befähigt werden sollten, in ihrem späteren Erwachsenenleben chancengleich leben zu können, ist ethisch absurd: Ein Unrecht durch vorenthaltene Chancengleichheit zu begehen mit

dem Hinweis darauf, die Kinder könnten ja später chancengleich teilhaben, schließt eben gerade die Chancengleichheit für einen langen Lebensabschnitt aus.

- Wir haben hier unter dem Aspekt einer ‚Entlohnung' der Familientätigkeit nur die Perspektive der Eltern behandelt. Zusätzlich ist der Bedarf der Kinder für Bildung, Interessenentwicklung und -verwirklichung beim Familieneinkommen zu berücksichtigen. Kann eine Familie aus eigenem Arbeitsaufwand heraus keinen gleichen Wohlstand erreichen u. a. im Vergleich zu Kinderlosen, rechtfertigt dies staatliche Hilfen für eine echte Chancengleichheit der Kinder unabhängig von den auf die Eltern bezogenen Argumenten. Eine Rechtfertigung für ein bedarfsunabhängiges Grundeinkommen – oder eine pauschale Grundrente – ergibt sich daraus aber nicht.

Familientätigkeit: Ethische Anerkennung als Leistung für die Gesellschaft?

Ein typisches Argumentationsmuster für eine als gerecht deklarierte Anerkennung der Familienarbeit bezieht sich auf deren Leistungseigenschaften für die Gesellschaft.

a) Eltern erbringen mit ihrer Familienarbeit eine Leistung für die Gesellschaft, da die Kinder als künftige Finanziers der Sozialversicherungen und Volkswirtschaft unentbehrlich sind, auch für Kinderlose.
b) Wer eine Leistung zum Nutzen anderer erbringt, habe generell Anspruch auf ein Entgelt, damit ein Gut in der Menge und Qualität angeboten werde, wie es gesellschaftlichen Präferenzen entspricht.
c) Darum sollte die Familienarbeit in Anlehnung an eine durch Erwerbsarbeit erbrachten Leistung (zumindest in den gesetzlichen Sozialversicherungen) entgolten werden.

Bundesverfassungsgericht: Kindererziehung als konstitutives Element sozialer Sicherung

Teile dieser Argumentation finden wir u. a. beim Bundesverfassungsgericht, das in der Kindererziehung – zutreffend – ein volkswirtschaftlich konstitutives Element u. a. der gesetzlichen Rentenversicherung und Pflegeversicherung sieht (Netzler 1993). Was allerdings aus einem konstitutiven Element folgt, ist unbestimmt, weil diese Aussage nur in Verbindung mit weiteren Aussagen zu einer Schlussfolgerung wie c) führen könnte. Denn Kinder als konstitutives Element bedeuten nur, dass es volkswirtschaftlich überhaupt eine hinreichend leistungsfähige Folgegeneration geben muss (im In- oder Ausland) mit einer Arbeitsbereitschaft, -fähigkeit und einer leistungsfähigen Volkswirtschaft, nicht aber,

- wie viel Kinder es sein müssen, denn das künftige Volkseinkommen hängt zusätzlich vom technischen Fortschritt und von Innovationen, der Kapitalausstattung einer Volkswirtschaft und internationalen Arbeitsmarkt-, Produktions- und Finanzströmen ab.
- inwieweit Eltern überhaupt ihr generatives Verhalten aufgrund finanzieller Anreize so gestalten, dass ein künftiges Volkseinkommen maximal oder ausreichend zur Verfügung steht. Denn wenn Eltern wenig auf finanzielle Anreize reagieren, weil sie bei ihrem generativen Verhalten anderen Präferenzen folgen als z. B. einem zusätzlichen Geldbetrag, hat ein zusätzlicher monetärer Anreiz ggf. keine erwünschte volkswirtschaftliche Wirksamkeit. Denn das Entgelt für eine Leistung richtet sich wirtschaftlich nur nach der Notwendigkeit für so ein Entgelt, damit eine bestimmte Leistung erbracht wird: Es gibt wirtschaftlich keine Theorie eines gerechten Entgeltes bzw. Lohnes, da einzig Knappheitsrelationen und Anreiz-Preise maßgeblich für ein Entgelt sind. Auch die Theorie der externen Effekte benennt Entgelte nur insoweit, wie sie als Anreiz für z. B. eine Unterlassung notwendig sind (z. B. weniger Umweltverschmutzung).
- inwieweit andere Strategien (z. B. mehr Produktivität, mehr Kapital und Investitionen, mehr Arbeitskräftezuwanderung, mehr Auslandsinvestitionen mit Gewinn-Rückübertragungen usw.) volkswirtschaftlich ertragreicher wären als es mehr (oder weniger) Kinder sind (denn bei ‚zu vielen‘ Kindern u. a. wegen Verarmung durch Überbevölkerung wären auch ‚Strafzahlungen‘ von Eltern denkbar wie zeitweilig bei der Ein-Kind-Politik Chinas): Die Argumentation achtet nicht die Würde der Eltern oder Kinder, sondern betrachtet sie Produktionsfaktoren bei einer volkswirtschaftlichen Optimierung, die sich an einer ‚Ertragsmaximierung‘ durch ‚mehr oder weniger Kinder‘ orientiert.

Die Feststellung, dass Kindererziehung ein konstitutives Element der Sozialversicherungen nachfolgender Generationen ist, begründet allein keine Beitragsäquivalenz der Kindererziehung zu einer Erwerbstätigkeit. Aspekte einer gerechten Entlohnung (Achtung der Familientätigkeit als Arbeit und wertvolles Interesse) hat der Gesetzgeber hingegen nur ansatzweise berücksichtigt[9]: So werden z. B. in der Rentenversicherung nur drei Erziehungsjahre zu einem durchschnittlichen Rentenbeitrag aufgestockt. Die additive Aufstockung der angerechneten Beiträge für insgesamt 10 Jahre erfolgt hingegen nur, wenn der Erziehende zusätzlich während der kindlichen Erziehungsphase erwerbstätig ist und dabei ein unterdurchschnittliches beitragspflichtiges Einkommen erzielt, d. h. es wird die zusätzliche Erwerbstätigkeit entlohnt, nicht die Familientätigkeit.

[9] Z. B. Bundestag (2018), 9: „Mit der gegenwärtigen leistungsseitigen Berücksichtigung von Zeiten der Kindererziehung werden erziehungsbedingte Nachteile in der Versicherungsbiographie für die gesetzliche Rente weitgehend ausgeglichen. […] Die gesetzliche Rentenversicherung sollte jedoch dabei nicht für bevölkerungspolitische Ziele instrumentalisiert werden."

Ist Kindererziehung äquivalent zu monetären Beiträgen?
Anzutreffen ist auch die These von der vollen Beitragsäquivalenz der Kindererziehung (hierzu ausführlicher z. B. (Netzler 2000b): Weil Eltern a) durch Kindererziehung und -betreuung notwendige Voraussetzungen für künftige Volkseinkommen und die daraus finanzierten sozialen Leistungen schaffen und b) dafür einen erheblichen finanziellen Verzicht (Verzicht auf Erwerbseinkommen, Kosten für Kinder) erbringen, sei Kindererziehung wie ein monetärer Beitrag von Erwerbstätigen einzustufen. Ergänzt wird diese Aussage bisweilen mit einem Rückgriff auf historische Verhältnisse: Früher waren Kinder der wichtigste Beitrag zur Altersvorsorge der eigenen Eltern, heute würden Eltern aber durch die soziale Absicherung in u. a. gesetzlichen Sozialversicherungen um ‚ihren' Ertrag in Form einer persönlichen Alterssicherung durch ihre Kinder betrogen (Borchert 2013).

Doch auch diese vermeintlich gerechtigkeitsorientierte Argumentation ist unzutreffend, weil sie – im Gegensatz zum Prinzip gerechter Entlohnung bei Nelson – wesentlichen Aspekten ausweicht:

Statt Familien- und Erwerbstätigkeit hinsichtlich Arbeitsleid und sozio-kulturellem Wert zu vergleichen (und damit – siehe oben – ein Familienarbeitsentgelt ethisch zu begründen), versucht diese Argumentation, durch eine Gleichsetzung

- mit den monetären Beiträgen der Erwerbstätigen zur Sozialversicherung und
- mit den Kosten der Eltern durch ihre Kindererziehung.

eine Begründung für eine Entlohnung der Eltern zu liefern. Dies ist aber eine Begründung mit einer logischen ‚Erschleichung' und damit unzutreffend: Ein Beitrag setzt a) zwar einen positiven wirtschaftlichen Wert (egal ob Geld oder andere Leistung) voraus, der b) aber zudem mit der Absicht einer späteren Gegenleistung übertragen wird (‚quid pro quo', Kauf eines zeitversetzten Gegenleistungsanspruches). Ein Beitrag ist also ein Transfer mit dem Ziel einer späteren Rückübertragung der Güter bzw. Werte. Werden Werte hingegen ohne das Ziel einer Rückübertragung auf Dritte übertragen, handelt es sich um Geschenke oder unbeabsichtigte externe Effekte. Geschenke begründen keine Gegenleistung. Und externe Effekte sind auch nicht ‚beitragsäquivalent': Ein Entgelt für positive externe Effekte richtet sich danach, wie viel eine Gesellschaft für den Effekt zahlen will oder muss, damit z. B. Eltern ihr Verhalten entsprechend ändern. Der Wert des externen Effektes ist dabei überhaupt nicht zu entlohnen, sondern es ist volkswirtschaftlich nur so weit ein Entgelt zu zahlen, wie es als Anreizzahlung zum erwünschten Verhalten führt. Mit einer Beitragsäquivalenz hat die Berücksichtigung externer Effekte nichts zu tun, auch nicht mit gerechter Entlohnung[10].

[10] Hinweis: ‚Der Markt' kennt keinen ‚gerechten' Lohn, also keinen einer Würde entsprechenden Lohn: Ökonomen haben keine Theorie eines gerechten Lohnes. Der Preis für eine Leistung ergibt sich allein aus der Macht der Anbieter und Nachfrager, wesentlich (aber nicht allein) bedingt durch Knappheits-Relationen.

Auch die These, dass in früheren Jahrhunderten Kinder die Altersversorgung der eigenen Eltern leisteten (soweit sie konnten), während heute Eltern durch die soziale Absicherung um ‚ihren' Ertrag aus ihren Kindern betrogen würden (Borchert 2013, 1 f.), bleibt als Gerechtigkeitsbegründung unzureichend: Haben Eltern ihre Kinder – weil es eine allgemeine soziale Absicherung gibt – überwiegend um ihrer selbst willen in die Welt gesetzt, so ist eine fehlende Entlohnung der Eltern durch ihre eigenen Kinder kein zu kompensierendes Unrecht. Zudem kann es durchaus im Interesse der Eltern und Kinder sein, das Risiko der Alterssicherung mit einer Sozialversicherung breit zu streuen und nicht nur an eine gegenseitige innerfamiliäre Unterhaltspflicht und Leistungsfähigkeit zu binden.

Generationengerechtigkeit: Ethische Maßstäbe für die Sozialpolitik

Generationengerechtigkeit gilt sozial- und umweltpolitisch als eine der Leitlinien des 21. Jahrhunderts[11] (z. B. Generationengerechtigkeit 2011–2015). Zur Umweltpolitik hat das Bundesverfassungsgericht jüngst entschieden (Beschluss vom 24. März 2021), dass das Klimaschutzgesetz dazu verpflichtet, „[...] die Treibhausgasemissionen bis zum Jahr 2030 um 55 % gegenüber 1990 zu mindern [...] Die Vorschriften verschieben hohe Emissionsminderungslasten unumkehrbar auf Zeiträume nach 2030. [...] Der Gesetzgeber hätte daher zur Wahrung grundrechtlich gesicherter Freiheit Vorkehrungen treffen müssen, um diese hohen Lasten abzumildern" (BVerG-Pressemitteilung vom Nr. 31/2021 vom 29. April 2021), damit nicht die grundrechtlichen Freiheiten künftiger Generationen unverhältnismäßig eingeschränkt werden.

Damit folgt das BVerfG u. a. dem Grundsatz bei Nelson, dass jeder durch die numerische Bestimmtheit/Zugehörigkeit einer Person bzw. Generation bedingte Vorzug ungerecht ist.

Im Gegensatz zu dieser höchstrichterlichen Konkretisierung erweist sich eine sozialpolitische Generationengerechtigkeit nach Meinung etlicher Autoren aber als kaum konkretisierbar aufgrund der hohen Komplexität der Faktoren, die Lebenslagen bestimmen. Generationengerechtigkeit werde sozialpolitisch leicht zu einer ‚Wiesel-, Placebo-, Catch-all-Vokabel' und einem Instrument für gruppenspezifische Interessen wie z. B. jenem des Instituts der Deutschen Wirtschaft: „[...] Experten raten [...] zu grundlegenden strukturellen Reformen der Sozialversicherungssysteme. Ihrer Ansicht nach ist Generationengerechtigkeit [...] in Zukunft

[11] Dennoch wurde 2006 der Entwurf eines Gesetzes zur Änderung des Grundgesetzes insbesondere hinsichtlich Art. 20b GG („Der Staat hat in seinem Handeln das Prinzip der Nachhaltigkeit zu beachten und die Interessen künftiger Generationen zu schützen") sowie Art. 109 Abs. 2 („Bund und Länder haben bei ihrer Haushaltswirtschaft den Erfordernissen des gesamtwirtschaftlichen Gleichgewichts, dem Prinzip der Nachhaltigkeit sowie den Interessen der künftigen Generationen Rechnung zu tragen") vom Deutschen Bundestag nicht beschlossen. Strittig war besonders, warum eine Generation vor einer anderen herauszuheben und damit höher zu bewerten sei.

nur mit mehr Wettbewerb sowie mehr Eigenverantwortung und mehr Kostenbeteiligung der Versicherten zu gewährleisten" (Wirtschaft 2020, 1).

Die meisten Formulierungen einer Generationengerechtigkeit in der Sozialpolitik folgen u. a. der Vorstellung, dass nachkommender Generationen mindestens nicht schlechter, sondern eher besser leben sollten als Vorgängergenerationen, so z. B.:

- „Jede Generation sollte an die nachfolgende einen positiven Nettotransfer leisten, der höher ist als jener, den sie von ihrer Vorgängergeneration empfangen hat". (Hauser 2004, 36)
- „Generationengerechtigkeit ist erreicht, wenn die Chancen nachrückender Generationen auf Befriedigung ihrer eigenen Bedürfnisse mindestens so groß sind wie die der ihnen vorangegangen Generationen".
- „Beispielsweise wäre unsere Sozialpolitik dann gerecht, wenn künftige Generationen bei gleicher Abgabenlast dieselben Leistungen von der staatlichen Gemeinschaft erhalten könnten wie die heute lebenden Generationen". (Raffelhüschen 2003)

Greifen wir dazu Nelsons Abwägungsregel auf: „Gerechtigkeit … bedeutet nichts anderes als die persönliche Gleichheit, d. h. die Ausschließung jedes durch die numerische Bestimmtheit der einzelnen Person bedingten Vorzugs. … Personen sind als solche gleich: D. h. es muss für jede rechtlich mögliche Bevorzugung ein Grund in der qualitativen Verschiedenheit der Lage des einen und anderen vorliegen" (Nelson 1970, 90).

Die Zugehörigkeit zu einer Generation ist eine numerische Bestimmtheit, die keine unterschiedliche Berücksichtigung von Interessen begründet[12] auch nicht, dass es Aufgabe einer Vorgängergeneration sei, nachkommenden Generationen einen erhöhten Lebensstandard zu hinterlassen. Entscheidend ist die qualitative Gleichheit/Verschiedenheit der Lebensumstände der Generationen. Da diese Verschiedenheit der Lebenslagen der Generation aber nicht nur durch einen einzigen Augenblick (z. B. mit der Lebenslage Älterer und Jünger im Jahr 2020) und durch einen einzigen Lebensbereich bestimmt ist (z. B. nur durch Armutsquoten Älterer und Jünger, nur durch Einkommen oder Arbeitszeiten, nur durch Beitragsbelastungen z. B. im Jahr 2021), sind die Lebensverläufe der Generationen in allen wohlstandsrelevanten Bereiche zu berücksichtigen (auch z. B. der Arbeitsbedingungen und des Arbeitsleides je Generation). Dies macht die Beurteilung einer Generationengerechtigkeit zu einem überaus komplexen Unterfangen (z. B. Nachkriegsgeneration mit hohen Entbehrungen für den Wiederaufbau bei geringem Lebensstandard und schlechterem Gesundheitssystem, hingegen eine Erbengeneration mit

[12] In diesem Sinne z. B. Andrea Heubach (2008, 44): „Generationengerechtigkeit ist erreicht, wenn niemand aufgrund seiner Zugehörigkeit zu einer bestimmten Generation benachteiligt wird."

weitaus höherem Lebensstandard, höherer Lebenserwartung, kürzeren Arbeitszeiten, aber teils prozentual höheren Sozialbeiträgen usw.).

Zusätzlich wären generationenspezifische Präferenzen einzubeziehen: So könnte z. B. ein Einkommensverzicht für mehr Wahlfreiheit zwischen Erwerbs- und Familientätigkeit oder Hobbys durch verkürzte Arbeitszeiten ein generationsspezifisches Ziel sein (keine weitere Einkommenssteigerung, dafür mehr immaterieller Wohlstand). Oder ein geringeres Wirtschaftswachstum könnte für eine bessere Umwelt erwünscht sein, auch wenn eine nachfolgende Generation deswegen über weniger äußere Güter als eine Vorgängergeneration verfügt. Oder ein höherer Sozialversicherungs-Beitragssatz der Jüngeren als der Älteren (als in deren Jugendzeit) könnte sich als gerecht erweisen, weil dadurch eine Teilhabe der Älteren am steigenden volkswirtschaftlichen Lebensstandard erreicht wird, von dem sie – nur aufgrund ihrer Zugehörigkeit zu einer älteren Generation – nicht ausgeschlossen werden darf. Denn es kommt für die Generationengerechtigkeit auf die Teilhabe der Generationen auch am jeweils aktuellen Lebensstandardniveau an, was nicht mit einer isolierten Betrachtung a) einzelner Steuern, Beiträge, Abgaben und Leistungen, die b) vor Jahrzehnten von einer Generation geleistet wurden und die sich c) auf einen z. B. niedrigeren Lebensstandard bezogen, zu bewerten ist.

So unterscheiden sich Generationen nicht nur in ihren Lebenslagen, Präferenzen, Handlungsmöglichkeiten, Lebenszielen und ethischen Werten (z. B. wachsende/schrumpfende Bedeutung der Chancengleichheit und Achtung schwächeren, höheren, geringeren Arbeitsleides, mehr oder weniger Wahlfreiheit zwischen Lebenskonzepten). Dass es dazu keine umfassende Sozialberichterstattung und Vergleichsmaße gibt, bedeutet nicht, dass Generationengerechtigkeit deshalb auf Basis einer bruchstückhaften Betrachtung einzelner Aspekte (z. B. Beitragssätze) angemessen zu beantworten wäre.

Mit diesen kurzen Ausführungen bei Nelson können wir u. a. entnehmen, dass heute übliche Generationenvergleiche, die sich nur auf

- unterschiedliche Generationen (Alterskohorten, zumeist 30 Jahre je Generation) in einem Zeitpunkt (z. B. heutige Armutsquoten und Lebensstandardniveaus Jüngerer im Vergleich zu heute Älteren) oder
- gleiche Altersabschnitte der Generationen, so z. B. heute Ältere zum Zeitpunkt ihrer Jugend im Vergleich zu heute Jüngeren (z. B. mittlerer Lebensstandard der früher Jüngeren vor z. B. 30 Jahren im Vergleich zu den heute Jüngeren),
- einen oder wenige Bereiche (z. B. Ein- und Auszahlungen in und von staatlichen Einrichtungen)

beziehen, keine Bewertung einer Generationengerechtigkeit leisten können. Hinreichend vergleichende Verlaufsanalysen generationsspezifischer Lebenslagen sind dem Autor nicht bekannt. Auch volkswirtschaftliche ‚Generationenbilanzen' (Saldierungen, was jede Generation monetär an staatliche und sozialrechtliche Institutionen eingezahlt und wiedererhalten hat (z. B. Raffelhüschen 2003) sind wegen ihrer Eindimensionalität vollkommen unzureichend hinsichtlich der Generationengerechtigkeit, auch wenn sie politisch von den Autoren so bewertet werden.

Deshalb ist die These einer sozialpolitisch benachteiligten jüngeren Generation (für Deutschland und weitgehend für die EU) keineswegs unstrittig[13]: So wird die heutige ältere Generation (hier abgegrenzt durch den Todeszeitpunkt 2030) rund das 2,9- bis 3,8-Fache des realen Bruttoinlandsproduktes an die nächste Generation weitergeben gegenüber dem, was sie selber vorgefunden hatte. Das vererbte reale Vermögen hat sich um mindestens das ca. 1,4-fache erhöht. Auch ist z. B. die Lebenserwartung von 1960 bis 2020 um rund 12 Jahre (Deutschland) gestiegen (Statistisches Bundesamt 2020). Keine Generation zuvor hat in Deutschland eine solche Vermögenssteigerung und z. B. Chancen für ein langes Leben erwirtschaftet und an Jüngere weitergegeben – wenn auch in Verbindung mit einer absolut zunehmenden Ungleichheit, was sich u. a. in relativ konstanten Armutsquoten bei absolut zunehmenden Einkommens- und Vermögensunterschieden zeigt (z. B. Netzler 2020, 144–160). Dass bei den heutigen wirtschaftlichen Wachstums-Wettbewerbs-Strategien u. a. das Weltklima und damit die langfristige Prosperität ganzer Länder gefährdet ist und soziale Unterschiede absolut anwachsen, legt nahe, anstelle einer partiellen ‚Jung-gegen-Alt-Auseinandersetzung' generationenübergreifend eine tiefgreifendere Veränderungsnotwendigkeit für alle Generationen ins Auge zu fassen (vergleiche u. a. Papst Franziskus Laudato Si 2015).

Was können wir in aller Kürze der Rechtsphilosophie von Nelson zur Generationengerechtigkeit sozialpolitisch entnehmen? Sein Prinzip der Gleichheit der Generationen (Stichwort ‚numerische Unbestimmtheit') ist so aktuell wie zutreffend. Damit ist es richtig, dass jede Generation – unter ‚sonst gleichen Bedingungen' – eine Verpflichtung gegenüber ihrer Nachfolgergeneration hat, sich z. B. nicht an Ererbtem mutwillig zu bereichern (durchgängige beidseitige Verpflichtung der jeweils lebenden Generationen). Wann diese Reziprozität der Generationengerechtigkeit aber erfüllt ist (bei z. B. veränderten Einkommens-Freizeit-Arbeits-Familienpräferenzen, Arbeitsumständen und Arbeitsleid, zufälligen glücklicheren oder unglücklicheren Umständen wie etwa Pandemien, Kriegen usw.), dies zu bewerten bleibt höchst komplexen – bisher nicht geleisteten und nach Meinung des Autors auch nicht leistbaren – Generationenvergleichen vorbehalten. Denn das erfordert eine überaus komplexe Vielzahl von (metrisch skalierbaren) Daten bzw. Annahmen zu den Lebensumständen, Präferenzen, Werten und Handlungsmöglichkeiten der Generationen für die wichtigsten Lebensbereiche. Das macht die These, man könne eine Generationengerechtigkeit an wenigen Aspekten (z. B. höhere Belastung jüngerer Generation mit Sozialversicherungsbeiträgen) beurteilen, zu einem unwissenschaftlichen, willkürlich anmaßenden Verfahren.

Was taugt damit die Generationengerechtigkeit als sozialpolitische Leitlinie? Wir schließen uns Hengsbach (2003) an, dessen Schlussfolgerung mit der Abwägungsregel von Nelson in Einklang steht: „Generationengerechtigkeit ist […] das uralte Problem der gerechten Verteilung zwischen reich und arm Lebenden. […]

[13] Vgl. z. B. Würfel (2019): „Die Babyboomer haben den Jungen den Klimawandel, einen ungerechten Generationenvertrag und ein kaputtes Europa eingebrockt. Zeit, Platz zu machen."

So reduziert sich die Gerechtigkeitsfrage [...] zu einer Frage der gerechten Verteilung des gesellschaftlichen Reichtums [...]" (Hengsbach 2003).

Literatur

Borchert, J.: *Sozialstaatsdämmerung.* München 2013

Bujard, M.: *Familienpolitische Geldleistungen.* Bundeszentrale für politische Bildung (2014), https://www.bpb.de/politik/innenpolitik/familienpolitik/193715/familienpolitische-geldleistungen?p=all

Bundesbank, D.: *Vermögen und Finanzen privater Haushalte in Deutschland: Ergebnisse der Vermögensbefragung 2017 Monatsbericht April 2019.* Frankfurt a. M.: Deutsche Bundesbank (2019), https://www.bundesbank.de/resource/blob/794130/d523cb34074622e1b4cfa729f12a1276/mL/2019-04-vermoegensbefragung-data.pdf

Bundestages, W. D.: *Rechtliche Aspekte der Berücksichtigung von Kindererziehung in der gesetzlichen Rentenversicherung, Wissenschaftlicher Dienst 6 – 3000 – 111/18. Berlin: Deutscher Bundestag* (2018), https://www.bundestag.de/resource/blob/584284/dc02a3f2f01d85d9a7d37d49f50aeeb8/WD-6-111-18-pdf-data.pdf

Bünnagel, V. E. J. *Möglichkeiten und Grenzen einer Bündelung familienpolitischer Leistungen.* Köln 2009

DGB: *DGB-Index Gute Arbeit.* Berlin (2020), https://index-gute-arbeit.dgb.de/dgb-index-gute-arbeit

DIW: *Steuer- und Transfersystem: Hohe Umverteilung vor allem über die Sozialversicherung, Wochenbericht 8 (2015).* Berlin (2015), https://www.diw.de/documents/publikationen/73/diw_01.c.497232.de/15-8-1.pdf

DIW: *Gerechtigkeit im europäischen Vergleich: Verteilung nach Bedarf und Leistung in Deutschland besonders befürwortet, DIW-Wochenbericht 45 (2019).* Berlin (2019), https://www.diw.de/documents/publikationen/73/diw_01.c.696436.de/19-45.pdf

DIW: *Starke Nichtinanspruchnahme von Grundsicherung deutet auf hohe verdeckte Altersarmut, DIW-Wochenbericht 49 (2019).* Berlin (2019), https://www.diw.de/documents/publikationen/73/diw_01.c.699934.de/19-49-1.pdf

DIW: *DIW-Lohnungleichheit in Deutschland sinkt, DIW-Wochenbericht 7 (2020).* Berlin (2020a), https://www.diw.de/de/diw_01.c.725397.de/publikationen/wochenberichte/2020_07/heft.html

DIW. *MillionärInnen unter dem Mikroskop: Datenlücke bei sehr hohen Vermögen geschlossen – Konzentration höher als bisher ausgewiesen. DIW-Wochenbericht 29/2020.* Berlin (2020b), https://www.diw.de/documents/publikationen/73/diw_01.c.793785.de/20-29-1.pdf

Generationengerechtigkeit, J. F. (2011–2015). *Journal für Generationengerechtigkeit 2011 bis 2015,* https://generationengerechtigkeit.info/publikationen/fachzeitschrift/journal-fuer-generationengerechtigkeit

Hans-Böckler-Stiftung: Grundsicherung erreicht Arme nicht. In: *Böckler-Impuls* 13 (2012), https://www.boeckler.de/data/impuls_2012_13_2.pdf

Hans-Böckler-Stiftung: Chefs verdienen ein Vielfaches. In: *Böckler-Impuls* 16 (2013), https://www.boeckler.de/data/impuls_2013_16_4.pdf

Hauser, R.: Generationengerechtigkeit, Volksvermögen und Vererbung. In: B. Böhning/K. Burmeister (Hg.): *Generationen & Gerechtigkeit.* Hamburg 2004, 29–44

Hengsbach, F.: *Was ist Generationengerechtigkeit?* In: Frankfurter Allgemeine Zeitung, online 6.8.2003, 3, https://www.faz.net/aktuell/wirtschaft/meinung-was-ist-generationengerechtigkeit-1230071.html

Heubach, A.: *Generationengerechtigkeit – Herausforderung für die zeitgenössische Ethik.* Göttingen 2008

IT:NRW: *Ergebnisse des Mikrozensus der amtlichen Sozialberichterstattung – Armutsquoten.* Statistisches Bundesamt. Berlin (2020), https://www.statistikportal.de/de/sbe/ergebnisse/einkommen-armutsgefaehrdung-und-soziale-lebensbedingungen/armutsgefaehrdung-und-0

Kirchhof, P. *Die Bürger kämpfen nicht mehr für einfache Steuern.* In: Der Tagesspiegel, 29.04.2019 Berlin (2019), https://www.tagesspiegel.de/politik/ex-verfassungsrichter-paul-kirchhof-die-buerger-kaempfen-nicht-mehr-fuer-einfache-steuern/24261644.html abgerufen

Nelson, L.: *Band 6, System der philosophischen Rechtslehre und Politik.* Hamburg 1970

Netzler, A.: *Soziale Gerechtigkeit durch Familienlastenausgleich. Eine normative Analyse unter besonderer Berücksichtigung der Rechtsphilosophie von Leonard Nelson.* Berlin 1985.

Netzler, A.: *Einkommensbegriffe bei familienbezogenen Leistungen.* München: Staatsinstitut für Frühpädagogik und Familienforschung, Heft 2 1990

Netzler, A.: *Familie als Risiko? Zur Anerkennung von Erziehungszeiten in der Gesetzlichen Rentenversicherung. Konsequenzen aus dem Urteil des Bundesverfassungsgerichts.* Grafschaft 1993

Netzler, A.: *Risiken und Risikoerfahrungen von Familien im Vergleich mit Kinderlosen.* Bamberg: Staatsinstitut für Familienforschung an der Universität Bamberg, ifb-Materialien Heft 3 1996

Netzler, A.: Verteilungsstrukturen und Äquivalenz der Familienarbeit. In: A. Netzler/M. Opielka (Hg.): *Neubewertung der Familienarbeit in der Sozialpolitik.* Opladen 1998, 47–70

Netzler, A.: Familien. In: J. Allmendinger/W. Ludwig-Mayerhofer (Hg.): *Soziologie des Sozialstaates.* Weinheim und München 2000, 297–320

Netzler, A.: Leistung und Bedarf: Prinzipien einer rationalen Familienpolitik. In: B. Jans/A. Habisch/E. Stutzer (Hg.): *Familienwissenschaftliche und familienpolitische Signale.* Grafschaft 2000, 173–184

Netzler, A.: Zukunft der Arbeit. In: Wissenschaftlich-Technischer Beirat der Bayerischen Staatsregierung (Hg.): *Arbeits- und Unternehmensstrukturen der Zukunft.* München 2003, 136–169

Netzler, A.: Lebenslagen Älterer in der EU, Deutschland und den Bundesländern – ein Vergleich. In: S. Stadelbacher/W. Schneider (Hg.): *Lebenswirklichkeiten des Alter(n)s.* Wiesbaden 2020, 123–200

Papst Benedikt XVI: *Enzyklika Caritas in Veritate.* Rom (2009), http://www.vatican.va/content/benedict-xvi/de/encyclicals/documents/hf_ben-xvi_enc_20090629_caritas-in-veritate.html

Papst Franziskus: *Laudato Si.* Rom (2015), http://www.vatican.va/content/francesco/de/encyclicals/documents/papa-francesco_20150524_enciclica-laudato-si.html

Papst Franziskus: *Fratelli tutti.* Rom (2020), http://www.vatican.va/content/francesco/de/encyclicals/documents/papa-francesco_20201003_enciclica-fratelli-tutti.html

Raffelhüschen, B.: *Was ist Generationengerechtigkeit?* Frankfurter Allgemeine Zeitung (FAZ)-online 6.8.2003 Frankfurt (2003), https://www.faz.net/aktuell/wirtschaft/meinung-was-ist-generationengerechtigkeit-1230071.html

Schmidt, L.: *Kinderwunsch – warum wir dich wollen* (2015), https://www.faz.net/aktuell/gesellschaft/menschen/kinderwunsch-warum-wir-dich-wollen-13645885.html?printPagedArticle=true#pageIndex_2

Sell, S. *Sozialpolitik aktuell, Kontrovers: Hartz IV/SGB 2 – Wirkungen & Weiterentwicklung.* Duisburg (2020)

Statistisches Bundesamt: *Armutsgefährdungsschwelle und Armutsgefährdung in Deutschland. Statistisches Bundesamt, Armutsgefährdungsschwelle und Armutsgefährdung (monetäre Armut) in Deutschland,* Stand 29. Oktober 2020, Berlin 2020 https://www.statistikportal.de/de/sbe/ergebnisse/einkommen-armutsgefaehrdung-und-soziale-lebensbedingungen/armutsgefaehrdung-und

Statistisches Bundesamt: *Entwicklung der Lebenserwartung bei Geburt in Deutschland nach Geschlecht in den Jahren von 1950 bis 2060.* Berlin 2020, https://de.statista.com/statistik/daten/studie/273406/umfrage/entwicklung-der-lebenserwartung-bei-geburt--in-deutschland-nac

Statistisches Bundesamt: *Amtliche Sozialberichterstattung Grundsicherung.* Berlin (2020/2), https://www.statistikportal.de/de/sbe/ergebnisse/mindestsicherung

Statistisches Bundesamt: *Datenreport 2018*. Statistisches Bundesamt. Berlin (2020/3) https://www.destatis.de/DE/Service/Statistik-Campus/Datenreport/Downloads/datenreport-2018-kap-6.pdf?__blob=publicationFile

Wirtschaft, I. D.: *Generationengerechtigkeit – IW Medien*. Köln: Institut der deutschen Wirtschaft (2020), https://www.wirtschaftundschule.de/wirtschaftslexikon/g/generationengerechtigkeit/

Würfel, C. Ö.: *Zeit, Platz zu machen*. Hamburg: Zeit-online, 8. Februar 2019 (2019), https://www.zeit.de/2019/07/generation-babyboomer-klimawandel-generationenvertrag-rente-generationenwechsel/komplettansicht

Pädagogik bei Leonard Nelson und Minna Specht

13

Sebastian Engelmann

Die Geschichtsschreibung der Erziehungswissenschaft hat es nicht sonderlich gut gemeint mit den pädagogischen Versuchen im Umfeld des ethischen und demokratischen Sozialismus. Sowohl Leonard Nelson als auch Minna Specht werden – und hier besteht in der Fachdiskussion bei genauerer Betrachtung Einigkeit – zu den „verdrängten Klassikern" (Kluge und Borst 2013) der Disziplin gezählt. Nun gehört es aber nicht nur zur Natur des Menschen, wie die Kulturwissenschaftlerin Aleida Assmann (2016) ausgewiesen hat, sondern auch zur Struktur von wissenschaftlichen Disziplinen, dass sie *vergessen* (Koerrenz und Engelmann 2019, 1–8). Das Vergessen der Disziplin unterscheidet sich aber vom Vergessen des Autoschlüssels dadurch, dass Prozesse des Vergessens im disziplinären Kommunikationszusammenhang zumeist rekonstruiert werden können oder wissenschaftshistorisch begründbar sind. Denn ‚klassische' Positionen entstehen in wissenssoziologischer Perspektive nicht automatisch. Klassische Texte haben keinen überzeitlichen Wert, weisen aber oftmals besonders anschlussfähige, treffende Problembeschreibungen auf. Nichtsdestotrotz ist das Archiv stets ein Politikum. Eine Auseinandersetzung mit den pädagogischen Überlegungen von Leonard Nelson und Minna Specht, ihren Pädagogiken, setzt an genau der Stelle an, an der verschiedenste sozialistische Pädagogiken aus unterschiedlichen Gründen verdrängt, abgelehnt, nicht weiter tradiert und schlussendlich nicht mehr diskutiert wurden (Engelmann und Pfützner 2018). Die bewusste Auseinandersetzung mit Specht und Nelson ist somit selbst ein Stück disziplinäre Erinnerungsarbeit,

S. Engelmann (✉)
Institut für Allgemeine und Historische Erziehungswissenschaft, Pädagogische Hochschule Karlsruhe, Karlsruhe, Deutschland
E-Mail: sebastian.engelmann@ph-karlsruhe.de

K. Herrmann und B. Schwitzer (Hrsg.), *Der Geist der kritischen Schule*,
https://doi.org/10.1007/978-3-662-68345-3_13

die zugleich zur erneuten Lektüre und Aneignung der pädagogischen Überlegungen anregen will. In diesem Beitrag werde ich ausschnitthaft in die Pädagogiken Leonard Nelsons und Minna Spechts einführen, die, so die These meines Beitrags, unweigerlich miteinander verbunden und dennoch verschieden sind. Hierbei schließe ich insbesondere an die Arbeiten Inge Hansen-Schabergs an, die Minna Spechts Leben und Werk immer wieder mit Nachdruck in Erinnerung gerufen hat (Hansen-Schaberg 2012).[1]

Um die These zu plausibilisieren und die Einführung in das pädagogische Denken von sowohl Leonard Nelson als auch Minna Specht in Grundzügen zu leisten, werde ich in einem *ersten* Schritt den Forschungsstand zu Nelsons und Spechts Pädagogik kurz umreißen. In einem *zweiten* Schritt werde ich ausgehend von diesem Forschungsstand anhand weniger ausgewählter Texte einen reduzierten Einblick in die Pädagogiken Leonard Nelsons und Minna Spechts geben, die auf die diverse Landschaft demokratisch-sozialistischer Pädagogik verweisen, die aktuellere Beiträge langsam wahrzunehmen beginnen (Pehnke 2017) und so ein differenzierteres Bild der demokratisch-sozialistischen Pädagogik entwickeln. Grundlage für die Darstellung sind einerseits zentrale Überlegungen aus Nelsons Werk, die beispielsweise im achten Band seiner Gesammelten Schriften versammelt sind, obgleich eine Rekonstruktion der „philosophischen Pädagogik“ (Kamuf 1985) von Leonard Nelson hier nicht geleistet wird (vgl. dafür Schwitzer im vorliegenden Band). Die Auseinandersetzung mit Nelson dient andererseits aber auch der Orientierung für die Diskussion der verstreuten Texten Minna Spechts. Spechts pädagogisches Denken wird die zumeist abstrakten Überlegungen Nelsons wenden und greifbar machen. Beide Gedankengebäude stehen gleichberechtigt nebeneinander und unterscheiden sich doch in ihrer Ausrichtung sehr – sie lassen sich nicht parallelisieren. Neben der Darstellung der Positionen wird die Verbindung von Nelsons und Spechts pädagogischem Denken aufgezeigt, die eben keine einfache Übersetzung von System in Praxis, sondern eine konsequente Anpassung an den Eigensinn der Subjekte und die politischen Gegebenheiten darstellt. In einem *dritten* Schritt werde ich einen besonderen Fokus auf die Aktualität des Werks von Leonard Nelson und Minna Specht legen. Auf diese Art wird in diesem Beitrag sowohl der aktuelle Forschungsstand zu den Konzepten Leonard Nelsons und Minna Spechts umrissen als auch in die Pädagogiken von Nelson und Minna Specht grundlegend eingeführt. Deutlich wird hierbei, dass insbesondere das pädagogische Denken von Sozialisten wie Nelson und Demokratinnen wie Specht in hohem Maße noch immer – oder gerade jetzt – anregend für die aktuelle Diskussion über Gleichheit, Inklusion und alternative Lernformen in der Erziehungswissenschaft ist.

[1] Ich danke Inge Hansen-Schaberg für viele Anregungen und wertvolle Hinweise auf die Vielfalt der Demokratischen Pädagogik im Exil. Kay Herrmann und Boris Schwitzer danke ich für die Einladung zur Mitwirkung und die Unterstützung bei der Anfertigung dieses Beitrags.

Specht und Nelson in der Erziehungswissenschaft – ein Forschungsstand

Pädagogik wird im Allgemeinen „als Kollektivsingular [...] in umfassender Weise als Bezeichnung für alles, was in praktischer und theoretischer Hinsicht mit Erziehung in Verbindung steht" (Kraft 2012, 348) gebraucht. In diesem Sinne wird unter Pädagogik sowohl die Tätigkeit der Erziehung als auch die individuelle Bildung sowie in zunehmendem Maße die Reflexion auf diese Tätigkeit verstanden. Specht und Nelson sind beide Personen, die sich bei unterschiedlichen Schwerpunktsetzungen mit Erziehung, Bildung und der Reflexion ebendieser Tätigkeiten auseinandergesetzt haben. Die wissenschaftliche Reflexion von Erziehung und Bildung findet heute vornehmlich in der Erziehungswissenschaft statt, wobei der Allgemeinen Erziehungswissenschaft die Aufgabe zukommt, das Wissen der Disziplin zu ordnen und an die grundlegenden Fragen nach Struktur und normativer Ausrichtung von Erziehung sowie der historischen Bedingtheit von Bildung und Erziehung rückzubinden. Leonard Nelson und Minna Specht sind dabei heute eher als Zaungäste der etablierten Geschichtsschreibung der Erziehungswissenschaft zu verstehen, was sich im konsolidierten, aber dennoch übersichtlichen Forschungsstand widerspiegelt. Nach einer kurzen Hochphase in den 90er-Jahren (Hansen-Schaberg 1992), wurde mit der Wiederveröffentlichung zentraler Quellen in 2005 (Specht 2005) eine erneute Auseinandersetzung mit Spechts Werk ermöglicht, die auch zu neueren Publikationen führte (Hansen-Schaberg 2013, 2018; Engelmann 2018, 2021a, 2022). Minna Spechts pädagogischem Denken – das in zahlreichen von ihr selbst verfassten kurzen Texten, Plänen zur Gestaltung von pädagogischen Arrangements und Reflexionen auf die Rolle von Erzieherinnen und Erziehern in seiner Vielfalt sichtbar wird – müsste aufgrund der Erkenntnisse der historischen Bildungsforschung ein zentraler Platz in der Historiografie der Reformpädagogik zukommen (Hansen-Schaberg 2012, 14 ff.). Specht wird jedoch in Überblicksdarstellungen noch immer regelmäßig ausgeblendet. Ähnlich verhält es sich mit den pädagogischen Überlegungen Leonard Nelsons, deren Diskussion zwar durch keinen geringeren als den kritischen Erziehungswissenschaftler Heinz-Joachim Heydorn 1974 mit einer Studienausgabe einen erneuten Anfang machte sowie prominent in der *Geschichte der Pädagogik* von Herwig Blankertz (1984) positioniert wurde, jedoch seit den Arbeiten von Ulrich Kamuf (1985) und Rainer Loska (1995) in der Erziehungswissenschaft heute nur noch selten aufgegriffen wird. Ungleich differenzierter wird der Neukantianismus als pädagogische Strömung diskutiert, der „die Frage nach dem logischen Ort der Pädagogik als transzendentale Theorie der Person und ihrer Urteilskraft" (Böhm und Seichter 2019, 346) thematisiert und zu dem Leonard Nelson regelmäßig hinzugezählt wird. Obwohl die pädagogischen Überlegungen Leonard Nelsons als auch die Pädagogik Minna Spechts immer wieder erwähnt werden, ist die vertiefte – systematische und historische – Auseinandersetzung mit Leben und Werk aktuell in der Erziehungswissenschaft nur selten Thema. Eine erneute Annäherung an die

Pädagogiken von Nelson und Specht scheint geboten, da beide wohl noch genug Anregungen für weiterführende Diskussionen bereithalten.

Leonard Nelson – die Erziehung politischer Charaktere

Leonard Nelson wird in der oben schon erwähnten Publikation von Herwig Blankertz im Rahmen der Auseinandersetzung mit dem Verhältnis von Pädagogik und der Arbeiterbewegung hervorgehoben. Laut Blankertz ergriff Nelson – im Vergleich zu beispielsweise Paul Natorp (Schneider 2018) – „radikaler und praxisbezogener Partei für den Sozialismus, gründete den ‚Internationalen Sozialistischen Kampfbund' und das Landerziehungsheim ‚Walkemühle'" (Blankertz 1982, 296). In seinen pädagogischen Schriften entwickelte Nelson die Grundzüge einer eigenständigen sokratischen Pädagogik (vgl. Raupach-Strey in diesem Band), die bis heute in den Veranstaltungen der Philosophisch Politischen Akademie Form findet, ein integraler Bestandteil philosophiedidaktischer Diskussionen ist (Raupach-Strey 2019) und auch mit Bezug auf ihre antiken Vorläufer in der Erziehungswissenschaft erwähnt wird (Fuchs 2019, 37). Zugleich konstruierte Nelson ein System philosophischer Pädagogik, das die bereits bei Kant aufgeworfene Frage nach Freiheit und Zwang durch eine klare Absage an autoritäre Pädagogik bei zeitgleicher Anerkennung äußeren Zwangs zu beantworten sucht (vgl. Schwitzer in diesem Band). In Nelsons Pädagogik wurde die Rationalität zum Richtmaß der pädagogischen Praxis im Internationalen Sozialistischen Kampfbund und auch in der Erwachsenenbildungsabteilung der Walkemühle erhoben. Seine pädagogischen Überlegungen sollte Nelson dabei konsequent in den Kontext des politischen Kampfes stellen. Die unbedingte Verpflichtung auf die rationale und differenzierte Beurteilung der eigenen und fremden Urteile äußerte sich laut Ulrich Kamuf auch in der praktischen Lehrtätigkeit Nelsons in Seminaren und außeruniversitären Lerngelegenheiten.

> Es ging Nelson nicht darum, die Teilnehmerinnen und Teilnehmer zur Übernahme seiner Position oder irgendeiner anderen zu verleiten, sondern jede/jeder sollte dahin gebracht werden, den eigenen Gedanken erst zu nehmen, was einschließt, ihn nach hinreichendem Denken zu bestätigen, zu modifizieren oder zu verwerfen. (Kamuf 2013, 110)

Dabei waren die in Nelsons Kursen behandelten Themen jederzeit mit der Veränderung der gesellschaftlichen Umstände verbunden. Es galt das Diktum, dass Pädagogik auch an der sittlichen Veränderung der Gesellschaft beteiligt sein müsste. Was bedeutete das für Nelson konkret? Der von ihm mitgegründete Internationale Jugendbund (IJB) hatte so erklärtermaßen die pädagogische Aufgabe, zur moralischen Entwicklung beizutragen: „Seine [der IJB] pädagogische Aufgabe ist […] die moralische Festigung und Ausbildung, weniger, geistig und körperlich gesunder Menschen zu politischen Führern" (Nelson 1922/1972, 347). Die Erziehung von Eliten war das Ziel des IJB, was sich auch in anderen Texten Nelsons zu Erziehung und Bildung deutlich abzeichnet, von denen der am Zentralinstitut für

Erziehung und Unterricht im Jahr 1920 gehaltene Vortrag mit dem Titel ‚Erziehung zum Führer' hier im Mittelpunkt steht. In ihm tritt Nelsons politische Pädagogik – die hier in Gänze als Erziehungskonzept für spätere politische Führer dargelegt wird – klar hervor. Nelsons Beitrag nimmt in einer Zeit Form an, in der immer „lauter und dringender [...] der Ruf nach dem Führer" (Nelson 1920/1972, 499) erklang. Daher macht Nelson es sich in dem Vortrag zur Aufgabe, eine Form der Erziehung und Bildung zu skizzieren, die auf den Ruf nach politischen Führern reagieren könnte: „Wir reden hier nicht von Führern für dieses oder jenes Lebensgebiet, sondern von der Erziehung politischer Führer". (Nelson 1920/1972, 499)

Kraft und Feinheit sind für ihn die Anlagen, die vorhanden sein müssen, um die Erziehung politischer Führer zu realisieren, die dann wiederum sehr konkrete Anforderungen an die Körperpraxis richtet. Durch Gymnastik bzw. Sport solle der „Mensch zum Herrn seines Körpers werden" (Nelson 1920/1972, 510). Hierbei komme es insbesondere darauf an, „seinen Körper und dessen Leistungsfähigkeit genau zu kennen, um danach zu disponieren und durch rationellen Gebrauch seiner Körperkräfte sich der Tücke der Objekte zu entziehen" (Nelson 1920/1972, 510). Die Ermöglichung eines bewussten Umgangs mit dem eigenen Körper und seinen Kräften ist daher die erste Forderung an die physische Erziehung der Führer, die zugleich relevant für die „Willenserziehung" (Nelson 1920/1972, 510) sei. Denn an keiner anderen Stelle lasse „sich Mut und Zuverlässigkeit in so einfacher Weise erproben und anwenden wie auf diesem Gebiet". (Nelson 1920/1972, 511) Aus den angenommenen Grundlagen von Kraft und Feinheit solle durch körperliche Ertüchtigung ein Charakter geprägt werden. Aber wie sieht es mit der Unterrichtspraxis und den zu vermittelnden Wissensbeständen aus? Hier entwickelt Nelson ein mehrstufiges Modell der Didaktik, das später auch bei Specht auftauchen wird (Engelmann 2018, 192 ff.). Anschauung und Beobachtung – angelehnt an die von Nelson so hochgeschätzten Naturwissenschaften – bilden die Grundlage für vertiefte Auseinandersetzung: „Den Stoff, den die Anschauung bietet, verarbeitet der fortschreitende Geist zu Erfahrungen. Hier setzt systematische wissenschaftliche Arbeit ein" (Nelson 1920/1972, 511), die wiederum an mathematischen und naturwissenschaftlichen Fragestellungen zu erlernen sei. Die Auseinandersetzung mit Geschichte verlagert Nelson in eine spätere Phase, da sie verfrüht eingeführt zur Ablenkung führen würde: „Die Gewöhnung an eine vorwiegend historische Betrachtungsweise [...] läßt den Tatendrang und die Schaffenslust des Schülers allzu leicht verkümmern, indem die Begeisterungskraft sich in schwärmerischen Heroenkultus ausgibt". (Nelson 1920/1972, 512) Mathematisch-naturwissenschaftliche Bildung schafft für Nelson das Fundament der theoretischen Führererziehung, deren erklärten Ziele einerseits die individuelle Einsicht und andererseits „politische Charaktere zu bilden" (Nelson 1920/1972, 514) sind, die sich wiederum durch die Fähigkeit des Handelns auszeichnen. Die oben bereits erwähnte Kontrolle der eigenen Fähigkeiten und die Kontrolle der Umwelt sind hierfür unabdingbare Voraussetzungen. Die Erziehung der Führer ist dabei keine allgemeine Erziehung; sie ist auf ein klar ausgewiesenes Ziel gerichtet und „bezweckt keineswegs die harmonische Ausbildung der Persönlichkeiten".

(Nelson 1920/1972, 519) Stattdessen will sie einen Menschen erziehen, der in der Lage ist, sein eigenes Leben zu organisieren und dazu befähigen „die Herrschaft des Zufalls in seinem eigenen Leben auf ein Minimum einzuschränken" (Nelson 1920/1972, 519). Die Vernunft, die in der mathematisch-naturwissenschaftlichen theoretischen Ausbildung anschaulich geworden ist, wird zum leitenden und strukturierenden Prinzip der Erziehung. Auf diese Art möchte Nelson die Wahrheitsliebe wieder etablieren, die durch das Wirken der angehenden Führer – und späteren Führungspersonen – die Welt vernünftig ordnet. Aufgabe des hier reformorientiert sprechenden politischen Pädagogen ist Erziehungs- und Bildungspraxis im Sinne der Wahrheit: „Unser Streben muss sich darauf richten, diesen lebendigen Geist der Wahrheitsliebe in die öffentlichen Bildungsanstalten erst wieder hineinzutragen" (Nelson 1920/1972, 519). Auch wenn die Pädagogik Leonard Nelsons und die Idee des Aufbaus einer so agierenden „Führer-Akademie" (Hansen-Schaberg 2012, 15) zunächst kaum Resonanz finden sollten, wurde spätestens mit Übernahme der Leitung der Walkemühle zumindest ein Teil der Ideen von Leonard Nelson Realität.

Minna Specht – Gemeinschaft und Erneuerung

Die Geschichten von Nelson und Specht verbinden sich schon vor ihrer gemeinsamen Zeit in der Walkemühle, genauer während Spechts Studienzeit in Göttingen. Gemeinsam übernehmen Specht und Nelson später das von Ludwig Wunder gegründete Landerziehungsheim Walkemühle. Specht, die schon zuvor als Lehrerin im Landerziehungsheim Haubinda beim Begründer der Landerziehungsheimbewegung Hermann Lietz (Koerrenz 2011) gelernt hatte, wurde mit der Leitung der Einrichtung beauftragt:

> Neben einer nach reformpädagogischen Ideen ausgerichteten Kinderabteilung wurde unter der Leitung Minna Spechts eine Erwachsenenabteilung aufgebaut, in der bezüglich der Inhalte und Zielvorstellung der Pädagogik erhebliche Differenzen zu Lietz bestanden. Hier wurde nach philosophischen und politischen Ideen Nelsons ein sozialistisches Gemeinschaftsleben erprobt, aus dem die zukünftigen Führer der Arbeiterbewegung hervorgehen sollten. (Hansen-Schaberg 2012, 14–15)

Obwohl die pädagogischen Gedanken Leonard Nelsons und Minna Spechts eng miteinander und auch mit der Geschichte der Institution Walkemühle (vgl. Schaper in diesem Band) verbunden sind, entwickelt sich Spechts Pädagogik nach dem Tod Leonard Nelsons 1927 und nach ihrer Flucht ins Exil 1933 weiter. Inge Hansen-Schaberg hält fest, dass Minna Specht sich spätestens in ihrer Zeit im Exil von der politischen Erziehungsvorstellung Leonard Nelsons lossagte und eigenständige Ideen entwickelte, die im weitesten Sinne als demokratische Erziehung zur gegenseitigen Achtung verstanden werden können. Specht unterzog ihre Überlegungen „einer kritischen Reflexion und teilweisen Revision" (Hansen-Schaberg 2012, 207), die von Skiera als Wandel vom ethischen Sozialismus nelsonscher Prägung hin zum demokratischen Sozialismus charakterisiert werden (Skiera 2008, 183). Ihre Position war auch in der Nachkriegszeit an die sich verändernde politische und wissenschaftliche Lage anschlussfähig, wie ihre gemeinsame Aktivität mit Martha Friedländer als Herausgeberin der Ratgeberzeitschrift *Kindernöte* ausweist (Engelmann 2021b).

Während ihrer Tätigkeit im German Educational Reconstruction Committee verfasste Minna Specht den Text *Gesinnungswandel. Die Erziehung der deutschen Jugend nach dem Weltkrieg* (Specht 1943), der eine ihrer längeren Ausarbeitungen ist und in der viele ihrer Ideen dargelegt sind. In *Gesinnungswandel* lieferte Specht nicht nur eine messerscharfe Kritik der menschenverachtenden Pädagogik des Nationalsozialismus, sondern auch einen Plan für die Umgestaltung des Bildungs- und Erziehungssystems in Deutschland nach dem Zweiten Weltkrieg. Zahlreiche dieser Ideen finden sich aber auch in einem Text mit dem Titel *Kulturpolitik, Schule und Erziehung,* der ebenfalls 1943 veröffentlicht wurde und den sie gemeinsam mit Kurt Weckel verfasste. In dem bei der *Union deutscher sozialistischer Organisationen* eingereichten Papier wird „zum einen die demokratische Erziehung ausdrücklich als Erziehungsziel formuliert, zum anderen werden radikale Übergangsmaßnahmen gefordert" (Kommentar Hansen-Schaberg in Specht 2005, 188). Die Erziehung zur Demokratie hat nach Specht und Weckel „im frühesten Kindesalter zu beginnen und ist fortzusetzen bis weit über das jugendliche Alter hinaus" (Specht und Weckel 1943, 188). Demokratische Erziehung wird hier als Aufgabe ausgewiesen, die nicht nur für Kinder, sondern auch für Jugendliche und Erwachsene von Relevanz ist. Specht und Weckel liefern in ihrem Beitrag die Skizze für ein vollständiges und differenziertes Schulsystem. Die Schulpflicht soll vom dritten bis zum 16. Lebensjahr gelten, wobei Kleinkinderschule, Grundschule und Mittelschule – diese wiederum gegliedert in naturwissenschaftlich-technische und sozialwissenschaftlich-humanistische Schulen – einen anregungsreichen und sicheren institutionalisierten Bildungsweg anbieten. Auch für „geistig nicht Vollwertige" (Specht und Weckel 1943, 189), eine für Specht unübliche Bezeichnung, seien besondere Institutionen zu schaffen und auch die Übergänge ins Berufsleben sind klar geregelt, sowie die Voraussetzung festgehalten, dass Lehrer*innen an allen Schulen ein Studium nachzuweisen haben.

Die „Erziehung zur Demokratie" (Specht und Weckel 1943, 189) ist aber nicht nur Aufgabe der Schule, sondern Aufgabe der gesamten Lebensform: „In breiten Schichten der Gesellschaft sind daher das erzieherische Verantwortungsbewußtsein zu wecken und der Wille zur bewußten Miterziehung zu stärken" (Specht und Weckel 1943, 189). Erziehung zur Demokratie wird so als gesamtgesellschaftliche Aufgabe ausgewiesen, an der alle Mitglieder der Gesellschaft beteiligt werden sollen – und diese Gesellschaft soll auch als Richtschnur des pädagogischen Handelns wirken, wenn Unterricht und Erziehung „in zunehmendem Maße ihre Aufgaben dem wirklichen Leben der Gesellschaft zu entnehmen haben" (Specht und Weckel 1943, 190). Und eine dieser wichtigen Aufgaben ist – damals wie heute – der Umgang mit der eigenen Freiheit, damit Demokratie eben nicht nur eine Staatsform ist, sondern „auch eine von ihrem sittlichen Wollen getragene Lebensform" (Specht und Weckel 1943, 190). 1943 formulieren Minna Specht und Kurt Weckel hier einen Gedanken, der vermittelt über die schon früher erschienenen, aber in Deutschland lange verhalten rezipierten Schriften John Dewey noch heute die Demokratiepädagogik bestimmt: Demokratie ist eine Lebensform, die auf Erfahrungen basiert und handelnd hervorgebracht wird. Sie ist nicht nur Herrschaftsform oder nur Gesellschaftsform – sie ist auch eine Form des Zusammenlebens. Diese Lebensform des Demokratischen zu befördern ist Minna Spechts Ziel. Hierzu sieht sie anders als Leonard Nelson nicht die Erziehung von Führern als richtigen Weg, sondern die Verankerung eines demokratischen Miteinanders im Alltag aller Menschen, die in einem unterstützenden und lebensnahen, praktischen Erziehungs- und Bildungssystem ihre Individualität ausprägen dürfen (vgl. Engelmann 2021c, 60–65).

Zur Aktualität der Pädagogiken Minna Spechts und Leonard Nelsons – eine Zusammenfassung

In diesem Beitrag habe ich in Ansätzen in die pädagogischen Gedankengebäude von Leonard Nelson und Minna Specht eingeführt. Hierbei ist insbesondere deutlich geworden, dass sowohl die Biografien als auch die pädagogischen Projekte von Leonard Nelson und Minna Specht eng miteinander verbunden sind. Leonard Nelson spricht sich im Bereich der pädagogischen Arbeit für eine klar politisch ausgerichtete Erziehung und Bildung von potenziellen sozialistischen Führungspersönlichkeiten aus. Auch Minna Specht hat sich in der Erwachsenenbildung für diese Art der pädagogischen Einflussnahme eingesetzt. Allerdings habe sie im Bereich der pädagogischen Arbeit mit Kindern und Jugendlichen – so Inge Hansen-Schaberg – „auf die Formulierung eines politischen Erziehungsziels verzichtet" (Hansen-Schaberg 2021, 117).

Minna Spechts Pädagogik entwickelt sich, wie Inge Hansen-Schaberg ausgewiesen hat, in Auseinandersetzung mit den vornehmlich politischen Überlegungen Leonard Nelsons spätestens im Exil zu einem eigenständigen und reformorientierten Versuch, demokratische Verhältnisse in institutionellen Settings zu verankern und so ein brüchiges und stets strittiges Miteinander nicht etwa zu befrieden, sondern zum Wohle aller auszugestalten. Specht spricht sich für die Gestaltung von Lebensformen aus, die den Austausch, die gemeinsame Arbeit am gesellschaftlichen Miteinander und einer prinzipiell anerkennenden Kultur erst ermöglichen. Vor dem Hintergrund der aktuellen politischen Großwetterlage und im Angesicht antidemokratischer Ressentiments, die eben genau die von Specht skizzierten – und in friedens- und demokratiepädagogischen Konzepten ebenfalls angemahnten – Lebensformen des Demokratischen infrage stellen, muss die Pädagogik Spechts als politisches Statement gelesen werden. Keinesfalls spricht sie sich für Indoktrination oder Überwältigung von jungen Menschen aus – das war auch Nelson zuwider. Allerdings sind die „Herstellung des Friedens" (Specht 1943, 109), die Minna Specht in ihren Überlegungen zum Gesinnungswandel so wichtig ist und auch ihre Sensibilisierung von Leserinnen und Lesern für die „Liebe zur Wahrheit, zur Gerechtigkeit und zur Schönheit des Lebens als bildende Mächte" (Specht 1943, 109) keine unpolitischen Vorhaben. Die demokratischen Werte, die Minna Specht in ihrer Pädagogik aufruft und in pädagogischem Handeln verwirklicht wissen will, sind emanzipativ. Ihre Pädagogik ist somit eine demokratisch-emanzipative, die auch heute noch Anregungen geben kann. Die von Minna Specht vertretenen Werte der Gleichheit, Gerechtigkeit und Solidarität sind noch lange nicht im Erziehungs- und Bildungssystem institutionalisiert. Methodischen Anregungen wie dialogischen Vorgehen oder auch das Lernen durch Geschichten sind keineswegs der Normalfall von Unterricht. Aber: All diese Anregungen finden sich bei Nelson und Specht – ihre Aktualität bleibt somit ungebrochen.

Literatur

Assmann, Aleida: *Formen des Vergessens*. Göttingen 2016

Blankertz, Herwig: Geschichte der Pädagogik: Von der Aufklärung bis zur Gegenwart. Münster 1982

Böhm, Winfried/Seichter, Sabine: *Wörterbuch der Pädagogik*. Paderborn 2018

Engelmann, Sebastian: *Pädagogik der Sozialen Freiheit. Eine Einführung in das Denken Minna Spechts*. Paderborn 2018

Engelmann, Sebastian: Freiheit, Gleichheit, Inklusion? Zum Verhältnis von Dekonstruktion, Empowerment und Normalisierung in der sozialistischen Reformpädagogik Minna Spechts. In: M.Vogt/M.-A. Boger/P. Bühler (Hg.): *Inklusion als Chiffre – Bildungshistorische Analysen und Reflexionen*. Bad Heilbrunn 2021a, 183–191

Engelmann, Sebastian: Zwischen Restauration und Liberalisierung – Der Blick auf den Körper des Kindes in den Kindernöten. In: E. Berner/J. Lauff (Hg.): *Jahrbuch für Historische Bildungsforschung 27. Themenschwerpunkt Körper*. Bad Heilbrunn 2021b, 158–185

Engelmann, Sebastian: *Lebensformen des Demokratischen. Pädagogische Impulse*. Weinheitm/Basel 2021c

Engelmann, Sebastian: Die verlorene Generation zurückgewinnen – Minna Spechts Konzept zur Organisation der Reeducation nach 1945. In: R. Amthor/C. Kuhlmann/B. Bender-Junker (Hg.): *Kontinuitäten und Diskontinuitäten Sozialer Arbeit nach dem Ende des Nationalsozialismus, Bd. 1: Berufsbiografische Verläufe und Orientierungen zwischen „Entnazifizierung" und Neuanfang*. Weinheim/Basel 2022, 276–289

Engelmann, Sebastian/Pfützner, Robert: Sozialismus + Pädagogik = Sozialistische Pädagogik? Geländevermessungen in einem Trümmerfeld. In: Sebastian Engelmann/R. Pfützner (Hg.): *Sozialismus und Pädagogik. Verhältnisbestimmungen und Entwürfe*. Bielefeld 2018, 14–44

Fuchs, Birgitta: *Geschichte des pädagogischen Denkens und Handelns*. Paderborn 2019

Hansen-Schaberg, Inge: *Minna Specht – Eine Sozialistin in der Landerziehungsheimbewegung (1918 bis 1951) Untersuchung zur pädagogischen Biographie einer Reformpädagogin*. Frankfurt a. M. u. a. 1992

Hansen-Schaberg, Inge: Laubegast oder: Die Geschichte und die Perspektiven der Landerziehungsheim-Pädagogik. In: Dies: (Hg.): *Landerziehungsheim-Pädagogik*. Baltmannsweiler 2012, 1–25

Hansen-Schaberg, Inge: Minna Specht (1879–1961) „…es gibt kein Zaudern, wenn man weiter will". In: S. Kluge/E. Borst (Hg.): *Verdrängte Klassiker und Klassikerinnen der Pädagogik*. Baltmannsweiler 2013, 128–143

Hansen-Schaberg, Inge: Mut zur Lücke. Oder besser: Von der Einengung des Wissens zu Gunsten der Bildung. In: H.-U. Grunder (Hg.): *Mythen – Irrtümer – Unwahrheiten. Essays über „das Valsche" in der Pädagogik*. Bad Heilbrunn 2018, 188–193

Hansen-Schaberg, Inge: Rezension zu „Sebastian Engelmann: Pädagogik der Sozialen Freiheit. Eine Einführung in das Denken Minna Spechts. Verlag Ferdinand Schöningh, Paderborn 2019". In: *Museum und Bildung* 88–89 (2021), 116–118

Kamuf, Ulrich: *Die philosophische Pädagogik Leonard Nelsons. Ein Beitrag zur Bildungstheorie*. Königstein/Ts. 1985

Kamuf, Ulrich: Leonard Nelson (1882–1927) Von der Kunst, zur Freiheit zu zwingen. Pädagogik und Politik bei Leonard Nelson. In: S. Kluge/E. Borst (Hg.): *Verdrängte Klassiker und Klassikerinnen der Pädagogik*. Baltmannsweiler 2013, 109–127

Kluge, Sven/Borst, Eva (Hg.): *Verdrängte Klassiker und Klassikerinnen der Pädagogik*. Baltmannsweiler 2013

Koerrenz, Ralf: *Hermann Lietz. Einführung mit zentralen Texten*. Paderborn 2011

Koerrenz, Ralf/Engelmann, Sebastian: *Forgotten Pedagogues of German Education. A History of Alternative Education*. Palgrave 2019

Kraft, Volker (2012): Erziehungswissenschaft – Pädagogik. In: K.-P. Horn/H. Kemnitz/W. Marotzki/U. Sandfuchs (Hg.): *Klinkhardt Lexikon Erziehungswissenschaft, Bd. 1*. Bad Heilbrunn, 348–351

Loska, Rainer: *Lehren ohne Belehrung. Leonard Nelsons neosokratische Methode der Gesprächsführung*. Bad Heilbrunn 1995

Nelson, Leonard: Erziehung zum Führer. In: Ders.: *Gesammelte Schriften, Bd. 8*. Hamburg 1920/1971, 497–522

Nelson, Leonard: Der internationale Jugend-Bund. In: Ders.: *Gesammelte Schriften, Bd. 9*. Hamburg 1922/1972, 595–603

Pehnke, Andreas: Sozialistische Reformpädagogik und Pädagogik im realexistierenden Sozialismus. In: H. Barz (Hg.): *Handbuch Reformpädagogik und Bildungsreform*. Wiesbaden 2017, 65–78

Raupach-Strey, Gisela: Der sokratisch zentrierte Ansatz. In: M. Peters/Jörg Peters (Hg.): *Moderne Philosophiedidaktik. Basistexte*. Hamburg 2019, 85–104

Schneider, Robert: Sozialismus der Bildung – Paul Natorps Pädagogik als Grundlegung. In: S. Engelmann/R. Pfützner (Hg.): *Sozialismus und Pädagogik. Verhältnisbestimmungen und Entwürfe*. Bielefeld 2018, 89–105

Skiera, Ehrenhard: *Reformpädagogik in Geschichte und Gegenwart. Eine kritische Einführung*. München 2008.

Specht, Minna: Gesinnungswandel. Die Erziehung der deutschen Jugend nach dem Weltkrieg (1943). In: M. Specht: *Gesinnungswandel. Beiträge zur Pädagogik im Exil und zur Erneuerung von Erziehung und Bildung im Nachkriegsdeutschland*. Herausgegeben und eingeleitet von Inge Hansen-Schaberg. Frankfurt a. M. u. a. 2005, 70–110

Specht, Minna: *Gesinnungswandel. Beiträge zur Pädagogik im Exil und zur Erziehung und Bildung im Nachkriegsdeutschland*. Herausgegeben und eingeleitet von Inge Hansen-Schaberg. Frankfurt a. M u. a. 2005

Specht, Minna/Weckel, Kurt: Kulturpolitik, Schule und Erziehung (1943). In: M. Specht: Gesinnungswandel. Beiträge zur Pädagogik im Exil und zur Erneuerung von Erziehung und Bildung im Nachkriegsdeutschland. Herausgegeben und eingeleitet von Inge Hansen-Schaberg. Frankfurt a. M. u. a. 2005, 188–192

Die Sokratische Methode 14

Gisela Raupach-Strey

Hintergründe der Sokratischen Methode bei Fries und Nelson

Die Sokratischen Gespräche, die im Sinne der Tradition von Leonard Nelson und Gustav Heckmann vor allem von der Gesellschaft für Sokratisches Philosophieren (GSP) bis heute durchgeführt werden, gehen zurück auf den Vortrag ‚Die sokratische Methode', den Leonard Nelson 1922 in der Pädagogischen Gesellschaft in Göttingen gehalten hat und der als Initialzündung für die Praktizierung, aber in den letzten Jahrzehnten auch die theoretische Durchdringung dieser Gesprächsform gewirkt hat. Zur Zeit Nelsons gab es drei Lehrorte, an denen die Sokratische Methode gepflegt wurde: an der Hochschule in Nelsons philosophischen Seminaren, in dem von Nelson gegründeten Landerziehungsheim Walkemühle in Melsungen (bei Kassel), das von Minna Specht geleitet wurde, und in Kursen der politischen Erwachsenenbildung, die Nelson eingerichtet hatte, um Menschen zu befähigen, am politischen Leben mitzuwirken.

Nelsons eigenes Ideal für seine philosophischen Abhandlungen war eher bestimmt von Klarheit, Strenge und Systematisierung, wie sie für eine mathematische Theorie leitend ist; so drückte er es in der Widmung seiner ‚Kritik der praktischen Vernunft' für den Göttinger Mathematiker David Hilbert aus: „Seinem Lehrer und Freunde David Hilbert widmet diesen Versuch, dem Herrschaftsbereich der strengen Wissenschaft eine neue Provinz zu erschließen, in Dankbarkeit und Verehrung der Verfasser." In dieser Philosophie-Auffassung hat Nelson sich stark an Jakob Friedrich Fries orientiert, der ebenso wie Kant vor ihm

G. Raupach-Strey (✉)
Berlin, Deutschland
E-Mail: gisela.raupach-strey@phil.uni-halle.de

K. Herrmann und B. Schwitzer (Hrsg.), *Der Geist der kritischen Schule*,
https://doi.org/10.1007/978-3-662-68345-3_14

und ebenfalls Nelson hauptsächlich theoretische philosophische Schriften verfasst hat im Sinne der auf Kant zurückgehenden ‚Kritischen Methode'.

In einer gewissen Spannung zu diesem – eher systematischen und monologischen – Ideal vertrat Nelson jedoch *für den philosophischen Unterricht* den Standpunkt

> [...] hier hängt alles von der Kunst ab, die Schüler *von Anfang an* auf sich zu stellen, sie das *Selbst*gehen zu lehren, ohne dass sie darum *allein* gehen, und diese Selbständigkeit so zu entwickeln, dass sie eines Tages das Alleingehen wagen dürfen, weil sie die Obacht des Lehrers durch die eigene Obacht ersetzen. (Nelson 1975, 215 f.).

Ziel des philosophischen Unterrichts soll also nicht die Rezeption schon vorgedachter und aufgeschriebener Gedanken von Philosophen sein, sondern die eigene Denktätigkeit und Einsichtsgewinnung. „Die sokratische Methode ist nämlich nicht die Kunst, Philosophie, sondern Philosophieren zu lehren, nicht die Kunst, über Philosophen zu unterrichten, sondern Schüler zu Philosophen zu machen." (Nelson 1975, 193) Nelson stellt sich hier de facto in die Tradition kantischen Denkens, hatte Kant doch die Studienanfänger zum WS 1765/66 mit der Bemerkung begrüßt: „Ihr erwartet Philosophie zu lernen, sollt aber Philosophieren lernen." (Kant 1977, Bd. II, 903–904).

Auch bei Kant findet sich also schon trotz seiner ausgefeilten philosophischen Werke der didaktische Grundgedanke, dass die Aktivität des selbständigen Denkens Vorrang hat vor der Passivität des Lesens und Nachsprechens schon vorhandener Philosophien.

Auf den ersten Blick konnte Nelson in dieser Hinsicht sich nicht wie in den systematischen Schriften an Fries und seinen Werken orientieren. Dessen Lehrroman „Julius und Evagoras" (1811) ist gleichwohl in der Form philosophischer Unterhaltungen mehrerer Gesprächspartner verfasst, wenn auch die einzelnen Passagen oft Vortragscharakter haben. Immerhin scheint für Fries bei der gewählten Form dieses Werks die Absicht leitend gewesen zu sein, Philosophie ‚populär' zu machen, d. h. philosophisches Denken allen Menschen nahezubringen, war es doch die Zeit der Freiheitskämpfe, in denen er sich engagiert hat; später verlor er durch seine Rede auf dem Wartburgfest (1817) seine Professur. Philosophisches Nachdenken als Motor für politisches Handeln zieht sich durch die Traditionslinie Fries – Nelson – Heckmann – Philosophisch-Politische Akademie (PPA).

Nelson erachtete allerdings in seinem Vortrag zur Sokratischen Methode Fries' Lehrroman ‚Julius und Evagoras' in methodischer Hinsicht keineswegs als vorbildlich, weil er von der Art des mitteilenden Unterrichts sei, der eine „nach feinen Abstraktionen gebildete Sprache" den Schülern erst Schritt vor Schritt „anbilden" soll, wie es sinngemäß Fries selber erläuterte (Nelson 1975, 231; Fries 1914, 436). Fries hat sich aber an anderer Stelle, wenn auch fast beiläufig, mit der Frage des *philosophischen Unterrichts* befasst, nämlich in einem kurzen Schlusskapitel seiner Schrift „System der Logik". Hier verwirft er seinerseits „mitteilenden Unterricht", wobei er vermutlich Anfänger im Blick hat. Fries schreibt dort: „Der

Unterricht sollte also hier dem Geiste der Sokratischen Methode folgen, der nicht in der dialogischen Form besteht, sondern darin, von gewöhnlichen Gegenständen des täglichen Lebens auszugehen und sich durch diese erst auf wissenschaftliche Ansichten hinüber führen zu lassen." (Fries 1914, 449).

An diese, wohl einzige Stelle, in der Fries die Bezeichnung ‚Sokratische Methode' verwendet, knüpft Nelson in seinem Vortrag an. In der tragenden Absicht, die Schüler zur eigenen Denktätigkeit zu bringen, anstatt sie nur Vorgedachtes nachvollziehen zu lassen, geht er mit Fries überein. Wenn Fries die Sokratische Methode nicht mit der *dialogischen* Form verbindet, so stimmt dies weder mit unserer heutigen Verwendungsweise von ‚Sokratischen Dialogen' überein noch sinngemäß mit der Vorstellung Nelsons von Sokratischen Gesprächen, bei denen sich die Lehrer „jedes belehrenden Urteils enthalten" (Nelson 1975, 213) soll, damit er sie nicht mit seinem Denken oder Wissen dominiert, vielmehr die Gesprächsgruppe untereinander in ein klärendes Gespräch eintritt. Fries könnte bei der Zurückweisung des Wortes ‚dialogisch' an das Frage-Antwort-Spiel der katechetischen Methode gedacht haben, die im 18./19. Jahrhundert üblich war, und in der die Engführung des Schülers durch den Lehrer hin zu dem schon vorbestimmten Ergebnis tatsächlich keinen Spielraum für eigene Gedankenarbeit ließ und insofern auch kaum etwas mit eigener Einsicht des Schülers zu tun hatte (Fries 1914, 450). Zurückweisung der dialogischen *Form* lässt sich aber auch so lesen, dass Fries von einer äußeren Form auf den darunter liegenden Inhalt grundsätzlicher Art verweisen möchte. „In der Philosophie kann nichts gelehrt werden als das Auffassen ihrer Prinzipien in abstracto und die Beurtheilung vorkommender Fälle nach diesen." (Fries 1914, 449) Die philosophischen Gegenstände sind eben nicht von der Art, dass sie einfach gelehrt, mitgeteilt werden könnten.

Die Sokratische Methode beruht vielmehr auf einer philosophischen Grundlage, die Fries und Nelson teilen: Unseren Aussagen (‚Urteilen') im täglichen Leben liegen Prinzipien zugrunde, die allgemeingültig sind und die durch Rückgang von den Erfahrungsurteilen aufgedeckt werden können und sollen, wobei innere Vorgänge wie das Wahrheitsgefühl oder der Zweifel wegweisend sein können. Diese Erkenntnisweise ist zwar ein Übergang vom Besonderen zum Allgemeinen, also keine Deduktion im logischen Sinne, aber auch keine Induktion im heute üblichen wissenschaftstheoretischen Sinn, vielmehr ein Aufsuchen und Aufweisen dessen, was unseren Urteilen zunächst unerkannt zugrunde liegt. Diese oft verkannte Art der Begründung entgeht dem von Fries schon reflektierten, später ‚Münchhausen-Trilemma' genannten Problem, dass angeblich keine letzte Begründung möglich sei. Nelson nennt dieses Verfahren die *„regressive Methode der Abstraktion"* (Nelson 1975, 203). Fries erläutert: „Das Auffassen der Prinzipien in abstracto ist das Schwerste, indem sie die allgemeinsten Abstractionen sind, dabei stehen sie an der Spitze ihres Systems nicht als Axiome, aus denen sich dasselbe selbständig entwickeln könnte, sondern nur als Kriterien, um vorkommende Fälle nach ihnen zu beurteilen." (Fries 1914, 449) Daraus folgert er, „daß es gar keine selbständig, synthetisch aufzustellende, dogmatische Lehre für die Philosophie geben könne, sondern einzig eine kritische Behandlung." Fries unterscheidet sodann den streng wissenschaftlichen vom populären Unterricht in der Philosophie. Insbesondere für letztere, die „schulmäßige" (auch „exoterische") Behandlung der Philosophie fordert er daher, „die ethischen Ansichten in der Anwendung zum Ersten zu machen und ihnen alles andere folgen zu lassen". (Fries 1914, 451)

Dieses Vorgehen, das Sokratische Nachdenken in der Erfahrung zu verankern, teilen Fries, Nelson und Gustav Heckmann, der es kurz so ausgedrückt hat: „Fuß fassen im Konkreten" (Heckmann 1981, 67). Die den Erfahrungsurteilen zugrunde liegenden, aber in der Regel auch im Dunklen liegenden Prinzipien aufzuklären ist Aufgabe der kritischen Methode, die für die kantische Richtung der Philosophie charakteristisch ist. Die kritische Methode vermeidet die beiden Extreme des Dogmatismus und des Skeptizismus: „das Wichtigste ist für allen philosophischen Unterricht, den kritischen Geist gegen die geistlose Bequemlichkeit dogmatischer Mitteilungen und gegen die vornehm thuende Pedanterey des Skeptizismus geltend zu machen." (Fries 1914, 451 f.) Diese Denkfigur der Vermeidung der beiden Extreme Dogmatismus auf der einen und Skeptizismus auf der anderen Seite zieht sich durch Nelsons Werk. Sie gilt darüber hinaus ebenso für die auf ihn und Gustav Heckmann zurückgehende Tradition Sokratischer Gespräche. Weder die Mitteilung einer Lehre ist intendiert, noch wird ein Skeptizismus um seiner selbst willen akzeptiert, der keine konkret begründeten Zweifel benennen kann.

Der kritischen Methode zugrunde liegt eine anthropologische Annahme, dass jeder Mensch teilhat an der Vernunft. Diese Voraussetzung machte schon der Sokrates der Antike mit seinem sogenannten Logos-Grundsatz „So habe ich schon immer das an mir, dass ich mich von nichts anderem leiten lasse als dem, was ich nach gründlicher Prüfung selbst erkannt habe." (Platon *Kriton*, 46b) Fries wie Nelson gestehen jedem Menschen die Vernunftfähigkeit zu, und darauf beruht dann auch die prinzipielle Gleichberechtigung aller Teilnehmenden an einem Sokratischen Gespräch: Jede und jeder kann mit seinen Möglichkeiten beitragen zur Einsichtsgewinnung der Gruppe. „Die richtigen Grundgedanken liegen ja in eines jeden Menschen Geist". (Fries 1914, 450)

Die prinzipiell gleiche Vernunftfähigkeit ist nicht zu verwechseln mit unterschiedlichen intellektuellen Fähigkeiten und unterschiedlicher Vorbildung. Wenn Fries zwischen wissenschaftlicher und schulmäßiger (‚populärer') Behandlung der Philosophie unterscheidet (Fries 1914, 450), so erinnert dies an die kantische Unterscheidung von Philosophie „nach dem Weltbegriff und nach dem Schulbegriff" (Kant 1956, 754 Anm.). Kants ‚Philosophie nach dem Schulbegriff' meint (umgekehrte Benennung wie bei Fries) die an der Universität gelehrte Philosophie, die einen systematischen Anspruch hat. Kants „Philosophie nach dem Weltbegriff" hingegen meint das elementare Philosophieren, an dem jeder Mensch Anteil hat, es thematisiert die unabweisbaren Fragen, die jeden Menschen angehen. Dieser weitere Philosophiebegriff, dem es auf die Gedankenarbeit potentiell eines jeden Menschen ankommt, lässt sich schon bei dem Sokrates der Antike erkennen. Denn er ging auf den Marktplatz und diskutierte mit beliebigen Gesprächspartnern Fragen, die sich aus deren Lebenswelt heraus stellen, z. B. Was ist Tugend? Dieser weitere Philosophiebegriff ist bis heute leitend für die Sokratischen Gespräche der Nelson-Heckmann-Tradition, aber darüber hinaus inzwischen auch für die Didaktik des Philosophie- und Ethik-Unterrichts der Gegenwart.

Fries und Nelson verbinden also folgende Punkte.

1. die Ablehnung ‚mitteilenden' Unterrichts, positiv gewendet als oberstes Ziel philosophischen Unterrichts die Fähigkeit zum selbständigen Denken;
2. die auf Kant zurückgehende kritische Methode, die zwischen Dogmatismus und Skeptizismus hindurchsteuert;
3. das Beweisprinzip des Aufweisens durch die Methode der ‚regressiven Abstraktion', die das sog. ‚Münchhausen-Trilemma' aushebelt;
4. die Beachtung der inneren Vorgänge (Wahrheitsgefühl, Zweifel), weshalb die Fries'sche Richtung gelegentlich als ‚psychologische Richtung des Neukantianismus' bezeichnet wird;
5. das didaktische Prinzip, die grundlegenden philosophischen Prinzipien aus ihrer Anwendung auf konkrete Fälle zu erkennen;
6. der über die wissenschaftliche Philosophie hinausgehende weitere Philosophiebegriff, dem entsprechend jeder Mensch qua Vernunft philosophieren kann und sollte.

Das Paradigma der Sokratischen Gespräche in der Nelson/Heckmann-Tradition

„Es wird also die Grundregel alles philosophischen Unterrichts, daß nicht die Philosophie, sondern nur das Philosophieren gelehrt werden könne." (Fries 1914, 449) So formuliert auch Fries in besagtem Kapitel, fast wortgleich mit Kant sowie mit Leonard Nelson in seinem initiierenden Vortrag 1922.

Nelson kritisiert wie Fries „die Philosophie verdrängende Liebhaberei für die Geschichte der Philosophie", die die einschmeichelndere und bequemer zu lehrende dogmatische Methode in der Lehre nicht überwinde, anstatt zu nüchternem und kritischem Philosophieren nach der Art und Weise Kants anzuleiten (Nelson 1975, 195 f.). Nelson kritisiert sogar Kants aufklärerischen Vorläufer Sokrates, insofern dieser seine Gesprächspartner meist nicht zu fruchtbaren Ergebnissen geführt habe, da er die methodischen Untersuchungen nicht weit genug fortgesetzt habe. Er schätzt Sokrates Ansatz jedoch, weil er seine Schüler zum Eingeständnis ihrer Unwissenheit führte (Nelson 1975, 209) und die Methode, „den Beobachtungen des täglichen Lebens erst ihre allgemeinen Voraussetzungen abzufragen" (Nelson, 1975, 210), ins Zentrum seiner Tätigkeit stellte. Die regressive Methode der Abstraktion fragt nach den Bedingungen der Möglichkeit der gefällten Einzelurteile; sie „erzeugt nicht neue Erkenntnisse. Sie bringt nur durch Nachdenken auf klare Begriffe, was als ursprünglicher Besitz in unserer Vernunft ruhte und dunkel in jedem Einzelurteil vernehmlich wurde." (Nelson 1975, 203 f.) Während von Platon diese ursprünglichen Vernunftwahrheiten als vorgeburtlich geschaute Ideen gedeutet wurden, derer man sich nur wieder zu erinnern brauche, will Nelson den gleichen Grundgedanken lediglich aus der „Umschlingung durch die platonische Mystik" befreien. Sokrates habe „den Nicht-Wissenden" zur Einsicht gezwungen, „das wirklich zu wissen, wovon er nicht wußte, daß er es weiß." (Nelson 1975, 212) Seine philosophische und pädagogische Wertschätzung für Sokrates Arbeitsweise drückt Nelson folgendermaßen aus:

> Sokrates war der erste, der, getragen von dem Vertrauen in die Kraft des menschlichen Geistes, die Wahrheit zu erkennen, mit diesem Vertrauen die Überzeugung verbindet, daß nicht Einfälle oder äußere Lehre uns diese Wahrheit erschließen, sondern daß nur *planmäßiges unablässiges Nachdenken in gleicher Richtung* uns aus dem Dunkel zu ihrem Licht führt. Hier liegt seine philosophische Größe. Seine pädagogische Größe liegt darin, daß er, wiederum als erster, die Schüler auf diesen *Weg des Selbstdenkens* weist und nur durch den Austausch der Gedanken eine Kontrolle einführt, die der Selbstverblendung entgegenwirkt. (Nelson 1975, 289, Hervorhebungen R-S)

Nelson folgert daher trotz seiner Kritik:

„Es ist an allem philosophischen Unterrichts nichts, wenn er gegen die methodischen Grundforderungen des Sokrates verstößt." (Nelson 1975, 211) – Nelson fasst den programmatischen Teil seiner Rede so zusammen: „[…] gibt es kein dringlicheres Bedürfnis für die kritische Philosophie als die Wiederbelebung und Weiterführung der sokratischen Methode gerade in ihrer Bedeutung für den Unterricht." (Nelson 1975, 211).

Nelsons Rede überzeugte seinen Zuhörer Gustav Heckmann so sehr, dass er andere berufliche Optionen, die er an der Universität gehabt hätte, aufgab und in diesem Sokratischen Geist Lehrer im von Nelson gegründeten Landerziehungsheim Walkemühle wurde, nach 1933 dann auch in der Exilschule in Dänemark und in England, und schließlich ab 1945 Professor für Philosophie und Pädagogik an der Pädagogischen Hochschule in Hannover. Seit seinem Ruhestand sammelte er einen Leiterkreis zur Weitergabe der Sokratischen Methode, aus dem 1994 die Gesellschaft für Sokratisches Philosophieren (GSP) hervorging. Das Angebot Sokratischer Gespräche hat sich seitdem mehr auf die freie Erwachsenenbildung verlagert; parallel dazu gibt es seit den 80er Jahren aber auch eine stärkere Integration in den Schulunterricht insbesondere der Fächer Philosophie und Ethik und in die Lehrerbildung.

Gustav Heckmann resümierte seine Tätigkeit als Sokratischer Gesprächsleiter insbesondere der Nachkriegszeit rückblickend in seinem Buch ‚Das Sokratische Gespräch. Erfahrungen in philosophischen Hochschulseminaren'. Dort lautet seine sehr knappe Erläuterung: „Sokratische Methode im weitesten Sinne wird praktiziert, wo und wann immer Menschen durch gemeinsames Erwägen von Gründen der Wahrheit in einer Frage näher zu kommen versuchen." (Heckmann 1981, 7)

Die sechs erläuterten gemeinsamen Punkte von Fries und Nelson sind hier impliziert, sie werden im Folgenden durch die konstitutiven Elemente noch näher erläutert. Heckmanns Begriffserklärung trifft zentrale Aspekte des Sokratischen Philosophierens: die im ‚Gründe-Suchen' enthaltene Verpflichtung auf Rationalität, die Intention auf Wahrheitserkenntnis und das Prinzip des Selber-Denkens, den Autonomie-Anspruch jeder Aufklärung. Was Heckmann stärker betont als Nelson, ist die gemeinschaftliche, ernsthafte Denkarbeit; zudem rückt er eine gewisse Vorsicht bzgl. der Erkenntnis von Wahrheit ins Bewusstsein, wiewohl Wahrheitserkenntnis als regulative Idee wirksam ist.

Dennoch traf diese kurze Erläuterung der Sokratischen Methode nur bedingt die latente Leitvorstellung der Praxis, wie sie die Autorin seit Mitte der 70er Jahre im Kreis von Gustav Heckmann kennengelernt und mitgetragen hat. Sie ist zu weit insofern, als dem reinen Wortlaut nach sowohl abstrakte, rein theoretische Reflexionen ohne Erfahrungsbezug subsumierbar wären, als auch umgekehrt solche Gespräche, die sich in singulärer Weise auf die Lebenspraxis beziehen, sowie Beratungsgespräche oder Beratschlagungen, die Handlungsentscheidungen dienen. Außerdem bleibt offen, vor welchem Forum sich die Beanspruchung von Gründen auszuweisen hat. Zumindest nicht ausdrücklich benannt sind folgende Elemente, die dennoch in der Leitvorstellung der Heckmann'schen Tradition impliziert waren: Das behandelte Problem ist ein philosophisches, also universales, das allerdings unter Bezugnahme auf Erfahrung und Lebenswirklichkeit als Ausgangspunkt des Erkenntnisweges erschlossen wird. Die gemeinsame Untersuchung der Gesprächsgruppe ist nicht völlig ergebnisoffen, sie zielt auf eine allgemeingültige Erkenntnis als Antwort, für die ein Konsens angestrebt wird. Gleichzeitig ist im Gesprächsvollzug auch die Bemühung wirksam, den einzelnen Personen in ihrem Denken und ihrer Persönlichkeit gerecht zu werden.

Ich selber habe daher die Leitvorstellung Sokratischer Gespräche in der Nelson/Heckmann-Tradition als ‚Sokratisches Paradigma' folgendermaßen präzisiert:

> Ein Sokratisches Gespräch ist eine von der Erfahrung ausgehende, personenbezogene und argumentierende Suche einer Gesprächsgemeinschaft nach der Erkenntnis der Wahrheit über ein philosophisches (d. h. etwas Grundlegendes betreffendes) Problem mit dem Ziel, die nach gemeinsamer, vernünftiger Prüfung gefundene Einsicht schließlich in einem konsensfähigen Urteil zu fassen. (Raupach-Strey 2002/2012, 41)

In diesem Paradigma lassen sich neun konstitutive Elemente erheben, die im Folgenden erläutert werden.

Der Marktplatz

Schon der Sokrates der Antike schrieb kein Buch, um seine Gedanken niederzulegen oder gar zu systematisieren, er philosophierte auch nicht einsam in der Abgeschlossenheit eines Klosters, vielmehr setzte er sich der Unabgeschlossenheit des öffentlichen Raumes und der Unabgeschlossenheit der Gedanken aus: Er suchte auf der Agora, dem Marktplatz von Athen seine Gesprächspartner und verwickelte sie in Fragen zu ihrem Lebensalltag, wie z. B. an den Soldaten Laches gerichtet die Frage ‚Was ist Tapferkeit?'; Fragen, die gleichwohl grundsätzlicher Art sind. Der Marktplatz steht für Offenheit gegenüber Menschen, Meinungen und Sachen. Er lässt sich als vierfache Universalität deuten:

1. Die Universalität der Subjekte: Die Einladung zum Philosophieren richtet sich an alle Menschen ohne Vorbedingung, denn grundsätzlich hat jeder Mensch qua Vernunft die Fähigkeit, zur Wahrheitserkenntnis beizutragen. Dies gilt unabhängig von realen Bedingungen und Unterschieden, wie Alter, Geschlecht, Sozialisation, Ausbildung, Geschichte, Kultur usw. Ein theoretisches Vorwissen zur Sache wird nicht vorausgesetzt; insbesondere ist weder die Zugehörigkeit noch die Nicht-Zugehörigkeit zu einer religiösen oder weltanschaulichen oder politischen oder sonstigen Gesinnungsgemeinschaft Voraussetzung.
2. Universalität der Objekte: Grundsätzlich ist kein Thema ausgeschlossen, sofern es nur mithilfe der Vernunft bearbeitet werden kann. Tabuisierungen oder Einschränkungen bestimmter Themen oder Problemkreise darf es ebenso wenig geben wie Bevorzugungen oder gar Dogmatisierungen bestimmter Meinungen oder Lehren. Es gibt keine Denkverbote und keine ‚dummen Fragen': Universalität der Diskursgegenstände.
3. Das offene Diskussionsforum ist die dritte Form der Universalität. Denn grundsätzlich ist keine Meinung und keine Argumentation ausgeschlossen, sofern sie mit der Bereitschaft verbunden ist, sie in die Öffentlichkeit hinein zu äußern und sich der gemeinsamen kritischen Prüfung zu stellen.
4. Das Forum fungiert schließlich als eine Art Gerichtshof: Die Universalität der Gültigkeit der Aussagen bzw. Problemlösungen wird als Diskursergebnis angestrebt, denn das macht ja philosophische Antworten aus, dass sie nicht nur partial, sondern allgemein gelten.

Der Marktplatz impliziert Offenheit als Geisteshaltung bzw. Tugend ebenso wie Öffentlichkeit als Forum der Gültigkeitsprüfung.

Die Verankerung in der Erfahrung

Analog zum Sokrates der Antike nehmen Sokratische Gespräche zum Ausgangspunkt des Nachdenkens authentische Erfahrung aus der Lebenswelt. In die Praxis umgesetzt wird diese Forderung dadurch, dass ein auf das Thema bezogenes ‚Beispiel' ausgewählt wird im Sinne einer abgeschlossenen, selbst erlebten Begebenheit, in der Regel also nicht ein fremdes, anonymes oder gar konstruiertes Beispiel. Der Sinn für dieses Vorgehen liegt auf mehreren Ebenen.

Zu einen liegt er darin, dass die Gesprächsteilnehmenden in ihrer Ausgangslage ernst genommen werden, indem an ihr Alltagsleben angeknüpft wird; es erübrigen sich künstlich zu schaffende Sekundärmotivationen. Methodisch liegt der Sinn darin, dass man im folgenden Gesprächsgang beim Ausloten der Gründe für die zum Beispiel aufgestellten Behauptungen authentische Erfahrungen nicht so leicht zurechtbiegen kann. Die Gründe sind nicht beliebige Argumente, sondern werden viel ernsthafter beigebracht und abgeklopft. Zudem kann man bei Schwierigkeiten und Verwirrungen im Gesprächsverlauf wieder zum Beispiel zurückkehren und an diesem ggf. kompliziertere Gedanken klarmachen. Durch die gemeinsame Denkarbeit wird der anfängliche Verstehenshorizont behutsam überschritten und erst allmählich zu allgemeineren Aussagen vorgedrungen – wie auch Nelson und Fries forderten, die allgemeinen Prinzipien zunächst an deren Anwendung aufzusuchen. Gustav Heckmann nennt dies das ‚Sokratische Prinzip': „Eine Einsicht in ein Allgemeines kann nur durch Anschauen und Analysieren des unter das Allgemeine fallenden konkreten Erfahrenen gewonnen werden." (Heckmann 1981, 10). In Erweiterung dieses Gedankens postuliere ich ein gestuftes Subsumptionsverhältnis: Allgemeine Erkenntnisse werden im *schrittweisen* Abstraktionsprozess vom Konkreten ohne Überspringen der unteren Stufen gewonnen, so dass sie auf vermittelte Weise auch auf allgemeinsten Stufen mit der Wirklichkeit verbunden bleiben und sich auf sie beziehen lassen. Dies impliziert eine Absage an eine Auffassung von Philosophie als reine Konstruktion; es entspricht der von Kant so treffend formulierten erkenntnistheoretischen Voraussetzung „Gedanken ohne Inhalt sind leer, Anschauung ohne Begriffe ist blind" (Kant, KdrV Einleitung). Somit wird Unverständlichkeit oder gar Hypostasierung philosophischen Gedankengutes vermieden und dem wichtigen didaktischen Grundsatz Rechnung getragen, Konkretion und Abstraktion wechselseitig aufeinander zu beziehen.

Der Non-Dogmatismus

Erfahrung ist zwar Ausgangspunkt und Material Sokratischen Philosophierens, nicht jedoch seine Legitimationsinstanz. Umgekehrt setzt das Sokratische Paradigma aber auch kein philosophisches System (auch nicht das von Nelson avisierte), keine ‚Lehre', kein Dogma und keine Ideologie voraus, so wie auch die universitäre Philosophie sich heutzutage im Allgemeinen obsolet machen würde, wenn sie sich ausschließlich einer Richtung verpflichtete, damit den Wissenschaftscharakter aufgeben und zu einer Art Weltanschauung degenerieren würde. Diese Systemoffenheit und Weltanschauungsneutralität entspricht zum einen dem didaktischen Indoktrinationsverbot für den Philosophie- und Ethik-Unterricht, zum anderen aber auch allgemein der Zielvorstellung, die Gesprächsteilnehmer/innen nicht zu Berufsphilosophen auszubilden, vielmehr zur eigenen Urteilsbildung zu befähigen und auf diese Weise zum eigenständigen Aufbau ihres persönlichen Orientierungssystems verhelfen.

Philosophietreiben ist keine Positionsbestimmung, sondern die immer erneute Aktivierung des Nachdenkens und der vernünftigen Prüfung. Wer Philosophie nur als das Vertreten eines Standpunktes kennengelernt hat und auffasst, hat zunächst Mühe, die Anstrengung und u. U. auch Unabgeschlossenheit des Reflexionsprozesses auszuhalten. Wenn Nelson rigoros die „Ausschaltung des Dogmatismus im Unterricht" (Nelson 1975, 213) forderte, so lässt sich dies in zweifachem Sinn verstehen, auf die Gegenstände und auf die Methode bezogen: Es gibt keine zu vermittelnde Lehre oder sakrosankten Lehrsätze, aber auch keine vorschreibende oder gar indoktrinierende Art und Weises des Lehrens. Insbesondere vom Gesprächsleiter verlangte Nelson recht kompromisslos den „Verzicht auf jedes belehrende Urteil überhaupt" (Nelson 1975, 213; vgl. Rainer Loska).

Dass Sokratisches Philosophieren nicht auf eine Lehre bezogen ist, weder als Sachautorität bzw. Berufungsinstanz, noch als anzustrebendes Erkenntnisziel, drückt sich auch aus in der Mündlichkeit der Rede und der Reflexion, die Schriftlichkeit nur als transitorisches Denkvehikel benutzt. Zugunsten des Denkprozesses verzichtet die Methode zumindest in pädagogischen Kontexten auf zusammenhängende, systematische Fixierung im Sinne einer Verobjektivierung von feststehenden, gar einen endgültigen Platz in einem System beanspruchenden Aussagen. Das Bemühen um kommunikationskontextbezogene Begriffs- und Urteilsschärfe wird dadurch nicht infrage gestellt.

Das Selbstvertrauen der Vernunft

Nelson benutzt den Topos vom ‚Selbstvertrauen der Vernunft' für die letzte, nicht weiter ableitbare Grundlage des Philosophierens, ähnlich wie Kant das „Faktum der Vernunft". In diesem Topos drückt sich der Aufklärungsanspruch der Sokratischen Methode aus, wie schon in Kants ‚sapere aude' und dem Logos-Grundsatz des Sokrates. Sokrates warnte ja davor, Emotionen, der Meinung der Leute oder den potentiellen negativen Folgen für einen selbst bei einem (insbes. moralischen) Urteil nachzugeben, anstatt den sich in der Untersuchung zeigenden Vernunftgründen zu folgen. Bekanntlich befolgte Sokrates selbst diese Vernunft-Ansprüche auch gegen sich selbst, indem er sogar das ungerechte Todesurteil der Stadt Athen auf sich nahm. – Vernunft ist die einzig legitime Berufungsinstanz, nur Gedanken, die durch eigenes Nachdenken gewonnen wurden, sind als Argumente in den Gesprächsgang einzubringen: keine Zitate, keine Berufung auf Autoritäten, keine Konformität zu einem System, nur der „eigentümlich zwanglose Zwang des besseren Arguments" (Habermas 1971, 137) kann Gültigkeit beanspruchen. Das gilt vor allem für die letzten, nicht mehr hinterfragbaren Gründe. In den wesentlichen, das Grundsätzliche betreffenden Fragen ist jeder Mensch ‚sachverständig', mit Vernunft begabt und ihres Gebrauches fähig und besitzt eine Art Wahrheitsgefühl als inneren Wegweiser. Die Intention des selbständigen Denkens drückt sich in der Authentizitätsregel der Sokratischen Gespräche aus: Jede/r soll nur solche Gedanken einbringen, die er oder sie tatsächlich (zum Zeitpunkt der Äußerung) meint und argumentativ zu verteidigen bereit ist. Die Ehrlichkeit des Denkens und Miteinander-Sprechens ist dabei vorausgesetzt. Nicht gemeint ist mit dem Grundsatz des Selbstvertrauens der Vernunft eine Selbst-Überheblichkeit des Ichs, und auch kein unkritischer Glaube an die je eigene Vernunft, sondern deren klare Selbstbindung am *Ende* des kritischen Nachfragens, wenn das Rückfragen nach Gründen nicht mehr sinnvoll fortgesetzt werden kann. Daher ist dem *Vertrauen* in die Vernunft auch die *Zumutung* an die Vernunft zur Seite zu stellen: die ‚Anstrengung des Begriffs' ebenso wie die kritische Prüfung von fremden und eigenen Aussagen ist mit größtmöglicher Redlichkeit auf sich zu nehmen. Das kann bis zu dem führen, was Nelson den „verzweifelten Kampf um die Ehrlichkeit des Denkens und Sprechens" (Nelson 1975, 221) nennt; das Selbstvertrauen der Vernunft ist auch selbst-kritisch. Der

Ausgangspunkt bei der je eigenen Erfahrung darf nicht so missverstanden werden, dass die mitgebrachten Gedanken und Denkmuster nicht zu bearbeiten wären. Auch das *wechselseitige* Zutrauen von Vernunft fördert die Entwicklung der Urteilsfähigkeit. Wenn die Gedanken nicht der öffentlichen Prüfung, dem Forum strenger Wahrheitssuche ausgesetzt würden, betröge man die Gesprächsteilnehmenden um die wichtige Erfahrung des Ringens um eine ebenso sachgerechte wie ehrliche Antwort, um den kritischen und ggf. sogar existenziellen Dialog zwischen verschiedenen Stimmen auch in ihnen selbst. Das Vertrauen in die Vernunft ohne kritisches Korrektiv wäre unredlich. Das gemeinsame Ringen um die Wahrheit kann mit Anstrengung verbunden sein, ist aber gleichwohl lohnend. (Raupach-Strey 1977, 15).

Maieutik

Die Freisetzung, die Ent-Bindung der je eigenen Gedanken und Urteile der Gesprächspartner ist der Kern Sokratischer Kunst. Sokrates selbst hat sich bekanntlich im Theaitetos (Platon *Theaitetos,* 148e–151d, bes. 150c) mit einer Hebamme verglichen, nur eben nicht für leibliche, sondern für geistige Kinder. Das bedeutet einmal, dass er sich auskennt im Umgang mit den gedanklichen Erzeugnissen anderer, dann aber vor allem, dass die Gedankenentwicklung der Gesprächspartner im Mittelpunkt des Gesprächs steht, und nicht seine eigenen Gedanken als etwas Mitzuteilendes. Der Mensch hat gleichsam ein nicht bewusstes Wissen in sich, das es zu erheben und bewusst zu machen gilt: Ob dieses Wissen platonisch als vorgeburtliche Ideenschau oder gemäß der kantischen Tradition als ein apriorisches Wissen von den letzten Prinzipien betrachtet oder allgemeiner verstanden wird im Sinne des Bewusst-Werdens von etwas, das vorher im Dunkeln verborgen lag, kann didaktisch offenbleiben. Die gedanklichen Produkte, worauf immer sie sich inhaltlich beziehen, sollen möglichst frei von Fremdbestimmung inhaltlicher oder kommunikativer Art ans Tageslicht kommen, also möglichst frei von Dogmatismus und Herrschaft sich entfalten können. Zur ‚Geburt' der je eigenen Gedanken, verhilft der- oder diejenige, der/die Rolle der ‚Hebamme' übernimmt, im Allgemeinen und zunächst also der Leiter oder die Leiterin des Sokratischen Gesprächs. – Im Gesprächsprozess lassen sich mehrere Stufen der Maieutik unterscheiden, die zuerst das Subjekt, dann die Intersubjektivität und schließlich die Sache betreffen:

Zuerst gilt es, dass sich der Gesprächspartner bzw. die Gesprächspartnerin der sich anmeldenden Gedanken selbst bewusst wird, die vorher möglicherweise nur ‚verschwommen' oder ‚dunkel' präsent waren, sie sodann zur Sprache und auf den Begriff bringt und so Thesen oder Meinungen und persönliche Standpunkte sprachlich wie gedanklich zu *klären* unternimmt. Dieser *Selbstverständigung* folgt die Ver-Äußerung in die Gruppe hinein; das Aussprechen-Können von Erfahrungen ebenso wie von Meinungen, aber auch von Unsicherheiten, Zweifeln oder diversen anderen Bewusstseinsinhalten ist angesichts verbreiteter Sprachlosigkeit nicht zu unterschätzen. Ziel ist die *Verständlichkeit* der Äußerungen und das *wechselseitige Verstehen* in der Gruppe, daher werden aufgrund der gemeinsamen Nachprüfung ggf. Verbesserungen vorgenommen. Die mitgeteilten und von den anderen verstandenen Gedanken (zunächst zu den berichteten Erfahrungen) bilden dann die gemeinsame Ausgangsbasis für das weitere Nachdenken, insbesondere den Abstraktionsprozess.

Auf der nächsten Stufe der Maieutik sind die gewonnenen Urteile gedanklich wie sprachlich weiter zu klären: auf ihre Voraussetzungen zu befragen, kritisch zu prüfen und zu begründen, evtl. auch zu widerlegen. Behauptungen, Thesen oder Positionen, die im weiteren Gesprächsprozess vertreten werden, sind ebenfalls argumentativ zu überprüfen und Rechtfertigungsgründe anzugeben. Der Rückbezug auf das Beispiel erweist sich dabei immer wieder als hilfreich. ‚Elenktik' und ‚Protreptik' – Verwirrung und Ermunterung – verweisen deutlicher als der Begriff ‚Argumentation' auf die persönliche Relevanz der Untersuchung für die Teilnehmenden. Der Untersuchungsprozess unterliegt in der Sache idealiter der Forderung, dass über jede Aussage eine möglichst umfassende Verständigung in der Gruppe hergestellt wird, bevor man fortschreitet. Das Gespräch kann linear verlaufen oder sich verzweigen, jedes Sokratische Gespräch sucht seinen eigenen Weg, es gibt keinen vorgeschriebenen Plan.

Sobald die Aussagen über die Empirie hinausgehen und grundsätzlicher werden, kommt zur Verstehensprüfung die *Geltungsprüfung* hinzu, die durch die Frage nach der Zustimmung eines jeden zu klären versucht wird: Jede(r) Gesprächsteilnehmer(in) stellt fest, ob die zur Diskussion stehende Aussage für ihn/sie zweifelsfrei ist. In der Selbstbeobachtung ist eindeutig feststellbar, ob sich ein – evtl. noch unbegriffener – Zweifel anmeldet oder nicht. Hier wird das jedem Menschen zugebilligte sog. ‚Wahrheitsgefühl' (Nelson 1975, 210; Heckmann 1981, 61, 110 (Bezugnahme auf Fries)) wirksam. Es ist keine Stimmung, eher so etwas wie eine Stimme. Für Fries hat das Wahrheitsgefühl – ähnlich wie das Schönheits- und das Sittlichkeitsgefühl – nichts mit Sinnlichkeit zu tun, sondern ist die „unmittelbare Selbstthätigkeit des Reflexionsvermögens" (Fries 1935, 407) Für ihn impliziert das Wahrheitsgefühl in jedem Falle Wahrheit, nur eben unmittelbar und nicht in begrifflicher oder urteilender Verfasstheit. Es gehört zu den Verdiensten seiner Philosophie, inneren Vorgängen philosophische Relevanz zuzubilligen. Nelson stellt jedoch in Rechnung, dass das Wahrheitsgefühl auch ein „Beschützer von Vorurteilen" (Nelson 1975, 227) sein kann und fordert daher wissenschaftliche Aufklärung. Ebenso versteht Heckmann das Wahrheitsgefühl als „Einer-Erkenntnis-auf-der-Spur-sein" (Heckmann 1981, 61), das wichtige Hinweise zur Wahrheitserkenntnis geben kann, jedoch erst der Nachprüfung bedarf, ob der Hinweis einen ‚Wahrheitskern' enthält. Das Wahrheitsgefühl ist kein Wahrheitsgarant, im Falle des Zweifels ist den Gründen nachzugehen, die sich dann als bedeutsam oder auch als nicht weiterführend herausstellen können.

Den Abschluss einer Geltungsprüfung bildet die *Konsensprüfung.* Sie kann als Teil der Geltungsprüfung oder als weitere Stufe der Mäeutik betrachtet werden.

Auf diese Weise kommt zunehmend die kritische Funktion des sokratisch-dialogischen Philosophierens zum Tragen. Das Aufzeigen des Unklaren und

Unbegründeten kann verwirren und verunsichern; es dient aber der Ermöglichung klarer und begründeter Urteile. Auch hier geht es um die Freisetzung der besseren Möglichkeiten. Der oder die Gesprächsleitende als ‚Hebamme' trägt wie Sokrates ‚Sorge für die gebärenden Seelen' (Platon 1958, 150b), geht einen Denkweg auch durch Umwege hindurch geduldig mit.

Auch die Gesprächspartnerinnen und -partner können sich gegenseitig ‚Denkhilfe' leisten, je länger sie mit geeigneten, ermutigenden Sprechhandlungen vertraut werden. Nach dem heutigen, erweiterten Verständnis einer Sokratischen Gesprächsgruppe kann grundsätzlich jede(r) für jede(n) einmal zur ‚Hebamme' der Gedanken werden; tendenziell ist das Sokratische Paradigma auf Aufhebung der Rollenasymmetrie angelegt.

Das Begründungskonzept

Das Begründungsmodell, das Nelson dem Sokratischen Paradigma zugrunde legte, ist das der *‚regressiven Methode der Abstraktion'*. Wie dies von Fries und Nelson verstanden wurde, wurde schon im ersten Teil erläutert. Von den Erfahrungsurteilen, die sich zum untersuchten Beispiel einstellen, ausgehend, wird Schritt für Schritt zurückgegangen auf die zugrunde liegenden Voraussetzungen, so dass man allmählich abstraktere Aussagen von allgemeinerer Bedeutung gewinnt. Die von der Gesprächsgruppe erarbeiteten in Bezug auf Erfahrung gefällten Einzelurteile werden so von den empirischen Zufälligkeiten schrittweise gelöst, auf die ihnen zugrunde liegenden allgemeinen Sätze befragt, bis man zu den philosophischen Prinzipien gelangt. Fries und Nelson meinten damit das Letztbegründungsproblem zu lösen, also dem sog. ‚Münchhausen-Trilemma' zu entgehen. Darüber lässt sich in der wissenschaftlichen Philosophie streiten; für die Praxis der Sokratischen Gespräche mag dies unentschieden bleiben.

Das Begründungsmodell der regressiven Methode der Abstraktion wird im gegenwärtigen Verständnis des Sokratischen Paradigmas nicht mehr mit den starken erkenntnistheoretischen Voraussetzungen von Platon, Fries oder Nelsons verbunden, sondern hinsichtlich seiner erkenntnistheoretischen Vorannahmen flexibler gedeutet. Wir nehmen nicht mehr an, in jedem Fall bis zu den letzten, allgemeinsten Grundsätzen vorstoßen zu können, und auch nicht, dass es eine Art objektiver Stufenskala dahingäbe. Was beibehalten wird und sich didaktisch als sehr fruchtbar erweist, ist die strukturelle Denkfigur des Rückgangs, des Zurückfragens nach den im konkreten Denken und Urteilen vorausgesetzten Vorannahmen, Bedingungen, Grundlagen oder eben auch Prinzipien. Auch die einfachen Fragen nach Hintergründen, Vor-Erfahrungen, Gefühlen, Wertungen oder Überzeugungen, die sich hinter den vorläufigen Aussagen der Gesprächsteilnehmenden verbergen, können aufschließenden Charakter haben, und das Zurückfragen kann iteriert werden. Dabei ist zuzugestehen, dass man im konkreten Fall mit einer Gesprächsgruppe unterschiedlich weit in die Tiefe vordringt.

Das Gesprächsziel eines Wahrheitskonsenses

Dialogische Offenheit bedeutet nicht Gerede, nicht Beliebigkeit oder bloßen Meinungsaustausch, wie oft fälschlich unterstellt wird. Vielmehr wird nach dem Wahren oder Richtigen, d. h. dem Gültigen gemeinsam und ernsthaft gesucht; es geht um verbindliches Sprechen. Sokratische Gespräche sind von der regulativen Idee der Wahrheitserkenntnis geleitet. Der Wahrheitsbegriff darf jedoch nicht überhöht verstanden werden; das Gültige muss sich im argumentativen Dialog erweisen. Sokratische Gespräche streben daher einen *Konsens* der Dialoggemeinschaft an, von dem man mit guten Gründen annehmen kann, dass er Wahrheit enthält oder ihr doch möglichst nahekommt. Das bedeutet, dass der Weg des Miteinander-Denkens ausgerichtet ist auf Einsichten zum thematisierten philosophischen Problem, die sich in einem Urteil fassen lassen, dem alle oder doch möglichst alle Gesprächsteilnehmer/innen aus eigener freier Einsicht zustimmen können, nicht etwa aufgrund von fremden oder eigenen Erwartungszwängen oder gar von quantitativer Abstimmung. Deshalb wird im Prinzip jedem ernst gemeinten Widerspruch oder Einwand nachgegangen, um herauszufinden, ob beziehungsweise welche Berechtigung, welchen „Wahrheitskern" er ggf. (nicht notwendig) enthält. Offensichtlich ist dies auch keine Frage von Mehrheiten; ein Einzelner kann etwas sachlich Wichtiges sehen, das die anderen Gesprächsteilnehmer/innen noch nicht sehen. Häufig erweist sich auch die Bedeutung eines Einwandes, der zu einem bestimmten Gesprächszeitpunkt noch nicht aufgenommen werden konnte, erst an späterer Stelle des Gesprächsverlaufs.

Die angestrebten Einsichten müssen nicht unbedingt abschließend sein und Allgemeingültigkeit erreichen, sollten aber eine erste Abstraktionsstufe überschreiten. Grundannahme dabei ist, dass ein vernünftiger Konsens der Wahrheit i. A. näher kommt als nicht konsensfähige Aussagen. Denn ein Denkergebnis kann nicht Wahrheit bzw. Gültigkeit beanspruchen, solange noch ein ernsthafter Einwand oder Bedenken erhoben wird. Diese sind vielmehr ernst zu nehmen und ihnen ist in gemeinsamer Untersuchung nachzugehen – dann wird sich zeigen, ob sie auf einem Irrtum oder Missverständnis beruhen, oder ob in ihnen ein bis dahin noch nicht aufgedeckter Wahrheitskern enthalten ist, so dass das vorhergehende Ergebnis zu modifizieren ist. Ein Konsens meint keinen äußerlichen Kompromiss: Wahr wäre eine Aussage, zu deren Inhalt unter idealen Bedingungen alle Gesprächspartner/innen aus Überzeugung zustimmen könnten. Das heißt nicht, dass ein faktischer Konsens eo ipso Wahrheit verbürge. Es kann sein, dass sich zu einem späteren Zeitpunkt oder in einem anderen Kontext herausstellt, dass er erneut der Überprüfung und ggf. der Revision zu unterziehen ist. Diesen *Fallibilismus-Vorbehalt* hat Heckmann im Gegensatz zu Nelson als Bestandteil des Sokratischen Paradigmas immer zugestanden. Gleichwohl ist die regulative Idee des anzustrebenden Wahrheitskonsenses unverzichtbar, um über bloß subjektive Meinungen und deren Austausch hinauszukommen. Das kann auch bedeuten, gerade auch einem Dissens zunächst nachzugehen, um ihn nach Möglichkeit auszuräumen. Ein faktischer Konsens kann zudem erst mit dem Anspruch auf Wahrheit verbunden werden, wenn er (im Sinne von Habermas 1971, 137) kontrafaktisch unter idealen Bedingungen gedacht werden kann. Somit ist die Zielbestimmung des anzustrebenden Wahrheitskonsenses konstitutiv für den *philosophischen* Anspruch des Gesprächs, denn nur sie liefert eine gewisse Garantie, der Sache bzw. der Wahrheit näher zu kommen, aber auch das didaktische Potential, selbst nach gescheiterten oder unzulänglichen Erkenntnisbemühungen sich weiter gemeinsam auf die Suche nach dem Gültigen, nicht mehr Bezweifelbaren zu machen, gewissermaßen als Fluchtpunkt des gemeinsamen Nachdenkens.

Die Gesprächsgemeinschaft

Erkenntnissubjekt Sokratischen Philosophierens ist nicht das einzelne, isolierte und sprachlose – oder nur im einsamen Monolog mit sich selber sprechende – Subjekt, vielmehr die Kommunikationsgemeinschaft derjenigen, die sich ernsthaft argumentativ um Wahrheit bemühen und sich in ihrem Aufklärungsprozess gegenseitig unterstützen.

Als Subjekt des Erkennens ein soziales Gebilde – die Gesprächsgemeinschaft – aufzufassen, ist sowohl für die Schule wie für die Hochschule selbst nach allen Reformbestrebungen auch gegenwärtig keine selbstverständliche Perspektive, insofern das Lernen als ein Lernen von Individuen unter Konkurrenzbedingungen das übliche Deutungsmuster ist.

Wenn jeder Meinung sozusagen ‚Untersuchungswürdigkeit' zugestanden wird, werden die in unserer Gesellschaft üblichen, auch in Diskussionen üblichen, Konkurrenzmechanismen außer Kraft gesetzt. Die Postulate der Aufrichtigkeit und Offenheit enthalten das grundsätzliche Ernst-Meinen und das Ernst-Nehmen jeder Äußerung sowie der äußernden Personen und machen die angestrebte Gleichberechtigung und wechselseitige Anerkennung der Gesprächspartner/innen erfahrbar. Nur aus der Bereitschaft zu genauem und einfühlendem Zuhören und Miteinander-Sprechen, im Sich-Öffnen für die Argumente und Anfragen anderer oder gar „Fremder" und in der gemeinsamen sorgfältig-abwägenden Suche kann ein zustimmungsfähiges oder zumindest weiterführendes Ergebnis gefunden werden. Dadurch, dass man sich in intensiver Gedanken-Arbeit gegenseitig auf Fehler, bislang unberücksichtigte Gesichtspunkte oder problematische Denkfiguren aufmerksam machen kann, kommt letztlich die Gruppe gemeinsam weiter als ein einzelner. Im Bewusstsein der Begrenztheit der Erkenntnis jedes Einzelnen und aus der Erfahrung der gegenseitigen Denkhilfe anstelle der in sonstigen Diskussionen oft üblichen Durchsetzungsbestrebungen kann so ein „Solidaritätsbewusstsein in Wahrheitssuche" (Raupach-Strey 1977, 6) entstehen.

Die intersubjektive Dimension philosophischer Erkenntnissuche und insbesondere die Kommunikationsgemeinschaft als Erkenntnissubjekt waren weder für Fries noch für Nelson im Blick aufgrund der monologischen Orientierung des bewusstseinsphilosophischen Paradigmas, das ihren Ansatz noch bestimmte. Heckmann richtete seine Aufmerksamkeit stärker auf die Gesprächsgruppe, und nach heutiger Auffassung ist die Gesprächsgemeinschaft konstitutives Element des Sokratischen Paradigmas. Die grundlegenden Regeln des Miteinanderredens und das zugrunde liegende Selbstverständnis implizieren, dass im Paradigma Sokratischer Gespräche das Bild des einsamen Wahrheitssuchers überwunden ist. Wenn das den Regeln und dem in der Praxis implizierten Selbstverständnis zugrunde liegende normative Fundament des Sokratischen Paradigmas freigelegt wird, zeigt sich überdies, dass es weitgehend demokratischen Werten entspricht (Raupach-Strey 1989).

Das Menschenbild

Das Sokratische Paradigma kann noch einmal vertieft anthropologisch verstanden werden. Die dargelegte Erläuterung der Gesprächsgemeinschaft lässt sich auffassen als die in verwandelter Form wiedergewonnene Einsicht in die dialogische Grundsituation des Menschen, die in der Überbetonung des Ich in der Gegenwart oftmals vergessen wird: Erst durch das Gespräch wird der Mensch zum Menschen – eine auch bei anderen Dialog-Philosophen wie Martin Buber formulierte Einsicht. Der Mensch steht dabei gewissermaßen im Kreuzungspunkt einer Vertikalen und einer Horizontalen: Die vertikale Dimension der Aufklärer, die Vernunft-Bestimmtheit und Selbstbestimmung (Autonomie) darf nicht mit isolierter Alleinherrschaft und einem perpetuierten Kampf aller gegen alle verwechselt werden, sie ist vielmehr um die horizontale Dimension zu erweitern: die Verwiesenheit auf die Mitmenschen durch Sprache, aber auch durch die geschichtlichen und leiblichen Bedingungen, durch äußere und innere Natur, wie sie auch in der Metapher der Hebammentätigkeit zum Ausdruck kommt.

Reale Erfahrungen dieser Art können der vorherrschenden Wirklichkeitserfahrung des angestrengten Kampfes entgegengesetzt werden. In der begrenzten Öffentlichkeit der Lerngruppe vollzieht sich zugleich der Vorgriff auf die unbegrenzte Argumentationsgemeinschaft, die im glücklichen Falle sogar als „Vorschein einer Lebensform" (Habermas 1971, 141; Raupach-Strey 1977, 15) transparent werden kann (die didaktische Relevanz des Sokratischen Paradigmas ist in konzentrierter Form dargestellt in: Raupach-Strey 2002).

Die Bedeutung Sokratischer Gespräche für die Didaktik und für die Bildung

Fries, aber auch Nelson und Heckmann verstanden Sokratische Gespräche primär als Lehrgespräche; das Potential der Sokratischen Methode für Forschungsgespräche in der akademischen Philosophie, aber auch in anderen Wissenschaften ist bei Weitem noch nicht erkannt und ausgeschöpft. Andererseits hat sich in der Praxis der Sokratischen Gespräche, insbesondere in den Angeboten der GSP für die freie Erwachsenenbildung der letzten Jahrzehnte, aber auch in der Lehrerbildung, eine gewisse „Demokratisierung" vollzogen, so dass die Differenz von Forschungs- und Lehrgesprächen nicht mehr so deutlich ist. Die grundsätzliche Gleichberechtigung der Gesprächs-Teilnehmenden kommt dabei ebenso zum Tragen wie die Zweigipfligkeit des Paradigmas, dass dem zu behandelnden Problem ebenso Aufmerksamkeit geschenkt wird wie den beteiligten Personen, die sich mit all ihren Vorbedingungen zur Sache in ein Verhältnis bringen und somit auf vielfache Weise an ihrer eigenen Bildung arbeiten.

Insbesondere für die Konzeption des Philosophie- und Ethik-Unterrichts hat das Sokratische Paradigma eine eminent didaktische Relevanz. Es ins Zentrum zu stellen, legt weder den Unterricht auf das Gespräch als alleinige Unterrichtsmethode noch auf das mündliche Sprechen als einziges Medium fest. Gründliche, gutwillige ebenso wie kritische Textlektüre, aber auch eine Vielfalt kreativer Methoden sind wichtige Elemente des Unterrichts, aber sie sind in aller Regel nicht die letzte ‚Station', sondern die Frage nach der Gültigkeit und die gemeinsame Auseinandersetzung mit dem Problem schließt sich an. Das monologische Philosophieren ist immer wieder in das dialogische Philosophieren in der Lerngruppe hinein zu öffnen. Gerade in der heutigen, zunehmend medial vermittelten Welt, ermöglicht es Primärerfahrungen im kognitiven und im intersubjektiven Bereich, dient also der Autonomie ebenso wie dem Gemeinschaftssinn der Schülerinnen und Schüler.

Im Zutrauen in die Gesprächspartner/innen, dass sie die Grundausstattung zur Klärung der wesentlichen Fragen mitbringen, so dass sie auch wechselseitig einander weiter bringen können im Erkenntnisprozess, verschränken sich philosophische und pädagogische Grundannahme. Das Selbstvertrauen der Vernunft ermöglicht Mündigkeit im geistigen und auf dieser Grundlage dann auch im praktischen, speziell im pädagogischen und auch im politischen Bereich.

Freilich sind die Rahmenbedingungen der Institution Schule Sokratischem Arbeiten nicht immer förderlich. Das Sokratische Paradigma kann aber auch dazu veranlassen, Bedingungen und Gewohnheiten des Unterrichts an unseren öffentlichen Schulen wie auch in anderen gesellschaftlichen Zusammenhängen zu überdenken: den schnellen Zeittakt, die Ergebnisorientierung des Lernens und die Fixierung auf isolierte Einzelleistung statt Kooperation, die herkömmliche Rollenaufteilung zwischen Lehrern und Schülern u. a. Wer sich vom Geist des Sokratischen Paradigmas bestimmen lässt, benötigt weder den didaktischen Solipsismus noch den didaktischen Deduktivismus, der die Gedankengänge und Problembearbeitungen der Lerngruppe immer schon vorweg bestimmen will. Vier Modelle Sokratisch orientierten Arbeitens am Lernort Schule habe ich dazu vorgeschlagen (Raupach-Strey 2002, Abschn. 5.1). Die Lehrenden benötigen dazu eigene Übung im Philosophieren, Übung in der Gesprächsleitung, Vertrauen in die unscheinbaren Anfänge selbständigen Philosophierens und vor allem die Beherztheit, sich auf ein gemeinsames Denk-Wagnis einzulassen. Letztlich kommt es auf die ‚Sokratische Haltung' der Lehrenden an, das positive Potential zu nutzen.

Die drei Lehr-/Lernorte, an denen Nelson seine philosophischen Einsichten zu verwirklichen suchte, lassen sich den von ihm aufgestellten Idealen zuordnen: der Hochschule das Ideal der Wahrheitssuche, der Reformschule das Ideal der Bildung und den politischen Erwachsenenbildungskursen die Ideale des öffentlichen Lebens und der Gerechtigkeit.

Geht man aus heutiger Sicht von einem mehrdimensionalen Bildungsbegriff insbesondere auch für die Allgemeinbildung aus, so lässt sich ein solcher unter vier Aspekten durch Sokratisches Philosophieren positiv füllen:

1. *Inhaltlich:* Bezogen auf tradiertes Gedankengut unterschiedlicher Fächer, aber auch Kulturen kann Sokratisches Philosophieren dazu verhelfen, diese Schatztruhen aufzuschließen und für das gegenwärtige, eigene Denken lebendig werden lassen. Und erst recht lassen sich existenzielle und grundlegende Fragen des Menschseins (nach Anfang und Ende, Schicksal und Verantwortung, Freiheit und Bindung beispielsweise), an denen jeder Mensch ein ursprüngliches – wenn vielleicht auch verborgenes – Interesse hat, sokratisch bearbeiten.
2. Die rationalen und die dialogischen Fähigkeiten werden erprobt; es sind nicht nur *Kompetenzen* im Sinne einer Fertigkeit, sondern jenseits aller Bewertungsschemata auch einzuübende Tugenden.
3. Sokratisches Philosophieren dient der Orientierung, insbesondere in der Adoleszenz, aber auch lebenslang der *Persönlichkeitsbildung,* die in der gegenwärtigen Gesellschaft mit ihren Herausforderungen und mit einer Pluralität von weltanschaulichen Angeboten einer eigenen Anstrengung bedarf.
4. Sokratisches Philosophieren dient weiterhin der *politischen Bildung:* Durch die Ausbildung von begründeter Urteilsbildung, Kritikfähigkeit, aber auch empathischer Dialogfähigkeit fördert es Partizipation und Mündigkeit der Bürgerinnen und Bürger, der es gerade gegenwärtig in der Zivilgesellschaft bedarf.

Literatur

Birnbacher, Dieter/Krohn, Dieter (Hg.): *Das sokratische Gespräch.* Stuttgart 2002 (darin auch: Leonard Nelson, Die sokratische Methode (1922))

Draken, Klaus: *Sokrates als moderner Lehrer – Eine sokratisch reflektierte Methodik und ein methodisch reflektierter Sokrates für den Philosophie- und Ethikunterricht.* Münster/Hamburg/London 2011

Fries, Jakob Friedrich: *Julius und Evagoras* (1811). Göttingen 1910

Fries, Jakob Friedrich: *Neue oder anthropologische Kritik der Vernunft.* Berlin 1935. [Unveränderter Nachdruck der zweiten Auflage 1828, Bd. 1]

Fries, Jakob Friedrich: *System der Logik. Ein Handbuch für Lehrer und zum Selbstgebrauch. Heidelberg 1837. Neu bearbeitet von der Jakob Friedrich Fries-Gesellschaft.* Leipzig 1914, 449–454.

Habermas, Jürgen: Vorbereitende Bemerkungen zu einer Theorie der kommunikativen Kompetenz. In: J. Habermas/N. Luhmann: *Theorie der Gesellschaft oder Sozialtechnologie – Was leistet die Systemforschung?* Frankfurt a. M. 1971, 101–141

Heckmann, Gustav: *Das sokratische Gespräch. Erfahrungen in philosophischen Hochschulseminaren* [Hannover 1981]. Mit einem aktualisierten Vorwort von Dieter Krohn. Berlin [3]2018

Immanuel Kant: *Kritik der reinen Vernunft.* Felix Meiner Verlag Hamburg 1956

Kant, Immanuel: Nachricht von der Einrichtung seiner Vorlesungen in dem Winterhalbenjahre von 1765–1766, in: Ders.: *Werkausgabe, Bd. 2.* Hrsg. von Wilhelm Weischedel. Frankfurt a. M. 1977 f., 903 f

Loska, Rainer: *Lehren ohne Belehrung.* Bad Heilbrunn 1995

Nelson, Leonard: Die sokratische Methode (1922). In: Ders.: *Gesammelte Schriften, Bd. 1*, 269–316; zitiert nach: Nelson, Leonard: Vom Selbstvertrauen der Vernunft, Felix Meiner Hamburg 1975, 191–238

Nelson, Leonard: *Kritik der praktischen Vernunft.* In: *Gesammelte Schriften, Bd. IV.* Hamburg ²1972

Platon: Sämtliche Werke. Nach der Übersetzung von Friedrich Schleiermacher mit der Stephanus-Numerierung. Hrsg. Von Walter F. Otto, Ernesto Grassi, Gert Plamböck. Hamburg. *Kriton* in Bd. 1, 1957, 43a–54e; *Theaitetos* in Bd. 4, 1958, 148e–151d, bes. 150c

Raupach-Strey, Gisela: Fachdidaktik zwischen Widerspruch und Anspruch. In: Johannes Rohbeck (Hg.): *Didaktische Konzeptionen* (= Jahrbuch für Didaktik der Philosophie und Ethik, Bd. 13). Dresden 2012, 11–34

Raupach-Strey, Gisela: Philosophie-Unterricht als Interaktion – Zur Praxis des philosophischen Unterrichtsgesprächs. In: *Aufgaben und Wege des Philosophieunterrichts, Neue Folge* 10 (1977), 1–16.

Raupach-Strey, Gisela: Socratic-Centered Didactics of Ethics. In: Jens Peter Brune/Horst Gronke/Dieter Krohn (Hg.): *The Challenge of Dialogue. Socratic Dialogue and Other Forms of Dialogue in Different Political Systems and Cultures* (= Schriftenreihe Sokratisches Philosophieren, Bd. 12). Münster 2010, 191–204

Raupach-Strey, Gisela: Sokratisch-diskursive Philosophie-Didaktik. In: Johannes Rohbeck (Hg.): *Denkstile der Philosophie* (= Jahrbuch für Didaktik der Philosophie und Ethik, Bd. 3. Dresdner Hefte für Philosophie). Dresden 2002a, 115–156

Raupach-Strey, Gisela: *Sokratische Didaktik. Die didaktische Bedeutung der Sokratischen Methode in der Tradition von Leonard Nelson und Gustav Heckmann.* Münster/Hamburg/London ²2012

Raupach-Strey, Gisela: Über den politisch bildenden Charakter Sokratischer Gespräche. In: Dieter Krohn u. a. (Hg.): *Das Sokratische Gespräch – Ein Symposion.* Hamburg 1989, 107–124

Siebert, Ute: Das *Sokratische Gespräch – Darstellung seiner Geschichte und Entwicklung.* Kassel 1996

15 Die Aktualisierung der Didaktikmaximen von Kant durch die Sokratik in der Nelson-Heckmann-Tradition

Klaus Blesenkemper

Nelson als Plagiator?

„M. Immanuel Kants Nachricht von der Einrichtung seiner Vorlesungen in dem Winterhalbjahr von 1965–1766“ (Kant 1975a, 1905)[1] gilt gemeinhin als *der* philosophiedidaktische Text des Königsberger Hochschullehrers.[2] Dort skizziert er, wie philosophische Gehalte an die jüngere Generation weitergegeben werden können und sollen. – Eine in dieser Hinsicht vergleichbare Zielsetzung verfolgt auch der berühmte Vortrag Leonard Nelsons vom 11.12.1922 in der Pädagogischen Gesellschaft in Göttingen mit dem Titel ‚Die sokratische Methode‘ (Nelson 1970a). Aufschlussreich ist eine direkte Gegenüberstellung zentraler Aussagen dieser beiden didaktischen Texte:

[1] Die Werke Kants werden zitiert nach der zehnbändigen Weischedel-Ausgabe (WA, Literaturverzeichnis), da sie an einer hier zentralen Stelle im 3. Kapitel differenzierter ist als die Akademie-Ausgabe (AA). Die hinzugefügte Angabe der jeweiligen Parallelstelle auch in dieser Ausgabe dient der leichteren Orientierung. Außerdem wird die AA zitiert, wenn es um Schriften Kants geht, die nicht in der Werkausgabe berücksichtigt sind. – Im Original jeweils gesperrt gedruckte Passagen werden hier durchweg kursiv wiedergegeben.

[2] Auszüge dieser kleinen Schrift sind daher in zwei fachdidaktische Textsammlungen (Meyer 2010, 71, 75; Peters und Peters 2019, 19–22) aufgenommen worden.

K. Blesenkemper (✉)
Dülmen, Deutschland
E-Mail: blesenkemper@t-online.de

K. Herrmann und B. Schwitzer (Hrsg.), *Der Geist der kritischen Schule*,
https://doi.org/10.1007/978-3-662-68345-3_15

Kant will junge Menschen mit Blick auf philosophische Studien vor falschen Erwartungen warnen und ihnen klar sagen, was es zu lernen gilt: „Der den Schulunterweisungen entlassene Jüngling war gewohnt zu *lernen.* Nunmehr denkt er, er werde *Philosophie lernen*, welches aber unmöglich ist, denn er soll jetzt *philosophieren lernen.*" (Kant 1975a, 908; 1905, 306).

Nelson bestimmt den Gehalt dessen, was gemäß seiner Methode gelernt werden soll, wie folgt: „Die sokratische Methode ist nicht die Kunst, Philosophie, sondern Philosophieren zu lehren, nicht die Kunst über Philosophen zu unterrichten, sondern Schüler zu Philosophen zu machen." (Nelson 1970a, 271; siehe auch Abschn. 2.4).

Die Nicht-*Lern*barkeit der Philosophie hängt nach *Kant* mit dem – bedauerlichen – Zustand dieser Wissenschaft zusammen. Als Wissenschaft im engeren Sinne gebe es sie nicht wirklich: „Um also auch Philosophie zu *lernen*, müßte allererst eine würklich vorhanden sein. Man müßte ein Buch vorzeigen und sagen können: sehet, hie ist Weisheit und zuverlässige Einsicht [...]." (Kant 1975a, 909; 1905, 306).

Die Nicht-*Lehr*barkeit der Philosophie hängt nach *Nelson* mit dem – bedauerlichen – Zustand dieser Wissenschaft zusammen. Sie sei zu seiner Zeit einfach noch unreif: „In diesem Jugendstadium der Entwicklung befindet sich das, was als philosophische Wissenschaft gilt, noch heute." (Nelson 1970a, 273).

Dass Philosophie nicht wirklich eine Wissenschaft sei, ist nach *Kant* auch darin begründet, dass hier anders als in etablierten Wissenschaften verbindliche verfahrens- und Beurteilungskriterien fehlten: „Die Ursache in [AA: ist], weil in jenen Wissenschaften ein gemeinschaftlicher Maßstab da ist, in dieser aber jeder seinen eigenen hat." (Kant 1975a, 910; 1905, 308).

Dass Philosophie eine noch unreife Wissenschaft sei, ist nach *Nelson* auch darin be gründet, dass dort im Gegensatz zu ‚reifen' Wissenschaften verbindliche Regeln fehlten: „Ganz anders aber da, wo in einer Wissenschaft noch das Recht gilt, daß jeder sich selbst Gesetz und Regel gibt [...]."(Nelson 1970a, 273).

Auf diesem Hintergrund formuliert *Kant* die Zielsetzung philosophischen Unterrichts knapp wie folgt: „Kurz, er [der Schüler,K.B] soll nicht *Gedanken*, sondern *denken* lernen; man soll ihn nicht *tragen*, sondern *leiten*, wenn man will, dass er in Zukunft von sich selbst zu *gehen* geschickt sein soll." (Kant, 1975a, 908; 1905, 306).

Auf diesem Hintergrund formuliert *Nelson* die Zielsetzung philosophischen Unterrichts wie folgt: Es „hängt alles von der Kunst ab, die Schüler *von Anfang an* auf sich selbst zu stellen, sie das *Selbst*gehen zu lehren, ohne daß sie darum *allein* gehen, und diese Selbständigkeit so zu entwickeln, daß sie eines Tages das Alleingehen wagen dürfen, weil sie die Obacht des Lehrers durch eigene Obacht ersetzen." (Nelson 1970a, 293f.).

Nelson erwähnt in seinem Methoden-Vortrag Kant, nicht aber seine hier zitierte Schrift. Man könnte fast von einer plagiatorischen Nähe zwischen beiden Texten sprechen. Die enge Geistverwandtschaft in Fragen der Didaktik bezieht sich auf gleich mehrere Aspekte: auf den *Gegenstand* philosophischer Lehr-Lern-Prozesse, die Tätigkeit des Philosophierens, das *Ziel,* das selbständige Philosophieren-Können, einschließlich der Zurückweisung, fertige Gedanken lernen zu sollen, und auf die *Begründung* dieses Ziels mit Hinweis auf den defizitären Status der philosophischen Wissenschaft.

Auf den ersten Blick gäbe es also gute Gründe dafür, dass Nelson als Namensgeber für seinen didaktischen Ansatz nicht nur Sokrates, sondern *auch* Kant hätte wählen können. Auch im Hinblick auf die *Methode,* wird sich im zweiten Blick (2. Kapitel) zeigen, dass und inwiefern der Göttinger Philosoph dem Königsberger folgt.

Aber erst der dritte, hier entscheidende Blick (3. Kapitel), in der die *implizite* Didaktik Kants, die sich in drei als didaktisch auszuweisenden Maximen offenbart, wird verstehen helfen, dass (4. Kapitel) die Sokratische Methode *vollumfänglich* als Aktualisierung kantischen Denkens interpretiert werden kann, freilich im Wesentlichen nur unter Berücksichtigung ihrer Weiterentwicklung durch den Nelson-*Schüler* Gustav Heckmann (1898–1996).

Die sokratische Methode bei Kant

Mehr als drei Jahrzehnte nach der zitierten Vorlesungsankündigung erweist sich Kant abermals als *expliziter* Didaktiker: In knappster Form im vorletzten Paragraphen der von Jäsche herausgegebenen Logikvorlesung (Kant WA 5, 582; AA 9, 149 f.) und – sachlich übereinstimmend, aber etwas ausführlicher – gegen Ende der *Tugendlehre,* dem zweiten *Teil der Metaphysik der Sitten* (§§ 50–52; Kant: WA 7, 617–625; AA 6, 479–484), hier unter der Kapitelüberschrift ‚Die ethische Didaktik'.

Kant stellt in didaktischer Absicht verschiedene Lehrmethoden vor. Er unterteilt sie zunächst in zwei Formen: Die erste nennt er „akroamatisch". Alle hören mit ‚spitzen Ohren' zu (akroáomai: hören, zuhören), was der Lehrende vor ihnen verkündet. Wir denken heute an eine Vorlesung bzw. den Frontalunterricht. Ein Wechselspiel von Frage und Antwort entfaltet die ‚erotomatische' Lehrart (von eréomai u. éromai: fragen, befragen). Hier kommt es wieder zu einer wichtigen Unterteilung: Wird bei einem Schüler allein das *Gedächtnis* nach dem befragt, was der Lehrer zuvor akroamatisch gelehrt hat, so ist die erotomatische Lehrart eine ‚katechetische' (von katêchéo: unterrichten, belehren). Ist beim Schüler aber nicht das Gedächtnis, sondern die ‚Vernunft' (Tugendlehre) bzw. ‚Verstand' (Jäsche-Logik) ge- und befragt, so kommt die *‚dialogische'* oder noch genauer: die ‚sokratisch-*dialogische* Lehrart' zum Tragen (Kant 1975c, 618 u. 619; 1907a, 478 u. 479). Kants Erläuterungen:

> [1] Denn wenn jemand der Vernunft des anderen etwas abfragen will, so kann es nicht anders als dialogisch, d. i. dadurch geschehen: daß Lehrer und Schüler einander *wechselseitig* fragen und antworten. [2] Der Lehrer leitet durch Fragen den Gedankengang seines Lehrjüngers dadurch, daß er die Anlage zu gewissen Begriffen in demselben durch vorgelegte Fälle bloß entwickelt (er ist die Hebamme seiner Gedanken); [3] der Lehrling, welcher hiebei inne wird, daß er selbst zu denken vermöge, [4] veranlaßt durch seine Gegenfragen (über Dunkelheit, oder den eingeräumten Sätzen entgegenstehende Zweifel), daß der Lehrer nach dem docendo discimus selbst *lernt,* wie er gut fragen müsse. (Kant 1975c, 618; 1907a, 478)

In [1] behauptet Kant, in Vernunftfragen komme nur die erotomatische Variante der dialogischen Lehrart infrage. Warum nun das Wechselspiel von Frage und Antwort gefordert ist, wird in [2] angedeutet: Der Lehrer solle hier nicht von ihm Gelehrtes wieder hervorlocken wollen – das wäre Katechese –, sondern habe bei Fragen der Vernunft lediglich die Aufgabe, bereits in der Vernunft Vorhandenes ans Tageslicht zu befördern. Wie eine an Sokrates' Mutter erinnernde ‚Hebamme' solle der Lehrer die „Anlage zu gewissen Begriffen" bei seinem Schüler lediglich „entwickel[n]". Schon in der Vorrede zur *Tugendlehre* hatte Kant darauf hingewiesen, dass moralische Prinzipien auf ‚Metaphysik' gründeten und dass diese „jedem Menschen in seiner Vernunftanlage beiwohnt".[3] Das merke jeder Lehrer, der den Pflichtimperativ und seine Anwendung „*sokratisch* zu katechisieren versucht" (Kant 1975c, 504, 1907a, 376). Wichtig ist in [2] der kleine methodische Hinweis auf das *Wie* der sokratischen Lehrart. Was der Lehrling in seiner Vernunft noch dunkel in sich trage, könne im Dialog entwickelt werden „durch vorgelegte Fälle". Leider führt Kant diesen Gedanken nicht näher aus, er nennt keinen Fall solcher Fälle. In der Nelson-Heckmann-Tradition des Neosokratischen Gesprächs sind damit *Beispiele* gemeint, welche die Gesprächsteilnehmer als selbst erlebte Episoden einander *erzählen.*

Die Hebammen-Lehrart zeitigt – so wieder Kant – zwei Konsequenzen: 1. Gemäß den Ausführungen in [3] bemerkt der Lehrling an sich selbst, dass er selbst denken kann. Diese Bemerkung wird in der *impliziten* Didaktik Kants noch eine besondere Rolle spielen. 2. Der Lehrer – so in [4] – bemerkt, dass er durch Lehren lernt. Hier allerdings folgt die Einschränkung, Lehrer-Lernzuwachs beziehe sich nur auf das richtige Fragen. Dass Lehrer auch in einem umfassenderen Sinne durch, mit und von ihren Schülerinnen und Schülern lernen können, würde viele Lehrpersonen heute sicherlich stärker betonen.

Drei Denkmaximen Kants, interpretiert als didaktische Maximen[4]

Kants Aufmunterung bzw. Aufforderung zum Selberdenken als zentrales Moment der dialogisch-sokratischen Methode ist das Bindeglied zwischen seiner expliziten und seiner impliziten Didaktik. ‚Implizit' deshalb, weil es in dieser Didaktik nicht um Lehr-Lernprozesse geht, sondern um Erkenntnisprozesse generell. Diese Didaktik besteht in einem Trio von drei leicht überschaubaren Maximen. Kant erwähnt es nach meiner Zählung an insgesamt 16 Stellen, jeweils leicht variiert (Blesenkemper 1987, 243–265). Der Stellenwert des Trios erhellt aus den diversen Überschriften, untern denen die Maximen aufgezählt werden:

Die drei Maximen werden betitelt: „Allgemeine Regeln und Bedingungen der Vermeidung des Irrtums überhaupt" (Kant 1975b, 1923, 57). Das klingt noch ziemlich bescheiden. Es folgen Steigerungen: „Maximen des gemeinen Menschenverstandes" (Kant 1975e, 390, 1913, 294), „[U]nwandelbare[.] Gebote[.]" „[f]ür die

[3] Unter Hinweis auf Sokrates' maieutisches Vorgehen hatte Kant bereits in der *Grundlegung zur Metaphysik der Sitten* (1785) den „gemeinen Menschenverstand[.]" wegen des darin anzutreffenden „praktische[n] Beurteilungsvermögen[s]", besonders wertgeschätzt (Kant 1975d, 31, 1911, 404).

[4] In diesem Kapitel greife ich auf Überlegungen zurück, die ich in Blesenkemper (2018 und 2020) entfaltet habe.

Klasse der Denker" (Kant 1975f, 549; 1907b, 228). Es gehe gar um die „Vorschrift", „aus sich selbst" „Weisheit" „heraus[zu]bringen" (Kant 1975f, 511, 1907b, 200).

Von den 16 Varianten dieses bedeutsamen Regeltrios hier die späte Fassung aus seiner *Anthropologie in pragmatischer Hinsicht:*

1. *Selbst* denken.
2. Sich (in der [Gemeinschaft] Mitteilung mit Menschen) in die Stelle jedes *anderen* zu denken.
3. Jederzeit *mit sich selbst einstimmig* zu denken (Kant 1975 f; 549)[5].

Diese Regeln sind durchaus bekannt, sie werden häufiger zitiert, aber kaum interpretiert, so dass ihr didaktisches Potenzial nicht voll ausgeschöpft wird.[6]

„Selbst denken"

In der zitierten *Anthropologie* erläutert Kant die erste Maxime näher: „Das erste Prinzip ist negativ (nullius addictus iurare in verba magistri) [auf keines Meisters Worte zu schwören verpflichtet] das der *zwangsfreien* [...] Denkungsart" (Kant 1975f, 549, 1907b, 228). Dem Lehrer/der Lehrerin gedanklich nicht folgen zu *müssen,* ja nicht einmal zu *sollen,* klingt aus Schülersicht attraktiv. Auch Hochschuldozenten sollten sich m. E. als *kantische* ‚magistri' begreifen.

Die Maxime des Selbstdenkens begegnet außer in Kants Didaktik auch in der emphatischen Ermunterung zu Beginn seiner Aufklärungsschrift: „Sapere aude! Habe Mut, dich deines eigenen Verstandes zu bedienen! ist also der Wahlspruch der Aufklärung" (Kant 1975g, 53, 1923a, 33; vgl. Kant 1975f, 283 Fn., 1907b; 146 Fn.). Kant zielte mit dem ‚sapere aude' primär auf politische und politpädagogische Ziele wie Mündigkeit, Emanzipation und Autonomie und warnte: „Es ist so bequem unmündig zu sein. Habe ich ein Buch, das für mich Verstand hat, einen Seelsorger, der für mich Gewissen hat, einen Arzt, der für mich die Diät beurteilt, u. s. w.: so brauche ich mich ja nicht selbst zu bemühen" (Kant 1975g, 53, 1923a; 35). Auf den ersten Blick scheint Kant das Bücherlesen dem Selberdenken opfern zu wollen. Doch wir müssen genau lesen: Kant wendet sich in seiner Aufklärungsschrift *nur* gegen ein Buch, sofern es ‚für mich' ‚Verstand' hat, nicht gegen ein

---

[5] Nach Weischedel ist in Kants Handexemplar von 1796/1797 vor das Wort „Mitteilung" noch „[Gemeinschaft]" hinzugefügt worden (Kant 1975f, 549 u. 817 f.). Diese pointierende Ergänzung fehlt im Text und im Apparat der Akademieausgabe (Kant 1907a, 228).

[6] Ekkehard Martens betrachtet diese Regeln – übrigens im Zusammenhang mit einer Würdigung der sokratischen Methode nach Nelson – als Unterstreichung des eigenen dialogisch-pragmatischen Ansatzes, genauer: des „offenen Dialogs", freilich ohne nähere Interpretation (Martens 1979, 140 f.). Michael Fröhlich erachtet die drei Kantischen Maximen mit entsprechenden interpretatorischen Hinweisen als begrenzt hilfreich für eine Gestaltung des Philosophierens mit Kindern in den drei aufeinander aufbauenden Phasen „Vorstellungen entwickeln, Denkweisen erproben und die Orientierungsleistung von Denkweisen prüfen". (Fröhlich 2004, 109–131, hier 110).

Buch mit ‚Verstand‘ schlechthin. Es kommt beim Lesen eines Buches darauf an, dass ich mich nicht blind auf dessen ‚Verstand‘ verlasse, sondern mir diesen durch meinen *eigenen* Verstand *selbst* zu eigen mache (Scholz 2011, 54).

Wo immer die Vernunft nach Orientierung sucht, muss sie selbstdenkend aktiv werden. Letztlich kann sie Zuflucht nur zu und in sich selbst suchen. Entsprechend lesen wir in der kleinen Schrift ‚Was heißt: Sich im Denken orientieren‘ (1786), es bleibe uns nichts anderes übrig, als den „letzten Probierstein der Zulässigkeit eines Urteils […] *allein in der Vernunft* zu suchen“ (Kant 1975h, 275, 1923b; 140). Oder mit anderen Worten: „*Selbstdenken* heißt den obersten Probierstein der Wahrheit in sich selbst (d. i. in seiner eigenen Vernunft) suchen“ (Kant 1975h, 283; 1923b, 146). Die Arbeit mit diesem „Probierstein“ wird wie folgt näher erläutert:

> Sich seiner *eigenen* Vernunft bedienen will nichts weiter sagen, als bei allem dem, was man annehmen soll, sich selbst fragen: ob man es wohl tunlich finde, den Grund, warum man etwas annimmt, oder auch die Regel, die aus dem, was man annimmt, folgt, zum allgemeinen Grundsatz seines Vernunftgebrauchs zu machen? (Kant: 1975h, 283 Fn., 1923b, 146f. Fn.)

Die dieserart kontextualisierte erste Maxime der Erkenntnisgewinnung erinnert Scholz an das bekannte Prüfungsverfahren der praktischen Vernunft: „Im Kern handelt es sich um einen Verallgemeinerungstest bezüglich beliebiger Maximen der Urteilsbildung. Nicht zufällig erinnert er an den kategorischen Imperativ als Test moralischer Maximen“ (Scholz 2004, 263, 2011, 55).

Unter didaktischen Gesichtspunkten zeitigt die erste Maxime noch weitere Konsequenzen. Weisheit könne man einem anderen „nicht eingießen“ (Kant 1975f, 511, 1907b, 200). Der Nürnberger Trichter funktioniert eben nicht. Lernen ist auch bereits bei Kant ein primär schüler-*aktiver* Prozess, den die Lehrpersonen allenfalls anregen können: „Ich kann einen andern niemals überzeugen als durch seine eigene[n] Gedanken“ (Kant 1942, 32). Und in einem Brief lesen wir prägnant: „Denn nur das, was wir selbst machen können, verstehen wir aus dem Grunde“ (Kant 1902, 57). Daraus folgert Kant didaktisch: „Es ist daher nichts schädlicher, als wenn man die Schüler angewöhnet den Autor nachzumachen oder vielmehr nachzuäffen“. (Kant 1966b, 866)

„Sich (in der [Gemeinschaft] Mitteilung mit Menschen) in die Stelle jedes anderen zu denken“

„In der Philosophie der Gegenwart hält sich gegen Kants Vernunftkonzeption hartnäckig der Vorwurf des Solipsismus“ (Recki 2006, 112; vgl. Blesenkemper 1987), so die Klage von Birgit Recki. Die Autorin macht deutlich, dass und inwiefern die Vernunft bei Kant bereits in sich selbst kommunikativ verfasst ist. Dies lässt sich zunächst ex negativo erschließen aus der Abwehr Kants gegenüber erkenntnistheoretischen Privatismen: Der jeweils Einzelne ist in seinem Urteil beschränkt und begrenzt. Erkennt er dies nicht und sucht diese Grenzen nicht zu überwinden, verharrt er in dem, was Kant „logischen Egoismus" nennt (Blesenkemper 1987, 251). Diese Art von Verstößen gegen Erkenntnismoral prangert Kant häufiger an: „Der logische Egoismus besteht darin, daß ich alle Urtheile nur annehme in Vergleichung mit dem meinigen, so fern sie mit ihm stimmen; und um die Uebereinstimmung mit dem Verstand anderer unbekümmert und gleichgültig bin" (Kant 1966c, 427, 1966d, 151 vgl. Kant 1966, 873f.).

Ganz der Sorge um „Uebereinstimmung mit dem Verstand anderer" dient die Berücksichtigung der zweiten Maxime. Nach ihr solle sich der Einzelmensch von sich frei machen, liberal werden, und sich zum anderen hin erweitern, indem er die Perspektive vom anderen her einnimmt. Kant erläutert: „[D]as zweite [Prinzip ist] positiv, der *liberalen,* sich den Begriffen anderer bequemenden Denkungsart" (Kant 1975f, 549; 1907a, 228 f.). Eine

> erweiterte[.] Denkungsart" zeige ein Mensch, „wenn er sich über die subjektiven Privatbedingungen des Urteils, wozwischen so viele andere wie eingeklammert sind, wegsetzt und aus einem *allgemeinen* Standpunkte (den er dadurch nur bestimmen kann, daß er sich in den Standpunkt anderer versetzt) über sein eigenes Urteil reflektiert. (Kant 1975e, 391, 1913, 295)

Dieser „allgemein[.] Standpunkt[.]" ist nicht (nur) am Schreibtisch zu gewinnen. Kant fordert vielmehr die *reale* Kommunikation: „[W]ie viel und mit welcher Richtigkeit würden wir wohl *denken,* wenn wir nicht gleichsam in Gemeinschaft mit andern, denen wir unsere und die uns ihre Gedanken *mitteilen,* dächten!" (Kant 1975h, 280, 1923, 144). „Die Menschen sind gleichsahm dazu berufen, ihre Vernunft gemeinschaftlich zu gebrauchen, und sich ihrer zu bedienen" (Kant 1966d, 151).

Reale Kommunikation ja, aber auch reale, präsentische Gemeinschaft? – Die wechselseitige Mitteilungsgemeinschaft, die Kant vor Augen schwebte, war die der „Gelehrtenwelt", die sich über Publikationen austauschen sollte.

Im 21. Jahrhundert müssen Kants Intentionen mit den gegenwärtigen Öffentlichkeits- und Kommunikationsstrukturen verlinkt werden. Heute kann der Isolierung des Verstandes in einer Weise entgegengewirkt werden, die sich Kant in seinen kühnsten Träumen wohl nicht hätte vorstellen können. Durch Social Medias, Foren, Blogs, Videokonferenzen in Schulen und Hochschulen besteht geradezu *instantan* die Möglichkeit, die ‚subjektiven Privatbedingungen des Urteils' *wirklich,* nicht nur ‚gleichsam', zu überwinden.

Die zweite Maxime zielt m. E. noch in eine weitere Richtung: Nach Kant geht es um den Standpunkt „*jedes* anderen". Es geht auch darum, dass der *Reichtum der philosophischen Tradition* und damit auch die bereits verstorbene „anderen" einbezogen werden. Die zweite Maxime verlangt demnach also eine *synchrone und diachrone* Erweiterung des Denkhorizontes durch *gemeinschaftliches* Denken.

Diese *zweite* Variante der „erweiterten Denkungsart" spielt *während* des Sokratischen Gesprächs in der Nelson-Heckmann-Tradition keine Rolle. Dort sind nur jeweils leiblich – ggf. auch online – Anwesende einbezogen, nicht abwesende Autoritäten. Dass sich eine Gesprächsleiterin bzw. ein Gesprächsleiter in der

Vorbereitung auch durch Bücher kundig machen kann, ist damit nicht ausgeschlossen. Das Gewicht der Mitteilungsmaxime insgesamt bleibt – weniger bedeutsam freilich für Nelson, weit mehr für Heckmann (siehe 4. Kapitel).

„Jederzeit mit sich selbst einstimmig zu denken."

Diese Maxime wird von Kant und seinen Interpreten nur wenig erläutert. Man verweist auf die damit verlangte „*konsequente[.]* (folgerechte[.]) Denkungsart" (Kant 1975f, 549; 1907b, 228 f.) und glaubt darin eine Aufforderung zur *logischen* Stimmigkeit zu sehen. Das ist notwendig, aber nicht hinreichend. Das Hauptargument[7] für eine weitergehende Deutung sehe ich in Kants Maximenkommentierung in seiner *Kritik der Urteilskraft.* Dort *bindet* er den Erfolg der dritten Maxime an die zur Haltung gewordenen permanenten Beachtung der beiden anderen: „Die dritte Maxime, nämlich die der *konsequenten* Denkungsart, ist am schwersten zu erreichen und kann auch nur durch die Verbindung beider ersten, und nach einer zur Fertigkeit gewordenen öfteren Befolgung derselben, erreicht werden" (Kant 1975e, 391, 1913, 295). Die Folgerichtigkeit für mich, die Stimmigkeit, der Einklang mit mir selbst ist das (jeweils vorläufige) Ergebnis einer längeren gedanklichen Anstrengung: Ich muss 1. immer wieder selbst denken, dann 2. mein Selbst in vielfältigen Auseinandersetzungen mit anderen selbstdenkend verlassen, um schließlich 3. alles zu einem für mich einstimmigen Urteil zu bündeln. Dieser dialektische Prozess ist der Gang der *(Selbst-) Bildung.* Als Ziel des philosophischen Unterrichts hatte Kant das „von sich selbst […] [G]ehen" (Kant, 1975a, 908, 1905, 306) und Nelson das ‚Alleingehen' ausgewiesen.

Die Realisierung der Didaktik Kants im ‚Sokratischen Gespräch'

Gustav Heckmann hat den methodischen Ansatz seines Lehrers Leonard Nelson weiterentwickelt und wichtige Ergebnisse unter ‚Das sokratische Gespräch' (2018) zusammengefasst. Der Titel verrät bereits die Nähe dieser Konzeption[8] zur zweiten Maxime Kants. Für Heckmann ist der wechselseitige Austausch, das Gespräch, der Dialog im ursprünglichen Sinne des Wortes[9] konstitutiv. An *einer*

[7] Weitere Argumente in Blesenkemper (2018, 21–23).

[8] Auf eine vollständige Rekonstruktion aller wichtigen Strukturelemente eines Sokratischen Gesprächs im Sinne Heckmanns kann hier verzichtet werden; siehe dazu den Beitrag von Gisela Raupach-Strey in diesem Band, Kap. 14.

[9] Ursprünglich meinte ‚Dialog' nicht nur ein dyadisches Gespräch; ‚diá' heißt vor allem ‚durch, auseinander'. Die Bedeutung verengte sich schon früh auf ‚Zwiegespräch' und wurde so dem ‚Monolog' gegenübergestellt. Die englische Bezeichnung ‚Socratic Dialogue' für ‚Sokratisches Gespräch' restituiert die ältere, auch polylogische Bedeutung. Auf diese bezieht sich David Bohm (2011, 32 f.) in seiner Konzeption von Dialog.

Stelle in seinem Methoden-Vortrag betont auch Nelson die Notwendigkeit der Kommunikation und verweist diesbezüglich auf Sokrates. Dessen „pädagogische Größe liegt darin, daß er [...] die Schüler auf diesen Weg des Selbstdenkens weist und nur durch den Austausch der Gedanken eine Kontrolle einführt, die der Selbstverblendung entgegenwirkt“ (Nelson 1970a, 269). Aber insgesamt ist für Nelson das Gespräch als methodisch förderliche Sozialform zwar möglich, aber nicht notwendig. Zentrale philosophische Einsichten können für Nelson auch ‚monologisch‘ gewonnen werden (Birnbacher 2015, 173).

Hier gehen also die gedanklichen Wege von Kant und Nelson auseinander. Dabei starten sie im Prinzip gleich, nämlich bei einer recht ähnlichen Einschätzung des Kriteriums für Wahrheit.

Wahrheit, sagt man, besteht in der Übereinstimmung der Erkenntnis mit dem Gegenstande. Dieser bloßen Worterklärung zufolge soll also mein Erkenntnis, um als wahr zu gelten, mit dem Objekt übereinstimmen. Nun kann ich aber das Objekt nur mit meinem Erkenntnisse vergleichen, *dadurch daß ich es erkenne*. Meine Erkenntnis soll sich also selbst bestätigen, welches aber zur Wahrheit noch lange nicht hinreichend ist. Denn da das Objekt außer mir und die Erkenntnis in mir ist: so kann ich immer doch nur beurteilen: ob meine Erkenntnis vom Objekt mit meiner Erkenntnis vom Objekt übereinstimme. Einen solchen Zirkel im Erklären nannten die Alten *Diallele* (Kant 1975b, 476; 1923, 50).

Der *Zirkel*[...] entspringt aus der Forderung eines *allgemeinen Kriteriums* der Wahrheit der Erkenntnis überhaupt. Ein solches Kriterium müßte, um anwendbar zu sein, erkannt werden können. Ob aber diese Erkenntnis des Kriteriums gültig ist, könnten wir nicht entscheiden, ohne das Kriterium schon anzuwenden. Dieser Zirkel muß sich in jedem Versuch wiederholen, ein Wahrheitskriterium aufzustellen, das für alle Erkenntnis gelten soll und daher natürlich nicht selbst eine Erkenntnis sein kann. Ob man dieses Kriterium in der Übereinstimmung der Erkenntnis mit dem *Gegenstande* oder (mit dem Pragmatismus) in der *Nützlichkeit* der Erkenntnis sucht, das ist für die Unvermeidlichkeit dieses Zirkels ganz gleichgültig. (vgl. Nelson 1973a, 402f.)

Wahrheit eines Urteils

Während Kant hier die Korrespondenztheorie der Wahrheit zurückweist, wendet sich Nelson primär gegen eine pragmatistische Wahrheitstheorie, nebenbei aber auch gegen das Wahrheitskriterium der Korrespondenz. *Beide* sehen in dem Versuch, ein objektiv gültiges Wahrheitskriterium anzugeben, einen ‚Zirkel‘. Nelson will sich aus ihm introspektiv befreien: „[D]as Kriterium der Wahrheit der Urteile kann nicht selbst wieder ein Urteil sein, aber es braucht darum nicht außerhalb der Erkenntnis zu liegen; es liegt nämlich in der unmittelbaren Erkenntnis, die ihrerseits nicht wieder in Urteilen besteht“ (Nelson 1973b, 473).

Kant verfährt doppelt: Er eröffnet 1. den Raum für *mögliche* Wahrheiten durch seine transzendentalphilosophischen Rekonstruktionen der intersubjektiv-subjektiven gültigen apriorischen Strukturen des Erkennens. Urteile, die ihnen *nicht* entsprechen, können *nicht* wahr sein (Prauss 1973). Kant nennt 2. auch ein positives, wenn auch nur ‚äußerliches‘ (Kant 1975i, 688; 1904, 532), aber doch „starke[s]“ Wahrheitskriterium:

> Wenn ich gewahr werde, daß ein Urtheil eines andern dem meinigen widerspricht, so muß ich auf den Grund sehen wie das zugehet daß Menschen die sich alle nach allgemeinen Gesetzen des Verstandes richten, sich wiedersprechen. Ich muß mich hier nicht nach meinem Urtheil richten, denn die Wahrheit wird nicht durch ein Privaturtheil entschieden. [...] Das ist wirklich das einzige logische Mittel die Wahrheit zu suchen, daß man mit anderer Urtheile sein Urtheil zusammenhalte und dann einstimmig mache. Für ganz falsch muß man eines andern Urtheil niemals halten. (Kant 1966c, 396f.)
>
> Denn sie [die Leute, K. B.] müssen sich mitteilen, wenn sie nicht das starke Kriterium der Wahrheit, ihre Urteile mit den Urteilen anderer zu vergleichen, verlieren wollen. (Kant 1966e, 740)

Die Überwindung eines „Privaturtheil[s]" durch Ergründung des Irrtums und das Verfahren, „sich mit[zu]teilen", mit dem Ziel, divergierende Urteile „einstimmig" zu machen, also einen *Konsens* zu erreichen, und dabei die Annahme, der andere irre sich völlig, auszuschließen: All das sind *auch* Maximen und Ziele der Sokratik Heckmanns, entfaltet auf einer Kant nahe kommenden Basis, nämlich der „dem sokratischen Gespräch zugrunde liegende[n] Wahrheitsauffassung" (Heckmann 2018, 113). Der Wahrheit könne man sich *nur* im Gespräch annähern, aber ein Konsens gelte immer *nur* vorläufig (Heckmann 2018, 117 f.). Mit seinem Doktorvater, dem Physiker Max Born, teilt Heckmann die Überzeugung: „Ist doch der Glaube an eine einzige Wahrheit und deren Besitzer zu sein, die tiefste Wurzel allen Übels auf der Welt" (Heckmann 2018, 118). In dem Punkt der besonderen Wertschätzung eines auf *Konsens* ausgerichteten *Gesprächs* aktualisiert Heckmann mehr als Nelson kantisches Denken.

Literatur

Birnbacher, Dieter: Neosokratische Methode und Sokratisches Gespräch. In: Julian Nida-Rümelin/Irina Spiegel/Markus Tiedemann (Hg.): *Handbuch Philosophie und Ethik, Bd. 1: Didaktik und Methodik.* Paderborn 2015, 171–178

Blesenkemper, Klaus: *‚Publice age' – Studien zum Öffentlichkeitsbegriff bei Kant* (= Claus Bussmann/Friedrich A. Uehlein: Pommersfeldener Beiträge, Bd. 4). Frankfurt a. M. 1987

Blesenkemper, Klaus (2018): Kants Denkmaximen und ihre Anwendung als Maximen der Philosophiedidaktik. In: *Angewandte Philosophie. Eine internationale Zeitschrift/Applied Philosophy. An International Journal* 1 (2017), 9–28

Blesenkemper, Klaus: Das sokratische Gespräch. In: Barbara Brüning (Hg.): *Ethik/Philosophie Didaktik. Praxishandbuch für die Sekundarstufe I und II.* Berlin ³2020, 71–84

Bohm, David: Der *Dialog. Das offene Gespräch am Ende der Diskussion.* Hrsg. v. Nichol, Lee. Aus dem Englischen übersetzt von Anke Grube. Stuttgart ⁶2011

Fröhlich, Michael: *Philosophieren mit Kindern.* Münster 2004

Heckmann, Gustav: *Das sokratische Gespräch.* Berlin ³2018

Kant, Immanuel: *Gesammelte Schriften.* Bd. 1–22 hrsg. von Preussische Akademie der Wissenschaften, 1900–1942; Bd. 23 hrsg. von Deutsche Akademie der Wissenschaften zu Berlin, 1955; ab Bd. 24 hrsg. von Akademie der Wissenschaften zu Göttingen. Berlin ab 1966 (= AA)

Kant, Immanuel: *Werke.* Hrsg. von Weischedel, Wilhelm, 10 Bde. Darmstadt 1975 (= WA)

Kant, Immanuel: *M. Immanuel Kants Nachricht von der Einrichtung seiner Vorlesungen in dem Winterhalbjahre, von 1765–1766.* In: Kant WA 2, 905–917, 1975a; Kant AA 2, 303–313, 1905

Kant, Immanuel: *Immanuel Kants Logik ein Handbuch zu Vorlesungen.* In: Kant WA 5, 421–582, 1975b; Kant AA 9, 1–150, 1923

Kant: Immanuel: *Die Metaphysik der Sitten in zwei Teilen.* In: Kant WA 7, 305–634, 1975c; Kant AA 6, 203–493, 1907

Kant, Immanuel: *Grundlegung zur Metaphysik der Sitten.* In: Kant WA 6, 9–102, 1975d; Kant AA 4, 385–463, 1911

Kant, Immanuel: *Kritik der Urteilskraft.* In: Kant WA 8, 235–465, 1975e; Kant AA 5, 165–485, 1913

Kant, Immanuel: *Anthropologie in pragmatischer Hinsicht.* In: Kant WA 10, 397–690, 1975f; Kant AA 7, 117–333, 1907a

Kant, Immanuel: *Beantwortung der Frage: Was ist Aufklärung.* In: Kant WA 9, 53–82, 1975g; Kant AA 8, 31–42, 1923a

Kant, Immanuel: *Was heißt: Sich im Denken orientieren?* In: Kant WA 5, 267–283, 1975h; Kant: AA 8, 129–147, 1923b

Kant, Immanuel: *Bemerkungen über das Gefühl des Schönen und Erhabenen.* In: Kant AA, 20, 3–71, 1942

Kant, Immanuel: *Brief an Johann Plücker, 26.01.1796.* In: Kant AA 12, 57f., 1902

Kant, Immanuel: *Wiener Logik.* In: Kant AA 24, 787–940, 1966

Kant, Immanuel: *Logik Philippi.* In: Kant AA 24, 305–496, 1966a

Kant, Immanuel: *Logik Blomberg.* In: Kant AA 24, 9–301, 1966b

Kant, Immanuel: *Kritik der reinen Vernunft.* Zweiter Teil. In: Kant WA 4, 1975i; Kant AA 3, 1904

Kant, Immanuel: *Logik Dohna-Wundlacken.* In: Kant AA 24, 689–784, 1966c

Martens, Ekkehard: Dialogisch-pragmatische Philosophiedidaktik. Hannover 1979

Meyer, Kirsten (Hg.): *Texte zur Didaktik der Philosophie.* Stuttgart 2010

Nelson, Leonard: *Gesammelte Schriften in neun Bänden.* Hrsg. v. Bernays, Paul u. a. Hamburg 1970ff. (= GS)

Nelson, Leonard: *Die sokratische Methode.* In: Nelson GS 1, 216–316, 1970a

Nelson, Leonard: *Über den Pragmatismus. Diskussionsbeiträge.* In: Nelson GS 2, 395–403. 1973

Nelson, Leonard: *Die Unmöglichkeit der Erkenntnistheorie.* In: Nelson GS 2, 459–483, 1973a

Peters, Martina/Peters, Jörg (Hg.): *Moderne Philosophiedidaktik. Basistexte.* Hamburg 2019

Prauss, Gerold: Zum Wahrheitsproblem bei Kant. In: Ders. (Hg.): *Kant. Zur Deutung seiner Theorie von Erkennen und Handeln.* Köln 1973, 73–89

Recki, Birgit: ‚An der Stelle [je]des anderen denken'. Über das kommunikative Element der Vernunft. In: Dies.: *Die Vernunft, ihre Natur, ihr Gefühl und der Fortschritt, Aufsätze zu Immanuel Kant.* Paderborn 2006, 111–125

Scholz, Oliver R.: „... den obersten Probierstein der Wahrheit in sich selbst (d.i. in seiner eigenen Vernunft) suchen" – Immanuel Kants Präzisierung und Formalisierung des Aufklärungsprogramms. In: Sabine Doyé/Marion Heinz/Udo Rameil (Hg.): *Metaphysik und Kritik.* Festschrift für Manfred Baum zum 65. Geburtstag. Berlin/New York 2004, 251–264

Scholz, Oliver R.: Auslegen und Selbstdenken – Hermeneutik und Kritik in der Aufklärung und die Geisteswissenschaften. In: Rainer Enskat/Andreas Kleinert (Hg.): *Aufklärung und Wissenschaft* (= Acta historica Leopoldiana, Nr. 57. Hrsg. v. Parthier, Benno). Stuttgart 2011, 49–62

16 Zur Geschichte des Landerziehungsheims Walkemühle

Ralf Schaper

Walkemühle ist die Bezeichnung eines Gebäudekomplexes an dem Bach ‚Pfieffe' nahe des Dorfes Adelshausen bei Melsungen, ca. 30 km südlich von Kassel. Von 1921 bis 1950 befand sich auf dem Gelände das *Landerziehungsheim Walkemühle.*

Die Gründungsphase 1921–1924

1918 gründeten Leonard Nelson und Minna Specht den *Internationalen Jugendbund IJB* (Franke 1991, 150). Am 01.12.1918 wurde die *Gesellschaft der Freunde der philosophisch-politischen Akademie* als Förderverein für den IJB gegründet (Link 1964, 109). 1912 nahm Nelson an einer Versammlung der *Freunde deutscher Landerziehungsheime* in Berlin teil (Hansen-Schaberg 1992, 34). 1918 arbeitete Specht im Landerziehungsheim Haubinda und lernte den Reformpädagogen Ludwig Wunder kennen (Hansen-Schaberg 1992, 33). 1921 kaufte er die Walkemühle und eröffnete am 15. Mai eine Schule (Wunder 2008, 65 f.). Am 2./3. Mai 1922 besuchten Specht und Nelson die Walkemühle und berieten mit Wunder das Konzept eines gemeinsam geführten Landerziehungsheimes (Hansen-Schaberg 1992, 37). Am 11. Juli 1922 wurde die *Philosophisch-politische Akademie PPA* gegründet (Franke 181).[1] Eine Geldspende von Hermann Roos, einem Schweizer Geschäftsmann, ermöglichte den Neubau zweier großer Gebäude, des Akademiegebäudes und des Lehrgebäudes (Hansen-Schaberg 1992, 38) (Abb. 16.1).

[1] Siehe dazu ausführlich den Aufsatz von Barbara Neißer im vorliegenden Band, Kap. 11.

R. Schaper (✉)
Kassel, Deutschland
E-Mail: raschaper@t-online.de

K. Herrmann und B. Schwitzer (Hrsg.), *Der Geist der kritischen Schule*,
https://doi.org/10.1007/978-3-662-68345-3_16

Abb. 16.1 Das Fachwerkhaus zeigt die alte Mühle, Neubauten sind in der Mitte das Lehrgebäude und links das Akademiegebäude, dahinter sind Häuser von Adelshausen zu erkennen, im Vordergrund die Landstraße Melsungen-Spangenberg. (Foto: AdsD 6/FOTA033584.)

Willi Eichler, gelernter Kaufmann und Sekretär Nelsons, lebte vom 14.06.1922 ein Jahr in der Walkemühle und beaufsichtigte die Bauarbeiten (Mayr 1961, [2][2]). Die PPA wurde Eigentümerin der Immobilien (Abb. 16.1).

Am 05. November 1923 zog Specht in die Walkemühle (Mayr 1961, [2]). Am 23. März 1924 bat Ludwig Wunder den Schulrat von Melsungen um die Erteilung der Zulassung für Specht als Lehrerin.[3] Differenzen mit der Schulbehörde in Kassel veranlassten Wunder, in einem Schreiben an den preußischen Kultusminister vom 29.04.1924 die Vorstellungen über die pädagogische Arbeit der Schule zu präzisieren und um die endgültige Genehmigung zu bitten.[4] Nach anfänglicher

[2] Der Text von Mayr ist nicht paginiert. In eckigen Klammern sind die von mir ergänzten Seitenzahlen angegeben.

[3] Text des Briefes: www.landerziehungsheim-walkemuehle.de/index.php?title=Beifang#Die_Walkemühle_in_der_Ausstellung. Alle Internetadressen wurden am 24.02.2024 überprüft.

[4] Text des Briefes: Giesselmann 1997, 15 ff. bzw. www.allerart.de/walkemuehle/walkemuele-05.html. In dem Brief wird nicht nur die damalige Konzeption des Heims ausführlich beschrieben, sondern auch die Ausstattung der Gebäude; angehängt sind zwei Wochenpläne für Schüler.

Abb. 16.2 v. r. n. l.: Nora Block, Berta Rode, Willi Eichler, Ludwig Wunder. (Foto 1922, Nachlass Nora Walter.)

Euphorie kam es im Sommer 1924 zu Spannungen zwischen Wunder und den *Nelsonianern* (Hansen-Schaberg 1992, 41 ff.). Wunder verließ am 27.11.1924 fluchtartig die Walkemühle (Wunder 2008, 72). Specht übernahm die Leitung des Heims, das eine Kinderschule, eine Funktionärsschule und eine Tagungsstätte beherbergte.

Die Blüte 1924–1932

Drei Ereignisse strukturieren die Geschichte von 1924 bis 1932:

- der Beschluss des Vorstandes der SPD vom 02.11.1925 zur Unvereinbarkeit der Mitgliedschaft in SPD und IJB und die Gründung des Internationalen Kampfbundes ISK,
- der Tod Nelsons am 29.10.1927 in der Universitätsklinik Göttingen und die Beerdigung auf der Walkemühle,
- die Beendigung der Erwachsenenkurse 1931 und die Übersiedlung von Gustav Heckmann, Hellmut Rauschenplat und Minna Specht nach Berlin zur Redaktion der Zeitung des ISK ‚Der Funke'.

Im IJB bzw. im ISK galten strenge Regelungen bzgl. Abkürzungen: Wm hieß Walkemühle; Leonard Nelson unterschrieb meistens einfach mit „N.". So wird auch hier oft die Abkürzung Wm benutzt.

Leonard Nelson schrieb 1926 in dem Aufsatz ‚Über das Landerziehungsheim Walkemühle':

> Wenn ich – der Aufforderung der Redaktion folgend – von der pädagogischen Eigenart dieser Schule in dem knappen mir zugemessenen Raum überhaupt etwas sagen soll, so kann es daher nur das sein: In dieser Schule braucht man nicht zu lügen. Ich höre die Schulreformer fragen: Ist das nicht zu wenig? Darüber zu reden, wird sich lohnen, wenn erst einmal jenes Wenige erreicht ist. (Nelson 1926)

„In dieser Schule braucht man nicht zu lügen" ist der wohl am häufigsten zitierte Satz von Leonard Nelson. Es sind mindestens 38 Zitatstellen bekannt.[5]

Schüler, Helfer oder Lehrer waren Bezeichnungen für die Bewohner der Wm. Zu den Schülern zählten auch die Kinder. Erwachsene Schüler mussten wie die Helfer über eine Berufsausbildung und politische Erfahrungen verfügen, etwa in Gewerkschaften oder im Arbeiter-Abstinenten-Bund, bevor sie, meist vorgeschlagen von Ortsgruppen des IJB resp. ISK und ausgewählt von Leonard Nelson bzw. Minna Specht, in die Wm kommen konnten mit dem Ziel, als Funktionäre der Bünde zu arbeiten. Helfer waren z. B. Schlosser oder Köchinnen und arbeiteten unentgeltlich in der Wm. Sie brachten Schülern handwerkliche Grundfertigkeiten bei. Einige Helfer nahmen an Kursen für erwachsene Schüler teil (Abb. 16.3).

Das Heim wurde unterstützt durch Spenden. Max Wolf zahlte jahrelang monatlich 1000 Mark „Patengeld" (Rauschenplat 1932, 2). Für die Kinder gab es kein Schulgeld. Zur ‚Pädagogik bei Leonard Nelson und Minna Specht' findet sich in diesem Band der Aufsatz von Sebastian Engelmann (Engelmann 2023).

Max Mayr erstellte 1961 einen Auszug aus dem Melderegister von Adelshausen mit den von 1921 bis 1933 in der Wm gemeldeten 193 Personen (Mayr 1961). Mayr war sieben Jahre im KZ Buchenwald und bemerkte in dem Auszug:

„Immerhin hatte es uns schon immer gewundert, dass die Gestapo s. Zt. offenbar keinen Gebrauch davon gemacht hat, sonst wären doch viele Prozesse gegen unsere Freunde ganz gewiss kompletter gewesen und anders verlaufen." (Mayr 1961)

In führerschaftlich strukturierten Organisationen ist das Orwell'sche Prinzip (Orwell 1962, 114) *„All animals are equal but some animals are more equal than others"* nicht nur konsequent, im ISK – bzw. der Wm – wurde es auch praktiziert.

Für die erwachsenen Schüler und Helfer bestand ein prinzipielles Kontaktverbot nach Außen, auch mit Verwandten. Andererseits lebte die Mutter von Minna Specht, Mathilde, längere Zeit in der Wm, ebenso ihr Neffe Heinrich Schiemann (Hansen-Schaberg 1992, 21). Der Vater von Leonard Nelson, Heinrich, verbrachte vom Juli 1923 bis zu seinem Tode am 25.04.1929 seinen Lebensabend in der Wm (Mayr 1961, [2]).

[5] Vgl. www.landerziehungsheim-walkemuehle.de/index.php?title=Dokumente#In_dieser_Schule_braucht_man_nicht_zu_lügen.

Abb. 16.3 Vor dem Lehrgebäude: in der Mitte Maria Hodann mit ihrer Tochter Renate.[6] Weiter auf dem Bild: Erna Blencke (2. v. r.), Erich Graupe, Karl Hofmann, Julius Philippson, Otto Pfotenhauer, Hellmut Rauschenplat, Fritz Schmalz. (Foto ca. 1924, AdsD 6/FA030379.)

Die sich aus der Abgeschiedenheit der Wm und den engen Wohnverhältnissen ergebenden Konflikte beschrieb Heiner Lindner in dem Abschnitt ‚Die Wirkung der Nelson'schen Lehren und deren totalitärer Charakter' (Lindner 2006, 27).

Rigorose Regelungen gab es bzgl. des Briefverkehrs: Minna Specht schrieb 1929 an die Ortsvereinsvorsitzenden (OVV) des ISK (Specht an einige OVV, 4.2.29. Blatt 2, AdsD Bestand IJB/ISK 4/IJBISK0020):

> Wie Ihr wisst, haben sich die Wm-Schüler und -Helfer entschlossen, für die Zeit ihrer Arbeit in der Wm den persönlichen Briefverkehr aufzugeben. Diese Maßnahme ist eine unserer wertvollsten Erziehungsmaßnahmen; denn in ihr kommt mit schöner Klarheit zum Ausdruck, dass, wer als Schüler in die Wm geht, sich damit einer Aufgabe widmet, deren Ausschließlichkeit und strenge Einseitigkeit Unabhängigkeit von anderen Rücksichten verlangt. (Hansen-Schaberg 1992, 52).

Gemäß diesen Regelungen wurde Erna Blencke[7] am 30.11.1928 aus dem ISK ausgeschlossen (Lemke-Müller 1988, 62). Das ist deshalb so bemerkenswert, weil

[6] Maria Hodann hieß später Mary Saran, Renate Hodann heißt Rene Saran und feierte am 15.06.2021 ihren 100sten Geburtstag (persönliche Mitteilung von Dieter Krohn; auch (Mayr 1961, [1])).

[7] Blencke war 1978–1982 Vorsitzende der PPA und hat wesentlich beigetragen zur Sammlung der Nachlässe von Minna Specht und Leonard Nelson und zum Aufbau des Bestandes IJB/ISK im AdsD.

dazu sowohl der Briefwechsel von Specht und Eichler von 1928 als auch diese Notiz von Blencke von 1979 in den Unterlagen im AdsD existieren (AdsD Nachlass Minna Specht 1/MSAE000036, auch Bestand IJB/ISK 4/IJBISK0020):

> Der Beschluß der Regelung des Briefverkehrs von Mitgliedern des ISK mit Schülern der Walkemühle bestand darin, daß private Briefe nicht an die Schüler geschrieben werden durften.
>
> Minna Specht und Rauschenplat sahen einen Verstoß gegen diese Regelung durch E.B. [Erna Blencke, RS] darin, daß sie als Ortsvereinsvorsitzende Frankfurt eine Karte der Ffm Kassiererin Bertha Rode an den in der Walkemühle wohnenden Hauptkassierer Braunthal mit der Bitte um Zusendung von Mitgliedsmarken nicht nur gegengezeichnet hatte, sondern einen kurzen Gruß an alle angefügt hatte.

Dieser Ausschluss aus dem ISK war kein Einzelfall. Es gab eine „NListe", d. h. Namentliche Liste, auf der ausgeschlossene Mitglieder erwähnt wurden. Eichler fügte im Februar 1929 zu der ‚enormen Zahl' von 35 Ausgeschlossenen noch mal 16 Namen hinzu (zitiert nach Lemke-Müller 1988, 63, AdsD Bestand IJB/ISK 4/ IJBISK0020, Ma J/1/29, 3).
Minna Specht räumte 1940 Fehler ein:

> Die Anforderungen an persönliche Einschränkungen – wie z. B. der Verzicht auf persönlichen Briefwechsel – die Abschließung der Schule gegen Gäste, die jedenfalls nur nach Anmeldung zugelassen wurden, die fast ununterbrochene Anspannung durch Dienstleistungen, all dieses ließe sich heute auf der gesicherten Grundlage von Erfahrungen entspannter und mit größerer Selbsttätigkeit einrichten, aber dies sind psychologische Verbesserungen, die den Grundgedanken, den der moralischen Verantwortung jedes Einzelnen für die sozialistische Arbeit, nicht berühren. (Specht 1942, 7; auch Hansen-Schaberg 1992, 190)

Zentral im Unterrichtsprogramm waren die 10-tägigen Ausbildungskurse (AK). Sie fanden oft mit ca. 30 Mitgliedern statt, die meist von den Ortsgruppen vorgeschlagen wurden. Zum AK 1925 liegt im Bundesarchiv Berlin im *Nachlass Nelson* umfassendes Material (Bundesarchiv Berlin Nachlass Nelson N 2210). Es ist noch nicht wissenschaftlich ausgewertet worden! Es handelt sich um ca. 600 Seiten, die zu etwa 80 % sorgfältig mit Schreibmaschine geschrieben sind. Im AdsD gibt es weitere Dokumente: die Liste mit Thesen der Reden und Eichlers Brief vom 29.09.1925 an die Teilnehmer mit der Aufforderung um Stellungnahme zum Kurs (AdsD Nachlass Nelson 1/LNAA000483) (Abb. 16.4).

Das Material enthält zum Kurs und dem anschließenden Bundestag des IJB neben der Einladungsliste mit 207 Namen, zehn Texte der Reden, zwölf Protokolle über Aussprachen, 28 Kritiken des Kurses und den Vortrag *„Über Beethoven"* von Heinrich Nelson (Heinrich Nelson 1927). 111 Personen haben am Bundestag teilgenommen.

Geplant war das Material zu veröffentlichen, denn von sechs Autoren liegen Erklärungen vor, dass sie ihre Veröffentlichungsrechte an den IJB abtreten. Die Texte weisen auf die spätere Programmatik des ISK hin. Zeko Torboff hat in seinen

Abb. 16.4 Ausbildungskurs 1925.[8] Der große Mann in der hinteren Reihe mit Krawatte ist Heinrich Düker, davor kniet Nora Block, davor sitzt Willi Eichler, an der Hauskante mit verschränkten Armen steht Leonard Nelson. Foto: Nachlass Willi Schaper

„Erinnerungen an Leonard Nelson (1925–1927)" den AK ausführlich beschrieben (Torbov 2005, 47–60).

Titel von Reden auf dem AK:

Hellmut Rauschenplat	Führer und Gefolgschaft
Nora Block[9]	Die Erziehungsgemeinschaft[10]
Heinrich Düker	Über die persönlichen Bindungen
Rudolf Küchemann	Der sozialistisch-dissidentische Lehrer-Kampfbund

[8] Weitere Angaben u. a. zu den Personen: www.landerziehungsheim-walkemuehle.de/index.php?title=Ereignisse#Ein_Foto_des_Ausbildungskurses.

[9] Zu Nora Block auf dem AK 1925 vgl. www.platiel2019.de/reden-von-nora-block-in-der-walkemuehle-1925.

[10] Text der Rede: www.platiel2019.de/docs/Rede_gesamt.pdf, Protokoll über die Aussprache: www.platiel2019.de/docs/Aussprache.pdf und die Stellungnahme: www.platiel2019.de/docs/Stellungnahme.pdf.

Zu den Zusammenkünften in der Wm zählten die erweiterten Oster- und Weihnachtstreffen der Bundesvorstände. Die IJB-Gruppenleiter-Besprechung am 28.11.1925 mit der Rede Leonard Nelsons gilt als Gründungstagung des ISK (AdsD Bestand IJB/ISK Box 4/IJBISK0011).

Auf dem Ostertreffen 1929 wurde die Frage *‚Ist der ISK eine Sekte?‘* besprochen. Das Berichtsprotokoll formuliert *‚Mindestanforderungen an die Mitgliedschaft‘* (AdsD Bestand IJB/ISK, Box 4/IJBISK0012).

Der Neujahrskurs 1931 behandelte die Frage *‚Kann es im ISK eine Opposition geben wie in den anderen Parteien?‘* (AdsD Bestand Nelson Box 1/ LNAA000487).

Zu der 4. pädagogischen Woche der *‚Freunde der sokratischen Methode‘* 1932 trafen sich 90 Lehrer unter dem Motto *‚Es geht um die Geistesfreiheit‘* (library.fes.de/inhalt/digital/funke/pdf/1932/19321020.pdf).

Der Niedergang 1933 und die Folgen

Im Rundbrief vom 8. Januar 1933 an die Eltern der Wm-Kinder beschrieb Hans Lewinski die Lage: *„Von einer politischen Unruhe ist hier um uns herum so gut wie gar nichts zu spüren. Die Nazis treten kaum in Erscheinung. Eine Gefahr von dieser Seite scheint im Augenblick nicht da zu sein.“* (Giesselmann 1997, 82–84)[11].

Im März 1933 hatte sich die Lage geändert. Nach der Durchsuchung am 3. März besetzten SA und Polizei am 14. März die Wm. Der Landrat von Melsungen berichtete dem Regierungspräsidenten in Kassel und empfahl, dass die Genehmigung zur Aufnahme von Kindern zurückgezogen werden solle, da

> die geistige Beeinflussung und Erziehung in der Walkemühle im scharfen Gegensatz zu deutschen und christlichen Grundsätzen steht. […] Denn wenn auch die in der Bevölkerung umgehenden Gerüchte über Waffenlager in der Walkemühle, Treffpunkt auswärtiger Kommunisten u. ä. nach dem Ergebnis zweimaliger sorgfältiger Haussuchungen nicht zutreffend sind, so bildet die Walkemühle doch einen sehr unerwünschten Unruheherd. (HStAM 180 Melsungen 3729 Blatt 8)

Über die Besetzung der Wm gibt es neben den Erinnerungen von Minna Specht weitere Berichte.[12] Die 22 Kinder wurden zu ihren Eltern gebracht. Schon am 29.03.1933 schrieb Specht an das dänische Justizministerium, um eine Aufenthaltsgenehmigung für die Kinder und Lehrer der Wm zu erhalten (Hansen-Schaberg 1992, 69). Im Herbst 1933 begann mit zehn dieser Kinder unter

[11] Diese Fassung als Digitalisat ist paginiert; daher richten sich Seitenangaben nach dieser Fassung: www.allerart.de/walkemuehle/Rudolf_Giesselmann-Walkemuehle.pdf.

[12] www.landerziehungsheim-walkemuehle.de/index.php?title=1933_bis_1945#Die_Besetzung_am_14._März_1933 und www.landerziehungsheim-walkemuehle.de/index.php?title=Ereignisse#Die_„Besetzung“_der_Walkemühle_am_14._März_1933.

Obhut von Minna Specht ein *„Sozialistischer Schulversuch im dänischen Exil“* (Hansen-Schaberg 1992, 68 ff.).

Grete Hermann kam aus Berlin in die Wm und war noch vom 24.03. bis zum 20.04.1933 dort gemeldet (Mayr 1961 [6]). Neben Rauschenplat, der bis zum 9. Mai gemeldet war, und einigen anderen ISK-Mitgliedern, versuchten sie noch zu retten, was zu retten war. Sie standen dabei unter permanenter Aufsicht der SA. Spätestens ab 27. März 1933 bis in den Herbst 1933 betrieb die SA in einem Gebäude der Wm eine ‚Schutzhaftstation‘.[13]

Minna Specht verabschiedete sich von der Bevölkerung in Adelshausen: *„Entweder wir sind in ein paar Jahren wieder hier, oder wir haben den Krieg, auf den die Nazis zutreiben.“* (Rüther 1998, 76).

Ende Mai 1933 gab es ein Ereignis, dass für Specht wohl *das* traumatische Erlebnis war, das auch dazu beigetragen haben wird, dass sie sich nach 1945 nicht am Wiederaufbau der Wm beteiligte und stattdessen 1946 die Leitung der Odenwaldschule übernahm.

Der Regierungspräsident Kassel beraumte unter seinem Vorsitz einen Termin für den 31. Mai 1933 in der Wm an mit der Gauleitung der NSDAP und Vertretern der PPA, nämlich Minna Specht, ihrem Bruder Wilhelm, Grete Hermann und dem ISK-Mitglied Alfred Petzold, einem Juristen. Von dieser Besprechung gibt es ein offizielles Protokoll.[14] Daneben existiert eine eindrucksvolle Schilderung – abgegeben etwa 1975 – von dem 1933 teilnehmenden Regierungsrat Dr. Elze. Er bemerkte: *„Wir kamen in die Walkemühle, und in einem großen Saal war ein Riesenaufgebot von Partei und SA* [...].*“*

Beim Lesen des Protokolls sollten die damaligen Zeitumstände beachtet werden insbesondere diese Begebenheit: Der Schlosser Willi Warnke, in der Walkemühle vom 01.06.1931 bis 19.04.1933 gemeldet (Mayr 1961 [5]), wollte am 18. Mai 1933 Grundbuchakten und Testamente, die aus der Wm stammten, nach Hannover zu Minna Specht bringen. Er fuhr mit dem Fahrrad von Kassel nach Göttingen, übernachtete dort im Nikolausberger Weg 67 (Forssbohm 2015). Am nächsten Morgen wurde er von der SA gestellt und bis zum 16. Juni in „Schutzhaft“ genommen.[15] Es kann vermutet werden, dass Specht am 31. Mai von dieser Verhaftung Kenntnisse hatte.

Gemäß Protokoll vom 31. Mai berichtete Elze, dass es bei den Überprüfungen der „unterrichtlichen Tätigkeiten“ in der Wm nie Beanstandungen gegeben habe. Der Ortsgruppenleiter der NSDAP, Reinhardt, schilderte den Einfluss der Wm auf die religiösen Verhältnisse in der Umgegend und die „schädlichen“ Wirkungen der Verbreitung der Zeitschrift ISK. Gauleiter Weinrich verlangte eine Erklärung darüber, warum in den benachbarten Dörfern „die kommunistische Partei so stark

[13] www.landerziehungsheim-walkemuehle.de/index.php?title=1933_bis_1945#Schutzhaftstationen

[14] www.landerziehungsheim-walkemuehle.de/dokumente/31_Mai_1933.pdf

[15] www.landerziehungsheim-walkemuehle.de/index.php?title=Dokumente#Stadtarchiv_Göttingen

vertreten gewesen sei." Er beantragte „die Beschlagnahme des Anwesens zu gunsten des preussischen Staates in Vorschlag zu bringen". Es solle eine SA-Schule und eine Wohnung für den Standartenführer geschaffen werden.
Zur Diktion des Protokolls eine kurze Passage:

> Gewährung von standesmässigem Unterhalt in Natura und standesmässiger Kleidung, sowie Wartung und Pflege in gesunden und kranken Tagen, auch freien Arzt und Apotheker, überhaupt Gewährung allen standesmässigen Lebensbedarfs. Alle Rechte erstrecken sich auf die Lebenszeit der Berechtigten [d. h. Minna Specht, RS].

Diese ‚Rechte' wurden Minna Specht nie gewährt! Die Vorstellungen der NSDAP wurden umgesetzt: Am 1. Juli wurde die ‚Amtswalterschule' eröffnet.[16]

Am 23.05.1934 wurde die PPA als Eigentümerin der Wm „zugunsten" des Preußischen Staates enteignet.[17] Ausgenommen war nur eine Parzelle, auf der die Gräber von Heinrich und Leonard Nelson und Erich Graupe lagen (Schaper 2020). Das Nutzungsrecht an der Wm wurde der NSDAP übertragen. Der Preußische Staat wurde Eigentümer der ca. 4500 Bücher umfassenden Bibliothek. Sie wurde als Leihgabe der Landesbibliothek in Kassel zur *„pfleglichen Aufbewahrung als eine geschlossene Bibliothek überlassen, die zur geeigneten wissenschaftlichen Verwertung zugänglich sein soll."* (Pfeil 2020, 10). Im November 1934 seien dann – so ein Vermerk – *„noch nachträglich in einer Kammer ein Teil (ca. 20 Ctr.) schriftliches Materialien [sic!] – Drucksachen und lose Schriftstücke – vorgefunden worden"*. Nach Lagerung in der Landesbibliothek wurden diese Materialien von der Gestapo nach Berlin verlagert, dort 1945 nach Moskau gebracht. 1957 und 1959 kamen sie in das Staatsarchiv Potsdam und lagern jetzt als *‚Nachlass Nelson'* im Bundesarchiv Berlin (Hansen-Schaberg 2011, 58). Er umfasst viele Briefe von Leonard Nelson und Minna Specht und den wohl vollständigen Schriftwechsel der Bundesleitung des ISK mit mehreren Ortsvereinen.

Die Zerstörung 1945 und die Nachwehen bis 2019

Am 01. April 1945 erreichten amerikanische Soldaten die Wm, die von Nazis in Brand gesteckt worden war.[18] (Abb. 16.5)

Schon am 15. Mai 1945 kam das frühere ISK-Mitglied Heinrich Meyer in die Wm und erwirkte bei der Militärverwaltung eine Treuhänderschaft. Mitte Juni

[16] www.landerziehungsheim-walkemuehle.de/index.php?title=Ereignisse#Eröffnung_der_Amtswalterschule_am_1._Juli_1933

[17] HStAM 180 Melsungen 3729 Blatt 101.

[18] www.landerziehungsheim-walkemuehle.de/index.php?title=1933_bis_1945#Die_Zerstörung_am_1._April_1945

Abb. 16.5 Amerikanischer Soldat vor der brennenden Walkemühle am 01. April 1945.[19] (Foto: Hessisches Fernsehen.)

organisierte er beim Landrat in Melsungen ‚Trümmermänner' – also vormalige Nazis – zum Aufräumen in den Ruinen der Wm.[20] Gemeinsam mit Grete Eichenberg aus Kassel wurde Willi Schaper in die Wm geholt, auf den die Treuhänderschaft am 10. Juli 1945 erweitert wurde. Individuelles, verantwortungsvolles Handeln war in der frühen Besatzungszeit effektiv und vorrangig vor Direktiven der ISK-Führung im Exil. Im Juni 1945 erreichten Hanna und René Bertholet die Wm und waren überrascht, dass schon mit dem Wiederaufbau begonnen war (Rüther 1998, 75). Ende September 1945 kam Willi Eichler für einige Tage in die Wm.[21]

Nach dem 08. Mai 1945 gründete das Schweizerische-Arbeiter-Hilfswerk (SAH) die Abteilung für systematischen Wiederaufbau. Nora Platiel übernahm deren Leitung. Ab Oktober 1945 leitete Jetti Ochsenbein vom SAH in der Wm die Betreuung von Kindern, deren Eltern von Nazis ermordet bzw. verfolgt worden

[19] www.landerziehungsheim-walkemuehle.de/index.php?title=1933_bis_1945#Die_Zerstörung_am_1._April_1945

[20] www.landerziehungsheim-walkemuehle.de/index.php?title=Ereignisse#Wiedersehen_mit_der_Walkemühle_-_Mai_1945

[21] www.landerziehungsheim-walkemuehle.de/index.php?title=Dokumente#Vollmachten

waren.[22] Ab Herbst 1946 zeichnete sich ab, dass das SAH diese Hilfsaktion beenden würde (Kägi-Fuchsmann 1968, 207 ff.).

> Das Verständnis für die Lage vor Ort sowie das Interesse für die Erhaltung der Walkemühle als Bildungsstätte nahmen offenbar mit der räumlichen Entfernung zusehends ab. (Feidel-Mertz 1996, 30)

Im Einvernehmen mit Minna Specht wurde am 10.03.1947 die „Erziehungsgemeinschaft Walkemühle e. V.“ gegründet. Die Wm wurde Bildungsstätte der *Sozialistischen Jugend Die Falken.* Specht war zur Einweihung (Feidel-Mertz 1996, 31) am 12. Mai 1947 gekommen und schrieb darauf an Eichler:

> Ich war in der Mühle, zur Eröffnung der Falkenarbeit. Es war mir fast spukhaft, die rote Fahne vor der Akademie [dem Akademiegebäude, RS] hissen zu sehen. Einstweilen gibt uns diese Lösung einen Aufschub. (Hansen-Schaberg 1992, 132).

1950 gab es Überlegungen für die weitere Verwendung der Wm. Minna Specht äußerte sich zu einem Verkauf:

> Ob kath. Schwestern oder ein kap. Unternehmer – das verändert die Grundfrage nicht, daß die Mühle verbrannt ist. Sie ist für mein Gefühl durch die Nazizeit geschändet, daß ich selbst den Einzug der Falken nicht froh begrüßte. Es gibt Erlebnisse, die nicht zu verlöschen sind – und das ist hier mit der Mühle und dem Friedhof geschehen. 1933 hörte der Friede auf und wenn müssen wir doch anders anfangen. (Specht in Brief an Nora Platiel vom 24.10.1950. AdsD Nachlass Minna Specht 1/MSAE000065)

1950 teilte die „*Erziehungsgemeinschaft Walkemühle*“ auf einer Ansichtskarte mit dem Bild der Wm mit, dass die Wm geschlossen werde (Feidel-Mertz 1996, 33). Am 1. Mai 1952 verkaufte eine „Restgruppe des ISK“ die Wm an den Fabrikanten Treskow (Feidel-Mertz 1996, 34).

Im Auftrag der PPA versandte 1973 Alexander Dehms als ehemaliger Schüler der Wm die *„Umfrage zur rückblickenden Beurteilung der Ausbildung im Landerziehungsheim Walkemühle unter den ehemaligen Erwachsenen-Schülern“.* (AdsD Nachlass Minna Specht 1/MSAE000087)

Die Umfrage enthielt u. a. diese Fragen:

Wie beurteilst Du die Ausbildung in der Walkemühle?

Meinst Du, dass heute noch etwas von der Arbeit in der Walkemühle für die Ausbildung von Funktionären übernommen werden könnte?

1974 verschickten Erna Blencke und Nora Walter ein „*Rundschreiben an die ehemaligen Schüler [also die Kinder, RS] der Walkemühle bzw. der Schule in Möllevangen, Østrupgaard und Hanneslund/Dänemark*“ (AdsD Nachlass Minna Specht 1/MSAE000089). Im Rundschreiben heißt es:

[22] www.landerziehungsheim-walkemuehle.de/index.php?title=1945_bis_1951#Die_Hilfe_des_Schweizerischen_Arbeiterhilfswerks

Zur Erleichterung einer Stellungnahme sind auf dem beiliegenden Blatt einige Fragen aufgeführt. Ebenso willkommen wie deren Beantwortung wäre uns aber auch eine Schilderung Deines Urteils und Deiner Ansichten unabhängig von den gestellten Fragen.

Einige Fragen: „Wie beurteilst Du heute Erziehung und Unterricht in der Walkemühle, bzw. in Dänemark? Was scheint Dir heute noch gut, was falsch gewesen sein?"

Soweit bekannt, sind die umfangreichen Antworten bisher wissenschaftlich nicht beachtet worden.

1949 wurde die *Philosophisch-Politische Akademie* neu gegründet, um Wiedergutmachungsleistungen für das Vermögen der ‚alten' PPA begründen zu können. Die juristischen Verfahren zogen sich hin; die letzten Zahlungen wurden der PPA am 07.01.1965 angewiesen (HHStAW 518 Nr. 4511 Blatt 64). Damit wurden 20 Jahre nach Ende des Dritten Reiches das Wiedergutmachungsverfahren für die PPA und so die Geschichte des Landerziehungsheims Walkemühle beendet.

Abkürzungen

AdsD	Archiv der sozialen Demokratie Bonn.
AK	Ausbildungskurs.
BA	Bundesarchiv Berlin.
HStAM	Hessisches Staatsarchiv Marburg.
HHStAW	Hessisches Hauptstaatsarchiv Wiesbaden.
IJB	Internationaler Jugendbund.
ISK	Internationaler Sozialistischer Kampfbund.
OVV	Ortsvereinsvorsitzender.
PPA	Philosophisch-Politische Akademie.
SAH	Schweizerisches-Arbeiter-Hilfswerk.
Wm	Walkemühle.

Literatur

Becker, Hellmut/Eichler, Willi/Heckmann, Gustav (Hg.): *Erziehung und Politik. Minna Specht zu ihrem 80. Geburtstag.* Frankfurt a. M. 1960

Ciupke, Paul/Jelich, Franz-Josef (Hg.): *Soziale Bewegung, Gemeinschaftsbildung und pädagogische Institutionalisierung.* Essen 1996

Eberhard, Fritz: *Rückblicke auf Biographie und Werk.* Stuttgart 2001

Engelmann, Sebastian: Pädagogik bei Leonard Nelson und Minna Specht 2024. Siehe im vorliegenden Band, Kap. 13.

Feidel-Mertz, Hildegard: Die Walkemühle nach 1945. In: Ciupke 1996, 29–36

Forssbohm, Paul (2015): *Die Rote Burg im Nikolausberger Weg 67.* In: Digitalisat: iskgoettingen.wordpress.com/2015/05/27/die-isk-zentrale-im-nikolausberger-weg-67/

Franke, Holger: *Leonard Nelson.* Ammersbek 1991

Giesselmann, Rudolf: *Geschichten von der Walkemühle bei Melsungen in Nordhessen.* Bad Homburg 1997 (Diese Fassung als Digitalisat ist paginiert; daher richten sich Seitenangaben nach dieser Fassung: www.allerart.de/walkemuehle/Rudolf_Giesselmann-Walkemuehle.pdf.)

Hansen-Schaberg, Inge: *Minna Specht – Eine Sozialistin in der Landerziehungsheimbewegung (1918 bis 1951).* Frankfurt a. M. 1992

Hansen-Schaberg, Inge: Tochter der Alma Mater Georgia Augusta Gottingensis: Minna Specht und Grete Hermann als Nachlassverwalterinnen der Philosophisch-Politischen Akademie. In: Dies.: *Alma Maters Töchter im Exil.* München 2011, 46–76

Kägi-Fuchsmann, Regina: Das gute Herz genügt nicht. Mein Leben und meine Arbeit. Zürich 1968

Lemke-Müller, Sabine: *Ethischer Sozialismus und soziale Demokratie. Der politische Weg Willi Eichlers vom ISK zur SPD.* Bonn 1988

Lindner, Heiner: *Um etwas zu erreichen, muss man sich etwas vornehmen, von dem man glaubt, dass es unmöglich sei. Der Internationale Sozialistische Kampfbund (ISK) und seine Publikationen.* Bonn 2006. In: Digitalisat: library.fes.de/pdf-files/historiker/03535.pdf

Link, Werner: *Die Geschichte des Internationalen Jugend-Bundes (IJB) und des Internationalen Sozialistischen Kampf-Bundes (ISK).* Meisenheim 1964

Mayr, Max: *Auszug aus dem Melderegister der Gemeinde Adelshausen.* Archiv der sozialen Demokratie. Bonn 1961. Nachlass Minna Specht, 1/MSAE000067. Ohne Paginierung

Meyer, Heinrich: *Wiedersehen mit der Walkemühle am 15. Mai 1945.* Archiv der sozialen Demokratie. Bonn 1967. Nachlass Minna Specht, 1/MSAE000087

Neißer, Barbara: Die politischen Wirkungen Leonard Nelsons 2024. Siehe im vorliegenden Band, Kap. 11.

Nelson, Heinrich: *Beethoven, der Mensch.* Stuttgart 1927.

Nelson, Leonard: Über das Landerziehungsheim Walkemühle. In: *Die Tat. Monatsschrift für die Zukunft deutscher Kultur,* 17/11 (1926), 869

Orwell, George: *Animal Farm.* Harmondsworth 1962

Pfeil, Brigitte: *Akzessioniert als ‚alter Bestand' – Über das Vergessen, Leugnen und Wiederfinden des Kasseler Teilnachlasses von Gustav (Lejeune) Dirichlet und seiner Ehefrau Rebecka, geb. Mendelssohn-Bartholdy.* Kassel 2020. In: Digitalisat: kobra.uni-kassel.de/handle/123456789/11543

Rauschenplat, Hellmut: *Arbeitsbericht der Gesellschaft der Freunde der philosophisch-politischen Akademie, e. V.* Walkemühle, Dezember 1932. AdsD Nachlass Minna Specht 1/MSAE000065

Rüther, Martin/Schütz, Uwe/Dann, Otto (Hg.): *Deutschland im ersten Nachkriegsjahr. Berichte von Mitgliedern des Internationalen Sozialistischen Kampfbundes (ISK) aus dem besetzten Deutschland 1945/46.* München 1998. Digitalisat: https://www.degruyter.com/document/doi/10.1515/9783110947700/html

Schaper, Ralf: Die Grabstätten von Heinrich und Leonard Nelson und Erich Graupe auf dem jüdischen Friedhof in Melsungen. In: *Zeitschrift des Vereins für Hessische Geschichte und Landeskunde* 125 (2020), 233–254. www.vhghessen.de/inhalt/zhg/ZHG_125/Schaper_Grabstaetten.pdf

Specht, Minna: Die Schule. In: Dies.: *Gesinnungswandel: Beiträge zur Pädagogik im Exil und zur Erneuerung von Erziehung und Bildung im Nachkriegsdeutschland* (1942). Hg. v. Inge Hansen-Schaberg. Frankfurt a. M. 2005, 4–9

Specht, Minna: *Gesinnungswandel: Beiträge zur Pädagogik im Exil und zur Erneuerung von Erziehung und Bildung im Nachkriegsdeutschland.* Hg. v. Inge Hansen-Schaberg. Frankfurt a. M. 2005

Torbov, Zeko: *Erinnerungen an Leonard Nelson (1925–1927).* Hildesheim 2005

Wunder, Bernd: *Im Kampf gegen die autoritäre Schule – der Reformpädagoge Ludwig Wunder (1878–1949).* Hamburg 2008

Teil III
Wissenschaftlerinnen und Wissenschaftler im Umfeld der Kritischen Philosophie

Der Nelsonkreis und die Naturwissenschaften 17

Kay Herrmann

Metaphysik der äußeren Natur bei Kant und Fries

Im Zentrum der naturphilosophischen Arbeiten Immanuel Kants (1724–1804) steht eine auf apriorischen Prinzipien beruhende (reine) Naturlehre, die er in seinen *MAdN* entwickelte. Die *reine Naturlehre* stellt ein System notwendiger Prinzipien dar, es sind *Naturgesetze a priori,* auf denen die Erfahrungsgesetze gründen (Schmid 1976, 391). Die reine Naturlehre dient als Erklärungsgrundlage für Naturphänomene. An Kants *MAdN* knüpfen Autoren wie Alexander Nicolaus Scherer (1771–1824), Jakob Friedrich Fries (1773–1843) und Ernst Gottfried Fischer (1754–1831) an.

Bei Fries tritt das Moment der Erfahrung stärker in den Vordergrund. Er zeigt die Grenzen der Metaphysik auf: Sie liefere allgemeine Formen für Gesetze, die auf vielfältige Weise konkretisiert werden können. So betont Fries, dass allein aus metaphysischen Prinzipien noch nicht das vollständige Gravitationsgesetz abgeleitet werden könne. Die Stärke der Anziehung (Fries spricht vom Grad der Anziehung) liege nicht a priori fest. Dazu bedürfe es der Erfahrung (Herrmann 2012, 52).

Auch Fries' Konzept der ‚Naturtriebe' entspricht seinem Bestreben, dem Empirischen einen höheren Stellenwert einzuräumen. Fries führt den Begriff der ‚Naturtriebe' ein, weil er erkannt hat, dass der Kraftbegriff allein nicht ausreicht, um die Vielfalt der Naturphänomene zu erklären. Weder die konkreten Bahnformen der Planeten noch die Vorgänge der Auflösung, Vermischung, Ausscheidung, Erstarrung, des Schmelzens oder der Kristallbildung ließen sich allein mit Hilfe

K. Herrmann (✉)
Universität Chemnitz, Institut für Pädagogik, Plauen, Deutschland
E-Mail: kay.herrmann@phil.tu-chemnitz.de

K. Herrmann und B. Schwitzer (Hrsg.), *Der Geist der kritischen Schule*,
https://doi.org/10.1007/978-3-662-68345-3_17

der wirkenden Kräfte erklären. Es seien daher immer bestimmte geometrische Verhältnisse zu berücksichtigen, die durch die Grundkräfte selbst nicht vorgegeben würden (Herrmann 2012, 53 ff.).

Der Umbruch des Weltbildes in der Physik Ende des 19. und Anfang des 20. Jahrhunderts

Der ab 1881 durchgeführte Michelson-Morley-Versuch erschütterte die Ätherhypothese und damit die Annahme eines absoluten Ruhemediums für die Lichtausbreitung. Auch die Experimente Walter Kaufmanns (1871–1947) an schnell bewegten Elektronen (erstmals 1901 durchgeführt) widersprachen den Erwartungen der Newton'schen Mechanik. Dies berührte letztlich auch die am Naturbild von Isaak Newton (1643–1727) orientierte Metaphysik von Kant.

Die Naturphilosophie von Leonard Nelson (1882–1927) bleibt dem Naturbild der Newton'schen Mechanik verpflichtet. Hinzu kommt, dass Nelson sich in seiner Naturphilosophie weniger als ‚Friesianer' denn als ‚Kantianer' erweist. An die mit Fries einsetzende ‚Empirisierung der Metaphysik der Natur' knüpft Nelson nicht an.

Lediglich Nelsons Unterscheidung zwischen einer *ästhetischen* und einer *wissenschaftlichen Naturbetrachtung* lehnt sich enger an Fries' Naturkonzeption an. Das Verhältnis von Ästhetik und Naturwissenschaft untersuchte Nelson im Jahre 1908 in dem Aufsatz *Über wissenschaftliche und ästhetische Naturbetrachtung.* Er knüpft an einen bereits früher erschienenen Beitrag von Marcel T. Djuvara mit dem Titel *Wissenschaftliche und religiöse Weltansicht* an. Beide Texte sind in Anlehnung an Jakob Friedrich Fries' Schrift *Wissen, Glaube und Ahndung* verfasst.

Die wissenschaftliche Naturbetrachtung ziele auf die Einheit in der Mannigfaltigkeit der Erscheinungen ab. Deshalb beginne sie mit den sich vor unseren Sinnen abspielenden Erscheinungen und frage nach einem tieferen Zusammenhang, der sich hinter den Erscheinungen verbirgt. Dieser finde in Form von Naturgesetzen einen begrifflichen Ausdruck. Jedoch könne die ursprüngliche Zufälligkeit der Naturerscheinungen nicht aufgehoben werden; der Zufall bleibe – so Nelson – ein Wesenszug der Natur. Damit entstehe Raum für die ästhetische Beurteilung der Natur (Herrmann 2011, 184).

In Nelsons Naturphilosophie rückt Kants Konzept der reinen Naturlehre in den Vordergrund. Nelson wendet sich entschieden gegen den Empirismus von Ernst Mach (1838–1916). Bereits die Behauptung „Alle Erkenntnisse stammen aus der Beobachtung." (Nelson GS 3, 269) lasse sich nicht widerspruchsfrei formulieren. Sofern dieser Satz mit dem Anspruch auf Allgemeinheit formuliert sei, könne er nicht aus der Beobachtung stammen. Damit stehe dieser bereits im Widerspruch zu seiner eigenen Behauptung. Die Vorstellung von der *Allgemeinheit* könne nicht aus der Beobachtung abgeleitet werden (Nelson GS 3, 269). Aber Naturerkenntnis bedürfe einer Gewissheit (gegründet auf *Allgemeinheit* und *Notwendigkeit*).

Gewissheit könne nur auf *Prinzipien a priori (metaphysischen Prinzipien)* gegründet werden. Deshalb sei ohne Metaphysik keine Naturerkenntnis möglich. Denn allein die Metaphysik liefere Kriterien für die Unterscheidung zwischen vernünftigen und unvernünftigen sowie zwischen wissenschaftlichen und unwissenschaftlichen Denkweisen.

Als *Metaphysik der Natur* hat Nelson (Kant folgend) die Newton'sche Mechanik vor Augen, denn diese sei die einzige Naturwissenschaft, die sich a priori entwickeln lasse (Nelson 2004, 150). Er hegt die Hoffnung, dass sich die zukünftige Physik auf die Prinzipien der Newton'schen Mechanik gründen lassen wird. Dies spricht er in einem Brief vom 29. Dezember 1916 an David Hilbert aus (1862–1943), der diesen sogar mit „Mein Glaubensbekenntnis" annotiert (Peckhaus 2001, 344):

> Was mir hier besonders am Herzen liegt, ist einmal, um es kurz zu sagen, eine Ehrenrettung der klassischen Mechanik. Sie werden sich meiner Ansichten über diesen Gegenstand vielleicht aus unseren früheren Gesprächen erinnern. Ich weiss, die Zeit ist auch dieser Idee nicht günstig. Die Physik ist heute vollauf damit beschäftigt, die überwältigende Fülle der ihr durch das Experiment gestellten Probleme zunächst einmal nur überhaupt einer mathematischen Behandlung zugänglich zu machen und zwischen ihnen einen logischen Zusammenhang herzustellen. Worauf es mir ankommt, ist nur der Nachweis, dass die tiefe philosophische Bedeutung der klassischen Mechanik nicht danach beurteilt werden kann, wieweit sie diesen, an die modernen Theorien allein gestellten formalen Anforderungen entspricht, und ich bescheide mich gern, der gegenwärtigen Physik damit keinen Dienst zu leisten, wenn ich auch glaube, dass es für die Zukunft der Physik nützlich sein kann, dies im Auge zu behalten. Denn ich gestehe, dass ich die Hoffnung nicht aufgeben mag, dass auch für die Physik der Tag kommen wird, an dem die klassische Mechanik in alter Herrlichkeit auferstehen und zu neuen Ehren gelangen wird. (Nelson, Brief an Hilbert, Bl. 46)

Nelson reflektiert sehr wohl den Konflikt zwischen moderner Physik und Newton'scher Mechanik: „Die moderne Elektrodynamik jedoch spottet allen Bemühungen, sie in den Rahmen mechanistischer Theorien einzuzwängen." (Nelson 2004, 88)

Doch nach Nelsons Auffassung weisen diese Schwierigkeiten auf die Unzulänglichkeit der Ansätze der modernen Physik hin. Diese sei noch nicht so weit ausgereift, dass man sie auf den Boden der Newton'schen Mechanik stellen und somit metaphysisch begründen könne. Insbesondere bei folgenden Konzepten der Physik zeige sich der Widerspruch zu den metaphysischen Grundsätzen der kritischen Philosophie.

Relativitätsprinzip der Elektrodynamik
Das Relativitätsprinzip der Elektrodynamik mache die Anwendung der dritten Analogie der Erfahrung unmöglich, da sie der Gleichzeitigkeit, dem Schema der Wechselwirkung, die Objektivität abspreche. Dadurch entstehe eine objektive Unbestimmtheit des Zeitverhältnisses in den Erscheinungen (Nelson 2004, 145).

Nahwirkungsprinzip
Gegen das Nahwirkungsprinzip wendet Nelson ein: Die Erfahrung spreche nicht dagegen, dass z. B. die Gravitation eine Fernkraft sei (Nelson 2004, 145).

Nicht-euklidisches Raum-Zeit-Konzept
Nelson hielt am Raum-Zeit-Konzept der Newton'schen Mechanik fest. Der physikalische Raum der Newton'schen Mechanik wird als euklidischer Raum aufgefasst. Die euklidische Geometrie müsse bei jedem physikalischen Experiment a priori vorausgesetzt werden, um eine Messung durchführen zu können. Diese Voraussetzung, so Nelson, könne durch empirische Befunde weder bestätigt noch widerlegt werden. Da das Experiment die euklidische Geometrie bereits voraussetze, sei es ein Widerspruch in sich, die Geometrie durch das Experiment korrigieren zu wollen. Man müsse aber stutzig werden, wenn es gelänge, durch die Annahme der nichteuklidischen Geometrie Erscheinungen zu erklären, die sich sonst nicht erklären ließen (Nelson 2004, 177).

Auch ein in Raum und Zeit endliches Universum, das eine mögliche Lösung der Einstein'schen Gravitationsfeldgleichungen darstelle, widerspreche den Prinzipien der kritischen Philosophie (Nelson 2004, 145).

Nelson, Berg, Bernays und Grelling: Kritische Philosophie und Relativitätstheorie

So ist es nicht verwunderlich, dass die Relativitätstheorie im Nelsonkreis zurückhaltend rezipiert wurde. Otto Berg hielt zu diesem Thema 1908 in Köln einen Vortrag, der 1910 unter dem Titel Das *Relativitätsprinzip der Elektrodynamik* in den AFSNF erschien und wohl eine der ersten kritischen und zusammenfassenden Darstellungen der Relativitätstheorie ist. Einer der Hauptkritikpunkte Bergs war, dass Einsteins *Prinzip der Konstanz der Lichtgeschwindigkeit* (eine der Hauptsäulen von Einsteins *Spezieller Relativitätstheorie*) nicht durch Experimente gestützt war. Für die Dopplerverschiebung der Spektrallinien von Lichtquellen, die sich relativ zu einem Beobachter bewegen, gebe es zwei Deutungen: die Deutung nach Einsteins *Prinzip der Konstanz der Lichtgeschwindigkeit,* bei der die Verschiebung als Frequenzänderung interpretiert wird, oder die Deutung, dass bei konstanter Frequenz eine Geschwindigkeitsänderung auftritt (Berg 1910, 378). Möglicherweise müsse die Maxwell-Theorie fallen gelassen werden, wobei sich als einzige Alternative die Hypothese von Walter Ritz[1] anbiete (Berg 1910, 379). Berg äußerte, dass es auch mit der Maxwell-Theorie möglich sei, die Negativergebnisse des Michelson-Morley-Versuchs zu erklären (Berg 1910, 381). Das Ergebnis der Besprechung von Berg ist, dass der Michelson-Morley-Versuch nichts hinsichtlich

[1]Walter Ritz (1878–1909) schlug 1908 die Emissionstheorie des Lichtes vor, die besagt, dass Licht aus Teilchen (Korpuskeln besteht) und dass die Lichtgeschwindigkeit abhängig ist von der Geschwindigkeit der Lichtquelle.

der Konstanz der Lichtgeschwindigkeit beweist – dass also das Relativitätsprinzip nicht aus der Erfahrung hergeleitet werden kann, sich also weder bestätigen noch widerlegen lasse (Berg 1910, 382).

Auch der Mathematiker Paul Bernays (1888–1977), der 1909 nach Göttingen kam und zum Gründungskuratorium der J. F. F. G. gehörte, äußerte sich anfänglich sehr zurückhaltend über die Relativitätstheorie. Bernays verfasste im Jahre 1914 einen Aufsatz mit dem Titel *Über die Bedenklichkeiten der neueren Relativitätstheorie.* Er gelangte zu der Einschätzung, dass als Konsequenz aus dem Relativitätsprinzip folge, dass Raum- und Zeitbestimmungen nur Hilfsgrößen zur Darstellung physikalischer Zusammenhänge seien, womit auch das Kausalgesetz seinen ursprünglichen Sinn verliere (Bernays 1914, 474). Dies führe zu einem Verständnis physikalischer Theorien als

> willkürliche Zusammenfassungen der in der Wahrnehmung gegebenen Erscheinungen betrachtet, für deren Beurteilung außer der Forderung der Widerspruchslosigkeit und der Übereinstimmung mit den Experimenten nur der ästhetische Geschmack und die subjektive Bequemlichkeit maßgebend ist. (Bernays 1914, 475)

Nelsons ablehnende Position gegenüber der Relativitätstheorie stand einer offenen Diskussion über die Konsequenzen der modernen Physik innerhalb seiner Schule zunehmend im Wege. Im August 1921 fand eine Tagung der J. F. F. G. statt, auf der Kurt Grelling (1886–1942) ein Referat zum Thema *Relativitätstheorie und kritische Philosophie* hielt. Hierin schloss Grelling auf eine Unvereinbarkeit von Relativitätstheorie und kritischer Philosophie. Dieses Referat hat mit zum Zerwürfnis zwischen Nelson und Grelling beigetragen. Nach dem endgültigen Bruch mit Nelson im Jahre 1922 wegen Streitigkeiten bei der Organisation des IJB (Peckhaus 1990, 148) wandte sich Grelling der positivistischen Philosophie zu und organisierte mit Hans Reichenbach die Treffen der Berliner Gesellschaft für empirische Philosophie.

Eine neue Sichtweise auf das Verhältnis von kritischer Philosophie und moderner Physik entwickelte sich innerhalb der Anhängerschaft Nelsons erst nach dessen Tod im Jahre 1927. Bernays nennt in einem Aufsatz aus dem Jahre 1933 (Bernays 1933, 107) gerade die Relativitätstheorie als Beispiel für die Bestätigung der Fries'schen Annahme von nur diskursiv bewussten Erkenntnissen (etwa in Form von abstrakten Objekten – wie beispielsweise dem metrischen Tensor –, die sich nicht direkt auf Wahrnehmung beziehen). Er gelangt jedoch zu dem Fazit, dass trotz ihrer partiellen Anwendbarkeit auf aktuelle Fragestellungen, die kantisch-friessche Lehre nicht als eine den modernen Naturwissenschaften und der neuen Mathematik adäquate Lehre betrachtet werden könne. Vernunft mache sich nicht durch Prinzipien a priori geltend, sondern im *Fortschritt von Begriffsbildungen und Erklärungsmethoden* (Bernays 1937, 289; Herrmann 2012, 76).

Grete Hermann: Kritische Philosophie und Quantenmechanik

Grete Hermann (1901–1984; später Grete Henry-Hermann oder nur Grete Henry) wurde 1925 durch die Göttinger Mathematikerin Emmy Noether (1882–1935) promoviert. Danach war sie bis zu dessen Tod im Jahre 1927 als Privatassistentin von Leonard Nelson tätig. Im Zentrum ihrer philosophischen Tätigkeit stand die Bemühung um die Fortentwicklung der kritischen Philosophie Kants. Sie fokussierte u. a. auf die Suche nach der Überwindung des Gegensatzes von Nelsons Philosophie und der modernen Physik. Der von ihr eingeschlagene Weg zielte einerseits auf die Bewahrung des kantischen Grundansatzes und andererseits auf die Zurücknahme der Absolutheitsansprüche, die sie in der Philosophie Nelsons wahrnahm (Heckmann 1985, XIV).

Grete Hermann gehörte zu den Ersten, die sich mit der philosophischen Interpretation der Quantenmechanik beschäftigten. Sie besuchte 1934 als Gast das Seminar von Werner Heisenberg am Physikalischen Institut in Leipzig und arbeitete während ihres Aufenthaltes in Leipzig direkt mit Werner Heisenberg (1901–1976) und Carl Friedrich von Weizsäcker (1912–2007) sowie mit anderen namhaften Physikern zusammen. Im Zentrum stand die Diskussion über die philosophischen Konsequenzen der Quantenmechanik (Heisenberg 1991, 146 f.).

Hermanns Auseinandersetzung mit der Quantenmechanik wurde von zwei grundsätzlichen Themen bestimmt: der Frage nach der *Rolle der Kausalität in der Quantenmechanik* und dem *Problem der Vollständigkeit der Quantenmechanik.* Mit ihren Lösungsansätzen versuchte sie, eine Verbindung zwischen Nelsons kritischer Philosophie und der von Niels Bohr (1885–1962), Werner Heisenberg und Carl Friedrich von Weizsäcker entwickelten Quantenmechanik herzustellen (Herrmann 1998, 114 ff., 2012, 78 ff.).

Die Heisenberg'schen Unschärferelationen setzen der Vorhersagbarkeit physikalischer Erscheinungen objektive Grenzen. Damit steht eben auch das Kausalitätsprinzip zur Disposition (Henry-Hermann 2019, 209). Heisenberg arbeitet das in seinem Aufsatz ‚Kausalgesetz und Quantenmechanik' klar heraus:

> Die klassische Physik hat das Kausalgesetz so formuliert: ‚Wenn von einem abgeschlossenen System alle Bestimmungsstücke zu einer gegebenen Zeit genau bekannt sind, so läßt sich für die Zukunft das physikalische Verhalten des Systems daraus eindeutig berechnen.' Wenn man in der Atomtheorie als Bestimmungsstücke eines Systems die der raum-zeitlichen Beschreibung entnommenen Größen (z. B. Ort und Geschwindigkeit eines Elektrons oder Wellenamplitude an einem bestimmten Raumpunkt) betrachtet, so ist diese Formulierung nicht anwendbar, d. h. inhaltsleer, da der Vordersatz nicht erfüllbar ist, die Bestimmungsstücke sind nie genau bekannt wegen der Unbestimmtheitsrelationen. (Heisenberg 1931, 180)

Hermann gelangte jedoch zu dem Schluss, dass eine Einschränkung in der Vorausberechenbarkeit keine Verletzung des Kausalitätsprinzips zur Folge haben müsse. Denn nur wenn man Kausalität an Vorausberechenbarkeit koppelt, werde man zu dem Schluss gedrängt, dass bestimmte Vorgänge in der Natur akausal verlaufen.

Daher löst Grete Hermann das Kausalitätsprinzip von der Forderung nach Vorausberechenbarkeit (Henry-Hermann 2019, 241). Ihr Fazit lautet: Bestimmte quantenmechanische Prozesse, wie der Zerfall eines Radiumkernes, seien zwar kausal, jedoch nicht deterministisch (also nicht vorausberechenbar). Die Annahme von verborgenen Variablen stellt in Hermanns Augen eine Spekulation dar. Hermann geht vom *Prinzip der grundsätzlichen Möglichkeit der Erweiterung der Erfahrung* aus. Dennoch sei die Möglichkeit ausgeschlossen, durch Hinzunahme unbekannter Qualitäten (verborgener Variablen) etwa den genauen Zeitpunkt des Zerfalls eines Radiumkernes zu bestimmen. Dabei stützt sie sich auf ‚Heisenbergs Schnitt' zwischen der Anwendung klassischer und quantenmechanischer Begriffe. Der Schnitt bezeichnet die Stelle, an der von der klassischen Beschreibung der Messinstrumente zur quantenmechanischen Beschreibung des untersuchten Vorgangs übergegangen wird.

> Es zeigte sich, dass in unserer Erforschung atomarer Vorgänge ein eigentümlicher Zwiespalt unvermeidbar ist: Einerseits sind die experimentellen Fragen, die wir an die Natur richten, stets mit Hilfe der anschaulichen Begriffe der klassischen Physik formuliert und bedienen sich insbesondere der Begriffe von Raum und Zeit der Anschauung; denn wir besitzen ja gar keine andere als diese den Gegenständen unserer alltäglichen Umgebung angepasste Sprache, mit der wir z. B. den Aufbau der Messapparate beschreiben könnten, und wir können Erfahrungen nicht anders als in Raum und Zeit machen. Andererseits sind die mathematischen Gebilde, die sich zur Darstellung der experimentellen Sachverhalte eignen, Wellenfunktionen in mehrdimensionalen Konfigurationsräumen, die keine einfache anschauliche Deutung zulassen.
>
> Aus diesem Zwiespalt ergibt sich die Notwendigkeit, bei der Beschreibung atomarer Vorgänge einen Schnitt zu ziehen zwischen den Messapparaten des Beobachters, die mit den klassischen Begriffen beschrieben werden, und dem Beobachtungsobjekt, dessen Verhalten durch eine Wellenfunktion dargestellt wird. Während nun sowohl auf der einen Seite des Schnitts, die zum Beobachter führt, wie auf der anderen, die den Gegenstand der Beobachtung enthält, alle Zusammenhänge scharf determiniert sind – hier durch die Gesetze der klassischen Physik, dort durch die Differentialgleichungen der Quantenmechanik –, äußert sich die Existenz des Schnittes doch im Auftreten statistischer Zusammenhänge. An der Stelle des Schnittes muss nämlich die Wirkung des Beobachtungsmittels auf den zu beobachtenden Gegenstand als eine teilweise unkontrollierbare Störung aufgefasst werden. (Heisenberg 1934, 698)

Aber genau die Unmöglichkeit der eindeutigen Festlegung dieses Schnittes schließe jede Erwartung aus, durch die Entdeckung vorläufig noch unbekannter Qualitäten (verborgener Variablen) die Unbestimmtheit der Quantenmechanik zu überwinden. Allerdings könnten Gründe für das Eintreten eines Ergebnisses im Nachgang vollständig rekonstruiert werden (Henry-Hermann 2019, 384 ff.).

Niels Bohr, Max Born (1882–1970), Wolfgang Pauli (1900–1958) und Werner Heisenberg vertraten einen indeterministischen Ansatz für die Quantenmechanik. Sie gingen vom statistischen Charakter der Quantenmechanik aus und betrachteten diese als vollständig. Gegen einen Determinismus in der Quantenmechanik führte John von Neumann (1903–1957) 1932 in seinem berühmten Buch *Mathematische Grundlagen der Quantenmechanik* einen Beweis. Dieser erfolgte mithilfe eines Theorems, das zeigen sollte, dass eine kausale Ergänzung der Quantenmechanik nicht möglich ist. Die Bedeutung des Theorems von Neumanns wurde von den Vertretern der Kopenhagener Deutung der Quantenmechanik betont. Mit seinem Beweis zeigte von Neumann die Unmöglichkeit von Hidden-Variable-Theorien. Von Neumanns Buch genoss große Autorität. Der Beweis war zwar korrekt, beruhte aber auf falschen Voraussetzungen. Von Neumanns Beweis wurde erst 1964 durch John Bell (1928–1990), Andrew Gleason (1921–2008) und Josef-Maria Jauch (1914–1974) und Constantin Piron (1932–2012) widerlegt. Allerdings wies Grete Hermann bereits (1935) in ihrer in den *AFSNF* erschienenen Schrift *Die naturphilosophischen Grundlagen der Quantenmechanik* auf die Fehlerhaftigkeit des Neumann'schen Beweises hin, was sie jedoch nicht zu einer Verfechterin einer Hidden-Variable-Theorie werden ließ. Der tiefere Grund liegt offenbar in Hermanns Einsicht, dass wegen der grundsätzlichen Unmöglichkeit, alle Bestimmungsstücke eines atomaren Vorganges scharf festzulegen, auch eine genaue Vorausberechnung des Vorganges vereitelt wird.

In ihrer Schrift von 1935 und besonders auch in der 1937 in *AFSNF* erschienenen Arbeit *Über die Grundlagen physikalischer Aussagen in den älteren und den modernen Theorien* legt Grete Hermann zudem dar, dass Begriffe wie *Substanz, Wechselwirkung* und *Kausalität* für die moderne Physik nicht bedeutungslos geworden seien. So könnten etwa elektromagnetische Größen wie elektrische Ströme, elektrisch geladene oder polarisierte Körper, elektrische und magnetische Felder usw. als Substanzen beschrieben und Wechselwirkungen zwischen ihnen untersucht werden, um „mit ihrer Hilfe die beobachteten Veränderungen kausal zu erklären“ (Henry-Hermann 2019, 313). Wenngleich das elektromagnetische Feld beispielsweise unter bestimmten Umständen als etwas Substanzielles angesehen werden könne, folge die Bewegung des Feldes nicht den Gesetzen der Newton'schen Mechanik (Henry-Hermann 2019, 320).

Eine interessante Replik auf die Philosophie von Fries ist Grete Hermanns Bezug auf das von Ernst Friedrich Apelt in Anlehnung an Fries beschriebene Gesetz der ‚Spaltung der Wahrheit in verschiedene Weltansichten‘, das sie in der Quantenmechanik bestätigt sieht. Im Naturbild der Quantenmechanik stünden komplementäre Sichtweisen nebeneinander, ohne dass sich eine als falsch erweisen würde: Ein Mikroteilchen (z. B. Photon, Elektron oder Kernteilchen) könne sich in Abhängigkeit von den Messbedingungen z. B. bald als Welle und bald als Teilchen verhalten. Es treten verschiedene Darstellungen gleichberechtigt nebeneinander (Henry-Hermann 2019, 256).

Meyerhof und Kronfeld: Metaphysik der inneren Natur und die moderne Psychiatrie

Ein wichtiges Mitglied des Nelsonkreises war der 1884 in Hannover geborene spätere Physiologe und Biochemiker Otto Fritz Meyerhof (1884–1951), der 1922 für seine bahnbrechenden Arbeiten auf dem Gebiet der Physiologie und Biochemie des Muskels und der Muskelarbeit den Nobelpreis für Medizin erhielt (Hofmann 2016, 300). Bereits 1903 lernte er in Berlin den Philosophiestudenten Leonard

Nelson kennen, mit dem ihn eine lebenslange Freundschaft verband. Nachdem Nelson Berlin verlassen hatte, begann ab 1904 ein reger Briefwechsel zwischen Meyerhof und Nelson, der sich unter anderem mit der Philosophie von Jakob Friedrich Fries befasste (Hofmann 2016, 308).

Die starke Wirkung, die von Fries auf Meyerhof ausging, ist darauf zurückzuführen, dass Fries der Mathematik eine besondere Bedeutung für die Wissenschaften und die Philosophie beimaß. Aus diesem Grund fand die Philosophie von Fries bei Naturwissenschaftlern und Mathematikern große Beachtung (Hofmann 2016, 309).

Als 1949 Nelsons Schrift *Socratic Method and Critical Philosophy* in den USA erschien, verfasste Otto Meyerhof eine Rezension (Meyerhof 1949), in der er betont, dass Nelsons Philosophie vorwiegend eine kleine Schülergruppe stark beeinflusst hat, in der offiziellen deutschen Philosophie aber praktisch ohne Wirkung geblieben sei. Es war vor allem die Überzeugung, dass allein durch tiefes Nachdenken Wahrheiten gewonnen werden können, die Nelson und seine Anhänger als Bollwerk gegen Irrationalismus, Skeptizismus und Mystizismus verstanden (Hofmann 2016, 314).

Im philosophischen Streit Nelsons mit dem Neukantianer Ernst Cassirer (1874–1945) trat Meyerhof als Verteidiger der Position Nelsons auf (Hofmann 2016, 315). In dieser Kontroverse lobt Cassirer Meyerhofs Objektivität und sachliche Beweisführung (Hofmann 2016, 319).

Nelson und Meyerhof stimmten darin überein, dass die Philosophie eine exakte Wissenschaft sein sollte, die sich zwar mit wechselnden Problemen befasst, deren Lösungen aber von Dauer sind (Hofmann 2016, 331).

Im Jahre 1909 wurde Otto Meyerhof in Heidelberg mit seiner Schrift *Beiträge zur psychologischen Theorie der Geistesstörung,* die auf den erkenntnistheoretischen Überlegungen von Jakob Friedrich Fries basiert, promoviert.

Ausgehend von der kantischen Fragestellung, wie eine empirische Disziplin als Wissenschaft möglich sein kann, fragt er nach dem Wissenschaftscharakter der Psychologie. In Übereinstimmung mit der Philosophie von Fries setze die Psychologie als empirische Naturwissenschaft eine „Metaphysik der inneren Natur“ voraus, so wie die Physik auf einer „Metaphysik der äußeren Natur“ beruhe (Meyerhof 1910, 21).

Für Meyerhof ist eine Metaphysik der inneren Natur die Grundlage einer Theorie der Geisteskrankheiten. Seine Auffassung, dass der krankhafte Zustand immer somatisch begründet sei, geht auf Fries zurück. Meyerhof weist auf eine unüberbrückbare Kluft zwischen psychischem und physischem Geschehen hin. Sofern sich eine Erkrankung klar als eine physische identifizieren lasse, sind die Symptome physischer Erkrankungen unmittelbare Äußerungen einer physischen Störung. Dagegen lasse sich aus ähnlichen physischen Krankheitsbildern nicht direkt auf eine einheitliche psychische Störung schließen, und umgekehrt könne aus einer Verwandtschaft psychischer Störungen nicht auf eine gemeinsame körperliche Ursache geschlossen werden (Meyerhof 1910, 79).

Meyerhof definiert (in enger Anlehnung an Überlegungen von Fries) einen psychotischen Zustand als „Unterdrückung des Verstandes“ (Meyerhof 1910, 120);

Unzurechnungsfähigkeit bzw. verminderte Zurechnungsfähigkeit wird bestimmt als „Aufhebung der Möglichkeit des verständigen Entschlusses" (Meyerhof 1910, 120) bzw. „Einschränkung der Möglichkeit des verständigen Entschlusses" (Meyerhof 1910, 120).

Ebenso wie für Meyerhof war auch für das Werk des Psychiaters und Wissenschaftstheoretikers Arthur Kronfeld (1886–1941) die Philosophie von Jakob Friedrich Fries von zentraler Bedeutung. Auch bei Kronfeld kam Leonard Nelson im Hinblick auf die Vermittlung der kantisch-friesschen Philosophie eine Schlüsselrolle zu. Ab 1907 verband Kronfeld und Nelson eine lebenslange Freundschaft. Kronfeld war ein wichtiges Mitglied des Nelson-Kreises und später auch der Gesellschaft der *Freunde der Philosophisch-Politischen Akademie*. Aufgrund seiner künstlerisch-schriftstellerischen Neigung kam er in Kontakt mit Kurt Hiller[2] (1885–1972), einem späteren Mitarbeiter Magnus Hirschfelds (1868–1935). Kronfeld promovierte 1909 zum Dr. med. bei dem Psychiater Franz Nissl (1860–1919) und begann seine nervenärztliche Ausbildung in Heidelberg. 1912 promovierte er zum Dr. phil. mit einer experimentalpsychologischen Arbeit bei August Messer (1867–1937) in Gießen (Quelle: gedenkort.charite.de).

In Anknüpfung an Kant stellt Kronfeld seinem Ansatz die Leitfrage voran: Wie ist Psychiatrie als Wissenschaft möglich? Die Diskussion des Kausalbegriffes (dessen Übertragbarkeit auf das Psychische er untersucht und den er mit dem Begriff des Reizes verbindet) spielt hierbei eine besondere Rolle. Kronfeld entwickelt Fries' philosophische Fundierung der Psychologie weiter. Insbesondere greift er auf das der Fries'schen Methodenlehre entlehnte Konzept der *heuristischen Maximen* zurück (Kronfeld 1920, 286; Herrmann 2016, 13 f.).

Kronfeld unterscheidet zwischen einer *autologischen und einer heterologischen Wissenschaft* (siehe Kap. 20). Heterologisch gehe eine Wissenschaft vor, wenn sie ihre Arbeitsmaximen anderen Wissenschaften entlehne, dagegen formuliere eine autologische Wissenschaft ihre eigenen Regeln, Maximen und Begrifflichkeiten. Er wendet sich gegen das ‚Dogma' einer heterologischen Psychiatrie, indem er dieser das Konzept einer autologischen Psychiatrie entgegenstellt, das der fundamentalen Differenz zwischen physischen und psychischen Gegebenheiten in der Psychiatrie Rechnung trägt. Damit greift Kronfeld die in der neueren Psychiatrie vorherrschende (allerdings mittlerweile problematisch gewordene) Auffassung an, wonach alle Geisteskrankheiten als Hirnkrankheiten zu betrachten seien, öffnet die Psychiatrie aber zugleich für die Beachtung soziologischer, kriminologischer und normativer Elemente (Kronfeld 1920, 253; Hoff 2015, 41).

---

[2] Deutscher Schriftsteller, pazifistischer Publizist und Aktivist der ersten Schwulenbewegung; ab 1904 mit dem Medizinstudenten Arthur Kronfeld befreundet, über den er das Denken des Göttinger Philosophen Leonard Nelson kennenlernte.

Siglen

AFSNF	Abhandlungen der Fries'schen Schule. Neue Folge (1906–1937)
GS	Leonard Nelson. Gesammelte Schriften. Hg. von Paul Bernays et al., Bde. 1–9. Hamburg (1970–1977)
J. F. F. G.	Jakob Friedrich Fries-Gesellschaft
MAdN	Metaphysische Anfangsgründe der Naturwissenschaft
WW	Jakob Friedrich Fries: Sämtliche Schriften. Nach den Ausgaben letzter Hand zusammengestellt von Gert König et al., I–29; 31 (Personenglossar und Kommentar zu den in WW 27–29 abgedruckten Briefen) im Druck, 30 (Briefe 4), 32 (Ergänzungsband) und 33 (Index) in Vorbereitung. Aalen seit (1967)

Archivalien

Nelson, Leonard: Brief an Herrn Geheimrat Hilbert (29. Dezember 1916). In: Staats- und Universitätsbibliothek (SUB) Göttingen, Cod. Ms. D. Hilbert 482, Nr. 20a.

Literatur

Primärliteratur

Berg, Otto: *Das Relativitätsprinzip der Elektrodynamik.* In: *AFSNF* 3/2 (1910), 333–382.

Bernays, Paul: Über die Bedenklichkeiten der neueren Relativitätstheorie. In: *AFSNF* 4/3 (1914), 459–482

Bernays, Paul: *Die Grundgedanken der Fries'schen Philosophie in ihrem Verhältnis zum heutigen Stand der Wissenschaft.* In: *AFSNF* 5/2 (1933), 97–113

Bernays, Paul: Grundsätzliche Betrachtungen zur Erkenntnistheorie. In: *AFSNF* 6/3–4 (1937), 277–290.

Djuvara, Marcel T.: *Wissenschaftliche und Religiöse Weltansicht. Ein Vortag.* Göttingen 1906

Fries, Jakob Friedrich: *Wissen, Glaube und Ahndung.* Jena 1805. (WW 3, 413–755)

Heckmann, Gustav: Vorwort. In: Henry-Hermann, Grete: *Die Überwindung des Zufalls. Kritischen Betrachtungen zu Leonard Nelsons Begründung der Ethik als Wissenschaft* [1984]. Hamburg 1985, XI–XX

Heisenberg, Werner: *Kausalgesetz und Quantenmechanik.* In: *Erkenntnis* zugleich *Annalen der Philosophie* 2 (1931), 172–182.

Heisenberg, Werner: *Wandlungen der Grundlagen der exakten Naturwissenschaft in jüngster Zeit.* Vortrag vor der Gesellschaft deutscher Naturforscher und Ärzte, Hannover, 17. September 1934. In: *Angewandte Chemie* 47 (1934), 697–702

Heisenberg, Werner: *Der Teil und das Ganze.* München [12]1991

Henry-Hermann, Grete: *Philosophie – Mathematik – Quantenmechanik. Texte zur Naturphilosophie und Erkenntnistheorie, mathematisch-physikalische Beiträge sowie ausgewählte Korrespondenz aus den Jahren 1925 bis 1982.* Hrsg. v. Kay Herrmann. Wiesbaden 2019

Hermann, Grete: Die naturphilosophischen Grundlagen der Quantenmechanik. In: *AFSNF* 6/2 (1935), 69–152

Hermann, Grete: *Über die Grundlagen physikalischer Aussagen in den älteren und den modernen Theorien.* In: *AFSNF* 6/3–4 (1937), 309–398

Kronfeld, Arthur: *Das Wesen der psychiatrischen Erkenntnis. Beiträge zur allgemeinen Psychiatrie.* Berlin 1920

Meyerhof, Otto: *Beiträge zur psychologischen Theorie der Geistesstörungen.* Göttingen 1910

Meyerhof, Otto: *Book review of: Nelson, Leonard. Socratic Method and Critical Philosophy: Selected Essays.* In: *Social Research* 16 (1949), 508 –510

Nelson, Leonard: *Ist metaphysikfreie Naturwissenschaft möglich? (1908).* In: GS 3, 231–281

Nelson, Leonard: *Socratic Method and Critical Philosophy: Selected Essays.* New Haven 1949

Nelson, Leonard: *Kritische Naturphilosophie. Mitschriften aus dem Nachlass.* Hg. v. Kay Herrmann/Jörg Schroth. Heidelberg 2004

Nelson, Leonard: *Über wissenschaftliche und ästhetische Naturbetrachtung.* In: *GS 3*, 283–303

Schmid, C. Chr. E.: *Wörterbuch zum leichtern Gebrauch der Kantischen Schriften.* Neu hrsg., eingeleitet und mit einem Personenregister versehen von Nobert Hinske, unveränderte Aufl., reprograf. Nachdruck der 4., vermehrten Ausg. Jena Cröker, 1798. Darmstadt ^{2}1976

Sekundärliteratur

Herrmann, Kay: *Transzendentalphilosophie und moderne Physik.* In: „Sokratisches Philosophieren" Schriftenreihe der Philosophisch-Politischen Akademie. Bd. 7. Frankfurt a. M. 2000, S. 107–130

Herrmann, Kay: *Leonard Nelson und die Naturwissenschaften.* In: A. Berger, A./J. Schroth/G. Raupach-Strey (Hg.): *Leonard Nelson – ein früher Denker der analytischen Philosophie? Ein Symposium zum 80. Todestag des Göttinger Philosophen.* Berlin et al. 2011, 169–191

Herrmann, Kay: *Apriori im Wandel – Für und wider eine kritische Metaphysik der Natur.* Heidelberg 2012

Herrmann, Kay: *Jakob Friedrich Fries und die moderne Psychiatrie.* In: *e-Journal Philosophie der Psychologie* 22 (2016)

Hoff, Paul: *Arthur Kronfeld (1886–1941) und das Ringen um die Einheit der Schizophrenie.* In: Daniel Sollberger/Hans-Peter Kapfhammer/Erik Boehlke/Paul Hoff/Thomas Stompe (Hg.): *Bilder der Schizophrenie* (= Schriftenreihe der Deutschsprachigen Gesellschaft für Kunst und Psychopathologie des Ausdrucks e. V., Bd. 34). Berlin 2015, 37–48

Hofmann, Eberhard: *Otto Meyerhof – Humanist und Naturforscher. Von der Philosophie zum Nobelpreis.* In: *Acta Historica Leopoldina* 65 (2016), 299–369

Peckhaus, Volker: *Hilbertprogramm und Kritische Philosophie. Das Göttinger Modell interdisziplinärer Zusammenarbeit zwischen Mathematik und Philosophie.* Göttingen 1990

Peckhaus, Volker: *Mein Glaubensbekenntnis. Leonard Nelsons Brief an David Hilbert.* In: M. Toepell (Hg.): *Mathematik im Wandel. Anregungen zu einem fachübergreifenden Mathematikunterricht*, Bd. 2 (= Mathematikgeschichte und Unterricht, Bd. 3). Hildesheim/Berlin 2001, 335–346

Internetquellen

Herrn, Rainer (Institut für Geschichte der Medizin der Charité): Arthur Kronfeld, https://gedenkort.charite.de/menschen/arthur_kronfeld/ [08.05.2021]

Philosophie und Physik: Zu Grete Hermanns neukantianischen Interpretation der Quantenmechanik

18

Andrea Reichenberger

Grete Hermann: ‚A Late Appraisal'

Am 9. Juli 1963 trafen sich Thomas S. Kuhn und John L. Heilbron in Carlsberg in Dänemark zu einem Interview mit Carl Friedrich von Weizsäcker. Kuhn bat Weizsäcker, von seiner Begegnung mit Werner Heisenberg und den Diskussionen mit ihm über die Quantenmechanik zu berichten. Weizsäcker antwortete, dass er sich sehr gut erinnern könne, dass ihm Niels Bohr während seines Forschungsaufenthaltes in Kopenhagen 1933/34 ein Manuskript eines Fräuleins namens ‚Greta Hermann' zum Lesen gab.

> I remember her in the following connection: when I was in Copenhagen in '33-'34, Bohr gave me a paper sent to him by a certain Miss (Greta Hermann) whom he didn't know at all. It was about causality in quantum mechanics, and Bohr said I should read it and perhaps answer it. The paper was wrong; it stated certain things which were not correct. So I wrote a letter to her, and later on, when I returned to Leipzig, she appeared there and stayed for a year (Weizsäcker 1963).[1]

[1] Der US-amerikanische Physiker, Wissenschaftsphilosoph und Wissenschaftshistoriker Thomas S. Kuhn hatte ein Jahr zuvor sein Buch ‚The Structure of Scientific Revolutions' (Kuhn 1962) veröffentlicht. Kuhns kleines Büchlein wurde zum Bestseller, das nachhaltig die Wissenschaftsphilosophie beeinflusste. Der heute bekannte Physikhistoriker John L. Heilbron promovierte damals bei Thomas S. Kuhn. Carl Friedrich von Weizsäcker war zu dieser Zeit ein renommierter

A. Reichenberger (✉)
Department of Science, Technology and Society, Technische Universität München, München, Deutschland
E-Mail: andrea.reichenberger@tum.de

K. Herrmann und B. Schwitzer (Hrsg.), *Der Geist der kritischen Schule*,
https://doi.org/10.1007/978-3-662-68345-3_18

Weizsäcker war zwischen 1933 und 1934 Stipendiat bei Niels Bohr in Kopenhagen, nachdem er kurz zuvor bei Friedrich Hund in Leipzig promoviert hatte. Bohr gab dem damals 21-jährigen Weizsäcker ein Manuskript mit dem Titel ‚Quantenmechanik und Determinismus' zu lesen (Hermann 1933). Dieses Manuskript hatte Grete Hermann 1933 verfasst und u. a. an Niels Bohr und Paul Dirac geschickt. Im Frühjahr 1934 besuchte Grete Hermann das Seminar von Werner Heisenberg am Physikalischen Institut in Leipzig, an das Weizsäcker nach seinem Forschungsaufenthalt in Kopenhagen zurückgekehrt war. Die Diskussionen im Seminar bildeten die Grundlage für Hermanns Schrift ‚Die naturphilosophischen Grundlagen der Quantenmechanik' (Hermann 1935a). Sonderdrucke gingen u. a. an Werner Heisenberg, Erwin Schrödinger, Richard Courant, Louis de Broglie, Albert Einstein, Max von Laue und Pascual Jordan (Herrmann 2019, 19). Ein Auszug wurde im gleichen Jahr in der Zeitschrift ‚Die Naturwissenschaften' veröffentlicht (Hermann 1935b). Zwei Jahre später, 1937, wurde eine weitere Arbeit von Hermann zur Quantenmechanik in den Abhandlungen der Fries'schen Schule publiziert: ‚Über die Grundlagen physikalischer Aussagen in den älteren und den modernen Theorien' (Hermann 1937). In der Nachkriegszeit schließlich schrieb Hermann noch einen weiteren Aufsatz zur Thematik: ‚Die Kausalität in der Physik', erschienen 1948 in der Zeitschrift *Studium Generale* (Hermann 1948). Es handelt sich um ihre letzte veröffentlichte Arbeit zur Philosophie der Quantenmechanik.

In den letzten Jahren sind Hermanns Beiträge zur Philosophie der Quantenmechanik, die lange Zeit international kaum erwähnt und noch weniger diskutiert worden sind, verstärkt ins Zentrum der fachwissenschaftlichen Aufmerksamkeit gerückt. Brigitte Falkenburg spricht zu Recht von einem „late appraisal" (Falkenburg 2021).[2] Im Jahr 2001 veranstaltete die Philosophisch-Politische Akademie, die einst von Leonard Nelson gegründet worden war und der auch Grete Hermann angehörte, in Bremen eine Gedenkveranstaltung zu Ehren von Grete Hermann. Bei dieser Veranstaltung machten Lena Soler und Alexander Schnell, die bereits 1996 Grete Hermanns ‚Naturphilosophische Grundlagen der Quantenmechanik' (Hermann 1935a) ins Französische übersetzt hatten (Hermann 1996), auf Grete Hermanns ‚Beiträge zur Philosophie der Quantenmechanik' aufmerksam (Soler und Schnell 2001). In den darauffolgenden Jahren erschienen von der

---

Physiker und Philosoph, der für seine Arbeiten zur Energieerzeugung in Sternen mehrmals für den Physiknobelpreis nominiert worden war.

[2] Brigitte Falkenburg bespricht in ihrem Essay zwei Monographien: ‚Grete Henry-Hermann: Philosophie – Mathematik – Quantenmechanik', herausgegeben von Kay Herrmann' (Herrmann 2019) und ‚Grete Hermann: Between Physics and Philosophy', ediert von Elise Crull und Guido Bacciagaluppi (Crull und Bacciagaluppi 2016). Eine Rezension zu beiden Büchern hat auch die Autorin des vorliegenden Beitrags verfasst (Reichenberger 2020).

französischen Wissenschaftsphilosophin Soler eine Reihe von englischsprachigen Aufsätzen zu Grete Hermann (u. a. Soler 2009, 2017), die das Interesse von Guido Bacciagaluppi und Elise Crull weckten. Im Mai 2012 fand der internationale Workshop ‚Grete Hermann: Between Physics and Philosophy' an der University of Aberdeen statt. Das gleichnamige Buch zur Tagung wurde 2016 von Guido Bacciagaluppi und Elise Crull herausgegeben. 2019 folgte eine deutschsprachige Edition zu Grete Hermann (Herrmann 2019). Diese enthält erstmals alle wichtigen naturphilosophischen und erkenntnistheoretischen Schriften Grete Hermanns, darunter Hermanns bis dato unveröffentlichtes Manuskript ‚Determinismus und Quantenmechanik' (Hermann 1933). Ergänzt wird diese Ausgabe durch Aufsätze über das Werk von Hermann sowie durch Auszüge aus der Korrespondenz Grete Hermanns, darunter ein Briefwechsel mit dem Münsteraner Physiker Adolf Kratzer.

Göttinger Quantenmechanik 1925–1933

Grete Hermann promovierte 1925 bei Emmy Noether in Göttingen über die Theorie der Polynomideale (Hermann 1925).[3] Noch im gleichen Jahr schloss sie die Prüfung für das Lehramt an höheren Schulen (1. Staatsexamen) mit den Hauptfächern Mathematik und Physik und dem Zusatzfach Philosophische Propädeutik ab (Hansen-Schaberg 2012, 109). Prüfer im Fach Philosophie war Leonhard Nelson, bei dem Grete Hermann seit dem Wintersemester 1921/22 Seminare besucht hatte. Inge Hansen-Schaberg schreibt dazu: „Ihr Wunschthema für die philosophische Arbeit wäre die Bearbeitung der ‚Paradoxien der Mengenlehre' gewesen, was aber durch Nelson abgelehnt wurde" (Hansen-Schaberg 2012, 108). Nach Nelson sollte Grete Hermann kein rein formal-logisches Thema wählen. Nelson schlug eine Arbeit ‚Über den transzendentalen Idealismus' vor. Der Inhalt dieser Arbeit war dann auch das Thema der mündlichen Prüfung am 10. Dezember 1925, die Hermann mit Auszeichnung bestand.

Das Jahr, in dem Grete Hermann bei Emmy Noether ihre Promotion erfolgreich abschloss, war ein Schicksalsjahr für die Entwicklung der Quantenmechanik: In diesem Jahr erschien Werner Heisenbergs Aufsatz ‚Über quantentheoretische Umdeutung kinematischer und mechanischer Beziehungen' in der ‚Zeitschrift für Physik' (Heisenberg 1925). Mit dieser Arbeit wurde ein neues Kapitel in der noch sehr jungen Quantenmechanik eingeläutet.

Zur Berechnung der Spektrallinienfrequenz wandte Heisenberg eine Multiplikationsregel für Fourier-Reihen an und ersetzte die kontinuierlichen Bohr'schen Bahnen durch unendlich viele diskontinuierliche Größen. Max Born, mit dem Heisenberg darüber in engem Austausch stand, erkannte, dass es sich bei der ‚Zusammensetzungsregel für quadratische Schemata' um die Multiplikation von Matrizen handelte, die eine bestimmte aus Heisenbergs Produktausdruck abgeleitete Vertauschungsrelation befolgten. Die Darstellung physikalischer

[3] Hermanns Dissertation wurde 1998 ins Englische übersetzt. Studien, die sich explizit mit den Inhalten der Dissertation auseinandersetzen, haben Silke Slembek (1996), Peter Ullrich (2019) und Mirella Manaresi (2021) vorgelegt.

Größen durch Matrizen, die nichtkommutativ zu beschreiben sind, erwies sich als Schlüssel für die Entwicklung der ‚neuen' Göttinger Quantenmechanik, der Matrizenmechanik.

Born arbeitete gemeinsam mit Pascal Jordan im August und September 1925 den Inhalt von Heisenbergs Arbeit in eine konsistente mathematische Theorie mit unendlichen hermiteschen Matrizen aus (Born und Jordan 1925). Heisenberg beteiligte sich ab September an der Ausarbeitung und Anwendung dieser neuen Matrizenmechanik. Das Ergebnis ging als ‚Dreimännerarbeit' in die Geschichte ein (Schirrmacher 2005). Wolfgang Pauli gelang es kurz darauf, mit Hilfe der Matrizenmechanik das Spektrum des Wasserstoff-Atoms abzuleiten (Pauli 1926). Im Dezember 1925 erweiterten Cornelius Lanczos in Frankfurt und Max Born mit Norbert Wiener in den USA die Matrizenmechanik zur Operatormechanik. Paul A. Dirac entwickelte in Cambridge, unabhängig von den Göttingern, aber auf der Grundlage von Heisenbergs Juli-Arbeit, die algebraische Methode der q-Zahlen (Dalitz 1995), die nicht kommutativ bezüglich ihrer Multiplikation sind. Dirac konnte zeigen, dass die Energiezustände des Wasserstoffatoms mit Hilfe eines nichtkommutativen algebraischen Algorithmus berechnet werden können.[4]

Im Mai 1926 bot Niels Bohr Heisenberg die Position eines Lektors an seinem Institut an, als Nachfolger seines langjährigen Mitarbeiters Hendrik Kramer. Heisenberg diskutierte mit Bohr über die Wellenmechanik, die Erwin Schrödinger im Januar 1926 eingeführt hatte. Auf Basis von Louis de Broglies Theorie der Materiewelle (de Broglie 1925) und unter dem Einfluss von Einsteins Lichtquantenhypothese hatte Schrödinger die Arbeit ‚Quantisierung als Eigenwertproblem' publiziert. Schrödinger deutete das Quadrat der Wellenamplitude als kontinuierliche räumliche Verteilung der Ladungsdichte des Elektrons. Dabei bildete die Hamilton–Jacobi-Theorie der analytischen Mechanik die Grundlage für die Ableitung der Wellengleichung und für die Zurückführung der Ganzzahligkeitsforderung auf das Eigenwertproblem der Lösungsfunktion von Differentialgleichungen. Durch diese Methode gelang es Schrödinger, Energiezustände der Elektronen im Atom als Eigenschwingungen der Materie gleich denen eines kontinuierlichen Mediums zu interpretieren.

Für kurze Zeit sah es so aus, dass sich zwei miteinander unverträgliche Ansätze gegenüberstanden: Die diskrete Matrizenmechanik auf der einen Seite und die kontinuierliche Wellenmechanik auf der anderen Seite. Tatsächlich aber erwies sich die Wellenmechanik als mathematisch äquivalent zur Matrizenmechanik: Observablen werden zwar unterschiedlich dargestellt, die jeweiligen mathematischen Darstellungen führen aber zu denselben beobachtbaren Erwartungswerten. Man spricht heute vom sog. Korrespondenzprinzip.

Max Born interpretierte die zeitabhängige Schrödinger'sche Wellenfunktion als Wahrscheinlichkeitsamplitude (Born 1926). Der Wert dieser Funktion gibt an, mit welcher Wahrscheinlichkeit eine Zustandsmessung ein bestimmtes Ergebnis hat.

---

[4] Die Aufsätze Paul A. Diracs sind veröffentlicht in Dalitz (1995).

Die Zustandsfunktion ψ gehorcht zwar der deterministischen Schrödinger-Gleichung, aber der Zustand selbst ist nicht eindeutig definiert, sondern umfasst die Gesamtheit aller mehr oder weniger wahrscheinlichen Messresultate. Folglich kann die Wahl der Bahn nur mit einer gewissen Wahrscheinlichkeit (bestimmt durch die Werteverteilung der Wellenfunktion) angegeben werden. Entsprechend bestimmt das Betragsquadrat die Wahrscheinlichkeitsdichte für den Ort beziehungsweise den Impuls des Teilchens.

In schriftlichem Austausch mit Wolfgang Pauli und in Diskussionen mit Niels Bohr setzte sich Heisenberg mit Schrödingers Gleichung und der statistischen Deutung Borns auseinander. Das Ergebnis präsentierte er im Märzheft 1927 in der ‚Zeitschrift für Physik' unter dem Titel ‚Über den anschaulichen Inhalt der quantentheoretischen Kinematik und Mechanik' (Heisenberg 1927). In dieser Arbeit, für die Heisenberg später den Nobelpreis erhielt, zeigte der Autor, „daß kanonisch konjugierte Größen simultan nur mit einer charakteristischen Ungenauigkeit bestimmt werden können" (Heisenberg 1927, 127). Ein besonders wichtiges Paar kanonisch konjugierter Messgrößen sind der Ort und die Geschwindigkeit oder, richtiger, der Impuls $\mathrm{p} = mv$ eines Quantenteilchens. Versucht man Ort und Impuls gleichzeitig zu messen, so gilt, dass das Produkt der Standardabweichungen der Messresultate für Ort und Impuls immer größer ist als die Planck'sche Konstante, die durch die Quantenmechanik bestimmt ist. Diese Eigenschaft der Quantenmechanik wird als Heisenberg'sche Unschärferelation bezeichnet. In seiner Arbeit aus dem Jahre 1927 lautet die Gleichung dafür in Formelschreibweise: $p_1 q_1 \sim h$.

Die Kleinbuchstaben „p" und „q" bezeichnen dynamische Variablen. Eine dynamische Variable ist eine solche, die den Zustand des Systems charakterisiert, z. B. „p" für den Impuls und „q" für die Lagekoordinate. Die Unschärferelation bringt eine prinzipielle Grenze für die Messgenauigkeit zum Ausdruck. Je kleiner die Unschärfe oder Messungenauigkeit bei der Bestimmung der einen Größe (z. B. des Ortes) wird, umso größer wird die Unbestimmtheit der entsprechenden komplementären Größe (in diesem Fall: des Impulses). Das Produkt der beiden Unschärfen ist in jedem Fall größer als $h/2\pi$.

Mit Borns statistischer Deutung der Schrödinger'schen Wellenfunktion und Heisenbergs Unbestimmtheitsrelation waren die Grundlagen der Quantenmechanik geschaffen. In den darauffolgenden Jahren wurde die mathematische Axiomatisierung der Quantenmechanik erarbeitet. Im klassischen Hilbertraumformalismus werden quantenmechanische Observablen und Zustände durch hermitesche Operatoren eines Hilbertraums beschrieben. Unter einem Hilbertraum versteht man einen Vektorraum über den reellen oder komplexen Zahlen (mit einem Skalarprodukt), der die Menge der Zustände eines quantenphysikalischen Systems beschreibt.

Der Operator ist ein mathematisches Hilfsmittel, um einer Größe, die er vertritt, Eigenfunktionen und Eigenwerte zuzuordnen. Eine besondere Unterklasse linearer Operatoren sind selbstadjungierte oder hermitesche Operatoren mit reellen Eigenwerten. Diese Eigenwerte repräsentieren quantenmechanische Messwerte. Eigenwerte spielen in der Quantenmechanik insofern eine besondere Rolle, als nur die

Eigenwerte der Operatoren (physikalische Größen wie z. B. der Drehimpuls werden hier durch Operatoren repräsentiert) messbar sind.

Die Messung einer Observablen (eines Eigenwertes) bedeutet: Das System wird in einen (zu dem Eigenwert gehörigen) Eigenzustand des entsprechenden Operators versetzt. Ein unmittelbar zeitlich angeschlossenes gleiches Experiment würde denselben Eigenwert liefern. Ist das System vor der Messung einer Observablen nicht in einem Eigenzustand des entsprechenden Operators, so wird die Messung nicht mit Sicherheit, sondern nur mit einer gewissen Wahrscheinlichkeit einen bestimmten Eigenwert ergeben. Die Unmöglichkeit der gleichzeitigen präzisen Messung gewisser Größen (z. B. von Ort und Impuls) wird durch die Heisenberg'sche Unschärferelation ausgedrückt und ist letztlich darauf zurückzuführen, dass für die jeweiligen Operatoren kein gemeinsames System von Eigenvektoren existiert.

Einen wichtigen Beitrag zur Darstellung von Observablen durch selbstadjungierte lineare Operatoren auf einem Hilbertraum hat Johannn von Neumann (in z. T. engem Austausch mit David Hilbert, Lothar Nordheim, Hermann Weyl und Eugen Wigner) geleistet. Ergebnisse dieser Arbeiten bildeten die Basis für Johann von Neumanns Buch ‚Mathematische Grundlagen der Quantenmechanik' (Neumann 1932), aus dem viele der heutigen axiomatischen Begründungen der Quantenmechanik hervorgegangen sind.[5]

Johann von Neumanns Beweis und Grete Hermanns Kritik

Mit seinem Buch ‚Mathematische Grundlagen der Quantenmechanik' (Neumann 1932) verfolgte Neumann das Ziel, die Quantenmechanik auf eine axiomatische Grundlage zu stellen. Einleitend wird in dem Buch ein Überblick über die Entstehung der Quantenmechanik gegeben und der Äquivalenzbeweis der Matrizen- und Wellenmechanik dargelegt. Anschließend führt Neumann den Begriff des Hilbert-Raums ein und erklärt sodann die Rolle von Operatoren und Eigenwerten. Es folgen: ein Beweis für die Eindeutigkeit und Lösbarkeit des Eigenwertproblems und eine Erklärung von ‚Spur' als Invariante von Operatoren. Ferner werden die Besonderheiten des statistischen Charakters der Quantenmechanik erläutert und die Bedeutung der Unbestimmtheitsrelationen begründet. Daran schließt sich von Neumanns Beweis für die Unmöglichkeit verborgener Parameter an. Dieser Beweis zeigt, dass es nicht sein kann, dass die „φ-Beschreibung der Zustände wesentlich unvollständig wäre" (Neumann 1932, 109). Ausgeschlossen ist damit

[5] Der Begriff des selbstadjungierten Operators stammt nicht von Johann von Neumann, sondern von Marshall Harvey Stone. Ab 1928 arbeitete Stone über selbstadjungierte Operatoren in Hilberträumen, worüber 1932 sein Buch ‚Linear Transformations in Hilbert Space and their Applications to Analysis' (Stone 1932) erschien. Stone prägte den Begriff des selbstadjungierten Operators. 1930 veröffentlichte er in den ‚Proceedings of the National Academy of Sciences' das berühmte Stone-von-Neumann-Theorem (was aber aus Platzgründen nicht in seine Monographie von 1932 aufgenommen wurde).

auch, so Neumann, dass die Quantenmechanik durch statistische Näherung aus einer kausal-deterministischen Theorie abgeleitet werden kann.

In ihrer Arbeit ‚Die naturphilosophischen Grundlagen der Quantenmechanik', die 1935 in den Abhandlungen der Fries'schen Schule veröffentlicht wurde, behauptete Grete Hermann, dass von Neumann in einem seiner Axiome eine Prämisse zu Unrecht als allgemeingültig voraussetzte. Gemeint ist die Linearität der Erwartungswerte (Additivitätsregel).

Von Neumann hatte angenommen, dass die Erwartungswerte für beliebige Observablen linear sind. Tatsächlich gilt dies in der Quantenmechanik nur für Größen, welche auch gleichzeitig exakt messbar sind. Sofern die betreffenden Operatoren nicht kommutieren, ist die Wahl der Linearkombination nicht eindeutig. Hermann bemängelte, dass der Neumann'sche Beweis eine zu beweisende Behauptung voraussetzt, mithin zirkulär sei. Laut Hermann kann man nämlich

> aus der für $(R\varphi, \varphi)$ geltenden Summationsregel nicht mehr folgern, dass auch in diesen Teilmengen der Erwartungswert der Summe physikalischer Grössen gleich der Summe ihrer Erwartungswerte ist. Damit aber entfällt ein notwendiger Schritt im *Neumann*schen Beweis. Gibt man dagegen – mit *Neumann* – diesen Schritt nicht preis, dann hat man in die Interpretation stillschweigend die unbewiesene Voraussetzung aufgenommen, daß es an den Elementen einer Schar durch φ charakterisierter physikalischer Systeme keine unterscheidenden Merkmale geben könne, von denen das Ergebnis der $\mathfrak{R}$-Messung abhängt. Die Unmöglichkeit solcher Merkmale ist aber gerade die zu beweisende Behauptung. Der Beweis läuft somit auf einen Zirkel hinaus. (Hermann 1935a, 224)

Als Max Jammer an seinem Buch über die philosophischen Interpretationen der Quantenmechanik aus historischer Perspektive arbeitete (Jammer 1974), wurde er auf Grete Hermanns Kritik an Johann von Neumanns Beweis der Unmöglichkeit verborgener Parameter aufmerksam. Werner Heisenberg teilte ihm auf Anfrage die Anschrift von Grete Hermann mit. Die Briefe, die Jammer daraufhin mit Hermann austauschte, sind sehr aufschlussreich.[6] Sie bilden eine wichtige Grundlage für Jammers Auseinandersetzung mit Grete Hermann und werfen ein neues Licht auf die gegenwärtige Debatte, ob und inwiefern Hermanns Vorwurf der Zirkelhaftigkeit des von Neumann'schen Beweises gerechtfertigt ist (Acuña 2021; Dieks 2017; Mermin und Schack 2018; Suter 2019).

Grete Hermann hatte darauf verwiesen, dass die von Neumann'sche Voraussetzung der Linearität der Erwartungswerte keine notwendige Eigenschaft des Erwartungswertfunktionals sei. Max Jammer machte demgegenüber zwei Einwände geltend. Erstens sei sich von Neumann über diesen wunden Punkt seines Beweises sehr wohl bewusst gewesen.[7] Zweitens folge aus dem Linearitätsaxiom nicht

---

[6] Die Briefe zwischen Max Jammer und Grete Hermann sind veröffentlicht in: Herrmann (2019, 599–610).

[7] Vgl. von Neumann (1932, 164): „In der Quantenmechanik gibt es aber noch eine andere, über das bisher Diskutierte hinausgehende Rechenoperation: nämlich das Addieren von zwei beliebigen, nicht notwendig gleichzeitig beobachtbaren Größen. Dieselbe beruht darauf, dass für zwei Hermitesche Operatoren R, S die Summe $R + S$ wieder ein Hermitescher Operator ist, auch dann, wenn R, S nicht vertauschbar sind."

notwendig ein Zirkelschluss. Denn von Neumann hätte unabhängig vom ‚konventionellen Formalismus' die Formel $Erw(\mathfrak{R}) = Spur(P[\varphi]R)$ bewiesen (Neumann 1932, 170).

In ihrem Brief vom 11. April 1968 antwortete Grete Hermann: „Sie weisen darauf hin, dass ich zu Unrecht angenommen hatte, Neumanns Beweis beruhe auf der üblichen quantenmechanischen Deutung des Ausdrucks $(R\varphi, \varphi)$ als Erwartungswert der Grösse $\mathfrak{R}$ im Zustand φ" (Herrmann 2019, 606). Und sie fügte hinzu: „Nun, wenn mein Zirkelschluss-Vorwurf auf einem Missverständnis beruht, dann nehme ich ihn natürlich gern zurück" (zit. n. Herrmann 2019, 607). Neumanns „Formel $Erw(\mathfrak{R}) = Spur(P[\varphi]R = (R\varphi, \varphi)$ und den aus ihr gezogenen Folgerungen" (Herrmann 2019, 606) erweist sich jedoch als faktisch anwendbar auf den Begriff $(R\varphi, \varphi)$ als Mittelwert von $\mathfrak{R}$-Messungen an Scharen von Systemen im Zustand φ.

Mit dieser Feststellung unterstrich und verteidigte Grete Hermann ihren Einwand gegenüber der Additivitätsannahme für die Erwartungswerte von Operatoren. Der von Neumann'sche Beweis der Unmöglichkeit verborgener Parameter ist äquivalent zum Beweis der Unmöglichkeit der Existenz dispersionsfreier Zustände und damit streuungsfreier Erwartungswertfunktionale. Dass die Additivität der Erwartungswerte auch für hypothetisch dispersionsfreie Zustände gelten sollte, ist eine Annahme, die von Neumann implizit voraussetzt. Und Grete Hermann fügte hinzu: „ob mit oder ohne Zirkelschluss" (Herrmann 2019, 607).

Max Jammer gegenüber erklärte sie, dass für ihre Überlegungen die Frage, ob von Neumanns Beweis zirkulär und somit fehlerhaft sei, nicht entscheidend gewesen sei. Was sie interessierte, war die Frage, ob der statistische Charakter der Quantenmechanik notwendig die „Entscheidung […] gegen die Kausalität" (Neumann 1932, 171) erfordert, wie von Neumann behauptete.

In ihrer Abhandlung ‚Determinismus und Quantenmechanik' aus dem Jahre 1933 spekulierte Hermann „über die Möglichkeit, andere, bisher vielleicht unbekannte physikalische Grössen aufzufinden" (Hermann 1933, 190). Sie wollte damit aber nicht behaupten, dass die Quantenmechanik unvollständig sei und um verborgene Größen ergänzt werden muss. Vielmehr wollte sie damit zum Ausdruck bringen, dass jede Theorie in ihrer Reichweite und in ihrem Anwendungsbereich begrenzt und der wissenschaftliche Erkenntnisprozess hypothetisch und fallibel ist. Keiner kann heute sagen, welchen Theorien morgen entwickelt werden.[8] In ihrem Aufsatz ‚Die Kausalität der Physik' in der Zeitschrift *Studium generale* aus dem Jahr 1948 schreibt Hermann deutlicher: Determinismus und Quantenmechanik sind inkompatibel. Die Quantenmechanik schließt definitiv „die Möglichkeit aus, durch eine bloße Erweiterung der Theorie, also etwa durch die

[8] Grete Hermann schreibt: „Die menschliche Erfahrung ist unabgeschlossen. Wir erschöpfen in der Erfahrung nie die untersuchten Dinge oder Vorgänge und können nicht ausschließen, daß, außer dem, was wir an ihnen oder ihrer Umgebung auffassen, weitere, vorläufig noch unbekannte Qualitäten aufweisbar sind, die später einmal durch neue Experimente und ihre theoretische Deutung entdeckt werden können" (Hermann 1948, 384).

Hinzunahme solcher unbekannter Qualitäten, die in der Quantenmechanik aufgetretenen Unbestimmtheiten zu überwinden“ (Hermann 1948, 384). Wer den Determinismus retten will, müsste eine neue Theorie vorlegen oder aber die ‚alte‘ Theorie, d.i. die klassische Mechanik beibehalten.

Das Zitat, das die Debatte um verborgene Variablen aufgreift, ist eine Anspielung auf das Einstein–Podolsky–Rosen (EPR)-Paradox. In einem von Albert Einstein gemeinsam mit Boris Podolsky und Nathan Rosen verfassten Aufsatz in der Zeitschrift ‚Physical Review‘ 1935 argumentierten die Autoren gegen die wahrscheinlichkeitstheoretische Interpretation der Quantenmechanik als einer indeterministischen Theorie.

Tatsächlich beginnt das EPR-Argument mit der philosophischen Präsupposition eines objektiven Realismus:

> Any serious consideration of a physical theory must take into account the distinction between the objective reality, which is independent of any theory, and the physical concepts with which the theory operates. These concepts are intended to correspond with the objective reality, and by means of these concepts we picture this reality to ourselves. (Einstein et al. 1935, 777)

Niels Bohr erwiderte darauf, dass der von den EPR-Autoren verwendete Begriff ‚Realität‘ fraglich sei (Bohr 1935). Doch welcher Realitätsbegriff liegt der Quantenmechanik zugrunde? Diese Frage begleitete von Beginn an die Entstehungsgeschichte der Quantenmechanik. Von dieser Problematik handelt das folgende Kapitel.

Die Crux mit der Philosophie

In seiner Arbeit aus dem Jahre 1926 interpretierte Max Born die quantenmechanische Wellenfunktion, wie sie von Erwin Schrödinger vorgeschlagen wurde, als Wahrscheinlichkeitsamplitude und zog daraus den Schluss, dass es sich beim „Effekt eines Zusammenstoßes […] um keine Kausalbeziehung“ (Born 1926, 866) handelt. Darin zeige sich „die ganze Problematik des Determinismus“ (Born 1926, 866). Man könnte versuchen, so Born, den Determinismus zu retten, indem man annimmt, dass unsere gegenwärtige quantenmechanische Theorie keine andere Interpretation als eine indeterministische erlaubt, wir aber in der Zukunft zu Erkenntnissen gelangen könnten, die deterministischen Kriterien genügen. Max Born hielt nichts von derlei Spekulationen. Der Indeterminismus quantenmechanischer Zustände war für ihn – auf Basis des mathematischen Formalismus und der Messresultate – praktisch unvermeidlich.

Dieser Ansicht schloss sich Werner Heisenberg in seinem Aufsatz ‚Über den anschaulichen Inhalt der quantentheoretischen Kinematik und Mechanik‘ (Heisenberg 1927) an und goss damit Öl ins Feuer der ohnehin schon entfachten Diskussion über Kausalität und Determinismus. Heisenberg schrieb:

> An der scharfen Formulierung des Kausalgesetzes: „Wenn wir die Gegenwart genau kennen, können wir die Zukunft berechnen", ist nicht der Nachsatz, sondern die Voraussetzung falsch. Wir können die Gegenwart in allen Bestimmungsgesetzen prinzipiell nicht kennen lernen. Deswegen ist alles Wahrnehmen eine Auswahl aus einer Fülle von Möglichkeiten und eine Beschränkung des zukünftig Möglichen. (Heisenberg 1927, 198)

Dass „alles Wahrnehmen eine Auswahl aus einer Fülle von Möglichkeiten und eine Beschränkung des zukünftig Möglichen" ist, hat grundsätzlich nichts mit der Quantenmechanik zu tun. Pointierter gesagt: Diese Feststellung ist keine logisch notwendige Folge der Unschärferelation. Heisenberg äußerte sich an dieser Stelle aber nicht nur über die Wahrnehmung. Er gebrauchte die philosophische Redeweise von zwei Welten: die wahrgenommene Welt, die durch Borns statistische Interpretation der Schrödinger'schen Wellenfunktion repräsentiert wird, und die ‚wirkliche' Welt. Heisenberg setzte das Wort ‚wirklich' in Anführungszeichen und fügt hinzu, er halte Spekulationen, denen zufolge es eine wirkliche Welt geben könnte, in der das Kausalgesetz gilt, sich aber unserer gegenwärtigen Kenntnis entzieht, für „unfruchtbar und sinnlos". Denn die Unbestimmtheitsrelation erlaube es gerade nicht mehr, den Anfangszustand eines Systems mit beliebiger Genauigkeit zu bestimmen. Daher müsse auch die Hoffnung auf eine genaue Vorhersage der zukünftigen Entwicklung aufgegeben werden.

In der klassischen Mechanik sind durch Angabe von Ort und Impuls zu einem bestimmten Zeitpunkt alle weiteren Werte (auch die dynamischen) für alle beliebigen Zeiten bekannt. Die Trajektorie eines Massenpunktes ist folglich bestimmt bzw. bestimmbar. Das gilt für jeden beliebigen Zeitpunkt. In diesem Sinne ist die klassische Mechanik ein vollständig determiniertes System. Auf diesem Umstand beruht das gedankliche Konstrukt des ‚Laplaceschen Weltgeistes', der im Prinzip in der Lage ist, die Orts- und Impulskoordinaten aller Teilchen des Universums (im Idealfall mit absoluter Genauigkeit) zu kennen, und der aus der Kenntnis der entsprechenden Kraftwirkungen die weitere Entwicklung des Universums bestimmen kann. Geht man unkritisch mit diesem Gedankenmodell um, kommt man leicht zu dem Schluss, Determinismus mit Vorhersagbarkeit und Kausalität gleichzusetzen. Dass dieser Schluss vorschnell ist, davon zeugt die große Zahl an Publikationen, die dazu im Schnittfeld von Philosophie und Physik zwischen 1926 und 1935 erschienen ist.

In Diskussionen mit Heisenberg rang Niels Bohr mit der Frage, wie die Unmöglichkeit *gleichzeitiger* genauer *Messbestimmung* kanonisch konjugierter Größen zu verstehen sei. Resultate dieser Auseinandersetzung erschienen 1927 und 1929 in mehreren, z. T. auch ins Englische und Französische übersetzten Aufsätzen (Bohr 1931). Während in der klassischen Mechanik die Bahn eines Objektes (und damit dessen Lage und Geschwindigkeit) beliebig exakt berechnet werden kann, ist dies in der Quantenmechanik nicht mehr möglich. Das hat zur Folge, dass auch die Beschreibung eines Phänomens, die *sowohl* kausal *als auch* raumzeitlich sein soll, nicht mehr möglich ist. Der klassische Bahnbegriff verliert seine Gültigkeit. An seine Stelle tritt der Begriff des quantenmechanischen Zustands.

Ein Beispiel: Es ist nicht möglich, von einer Bahn der Elektronenbewegung her die Schwingungszahl für die Strahlung zu berechnen. Man braucht unbedingt zwei unterschiedliche stationäre Zustände, einen für Startpunkt und einen für Endpunkt des Übergangs, von deren Abstand her die Strahlungsfrequenz berechnet werden kann.

Bohr deutete vor diesem Hintergrund „die Raum-Zeit-Darstellung und die Forderung der Kausalität, deren Vereinigung für die klassischen Theorien kennzeichnend ist, als komplementäre, aber einander ausschließende Züge der Beschreibung des Inhalts der Erfahrung" (Bohr 1931, 36). Die Folge: Der quantenmechanische Indeterminismus fordert die Aufgabe der uneingeschränkten Gültigkeit raumzeitlicher Individuierbarkeit und Lokalisierbarkeit mechanischer Zustandsberechnungen.

Bohrs Interpretation, die mit der Einführung des Begriffes der Komplementarität zum besseren Verständnis der Unschärferelation beitragen wollte, rief massive Verständnisschwierigkeiten hervor. Bohr selbst scheute nicht davor zurück, die Idee der Komplementarität auf eine universale Erkenntnishaltung auszudehnen, als ein der Einheit des Wissens und der Wissenschaften dienliches Programm, dessen Geltung sich über die Physik hinaus erstreckt. Anwendungen sah Bohr etwa in Biologie, Psychologie und Anthropologie.

Ursprünglich bezog Bohr den Begriff der Komplementarität auf Quantenphänomene. Komplementarität im Bohr'schen Sinne besagt, dass die durch *Messung* erworbenen *Kenntnisse* (Beobachtungen, Beschreibungen) von Ort und Impuls zueinander komplementär sind. Dies ist eine schwächere Behauptung als diejenige, die Heisenberg in seinem Aufsatz von 1927 aufstellte: „Die Bahn entsteht erst dadurch, daß wir sie beobachten" (Heisenberg 1927, 185). An dieser Behauptung nahm Einstein wie kaum ein anderer Anstoß. Für Einstein war die von der Physik beschriebene Wirklichkeit eine berechenbare, *objektiv* existierende *Realität.* Für ihn konnte die Quantenmechanik daher nur eine unvollständige Theorie sein, die sich in ihrer Vervollständigung als deterministisch ‚offenbart'.

In seinen ‚Betrachtungen zur Heisenberg'schen Unbestimmtheitsbeziehung' im sechsten Band der ‚Mathematisch-Physikalischen Semesterberichte' (1934/35) nahm Adolf Kratzer mit sehr viel größerer Vorsicht und Umsicht zu besagtem Heisenberg-Zitat Stellung:

> Obwohl *Heisenberg* durch solche Überlegungen [gemeint: Unschärferelation] nur zeigt, dass eine simultane Messung zweier konjugierter Grössen mit beliebiger Genauigkeit nicht möglich ist, geht er als Positivist erkenntniskritisch einen Schritt weiter und erklärt dem Sinne nach: Wenn ein genauer Elektronenort und eine genaue Elektronengeschwindigkeit niemals simultan gemessen werden können, geht es auch über die Erfahrung hinaus zu behaupten, dass sie in jedem Augenblick im Sinne der makroskopischen Kinematik genau definierte Werte simultan haben. „Die ‚Bahn' entsteht erst dadurch, dass wir sie beobachten." (Kratzer 1934/35, 57)

Nach Kratzer ist Heisenbergs Aussage, die Bahn entstehe durch Beobachtung, missverständlich. Denn sie suggeriert, dass die Quantenmechanik mit dem klassischen Bahnbegriff nach wie vor operiert. Heisenberg verkennt, so würde man heute sagen, die Theorienbeladenheit der Beobachtung. Tatsächlich sind in der Quantenmechanik Orts- und Impulsunschärfe Streuungen der Messresultate. Wie Kratzer hielt auch Grete Hermann Heisenbergs Interpretation des physikalischen Bahnbegriffs in seinem Aufsatz aus dem Jahre 1927 für eine extrem „positivistisch entstellte Form" (Hermann 1935a, b, 210). Sie stimmte auch Kratzer zu, dass die im EPR-Aufsatz vertretene Position des objektiven Realismus nicht die bessere Alternative sei. Dennoch war Hermann nicht in allen Punkten mit Kratzer einer Meinung.

Das Messproblem: Grete Hermann im Disput mit Adolf Kratzer

Vom 5. bis 7. September 1936 fand am Kaiser-Wilhelm-Institut für medizinische Forschung an der Universität Heidelberg eine Tagung zur naturphilosophischen Interpretation des physikalischen Erkennens statt, zu der Grete Hermann eingeladen hatte. Unter den Vortragenden waren Carl Friedrich von Weizsäcker, Paul Bernays, Otto Meyerhof, Grete Hermann und Adolf Kratzer. Von den eingeladenen Rednern hatten Heinrich Scholz, Werner Heisenberg und Walter Dubislav kurzfristig abgesagt. Moritz Schlick, der zugesagt hatte, war wenige Monate davor ermordet worden.

Kratzers Vortrag trug den Titel ‚Physikalische Realität und Quantenmechanik'. Kratzer hatte im achten Band der ‚Mathematisch-Physikalischen Semesterberichte zur Pflege des Zusammenhangs von Schule und Universität' den Aufsatz publiziert ‚Ist die Quantenmechanik unvollständig oder widerspruchsvoll?' (Kratzer 1935/36). Die Abhandlung sei eine, wie Grete Hermann an Willi Eichler am 8. September 1936 schrieb, „etwas umständliche aber ordentliche Auseinandersetzung mit neueren Einwänden Einsteins gegen die Quantenmechanik" (Herrmann 2019, 537).

Gegen die EPR-Einwände verteidigte Kratzer in diesem Aufsatz die Quantenmechanik als eine Theorie, die weder unvollständig noch paradox ist. Kratzer stellte dabei heraus, dass ein wesentliches Merkmal des Messprozesses darin besteht, „unter der Gesamtheit aller möglichen Zustände eine Auswahl" (Kratzer 1935/36, 28) zu treffen. Erkenntnistheoretisch habe dies zur Folge, dass die Feststellung der Genidentität, d. i. „die Möglichkeit der Individualisierung, aber auch der Beschreibung im Sinne einer kausalen Laplaceschen Mechanik verloren" (Herrmann 2019, 34) geht.[9] In den Worten von Grete Hermann:

[9] Der Begriff ‚Genidentität' wurde vom Gestalttheoretiker Kurt Lewin eingeführt (Lewin 1922). Er kennzeichnet die Selbigkeit, die wir in einem solchen System trotz seiner Veränderungen im Laufe seiner Geschichte, erkennen.

„Im Rahmen dieser Theorie ist für den Laplaceschen Dämon kein Platz" (Hermann 1948, 392).[10]

Wie Kratzer und Hermann meinte auch Heinrich Scholz, dass in der Quantenmechanik der Laplace'sche Determinismus aufzugeben ist, da an die Stelle einer eindeutigen Beziehung zwischen Zustandsgrößen als solchen eine eindeutige Beziehung zwischen ihren Wahrscheinlichkeiten trete. In einem maschinenschriftlichen Manuskript, welches sich heute im Scholz-Nachlass der Universitäts- und Landesbibliothek Münster befindet und vermutlich aus dem Jahr 1938 stammt, schlägt Scholz vor, den ‚Laplace'schen Kausalsatz' in Form einer logischen Implikation wie folgt auszudrücken: „Wenn *S* ein abgeschlossenes physikalisches System ist und wenn ich den Zustand *Z* von *S* für ein beliebiges t_0 kenne, so kann ich den Zustand *Z* von *S* für jedes von t_0 verschiedene *t*, also insbesondere für jedes $t > t_0$ berechnen". Diese Formulierung ist eine Anspielung auf das berühmte Heisenberg-Zitat und zugleich der Vorschlag einer Präzisierung:

> An der scharfen Formulierung des Kausalgesetzes: „Wenn wir die Gegenwart genau kennen, können wir die Zukunft berechnen", ist nicht der Nachsatz, sondern die Voraussetzung falsch. Wir können die Gegenwart in allen Bestimmungsstücken prinzipiell nicht kennenlernen. (Heisenberg 1927, 97)

In dieser Formulierung, so meint Scholz, lässt sich über die Gültigkeit oder Ungültigkeit des Kausalsatzes keine definitive Aussage treffen. Um gerechtfertigt behaupten zu können, dass die Quantenmechanik den Kausalsatz widerlegt,

> müsste gezeigt werden, dass wenigstens ein abgeschlossenes physikalisches System existiert mit der Eigenschaft, dass ich zwar den Zustand dieses Systems für ein bestimmtes t_0 kenne, aber wenigstens ein von t_0 verschiedenes *t* anzugeben vermag, also insbesondere ein $t > t_0$, für welches der berechnete Zustand des Systems von dem beobachteten einwandfrei verschieden ist. Davon ist in der neuen Quantenmechanik nicht die Rede. (Scholz o.D.; siehe Abb. 18.1)

In der Korrespondenz mit Kratzer kritisierte Hermann, dass er unrecht habe, wenn er behaupte, die Messung verändere nicht den Zustand des Systems, sondern erweitere lediglich die Kenntnis des Zustandes. Denn jede Messung bedeute einen Eingriff in das System. Diese sei nicht „als eine blosse Erweiterung unserer Kenntnis anzusehen, die nur ein schon vorher physikalisch reales, dem Physiker aber unbekanntes Merkmal aufdeckt" (Herrmann 2019, 521).

---

[10] Die klassische Lehrbuchmechanik liefert eine deterministische Beschreibung von Bewegungsvorgängen oder allgemeiner von Zustandsänderungen in folgendem Sinn: Sind alle Zustandsgrößen eines mechanischen Systems zu einem Zeitpunkt t_0 bekannt, lässt sich der Zustand im Prinzip für jeden beliebigen Zeitpunkt *t* mit Hilfe der Differentialgleichungen der Mechanik berechnen. Das Bild von einem Laplace'schen Dämon geht weit über diese Behauptung hinaus. Der Laplace'sche Geist ist eine metaphysische Doktrin, die Vorstellung einer allwissenden Intelligenz, die in der Lage sei, aus der Kenntnis der Koordinaten und Impulse aller Teilchen des Universums für einen bestimmten Zeitpunkt anhand der Naturgesetze alle vergangenen und zukünftigen Konstellationen des Universums zu bestimmen.

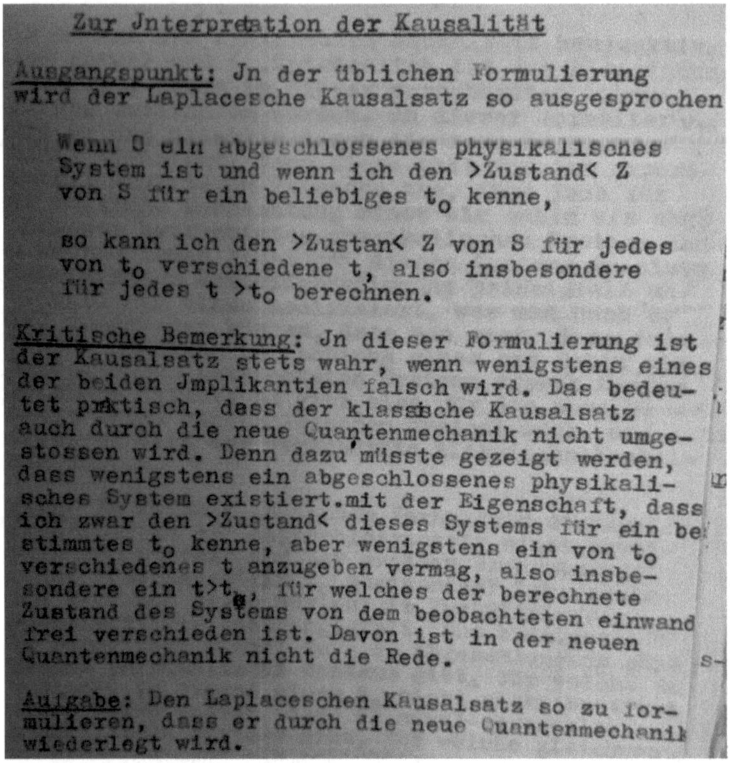

Zur Jnterpretation der Kausalität

Ausgangspunkt: Jn der üblichen Formulierung wird der Laplacesche Kausalsatz so ausgesprochen

Wenn S ein abgeschlossenes physikalisches System ist und wenn ich den >Zustand< Z von S für ein beliebiges t_0 kenne,

so kann ich den >Zustan< Z von S für jedes von t_0 verschiedene t, also insbesondere für jedes t >t_0 berechnen.

Kritische Bemerkung: Jn dieser Formulierung ist der Kausalsatz stets wahr, wenn wenigstens eines der beiden Jmplikantien falsch wird. Das bedeutet praktisch, dass der klassische Kausalsatz auch durch die neue Quantenmechanik nicht umgestossen wird. Denn dazu müsste gezeigt werden, dass wenigstens ein abgeschlossenes physikalisches System existiert.mit der Eigenschaft, dass ich zwar den >Zustand< dieses Systems für ein bestimmtes t_0 kenne, aber wenigstens ein von t_0 verschiedenes t anzugeben vermag, also insbesondere ein t>t_0, für welches der berechnete Zustand des Systems von dem beobachteten einwandfrei verschieden ist. Davon ist in der neuen Quantenmechanik nicht die Rede.

Aufgabe: Den Laplaceschen Kausalsatz so zu formulieren, dass er durch die neue Quantenmechanik widerlegt wird.

Abb. 18.1 Heinrich Scholz: Kausalität und Gesetzlichkeit. Universitäts- und Landesbibliothek Münster. Sammlung Heinrich Scholz. Signatur: Kapsel 4: Werkmanuskripte (1 JB 38–1 JB 53). 4, 002. o. O. o. D. Typoskr. (1 JB 39)

In seinem Aufsatz ‚Wissenschaftstheoretische Betrachtungen zur Atomphysik' im sechsten Band der ‚Abhandlungen der Fries'schen Schule' 1937 trug Kratzer dem Einwand Hermanns insofern Rechnung, als er nun richtigstellt: „Die Kenntnisnahme beeinflusst tatsächlich in dem angegebenen Sinne das Ergebnis einer *Reihe* von Versuchen" (Kratzer 1937, 307). Und er fügte hinzu: „Jede neue Messung ist nicht bloß eine Erweiterung unserer Kenntnisse, sondern auch eine Störung, aber auch eine Auswahl unter den nur unvollständig bestimmten Möglichkeiten" (Kratzer 1937, 306).

Kratzers Aufsatz aus dem Jahr 1935 war nicht nur eine Antwort auf das EPR-Paradoxon, sondern auch eine kritische Auseinandersetzung mit Schrödinger. 1935 erschien in der renommierten Zeitschrift ‚Die Naturwissenschaften' ein Aufsatz von Erwin Schrödinger mit dem Titel ‚Die gegenwärtige Situation in der Quantenmechanik'. Dort heißt es:

> Man kann auch ganz burleske Fälle konstruieren. Eine Katze wird in eine Stahlkammer gesperrt, zusammen mit folgender Höllenmaschine (die man gegen den direkten Zugriff

> der Katze sichern muß): in einem Geigerschen Zählrohr befindet sich eine winzige Menge radioaktiver Substanz, so wenig, daß im Laufe einer Stunde vielleicht eines von den Atomen zerfällt, ebenso wahrscheinlich aber auch keines; geschieht es, so spricht das Zählrohr an und betätigt über ein Relais ein Hämmerchen, das ein Kölbchen mit Blausäure zertrümmert. Hat man dieses ganze System eine Stunde lang sich selbst überlassen, so wird man sich sagen, daß die Katze noch lebt, wenn inzwischen kein Atom zerfallen ist. Der erste Atomzerfall würde sie vergiftet haben. Die Psi-Funktion des ganzen Systems würde das so zum Ausdruck bringen, daß in ihr die lebende und die tote Katze (s. v. v.) zu gleichen Teilen gemischt oder verschmiert sind. Das Typische an solchen Fällen ist, daß eine ursprünglich auf den Atombereich beschränkte Unbestimmtheit sich in grobsinnliche Unbestimmtheit umsetzt, die sich dann durch direkte Beobachtung entscheiden läßt. Das hindert uns, in so naiver Weise ein „verwaschenes Modell" als Abbild der Wirklichkeit gelten zu lassen. An sich enthielte es nichts Unklares oder Widerspruchsvolles. Es ist ein Unterschied zwischen einer verwackelten oder unscharf eingestellten Photographie und einer Aufnahme von Wolken und Nebelschwaden. (Schrödinger 1935, 807)

‚Schrödingers Katze' zählt zu den bekanntesten und umstrittensten Gedankenexperimenten der Quantenmechanik. Bis heute besteht keine Einigkeit über die ‚richtige' Deutung. Das Problem: Solange die Kiste nicht geöffnet wird, befindet sich die Katze in einem ‚Zwischenzustand', einer ‚Superposition' – sie ist zu 50 % lebendig und zu 50 % tot. Erst mit der Messung wird der Zustand eindeutig festgelegt. Aber was soll das heißen? Will uns das Gedankenexperiment sagen, dass es Unsinn ist, eine Katze als makroskopisches System und lebender Organismus nach dem mathematisch-physikalischen Formalismus der Quantenmechanik in einen Überlagerungszustand aus ‚lebendig' und ‚tot' bringen zu wollen? Oder ist der ‚Heisenberg-Schnitt' als gedankliches Konstrukt einer Trennung zwischen klassischer und quantenmechanischer Zustandsbeschreibung nicht angebracht? Oder gibt das Gedankenexperiment einen Hinweis darauf, dass der Kollaps der Wellenfunktion absurd ist, jedenfalls nicht der messtechnischen Beobachterabhängigkeit unterliegen kann?

In dem besagten Aufsatz aus dem Jahr 1935, die Schrödinger als eine ‚Generalbeichte' zur EPR-Arbeit offenlegt, führt er noch ein anderes Gedankenexperiment an, das statt einer Katze in einer Kiste ein Frage-und-Antwort-Spiel zwischen einem Schüler und einem Lehrer vor einer ahnungslosen Prüfungskommission beschreibt. Ein Lehrer stellt einem Schüler die Frage, in welchem Zustand sich das Quantenobjekt befindet. Die Frage, ob eine Aussage wahr oder falsch ist, entspricht einem hermiteschen Operator und damit einer messbaren Größe. Die Antwort auf die Frage liefert die Messung. Messergebnisse sind stets eindeutig, auch wenn das Quantenobjekt vor der Messung in einem Zustand war, der unbestimmt bezüglich der gemessenen Größe ist. Der Schüler agiert als das eine Teilsystem (kleines System/mikroskopische Ebene). Der Lehrer hat die Rolle des Experimentators, der die Messung durchführt (das große System/makroskopische Ebene). Egal, welche Frage der Lehrer stellt, der Schüler weiß immer die Antwort, sofern er die richtige Antwort auf die erste Frage kennt, was bedeutet, dass der Schüler die Antwort auf alle möglichen Fragen kennt, er vergisst sie nur alle, mit Ausnahme der ersten Frage. Eine Messung wird, mit anderen Worten, als Entscheidungsfrage aufgefasst.

In der klassischen Physik befindet sich ein Teilchen an einer gewissen Position ‚x' (Aussage wahr) oder es befindet sich nicht an der Position ‚x' (Aussage falsch). In der Quantenmechanik sind Positionsbestimmungen nur mit einer gewissen Wahrscheinlichkeit möglich, wobei prinzipiell nicht klar ist, ob jede beliebige Teilmenge des Zustandsraums die Erfüllungsmenge einer experimentell überprüfbaren Aussage ist. Denn anders als in der klassischen Mechanik sind Messgrößen und Zustände getrennt voneinander zu behandeln. Bedeutet das aber, dass die dynamischen Eigenschaften eines Teilchens, wie Ort und Impuls, erst bei der Messung entstehen, wie Heisenberg meinte? Schrödingers Gedankenexperiment spielt auf die ‚Reduktion' des quantenmechanischen Zustandes an, die auch als Kollaps der Wellenfunktion bezeichnet wird. Die Zustandsreduktion ist unstetig und findet instantan (augenblicklich) statt.

Dass der Messwert erst bei der Messung aus einer Vielzahl der im betrachteten Zustand vorhandenen Eigenzustände ausgewählt wird, sah Kratzer nicht als Paradox an. Er erklärte den Kollaps der Wellenfunktion als eine Konsequenz des quantenmechanischen Formalismus:

> Damit hat aber unser Resultat alles Paradoxe verloren. Ich beeinflusse nicht durch eine Messung am System (1) das davon unabhängige System (2), sondern ich erfahre von dem früher mit dem System (2) gekoppelten System (1) etwas über den wahrscheinlichen Zustand des Systems (2). Die theoretische Beschreibung ist so genau wie möglich, und im Gegensatz zu Einstein stellen wir fest, dass keine Lücke in der Theorie ist. Von dieser Auffassung kann uns auch Schrödingers kluger, aber so schnell verwirrte Schuljunge nicht abbringen. (Kratzer 1935, 30)

Kratzer hielt die Formulierung für missverständlich, dass durch die Messung einem System ein möglicher Messwert „aufgezwungen" wird. Auch hielt er es für irrig, die quantenmechanische Unbestimmtheit mit subjektiver Unkenntnis gleichzusetzen. Kratzers Lösung: Nicht die Messung, sondern die mit der Messung notwendig verknüpfte „Aussiebung" (Kratzer 1935, 33) verändert den Erwartungswert. Genauer: Messungen an Quantensystemen vermehren den Kenntnisstand über den Zustand eines Systems, bestimmen diesen aber – im Unterschied zur klassischen Mechanik – nicht eindeutig.

Wie wollen Sie, so fragte Grete Hermann Kratzer, der

> Skylla entgehen, wonach das kleine System sich „in Wahrheit" schon vor der Ablesung am grossen im Zustand befand, während nur der Beobachter noch zwischen den Elementen des Gemenges schwankte? Diese Annahme aber hätte zur Folge, dass das gesamte, aus dem grossen und dem kleinen System zusammen bestehende System sich nach der Wechselwirkung und vor der Messung am grossen System sowohl im Zustand der Linearkombination $\Sigma c_{jk}\varphi_j\psi_k$ auch in dem jedes der Teilsysteme einzeln charakterisierenden Zustand $\varphi_j \Sigma c_{jk}\psi_k$ befindet. Die Vereinigung der exakten Charakterisierungen, die diese beiden Wellenfunktionen für das Gesamtsystem liefern, widerspricht aber notwendig den Unbestimmtheitsrelationen. (Herrmann 2019, 520)

Andererseits, „finde ich auch die Gefahren der Charybdis in Ihrer Arbeit“, so Hermann, und zwar in Bezug auf „die bestimmte Wahl des betreffenden q- bzw. p-Wertes als zufällig“ (Herrmann 2019, 520). Denn würde die Messung als Auswahl rein zufällig erfolgen und ‚rein zufällig‘ nichts anderes als ‚objektiv zufällig‘ bedeuten, dann könnte im Widerspruch zur Unschärferelation keine Wechselwirkung zwischen den Systemen stattgefunden haben. Übertragen auf das ‚Schüler-Lehrer-Kommissar-Beispiel‘ von Schrödinger:

> Der Lehrer wählt das richtige Buch aus, weil er die Antwort des Schülers gehört hat; der Schüler richtet sich in seiner Antwort nach dem Aussehen des Buches, das er beim Lehrer sieht. Die beiden arbeiten also Hand in Hand, was doch nichts anderes bedeutet, als den Ausdruck für eine Wechselwirkung, eine Beeinflussung des einen durch den andern. (Herrmann 2019, 521)

Das zeigt, laut Hermann: Erst wenn mittels einer Präparationsapparatur ein Quantenobjekt gemessen wurde, kann man sagen, dass die betreffenden Quantenobjekte diese Eigenschaft wirklich besitzen, was alle Vorschläge, das Messproblem entweder durch eine rein subjektive als aber rein objektive Deutung zu lösen, als ein Missverstehen des quantenmechanischen Messprozesses entlarvt. Die subjektive Deutung verkenne, dass der statistische Charakter der Quantenmechanik „nicht nur Schranken des menschlichen Wissens“ (Hermann 1948, 390) bedeutet:

> Die Unbestimmtheitsrelationen können also nicht bedeuten, daß Orts- und Impulswerte, die dem Elektron objektiv zukämen, vom Physiker nur nicht beliebig genau erkannt werden könnten. Die Erfahrung zeigt vielmehr, daß dem Elektron Orts- und Impulsbestimmungen nur in den Grenzen zukommen können, wie sie durch die Unbestimmtheitsrelation gezogen werden. (Hermann 1948, 387)

Der Heisenberg'sche Schnitt liegt nun aber auch „nicht objektiv im physikalischen Vorgang selber fest, sondern bestimmt sich danach, wie weit der experimentierende Physiker mit der quantenmechanischen Berechnung des Vorgangs geht und wo er den Übergang zu neuen Beobachtungsergebnissen vornimmt“ (Hermann 1948, 387). „Wie lassen sich beide Fehler vermeiden?“, fragt Hermann und antwortet: „Das Ergebnis einer Messung entsteht durch den Akt der Messung selbst, als gemeinsame Manifestation des Zustands sowohl des untersuchten Systems als auch des untersuchenden Geräts“ (Hermann 1948, 390).

Dass sich in Abhängigkeit von der Versuchsanordnung ein Quantenobjekt entweder als Teilchen oder als Welle manifestieren kann, erklärte Hermann mit der Relativität, besser: Relationalität quantenmechanischer Beschreibung. Das heißt, die quantenmechanische Beschreibung ist weder subjektiv noch objektiv, sondern relational, d. h. relativ bezogen auf den quantenmechanischen Gegenstandsbereich (Hermann 1935a, 245):

Der quantenmechanische Formalismus ist einerseits physikalisch abgeschlossen in dem Sinn, dass er die naturgesetzlichen Zusammenhänge des Geschehens vollständig nennt. Er charakterisiert andererseits die physikalischen Systeme nur relativ zum jeweiligen Beobachtungszusammenhang, in dem sich der Physiker seinem Objekt gegenüber befindet; daher entzieht er sich der anschaulichen Interpretation, die nur da möglich ist, wo physikalische Vorgänge eindeutig als Bewegungen in Raum und Zeit konstruiert werden.

Dass der quantenmechanische Formalismus die physikalischen Systeme nur relativ zum jeweiligen Beobachtungszusammenhang charakterisiert, formulierte Grete Hermann in Anspielung auf Heisenbergs Gedankenexperiment wie folgt: Je nach dem Beobachtungszusammenhang werden die klassischen Vorstellungen von Welle und Teilchenbild „beschnitten" (Hermann 1935a, 248). Diese Interpretation geht mit dem Bohr'schen Komplementaritätsprinzip konform und lässt sich zugleich durch die Brille der kantischen Philosophie lesen: Wir können über die Grenze einer möglichen Erfahrung nicht hinauskommen, weil wir selbst „von den Dingen nur das a priori erkennen, was wir selbst in sie hineinlegen" (Kant 1887, BXVIII, 22). Das ist Kants „Revolution der Denkart" (Kant 1887, BXI, 17). Die Rede vom ‚Hineinlegen' wird in der Vorrede der ‚Kritik der reinen Vernunft' ergänzt durch die nicht weniger berühmte Aussage, dass sich die Erkenntnis nicht nach dem Gegenstand richte, sondern der Gegenstand nach der Erkenntnis, will heißen: Erkenntnis wird konstruiert.[11] Grete Hermann ging es bei dieser Deutung nicht um eine in allen Details stimmige Kant-Exegese, sondern um die Demaskierung eines Objektivitätsanspruchs, der sich in Form eines naiven Realismus als philosophische Weltanschauung in die physikalische Forschung ‚eingeschlichen' hatte. Kants Theorie der Erfahrung lehrt die Unhintergehbarkeit gewisser Erkenntnisbedingungen, die das Subjekt die Gegenstände jedweder möglichen Erfahrung konstituieren lässt.

Grete Hermann im Disput mit Paul Bernays

In ihrer Abhandlung ‚Über die Grundlagen physikalischer Aussagen in den älteren und modernen Theorien' (Hermann 1937) stellte Grete Hermann fest, dass „der Verzicht auf die Eindeutigkeit in der Anwendung der klassischen Vorstellungen" (Hermann 1937, 333) das *Charakteristikum specificum* sei, durch das sich sowohl die Relativitätstheorie als auch die Quantenphysik von der klassischen Mechanik unterscheiden. In der Relativitätstheorie können die Gleichzeitigkeit und die Maßbestimmungen „nicht mehr objektiv und einheitlich für das ganze Naturgeschehen gewählt werden, sondern ändern sich mit dem Bewegungszustand des Beobachters

---

[11] In der Vorrede zur zweiten Auflage der Kritik der reinen Vernunft heißt es bei Kant (Kant 1787, B XVI, S. 21): „Bisher nahm man an, alle unsere Erkenntnis müsse sich nach den Gegenständen richten, aber alle Versuche über sie a priori etwas durch Begriffe auszumachen, wodurch unsere Erkenntnis erweitert würde, gingen unter dieser Voraussetzung zunichte. Man versuche es daher einmal, ob wir nicht in den Aufgaben der Metaphysik damit besser fortkommen, daß wir annehmen, die Gegenstände müssen sich nach unserem Erkenntnis richten, welches so schon besser mit der verlangten Möglichkeit einer Erkenntnis derselben a priori zusammenstimmt, die über Gegenstände, ehe sie uns gegeben werden, etwas festsetzen soll."

und der Massenverteilung im Raum" (Hermann 1937, 332). Es handle sich dabei um einen „Wechsel der Beschreibungsweise" (Hermann 1937, 332), wobei sich „die verschiedenen raum-zeitlichen Bestimmungen, die von den verschiedenen Beobachtungssystemen aus gemacht worden sind, ineinander umrechnen" (Hermann 1937, 332) lassen. Noch radikaler sei nach Hermann der Bruch der Quantenmechanik mit der klassischen Mechanik. *Wellen-* und *Teilcheneigenschaften* werden durch zwei verschiedene, komplementäre Beobachtungssätze (komplementäre Observablen) beschrieben. Es handle sich dabei um einen „Wechsel des Beschriebenen" (Hermann 1937, 332).

Paul Bernays, mit dem Hermann seit ihrem Aufenthalt in Leipzig einen ausgedehnten Briefwechsel über Grundlagenfragen der Quantenmechanik führte, warnte davor, die „korpuskulare und wellentheoretische Darstellung als eine Art von Aufspaltung der Naturansicht" (zit. n. Herrmann 2019, 474) in eine „Vielheit nebeneinanderstehender Beschreibungsweisen" (Herrmann 2019, 474) zu deuten. Schließlich wolle sie doch nicht behaupten, jeder Messung und jedem Beobachtungszusammenhang sei eine besondere Naturansicht zuzuordnen und zugleich die korpuskulare und wellentheoretische Betrachtung strikt voneinander zu trennen. Grete Hermann fühlte sich missverstanden und rechtfertigte ihre Redeweise von der Spaltung der Wahrheit. Sie hatte lediglich die Absicht, damit zum Ausdruck zu bringen, dass „Beobachtungszusammenhänge nicht superponierbar sind. Dies fordert dazu heraus, einen über das experimentell Erfahrbare hinausgehenden Begriff des Naturgegenstandes zu bilden" (Herrmann 2019, 506). Dass sich raumzeitliche Lokalisierbarkeit und energetische Beschreibung in der Quantenmechanik komplementär zueinander verhalten, bedeute keine Antinomie. Das wäre nur dann der Fall, wenn man an der Prämisse festhielte, dass jeder Zustand eindeutig bestimmt sei. Doch gerade diese Voraussetzung der „alten" Physik, dass „physikalische Vorgänge eindeutig als Bewegungen in Raum und Zeit konstruiert werden können" (Herrmann 2019, 506), sei die Bedingung der Möglichkeit einer durchgängig anschaulichen Interpretation, die in der Quantentheorie aufzugeben sei. Das war Grete Hermanns Antwort auf Bernays.

In seinem Brief vom 17.07.1934 gab Bernays Hermann in vielen Punkten Recht. So liege das Problem der quantenmechanischen Kausalität im Zustandsbegriff, wie Hermann richtig erkannt habe. In der klassischen Mechanik beschreibt der Phasenraum die Menge aller möglichen Zustände eines dynamischen Systems. Dabei wird jeder Zustand durch einen Punkt im Phasenraum eindeutig abgebildet. Damit ist auch eine Ursache eindeutig einer Wirkung zugeordnet. In der Quantenmechanik werden Zustände von Systemen nicht im Phasenraum, sondern durch Vektoren im komplexen Hilbertraum beschrieben. Ein Zustand ist hier eine Abbildungsvorschrift, die jeder physikalischen Größe ihren statistischen Erwartungswert zuordnet. Mit Hilfe des Wahrscheinlichkeitsbegriffs lässt sich lediglich eine Potentialität bzw. Disposition eines Systems, ein Möglichkeitsraum, erfassen, was „die Unmöglichkeit einer beliebig genauen kausalen Vorausbestimmung (als Folge der Unmöglichkeit einer beliebig genauen [experimentellen] Zustands-Bestimmung)" (Herrmann 2019, 473 f.) zur Konsequenz hat. Bernays zieht an dieser

Stelle eine bemerkenswerte Analogie zum Intuitionismus in der Mathematik. Um das Zitat hier in voller Länge wiederzugeben:

> Was nun das Thema selbst betrifft, so hat der Sachverhalt, den Sie in der Quantenmechanik (betr. der Kausalität) aufzeigen, eine gewisse Analogie zu einem Sachverhalt in der Brouwerschen („intuitionistischen") Mathematik. Wie in der intuitionistischen Mathematik der Satz vom ausgeschlossenen Dritten (in seiner üblichen Anwendungsweise) angefochten wird, aber nicht im Sinne der Angebbarkeit eines diesem Prinzip widerstreitenden objektiv-mathematischen Tatbestandes, sondern nur durch Berufung auf unentschiedene Probleme (deren Entscheidbarkeit bei der Anwendung des Prinzips unberechtigterweise vorweggenommen werde), entsprechend handelt es sich in der Quantenmechanik bei der Anfechtung des Kausalitätsprinzips nicht darum, dass von irgend einem objektiv-physikalischen Verlauf behauptet wird, er gehe nicht-kausal vor sich, sondern vielmehr nur um die Unmöglichkeit einer beliebig genauen kausalen Vorausbestimmung (als Folge der Unmöglichkeit einer beliebig genauen [experimentellen] Zustands-Bestimmung). (Herrmann 2019, 473f.)

Angeregt durch die Diskussionen und den brieflichen Austausch mit Grete Hermann übertrug Bernays den Begriff der Komplementarität „im Sinne einer methodischen Analogie" (Bernays 1948, 66) auf die philosophische Erkenntnistheorie. Grete Hermann habe ganz zu Recht vor einem zu vagen Gebrauch des besagten Begriffes gewarnt und deutlich gemacht, dass dieser selbst innerhalb der Quantentheorie mehrdeutig sei: (i) komplementär seien kanonisch konjugierte Größen, deren gleichzeitig genaue Bestimmung unmöglich ist; (ii) komplementär seien Korpuskular- und Wellentheorie, insofern beide ein und denselben Sachverhalt auf unterschiedliche Art und Weise beschreiben, ohne widersprüchlich zu sein, obwohl sich beide theoretischen Ebenen widersprächen, würden sie gleichzeitig zutreffen (Bernays 1948, 66). In beiden Fällen bezeichnet ‚komplementär' eine Eigenschaft; im ersten Fall bezieht sich ‚komplementär' auf physikalische Größen, im zweiten Fall ist ‚komplementär' ein Merkmal von Theorien.

Ausblick

Die Quantenmechanik gilt heute als eine der am besten gesicherten und empirisch bestätigten physikalischen Theorien. Die Frage, wie die Quantenmechanik zu interpretieren ist, wird jedoch heute ebenso kontrovers diskutiert wie in ihren Anfängen. Neben der lange Zeit dominierenden Kopenhagener Interpretation wurden im Laufe der Zeit zahlreiche alternative Interpretationen der Quantenmechanik vorgeschlagen. Die Geschichte der Quantenmechanik lehrt, dass physikalische Theoriebildung und philosophische Reflexion immer schon Hand in Hand gingen. Grete Hermann hat einen wichtigen Beitrag zum besseren Verständnis für den Zusammenhang beider Aspekte geleistet. Nicht zuletzt geht aus dem umfangreichen Briefwechsel Grete Hermanns hervor, dass die Frage nach der physikalischen Bedeutung des Zustandsvektors und der Zustandsreduktion offenbleibt und nur relativ zur jeweiligen philosophischen Interpretation des quantenmechanischen Messproblems beantwortet werden kann.

Anhang

Die Originalbriefe der folgenden Transkriptionen stammen aus dem Paul Bernays Nachlass, Wissenschaftshistorische Sammlungen der ETH-Bibliothek 1986, Bd. 66. Dieser Bestand wird vom Hochschularchiv der ETH Zürich betreut. Die Autorin dankt dem Hochschularchiv für die Einsicht und die freundliche Genehmigung der Veröffentlichung der Transkription. Die Rechte der Originaldokumente liegen beim Hochschularchiv der ETH Zürich.

Permanentlink:
https://doi.org/10.3929/ethz-a-000381167.

HS 975: 2068
Grete Hermann, Kronprinzstraße 54
Leipzig, 11. Juni 1934

Lieber Herr Bernays,

Wo Sie sich zur Zeit aufhalten, weiß ich zwar nicht, aber ich hoffe doch, Sie auf dem Weg ihrer Berliner Adresse erreichen zu können. Wenn Sie in Berlin sind, gelingt es uns vielleicht, Sie gegen Ende der nächsten Woche zu sehen, ich werde vorübergehend dort sein.

Ich habe heute wieder eine Bitte um Kritik an Sie. Seit Fehmarn bin ich in Leipzig, um mich mit Heisenberg über die naturphilosophische Situation der Quantenmechanik auseinanderzusetzen. Er ist mit einer wunderbaren Gründlichkeit und mit starkem Interesse auf die Diskussion eingegangen, das hat diese Zeit für mich äußerst fruchtbar gemacht. Nach langen Kämpfen sind wir jetzt im Sommer zu einer wirklichen, wie mir scheint, sicheren und gut fundierten Einigung gekommen. Meinen Ansatz, den ich Ihnen im Winter vorgelegt habe, habe ich entscheidend revidieren müssen. Die Kritik an Dirac und Neumann bleibt zwar bestehen, aber die Hoffnung auf eine beliebig genaue Vorausberechnung jedes Messergebnisses erweist sich doch als trügerisch. Und dann hat sich trotzdem plötzlich eine Rehabilitation des Kausalgesetzes ergeben, die mich selbst höchlichst überrascht hat, die mir aber im Licht des transz. Idealismus sehr glaubhaft erscheint und die Heisenberg voll anerkannt hat. Ich will das Ergebnis für die „Abhandlungen" ausarbeiten. Es liegt mir aber sehr viel daran, nach erfolgter Verständigung mit der Physik, vorher von Freunden der kritischen Philosophie ein Urteil, vor allem über den Revisionsvorschlag zur kritischen Philosophie, der sich mir aufgedrängt hat, zu hören. Dazu habe ich die einliegende Skizze der Lösung verfaßt, die ich einigen Freunden vorlegen will. Ich bitte Sie sehr, sie anzusehen, vor allem den Schluß der die Konsequenzen für die krit. Philosophie nennt. Wissen Sie zufällig die Anschrift von Wilhelm Ackermann, dem früheren Mitarbeiter Hilberts? Oder kennen Sie einen Weg, ihn zu erreichen? Ich würde ihn, dessen naturphilosophisches Urteil Nelson so schätzte, sehr gern auch um eine Äußerung bitten.

Da meine Arbeit hier abgeschlossen ist, fahre ich voraussichtlich bald von hier ab. Schön wäre es, wenn ich Sie in Berlin sehen könnte! Wenn Sie dort sind, geben Sie mir doch bitte hierher kurz Nachricht. Bis Anfang nächste Woche bin ich hier zu erreichen, später am besten über meine Heimatadresse: Bremen, Moselstr. 26.

Es grüßt Sie herzlich
Ihre Grete Hermann

HS 975: 2066
Østrupgaard 30.6.1935.
p. Haastrup, Fyn, Dänemark.

Lieber Herr Bernays,

nun habe ich Ihnen noch nicht einmal für Ihren Brief vom vorigen Sommer gedankt, der mich bei der weiteren Bearbeitung der von der Quantenmechanik aufgegebenen Probleme sehr beschäftigt hat. Als Antwort schicke ich Ihnen das Resultat meines Nachdenkens, das jetzt in den „Abh." erscheint. Sie hatten in Ihrem Brief darauf hingewiesen, daß die Aufspaltung des physikalischen Naturbildes nicht einfach mit der Spaltung der Wahrheit in verschiedene Weltansichten gleichgesetzt werden darf, sondern daß das höchstens, wenn auch in modifizierter Weise für den Gegensatz von Wellen- und Korpuskelbild zulässig ist. Es kommt mir hier nicht auf eine wörtliche Übertragung an, die ist meiner Meinung nach in beiden Fällen nicht möglich. Aber inhaltlich hängt die physikalische Entdeckung vom Auseinandertreten der verschiedenen Beobachtungszusammenhänge ebenso wie die Dualität von Wellen- und Korpuskelbild mit dem transz. Idealismus und der unmittelbar auf ihm beruhenden Spaltung der Wahrheit zusammen. Ich meine so: Diese physikalischen Entdeckungen sind zwar philosophisch nicht deduzierbar und unterscheiden sich schon dadurch grundsätzlich von den entsprechenden philos. Erwägungen. Aber sie werden naturphil erst auf Grund der Anschauungen des transz. Idealismus verständlich und bilden eine natürliche Fortsetzung von der Lehre der Spaltung der Wahrheit. Ich würde gern gelegentlich von Ihnen hören, ob Sie mit den Formulierungen, die ich in diesen Zusammenhängen in den Abhandlungen gebe, zustimmen.

Wo stecken Sie zur Zeit? Von meinem Bruder hörte ich vor gut einem halben Jahr, daß Sie vielleicht nach Guito [AR: unleserliche Stelle] gingen. Ob das inzwischen etwas geworden ist?

Gestern erfuhr ich nachträglich, daß Emmy Noether vor einigen Monaten schon gestorben ist. Es ist mir sehr schmerzlich, daß dieser gute, kluge und warme Mensch nicht mehr da ist. Wissen Sie Näheres von ihrem Tod? Ich habe sie vor 2 Jahren das letzte Mal in Göttingen gesehen, dann gehört, daß sie in USA an einer Frauen-Universität unterrichtet. Ist sie dort gestorben?

Es grüßt sie herzlich
Ihre Grete Hermann

HS 975: 2068
Østrupgaard 24. Juli 1936.

Lieber Herr Bernays,

Herzlichen Dank für Ihren Brief vom 1. Juli mit Ihrer Zusage zur Heidelberger Tagung, worüber ich mich sehr freue. Ebenso danke ich Ihnen für die Anmeldung des Vortrages, der mitten in die Kampfprobleme hineinführt. Ich bin gespannt auf Ihre Ausführungen, habe vorläufig noch starke Bedenken gegen die von Ihnen angedachte Lösung und halte es gerade deshalb für umso wichtiger, daß gründlich darauf eingegangen wird. Ich möchte den Vortrag, seinem Thema nach, in die Reihe der grundsätzlich philosophischen Referate aufnehmen, was für die Tagung auch schon darum wichtig wird, weil die durch Schlicks Tod gerissene Lücke sich nicht schließen läßt. Auch Dubislav hat leider abgesagt. Da ihr Vortrag aber, wie mir scheint, gerade darauf abzielt, das, was Ihnen am Angriff gegen den Agnostizismus berechtigt erscheint, herauszuarbeiten, so glaube ich, daß er geeignet ist, den unstatthaften Bedenken, die von Seiten des Positivismus geäußert worden sind, gerecht zu werden und in die Diskussion hineinzuziehen. Ich bin daher sehr froh über die von Ihnen zugesagte Mitarbeit! Herzliche Grüße! Das genaue Tagungsprogramm erhalten Sie noch!

Ihre Grete Hermann

Literatur

Acuña, Pablo: Must Hidden Variables Theories Be Contextual? Kochen & Specker Meet von Neumann and Gleason. In: *European Journal for Philosophy of Science* 11/2 (2021), 1–30.

Bernays, Paul: Über die Ausdehnung des Begriffes der Komplementarität auf die Philosophie. In: *Synthese* 7 1/2 (1948), 66–70.

Bohr, Niels: *Atomtheorie und Naturbeschreibung*. Berlin 1931.

Bohr, Niels: Can Quantum-Mechanical Description of Physical Reality be Considered Complete? In: *Physical Review* 48 (1935), 696–702.

Born, Max: Zur Quantenmechanik der Stoßvorgänge. In: *Zeitschrift für Physik* 37/12 (1926), 863–867.

Born, Max/Jordan, Pascual: Zur Quantenmechanik. In: *Zeitschrift für Physik* 34 (1925), 858–888.

Crull, Elise/Bacciagaluppi, Guido (Hg.): *Grete Hermann: Between Physics and Philosophy*. Dordrecht 2016.

Dalitz, Richard H. (Hg.): *The Collected Works of P. A. M. Dirac: Volume 1: 1924–1948*. Cambridge 1995.

de Brogli, Louis: Recherches sur la théorie des Quanta. In: *Annales de Physique* 10/3 (1925), 22–128.

Dieks, Dennis: Von Neumann's Impossibility Proof: Mathematics in the Service of Rhetorics. In: *Studies in History and Philosophy of Science Part B: Studies in History and Philosophy of Modern Physics* 60 (2017), 136–148.

Einstein, Albert/Podolsky, Boris/Rosen, Nathan: Can Quantum-Mechanical Description of Physical Reality be Considered Complete? In: *Physical Review* 47 (1935), 777–780.

Falkenburg, Brigitte: Grete Hermann's Philosophy of Quantum Mechanics: A Late Appraisal. In: *Hopos. The Journal of the International Society for the History of Philosophy of Science* 11/1 (2021), 201–210.

Hansen-Schaberg, Inge: Prof. Dr. Grete Henry-Hermann (1901–1984). In: *Zeitschrift für Museum und Bildung: Akten-Einsicht* 74 (2011/2012), 104–122.

Heisenberg, Werner: Über quantentheoretische Umdeutung kinematischer und mechanischer Beziehungen. In: *Zeitschrift für Physik* 33 (1925), 879–893.

Heisenberg, Werner: Über den anschaulichen Inhalt der quantentheoretischen Kinematik und Mechanik. In: *Zeitschrift für Physik* 43 (1927), 172–198.

Hermann, Grete: Die Frage der endlich vielen Schritte in der Theorie der Polynomideale. (Unter Benutzung nachgelassener Sätze von Kurt Hentzelt.). In: *Mathematische Annalen* 95 (1925), 736–788, wiederabgedruckt in: Kay Herrmann (Hg.): *Grete Henry-Hermann: Philosophie – Mathematik – Quantenmechanik.* Wiesbaden 2019, 95–147.

Hermann, Grete (1933): Determinismus und Quantenmechanik. Churchill/DRAC 3/11 The Papers of Professor Paul Dirac: Churchill Archives Centre, Churchill College, Cambridge GBR/0014/DRAC 3/11. Erstveröffentlichung in: Kay Herrmann (Hg.): *Grete Henry-Hermann: Philosophie – Mathematik – Quantenmechanik.* Wiesbaden 2019, 155–203.

Hermann, Grete: Die naturphilosophischen Grundlagen der Quantenmechanik. In: *Abhandlungen der Fries'schen Schule, Neue Folge* 6/2 (1935a), 69–152, wiederabgedruckt in: Kay Herrmann (Hg.): *Grete Henry-Hermann: Philosophie – Mathematik – Quantenmechanik.* Wiesbaden 2019, 204–258.

Hermann, Grete: Die naturphilosophischen Grundlagen der Quantenmechanik. In: *Die Naturwissenschaften* 23 (1935b), 718–721, wiederabgedruckt in: Kay Herrmann (Hg.): *Grete Henry-Hermann: Philosophie – Mathematik – Quantenmechanik.* Wiesbaden 2019, 204–258.

Hermann, Grete: Über die Grundlagen physikalischer Aussagen in den älteren und den modernen Theorien. In: *Abhandlungen der Fries'schen Schule, Neue Folge* 6 (1937), 309–398, wiederabgedruckt in: Kay Herrmann (Hg.): *Grete Henry-Hermann: Philosophie – Mathematik – Quantenmechanik.* Wiesbaden 2019, 275–334.

Hermann, Grete: Die Kausalität in der Physik. In: *Studium Generale* 1 (6) (1948), 375–383, wiederabgedruckt in: Kay Herrmann (Hg.): *Grete Henry-Hermann: Philosophie – Mathematik – Quantenmechanik.* Wiesbaden 2019, 383–397.

Hermann, Grete: *Les fondements philosophiques de la mécanique quantique.* Vrin, Paris 1996.

Hermann, Grete: The Question of Finitely Many Steps in Polynomial Ideal Theory. In: *ACM SIGSAM Bulletin* 32/3 (1998), 8–30.

Herrmann, Kay (Hg.): *Grete Henry-Hermann: Philosophie – Mathematik – Quantenmechanik.* Wiesbaden 2019.

Jammer, Max: *The Philosophy of Quantum Mechanics.* New York 1974.

Kant, Immanuel: *Kritik der reinen Vernunft.* Riga 1887. Nach der ersten und zweiten Originalausgabe herausgegeben von Jens Timmermann. Mit einer Bibliographie von Heiner Klemme. Hamburg 1998.

Kratzer, Adolf: Betrachtungen zur Heisenbergschen Unbestimmtheitsbeziehung. In: *Mathematisch-Physikalische Semesterberichte zur Pflege des Zusammenhangs von Schule und Universität* 6 (1934/35), 52–61.

Kratzer, Adolf: Ist die Quantenmechanik unvollständig oder widerspruchsvoll? In: *Mathematisch-Physikalische Semesterberichte zur Pflege des Zusammenhangs von Schule und Universität* 8 (1935/36), 1–34.

Kratzer, Adolf: Wissenschaftstheoretische Betrachtungen zur Atomphysik. In: *Abhandlungen der Fries'schen Schule, Neue Folge* 6 (1937), 293–308.

Kuhn, Thomas: *The Structure of Scientific Revolutions.* Chicago 1962.

Lewin, Kurt: *Der Begriff der Genese in Physik, Biologie und Entwicklungsgeschichte. Eine Untersuchung zur vergleichenden Wissenschaftslehre.* Berlin 1922.

Manaresi, Mirella: Grete Hermann and Effective Methods in Geometry. In: Paola Magnaghi-Delfino/Giampiero Mele/Tullia Norando (Hg.): *Faces of Geometry*. Cham 2021, 223–241.

Mermin, David/Schack, Rüdiger: Homer Nodded: Von Neumann's Surprising Oversight. In: *Foundations of Physics* 48/9 (2018), 1007–1020.

Neumann, Johann: *Mathematische Grundlagen der Quantenmechanik*. Berlin 1932.

Pauli, Wolfgang: Über das Wasserstoffspektrum vom Standpunkt der neuen Quantenmechanik. In: *Zeitschrift für Physik* 36 (1926), 336–363.

Pauli, Wolfgang: *Wissenschaftlicher Briefwechsel, Bd. 2: 1930–1939*. Heidelberg 1985.

Reichenberger, Andrea: Rezension: Crull, Elise, Bacciagaluppi, Guido (Hg.): Grete Hermann. Between Physics and Philosophy; Kay, Hermann (Hg.): Grete Henry-Hermann: Philosophie – Mathematik – Quantenmechanik. In: *Mathematical Intelligencer* 42 (2020), 80–82.

Schirrmacher, Arne: *Dreier Männer Arbeit in der frühen Bundesrepublik: Max Born, Werner Heisenberg und Pascual Jordan als politische Grenzgänger*. Berlin MPI: Preprint 296, 2005.

Scholz, Heinrich: Kausalität und Gesetzlichkeit. Undat. Notitzzettel. Universitäts- und Landesbibliothen Münster. Sammlung Heinrich Scholz. Signatur: Kapsel 4: Werkmanuskripte (1 JB 38 – 1 JB 53). 4, 002. o. O. o. D. Typoskr.

Schrödinger, Erwin: Quantisierung als Eigenwertproblem. In: *Annalen der Physik* 79 (1925), 361–376, 489–527.

Schrödinger, Erwin: Die gegenwärtige Situation in der Quantenmechanik. In: *Naturwissenschaften* 23 (1935), 807–812, 823–828 u. 844–849.

Slembek, Silke: *Eine Betrachtung des ‚Hermannschen Verfahrens' zur Kernbestimmung polynomialer Matrizen unter Einbezug wissenschaftshistorischer Überlegungen*. Diplomarb. Mathematisches Inst. Univ. Zürich, WS 1995/96. Zürich 1996.

Soler Léna: The Convergence of Transcendental Philosophy and Quantum Physics: Grete Henry-Hermann's 1935 Pioneering Proposal. In: Michel Bitbol/Pierre Kerszberg/Jean Petitot (Hgg.): *Constituting Objectivity: Transcendental Perspectives on Modern Physics*. Dordrecht 2009, 329–344.

Soler Léna/Schnell, Alexander: Grete Henry-Hermanns Beiträge zur Philosophie der Physik. In: Susanne Miller/Helmut Muller (Hgg.): *In der Spannung zwischen Naturwissenschaft, Pädagogik und Politik. Zum 100. Geburtstag von Grete Henry-Hermann*. Herausgegeben im Auftrag der Philosophisch-Politische Akademie e. V. Bonn 2001, 16–27.

Stone, Marshall Harvey: *Linear Transformations in Hilbert Space and Their Applications to Analysis*. New York 1932.

Suter, Dieter: Neumanns Beweis, verborgene Variablen und die Unvollständigkeit der Quantenmechanik. In: Kay Herrmann (Hg.): *Grete Henry-Hermann: Philosophie – Mathematik – Quantenmechanik*. Wiesbaden 2019, 79–91.

Ullrich, Peter: Die Dissertation von Grete Hermann: Effiziente algorithmische Methoden für Polynomringe auf dem Weg zur Computeralgebra. In: Kay Herrmann (Hg.): *Grete Henry-Hermann: Philosophie – Mathematik – Quantenmechanik*. Wiesbaden 2019, 41–52.

Weizsäcker, Carl Friedrich von: Interview. Thomas S. Kuhn and John L. Heilbron. Carlsberg. 9. Juli 1963. Das Interview ist als Open-Access unter ‚Oral History Interviews' auf der Seite des American Institute of Physics AIP einsehbar (1963), URL: https://www.aip.org/history-programs/niels-bohr-library/oral-histories/4947

19 Grete Hermann – eine bedeutende Stimme in der frühen Quantenphysik, die leider heute kaum mehr gehört wird

Lars Jaeger

Wer sich mit der Entwicklung der Quantentheorie beschäftigt, wird schnell den Eindruck gewinnen, bei den Pionieren der modernen Physik handele es sich um einen reinen Männerclub: Max Planck, Albert Einstein, Niels Bohr, Erwin Schrödinger, Werner Heisenberg, Wolfgang Pauli, Max Born, Paul Dirac, Enrico Fermi, später Richard Feynman oder Freeman Dyson, um nur die bekanntesten von ihnen zu nennen. Die ganze moderne Physik ist von Männern besetzt, die ganze? Auf den ersten Blick spielten Frauen hier tatsächlich kaum eine Rolle. Doch bei genauerer Betrachtung erkennt man doch einige: Die Bekanntesten von ihnen waren Marie Curie (in der ganz frühen Phase) und Lise Meitner[1]. Doch eine Bedeutende ist heute kaum mehr bekannt. Dies war Grete Hermann. Es lohnt sich, dem Wirken dieser beeindruckenden Frau in der Physik ein wenig genauer nachzugehen. Denn mit ihr eröffnen sich faszinierende Perspektiven auf die Gedanken der Pioniere der Quantentheorie (dazu hat Grete Hermann mit ihrem philosophischen und politischen Engagement ebenfalls Pionierleistungen ihrer Zeit geliefert).

Die Entwicklung der Quantentheorie war eine der bedeutendsten intellektuellen Herausforderungen des 20. Jahrhunderts. Sie stellte das Jahrtausende alte philosophische Paradigma des Subjekt-Objekt-Dualismus. Im Jahr 1932 schienen sich die starken Wogen der (auch philosophischen) Auseinandersetzung um ihre Deutung etwas gelegt zu haben, nachdem es John von Neumann – neben seinem Erschaffen der mathematischen Grundlage der Quantenphysik – gelungen war,

[1] Neben natürlich Emmy Noether, die aber immer unter Mathematikern wirkte und ihren großen physikalischen Satz, das heutige ‚Noether-Theorem', unter David Hilbert und Felix Klein schuf.

L. Jaeger (✉)
Baar, Schweiz
E-Mail: lars.jaeger@larsjaeger.ch

K. Herrmann und B. Schwitzer (Hrsg.), *Der Geist der kritischen Schule*,
https://doi.org/10.1007/978-3-662-68345-3_19

einen mathematischen Beweis vorzulegen, wonach es in der Quantenphysik keine so genannten ‚verborgenen Variablen' geben kann. Was wie eine eher exotische Randfrage für Mathematiker klingt, behandelt eines der Grundprobleme in der Deutung der Quantentheorie bis heute: Wie verhält es sich in der Quantenwelt mit einer für die meisten von uns so selbstverständlichen unabhängigen, d. h. objektiven Realität? Gibt es im Mikrokosmos überhaupt eine solche objektive physikalische Wirklichkeit, wie wir das in unserer Welt klar zu erfahren meinen? Dies war einer der wesentlichen Punkte, die die Quantentheorie hinterfragte.

Dies geschah insbesondere zum Leidwesen Albert Einsteins, dessen Auseinandersetzungen mit seinem Kollegen Niels Bohr um die Deutung der neuen Quantenphysik zu den bedeutendsten philosophischen Diskussionen des 20. Jahrhunderts zählten. Hier hatte sich Einstein zunächst geschlagen geben müssen. Objektive, d. h. sich von der Beobachtung unabhängig verhaltende Teilchen schien es im Mikrokosmos nicht zu geben! Doch 1935 brachte er seine Auffassung in der intellektuellen Auseinandersetzung noch einmal klar und deutlich auf und veröffentlichte mit zwei seiner Kollegen das so genannte ‚EPR-Paradoxon'. Damit forderte er die vorherrschende Deutung der Quantentheorie, wonach es keine objektive Realität im Mikrokosmos geben sollte, die ‚Kopenhagener Deutung', vertreten hauptsächlich durch Niels Bohr und Werner Heisenberg, mit einem sehr trickreichen Gedankenexperiment noch einmal tief heraus. Zugleich schuf Erwin Schrödinger, der andere Skeptiker der Kopenhagener Deutung, im gleichen Jahr das wohl bekannteste Gedankenexperiment der modernen Physik: die berühmte ‚Schrödinger'sche Katze'. Beide Aufsätze führten tief in das epistemologische Herz der Quantenwelt. John von Neumanns Beweis, dass es keine verborgenen Variablen in der Quantenwelt geben kann, hatte diese Diskussion mathematisch eindeutig im Sinne Bohrs und Heisenbergs klären sollen. Und tatsächlich wurde die Kopenhagener Deutung trotz des heftigen Widerstands Einsteins und Schrödingers zur gängigen philosophischen Deutung der Quantentheorie, und dies in vielen Kreisen bis heute.

Doch trug der Beweis von Neumanns ein großes Problem mit sich: Er war falsch. Genauer: Es sollte sich herausstellen, dass der Mathematiker von sehr speziellen Voraussetzungen ausging, die in der Quantenphysik nicht immer erfüllt waren, womit sein Beweis seine universelle Gültigkeit verlor. Doch in den 1930er Jahren dem großen John von Neumann in mathematischer Hinsicht zu widersprechen, war für die meisten Wissenschaftler eine starke Anmaßung. So nahmen die Physiker den Beweis nur allzu gefügig als gültig an. Erst 34 Jahre später zeigte der theoretische Physiker John Bell, dass von Neumanns Argumentation zwar mathematisch korrekt, aber von unrealistischen physikalischen Annahmen ausgegangen war. Viele der bedeutendsten Physiker des 20. Jahrhunderts, von Bohr über Heisenberg bis zu Pauli, über Dirac über von Weizsäcker bis zu Feynman waren mehr als dreißig Jahre lang blind einer unzureichenden mathematischen Argumentation gefolgt!

Nur eine einzige Person hatte schon in den 1930er Jahren genau in den Beweis von Neumanns geschaut, und zwar ziemlich genau zum Zeitpunkt des mit

Einsteins und Schrödingers Publikationen entstandenen zweiten Höhepunkts der Debatte um die Deutung der Quantenwirklichkeit: die junge Mathematikerin (ihre Doktormutter war Emmy Noether gewesen), Philosophin und auch mit den führenden Physikern im aktiven Austausch: *Grete Hermann.* Dabei ging es ihr in ihrer Arbeit von 1935 ‚Die naturphilosophischen Grundlagen der Quantenmechanik', wie der Titel bereits suggeriert, zunächst und in erster Hinsicht um die Philosophie. So ging sie in ihrer Arbeit in erster Linie der Frage nach, ob das Kausalitätsprinzip auch für atomare Prozesse aufrechterhalten werden kann, was eben die bestehende Deutung der Quantentheorie in Frage stellen würde. Hermann folgte dabei der Argumentation Immanuel Kants und dessen kritischer Philosophie bzw. deren Fortentwicklung durch den Philosophen Jakob Friedrich Fries aus dem 19. Jahrhundert. Ihre Entgegnung auf die Aussage der Quantentheoretiker, dass in der Mikrowelt Prozesse nur noch mit Wahrscheinlichkeiten beschrieben werden können und daher eine strikte Kausalität hier nicht mehr gelte, war, dass die Quantentheorie doch nicht vollständig ausschließen kann, dass es noch bisher unbekannte Bestimmungsvariablen geben könnte, die diese Vorgänge steuern, womit das Kausalitätsprinzip dann wieder gelte – eine Argumentation, der auch Einstein in seinem eigenen Widerstand gegen die bestehende Quantentheorie folgte. Dies hat sie aber selber in ihrer Deutung der Quantenphysik nicht unbedingt in Erwägung gezogen.

Genau an dieser Stelle kam von Neumanns Unmöglichkeitsbeweis ins Spiel, den er 1932 in seinem epochalen Buch *Mathematische Grundlagen der Quantenmechanik* formulierte (den er aber schon 1930 formuliert hatte). Dieser sollte mit mathematischer Strenge und Exaktheit ein für alle Mal aufzeigen, dass die Quantentheorie qua ihrer mathematischen Struktur solche ‚verborgenen Variablen' generell ausschließt. Dies wiederum lieferte den Quantenphysikern das argumentative Bollwerk, das ihre Kopenhagener Interpretation vor der Behauptung schützt, der Determinismus könne durch noch unbekannte Variablen wiederhergestellt werden. Und genau dieses Bollwerk wurde von Grete Hermann eingerissen, indem sie zeigte, dass die Voraussetzungen, auf denen von Neumanns Beweis beruhte, zu speziell sind, um für die physikalische Realität generell zu gelten.

Es lohnt sich, dieser Inkonsistenz der von Neumann'schen Annahmen mit der quantenphysikalischen Realität etwas näher auf den Grund zu gehen. Leider steht diese alles andere als im Zentrum der Argumentation von Grete Hermann. Sie diskutiert sie vielmehr in einem einzigen kurzen Paragraphen, innerhalb eines Werkes (aus 18 Paragraphen), in dem es im Grunde um die philosophische Deutung der neuen Quantentheorie ging. Denn für Grete Hermann war klar: Es

> wird erst ihre philosophische Interpretation und Verarbeitung Klarheit schaffen sowohl über die philosophischen Argumente für die Apriorität naturphilosophischer Prinzipien wie über die von Seiten der Physik dagegen erhobenen Einwände. (Hermann 1935, 76)

Konkret über den von Neumann'schen Beweis schrieb sie in recht einfachen wenigen Sätzen in Paragraph 7 ‚Der Zirkel in Neumanns Beweis':

> Für die so mit Hilfe einer Schar physikalischer Systeme definierte Erwartungswert-Funktion Erw(R), die jeder physikalischen Größe eine Zahl zuordnet, setzt *Neumann* voraus, daß Erw(R+S) = Erw(R) + Erw(S) ist. In Worten: Der Erwartungswert einer Summe von physikalischen Größen ist gleich der Summe der Erwartungswerte beider Größen. Mit dieser Voraussetzung steht und fällt der Neumannsche Beweis. (Hermann 1935, 99)

Kurz darauf schreibt sie:

> Er (der Ausdruck der Erwartungsfunktion E(R), in der Formulierung Hermanns (Rφ,φ), Anmerkung L.J.) muss es hingegen, um anwendbar zu bleiben, offen lassen, ob dieser Erwartungswert auch in allen Teilmengen solcher Scharen (von Quantenfunktionen, Anmerkung L. J.), die aus diesen auf Grund irgendwelcher neuer Merkmale herausgegriffen werden, derselbe ist. Lässt man das aber offen, dann kann man aus der für E(R) geltenden Summationsregel nicht mehr folgern, dass auch in diesen Teilmengen der Erwartungswert der Summe physikalischer Größen gleich der Summe ihrer Erwartungswerte ist. (G. Hermann 1935, 100)

Und tatsächlich gilt in der Quantentheorie zumeist $E(R+S) \neq E(R)+E(S)$![2,3]

Grete Hermann war jedoch auch mit ihrer Kritik an der von Neumann'schen Beweisannahme und damit der Widerlegung des Beweises selbst nichtsdestotrotz keine Befürworterin für die tatsächliche Existenz von verborgenen Variablen, wie Einstein dies war. Für sie war ihr Argument, dass sich die Voraussetzungen für den von Neumann'schen Beweis der Nichtexistenz verborgener Variablen innerhalb der bestehenden mathematischen Darstellung der Quantenphysik nicht automatisch ergeben, vielmehr ein Beleg dafür, dass die Quantentheorie vor einem Dilemma steht, dass sie die Ursachen für bestimmte Messergebnisse gar nicht aufführen kann. Tatsächlich setzte Hermann selbst auf die Argumentation des Bohr'schen Korrespondenzprinzips sowie auf das Konzept des ‚Heisenberg'schen Schnittes'.

Daher lohnt es sich, kurz auf die Kopenhagener Deutung Bohrs einzugehen. Denn bei genauerer Betrachtung führt diese zu einem grundsätzlichen Problem: Sie hebt die Trennung zwischen beobachtendem Subjekt und beobachtetem Objekt auf, doch zugleich spricht sie dem Messsystem einen grundsätzlichen makroskopischen Charakter zu, und damit eine ‚Übermacht' gegenüber dem mikroskopischen Quantensystem, der dann auch der Grund dafür ist, dass das Messsystem für das Quantenobjekt eine wesenskonstituierende Funktion ausübt. Philosophisch geschulte Physiker erkennen hier sofort einen argumentativen Widerspruch. Die Kopenhagener Deutung spricht im Grunde eine Zwei-Welten-Theorie aus: Auf der einen Seite die Quantensysteme, die der Quantentheorie gehorchen. Auf der anderen Seite die makroskopischen Messsysteme, die den Gesetzen der klassischen Physik gehorchen. Zwischen diesen beiden Welten gibt es keine erkennbare Verbindung. Eine solche ist aber notwendig, um die Eigenschaften des ersten Systems

---

[2] Bereits zwei Jahre zuvor hat Grete Hermann in ihrem Werk ‚Determinismus und Quantenmechanik' eine sehr ähnliche Argumentation hervorgebracht.

[3] Vgl. auch den Artikel von Michiel Seevinck (2016).

festzulegen. Wie kann das gehen? Sind klassische Makrosysteme nicht zuletzt auch aus Komponenten zusammengesetzt, die ihrerseits den Quantengesetzen gehorchen? Wo liegt dann der Übergang zwischen diesen beiden diskreten Systemen? Dies mussten die Physiker damals offenlassen.

Bohr selbst offerierte auf diese Frage nur eine äußerst flapsige, pragmatische Antwort: Für ausreichend große Systeme gehen die Gesetze der Quantenwelt – irgendwie, ohne dass er auch nur irgendwie sagen konnte ‚wie' – in die Gesetze der klassischen Physik über. Erst durch einen solchen Übergang können sich die bizarren Eigenschaften von Quantensystemen für die Gegenstände unseres Alltags nicht ergeben. Wie es allerdings vor diesem Übergang zwischen beiden Welten genau aussieht, muss die Kopenhagener Deutung vollständig offenlassen. Ihre Interpreten mussten also von einer scharfen Trennung zwischen der Makrowelt, in der die klassischen Gesetze gelten, und der Mikrowelt, in der die Gesetze der Quantenmechanik herrschen, ausgehen. Diese Trennung wurde als ‚Heisenberg'scher Schnitt' bezeichnet – und es war vollkommen willkürlich, wo er sich genau befand.

- Born und Pauli vermuteten ihn direkt nach dem Quantenobjekt,
- Bohr sah ihn im ersten makroskopischen Messbestandteil, also im Messapparat,
- John von Neumann meinte, er herrsche zwischen der Messapparatur und dem Beobachter, und
- Heisenberg meinte, dass die genaue Stelle der Trennlinie willkürlich gewählt werden kann, je nach Kontext des Experimentes. Die mathematische Beschreibung macht die gleichen experimentellen Vorhersagen, egal wo der Schnitt angesetzt wird. So schrieb er:

> Die Trennlinie zwischen dem zu beobachtenden System und dem Messgerät ist unmittelbar durch die Art des Problems definiert, kann aber aus offensichtlichen Gründen keine Diskontinuität des physikalischen Prozesses mit sich bringen. Aus diesem Grund muss innerhalb der Grenzen völlige Freiheit bei der Wahl der Position der Trennlinie bestehen. (Heisenberg 1934)

Schrödingers berühmtes Gedankenexperiment zur Katze, das er ebenfalls 1935 publizierte, auf das diese Einschätzungen dann auch folgten, zeigte zum ersten Mal klar und deutlich, dass im Grunde niemand wusste, wo in der Kette vom Atomkern bis zum Beobachter der Heisenberg'sche Schnitt genau anzusetzen ist. Damit zeigte es sich, dass eine solche willkürliche Trennung zwischen einer Mikrowelt und Makrowelt, wie Bohr sie vorschlug, keine Lösung sein kann – weil Zustände, die es dieser Trennung nach nur in der Mikrowelt geben darf, sich unversehens in die Makrowelt hineinmogeln können. Die strikte Trennung zwischen Mikro- und Makrowelt war einfach nicht konsistent. Entsprechend war Schrödingers Position: Für ihn lag der Schnitt oberhalb der Katze. In seinem Artikel mit dem Gedankenexperiment von der Katze (Schrödinger 1935a, b, 807–812) führte er einen neuen Begriff ein, der die Diskussion um die Quantenphysik bis heute prägt: *Verschränkung*. Sie beschreibt im Grunde nichts anderes als die Tatsache, dass sich

Mehrteilchensysteme von zwei oder mehr Teilchen nicht mehr als Kombination unabhängiger Ein-Teilchen-Zustände beschreiben lassen, sondern nur noch durch einen gemeinsamen Zustand, der prinzipiell mit *einer einzigen* Wellenfunktion beschrieben werden muss, wie die Physiker bereits wussten. Neu ist für Schrödinger nun aber: In diesem Sinne können auch makroskopische Messsysteme mit Quantenobjekten verbunden sein. Er schrieb: „Sie [die Ψ-Funktion des Messobjektes] hat sich, nach dem zwangsläufigen Gesetz der Gesamt-Ψ-Funktion, mit der des Messinstrumentes verheddert […]" (Schrödinger 1935a, b, 555).

Dann beschreibt er das zentrale Problem verschränkter Quantensysteme: „Bestmögliche Kenntnis eines Ganzen schließt *nicht* bestmögliche Kenntnis seiner Teile ein [Hervorhebung von Schrödinger]". (Schrödinger 1935a, b, 555).

Was Schrödinger damit meinte, ist nichts anderes, als dass man die gesamte Wellenfunktion nicht einfach in ihre Teile separieren kann. Denn alle ihre Teile sind miteinander ‚verschränkt'. Die Verschränkung war des ‚Quanten-Pudels Kern', wie Schrödinger noch im gleichen Jahr schrieb:

> Diese Eigenschaft [Verschränkung] ist nicht *eine*, sondern *die* Eigenschaft der Quantenmechanik, die eine, in der sich die gesamte Abweichung von der klassischen Denkweise manifestiert. (Schrödinger 1935a, b, 555)[4]

Zurück zu Grete Hermanns Einsicht in die Limitation des von Neumann'schen Beweises: Im Grunde stand sie damit (ohne dies explizit auszudrücken, sie stand vielmehr persönlich Heisenberg nahe) in einer Linie mit Schrödinger und Einstein. Mit der von ihr dargelegten Unanwendbarkeit des von Neumann'schen Beweises blieb es offen, ob es in Quantensystemen verborgene Variablen geben kann oder nicht. Doch stellten in den folgenden 30 Jahren überraschenderweise weder die Mathematiker noch die theoretischen Physiker den Beweis von Neumanns in seiner Allgemeinheit und Anwendbarkeit in Frage. So dauerte es bis 1964, bis die Physikergemeinschaft schließlich anerkannte, dass aus von Neumanns Beweis *nicht* die Unmöglichkeit jeglicher verborgener physikalischer Variablen in der Quantenwelt folgt. In diesem Jahr trat die Einsicht John Bells zur Nichtanwendbarkeit des von Neumann'schen Beweises ins Licht der Physik (sein Paper dazu wurde erst 1966 publiziert). Wer Bells Aufsatz liest, muss feststellen, dass sich dessen Argumentation kaum von der Hermanns unterscheidet. Man vergleiche nur John Bell Formulierung mit der von Grete Hermann oben von mehr als 30 Jahre zuvor:

> His [i. e. von Neumann's] essential assumption is: Any linear combination of any two Hermitian operators represents an observable, and the same linear combination of expectation values of the combination. This is true for quantum mechanical states; it is required by von Neumann of the hypothetical dispersion free states also. (Bell 1964/1966)

[4] Schrödinger (1935a, b): „I would not call that *one* but rather *the* characteristic trait of quantum mechanics, the one that enforces its entire departure from classical lines of thought" (5. Zeile des Artikels).

Diese Aussagen sind in mathematischer Hinsicht nahezu identisch zu der Hermanns. Doch Bell gelang es in seinem Aufsatz zuletzt, ein messbares Kriterium anzugeben, unter welchen Umständen verborgene Variablen in einer Quantentheorie auftreten können, die bis heute bekannte ‚Bell'sche Ungleichung'. Dieses Kriterium konnte nur *experimentell* entschieden werden. Es war also ein entsprechendes Experiment, das den Kampf um die letztendliche Deutung der Quantentheorie entscheiden sollte. Wir erinnern uns: Auch Grete Hermann hatte gesagt, dass sich dies nicht aus der Theorie selbst ableiten ließ (für sie lag die Lösung in der Philosophie) (Hermann 1935, 99). Das entsprechende Experiment wurde erst in den letzten Jahrzehnten, zuerst 1982 durch ein Experiment von Alain Aspect, erfolgreich durchgeführt. Das Ergebnis: Es gibt tatsächlich keine verborgenen Variablen im Mikrokosmos, denn die Bell'sche Ungleichung wird im Experiment verletzt.

So ist die Tatsache, dass die Physiker Grete Hermanns Einsichten so lange nicht zur Kenntnis nahmen, zuletzt auch insofern bedauerlich, als die Diskussion um verborgene Variable erst wieder in den 1960er und 1970er Jahren ernsthaft aufgenommen – und in den 1980er Jahren schließlich gelöst – wurde. Daraus ergibt sich ein noch weitaus tieferes Verständnis der wohl merkwürdigsten Eigenschaft in der Quantenwelt, eben der Verschränkung räumlich getrennter Teilchen. Selbst wenn sie weit voneinander entfernt sind, können zwei Teilchen wie durch Zauberei aneinandergekoppelt sein. Diese Idee hatte Schrödinger im gleichen Aufsatz, in dem er seine Katze einführte, bereits formuliert, wie oben erwähnt.

Und tatsächlich gilt die Verschränkung von Teilchen heute als eine der Grundeigenschaft der Quantenwelt. Und sie könnte die zukünftigen *Anwendungen* der Quantentheorie noch faszinierender machen.

Doch warum wurde Hermanns Arbeit derart ignoriert, während John Bells Arbeit mehr als 30 Jahre später einen nahezu unmittelbaren erneuten Aufschwung in der Untersuchung der grundlegenden Eigenschaften quantenmechanischer Systeme bewirkte – und zuletzt mit dem Nachweis von verschränkten Teilchen eine ganz neue technologische Dimension der Quantentheorie auslöste, u. a. die Vision von Quantencomputern (die 1981 konzeptionell von Richard Feynman eingeführt wurde)? Wären Grete Hermanns Einsichten breiter aufgenommen worden, wer weiß, wie viel schneller diese Entwicklung verlaufen wäre.

Doch Hermann publizierte ihre Arbeit auch in einem eher unbedeutenden Verlag (*Abhandlungen der Fries'schen Schule,* siehe Fußnoten 2/3 oben) und nur eine stark verkürzte Version in einem wissenschaftlichen Journal (Hermann 1935, 718–721). Letztere enthielt gar die Widerlegung des von Neumann'schen Beweises überhaupt nicht. Und wie bereits erwähnt, wird auch in der ausführlichen Version die Widerlegung von Neumanns nur sehr knapp dargelegt. Auch in späteren Veröffentlichungen stellte Hermann ihre Kritik an dem Beweis von Neumanns gar nicht mehr weiter heraus. Denn in ihrer gesamten Argumentation ging es ihr hauptsächlich um eine *philosophische* Erörterung der Quantenphysik, die ihrer Meinung nach durch das physikalische Wissen zwar wertvolle Anregung und Befruchtung erhalten kann, aber sich in ihren grundsätzlichen Fragen wie jenen zur Kausalität nicht auf empirische Forschung und ihre Theorien beziehen darf. Dazu kam, dass Hermanns Arbeit niemals aus dem Deutschen in andere Sprachen übersetzt wurde, was ein großes Hindernis für spätere Wissenschaftler war. Wir finden hier also ein Beispiel dafür, dass der Erkenntnisfortschritt in den Wissenschaften eben alles andere als immer linear und optimal verläuft, sondern voller Vorwärts- und Rückschritte ist.

Für die Pioniere der Quantentheorie, die nahezu allesamt deutschsprachig waren, galt die sprachlichen Beschränkung allerdings nicht. Auch die geringe Bedeutung des Verlages kann nicht überzeugen, dass niemand darin gelesen haben soll. Zudem haben sie sicher darüber gesprochen (schließlich war Hermann ja gerade zu dieser Zeit in Leipzig bei Heisenberg). Es bleibt daher offen: Warum haben Bohr, Heisenberg, von Weizsäcker, aber auch Schrödinger und Einstein Grete Hermanns Arbeit kaum beachtet oder sie zumindest in möglichen Diskussionen über die Quantenmechanik nicht als ernsthafte Diskussion in Betracht gezogen? Heisenberg hatte sogar selbst ein theoretisches Modell des Lichtmikroskops im Mikrokosmos entwickelt, das seine Unschärferelation illustrieren soll. Das Problem dabei war, dass dieses vorgibt, dass die Quantenunsicherheit durch eine imaginäre *klassische* mechanische Wechselwirkung erklärt werden kann (was später von Bohr kritisiert wurde). Es gab also zwischen 1934 bis 1936 durchaus viel Diskussion zum Thema der Eigenschaften von Quantenteilchen. Doch warum wurde dabei die von Hermann dargelegte Inkorrektheit des von Neumann'schen Beweises ignoriert oder zumindest nicht weiterverfolgt? Grundsätzlich ignoriert wurde Hermann nicht. Heisenberg selbst widmete gar ein ganzes Kapitel (das 10.) seiner berühmten Autobiographie *Der Teil und das Ganze* (Heisenberg 1969) einer philosophischen Diskussion, die er und andere, u. a. Carl Friedrich von Weizsäcker, der selber sehr philosophisch orientiert war und später – ab 1957 – gar Philosophie-Professor in Hamburg wurde, mit Grete Hermann führten (die nach dem Krieg ebenfalls Professorin wurde, für Philosophie und Physik, und zwar an der der Pädagogischen Hochschule (PH) Bremen). Zudem gab es auch eine Fortsetzung der intensiven Kommunikation der bekannten Leipziger Physiker mit Hermann, die ja 1934 selbst in Leipzig weilte, über naturphilosophische und erkenntnistheoretische Themen, darunter Briefwechsel mit Carl Friedrich von Weizsäcker und Werner Heisenberg (mit Letzterem eher beschränkt) (siehe Herrmann 2019). Ein Bezug auf von Neumanns Beweis bleibt darin allerdings unerwähnt. Nun, den Vertretern der orthodoxen Kopenhagener Interpretation der Quantenmechanik passte der von Neumann'sche Beweis eben auch wunderbar in die Theorie.

Grete Hermann zog aus ihren philosophischen Studien und ihrer gedanklichen Nähe zur kantischen Philosophie auch sehr praktische bzw. politische Konsequenzen: So bekämpfte sie aktiv den Nationalsozialismus – anders als Heisenberg und von Weizsäcker, die gar am Nazi-Atombombenprogramm arbeiteten. Unter anderem engagierte sie sich als Redakteurin Tageszeitung ‚Der Funke', die zum einheitlichen Kampf gegen die NSDAP und Hitler aufrief. Daher musste sie 1936 aus Deutschland fliehen, zuerst nach Dänemark, dann über Paris nach London, wo sie weiter im Widerstand gegen das Nazi-Regime tätig war. Nach dem Krieg kehrte sie nach Deutschland zurück und trat der SPD bei, in der sie sich auch engagierte. So arbeite sie zusammen mit Willi Eichler am Godesberger Programm ihrer

Partei von 1959. Die darin vollzogene ‚Entideologisierung' der SPD hin zu einer Begründung *sozialdemokratischer* Politik durch Werte und ethische Erwägungen geht nicht zuletzt auch auf die Vermittlung philosophischer Gedanken Grete Hermanns zurück.

Nach dem Krieg hatte diese vielseitige Frau andere Prioritäten gesetzt, als ihre physikalischen und mathematischen Studien wieder aufzunehmen (ob ihr das gelungen wäre nach vielen Jahren Abwesenheit, ist eine andere Frage). Auch dies ein Grund, warum ihr beeindruckendes Werk bedauerlicherweise so lange unbekannt blieb. Erst in den letzten Jahren wurden ihre frühen Gedanken zur Quantenphysik und ihren Grundlagen wieder stärker hervorgebracht (Herrmann 2019; Crull und Bacciagaluppi 2016).

Literatur

Bell, J. S.: On the Problem of Hidden Variables in Quantum Mechanics. Stanford Linear Accelerator Center. In: *Review of Modern Physics* 38 (1966), 447–452, http://www.psiquadrat.de/downloads/bell66.pdf (22.08.2023); alternativ: https://inspirehep.net/files/90b70d2ed9fa199e-f95ed3da417c6b5a [1964] (22.08.2023)

Crull, E./Bacciagaluppi, G. (Hg.): *Grete Hermann – Between Physics and Philosophy*. Wiesbaden 2016

Heisenberg, W.: Wandlungen der Grundlagen der exakten Naturwissenschaft in jüngster Zeit, Vortrag vor der Gesellschaft deutscher Naturforscher und Ärzte, Hannover, 17. September 1934. In: *Angewandte Chemie* 47 (1934), 697–702

Heisenberg, W.: *Der Teil und das Ganze*. München 1969

Hermann, G.: Die naturphilosophischen Grundlagen der Quantenmechanik. In: *Abhandlungen der Fries'schen Schule. ASFNF* 6/2 (1935), 69–152

Hermann, G.: Determinismus und Quantenmechanik. In: *The Papers of Professor Paul Dirac, Churchill Archives Centre, DRAC* 3/11 (1933), 185–203

Herrmann, K. (Hg.): *Grete Hermann: Philosophie – Mathematik – Quantenmechanik*. Wiesbaden 2019

Jaeger, L.: *Die zweite Quantenrevolution*. Heidelberg 2018

Schrödinger, E.: Die gegenwärtige Situation in der Quantenmechanik. In: *Naturwissenschaften* 23 (1935), 807–812

Schrödinger, E.: Discussion of Probability Relations between separate systems. In: Proceedings of the Cambridge Physical Society 31 (1935), 555–563

Seevinck, M.: Challenging the Gospel: Grete Hermann on von Neumann's No Hidden Variables Proof. In: E. Crull/G. Bacciagaluppi (Hg): *Grete Hermann – Between Physics and Philosophy*. Wiesbaden 2016, 107–118

Psychiatrie als Medizin der Person: Arthur Kronfeld (1886–1941) und das Ringen um die Identität der Psychiatrie

20

Paul Hoff

Es ist eine – hier ausdrücklich in positivem Sinn verstandene – Janusköpfigkeit, die dem Fach ‚Psychiatrie und Psychotherapie' als Teilgebiet der Medizin ebenso zukommt wie dem Werk Arthur Kronfelds: Die Psychiatrie ringt, seit sie existiert, mit der Frage, wie die wissenschaftliche, auf verallgemeinerbare Erkenntnisse abzielende Ebene, sei sie konzeptueller oder empirischer Natur, mit derjenigen der erkrankten Person, mit deren Subjektivität und personaler Autonomie in eine überzeugende und, vor allem, therapeutisch nutzbringende Verbindung gebracht werden kann.

Wegen seiner die traditionellen Grenzen akademischer Disziplinen bewusst überschreitenden Denkweise, aber wohl auch wegen seines eigenwilligen Schreibstils[1] sowie im Gefolge biographischer Brüche, die gesellschaftlichen und politischen Einflüssen geschuldet waren, wurde und wird Kronfeld trotz Ideenreichtums und enormer Produktivität in psychiatrischem Kontext erstaunlich wenig rezipiert.[2] Die lebensgeschichtlichen Zäsuren durch den Militärdienst im 1. Weltkrieg und durch die von den Nationalsozialisten erzwungene Emigration über die Schweiz in die damalige Sowjetunion, genauer: nach Moskau, gingen aber keineswegs mit Brüchen in seiner wissenschaftlichen Entwicklung einher: Der Denkweg

[1] In Kronfelds Texten finden sich mitunter komplexe Satzgefüge, hochgradige Detailliertheit, ironische Distanziertheit und plakative Direktheit in unmittelbarer Nachbarschaft.

[2] Annäherungen an Kronfelds Werk aus psychiatrischer Perspektive finden sich bei Abu Ghazal (2017), Hoff (2017a), Kittel (1986, 1989), Kretschmer (1987), Maatz und Hoff (2017a), Schmitter (2020), Seeck (2017).

P. Hoff (✉)
Klinik für Psychiatrie, Psychotherapie und Psychosomatik, Psychiatrische Universitätsklinik Zürich, Zürich, Schweiz
E-Mail: paul.hoff.zollikon@gmail.com

K. Herrmann und B. Schwitzer (Hrsg.), *Der Geist der kritischen Schule*,
https://doi.org/10.1007/978-3-662-68345-3_20

Arthur Kronfelds blieb stets geprägt von der gezielten Verbindung unterschiedlicher Perspektiven, der Einbettung in einen explizit vertretenen Neukantianismus sowie dem Ziel, die notorisch unterschätzte Praxisrelevanz wissenschaftstheoretischer Aspekte für das konkrete psychiatrisch-psychotherapeutische Handeln darzulegen (Hoff 2023).

Der vorliegende Beitrag soll aufzeigen, dass sein Werk für die aktuelle Debatte um die Identität der Psychiatrie – in Kronfeld'scher Diktion: um das ‚Wesen der psychiatrischen Erkenntnis' – von weitreichender Bedeutung sein kann.[3] Die Aufforderung zu einer konzentrierten Rezeption Kronfeld'scher Texte lässt sich heute ideengeschichtlich, wissenschaftstheoretisch und mit Blick auf die psychiatrische Praxis begründen.

Konzeptuelle Spannungsfelder, von Anbeginn ein Kennzeichen der Psychiatrie

Schon ein kursorischer Blick auf die Konzepte, die das auf aufklärerische Wurzeln im 18. Jahrhundert zurückgehende Fach Psychiatrie seither hervorgebracht hat, um einzuordnen, was sein Gegenstand ist, also was unter einer psychischen Erkrankung zu verstehen ist, zeigt eine enorme Heterogenität: Sind psychische Erkrankungen Ausdruck einer temporären Absenz der Vernunft, widerspiegeln sie Erkrankungen des Organs Gehirn, sind sie nachvollziehbare Fehlentwicklungen im Gefolge von Belastungen und Lebenskrisen? Entstehen sie aus unbewussten Konflikten oder als Folge sozialer Missstände? Dient psychiatrisches Handeln nicht doch in erster Linie der sozialen Kontrolle und damit der Stabilisierung bestehender gesellschaftlicher Verhältnisse? Oder sind psychische Erkrankungen Ausdruck einer Kommunikationsstörung, die gemäß dem heute breit akzeptierten ‚bio-psycho-sozialen Modell'[4] sowohl neurobiologische wie psychologische und soziale Ursachen haben kann?

Vor diesem Hintergrund ist es nachvollziehbar, dass sich die Psychiatrie bis heute schwer damit tut, eine tragfähige professionelle Identität zu etablieren. Littlewood (1991, 1013) nannte sie gar „die am meisten mit Selbstzweifeln kämpfende medizinische Disziplin" („the most self-doubting medical specialty", Übersetzung PH). Wie stellt sich das Fach all diesen Herausforderungen, ohne sich unter dem Druck der Nachbarwissenschaften in der heterogenen Theorien-

---

[3] Dass das Fach Psychiatrie selbst hier dringenden Handlungsbedarf sieht, mag etwa an der Gründung der ‚Commission on the Future of Psychiatry' durch die World Psychiatric Association (WPA) in Zusammenarbeit mit der Fachzeitschrift Lancet Psychiatry abgelesen werden (Bhugra et al. 2017) sowie an dem von der Deutschen Gesellschaft für Psychiatrie, Psychotherapie und Nervenheilkunde (DGPPN) veröffentlichten Positionspapier ‚Zur Identität der Psychiatrie' (Sass et al. 2019).

[4] Kritisch wird darauf hingewiesen, dass ein bloß additives Nebeneinander der drei Säulen des bio-psycho-sozialen Modells, ohne einen wechselseitigen substanziellen Austausch anzustoßen, wissenschaftlich unfruchtbar sei (Ghaemi 2009).

und Methodenvielfalt zu verlieren? Es war diese Frage, die Arthur Kronfeld am nachhaltigsten bewegte. Sein Denkweg soll exemplarisch anhand dreier Publikationen aus den Jahren 1920, 1927 und 1930 nachgezeichnet und mit der heutigen psychiatrischen Debatte in einen konstruktiven Dialog gebracht werden.

Das Ringen um die Identität der Psychiatrie in Kronfelds Schaffen vor der Emigration[5]

Der Neukantianismus Fries-Nelson'scher Lesart als Kronfelds philosophisches Leitmotiv

Für Kronfeld stand fest, dass die Psychiatrie eines theoretischen Rahmens bedarf, der ihre Etablierung als mehrdimensionale, methodenkritische und personzentrierte Wissenschaft nachhaltig fördert. Sein Bestreben, sowohl einen unreflektierten Materialismus, für den das Psychische zum bloßen Epiphänomen wurde, als auch einen spekulativen, die empirische Ebene vernachlässigenden Idealismus a limine abzuweisen, zugleich aber die auf verallgemeinerbares Wissen abzielende, auf präziser Begrifflichkeit beruhende Wissenschaftlichkeit der Psychiatrie sicherzustellen, führte Kronfeld, angeregt durch seinen langjährigen Freund und Mentor Leonard Nelson (1882–1927), zu der von Jakob Friedrich Fries (1773–1843) vertretenen Form des Neukantianismus. Sie – und nur sie – sah er als tragfähige Grundlage für die Psychiatrie an.

Die Feinstruktur der Fries'schen Erkenntnistheorie wird im vorliegenden Band an anderer Stelle dargestellt. Hier sei lediglich auf den in unserem Zusammenhang entscheidenden Unterschied zwischen den transzendentalphilosophischen Ansätzen Immanuel Kants (1724–1804) und Johann Gottlieb Fichtes (1762–1814) einerseits und der von Nelson und Kronfeld vertretenen ‚Neuen Fries'schen Schule' andererseits verwiesen. Während Kant die ‚reinen Verstandesbegriffe', die Bedingungen der Möglichkeit für den Erwerb von Wissen über die uns umgebende Welt, als apriorische, also erfahrungsunabhängige Denkstrukturen durch eine transzendentale Deduktion zu beweisen suchte, vertrat Fries die Position, dass diese für die Erkenntnis tatsächlich zwingend erforderlichen Denkstrukturen nicht (wie bei Kant) durch Reflexion zu erschließen, sondern durch eine unmittelbare Erkenntnis der reinen Vernunft zugänglich seien. Für Leonard Nelson (und in der Folge für Kronfeld) lag genau hier die zentrale Leistung Fries':

> Die Entdeckung dieser nicht-anschaulichen unmittelbaren Erkenntnis der reinen Vernunft ist der Leitstern, der allein die Wissenschaft bewahren kann vor den Klippen des Empirismus einerseits und des neoplatonischen Mystizismus andererseits. (Nelson [1904] 1970, 62)

[5] Kronfelds Veröffentlichungen in russischer Sprache (nach der Emigration) können hier nicht berücksichtigt werden.

Bei Kronfeld klingt es deutlich pragmatischer:

> Also ein dem Kantischen transzendentalen Leitfaden und der Kategorienlehre ganz entsprechend durchgebildetes Verfahren, und zwar auf rein empirischem und logischem Boden! Es zeigt eben, dass der Charakter der Kantischen Kritik tatsächlich ein empirischer ist. Die Kategorienlehre lässt sich also nicht von vornherein als überempirische Doktrin aus der Forschung ausschalten. (Kronfeld 1920, 128)

Die Kontrastierung von Kantischer und Fries'scher Erkenntnistheorie kann hier nicht vertieft werden, auch nicht bezüglich der Kontroverse, ob der Fries'schen Metaphysik nicht doch Züge eines Psychologismus zuzuschreiben seien. Für uns zentral ist, dass Kronfeld, wie die Betrachtung seines Werkes ‚Das Wesen der psychiatrischen Erkenntnis' von 1920 zeigen wird, vehement den eigenständigen Charakter des Psychischen verteidigte, der jeden Versuch der vollständigen Reduktion auf eine andere, etwa die neurobiologische Erkenntnisebene zum Scheitern verurteile. Zugleich forderte er, auch psychische Phänomene, einschließlich psychischer Erkrankungen, einer an den strikten Methoden der Naturwissenschaften orientierten, mit diesen aber nicht identischen wissenschaftlichen Bearbeitung zu unterziehen.

Diese dezidiert methodenkritische Haltung, die jede wissenschaftliche Aussage auf ihre erkenntnistheoretischen Grundlagen hin überprüft, zeigte sich bereits in der Auseinandersetzung des erst 26-jährigen Kronfeld mit der seinerzeit intensiv und kontrovers diskutierten Psychoanalyse Sigmund Freuds (1856–1939) (Kronfeld 1912). Zwar bestritt Kronfeld keineswegs Originalität, Personzentriertheit und möglichen klinischen Nutzen der psychoanalytischen Perspektive, kritisierte aber deren aus seiner Sicht uneinlösbaren Erklärungsanspruch:

> Es ist, unabhängig von dem Ausfall einer auf die Sache selbst gerichteten Kritik, die blosse Bestrebung dieses tieferen Eindringens in die Verwicklungen des einzelnen Seelenlebens als ein bedeutsamer Fortschritt und ein bleibendes Verdienst Freuds zu bezeichnen. Und die hingebende Versenkung dieses Forschers in das innere Leben seiner Kranken sowie die kühne kombinatorische Intuition, die ihn hierbei leitet, sollten Beispiele ärztlicher Meisterschaft bleiben, auch wenn die wissenschaftliche Kritik ihm das Recht auf Verallgemeinerung seiner Aufstellungen streitig machen muss. (Kronfeld 1912, 5)

Sein Hauptvorwurf war derjenige einer petitio principii:

> Die Freudschen Mechanismen sind also nicht Ergebnisse, sondern leitende Maximen der Induktionen. [...] Die Beobachtungen, welche in dem Untersatz der Induktionen angeführt werden, sind nämlich nicht einfach Selbstwahrnehmungen oder Aussagen anderer über ihre Selbstwahrnehmungen, sondern sind schon recht methodisch verarbeitet. Und die Art dieser Verarbeitung setzt bereits die Gültigkeit der ganzen Theorie, die sich doch auf jene Beobachtungen erst stützen sollte, als bestehend voraus. [...] Es gibt also kein anderes Kriterium der Richtigkeit von Freuds Lehre als das Ergebnis der psychoanalytischen Methoden (Assoziation und Deutung). Die Ergebnisse der psychoanalytischen Methoden aber sind nur richtig unter der Voraussetzung der Richtigkeit bzw. Gültigkeit der Freudschen Theorien. (Kronfeld 1912, 62/63, 66)

Wer sich dem Psychischen wissenschaftlich nähern wolle, dürfe ihm – so Kronfelds Grundhaltung – kein vorgefasstes Theorem überstülpen, sondern müsse seine inhärente Struktur aufsuchen und beschreiben. Denn auf diese Eigenstruktur des Psychischen – und nicht nur auf biologische Gehirnfunktionen oder theoretische Vorannahmen – komme es entscheidend an: Sie nämlich gestalte letztlich die charakteristischen klinischen Erscheinungsformen psychischer Störungen, eröffne so aber auch Wege zu einer erfolgreichen Behandlung. Kronfeld verdichtete dieses Prinzip zu seinem zentralen Postulat einer ‚autologischen Psychiatrie'.

‚Das Wesen der psychiatrischen Erkenntnis' (1920): Die Psychiatrie als ‚autologische Wissenschaft'

Dieses Werk entstand aufgrund der Unterbrechung von Kronfelds wissenschaftlicher Arbeit durch den mehrjährigen Einsatz im 1. Weltkrieg nicht als kompakter Text, sondern hat eher den Charakter einer Anthologie, indem es zu unterschiedlichen Zeitpunkten verfasste, für das Buch teilweise überarbeitete Studien zusammenträgt. Wie Seeck (2017)[6] prägnant dargestellt hat, verhandelte Kronfeld hier eine große Themenvielfalt. Ich greife im Folgenden Kronfelds Forderung heraus, die Psychiatrie habe eine ‚autologische' Wissenschaft zu sein. Sie müsse das psychische Erleben in all seinen Spielarten und pathologischen Formen als wissenschaftliches Objekt ernst nehmen und die Reichweite der genuin psycho(patho) logischen Forschungsmittel soweit wie möglich ausdehnen. Bediene sie sich zu früh oder in unkritischer Weise der Methoden und Konzepte von Nachbarwissenschaften, etwa der Neuroanatomie oder -physiologie, so werde sie ohne Not ‚heterologisch' und verliere damit ihren eigentlichen Gegenstand aus den Augen.

Damit befinden wir uns bereits mitten in einer Debatte, die auch die heutige Psychiatrie beschäftigt, nämlich die relative Bedeutung somatischer, psychologischer und sozialwissenschaftlicher Ansätze. Um kein Missverständnis aufkommen zu lassen: Kronfeld war keineswegs grundsätzlich gegen neurobiologische Methoden in der Psychiatrie, ganz im Gegenteil. Wohl aber betonte er, dass diese, wie jede andere Forschungsrichtung auch, an Erkenntnisgrenzen stoßen, die zu erkennen und anzuerkennen seien.

Die ‚Somatologie', womit er das Verständnis psychischer Phänomene als bloße Reflexe neurobiologischer Vorgänge meinte, habe

> einen grundsätzlichen Mangel: Die Eigenstruktur psychischen Geschehens bleibt außer Spiel. Sein Ablaufen erfolgt nicht nach eigenem Gesetz, sondern als das zufällige Produkt einer vorgestellten physiologischen assoziativen Dynamik. [...] Diese heterologische Vereinfachung des Seelischen ist aber keine Wissenschaft, sondern das Zerrbild einer solchen. (Kronfeld 1920, 248f.)

[6] Im vorliegenden Band findet sich eine gekürzte Fassung dieser Arbeit.

Die psychiatrische Forschung müsse sich daher

> von dem Dogma befreien, wonach seelische Phänomene nur zufällige und bedeutungslose Epiphänomene sind, aus denen eine Belehrung über die zugrundeliegenden Gehirnstörungen nicht zu erwarten ist. In einer autologischen Psychiatrie [...] wird die exakte psychologische Symptomanalyse allein imstande sein, zum Kriterium des jeweiligen Krankheitstypus hinzuführen. (Kronfeld 1920, 99)

Im Kern forderte Kronfeld,

> dass die heterologische Kausalisierung des Psychischen durch das Somatische [...] erst in Angriff genommen werden darf und kann, wenn das seelische Geschehen seinerseits so autologisch durchgearbeitet ist, dass es überall bis auf seine letzten, autologisch irreduziblen Eigencharaktere zurückführbar geworden ist. (Kronfeld 1920, 248)

An diesem zentralen Punkt seiner Argumentation scheute er nicht vor polemischer Zuspitzung zurück:

> Die Psychiatrie selber muss sich tatlos gedulden, bis vielleicht die physikalische Chemie und chemische Biologie der inneren Sekretion zu grundlegenden neueren Entwickelungen gelangt, die dann auch auf unsere Disziplin anwendbar wären. Kurzum fremde Hilfswissenschaften sind es, auf die wir zur Legung neuer Wege und zur Urbarmachung von Neuland hilflos angewiesen zu bleiben scheinen. Erst wenn sie dazu führen sollten, uns etwa die Befunde der Morphologie des zentralen Nervensystems biologisch oder physikalisch chemisch begreifen zu lassen, rücken auch wir wieder einen Schritt vorwärts. [...] Soll die Psychiatrie in tatloser Abhängigkeit auf diesen Tag warten, und bis dahin Kärrnerarbeit zu ihrem alleinigen Gegenstande machen? (Kronfeld 1920, 246)

Wohl aus Sorge, seine Position könne als pauschale Abwertung naturwissenschaftlicher Ansätze ausgelegt werden, betonte Kronfeld die Kompatibilität des psychopathologischen und neurobiologischen Vorgehens, freilich unter bestimmten Bedingungen:

> Und selbst gegen die Ausschliesslichkeit somatologischer Forschungsgesichtspunkte in der Psychiatrie wäre nichts einzuwenden, selbst wenn es sich um das wissenschaftliche Ganze der Psychiatrie und ihrer künftigen psychophysischen Systemeinheit handelt – mag diese auch in ein unlichtbares Dunkel gehüllt sein –, wofern nur bei allen Forschern die klare Erkenntnis besteht, dass die somatologische Orientierung nur ein vorläufiger heuristischer Arbeitsgesichtspunkt wäre und nicht zum systematischen Dogma erstarrt. (Kronfeld 1920, 247)

Den einzigen wissenschaftstheoretischen Rahmen, der eine begrifflich streng durchkomponierte psychiatrische Forschung ermögliche, eine Forschung, die, um es mit Jaspers auszudrücken, weder dem somatischen noch dem psychologischen Vorurteil Raum gibt (Jaspers 1913, 1946; Hoff 1989), sah Kronfeld in der Fries-Nelson'schen Weiterentwicklung der kantischen Transzendentalphilosophie.

‚Die Psychologie in der Psychiatrie' (1927): Von der ‚Autologie' zum ‚strukturalen Personalismus'

Dieser im Vergleich zum Werk von 1920 kurze Text basiert auf der Habilitationsschrift Kronfelds[7]. In den Jahren vor deren Veröffentlichung hatte er umfassende Erfahrungen in der psychiatrisch-psychotherapeutischen Versorgung in Berlin sammeln können, zunächst als führender Mitarbeiter des von Magnus Hirschfeld (1868–1935) im Jahre 1919 gegründeten ‚Instituts für Sexualwissenschaft', später in eigener Praxis.

Einen wichtigen Bezugspunkt für Kronfeld stellte Karl Birnbaums (1878–1950) Versuch dar, die Binnenstruktur der menschlichen Psyche mit Blick auf deren Erkrankungen zu erfassen (Birnbaum 1923). Sein Werk dürfte ihn beeindruckt haben, weil sich auch Birnbaum die Verbindung individuell-psychologischer mit verallgemeinernd-wissenschaftlichen Vorgehensweisen zum Ziel gesetzt hatte. In eben dieser Absicht setzte sich Kronfeld in den 20er Jahren nachhaltig und prominent für eine ‚Psychologisierung der Psychiatrie' ein. Dabei behielt er trotz stärkerer Praxisorientierung sein ursprüngliches Vorhaben, die Verteidigung der psychiatrischen Forschung als eigenständiger Wissenschaftsbereich, unbeirrt bei, allerdings unter stärkerer Betonung der Ebenen des subjektiven Erlebens und der Einzigartigkeit der Person.

Bezüglich des Leib-Seele-Problems behielt Kronfeld einen dualistischen Standpunkt bei und hob erneut hervor, dass der physische wie der psychische Bereich gemäß ihrer je eigenen wissenschaftlichen Systematik zu erforschen seien. Weder dürfe (und könne) der eine Bereich durch den anderen ersetzt werden, noch sei es wissenschaftlich akzeptabel, dass beide unverbunden nebeneinanderstünden.

Kronfeld sah einen für die Psychiatrie bedeutsamen Berührungspunkt der physischen und psychischen Welt bei der Frage der Kausalität: Er anerkannte – in Fortsetzung seiner Argumentation von 1920 – eine ‚Kausalität des Psychischen', die punktuell ins Physische hineinragen, jedoch niemals die Geschlossenheit der in den Naturwissenschaften herrschenden Kausalität erreichen könne. Diese von ihm postulierte Möglichkeit der Verknüpfung beider Arten von Kausalität wirft aus philosophischer Warte zweifellos Fragen auf. Als Tribut des Psychotherapeuten Kronfeld an die Tatsache, dass Personen sich zugleich als körperliche und psychische Wesen wahrnehmen und zwischen beiden Bereichen gerade *keine* unüberwindbare Grenze erleben, erscheint sie aber durchaus nachvollziehbar. In diesem Kontext konstatierte Kronfeld – markanter als noch 1920 – seinen Respekt vor der einzelnen Person auf geradezu elegische Weise:

---

[7] Kronfeld habilitierte sich, obwohl zu diesem Zeitpunkt schon lange nicht mehr unmittelbar im universitären Bereich tätig, bei Karl Bonhoeffer (1868–1948) an der Berliner Charité. Bonhoeffer hatte 1923 auch den von Kronfeld sehr geschätzten Psychiater Karl Birnbaum (1878–1950) habilitiert.

> Die individualisierenden Einstellungen lehren uns, nicht zu vergessen, dass es sich im seelischen Geschehen niemals nur um Mechanität und analysierbare Atomistik handelt, sondern immer um einen organischen Aufbau zur Form eines Ganzen, Einmaligen, Einzigartigen. [...] Andererseits muss man sich darüber klar sein, dass es sich eben nur um ein Korrektiv für die innerliche Forschungshaltung gegenüber dem abnorm Seelischen dabei handelt, nicht aber um leitende Maximen positiver, konkreter wissenschaftlicher Arbeit. Letztere ist gebunden an ihr Ziel – Gesetze zu geben, gültige Notwendigkeiten, Erklärung, Mechanik. Sie ist in diesen Möglichkeiten beschränkt; sie erreicht nie das Ganze, immer nur das Allgemeine – und vom Allgemeinen aus wiederum das Einzelne, welches sich aus dem Ganzen herauslösen lässt. [...] Wenn sich beide Einstellungen die Wage [sic!] halten, werden die konstruktiven Theoriebildungen psychopathologischer Mechanistik und Kausalisierung immer wieder durch das ehrfurchtsvolle Erleben gebändigt, dass sie nicht das letzte und einzige Wort der Wirklichkeitsabbildung sind. Wissenschaft aber vom Individuellen ist nur als Idee vollendbar zu denken, nicht als empirisches System. [...] Dadurch kommt in die Psychopathologie eine Spaltung, die andern naturwissenschaftlichen Disziplinen fremd ist. [...] Die Unsicherheit, welche diese Spaltung für die praktische Arbeit notwendig mit sich bringt, wird reichlich aufgewogen durch den Vorzug, beim Erfassen des Wesentlichen an abnormen Persönlichkeiten in der Nähe der letzten grossen Fragen und Geheimnisse zu weilen. (Kronfeld 1927, 81f.)

Gegen Ende seines Textes stellte er – nun klar über den Argumentationsstand von 1920 hinaus – die klinische und die personalistische Betrachtungsweise einander gegenüber[8]. Dabei ging es ihm nicht etwa um eine scharfe Kontrastierung von empirischer Beobachtung und personzentrierter Psychotherapie, sondern vielmehr um Gemeinsamkeiten, dies vor allem mit Blick auf ein an strenger Begrifflichkeit orientiertes wissenschaftliches Selbstverständnis.

> Das oberste Prinzip beider Forschungsweisen ist ja das gleiche: dass es eine wiederholbare Typik, ein Gesetz oder eine Regel gibt. Der Unterschied ist nur der: die Klinik stellt unter wechselnden Gesichtspunkten Gleichartiges zu Habitualformen zusammen, und nimmt für letztere Krankheitsbegriffe hypothetisch in Anspruch, deren einzige Beglaubigung eben jene Gleichartigkeiten sind. Der psychiatrische Personalismus sucht hingegen an alle Bedingungen des jeweiligen abnorm-seelischen Geschehens heranzutreten – unter der einzigen Voraussetzung, dass zwischen diesen Bedingungen typische Regeln bestehen. Dadurch aber gewinnt die Psychologie und ihre Methoden ... eine weitergreifende Bedeutung, als sie innerhalb der Klinik haben konnte. (Kronfeld 1927, 105f.)

Bloße ‚Habitualformen psychischer Störungen', deren ‚einzige Beglaubigung' die psychopathologische Ähnlichkeit des klinischen Erscheinungsbildes ist: Mit einer exakt gleich gelagerten Kritik wird zu Beginn des 21. Jahrhunderts die tradierte psychiatrische Nosologie grundsätzlich in Frage gestellt und eine Neuorientierung des diagnostischen Prozesses gefordert werden. Auf die verblüffende Parallelität zu Kronfelds Denken wird zurückzukommen sein.

---

[8] Eine ähnlich pragmatisch-psychotherapeutische Ausrichtung findet sich auch in Kronfelds Werk ‚Psychotherapie' (1924 [1925]) sowie in seinem ‚Lehrbuch der Charakterkunde' (1932). Auf beide Werke kann an dieser Stelle nicht im Detail eingegangen werden.

‚Perspektiven der Seelenheilkunde' (1930): Die Konkretisierung des ‚strukturalen Personalismus' zur personalistischen Psychoseforschung

Seit der Zürcher Psychiater Eugen Bleuler (1857–1939) den Begriff ‚Schizophrenie' in die wissenschaftliche Literatur eingeführt hatte (Bleuler 1911), entwickelte sich eine umfassende Debatte zu der Frage, ob bei dieser schwerwiegenden, klinisch aber sehr unterschiedlich ausgestalteten psychischen Erkrankung ein Kern zu identifizieren sei, der bei jeder betroffenen Person vorhanden sein müsse, um diese Diagnose stellen zu können.[9] Dahinter steckte die skeptische Frage, ob es ‚die' Schizophrenie überhaupt gebe oder ob es sich nicht vielmehr um mehrere heterogene Erkrankungen handele. Bleuler selbst (1911) hatte diesem Einwand Rechnung getragen, indem er bewusst von einer ‚Gruppe der Schizophrenien' sprach. Damit betonte er zwar die klinische Vielgestaltigkeit schizophrenen Krankseins, vertrat aber zugleich die Auffassung, die Krankheitsgruppe selbst stelle sehr wohl eine eigene Entität dar. So unterschied er ‚Grundsymptome', die zwingend vorhanden sein müssten, wenn eine schizophrene Erkrankung vorliege, von ‚akzessorischen Symptomen', die auftreten könnten, aber nicht müssten (Maatz et al. 2015).

Kronfeld nahm diesen Faden auf.

> Soll man überhaupt eine Formel für die Einheitlichkeit des Schizophrenen suchen, durch die alle diese einzelnen Störungsgebiete und Störungsweisen zusammengefasst werden, oder soll man sich damit begnügen, die einzelnen Primärsymptome mit strenger Methodik abzugrenzen und unvermittelt nebeneinander bestehen zu lassen? (Kronfeld 1930, 358)

Nach seiner Auffassung war die Suche nach der ‚Einheitlichkeit des Schizophrenen' nicht nur lohnenswert, sondern im Interesse der Weiterentwicklung des Faches geradezu geboten. Bevor er seine eigene Position formulierte, stellte Kronfeld unterschiedliche Ansätze der philosophischen Anthropologie von Immanuel Kant über Sören Kierkegaard bis zu Leonard Nelson einander gegenüber. Der Begriff der Person, in dessen Zentrum die Möglichkeit des Handelns stehe, rückte dabei immer mehr in den Vordergrund.

> Die Handlung – in ihrer einheitlichen Strukturiertheit – ist also die Grundform alles personalen psychischen Geschehens. […] Handlung ist das Leben der Person. Bewusstsein ist der Zustand der handelnden Person, d. h. des Subjekts im Besitze seines Selbst. (Kronfeld 1930, 51)

Er gelangte zu der – für die heutige Debatte fruchtbaren – Erkenntnis, dass die Forschung sich zwischen zwei Strategien entscheiden müsse, um eine mögliche ‚Einheitlichkeit des Schizophrenen' zu erkennen:

---

[9] Diese Diskussion läuft bis heute weiter, wobei die Positionen nicht minder kontrovers sind wie zu Kronfelds Zeit (Maatz und Hoff 2017b; Parnas 2012; Tebartz van Elst 2017).

> Der erste Weg wäre der, die Primärsymptome in einer gemeinsamen Grundstörung zu fundieren, die ihrerseits psychologisch überhaupt nicht mehr fassbar wäre. Sie wäre nämlich der unmittelbare Effekt des zerebral-organismischen Geschehens, des „Prozesses“[10]. [...] Eine Reihe von analytisch-primären Symptombildungen [...] sind das psychologisch Essentiale des Psychotischen. Eine Kluft trennt sie von jeder Möglichkeit des Auftretens beim nichtschizophrenen Menschen. Sie sind in ihrer Struktur eindeutig bezeichenbar. Hinter ihnen steht die Einheitlichkeit des Schizophrenen – nicht eine psychologische, sondern diejenige einer zerebral-organischen, prozesshaften Grundstörung, deren weitere Bestimmung nur mit ausserpsychologischen Mitteln erfolgen kann. (Kronfeld 1930, 359)

Diese von ihm verworfene Position könne zwar in mancherlei Hinsicht bedeutsame Erkenntnisse generieren, sei aber, wie er lakonisch anfügte, „für eine Wesensbetrachtung des Schizophrenen in seiner psychologischen Einheitlichkeit [...] unbezeichnend.“ (Kronfeld 1930, 359).
Seinen eigenen Ansatz beschrieb er so:

> Der zweite Weg wäre der, die Primärsymptome in einer Grundstörung zu suchen, die deren Einheitlichkeit dadurch gewährleistet, dass sie selber nichts anderes ist als die Einheit der Person des Schizophrenen. Hier handelt es sich also durchaus noch um psychologische Fassbarkeiten. (Kronfeld 1930, 359)

Kronfeld unterschied in diesem Werk scharf zwischen dem Status des Individuums und demjenigen der Person. Das Individuum existiere als biologische Entität, sei aber nicht intentional verfasst. Die Intentionalität sei ein Wesensmerkmal von Personalität. Sie erst ermögliche es, die psychische Aktivität gezielt auf Objekte auszurichten, seien diese physischer Art oder ihrerseits Personen. Kronfeld anerkannte zwar ausdrücklich, dass neurobiologische Dysfunktionen – er sprach von ‚organismischen Quellen‘ – durchaus den ‚Anstoss‘ zu einer Störung der Intentionalität geben könnten, aber auch nicht mehr. Ein solcher Anstoß treffe stets auf ‚psychologische Fassbarkeiten‘, also auf den Gegenstandsbereich einer ‚autologischen‘ Psychiatrie.

Diese grundsätzlichen Überlegungen wandte Kronfeld dann ins konkret Klinische, was dem Text von 1930 in seinem Gesamtwerk eine exponierte Position verleiht (Abu Ghazal 2017). Die beeinträchtigte Intentionalität gefährde letztlich die Person in ihrer Existenz. Denn ohne tragfähige intentionale Vollzüge drohe ein Zurücksinken auf die Stufe der bloßen Individualität. Kronfeld sprach drastisch von der „Antizipation des Todes“ (1930, 359). Die an Schizophrenie erkrankende Person begegne diesen Angriffen auf die Intentionalität dadurch, dass sie diese „um jeden Preis“ (1930, 360) verteidige, eben damit sie Person bleiben könne. Damit aber nehme sie in Kauf, dass die mit aller Kraft aufrechterhaltene Intentionalität beschädigt werde und so zu Verkennungen der Realität, angstbesetzter

[10] Jaspers (1910) unterschied bei den psychischen Erkrankungen zwischen psychologisch nachvollziehbaren ‚Entwicklungen‘ und eigengesetzlich verlaufenden ‚Prozessen‘, bei denen das nachvollziehende Erleben des Untersuchers an seine Grenzen stößt. Kronfeld (1920, 411–412) stand dieser Dichotomie stets skeptisch gegenüber.

Affektivität und erratischem Verhalten führe: Klinisch sind hier vor allem die produktiv-psychotischen Symptome gemeint wie Wahn, Sinnestäuschungen oder Ich-Störungen[11].

Kronfelds Denkweg verdichtete sich unter Einbezug der neukantianischen Prämissen, der sorgfältig rezipierten psychopathologischen Literatur der ersten drei Jahrzehnte des 20. Jahrhunderts sowie seiner persönlichen Erfahrung als Psychiater und Psychotherapeut nun zu einer neuartigen Konzeption der Krankheit Schizophrenie.

> [Das] organismische Quellgebiet liefert freilich [...] keine „Dissoziationen“ oder „sensomotorischen Einbrüche“ oder „befreiten Automatismen“![12] So handgreiflich und mechanistisch dürfen wir nicht denken. [...] Es liefert aber [...] die organismische Basis jener „Verschiebung“, welche die Selbstheit der Person in der Richtung auf das Zurücksinken ins apersonale blosse Individuumsein erleidet oder zu erleiden droht. [...] [Diese Verschiebung] wird nicht direkt erlebt; sondern sie findet ihren einzigen überwältigenden Ausdruck in der Erhaltung der Selbstheit um jeden Preis: um den Preis ihrer Umgestaltung im Selbsterleben, um den Preis völlig umgeschaffener Objektbeziehung und Weltbegegnung. [...]
>
> Darum können wir ein schizophrenes Symptom immer nur auf der Ebene der Person seines Trägers und als Gestaltung seiner Selbstheit einordnend erfassen: Es gibt der schizophrenen Person ihr Gesicht, und es erhält sein eigenes Gesicht von ihr. Darum ist uns das schizophrene Symptom immer nur der Weg zur Person des Schizophrenen und besagt uns in künstlicher Isoliertheit so wenig. (Kronfeld 1930, 359f.)

Oder, noch griffiger:

> Wir können also nicht einfach von aussen her dekretieren, was an einem psychotischen Fall Symptom sei und was nicht. Wir dürfen das nicht vom Zufall unserer jeweiligen Beachtung abhängig machen. Der Symptombegriff im Sinne des Signals muss durch einen Symptombegriff im Sinne des Erkenntnisgrundes abgelöst werden. (Kronfeld 1930, 356)

Auch hier liegt wieder eine erstaunliche Parallele zur aktuellen Psychiatrie: Was ist ein Symptom? Ist es ein objektiv – heute etwa mit digitalen Hilfsmitteln – zu detektierendes Signal, das auf eine ‚tiefer‘ liegende, ‚eigentliche‘ Störung verweist, oder hat es als personale Äußerung einen wissenschaftlichen und klinischen Stellenwert sui generis? Um die Verknüpfung von Kronfelds Denken mit der heutigen Debatte wird es im abschließenden Abschnitt gehen.

---

[11] Mit dem gelegentlich zu Missverständnissen führenden psychopathologischen Fachbegriff ‚Ich-Störungen‘ ist das quälende Erleben psychotisch erkrankter Menschen gemeint, dass ihre Gedanken, Gefühle, Bewegungen und Handlungen nicht mehr der eigenen Kontrolle unterliegen, sondern von außen gesteuert werden.

[12] Kronfeld spielt hier auf in der zeitgenössischen Diskussion relevante Bezeichnungen für komplexe psychopathologische Sachverhalte an. Viele dieser Begriffe sind heute obsolet oder haben eine andere Bedeutung angenommen. Dessen ungeachtet ist sein dezidiertes Monitum, keine unmittelbare kausale Linie von neurobiologischen Befunden zu subjektiven Erlebnisqualitäten zu ziehen, hoch aktuell.

Arthur Kronfeld und die Psychiatrie des 21. Jahrhunderts

Es gibt zahlreiche Schnittmengen zwischen Kronfelds Werk und den Herausforderungen, mit denen sich die Psychiatrie des 21. Jahrhunderts konfrontiert sieht. Im Folgenden möchte ich mich auf einen zentralen Aspekt konzentrieren, nämlich den psychiatrischen Krankheitsbegriff – präziser gesagt, auf die Frage, ob das Fach Psychiatrie mit seiner Orientierung an tradierten Krankheitseinheiten wie Schizophrenie oder bipolare Störung auf dem richtigen Weg ist, oder ob der heutige methodische und empirische Wissensstand (einschließlich der wachsenden Bedeutung der Digitalisierung und der ‚Big data'-Forschung mit extrem großen Datenmengen) nicht vielmehr eine völlig neue, eine ‚transdiagnostische' Perspektive erfordert.

Das Denken in Krankheitseinheiten hat in der Psychiatrie, wie in der gesamten Medizin, eine lange Tradition: Eine zentrale Figur in diesem Zusammenhang war der Münchner Psychiater Emil Kraepelin (1856–1926). Im Sinne des klassischen medizinischen Modells verstand er psychische Störungen als ‚natürliche Krankheitseinheiten', als von der ‚Natur', also vor allem biologisch, vorgegebene Entitäten (Hoff 1994; Kraepelin 1887). Abgesehen davon, dass es in der klinischen Realität schon immer Fälle gab, die sich nicht in vorgegebene starre Raster einordnen ließen und so eine kontinuierliche Debatte um deren Validität generierten, ergab die rasante Entwicklung der Neurowissenschaften seit dem letzten Drittel des 20. Jahrhunderts stabil replizierbare Befunde, die sich eben nicht an tradierte nosologische Grenzen hielten, sondern gleichsam quer zu ihnen standen. Dies gilt speziell für sogenannte Biomarker: Diese stellen messbare Auffälligkeiten (neuro-)biologischer Prozesse dar, die aber zum Beispiel nicht nur bei schizophren, sondern auch bei bipolar erkrankten Menschen gefunden wurden.

Bereits 1987 hatte van Praag in einem wegweisenden Artikel postuliert, dass hier keine zufällige und nicht weiter zu beachtende Anomalie vorliege, sondern dass sich der Psychiatrie durch ernsthaftes Nachdenken und Forschen jenseits tradierter Krankheitsgrenzen neue diagnostische und therapeutische Perspektiven eröffnen könnten. Während van Praag diesen Weg als ‚Denosologisierung' bezeichnete, als systematisches Abrücken von etablierten Krankheitsbegriffen, hat sich mittlerweile der pragmatischere Begriff ‚transdiagnostisches Vorgehen' international etabliert (Crouse et al. 2020; Fusar-Poli et al. 2019; Insel et al. 2010; Kotov et al. 2017).

Dieses transdiagnostische Denken verbindet sich zwanglos mit den heutigen Möglichkeiten, enorme Datenmengen digitalisiert zu erheben und unter Einsatz lernender Algorithmen (‚künstliche Intelligenz', ‚deep learning') zu verarbeiten. So entstand ein aktives Forschungsfeld, oft unter der Bezeichnung ‚computational and dimensional psychiatry' (Heinz 2017), das die tradierte kategoriale Einteilung psychischer Erkrankungen konsequent infrage stellt, vor allem, weil diese aufgrund ihrer mangelnden Anschlussfähigkeit zu einem veritablen Forschungshindernis werden könne.

Im Grundsatz ist gegen eine solche Weiterentwicklung nichts einzuwenden, im Gegenteil. Eines jedoch bleibt zu bedenken – und hier kommt Kronfelds Monitum ins Spiel, die Psychiatrie müsse ‚autologisch' arbeiten, wenn sie sich nicht durch die vorschnelle Übernahme ‚heterologischer' Methoden schwächen oder gar überflüssig machen wolle: Die Fokussierung auf eine digitalisierte Datenerhebung und -verarbeitung birgt das Risiko, die subjektive und interpersonale Ebene, konkreter: das Erleben der erkrankten Person und die therapeutische Beziehung, in ihrer wissenschaftlichen und praktischen Bedeutung zu unterschätzen.

Überdies darf eine reichhaltige, wenn auch heterogene Denktradition, wie sie etwa hinter dem Begriff Schizophrenie steht, nicht allein deswegen für wissenschaftlich irrelevant gehalten werden, weil sie eine Tradition ist und als solche vermeintlich eine ungenügende Anschlussfähigkeit an aktuelle Forschungsparadigmen aufweist. Denn eine solche Entwicklung brächte eine Verarmung des psychiatrischen Diskurses mit sich – mit negativen Folgen für das Fach und die behandelten Patientinnen und Patienten.

Nun stellt das kritische Hinterfragen tradierter Konzepte gewiss keinen Gegensatz zu Kronfelds Arbeitsweise dar. Speziell transdiagnostische Ansätze wären bei ihm wohl auf Interesse gestoßen, denn schließlich hatte er selbst – in Kronfeld'scher Deutlichkeit – vor der Gefahr dogmatisch erstarrter Diagnosen gewarnt, die dem wissenschaftlichen Fortschritt im Wege stünden.

> Die psychiatrische Diagnostik und ihre wissenschaftlichen Voraussetzungen … dienen in der Psychiatrie als Wissenschaft eigenen Gepräges dazu, um sich überhaupt erst einmal über den jeweiligen Gegenstand der Arbeit verständigen zu können. Aber es haftet damit an dieser Eingangssphäre in das psychiatrische Wissenschaftsgebiet das Merkmal der Vorläufigkeit. Sie wird praktisch immer das erste Erfordernis bleiben; aber die Forschung beginnt hinter ihr und ist wesensmässig nur abgelöst von ihr durchzuführen. (Kronfeld 1927, 100f.)

Kronfeld ging es, wie an den ausgewählten Texten gezeigt, um die Einbettung eines erkenntnistheoretisch reflektierten psychiatrischen Handelns in den jeweiligen Stand der medizinischen und psychologischen Forschung. Dabei dürften jedoch der Zuwachs an empirischen Befunden und die ihn ermöglichenden naturwissenschaftlichen Forschungsmethoden die Relevanz der subjektiven wie der interpersonalen Ebene nicht schmälern, geschweige denn diese zu ersetzen versuchen. Die Warnung davor, das Kind mit dem Bade auszuschütten, also ohne substanzielle Begründung eine Einengung wissenschaftlicher Perspektiven in der Psychiatrie hinzunehmen oder zu postulieren, ist – verankert im Neukantianismus Fries-Nelson'scher Provenienz – der eigentliche rote Faden in Arthur Kronfelds Werk.

Offen bleibt aus meiner Perspektive, ob die mitunter kompromisslos wirkende Dezidiertheit, mit der Kronfeld Nelsons erkenntnistheoretische Position von Beginn an in die psychiatrische Debatte einbrachte, hinreichend begründet und einem die Mehrdimensionalität und Personzentrierung des Faches betonenden Diskurs dienlich war. Diese epistemologische Strenge lässt allerdings in den Texten aus den späten 1920er Jahren erkennbar nach, wobei Kronfelds wachsende praktische

Erfahrung als Psychotherapeut sowie die intensive Rezeption zeitgenössischer psychopathologischer Literatur, etwa des Werkes von Karl Birnbaum, zu seiner weniger hermetisch anmutenden Haltung beigetragen haben dürften.

Für die weitere Kronfeldforschung könnte die Frage prüfenswert sein, ob die besonders im Werk von 1920 vertretene Position einer streng autologisch durchkomponierten Wissenschaftlichkeit der Psychiatrie nicht das Risiko einer unnötigen Restriktion oder einer Überforderung birgt, etwa wenn Kronfeld seine Zielvorgabe der Erkenntnis von „letzten, autologisch irreduziblen Eigencharaktere[n]" des Psychischen formuliert (Kronfeld 1920, 248). Anders gewendet: Zu diskutieren wäre, ob nicht die von Fries kritisierten transzendentalphilosophischen Ansätze Kants und, was die für die Psychiatrie so zentrale Interpersonalität betrifft, vor allem Fichtes durch deren Fundierung in der freien, selbst verantworteten Tätigkeit des ‚Ich' – hier im transzendentalen, nicht im empirischen Sinne verstanden – dem notwendig zwischen empirischem Einzeldatum und Personzentrierung angesiedelten psychiatrischen Handeln mehr entgegenkommen (Hoff 2017b).

Unabhängig von der Antwort auf diese Frage kann, so denke ich, die unvoreingenommene Annäherung an den Denkweg von Kant und Fichte über Fries zu Nelson und Kronfeld dem Ringen um das Selbstverständnis der Psychiatrie im 21. Jahrhundert substantielle neue Impulse verleihen.

Literatur

Abu Ghazal Y: Das gehört mir nicht, das bin ich nicht, das ist nicht mein Selbst – Das perspektivische Denken in der Arbeit von Arthur Kronfeld. In: *Luzifer-Amor, Zeitschrift zur Geschichte der Psychoanalyse* 30 (2017), 88–96

Birnbaum, K.: *Der Aufbau der Psychose. Grundzüge der psychiatrischen Strukturanalyse.* Berlin 1923

Bhugra, D./Tasman, A./Pathare, S. et al.: The WPA-Lancet Psychiatry Commission on the Future of Psychiatry. In: *Lancet Psychiatry* 4 (2017), 775–818

Bleuler, E.: Dementia praecox oder Gruppe der Schizophrenien. In: G. Aschaffenburg (Hg.): *Handbuch der Psychiatrie. Spezieller Teil. 4. Abteilung. 1. Hälfte.* Leipzig/Wien 1911

Crouse, J. J./Chitty, K. M./Iorfino, F. et al.: Transdiagnostic neurocognitive subgroups and functional course in young people with emerging mental disorders: a cohort study. In: *British Journal of Psychiatry* (2020) Open 6, e31: 1–9 https://doi.org/10.1192/bjo.2020.12

Fusar-Poli, P./Solmi, M./Brondino, N. et al.: Transdiagnostic psychiatry: a systematic review. In: *World Psychiatry* 18 (2019), 192–207.

Ghaemi, S. N.: The rise and fall oft the biopsychosocial model. In: *British Journal of Psychiatry* 195 (2009), 3–4.

Heinz, A.: *A New Understanding of Mental Disorders: Computational Models for Dimensional Psychiatry.* Cambridge, MA 2017

Hoff P.: *Arthur Kronfeld und die Identität der Psychiatrie. Denkwege vom 18. bis zum 21. Jahrhundert.* Stuttgart 2023

Hoff, P.: Erkenntnistheoretische Vorurteile in der Psychiatrie – eine kritische Reflexion 75 Jahre nach Karl Jaspers' ‚Allgemeiner Psychopathologie'. In: *Fundamenta Psychiatrica* 3 (1989), 141–150.

Hoff, P.: *Emil Kraepelin und die Psychiatrie als klinische Wissenschaft. Ein Beitrag zum Selbstverständnis psychiatrischer Forschung* (= Monographien aus dem Gesamtgebiete der Psychiatrie, Bd. 73). Berlin/Heidelberg/New York 1994

Hoff, P.: Arthur Kronfeld und Karl Jaspers. In: M. Lammel/M. Bormuth/S. Sutarski/M. Bauer/S. Lau (Hg.): *Karl Jaspers' Allgemeine Psychopathologie – Standortbestimmungen.* Berlin 2017a, 46–59

Hoff, P.: Von Kant zu Fichte: Transzendentales Denken und die Grundlegung von Psychiatrie und Psychotherapie im 21. Jahrhundert. In: M. Ivaldo/Hans Georg von Manz/I. Radrizzani (Hg.): *Vergegenwärtigung der Transzendentalphilosophie: Das philosophische Vermächtnis Reinhard Lauths.* Würzburg 2017b, 273–2

Insel, T./Cuthbert, B./Garvey, M. et al.: Research Domain Criteria (RDoC): Toward a new classification framework for research on mental disorders. In: *American Journal of Psychiatry* 167 (2010): 748–751.

Jaspers, K. (1910): Eifersuchtswahn. Ein Beitrag zur Frage: ‚Entwicklung einer Persönlichkeit' oder ‚Prozess'? In: *Zeitschrift für die gesamte Neurologie und Psychiatrie* 1, 567–637.

Jaspers, K.: Allgemeine Psychopathologie. Berlin 1913. [^{4}1946]

Kittel, I. W.: Arthur Kronfeld (1886–1941) zum Gedenken. Ein Kapitel vergessener Psychotherapiegeschichte. In: *Praxis der Psychotherapie und Psychosomatik* 31 (1986), 1–3

Kittel, I. W.: Zur historischen Rolle des Psychiaters und Psychotherapeuten Arthur Kronfeld in der frühen Sexualwissenschaft. In: R. Gindorf/E. J. Haeberle (Hg.): *Sexualitäten in unserer Gesellschaft. Beiträge zur Geschichte, Theorie und Empirie.* Berlin 1989, 33–44

Kotov, R./Krueger, R. F./Watson D. et al.: The Hierarchical Taxonomy of Psychopathology (HiTOP): A dimensional alternative to traditional nosologies. In: *Journal of Abnorm Psychologie* 126 (2017), 454–477.

Kraepelin, E.: Psychiatrie. *Ein kurzes Lehrbuch für Studierende und Aerzte.* Gänzlich umgearbeitete Auflage. Leipzig ^{2}1887

Kretschmer, W.: Arthur Kronfeld – ein Vergessener. Zu seinem 100. Geburtstag. In: *Nervenarzt* 58 (1987), 737–742

Kronfeld, A.: *Über die psychologischen Theorien Freuds und verwandte Anschauungen. Systematik und kritische Erörterung.* Leipzig 1912.

Kronfeld, A.: *Das Wesen der psychiatrischen Erkenntnis.* Berlin 1920

Kronfeld, A.: *Psychotherapie – Charakterlehre, Psychoanalyse, Hypnose, Psychagogik.* Berlin ^{2}1925. [1924]

Kronfeld, A.: *Die Psychologie in der Psychiatrie. Eine Einführung in die psychologischen Erkenntnisweisen innerhalb der Psychiatrie und ihre Stellung zur klinisch-pathologischen Forschung.* Berlin 1927

Kronfeld, A.: *Perspektiven der Seelenheilkunde.* Leipzig 1930

Kronfeld, A.: *Lehrbuch der Charakterkunde.* Berlin 1932

Littlewood, R.: From disease to illness and back again. In: *Lancet* 337 (1991), 1013–1015.

Maatz, A./Hoff, P.: Schizophrenia, Self, and Person: Eugen Bleuler and Arthur Kronfeld on a Conceptual Alliance. In: *Psychopathology* 50 (2017a): 297–303

Maatz, A./Hoff, P.: ‚Schizophrenie': Pars pro toto der Psychiatrie? Ein geistesgeschichtlicher Essay über den Status der ‚Schizophrenie' im psychiatrischen Diskurs. In: *Nervenarzt* 88 (2017b), 78–82

Maatz, A./Hoff, P./Angst, J.: Eugen Bleuler's schizophrenia – a modern perspective. In: *Dialogues in Clinical Neuroscience* 17 (2015), 43–49

Nelson, L.: Die kritische Methode und das Verhältnis der Psychologie zur Philosophie. Ein Kapitel aus der Methodenlehre [1904]. In: P. Bernays/W. Eichler/A. Gysin et al. (Hg.) *Leonard Nelson: Gesammelte Schriften in neun Bänden. Bd. 1: Die Schule der kritischen Philosophie und ihre Methode.* Hamburg 1970, 9–78

Parnas, J.: The core Gestalt of schizophrenia. In: *World Psychiatry* 11 (2012), 67–69.

Sass, H./Maier, W./Bormuth, M. et al.: *Zur Identität der Psychiatrie: Positionspapier einer DGPPN-Task-Force zum Thema Identität.* Berlin 2019

Schmitter, K. L.: *Das Schizophreniekonzept Arthur Kronfelds (1886–1941) in seiner Bedeutung für die kontemporäre Debatte über die Begrifflichkeit psychotischer Störungen.* Medizinische Dissertation, Universität Zürich. Zürich 2020

Seeck, A.: ‚Wie ist Psychiatrie als Wissenschaft möglich?' – Arthur Kronfelds Das Wesen der psychiatrischen Erkenntnis (1920) und seine Kritik der Psychoanalyse. In: *Luzifer-Amor, Zeitschrift zur Geschichte der Psychoanalyse* 30 (2017), 60–87 [gekürzte Fassung im vorliegenden Band unter dem Titel ‚Wie ist Psychiatrie als Wissenschaft möglich? – Arthur Kronfelds *Das Wesen der psychiatrischen Erkenntnis*' (1920)]

Tebartz van Elst, L.: *Vom Anfang und Ende der Schizophrenie. Eine neuropsychiatrische Perspektive auf das Schizophrenie-Konzept.* Stuttgart 2017

van Praag, H. M./Kahn, R. S./Asnis, G. M. et al.: Denosologization of biological psychiatry or the specificity of 5-HT disturbances in psychiatric disorders. In: *Journal of Affective Disorders*13 (1987), 1–8.

‚Wie ist Psychiatrie als Wissenschaft möglich?' – Arthur Kronfelds *Das Wesen der psychiatrischen Erkenntnis* (1920)

21

Andreas Seeck

Aus einer Rezension von ‚Das Wesen der psychiatrischen Erkenntnis':

> Die Frage: wie ist Psychiatrie als Wissenschaft möglich? soll nach Verfasser das „methodologische Grundproblem" der Psychiatrie, wie er sie versteht, sein. […] Referent glaubt, dass diese ganze Fragestellung, welche in unglücklichster Weise einer berühmten Fragestellung Kants nachgeahmt ist, hier ganz unzulässig ist. (Ziehen 1920)

Ob der Psychiater und Philosoph Theodor Ziehen[1] mit seiner Behauptung, dass Arthur Kronfelds Fragestellung ‚unzulässig' sei, recht hatte oder nicht – eine Begründung lieferte er übrigens nicht –, darüber wird man sich erst ein Urteil bilden können, wenn man sich genauer angesehen hat, was Kronfeld zu einer solchen Frage geführt hat, wie er sie gemeint und wie er sie behandelt hat. Dass er seine Frage keineswegs lediglich ‚nachgeahmt', sondern sie im kantischen Sinne gestellt und – *mit*, aber auch *gegen* Kant argumentierend – bearbeitet hat, wird sich dabei zeigen. Das nahezu vergessene Buch,[2] dessen Thematik sich um die aufgeworfene Frage rankte, ‚Das Wesen der psychiatrischen Erkenntnis', soll hier vorgestellt

[1] Ziehen war ein Hauptvertreter der Experimentalpsychologie, 1904–1912 ord. Professor in Berlin, wo er die Nervenklinik der Charité leitete; 1917–1930 Professor der Philosophie in Halle. Kronfeld hatte 1908 bei ihm eine Famulusstelle.

[2] Die Aufsätze von Hoff (2012) und von Abu Ghazal (2016), die wichtige Aspekte des Buches beleuchten, sind erfreuliche Ausnahmen.

Stark gekürzte Fassung eines in der Zeitschrift *Luzifer-Amor* erschienenen Aufsatzes (Seeck 2017).

A. Seeck (✉)
Berlin, Deutschland
E-Mail: aseeck@gmx.de

K. Herrmann und B. Schwitzer (Hrsg.), *Der Geist der kritischen Schule*,
https://doi.org/10.1007/978-3-662-68345-3_21

werden. Es handelt sich um einen der ersten Beiträge zu einer Wissenschaftstheorie der Psychiatrie überhaupt; gleichzeitig ist es ein Entwurf einer Um- oder Neugestaltung der Psychiatrie zu einer ‚strengen' Wissenschaft.

Das Buch sollte für ein großes Projekt die Grundlage schaffen: Gedacht als der erste eines auf drei Bände angelegten Werkes, *Beiträge zur allgemeinen Psychiatrie*, behandelte es „in einer völlig in sich abgeschlossenen Weise, den Wissenschaftscharakter, die Geltungsgrundlagen und die Erkenntnismethoden der allgemeinen Psychiatrie" (Kronfeld 1920a, 6). Der zweite Band sollte auf dieser Basis „die materiale Durcharbeitung der psychischen Reihe von Daten" zum Inhalt haben, und der dritte Band „die im weitesten Sinne psychophysischen und außerpsychischen Problemgebiete behandeln, die im Bereich der Psychiatrie bestehen" (Kronfeld 1920a, 6). Kronfeld hat den zweiten und dritten Band allerdings nicht mehr geschrieben.[3]

Den Zeitgenossen galt ‚Das Wesen der psychiatrischen Erkenntnis' als geistreich, gehaltvoll und auch als schwer verdaulich.[4] Letzteres verwundert nicht: Das Buch befasst sich nicht nur mit der Geschichte der Psychiatrie und mit verschiedenen Aspekten ihrer Wissenschaftstheorie, wobei sich Kronfeld vor allem auf Kant, Fries und Nelson stützt, sondern es setzt sich bei der Entwicklung von Positionen auch mit zahlreichen Vertretern anderer philosophischer Strömungen kritisch auseinander: Brentano, Dilthey, Fichte, Hegel, Herbart, Husserl, Mach, Jaspers, Rickert, Scheler, Windelband, Wundt, um nur einige zu nennen. Außerdem ist das Buch zu Kronfelds eigenem Bedauern nicht systematisch aufgebaut, sondern zusammengesetzt aus separaten Abhandlungen, zwischen denen zahlreiche Querbezüge bestehen.[5] Was allerdings die einzelnen Arbeiten miteinander innerlich miteinander verbinde, so Kronfeld, sei „abgesehen von ihrem Gegenstandsbereich, dem Problem der Erkenntnis in der Psychologie und Psychiatrie, das innere Zentrum, von welchem aus dieses Problem angefasst und bearbeitet worden ist". Dieses „innere Zentrum", die „verborgene und doch deutliche Einheit" des Buches, sei die Einheit des „kritischen Idealismus der Kantisch-Friesschen Lehre" (Kronfeld 1920a, 1).

---

[3] 1927 erscheint sein Buch ‚Die Psychologie in der Psychiatrie', welches gegenüber dem inzwischen vergriffenen ‚Wesen der psychiatrischen Erkenntnis' nach Kronfelds eigener Einschätzung nichts Neues bietet (Kronfeld 1927, III). Zweck sei es, die „methodologischen und prinzipiellen Leitgedanken der psychiatrischen Wissenschaftslehre in kurzer und leicht lesbarer Formulierung" darzubieten, „vor allem um der jungen Generation den Weg zum psychiatrischen Denken zu ebnen" (1927, IV). Sein Buch ‚Perspektiven der Seelenheilkunde', in welchem es um „die Erfassung der seelischen Eigenart der Schizophrenie" geht (Kronfeld 1930, V), kann als eine geänderte bzw. enger gefasste Fortführung des Projektes betrachtet werden. Vgl. dazu Abu Ghazal (2016, 2017).

[4] Zur Rezeption Kronfelds durch seine Zeitgenossen vgl. Seeck (1995).

[5] Dies war, wie Kronfeld (1920a, 1) im Vorwort erklärt, dem Krieg geschuldet, durch den die Arbeit an dem Werk für fast fünf Jahre unterbrochen worden war.

Ausgangspunkte: Krise der Psychiatrie, Primat des Psychischen[6]

Zwei miteinander zusammenhängende Ausgangspunkte sind für Kronfeld wichtig: ein *historisch-situativer* und ein *theoretischer*; aus ihnen leitet er seine Forderung nach einer neuen Grundlegung der Psychiatrie ab.[7]

1. *Historisch-situativer Ausgangspunkt*: Die deutsche Psychiatrie um 1900 war stark von Emil Kraepelin geprägt. Einerseits, so Kronfeld, habe dieser „Platz geschaffen für die psychologisch-klinische Beschreibung, welche in wahrhaft vorurteilsfreier Weise an einem einzigen Zweck orientiert war, und dieser Zweck ist *praktischer* und prognostischer Art" (Kronfeld 1920a, 91). Keine theoretische Stellungnahme schränke ihn ein. Anderseits sah Kronfeld genau dies als Problem: Kraepelin fasste zu einer Krankheitseinheit alles zusammen, was im Krankheitsbild Analogien aufwies; das grundsätzliche und methodologische Problem der Tragweite und des Geltungsbereichs dieser ‚Analogien' im psychischen Geschehen habe er nicht beachtet – die wichtige Frage nach dem Grund der Existenz derartiger Analogien bildete für ihn kein der Forschung zugängliches Thema. Es war „das Kriterium der *Theorienfreiheit* zum Signum seiner Arbeitsweise geworden" (Kronfeld 1920a, 91).
   Was den eigenständigen Bereich der gegenwärtigen Psychiatrie anbelangt, so spricht Kronfeld von einem „autologischen Chaos"[8] (Kronfeld 1920a, 258) und von einem „stummen Verharren der Psychiatrie, als einer autochthonen Wissenschaft" (Kronfeld 1920a, 97, 241). Auch wenn er einen gewaltigen Fortschritt anerkennt, „den die Menschlichkeit und Fürsorge des Arztes in der Behandlung und Pflege der Geisteskranken innerhalb weniger Generationen geschaffen" habe, und seine Achtung vor dem wissenschaftlichen Gebäude der Psychiatrie ausdrückt, das „aus den Bausteinen der Histopathologie und Lokalisationslehre, der Biologie, Serologie und Chemie, der Psychologie und des klinischen Erfahrungsreichtums zusammengemauert" worden sei, so befindet sich die Psychiatrie seiner Meinung nach doch in einer unbefriedigenden Situation: Die Psychiatrie „muss sich tatlos gedulden, bis vielleicht die physikalische Chemie und chemische Biologie der inneren Sekretion zu grundlegenden neueren Entwicklungen gelangt, die dann auch auf unsere Disziplin anwendbar wären" (Kronfeld 1920a, 246).
2. *Theoretischer Ausgangspunkt*: Die Psychiatrie hat es zwar nicht nur mit psychischem, sondern auch mit physischem Geschehen zu tun (z. B. Gehirnverletzungen und ihren psychischen Folgen) und die Zusammenhänge psychischer

[6] Ausführlicher zu diesem Thema vgl. Hoff (2012, 236–242) und Seeck (2017, 62–66).

[7] Die folgenden Gedankengänge hatte Kronfeld bereits 1914 in der Zeitschrift *Scientia* veröffentlicht (1914a, b).

[8] Unter ‚autologisch' versteht Kronfeld: „auf Prinzipien und Maximen, Grundsätzen und Methoden eigenen Wesens aufgebaut" (1920a, 258).

und hirnphysiologischer Prozesse sind für sie durchaus wichtig. Dennoch steht das psychische und nicht das physische Geschehen im Fokus. Nicht physische, sondern psychische Symptome bilden die Grundlage der psychiatrischen Diagnostik.

3. Nach Kronfeld kann in einer ‚autologischen Psychiatrie' allein die psychologische Symptomanalyse zum Kriterium eines Krankheitstypus führen. Die Diagnostik darf dabei nicht lediglich heuristisch, sondern muss theoretisch begründet sein. Um zu einer vollständigen Synthese psychologischer Krankheitsbilder gelangen zu können, benötige die Forschung die „exakte, eindeutige und strenge Methode, logisch orientiert an einem klaren Begriff von systematisch-psychologischer Theorie" (Kronfeld 1920a, 101). Die theoretische Grundlage dafür gilt es noch auszubilden – eine „allgemeine Psychiatrie", deren Aufgabe „die Grundlegung, Sicherung und Begrenzung des Erkenntnischarakters und der Wissenschaftlichkeit psychiatrischer Forschung überhaupt" sein soll, so dass die Psychiatrie schließlich auf eigenständigen – *„autologischen"*, also psychologischen – Begriffen, Prinzipien und Methoden aufbaut (Kronfeld 1920a, 237 f.).

Mit und *gegen* Kant: Psychiatrie als Naturwissenschaft

> Kant sollte der Naturwissenschaft kein ‚Überwundener' sein, sondern ein Führer werden. (Kronfeld 1909a, 12; 1920a, 20)

Kronfeld lernte im Jahr 1907 Leonard Nelson kennen, und schloss sich bald mit Begeisterung der von diesem gegründeten ‚Neuen Fries'schen Schule' an, einem Kreis junger Akademiker, die sich in Göttingen zu philosophischen Vorträgen und Diskussionen trafen. Der von ihnen vertretene Kritizismus war eng an die Philosophie Immanuel Kants angelehnt, allerdings in ihrer durch Jakob Friedrich Fries modifizierten Form. Vernunft, Kritik und Wissenschaft verbürgten dem Nelson-Kreis nicht nur Wahrheit, sondern auch Wahrhaftigkeit und ein ethisches Leitmotiv, welches dem aufklärerischen Impetus der kantischen Philosophie nahestand. Kronfeld wurde bald ein leidenschaftlicher Verfechter dieser Richtung; in langen zustimmenden Rezensionen im *Archiv für die gesamte Psychologie* machte er Arbeiten von Nelson publik (Kronfeld 1909a; b) und verfasste 1913 programmatische *Geleitworte zum zehnjährigen Bestehen der neuen Fries'schen Schule*. Diese Texte nahm er als „Vorbereitende Einführung" in ‚Das Wesen der psychiatrischen Erkenntnis' auf (Kronfeld 1920a, 11–86); das ist stimmig, denn die darin vertretene Richtung bildet die grundsätzliche *Voraussetzung* für sein Buch, ja für sein Projekt einer ‚allgemeinen Psychiatrie' überhaupt; zugleich prägte der Kant-Fries-Nelson'sche Kritizismus, wie sich gleich zeigen wird, auch das *Ziel* seines Projektes und die Art und Weise es zu erreichen.

Ganz gemäß Kant definiert Kronfeld Wissenschaft als „Inbegriff der vollendeten systematischen Einheit allen Einzelwissens über ein Gegenstandsgebiet" (1920a, 273). Nun ist daran, den Wissenschaftsbegriff an den des *Systems* zu koppeln – als Bedingung für Wissenschaftlichkeit zu setzen, dass zu dem über ein Gegenstandsgebiet gesammelten Wissen dessen *Systematisierung* hinzutreten muss – zunächst noch nichts Besonderes. Dies wurde auch von Schelling, Fichte, Hegel und vielen anderen so gefasst und war bis weit ins 20. Jahrhundert hinein noch ein gängiger Bestandteil der Definition von Wissenschaft. Bei Kant jedoch kam noch eine spezifische Bedingung hinzu: Wissenschaft muss, um als solche im *eigentlichen* Sinne gelten zu dürfen, mittels der *Kritik der reinen Vernunft* die Bedingungen ihrer Erkenntnis geklärt haben; sie muss auf einer festen Grundlage von *synthetischen Urteilen a priori* stehen: auf Urteilen also, die weder auf Erfahrung gegründet ([9]a posteriori) sind, noch aus den in ihnen enthaltenen Begriffen durch logische Zergliederung erschlossen werden können (analytisch) – deren Gewissheit aber dennoch apodiktisch ist. Die Lehre von diesen *synthetischen Urteilen a priori* nannte Kant *Metaphysik* und fasste sie als *reine* Wissenschaft auf – eine Wissenschaft, deren Erkenntnisse, ähnlich wie die der Mathematik, unabhängig von der Erfahrung sind. Dies wurde auch vom Nelsonkreis so vertreten: Wissenschaft ist nur möglich, wenn ihr eine Metaphysik von *synthetischen Urteilen a priori* zugrunde gelegt werden kann. Damit setzte man sich zugleich gegen Empirismus, Konventionalismus, Positivismus und Relativismus ab (und Kronfeld hebt auch immer wieder seine Ablehnung dieser Richtungen hervor).

Eine Bearbeitung der typisch kantischen Frage ‚Wie ist X als Wissenschaft möglich?' bedeutet nichts anderes als die Klärung der metaphysischen Grundlage des betreffenden Erkenntnisgebiets ‚X'. Kronfelds Frage ‚Wie ist Psychiatrie als Wissenschaft möglich?', die er mehrfach, leicht variierend, in ‚Das Wesen der psychiatrischen Erkenntnis formuliert',[10] zielt somit darauf ab, *ob* und *wie* für Psychiatrie eine speziell zugeschnittene Metaphysik formuliert werden kann. Kant hätte diese Möglichkeit für dieses Wissensgebiet indes verneint, denn er war der

[9] Zur Erläuterung von Kants Terminologie:

Urteile a priori: von allen Eindrücken der Sinne unabhängige Urteile.

Urteile a posteriori: Urteile, die ihre Quelle in den Sinneseindrücken haben.

In allen Urteilen, in denen das Verhältnis von einem Subjekt (A) zu einem Prädikat (B) gedacht wird: analytische Urteile sind Erläuterungsurteile: Das Prädikat B gehört zum Subjekt A als etwas, was in diesem Begriff A enthalten ist. – Beispiel: ‚Pottwale sind Lebewesen.' (Dieses Urteil ist bereits im Begriff des Pottwals enthalten, also analytisch, und es liegt vor der Sinneserfahrung, muss nicht erst durch sie gewonnen werden, ist also a priori.)

Synthetische Urteile sind Erweiterungsurteile: B liegt ganz außerhalb des Begriffs A, auch wenn es mit demselben in Verknüpfung steht. – Beispiel: ‚Pottwale können über 2000 m tief tauchen.' (Dieses Urteil ist nicht bereits im Begriff des Pottwals enthalten, sondern tritt als Aussage hinzu, es ist also synthetisch. Und es liegt nicht vor der Sinneserfahrung, sondern musste erst durch Beobachtung der Pottwale gewonnen werden.)

[10] Vgl. Kronfeld (1920a, 7, 246, 255, 262, 265). Die meisten dieser Formulierungen stehen im Zwischenkapitel ‚Prolegomena zur allgemeinen Psychiatrie als strenger Wissenschaft' (1930, 237–307), dessen Titel auf Kants ‚Prolegomena zu einer jeden künftigen Metaphysik, die als Wissenschaft wird auftreten können' (1783) anspielt, wo Kant die Fragen bearbeitet: Wie ist reine Mathematik möglich? Wie ist reine Naturwissenschaft möglich? Wie ist Metaphysik als Wissenschaft möglich? (vgl. u. a. 1783, 48).

Überzeugung, dass „die empirische Seelenlehre jederzeit von dem Range einer eigentlich so zu nennenden Naturwissenschaft entfernt bleiben" (Kant 1787, X) müsse, und zwar vor allem aus dem Grund, weil auf die „Phänomene des inneren Sinnes und ihre Gesetze" keine Mathematik anwendbar sei (Kant 1787, X). Dieser Auffassung stellte sich Kronfeld (mit Fries und mit Nelson) bewusst entgegen,[11] er war der Ansicht, dass sich für die Psychiatrie durchaus, auch ohne Anwendung von Mathematik, eine Metaphysik formulieren lasse und dass sie so zu einer strengen – also *,eigentlichen'* im kantischen Sinne – Wissenschaft geformt werden könne. Allerdings sei mit dem Terminus Metaphysik

> bei den bekanntesten Nachfolgern Kants, insbesondere bei Fichte, Schelling und Hegel ein derartiger spekulativer Missbrauch getrieben worden, dass der eigentlich kantische Begriff der Metaphysik von diesen „Kantianern" in unerhörter Weise entstellt uns überkommen wird [sic!]. (Kronfeld 1920a, 122)

Deshalb verwendet Kronfeld zumeist statt ‚Metaphysik' den Begriff ‚Wissenschaftstheorie', womit er aber exakt das Gleiche meint: „das Gebiet synthetischer Urteile a priori aus Begriffen." Dies sei nur „eine sprachliche, keinerlei theoretische Konzession an einen positivistisch verbogenen Zeitgeist" (Kronfeld 1920a, 122).

Wie sieht nun Kronfelds Metaphysik respektive Wissenschaftstheorie der Psychiatrie aus? Im Folgenden sollen einige Gesichtspunkte dargestellt werden.

Kronfeld will Psychologie – und damit auch Psychiatrie – vor allem als eine *Natur*wissenschaft[12] und nur ungern als Geisteswissenschaft verstanden wissen. Ein Grund dafür lag sicher in dem ungleich größeren Ansehen, das die Naturwissenschaften genossen, verbunden mit größerem Anspruch auf Wahrheit ihrer Erkenntnisse; die ‚exakten Naturwissenschaften' galten für Kronfeld als Vorbild für „exakte, strenge Wissenschaft" (Kronfeld 1920a, 51), Geisteswissenschaft sah er dagegen in Verbindung mit „Spekulation" (Kronfeld 1920a, 109, 199, 210).[13] Aber er gab für seine Auffassung von der Psychologie als Naturwissenschaft auch eine schlichte kantische Begründung:

> Die Psychologie [...] ist eine Erfahrungswissenschaft [...]. Den Gegenstand der Erfahrung – und zwar jeder möglichen Erfahrung – nennen wir mit Kant Natur, und verstehen darunter den Zusammenhang der Erscheinung ihrem Dasein nach unter notwendigen Gesetzen. (Kronfeld 1920a, 121; vgl. Kant 1783, 74; 1786, IV)

Seine Auffassung sollte jedoch weder als Gleichmacherei missverstanden werden – die Psychologie sei genauso eine Naturwissenschaft wie die Physik oder

[11] Dies macht er auch explizit in der Kurzfassung seiner Freud-Kritik (Kronfeld 1913, 369).

[12] Vgl. dazu Freud (1938 [1999], 143): „Psychologie ist auch eine Naturwissenschaft, was sollte sie denn auch anderes sein?".

[13] Drastischer äußerte sich Bleuler: „Psychologie ist eine Naturwissenschaft, wie eine andere, wenn sie wissenschaftlich betrieben wird und nicht mit Hirngespinsten arbeitet" (1914, 71).

Chemie – noch als ein biologistischer oder physikalistischer Reduktionismus, nach welchem das Psychische auf das Physische zurückzuführen wäre. Kronfeld hebt vielmehr die *Inkommensurabilität* der psychischen und physischen „Gegebenheitsreihen" hervor (1920a, 246). Physisches und Psychisches haben sehr unterschiedlichen Charakter. Während das physische Geschehen sich in Raum und Zeit abspielt, hat das psychische Geschehen nur eine zeitliche Ausdehnung, keine räumliche. Auch der Zugang ist ein anderer: Physische Vorgänge erfahren wir durch unsere äußere Wahrnehmung, Psychisches durch innere Wahrnehmung, wobei uns das eigene psychische Geschehen ‚direkt' zugänglich ist, das psychische Geschehen einer anderen Person nur indirekt. Nach Kronfeld lässt sich das Psychische durch zwei Merkmale definieren: „die reine Temporalität seines Geschehens und die – noch näher zu beschreibende und zu begründende – besondere Weise des Erfahrenkönnens: die innere Anschauung" (Kronfeld 1920a, 131). Sie seien für eine Definition des Psychischen sowohl notwendig als auch hinreichend. Ob das Psychische bewusst oder unbewusst ist, wird von der Definition nicht tangiert. Die Möglichkeit von unbewusstem Psychischen setzt Kronfeld als selbstverständlich voraus (siehe bspw. Kronfeld 1920a, 177).

Ein besonderes Augenmerk richtet Kronfeld auf das Kausalproblem im Bereich des Psychischen. Das ist verständlich, denn: „Der Kausalbegriff ist zur Erklärung der psychischen Abläufe eine unvermeidliche Notwendigkeit. Eine Abweisung würde den Anforderungen aller Naturwissenschaft Hohn sprechen." (Kronfeld 1920a, 150).

Dass es psychische Kausalität gibt, steht für Kronfeld außer Frage, denn die Kausalkategorie wird *a priori* auf die zeitliche Abfolge von Ereignissen angewandt – sie ist die Art und Weise, wie wir Zustandsänderungen in der Zeit, seien sie nun physisch oder psychisch, erklären. Es muss jedoch, schon weil hier kausale Beziehungen nicht mathematisch bestimmbar sind, der Kausalbegriff im Psychischen anders – man könnte auch sagen ‚weicher' – gefasst werden. Dies realisiert Kronfeld unter Zuhilfenahme des *Funktions*begriffes, des (aus dem Physiologischen auf das Psychische übertragenen) Begriffes des psychischen *Reizes* und zudem auch des Begriffs der *seelischen Energie*.[14] Die Feststellung, dass jede psychische Veränderung potentiellen Reizcharakter hat, erlaubt die dynamische Verknüpfung psychischen Geschehens. Hinzu kommt: Die Konzeption des *Unbewussten*, die Annahme *unbewusster* psychischer Vorgänge ermöglicht „den lückenlosen Kausalzusammenhang alles Psychischen" (Kronfeld 1920a, 176). Es wird damit möglich, eine dynamische Psychologie aufzubauen und somit „allererst, auch Individualpsychologie nach naturwissenschaftlicher Methode zu treiben" (Kronfeld 1920a, 177, 184).[15]

Bisher ist hier allgemein von Psychischem und von Psychologie die Rede gewesen, kaum von Psychiatrie. Ein wichtiges Charakteristikum der Psychiatrie ist

---

[14] Näheres zu den vorhergehenden Ausführungen bei Kronfeld (1920a, 142–189).

[15] Vgl. hierzu Freud: „die [...] Auffassung, das Psychische sei an sich unbewusst, [hat] gestattet, die Psychologie zu einer Naturwissenschaft wie jede andere auszugestalten." (1938a [1999], 80).

es, dass sie es mit ‚krankem‘ bzw. ‚krankhaftem‘ oder ‚abnormem‘ Seelenleben zu tun hat. Das ist es, was sie von der Psychologie scheidet. Konsequenterweise behandelt Kronfeld diesen Aspekt in seinen wissenschaftstheoretischen Untersuchungen ausführlich, denn er will die Psychiatrie – auch wenn sie auf Psychologie beruhen soll – als eigenständige Wissenschaft formieren. Das wird im nächsten Abschnitt des vorliegenden Artikels erörtert.

Kronfelds Projekt einer Grundlegung seiner allgemeinen Psychiatrie könnte man so zusammenfassen: Um als eine Naturwissenschaft im strengen Sinn gelten zu können, muss die Psychiatrie als Basis einen *reinen*, d. h. von der Erfahrung unabhängigen Teil enthalten, einen Teil, der lediglich auf Erkenntnissen der reinen Vernunft beruht und somit aus *synthetischen Urteilen a priori* besteht. Diese *metaphysische* oder auch *wissenschaftstheoretische* Grundlage für die Psychiatrie zu schaffen ist – so wie Kronfeld den Begriff fasst – die Aufgabe der „allgemeinen Psychiatrie“.[16] Kronfelds Hoffnung und Ziel war es, mit der Schaffung einer ‚allgemeinen Psychiatrie‘ eine gemeinsame sichere Basis zu schaffen, aufgrund welcher die richtigen Bestandteile einer Lehre von den falschen geschieden werden und auf der alle Forschungsrichtungen und theoretischen Richtungen der Psychiatrie aufbauen können, so dass man schließlich zu einer Synthese gelangt.

Kronfeld rechnet mit dem möglichen Einwurf seitens seiner Leser.

> Wozu derartige Rekurse auf systematische Wissenschaft? Ist nicht Psychiatrie ein *praktisches* Denken und Tun […]? Wir haben die Kranken vor uns und unserer Obhut anvertraut. Sie und ihr Leiden sollen wir verstehen und ihnen helfen. Ist es dafür nicht gleichgültig, zu wissen, in welchen Grenzen der Umfang des Begriffes ihrer Krankheit sich bewegt, welche Inhalte konstitutiv auf ihn bezogen werden können, und ähnliches mehr? (Kronfeld 1920a, 260)

In ähnliche Richtung gehe auch die Rede von der ‚Psychiatrie als Kunst‘, nach der alles auf den Erfolg ankomme bzw. für den Seelenarzt der wesentliche Ausgangspunkt seines Handelns in der subjektiven Fähigkeit bestehe, sich in die Kranken seelisch zu versenken und einzufühlen. Kronfeld stellt nicht in Abrede, dass Psychiatrie „als ausübendes Handeln wie als verstehendes Sichversenken in fremde Seelen“ der künstlerischen Betätigung in gewisser Weise nahestehe und

---

[16] Kronfelds Begriff der Allgemeinen Psychiatrie ist also ein anderer als der in der Fachliteratur gängige. Er sieht die Notwendigkeit, „innerhalb des Ganzen psychiatrischer Forschung einen *grundsätzlich neuen*, anderen Begriff von allgemeiner Psychiatrie zur Verwirklichung bringen zu müssen, als ihn die bisherige Literatur, so reich an Lehrbüchern und Synopsien [sic!] sie ist, zur Geltung gebracht hat.“ (Kronfeld 1920a, 237). Dementsprechend ordnet er sein Buch in seiner Selbstrezension „in die Reihe philosophischer Werke“ ein (1920b, 295). – Karl Jaspers (1921, 13) beschwerte sich in seiner Rezension über den rein philosophischen Charakter von ‚Das Wesen der psychiatrischen Erkenntnis‘: „Ich mißtraue rein logischen Erörterungen. Es kommt mir vor, als wenn mir jemand am Ufer Vorträge über das richtige Schwimmen hält, und ich möchte doch lieber ihn schwimmen sehen – und dann auch über die Methode hören und nachdenken.“

„in sehr viel höherem Maße an subjektive Faktoren der ärztlichen Persönlichkeit gebunden“ sei als andere Disziplinen. Er weist jedoch darauf hin, dass „die bloße Bindung einer Betätigung an subjektive Persönlichkeitsfaktoren nicht den künstlerischen, sondern höchstens den unwissenschaftlichen Charakter der psychiatrischen Praxis dartut“ (Kronfeld 1920a, 262). Psychiatrie als praktisches Handeln sei noch keine Kunst, bloß weil sie keine Wissenschaft sei. „Nichts unterschiede mehr den Scharlatan von dem Forscher; Fortschritt und Lehre wären ebenso vernichtet wie die Aussicht, unseren Kranken jemals wirklich zu helfen zu können“ (Kronfeld 1920a, 264).

‚Ichgemäß' und ‚ichfremd'

In der Psychiatrie wird im Allgemeinen der Psychopathologie eine fundamentale Rolle zuerkannt, auch Kronfeld versteht sie im Prinzip als einen Teil der grundlegenden „allgemeinen Psychiatrie“. Allerdings sieht er sie in dem Zustand seiner Zeit noch weit davon entfernt, diesen Platz einnehmen und so als Grundlage des Aufbaus der Psychiatrie als strenger Wissenschaft fungieren zu können; denn „die wissenschaftliche Fundierung der Psychopathologie selbst steht noch in Frage“ (Kronfeld 1920a, 255). Bis auf wenige Ausnahmen herrsche im Gebiet der Psychopathologie absolut nicht „der strenge Maßstab der Wissenschaft, der exakten Beobachtung und eindeutigen begrifflichen und urteilsmäßigen Bearbeitung“ (Kronfeld 1920a, 255).

> Vielmehr liegt in der Psychopathologie, um es einmal scharf zu sagen, ein in jeder Weise willkürliches, ungezwungenes oft anekdotisches Gerede vor, vielfach vermengt mit versteckten normativen Merkmalen, welche für die mangelnde Klarheit der Beschreibungen einstehen müssen […]. (Kronfeld 1920a, 254)

Für Kronfeld besteht, ähnlich wie für Karl Jaspers,[17] zwischen Psychologie und Psychopathologie ein enger Zusammenhang. Beide Gebiete befassen sich mit dem psychischen Geschehen, die Grenze zwischen ihnen ist fließend. Doch wodurch ist diese unscharfe Grenze charakterisiert?

Es scheint zunächst einfach, diese Grenze mittels eines für das Seelische näher zu definierenden Krankheitsbegriffs zu identifizieren. Diese ‚traditionelle‘ Auffassung vom Gegenstandsbereich der Psychopathologie – gut abwandelbar in der Weise, dass Begriffe wie ‚Abnormität‘ oder ‚Störung‘ anstelle des Krankheitsbegriffs treten – wird *prinzipiell* auch von Jaspers beibehalten: Die Unschärfe der Grenze erklärt er durch die Uneinheitlichkeit der verwendeten Krankheitsbegriffe und das reale Vorhandensein von Grenzfällen und Übergängen zwischen ‚nicht krankhaft‘ und ‚krankhaft‘. Dass die Grenze für ihn wenig Bedeutung hat, und er „keinen Wert auf einen scharfen Begriff der seelischen Krankheit“ legt, sondern

[17] Zum Verhältnis von Kronfeld und Jaspers vgl. z. B. Hoff (2017) und Seeck (1995, 69 f.).

hier eher nach „dem Gefühl" und nach der gebräuchlichen Arbeitsteilung geht (Jaspers 1913, 3),[18] sind bei ihm zwei Seiten derselben Medaille.

Kronfeld hingegen fragt: Warum überhaupt neben der allgemeinen Psychologie noch eine Psychopathologie als selbständige Wissenschaft? Gäbe es zwischen beiden prinzipiell keinen Unterschied in Gegenstandsbereich und methodischen Voraussetzungen, so wäre es für ihn kaum vertretbar, Psychopathologie als eigenen Erkenntnisbereich aufzufassen – womit er überhaupt die Idee einer auf Psychologie aufbauenden ‚allgemeinen Psychiatrie' als autologischer Wissenschaft hätte ad acta legen müssen. Für sein Projekt gilt es zu klären, was die Unterstellung eines seelischen Ablaufs bzw. einer seelischen Gesamtpersönlichkeit unter die Psychologie oder die Psychopathologie überhaupt ermöglicht und wie sich die beiden Gebiete methodisch zueinander verhalten. Kronfeld wehrt sich allerdings dagegen, hierfür den Krankheitsbegriff heranzuziehen. Dieser wurde – so Kronfeld – „aus dem Arsenal allgemeiner medizinischer Fundamente entlehnt" und ist in der Psychiatrie zunächst einmal lediglich eine „ungeheure [sic!] problematische Metapher" (Kronfeld 1920a, 239), eine Analogie vom Physischen auf den Bereich des Psychischen.[19] Das macht ihn für die Grundlegung der „allgemeinen Psychiatrie" unbrauchbar (Kronfeld 1920a, 282). Denn die Kriterien dafür, ob ein bestimmtes psychisches Geschehen dem einen oder anderen Weg der Erkenntnis zugehörig sei, müssen, so fordert Kronfeld, völlig „in ihm selber" liegen. Als vorläufige Formulierung hierfür stellt Kronfeld auf:

> Psychisches Geschehen muss, vom Ich des Erlebenden [z. B. des Psychologen oder des Psychiaters] aus, dem einen oder dem anderen Erkenntnisgebiet unterstellt werden. Psychologie umfasst diejenigen Erlebnisse und Abläufe, welche diesem Ich *gemäß* sind, und durch irgendein psychologisches Selbsterkenntnisverfahren einfühlend und analogisierbar erfasst zu werden vermögen. Der Psychiatrie bliebe die Erkenntnis derjenigen seelischen Phänomene und Verknüpfungen vorbehalten, welche ihrem Sein und ihrem Sosein nach nicht „ichgemäß" in diesem genannten Sinne sind, sondern denen das Ich des Erlebenden als etwas *Fremdem*, außer ihm Stehendem, in ihm nicht Vollziehbarem gegenüber steht. (Kronfeld 1920a, 257)

Dies Kriterium, so schränkt Kronfeld ein, sei noch weit davon entfernt, logisch und psychologisch einwandfrei zu sein – vor allem bedürfe die Voraussetzung, „dass das Ich des Erlebenden berechtigt ist, Angelpunkt und normatives Kriterium der Unterscheidung beider seelischen Klassen [...] zu setzen" einer genaueren Untersuchung (Kronfeld 1920a, 257 f.).

Den Gegenstand der Psychiatrie beschreibt er später wie folgt: „Die Psychiatrie hat es mit abnormem Seelengeschehen zu tun. [...] Die Individualitäten, um deren Seelenleben es sich handelt, sind in besonderer Weise von meiner eigenen unterschieden. Sie machen meiner Einfühlungsfähigkeit besondere Schwierigkeiten"

---

[18] Die Formulierung, dass er sich hier auch dem Gefühl überlasse, hat Jaspers allerdings in späteren Auflagen der *Allgemeinen Psychopathologie* weggelassen.

[19] Vgl. Kronfeld (1920a, 282 f.; 1927, 31).

(Kronfeld 1927, 51). Es zeichnet sich eine Art ‚theoretische Verwandtschaft' der Psychiatrie zur Ethnologie ab, auf die später Foucault und andere hingewiesen haben – die Schwierigkeit des Einfühlens wächst mit der Fremdheit:

> Mehr und mehr werde ich der Grenzen meiner Einfühlungsfähigkeit inne, wenn ich mich dem Seelenleben von Kindern, von primitiven Wilden, von Tieren einfühlend zuwende. Wenn meine Einfühlungsfähigkeit versagt, so liegt das nicht nur an der Eigenart dieser eingefühlten fremden Seelenwelten, sondern auch an den Grenzen meiner eigenen Einfühlungsfähigkeit. (Kronfeld 1927, 52)

Zugleich wendet sich Kronfeld in diesem Zusammenhang gegen Jaspers, der bei Geisteskrankheiten versucht, diejenigen seelischen Vorgänge abzugrenzen, die – im Sinne der Einfühlbarkeit – 'verständlich' seien, und diejenigen, bei denen prinzipiell jegliche Verstehensfähigkeit auf eine Kluft stoße:[20] „[...] eine objektiv gültige Grenze der Einfühlungsfähigkeit besteht nicht. Man kann nicht sagen, es könne bei irgendeinem Individuum etwas Seelisches geben, das prinzipiell von keinem anderen Individuum eingefühlt zu werden vermöge" (Kronfeld 1927, 50). Kronfeld war vielleicht der Erste, aber sollte nicht der Letzte bleiben, der Jaspers' Behauptung einer unüberwindlichen Grenze der Verstehbarkeit kritisiert.[21]

Freud-Kritik

Im Jahr 1912 veröffentlichte Kronfeld eine Freud-Kritik, mit welcher er international bekannt wurde: *Über die psychologischen Theorien Freuds und verwandte Anschauungen. Systematik und kritische Erörterung*. Darin setzte sich der damals gerade 26-jährige Autor mit zentralen Arbeiten vor allem von Freud, aber auch von Breuer, Bleuler und Jung auseinander. Im selben Jahr als Aufsatz und als Buch erschienen, erhielt die umfassendste Freud-Kritik, die bis dahin veröffentlicht wurde, sehr viel Resonanz.[22] Von Freud-Gegnern gab es viel Lob. Freud-Befürworter empfanden Kronfelds Buch dagegen als Problem und Ärgernis. Freud selbst schrieb in einem Brief an Abraham: „Die Schrift von Kronfeld macht jetzt so viel Stimmung gegen uns" (Freud und Abraham 2009, 260). Bleuler antwortete

---

[20] In seiner *Allgemeinen Psychopathologie* unterscheidet Jaspers „einfühlbares und nichteinfühlbares (natürliches und schizophrenes) Seelenleben" (Jaspers 1913, 89 ff.). Im kranken Seelenleben finde man sowohl phänomenologische Elemente, die uns – wenn auch schwer – anschaulich sind, als auch solche, „die uns nie anschaulich werden". Letztere charakterisiert Jaspers als „(statisch) unverständlich, oder auch nicht einfühlbar" (Jaspers 1913, 90). Ab der 4. Auflage formuliert er noch entschiedener: „Der tiefgreifendste Unterschied im Seelenleben scheint der zu sein zwischen dem uns *einfühlbaren*, verständlichen und dem auf eigene Weise *unverständlichen*, im wahren Sinne verrückten, schizophrenen Seelenleben [...]" (Jaspers 1946, 483).

[21] Zur Kritik des ‚Unverständlichkeitstheorems' der Jaspers'schen Psychopathologie vgl. bspw. Glatzel (1984) und Kupke (2008).

[22] Es erschienen sehr viele Rezensionen im deutschsprachigen Raum und auch einige in Frankreich und in den USA (s. dazu Seeck 1995, 72–74).

auf das Buch mit einer dreiseitigen scharfen Erwiderung, in welcher er immerhin zugleich auch Anerkennung ausdrückte: „Ein ehrliches Wollen und ein starkes Können sind gescheitert" (1912, 488). Freud äußerte sich zu der Kritik nicht öffentlich; er war offensichtlich froh, dass sich dafür jemand Geeignetes aus der psychoanalytischen Vereinigung fand: der Versicherungsmathematiker Gaston Rosenstein. Er schrieb eine 58-seitige Gegenkritik, über die Freud an C. G. Jung schrieb: „Ich finde vieles darin sehr gut, anderes verstehe ich natürlich so wenig wie die Kronfeldschen Angriffe, da ich den Jargon nicht beherrsche" (Freud und Jung 1974, 559).

Was ist das für ein ‚Jargon', der das Buch für Freud – und sicher auch für viele andere – schwer verständlich machte? Dies zeigt sich bei näherer Betrachtung des Textes. In seiner Einleitung betont Kronfeld den großen Fortschritt, welchen die Freud'sche Arbeit darstellt. Zum ersten Mal werde „mit wissenschaftlichen Mitteln versucht, jeden *einzelnen* individuellen psychischen Ablauf durch Aufzeigung seiner Voraussetzungen nach möglichst seinem ganzen Gehalt kausal zu bestimmen" (1912, 132). Während es den bisherigen psychologischen Forschungen mehr um das Auffinden allgemeiner formaler Ordnungsprinzipien psychischer Verknüpftheit gegangen sei, wobei von einzelnen individuellen Inhalten abstrahiert wurde, sei die Freud'sche Forschung auf das entgegengesetzte Ziel eingestellt: „Sie meint immer das Einzelne, Individuelle" (Kronfeld 1912, 132). Und mit Nachdruck hebt Kronfeld hervor,

> welche Größe in einer so eingestellten Forschungsrichtung liegt. Es ist, unabhängig von dem Ausfall einer auf die Sache selbst gerichteten Kritik, die bloße Bestrebung dieses tieferen inneren Eindringens in die Verwicklungen des einzelnen Seelenlebens als ein bedeutsamer Fortschritt und ein bleibendes Verdienst Freuds zu bezeichnen. (Kronfeld 1912, 133)

Im ersten Teil des Buchs unternimmt Kronfeld den Versuch, die Psychoanalyse, wie sie bis dahin entwickelt wurde, systematisch darzustellen – was notwendig sei, um Kritik überhaupt zu ermöglichen. Im zweiten Teil beansprucht er, das dargestellte Lehrgebäude sachlich und unbefangen einer *immanenten* Kritik zu unterziehen. Diese setze nichts anderes voraus als „die Geltung der formalen Logik sowie der materialen Grundlagen unserer wissenschaftlichen Erkenntnis überhaupt" (1912, 188). Bei der Durchführung seiner Kritik bezieht sich Kronfeld vor allem auf ‚Die Theorie der Induction' (1854) des Philosophen und Mathematikers Ernst Apelt, des wichtigsten Vertreters der Fries'schen Schule.[23] Sein ‚Jargon' war es vermutlich, den Freud nicht beherrschte: ‚Prämisse', ‚Obersatz', ‚Untersatz', ‚leitende Maxime', ‚Induktionsschluss' etc. Kronfeld stößt bei seiner Untersuchung der psychoanalytischen Induktionen immer wieder auf „dieselbe petitio principii" (Kronfeld 1912, 194), denselben Zirkelschluss: Freud benutze als

[23] Ernst Friedrich Apelt, Schüler von Fries, war Professor der Philosophie in Jena und Herausgeber der *Abhandlungen der Fries'schen Schule*.

Beweismittel etwas, das die Richtigkeit des zu Beweisenden schon voraussetze. Insbesondere seien die Beobachtungen, die doch eigentlich die Theorie stützen sollten, bereits methodisch in einer Weise verarbeitet, welche schon die Gültigkeit der Theorie voraussetze.

In ‚Das Wesen der psychiatrischen Erkenntnis' kommt Kronfeld auf sein ‚Freudbuch' von 1912 zurück und erläutert seine Kritik noch einmal. Er sehe sich missverstanden und falsch zugeordnet als Freud-Gegner (1920a, 291). Gleichzeitig verteidigt er – und hierauf legt er besonderes Gewicht – die *Immanenz* seiner Kritik. Wenn Rosenstein über sein Freudbuch schreibe: „Gegen Bleuler wird Kant mobilisiert" (Kronfeld 1912, 763), so sei das natürlich nicht richtig, denn: „Bleuler und Kant stehen sich nicht als gleichberechtigte Gegner in einer Einzelfrage der Naturwissenschaft gegenüber. Vielmehr verfehlen sich Bleuler'sche Einzelbehauptungen gegen die Grundlagen jeder möglichen Naturtheorie überhaupt" (Kronfeld 1920a, 301).

Für Kronfeld verkörpert „die dynamische Psychologie unter der genialen Führung Freuds" neben einem phänomenologischen Ansatz einen der beiden vielversprechenden Hauptwege, krankhafte seelische Erlebnisse zu ergründen (1920a, 100) und eine Psychiatrie als Wissenschaft aufzubauen. Mit seiner theoretischen Kritik möchte er der Freud'schen Richtung nützen (1920a, 293). Im zweiten Band seiner ‚Beiträge zur allgemeinen Psychiatrie' möchte Kronfeld der negativen Aufgabe seiner Kritik die positive folgen lassen.

> Jene Theorien, deren Richtigkeit ich angefochten habe, einwandfrei umzugestalten und so durchzubilden, dass die bisherigen logischen und theoretischen Widersprüche, die ich aufwies, in Fortfall geraten. Dies wird möglich durch Einordnung der Freudschen Lehren in den Gesamtrahmen der psychologischen Theoretik. Natürlich besteht diese Möglichkeit nur so weit, als auch eine materiale Übereinstimmung meiner Auffassungen mit denen Freuds und seiner Schule besteht. Diese aber besteht in wesentlich weiterem Umfange, als meine Kritiker merkwürdigerweise voraussetzen. (Kronfeld 1920a, 290)

Die ‚Partei der Wahrheit' und ‚immanente Kritik'

> In der wissenschaftlichen Erkenntnis eines Gegenstandsgebietes kann es nur *eine* Wahrheit geben; eine aber *muss* es geben. (Kronfeld 1920a, 119)

> Ich glaube zu sehr an die Wahrheit, um nicht anzunehmen, dass es verschiedene Wahrheiten und verschiedene Weisen gibt, sie auszusprechen. (Foucault 1984, 139)

Arthur Kronfeld hatte sich ein großes Projekt vorgenommen: Er wollte die Psychiatrie zu einer auf Psychologie fußenden (‚autologischen') Wissenschaft im *eigentlichen* Sinne formieren – zu einer *Natur*wissenschaft, die aber für „geisteswissenschaftliche Reflexionen" einen „unverkümmerten Raum" lassen sollte (Kronfeld 1920a, 5). Zweck des ersten Bands seiner auf drei Teile geplanten ‚allgemeinen Psychiatrie' war es, hierfür das wissenschaftstheoretische Fundament zu erarbeiten, eine auf die Psychiatrie zugeschnittene *Metaphysik* als notwendige Voraussetzung von Wissenschaft gemäß der Kant-Fries-Nelson'schen Lehre. Auf diesem Fundament sollte ein Wissenschaftsbau entstehen, dessen Bestandteile den unterschiedlichsten Richtungen der Psychologie und Psychiatrie entnommen waren. Die ‚dynamische Psychologie' Freuds, Bleulers, Jungs und Adlers sollte ebenso Berücksichtigung finden wie die Phänomenologie Husserls, die verstehenden Ansätze Diltheys und Rickerts, die Experimentalpsychologie usw. Alle diese Strömungen wollte Kronfeld – dies ist ein Hauptthema seiner wissenschaftlichen Bestrebungen überhaupt – zu einer *Synthese* zusammenführen. Dafür musste bei jeder Theorie das Richtige vom Falschen, das Haltbare vom Unhaltbaren geschieden werden: Husserls Phänomenologie musste von ihren ‚apriorischen Intuitionen' (insbesondere von dem Konzept der ‚Wesensschau') befreit werden (Kronfeld 1920a, 306, 380), Dilthey und Rickert von ihren Vorstellungen einer *geisteswissenschaftlichen* Individualpsychologie.

Aus heutiger Sicht wirkt ein solches Projekt kurios. Vor allem aus zwei Gründen war es zum Scheitern verurteilt. Erstens ist es eine äußerst schwierige, wenn nicht unmögliche theoretische Aufgabe, so viele verschiedene psychologische Ansätze aus den unterschiedlichsten philosophischen Richtungen in einer Weise zurechtzuschneiden, dass sie miteinander harmonierend auf einem gemeinsamen Fundament stehen können. Ein solcher Versuch gleicht weniger einer Synthese als einem Spagat mit vielen Beinen. Zweitens – und das wiegt noch schwerer – kann die Formierung einer Wissenschaft *im Einzelgang* praktisch nicht funktionieren. Kronfeld war sich zwar durchaus bewusst, dass er eine philosophische Richtung vertrat, die von den meisten nicht geteilt wurde, aber er war auch davon überzeugt, dass diese Richtung der *Wahrheit* entsprach. Eine Devise dieser Richtung war, so Kronfeld (1920a, 52): „Die Wahrheit selbst ist Partei, ist einseitig und intolerant: es gibt über einen Gegenstand stets nur eine einzige Wahrheit!" Die allen Menschen (als anthropologische Konstante) gemeinsame *Vernunft* voraussetzend und an den *Wahrheitswillen* appellierend (1920a, 27), waren sich – nach Kronfelds Darstellung – die Vertreter der ‚Neuen Fries'schen Schule' sicher: Wenn alle, wie sie selbst, Philosophie *als Wissenschaft* betrieben, dann dächten sie das, *„was wahr ist"*, dann „könnte es gar nicht anders sein, als dass notwendig alle inhaltlich Gleiches dächten" (Kronfeld 1920a, 51). Und so setzte sich denn Kronfeld für die ‚Partei der Wahrheit' ein. Doch wie hätte er all diejenigen, welche entgegen der ‚Neuen Fries'schen Schule' andere Richtungen vertraten – zum Beispiel jemanden wie Ziehen, dessen „positivistischen Empirismus" Kronfeld ablehnte (Kronfeld 1920a, 19) und der seinerseits Kronfelds zentrale, im Titel des vorliegenden Aufsatzes zitierte Fragestellung für „ganz unzulässig" (Ziehen 1920) hielt –, davon überzeugen können, sich auf die von ihm vorgeschlagene gemeinsame Grundlage zu einigen? Das war praktisch unmöglich.

Kronfelds Freud-Kritik fußte ebenfalls auf der spezifischen Wissenschaftsauffassung der ‚Neuen Fries'schen Schule'. Es liegt auf der Hand, dass damit – insbesondere durch die Anwendung der Apelt'schen ‚Theorie der Induktion' – die Immanenz seiner Kritik an Freud begrenzt bleiben musste.

Im Laufe der Jahre schwächte sich Kronfelds Bezug auf die Nelson'sche Philosophie deutlich ab, und er leistete in anderer Weise in der Psychiatrie vielfach immanente Kritik. So unterzog er gebräuchliche Begriffe wie ‚Krankheit',

‚Abnormität', ‚Entartung', ‚degenerative Anlage' mit großer Disziplin der Kritik. Bemerkenswert ist in diesem Zusammenhang, dass er bereits 1921 seine Kollegen davor warnte, die Psychiatrie zu degradieren und eines Tages womöglich in den Dienst derer zu stellen, die versuchten, soziale, künstlerische, religiöse oder andere Phänomene mit der angeblichen „Entartung" oder „Minderwertigkeit" ihrer Erzeuger zu diskreditieren (Kronfeld 1921, 366 f.).

Es ist vor allem die „kritische und konstruktive Besinnung", die Kronfeld auszeichnet und die seine „eigenartige Stelle" in der Psychiatrie bestimmt[24] – und die das Lesen seiner Texte auch heute noch interessant und lohnenswert macht.

Literatur

Abu Ghazal, Yazan: Arthur Kronfeld's psychological approach to neuropsychiatry. Philosophical pretensions or epistemological perspicacity? In: *Canadian Bulletin of Medical History* 33 (2016), 364–384

Abu Ghazal, Yazan: „Das gehört mir nicht, das bin ich nicht, das ist nicht mein Selbst". Das perspektivische Denken in der Arbeit von Arthur Kronfeld. In: *Luzifer-Amor* 60 (2017), 88–96

Apelt, Ernst Friedrich: *Die Theorie der Induction.* Leipzig 1854

Bleuler, Eugen: Die psychologischen Theorien Freuds. In: *Archiv für die gesamte Psychologie* 23 (1912), 487–489

Bleuler, Eugen: Psychische Kausalität und Willensakt. In: *Zeitschrift für Psychologie* 69 (1914), 30–72

Foucault, Michel: Eine Ästhetik der Existenz. Gespräch mit Alessandro Fontana. In: Ders.: *Von der Freundschaft.* Berlin 1984, 133–141

Freud, Sigmund: Some Elementary Lessons in Psycho-Analysis [1938]. In: Ders.: *Gesammelte Werke, Bd. 17.* Frankfurt a. M. 1999, 139–147

Freud, Sigmund: Abriss der Psychoanalyse [1938a]. In: Ders.: *Gesammelte Werke 17.* Frankfurt a. M. 1999, 63–138

Freud, Sigmund/Abraham, Karl: *Briefwechsel 1907–1925.* Vollständige Ausgabe, hg. von E. Falzeder und L. M. Hermanns, 2 Bde. Wien 2009

Freud, Sigmund/Jung, Carl Gustav: *Briefwechsel.* Hg. von W. McGuire und W. Sauerländer. Frankfurt a. M. 1974

Glatzel, Johann: Die Psychopathologie Karl Jaspers' in der Kritik. In: *Der Nervenarzt* 55 (1984), 10–173

Hoff, Paul: Arthur Kronfeld (1886–1941) und das Postulat einer „autologischen Psychiatrie". In: *Schriftenreihe der Deutschen Gesellschaft für Geschichte der Nervenheilkunde* 18 (2012), 233–250

Hoff, Paul: Arthur Kronfeld und Karl Jaspers. In: M. Lammel et.al. (Hg.): Karl Jaspers' Allgemeine Psychopathologie. Standortbestimmungen. Berlin 2017, 46–59

Jaspers, Karl: *Allgemeine Psychopathologie. Ein Leitfaden für Studierende, Ärzte und Psychologen.* Berlin 1913

Jaspers, Karl: [Rezension] Arthur Kronfeld. Das Wesen der psychiatrischen Erkenntnis. In: *Zeitschrift für die gesamte Neurologie und Psychiatrie* 23 (1921) Referate, 13–15

Jaspers, Karl: *Allgemeine Psychopathologie.* Völlig überarbeitete Auflage. Berlin/Heidelberg ^{4}1946

[24] So urteilte der Neurologe Viktor v. Weizsäcker (1925) in einer Rezension; vgl. dazu auch Seeck (1995, 2009).

Kant, Immanuel (1783): *Prolegomena zu einer jeden künftigen Metaphysik, die als Wissenschaft wird auftreten können.* Riga 1783

Kant, Immanuel: *Metaphysische Anfangsgründe der Naturwissenschaft.* Riga 1786

Kant, Immanuel: *Kritik der reinen Vernunft.* Zweite hin und wieder verbesserte Auflage [1. Aufl. 1781]. Riga 1787

Kittel, Ingo-Wolf: Arthur Kronfeld, 1886–1941. *Ein Pionier der Psychologie, Sexualwissenschaft und Psychotherapie* [Ausstellungskatalog]. Konstanz 1988

Kronfeld, Arthur: [Rezension] Leonard Nelson, Ist metaphysikfreie Naturwissenschaft möglich? In: *Archiv für die gesamte Psychologie* 14 (1909), Literaturbericht, 6–12

Kronfeld, Arthur: [Rezension] Leonard Nelson, Über das sogenannte Erkenntnisproblem. In: *Archiv für die gesamte Psychologie* 14 (1909a), Literaturbericht, 13–34

Kronfeld, Arthur: Über die psychologischen Theorien Freuds und verwandte Anschauungen. Systematik und kritische Erörterung. In: *Archiv für die gesamte Psychologie* 22 (1912), 130–248; [auch als Extradruck: Leipzig]

Kronfeld, Arthur: Freuds psychoanalytische Theorien. In: *Die Naturwissenschaften* 1 (1913), 369–373

Kronfeld, Arthur: Nouveaux Problèmes de la Psychiatrie en Allemagne. In: *Scientia* 15 (1914), 308–316

Kronfeld, Arthur: Les Tendances Principales de la Psychologie Allemande Contemporaine. In: *Scientia* 16 (1914a), 440–448

Kronfeld, Arthur: *Das Wesen der psychiatrischen Erkenntnis. Beiträge zur Allgemeinen Psychiatrie 1.* Berlin 1920a

Kronfeld, Arthur: [Selbstrezension] A. Kronfeld, Das Wesen der psychiatrischen Erkenntnis. In: *Kant-Studien* 25 (1920b), 294–295

Kronfeld, Arthur: Eine Bedenklichkeit der ‚angewandten' Psychiatrie. In: *Zeitschrift für die gesamte Neurologie und Psychiatrie* 65 (1921), 364–367

Kronfeld, Arthur: *Das seelisch Abnorme und die Gemeinschaft. Kleine Schriften zur Seelenforschung.* Stuttgart 1923

Kronfeld, Arthur: Die Individualpsychologie als Wissenschaft. Ihre Formen und ihre Beziehungen zur Psychologie der Gegenwart. In: Erwin Wexberg (Hg.): *Handbuch der Individualpsychologie, Bd. 1.* München 1926, 1–29

Kronfeld, Arthur: *Die Psychologie in der Psychiatrie. Eine Einführung in die psychologischen Erkenntnisweisen innerhalb der Psychiatrie und ihre Stellung zur klinisch-pathologischen Forschung.* Berlin 1927

Kronfeld, Arthur: *Perspektiven der Seelenheilkunde.* Leipzig 1930

Kupke, Christian: Was ist so unverständlich am Wahn? Philosophisch-kritische Darstellung des Jaspers'schen Unverständlichkeitstheorems. In: *Journal für Philosophie und Psychiatrie* 1,1 (2008)

Rosenstein, Gaston: Eine Kritik. In: *Jahrbuch für psychoanalytische und psychopathologische Forschungen* 4 (1912), 741–798

Seeck, Andreas: „... seine eigenartige Stelle in unserer Wissenschaft ...". Bibliographie der Rezensionen zu den Arbeiten von Arthur Kronfeld. In: *Mitteilungen der Magnus-Hirschfeld-Gesellschaft* 20/21 (1995), 64–95

Seeck, Andreas: Arthur Kronfeld (1886–1941). In: Volkmar Sigusch und Günter Grau (Hg.): *Personenlexikon der Sexualforschung.* Frankfurt a. M./New York 2009, 397–402

Seeck, Andreas: ‚Wie ist Psychiatrie als Wissenschaft möglich?' – Arthur Kronfelds Das Wesen der psychiatrischen Erkenntnis und seine Kritik an der Psychoanalyse. In: *Luzifer-Amor* 60 (2017), 60–87

Weizsäcker, Viktor v.: [Rezension] Arthur Kronfeld. Psychotherapie. In: Berliner Klinische Wochenschrift 4 (1925), 184

Ziehen, Theodor: [Rezension] Arthur Kronfeld. Das Wesen der psychiatrischen Erkenntnis. In: *Deutsche Medizinische Wochenschrift* 46 (1920), 1062

22 ‚Das Heilige' von Rudolf Otto. Ansatz und Bedeutung eines Schlüsselwerkes für Philosophie, Religionswissenschaft und Theologie

Andreas Wollbold

Der Grenzgänger

Rudolf Otto (1869–1937) war zeitlebens ein Grenzgänger – ähnlich wie sein evangelischer Theologenkollege Paul Tillich, der Otto eingehend studiert hat (Tillich 1987)[1]: Grenzgänger zwischen Pietismus und Liberalität ebenso wie zwischen der Unmittelbarkeit religiöser Erfahrung und der Distanz eines historisch-kritischen Zugangs zu religiösen Texten und Erscheinungen und überhaupt zwischen Theologie, Religionsphilosophie und Religionsphänomenologie. Am 25. September 1869 in Peine geboren, in Hildesheim aufgewachsen und eher pietistisch geprägt, wählte er 1888 bewusst das Erlangen der lutherischen Orthodoxie als Studienort, wechselte 1891 aber nach Göttingen und damit in ein Zentrum historisch-kritischer Zugänge zur Bibel (‚religionsgeschichtliche Schule', Laube 2014, 219–234)[2] und darauf gegründet zur Theologie als Ganzer. Doch Otto überschritt bald die Grenzen der thematischen Beschränkung dieser Schule auf die religiöse Umwelt biblischer und frühchristlicher Schriften und wandte sich den asiatischen Religionen zu. Denkerisch zeigte dabei bereits seine Promotion über ‚Die Anschauung vom heiligen Geiste bei Luther' (Otto 1898) aus dem Jahr 1898 an, dass sein Denken auf religiöser Erfahrung und Unmittelbarkeit gründete – in einer deutlichen Spannung etwa zu ‚Leben und Wirken Jesu nach historisch-kritischer

[1] Vgl. Tillich (1962, 1964), Schüßler (2014).

[2] Der umfangreiche Sammelband dürfte die derzeit beste Einführung in die vielen Aspekte Ottos, seiner Quellen und seiner Rezeption darstellen.

A. Wollbold (✉)
Ludwig-Maximilians-Universität München, München, Deutschland
E-Mail: andreas.wollbold@lmu.de

K. Herrmann und B. Schwitzer (Hrsg.), *Der Geist der kritischen Schule*,
https://doi.org/10.1007/978-3-662-68345-3_22

Auffassung' von 1901, worin wiederum eher im Sinn liberaler Theologie das Ethische in der Botschaft Jesu überwog. Nach zwei Jahren als Professor in Breslau 1915–1917 wechselte er bald nach Erscheinen seines weitaus bekanntesten Werkes, ,Das Heilige' (Otto 1963), nach Marburg und damit in ein theologisches Milieu, das gegenüber seinem Grenzgängertum immer wieder Vorbehalte aufbrachte. Otto befürchtete sogar, dass sein dezidierter Ansatz beim religiösen Erleben seinen Ruf in die Theologen-Hochburg Marburg verhindern würde: „Ich rechne, daß, da ich durch mein Heiliges in Marburg wohl einigermaßen unmöglich geworden bin, Wobbermin, der so wie so der Nächste sein würde, hinkommen würde." (zit. bei Kraatz 2014, 3)[3] Er blieb jedoch als Professor in Marburg, bis ihn seine prekäre Gesundheit bereits 1929 mit 60 Jahren in den Ruhestand treten ließ. Depressionen, eine Morphiumabhängigkeit infolge einer Schmerzbehandlung und ein schwerer Sturz führten zu einer Einweisung in die Psychiatrie, wo er am 6. März 1937 verstarb.

Grenzgänger war Rudolf Otto aber auch als einer der großen Reisenden unter den Theologen, und dies zu einer Zeit, in der diese Wissenschaft vor allem in Bibliotheks- und Quellengelehrsamkeit bestand: England, Griechenland, Athos und Korfu, Nordafrika und Teneriffa, Naher Osten und Ägypten, Indien und Ostasien bis nach China und Sibirien, Indien und Vorderer Orient u. v. a. Islam, Hinduismus und Buddhismus in verschiedenen Ausprägungen, die Religionen Japans und Chinas ebenso wie Anglikanismus, römischen Katholizismus, koptische Kirche und griechische und russische Orthodoxie (manifestiert u. a. in seiner Teilnahme an der Zweiten Weltmissionskonferenz in Konstantinopel) kannte er aus eigener Anschauung. Darum sind auch seine wichtigsten literarischen Gattungen nicht bloß Monographie und Textanalyse, sondern ebenbürtig Reisebericht und -tagebuch, Brief und journalistischer Beitrag (u. a. als regelmäßiger Kolumnist in ,Die Christliche Welt'). Noch mehr als in seinen wissenschaftlichen Fachbeiträgen kommt darin methodisch seine typische Mischung aus Aufmerksamkeit für das Sich-Zeigende, Fremde und Erstaunliche mit einer deutenden Beschreibung zum Vorschein. Sein feines ästhetisches Gespür führte ihn auch zu Überlegungen zu Kunst, Bild, Musik und Gottesdienst (Kraatz 2014, 5).[4]

Ebenso begnügte er sich seit den 20er Jahren nicht mit einer rein wissenschaftlichen Tätigkeit, sondern engagierte sich für die Verständigung der Religionen im von ihm 1920 gegründeten ,Religiösen Menschheitsbund', einer Art Völkerbund aus den sittlichen Quellen der Religionen. Bei allen Verschiedenheiten sollte dieser den Religionen helfen, die großen Aufgaben der Menschheit gemeinsam zu schultern – ein Anliegen, das Otto schon lange beschäftigt hatte und ihn bereits 1913 auf den Weltkongress für ,Freies Christentum und religiösen Fortschritt'

[3] Während Gustav Adolf Jülicher zehn Jahre später beim 400-jährigen Fakultätsjubiläum Ottos Bedeutung uneingeschränkt würdigte, geriet er doch bald angesichts des aufgehenden Sterns Martin Heidegger und der rasanten Durchsetzung der Vorrangstellung der Dialektischen Theologie etwa bei seinem Kollegen Rudolf Bultmann in eine Abseitsposition (Kraatz 2014, 4 f.).

[4] Vgl. Wiefel-Jenner (2011, 874–885).

geführt hatte. Bei diesem Engagement verstand er sich jedoch stets als evangelischer Theologe und nie fachspezifisch als Religionswissenschaftler. Seine Sanskritkenntnisse blieben zeitlebens eher mäßig, obwohl er sich gerne als Übersetzer außerchristlicher religiöser Quellen insbesondere des Hinduismus (hier vor allem zur Bhagavad-Gita 1934–1936 und der Katha-Upanishad 1936) betätigte, das 15-bändige Werk ‚Quellen der Religionsgeschichte' herausgab und ab 1927 in Marburg eine umfangreiche ‚Religionskundliche Sammlung' betrieb, was ihm im Marburger Milieu manche spitz-abschätzige Bemerkung eintrug: „Im Hause Bultmann fiel, wie eine der Töchter Bultmanns erzählt, Rudolf Ottos Name nur dann, wenn man sich, zum Beispiel bei gemeinsamen Mahlzeiten, über die ‚Religionskundliche Sammlung' als Ottos ‚Götzentempel' amüsierte." (zit. nach Kraatz 2014, 5).[5]

So blieb auch seine Rezeption schillernd: in der deutschsprachigen evangelischen Theologie überlagert von der zwischen 1920 und 1950 weithin tonangebenden Dialektischen Theologie und vor allem bei Karl Barth und Rudolf Bultmann eher als verstörender Gegner denn als mögliche Brücke zum Phänomen des Religiösen angesehen, während insbesondere die angelsächsische Theologie und Religionswissenschaft ihn als Klassiker anerkannt hat. In der katholischen Theologie wird er seit Jahrzehnten erstaunlich freundlich aufgenommen – mit einem ungebrochen breiten Interesse auch in Ländern wie Italien –, allerdings allzu häufig nur mit einigen Schlagworten mehr zitiert denn gründlich verstanden.

Grenzgänger war er auch, insofern sein Denken zwar einige Konstanten, zugleich aber thematisch und positionell deutliche Verschiebungen aufweist. So ist sein Interesse, ja die Faszination an außerchristlichen Religionen erst allmählich gewachsen, und noch auf seiner ersten großen Reise nach Korfu und Griechenland 1891 befasste er sich kaum mit religiösen Äußerungen. Umgekehrt dominierte dann das Eigenständige des religiösen Apriori so stark, dass das Ethische zunächst – und das gilt auch noch besonders für ‚Das Heilige' von 1917 – nur als späterer Zusatz zum religiösen Urerlebnis verstanden wurde. In späteren Jahren dagegen trat es wieder in den Mittelpunkt seiner Aufmerksamkeit. „Das ethische Problem tritt für Otto mit dem Wichtigwerden religionsgeschichtlicher Überlegungen in den 20er Jahren auch wohl deswegen hervor, weil er der Meinung war, daß die Unterschiede der Religionen vor allem auf dem ethischen Sektor lägen und hier aufzusuchen seien." (Ratschow 1995, 561).[6]

Grenzgänger werden rasch auf Einzel-, vielleicht gar Extrempositionen festgelegt, aber die ihm selbst so liebe „Kontrast-harmonie" (Otto 1963, 56) stellt bei

[5] Kraatz (2014, 5). Bultmann hat sich allerdings intensiv und kritisch mit dem Denken seines Kollegen Otto auseinandergesetzt (Wittekind 2014, 235–250; Beyer 2013; Lattke 1985, 353–360).

[6] Steven Ballard hat die engen Verbindungen zwischen Ottos theoretischer Grundlegung des religiösen Aprioris und seinem praktischen Engagement nachgezeichnet, die vom Religionsdialog bis zur Erneuerung des Gottesdienstes reichen. Zu Ottos Hinwendung zum Ethischen in der Erfahrung des Heiligen vgl. Ballard (2000, 141–144).

seinem Werk vor eine anspruchsvolle Aufgabe. Ein solches gründliches Verstehen kann an dieser Stelle nur punktuell geschehen, nämlich in einer Rekonstruktion des Gedankengangs von Ottos Schlüsselwerk ‚Das Heilige' und seinen denkerischen Kategorien vor allem im Verhältnis zu Fries und seinen Bezügen zu Theologie, Philosophie und Religionswissenschaft. Dazu soll die innere Struktur des Werkes herausgearbeitet werden, in der man Anknüpfung und Weiterentwicklung vor allem des Fries'schen Denkens erkennen kann. Dabei soll sich zeigen, wie Rudolf Ottos Hauptwerk ebenso unverkennbar geprägt ist von einer Auseinandersetzung mit Kant und mehr noch mit Jakob Friedrich Fries und seiner genuinen Bedeutung von Gefühl und Ahnung, verstärkt durch Schleiermacher, der in Ottos Verständnis vor allem für ein spezifisch religiöses Gefühl als Zugang zum Heiligen steht. Dies geschah jedoch nicht bloß in Schreibtischarbeit, sondern wurde entscheidend beflügelt durch seine hohe Aufnahmefähigkeit für Erfahrungen, Ideen und Anregungen auf seinen Reisen und seinem Studium nicht christlicher Religionen ebenso wie der Vielfalt des Christlichen. Dieser Zugang über eine persönliche religiöse Erfahrung – wohl auch ein spätes Erbe der pietistischen Prägung – ist für Otto so unersetzlich, dass er seine Hinführung zum Phänomen des Numinosen in ‚Das Heilige' provokativ beginnen kann: „Wir fordern auf, sich auf einen Moment starker und möglichst einseitiger religiöser Erregtheit zu besinnen. Wer das nicht kann oder wer solche Momente überhaupt nicht hat, ist gebeten nicht weiter zu lesen" (Otto 1963, 8). Freilich ist dieser Ansatz bei der eigenen Erfahrung alles andere als ein Subjektivismus und damit auch kein Verzicht auf jede rational-wissenschaftliche Beschäftigung mit dem Religiösen. Vielmehr folgt er hier ganz Jakob Friedrich Fries, nach dem die Gegebenheit des Religiösen und überhaupt des Wertmäßigen im Bewusstsein einen eigenen Zugang zu den damit verbundenen Wirklichkeiten eröffnet, der nicht auf einen Zugang wie in den theoretischen Wissenschaften zurückführbar ist.

Damit erhält alle Beschäftigung mit der Religion jedoch von vornherein eine individuelle und nicht einfach auf Allgemeinsätze reduzierbare Gestalt. Das macht viele der in ‚Das Heilige' vertretenen Positionen aus der Sicht einer professionalisierten Religionswissenschaft, -psychologie und -phänomenologie sowie Ethnologie angreifbar, verstärkt noch durch Ottos sehr thetischen Denkstil, der sich kaum mit konkurrierenden Auffassungen auseinandersetzt. Die irreduzible Individualität religiösen Erlebens wird vielmehr in ihrem Mehrwert erkannt: „Hier ist doch ohne weiteres die Möglichkeit, ja Notwendigkeit gegeben, das Ewige individuell und qualitativ eigen zu erleben, aufzufassen und zu beziehen. *Wie,* das zeigen Erfahrung und Geschichte." (Otto 1909, 125) Noch einmal, damit behauptet Otto keine Beliebigkeit, und Theologie ist für ihn mehr als die Zusammenstellung von Erfahrungsberichten. Wohl aber gibt es ihm die Gelegenheit, das Religiöse in der Mannigfaltigkeit der Religionsgeschichte zu würdigen und nicht auf eine apriorische Gestalt der einen Vernunftreligion zu reduzieren.

Dieses gewissermaßen Fluide seines Werkes – wohl auch ein Spiegel eines hochsensiblen, Gefühl und Intuition auch persönlich eine hohe Bedeutung zumessenden Charakters – hat ihm in der Wissenschaftszunft nicht überall Freunde gemacht. Vielleicht irritierte auch einfach, dass er kaum in die üblichen Kategorien zu bringen war: War er Religionsphilosoph (wofür manches spricht) oder Religionsphänomenologe, Hochschullehrer und systematischer Theologe oder eher Populärwissenschaftler mit Sendungsgefühl (schon die Alternative scheint bei Otto zu kurz zu greifen); politisch rechtsliberal als Mandatsträger im Preußischen Landtag Abgeordnetenhaus 1913 bis 1918 und nach dem Krieg in der Preußischen Nationalversammlung oder eher linksliberal wie Leonard Nelson und auch sein Marburger Weggefährte Wilhelm Bousset, Religionskundler oder Produkt des Kolonialismus[7]; Aktivist in der Verständigung der Religionen oder religionssensibler Verteidiger des Christentums als Höhepunkt der Religionsgeschichte?

‚Das Heilige'

Die Eingebung zu ‚Das Heilige', seinem berühmtesten Werk von 1917, ist Rudolf Otto nach eigener Aussage aus einem Brief an den Marburger Professor Martin Rade und veröffentlicht in ‚Die christliche Welt', in einer armseligen Synagoge Marokkos in Mogador (heute Essaouira in Tunesien) bei einer Reise 1911/12 gekommen. Da wurde das Trishagion, das ‚Heilig, heilig, heilig' bei Jesaja, also der Gesang auf den allheiligen Gott, angestimmt, und mit diesem Aufblick zum unnahbaren Gott war an diesem äußerlich so unscheinbaren Ort der Ganz Andere da und alle irdische Niedrigkeit vergessen (Otto 1996, 61–63).[8] ‚Das Heilige' ist ein Klassiker der Religionswissenschaft geworden, und das zurecht, denn man sollte seine 200 Seiten gelesen haben und beim Stichwort Otto nicht nur das Schlagwort im Kopf haben: Das Heilige ist das ‚mysterium tremendum et fascinosum'. Schon allein, weil sich diese griffige Formel so gar darin nicht findet. Vielmehr geht er im ersten Teil seines Buches sechs verschiedene „Momente des Numinosen" durch, worunter das ‚tremendum', das Schauervolle, und das ‚fascinosum', das Anziehende, nur zwei sind. Überhaupt ist seine Methode induktiv – ein Erbe aus seiner Rezeption von Jakob Fries, wie noch zu zeigen sein wird. Otto gibt nicht eine Idee vor, schon gar nicht die der Dialektik von zitterndem Abstand und faszinierender Anziehung, noch viel weniger die ebenfalls mit dem Heiligen gern verbundene Idee der strikten Trennung von ‚Heilig' und ‚Profan' (dies ist vielmehr zentral in Emile Durkheims fünf Jahre zuvor erschienenem Klassiker ‚Les formes élémentaires de la vie religieuse'), und ebenso wenig die der kultischen Reinheit (einschließlich von Sexualtabus, den Lieblingskindern mancher Religionswissenschaft). Der evangelische Theologe und Religionskundler Otto schreitet lieber mit der ihm eigenen Intuition und Beobachtungsgabe bestimmte Elemente des religiösen Judentums, Christentums und der von ihm besonders geschätzten Religionen

[7] So der neuere Vorwurf etwa bei Alles (2007, 29–51), Murphy (2007, 7–27), portugiesisch 2018.

[8] Vgl. Schüz (2013, 22 f.).

Indiens ab, er beobachtet als Religionsphänomenologe ebenso wie als Philologe und Kenner der einschlägigen Sprachen des alten Orients und Indiens. Doch allem voran geht seine Urintuition, die er später auch (in Anschluss und Überbietung von Friedrich Schleiermacher anführt) als Divination oder auch präziser mit Fries und im Deutsch der Klassiker als ‚Ahndung'[9] kennzeichnet, auf das Numinose selbst (Kap. 2). Was meint er damit? Es ist etwas spezifisch Religiöses, ein einzigartiges Gefühl, und es „lebt in *allen* Religionen als ihr eigentlich Innerstes und ohne es wären sie garnicht Religion" (Otto 1963, 6). Es geht über eine rational-diskursive Bewältigung der Welt hinaus, man kann es nicht definieren, wohl aber auf entsprechende Erfahrungen aufmerksam machen und sie zu beschreiben versuchen. Es ist das, was „im unsagbaren Geheimnis über aller Kreatur ist" (Otto 1963, 14).[10] Dies näher zu beschreiben leistet Otto in den fünf Momenten des Numinosen (Otto 1963, Kap. 3, 4, 5, 6, 7, 8 und 9), die allerdings hauptsächlich, wenn auch nicht ausschließlich an biblischen Belegen[11] entwickelt werden.

1. Das Kreaturgefühl, die Abhängigkeit (deutlich knüpft er hier an Schleiermachers Reden über die Religion an, geht aber deutlich darüber hinaus, insofern das Gefühl für das Heilige „zweifellos *zuerst* und *unmittelbar* auf ein *Objekt außer mir* geht", Otto 1963, 11). Das Heilige wird also in einer überwältigenden Realität und Gegenwart wahrgenommen, und das erst löst das Gefühl der eigenen Kleinheit und Abhängigkeit aus, bis hin zur typisch religiösen Demut als einer „Abwertung des erlebenden *Subjektes* hinsichtlich seiner selbst" (Otto 1963, 2).
2. Mit dem *mysterium tremendum* kommt Otto zum Kern des Heiligen, das er mit vier Schlüsselbegriffen anzunähern versucht:

   - das Schauervolle, etwa im „Gottesschrecken" von Ex 23,27, auch in einer „dämonischen Scheu" (Otto 1963, 17), einem „Unheimlich-furchtbaren"

[9] Schlüsseltext zu Ottos Verständnis dieser Fries'schen Kategorie ist Otto (1909, 73–84). Daraus geht auch der Rückbezug auf Kants Rekonstruktion des ästhetischen Urteils in der „Kritik der Urteilskraft" hervor (Otto 1909, 75; vgl. Korsch 2014, 295–306).

[10] Diese Aussage hat eine bemerkenswerte Analogie in der „Kant-Fries'schen Religionsphilosophie": „Religion ist selber Erleben des Geheimnisses schlechthin; nicht eines Geheimnisses, das nur eins für die Nichteingeweihten wäre, für höhere Grade aber aufgelöst würde, sondern das fühlbare Geheimnis alles zeitlichen Daseins überhaupt und das Durchscheinen der ewigen Wirklichkeit durch den Schleier der Zeitlichkeit für das aufgeschlossene Gemüt. Hier ist die Wahrheit, die allem ‚mystischen' Ueberschwang und Phantasiespiel zu Grunde liegt, und der Sitz des Mystischen selbst in aller Religion" (Otto 1909, 123). Katholische Theologen werden hier an die überraschende Nähe zu Karl Rahners Mystagogie denken, mit dem er auch den Sinn für das Mysterium, für die religiöse Erfahrung und deren Überschuss gegenüber seiner begrifflichen Fassung teilt. Löhr (1993, 134) betont den appellativen, die religiöse Erfahrung des Einzelnen aufrufenden Charakter von Ottos Konzeption der Erfahrung des Numinosen; ansonsten erscheint Löhrs Darstellung und Kritik Ottos nicht durchgängig zutreffend.

[11] Zur Berechtigung und Grenze von Ottos Zugang zum Numinosen in AT und NT vgl. Feldmeier (2014, 81–94).

(Otto 1963, 19) und einem Grauen, welches nichts Geschöpfliches einflößen kann, etwa in Hi 9,34; 13,21, oder auch im „Zorn Gottes" (Otto 1963), machtvoll sichtbar[12];

- das Übermächtige *(maiestas)* der „schlechthinnigen Übermacht" (Otto 1963, 23), auch im Bewusstsein einer Allursächlichkeit des Heiligen, dem die eigene Ohnmacht entspricht;
- das Energische, das sich bereits im Zorn Gottes äußerte und dem im Menschen das Eifern für Gott und das Heilige entspricht („Der Eifer um dein Haus hat mich *gefressen*", Otto 1963, 22 mit Ps 66,10);
- das Mysterium des Ganz Anderen, das auf einer „primitiven" Stufe anhebt als Befremdliches (*mirum*), das Sich-Wundern und Erstaunen *(stupor)* auslöst, das dann aber grundsätzlicher als Paradox und als das Antinomische, also scheinbar Widervernünftige (Otto 1963, 35 f.), erlebt wird.

3. Das Heilige hat nun andererseits auch „offenbar zugleich etwas eigentümlich *Anziehendes,* Bestätigendes, *Faszinierendes,* das nun mit dem abdrängenden Momente des tremendum eine seltsamer Kontrast-harmonie tritt" (Otto 1963, 42; ausführlicher dazu 56 f.). Hier, im sechsten Kapitel, entfaltet sich nun eine gewisse Berechtigung des Schlagwortes vom „mysterium tremendum et fascinosum". Denn das Numinose zieht den Menschen an, so sehr, dass es bis zur mystischen Verschmelzung mit ihm kommen kann. Darin bemüht „der Religiöse sich des Mysteriösen selbst zu bemächtigen, sich mit ihm zu erfüllen, ja sich mit ihm zuvor selbigen" (Otto 1963, 44). Das Heilige löst eine unbeschreibliche, unvergleichliche Beseligung aus. Es kennt ein Mehr gegenüber bloßer Liebe und Vertrauen. Überschwang, Ekstase und nicht in Begriffe zu fassende Freude sind ihr Kennzeichen. „Wer's aber gefunden hatte, wird staunen. Und staunend wird er König sein" (Otto 1963), so zitiert Otto das Hebräerevangelium.
4. Ein weiteres Element am Numinosen ist das Unheimliche, das Ungeheure. Denn das Heilige ist ganz jenseits aller räumlichen Fassungskraft, es ist ungeheuer, unfasslich und befremdend-anders, wie Otto Goethe zitiert (Otto 1963, 54 f.).
5. Als letztes Moment des Numinosen nennt Otto das ‚sanctum', das ‚augustum'. Angesichts des Heiligen erfährt sich der Mensch als unheilig, unrein und sündig. „Herr, geh weg von mir, denn ich bin ein sündiger Mensch", bricht es aus Petrus angesichts der Göttlichkeit Jesu, die sich im reichen Fischfang offenbart,

[12] Um diesen geradezu provozierenden Einsatz des Buches zu verstehen, ist es unerlässlich, ihn im Kontext der Erschütterung der Kriegserfahrung zu lesen. So hat es Otto selbst in einem Brief ausgedrückt: „Die Beziehung des Buches zu dem drückenden Rätsel, das uns jetzt alle umgiebt. Ich wollte kein ‚Kriegsbuch' schreiben. Aber die Gedanken meiner Schrift sind das Einzige, was mir die furchtbare Qual der Gegenwart erträglich macht. Und die Zuflucht zu dem unsagbaren u doch fühlbaren ewigen Geheimnis, das sich uns jetzt in Hiobischer Größe auftut, ist wol der einzige Trost u Kraftquell, der uns bleibt. Ich möchte wol, daß das einmal jemand deutlich ausspräche [...]" (23.12.1916/UB Marburg: Ms. 797/816, zit. in: Kraatz 2014, 15).

> hervor (Lk 5,8). Hier ist auch der eigentliche Ort für den Gegensatz von Heiligkeit und Profanität aller Welt. ‚Du allein bist der Heilige', bekennt der Mensch, und er erkennt sich eben nicht bloß in einer sittlichen Verfehlung und einer Übertretung göttlicher Gebote, sondern als Sünder überhaupt, als Unheiliger, der Sühne und Weihe nötig hat.

Sind diese eher steilen Thesen aus exegetischer Sicht schlüssig? Etienne Ellis bejaht dies.[13] Zum einen weist er Ottos Einfluss in verschiedenen exegetischen Darlegungen der Vorstellung von der Furcht Gottes in der alttestamentlichen Weisheitsliteratur nach. Zum anderen behandelt er exemplarisch die Furcht Gottes in zwei Schlüsselstellen, nämlich den Hymnus auf die allmächtige Weisheit Gottes in Hi 37,14–24 (mit Bezug von Gottes Macht, Gericht und undurchschaubarer Lenkung der Welt zu Ottos *tremendum*) und das „Alles hat seine Stunde" in Koh 3,1–7 (anders als in Ottos Idee des Heiligen von manchen Exegeten allerdings im Sinn eines Abstandes zu Gott und von anderen als Angst aufgrund der Undurchschaubarkeit des Weltenlaufs ausgelegt). Dies ist insofern auffällig, als es sich bei beiden bereits um spätere, hochreflexive Texte mit einer längeren Denkgeschichte zum Gottesbild handelt. Gerade in beiden Passagen aber zeige sich, wie die Unmöglichkeit, Gottes Geheimnis, sein Wesen und Handeln, zu verstehen, eng mit der Furcht Gottes verbunden sei. Zeitgenössische Exegeten scheinen bei ihrer Auslegung der Stellen aber nur selten direkt auf Otto zurückzugreifen.

Rationales und Irrationales

Mit dem zehnten Kapitel beginnt ein zweiter Teil des Buches ‚Das Heilige'.[14] Darin verlässt Rudolf Otto die paradigmatische Behandlung des Numinosen und wendet sich der grundsätzlichen Frage nach dem Ansatzpunkt des Religiösen im Menschen zu. Nun spricht deutlicher der systematische Theologe, wenn auch in einem gewissen Kontrast zur wenig systematisch-durchstrukturierten Anlage der weiteren Kapitel. Darin bemüht sich Otto, das Heilige wenn auch nicht begrifflich zu fassen, so doch Strukturgesetze seiner Erscheinung, seiner Wirkung auf den Menschen und seiner Entwicklung in der Religionsgeschichte und speziell in Juden- und Christentum auszumachen. In diesem Zusammenhang wendet Otto sich ausdrücklicher der Leitfrage seines Buches zu, die im Untertitel zum Ausdruck kommt: „Über das Irrationale in der Idee des Göttlichen und sein Verhältnis zum Rationalen". Deutlicher als im ersten Teil tritt nun auch die Fries'sche Prägung zutage:

---

[13] Vgl. dazu den Ertrag einer Masterarbeit an der Universität Stellenbosch: Ellis (2014, 14–24; 2015, 53–69).

[14] Dass dieser zweite Teil durchaus in Kontinuität zum ersten steht, hat gegen viele Kritiker überzeugend Philip C. Almond (1983a, b, 52–67, bes. 52–54) nachgewiesen.

> Wir meinen mit „rational“ in der Idee des Göttlichen dasjenige was von ihr eingeht in die klare Faßbarkeit unseres begreifenden Vermögens, in den Bereich vertrauter und definibler Begriffe. Wir behaupten sodann, daß um diesen Bereich begrifflicher Klarheit her eine geheimnisvoll-dunkle Sfäre liege, die nicht unserem Gefühl wohl aber unserem begrifflichen Denken sich entziehe und die wir insofern ‚das Irrationale‘ nennen. (Otto 1963, 76)

‚Rational‘ würde hier also den Bereich der reinen (theoretischen), diskursiv in geklärten Begriffen vorgehenden Vernunft bezeichnen, ‚irrational‘ dagegen die von Fries davon klar geschiedene Sphäre des im Gefühl (‚Ahndung‘) Zugänglichen. Otto selbst hat dabei die eigene Rolle als Theologe als die einer rationalen Durchdringung der tief in den Religionen verwurzelten irrationalen Elemente verstanden.[15] Vielleicht wäre es jedoch von vornherein angemessener gewesen, hier von zwei Arten der Rationalität zu sprechen. Zumindest die vorneuzeitliche Theologie sah nämlich die Mystik als Vollendung der Vernunft gerade in ihrer Selbstüberschreitung an. Der von Otto eigens erwähnte ‚sensus numinis‘ war dieser alten Theologie bestens unter verschiedenen Bezeichnungen und in verschiedenen Denksystemen vertraut, von denen wohl das bekannteste die negative Theologie ist. Diese bezeichnete aber keinesfalls als ‚irrational‘ jenen Bereich, der die menschliche Vernunft überschreitet (*praeter,* ja *contra rationem*), auf den diese als geschöpfliche Vernunft jedoch gerade angelegt ist. Otto folgt dieser großen denkerischen Tradition im Gefolge von Fries. Dieser machte sich eine eigenständige Weiterführung Kants zur Aufgabe: „Wer folglich in einer konsequenten Weise weiter für die Philosophie arbeiten will, der wird nur die von Kant angefangene Spekulation weiter fortzuführen haben.“ (Fries 1804, IX f.)[16] In diesem Sinn verstand Fries Kants Vernunftideen Gott, Freiheit und Unsterblichkeit nicht als transzendentalen Schein, sondern als echte Gegenstände rationaler, aber

---

[15] 1932 stellte Otto im Geleitwort zur englischen Ausgabe seiner „Kant-Fries'schen Religionsphilosophie“ klar: „On no account do I wish to be considered a ‚non-rationalist‘. In all religion, and in my own religion, I indeed recognise the profundity of the non-rational factor; but this deepens my conviction that it is the duty of serious theology to win as much ground as it can for Ratio in this realm“ (zit. bei Schütte 1969, 123; vgl. Almond 1983a, b, 347). Almond macht als wichtige, aber eigenständig und selektiv verwendete Quellen Nikolaus von Zinzendorfs Pietismus, Friedrich Schleiermachers Würdigung der nicht-rationalen Elemente und des Gefühls in der Religion und Nathan Söderbloms Schlüsselstellung des Heiligen in der Religionsgeschichte aus, daneben – in Nähe und Abgrenzung – Wilhelm Windelband [das Heilige als metaphysische Verankerung von Wertaussagen], Wilhelm Wundts „Völkerpsychologie“ mit ihrem Interesse an „primitiven“ religiösen Formen und Ernst Troeltschs autonomes religiöses Apriori. Doch der eigentliche philosophische Gewährsmann Ottos bleibt Jakob Fries (vgl. zu den eigenständigen Erkenntnisformen von Wissen, Glauben und „Ahndung“, Fries 1931, 63 f.; zur negativen Theologie im Anschluss an Fries vgl. Almond 1983a, b, 56 f.).

[16] Nelson (1905, 236–319) zeichnet ausführlich Nelsons Sicht auf Fries' für ihn deutlich unterschätzte Stellung in der neueren Philosophie nach, worin er ihn als mit Kants transzendentaler Methode durchaus kompatibel nachweisen möchte. Dabei führe Fries jedoch aus einzelnen Widersprüchen und Aporien Kants heraus, etwa dass der Verstand die Synthesis der Begriffe vornehme, die er zuvor selbst aufgelöst hat (Nelson 1905, 310). Zu Fries' eigener Anschauung seiner Stellung in der neueren Philosophiegeschichte vgl. Fries (1840, 493–573, zu Kant).

überwissenschaftlicher Erkenntnis, die durch „Ahndung" zugänglich sind. Dabei müssen jedoch die zeitlichen Kategorien negiert werden, so dass die bloße Existenz dieser Vernunftideen sicher gewusst wird, nicht aber ihr Wesen. Leonard Nelson hat diese Fries'sche Auffassung präzise herausgearbeitet:

> Hier erhalten wir eine von der Kantischen ganz abweichende Lehre. Zwar darin hatte Kant richtig gesehen, daß die Grundbegriffe der Religionsphilosophie in den Ideen von Gott, Freiheit und Unsterblichkeit liegen. Aber er hatte die richtige Begründung für die Realität der Ideen nicht finden können infolge seiner falschen Lehre vom transzendentalen Schein und der darauf beruhenden Deutung der Ideen als regulative Prinzipien der Naturwissenschaft einerseits und als Postulate der praktischen Vernunft andererseits. Fries zeigt, daß, richtig verstanden, diese Begriffe nichts anderes sind als die Ideen des Absoluten, die sich ergeben, wenn wir die dem Moment der Relation angehörenden Kategorien – Wesen, Ursache und Gemeinschaft – durch die Idee der Negation der Schranken der Naturform unserer Erkenntnis schematisieren. (Nelson 1977, 716f.)[17]

Diese Erschließung des ‚Dass', nicht aber des ‚Was' durch Negation empirisch aus weltlicher Anschauung gewonnener Begriffe ist aber ein Schlüsselverfahren der negativen Theologie.

Etwas problematisch bleibt Ottos Schwanken zwischen dem objektiven und dem subjektiven Charakter des Heiligen, also zwischen einem besonderen Gefühl, einer Anschauungsform und einem besonderen Urteilsvermögen und dem realen, seinshaften Charakter des Heiligen selbst (ein ‚Objekt außer mir'), also letztlich der Wirklichkeit Gottes. Letztlich bleibt Otto nämlich – ganz entgegen seiner Phänomenologie des Numinosen, die die überwältigende objektive Realität des Heiligen so deutlich vor Augen führte -, nun wieder im Gefolge Kants[18], den er etwa in seinem Werk ‚Kantisch-Fries'sche Religionsphilosophie und ihre Anwendung auf die Theologie' von 1909 eingehend studiert hat (Otto 1909)[19], bei dem Heiligen als einer ‚Kategorie a priori' stehen (so vor allem Kap. 16 bis 20); der Begriff des religiösen Apriori wurde von Ernst Troeltsch 1904 gebildet, aber hier von Rudolf Otto in deutlicher Alternative zu ihm entwickelt (Braeunlich 1978; Aguti 2007;

---

[17] Vgl. Nelson (1977, 716–726).

[18] Wie Ottos eigentliche Kant-Rezeption in ‚Das Heilige' aussah, kann hier nicht näher untersucht werden; vgl. aber Tribuljak (2000), der in seiner Dissertation ausführlich den erkenntnistheoretischen und den praktischen Teil der Kantisch-Fries'schen Religionsphilosophie darstellt und Ottos Weiterbildung derselben skizziert; vgl. außerdem Almond (1983a, b, 52–67). Es würde auf jeden Fall zu kurz greifen, dass das Heilige für Otto nur subjektiver Bewusstseinsinhalt ohne objektive Wirklichkeit sei. Auch wenn er dabei auf Kants Synthesis *a priori* zurückgreift und die Gegebenheit des Heiligen allein im Bewusstseinsinhalt erkennt – bis dazu hin, dass ihm jede Rede über das Heilige ohne ein entsprechendes persönliches Erlebnis sinnlos erscheint, zeigt sich für ihn darin doch ein Affiziertsein durch eine bewusstseinstranszendente Wirklichkeit (‚Reiz'). Dennoch ist andererseits die konkrete Äußerung einer religiösen Erfahrung auch wieder ‚Produktion' dieses Bewusstseins.

[19] Sehr viel später, aber weiterhin deutlich vom Fries'schen Schema geprägt, ist Otto (1932); vgl. außerdem Otto (1923).

Otto 1899, XXXIX).[20] Freilich überschreitet er mit Fries auch wieder bis an die Grenzen des kantianisch Denkbaren (einschließlich der problematischen Scheidung von Sein und Wert, d. h., dass das Heilige für ihn ein Wert- und kein Seinsbegriff ist), insofern das religiöse Apriori eine Empfänglichkeit darstellt, die durch eine eigentliche Begegnung mit dem Heiligen, also ein objektives Widerfahrnis, erst aktualisiert wird.

Otto, Fries und der Nelsonkreis

An dieser Stelle bietet sich ein näherer Blick auf die Bedeutung des Nelsonkreises für Otto an. Denn nur in Ottos Auslegung der Fries'schen Philosophie wird dieses Verständnis des irrationalen Charakters verständlich. Wie Kay Herrmann in der Einleitung zu diesem Band darlegt, hat Leonard Nelson 1903 Rudolf Otto als einen der Gesprächspartner dieses Kreises genannt. Otto war Mitglied der J. F. Fries-Gesellschaft, und Nelson bemühte sich sehr um seine Mitarbeit (Blencke 1978, 199–208).[21] Das ist alles andere als selbstverständlich, legte Nelson doch ansonsten größten Wert auf die Freiheit von kirchlich-religiösen Bindungen und drängte die Mitglieder dazu, ihre Kirche zu verlassen. Doch Otto hat Fries keineswegs erst durch diesen Kreis kennengelernt, und seine Zugänge zu ihm sind früher und ganz eigenständig. Es geht Rudolf Otto um eine genuin religionsphilosophische Begründung eines vor der kritischen Vernunft verantwortbaren Zugangs zum Christentum und – mit den Jahren immer mehr – zum Phänomen der Religion als einer genuinen, nicht aus anderen Realitätssphären ableitbaren Wirklichkeit. Anders gesagt ging es um Fundament und Eigenrecht der Theologie. Dafür stand bereits Fries' Zeitgenosse und Freund Wilhelm Martin Leberecht de Wette, dem Otto denn auch den zweiten Teil seiner Fries-Monographie widmete, und in seiner Nachfolge Albrecht Ritschl und sein Sohn Otto Ritschl mit ihrer strikten Trennung von spekulativer Theorie und Wissenschaft und praktischer, auf Werterkennen ausgehender ‚Ahnung' und Glauben (Fries 1967–1978, IX, XII).[22] Diese Trennung war auch Nelson vertraut (Nelson 1908, 283–303)[23], aber Otto hat sie nicht erst

[20] Vgl. Braeunlich (1978) (Kritik des Versuchs beider, Theologie durch Rückgriff auf den Religionsbegriff neu zu begründen); Aguti (2007); Otto selbst spricht vom religiösen Apriori bereits 1899 (1899, XXXIX).

[21] Blencke (1978, 199–208) erwähnt einen Briefwechsel zwischen Nelson und Otto.

[22] So die Fries-Herausgeber Gert König und Lutz Geldsetzer in Fries (1967–1978, IX). Sie schließen mit der markanten Vorhersage: „In der religionsgeschichtlichen Schule hat die Religionsphilosophie von Fries bei Wilhelm Bousset, in der modernen Religionsphänomenologie bei Rudolf Otto Nachfolge gefunden, und vielleicht steht ihre eigentliche Zukunft noch aus, da dem modernen Bewußtsein nach so vielen mehr oder weniger gescheiterten Apologien des Religiösen fast nur noch eine Verbindung zum Ästhetischen Tragfähigkeit versprechen dürfte" (Fries 1970, XII). Zu Ottos Lesart de Wettes vgl. Iff (2014, 191–202).

[23] Unmittelbare Parallelen zu Rudolf Otto kann man etwa finden in Nelson (1908); vgl. Djuvara (1906).

über ihn kennengelernt, sondern aus der eingehenden Beschäftigung mit Fries entwickelt. Erstmals greifbar wird sie in seiner programmatischen Schrift ‚Naturalistische und religiöse Weltansicht' von 1904 (Otto 1904).[24] Die Suche nach einer eigenständigen, ursprünglichen Begründung des Religiösen beschäftigte ihn schon früher, insbesondere 1899 in seiner Auseinandersetzung mit Friedrich Schleiermacher, dessen Schlüsselbegriff zur Begründung der Religion, das ‚Gefühl der unbedingten Abhängigkeit', er in produktiver Einseitigkeit als Eröffnung eines eigenen Sinnes für das Göttliche versteht, sowie zumindest dem Anliegen nach bereits in seiner Heilig-Geist-Schrift zu Luther von 1898 (Otto 1898).[25] Der ‚evangelische Kirchenvater des 19. Jahrhunderts' Schleiermacher sei dabei nach Otto freilich auf halbem Wege stehengeblieben, und darum müsse der eingeschlagene Pfad auch konsequent fortgesetzt werden. ‚Das Heilige' fasst diesen Ansatz prägnant zusammen:

> Aber die Sache selber ist doch eben trotz aller Ähnlichkeiten und Analogien in sich qualitativ anders als solche analogen Gefühle. Auch Schleiermacher unterscheidet ja selber nachdrücklich das Gefühl *frommer* Abhängigkeit von allen anderen Abhängigkeitsgefühlen. Aber eben doch nur als das ‚schlecht-hinnige' von bloß bezüglichen: das heißt, er unterscheidet es nur als das absolute vom relativen, als das vollendete vom gradweisen, aber nicht durch eine besondere Qualität. Er übersieht daß wir eigentlich doch nur eine *Analogie* zur Sache selber im Auge haben, wenn wir es Abhängigkeitsgefühl nennen. (Otto 1963, 9)

Auf dieser Grundlage lässt sich auch verstehen, dass ‚Das Heilige' nicht mehr und nicht weniger ist als ein Anwendungsbeispiel des grundsätzlich und philosophisch mit dem Fries'schen Ahndungsbegriff Entwickelten. Otto sagt es selbst, aber man überliest es leicht: Es gelte, die Augen nicht zu verschließen „vor dem ganz Eigenen des religiösen Erlebens wie es sich auch in seinen primitivsten Äußerungen schon regt" (Otto 1963, 4). Angesichts dieser Forderung eröffnet er nun die eigentlich inhaltliche Betrachtung in seinem Klassiker mit dem Satz: „Wir werden dieses hier versuchen in Bezug auf die eigentümliche Kategorie des *Heiligen*" (Otto 1963, 5). So kann man dieses Werk von 1917 als Einlösung des Versprechens von 1909 sehen:

> Im Folgenden soll nun eine Einführung und Skizze dieser Religionsphilosophie im engeren Sinne versucht werden. Religionspsychologie und jene oben genannte historische Induktion sollen hoffentlich zu gelegener Zeit folgen, um mit der ersten verbunden die Basis abzugeben für eine darauf zu errichtende christliche Glaubens- und Sittenlehre. (Otto 1963, VIII)

---

[24] Eine gute Rekonstruktion des Einflusses und der Rezeption von Fries findet sich bei Almond (1983a, b, 55–57).

[25] Schleiermacher (1899), Otto (1909) eröffnet die Leitfrage der Abhandlung „Was ist Religion?" mit dem Verweis auf Schleiermachers Einsicht, dass eine Antwort auf die Frage nur als „Innenschau des Religiösen bei sich selber, die Selbstbeobachtung des religiösen Bewußtseins" ansetzen könne. Vgl. Osthövener (2014, 179–190).

Doch Otto beschränkt sich dabei nicht auf repetitive Rezeption, sondern er entwickelt die Fries'sche Einsicht in doppelter Hinsicht weiter, nämlich in Richtung einer Aufwertung der positiven Religionen in ihrer Vielgestaltigkeit und in Richtung einer echten Religionsgeschichte, in deren Rahmen Otto die Einzigartigkeit des Christentums ebenso wie seine Verbundenheit mit anderen Religionen angemessener darzustellen versucht. Hier geht Otto explizit über Fries und seine Verhaftung bei der Vorstellung von der einen, deistisch gedachten Religion hinaus.

> Soll seine Religionsphilosophie als Grundlage einer Religionswissenschaft von heute taugen, so muß sie noch eins leisten, sie muß auch einen Schlüssel geben für die Erscheinung der Religion in der Geschichte, für ihre geschichtliche Mannigfaltigkeit und Unterschiedenheit, für ihre Grade und Stufen, ihre niederen und ihre Höchsterscheinungen. (Otto 1963, 123)

Dass Otto schließlich recht unbekümmert die verschiedensten Religionen in einem gemeinsamen Urerlebnis zusammenfasst, hat ihm nicht nur die Dialektische Theologie übelgenommen. Dabei nimmt er aber dann doch unverkennbar einen christlich-monotheistischen Standpunkt ein, etwa bei der Kontrast-Harmonie von Anziehung und Abstoßung. Er lässt ihn die Vielfalt der religiösen Erscheinungen letztlich doch sehr vereinheitlichen. Heutige vergleichende Religionswissenschaft hat deshalb viele Positionen Ottos hinter sich gelassen.

Doch diese Kritik verdeckt nicht seine starke Seite, seinen wirklich entscheidenden Punkt, dass nämlich religiöse Erfahrung etwas Eigenes, Unableitbares ist, das niemals auf etwas Anderes zurückgeführt werden kann, zum Beispiel als religiöse Begründung sittlichen Verhaltens. Gerade in den ersten und einfachsten Formen von Religion ist diese urwüchsige Eigenheit des Religiösen am besten zu erkennen, etwa im dämonischen Schauer vor dem Hereinbrechen des Heiligen, das scheinbar kein Gesetz kennt und das selbst nicht an Sittlichkeit und Gerechtigkeit gebunden erscheint – das Buch Hiob, besonders das 38. Kapitel, ist für Otto dafür noch ein machtvolles Zeugnis. Erst nach und nach entwickelten sich aus diesem Urerlebnis sittliche, personale und rationale Vorstellungen von Gott und seinem Wirken (die ‚Versittlichung des Göttlichen', die für Otto seit den 20er Jahren zunehmend wichtig wird). Sie sind legitim, dürfen aber niemals ihren irrationalen, urwüchsigen Grund im Numinosen verleugnen.

Rezeption und Würdigung

Die Rezeptionsgeschichte von ‚Das Heilige' ist bewegt und in verschiedenen Disziplinen und Wissenschaftskulturen keineswegs linear. Die deutschsprachige evangelische Theologie, Ottos geistige Heimat, rieb sich an ihm, setzte auf kritische Auseinandersetzung – bekannt sind etwa die Vorwürfe des Marburger Exegeten Rudolf Bultmann gegen den angeblichen Irrationalismus Ottos, seine Ersetzung von Theologie durch Religionswissenschaft und seine Verzeichnung von Schleiermacher –, blieb jedoch weitgehend bei Vorurteilen stehen. Dies gilt insbesondere für die in den 20er Jahren rasch Dominanz erringende Dialektische Theologie, was sich in Marburg als Trend hin zu Rudolf Bultmann und Martin Heidegger und weg von Otto zeigte. Dass gerade Otto mit sicherem Gespür gewissermaßen ‚heilige Kühe' liberaler Theologie – Religion als Sittlichkeit, Bildung und Rationalität – geradezu provokativ angriff, brachte ihm dennoch bei dieser theologischen Strömung keine dauerhafte Sympathie ein. Vielmehr bot sich sein Ansatz bei den Erscheinungsformen des Religiösen geradezu als Feindbild an. Diese Nähe und gleichzeitig den Gegensatz der Positionen hat Rudolf Bultmann selbst sehr präzise beschrieben (Bultmann 1964, 1–25; Lattke 1985, 353–360). Erst in den letzten Jahren scheint ein neues Interesse an ihm in der evangelischen Theologie erwacht zu sein.

In den Religionswissenschaften gilt Rudolf Otto als einer der großen Namen, der dazu beitrug, dass die Anliegen der religionsgeschichtlichen Schule auch über die Grenzen der Theologie hinaus diskutiert wurden, so durch Ottos Nachfolger in Marburg, Heinrich Frick (1853–1952), der Otto gerade in der Fries'schen Grundlegung eng folgte, durch Gustav Mensching (1901–1978), der das Heilige gerade in seinem nicht-rationalen, überbegrifflichen Wesen in den Mittelpunkt der Religion stellte, Kurt Goldammer (1916–1997), der sich allerdings auch bereits von der Dominanz des Numinosen in der Religionsphänomenologie löste und der Ottos Gedanken mit neueren religionswissenschaftlichen Einsichten zu verbinden suchte, und Joachim Wach (1898–1955), für den Religion schlicht die Erfahrung des Heiligen bedeutete (Ballard 2000, 13–19).[26] Friedrich Heiler (1892–1967) sah in Otto einen großen Inspirator. In der jüngeren Entwicklung der Disziplin gilt Otto zwar weiterhin als Klassiker, und trotz mancher methodischer Schwächen – seine doch stark theologisch geprägten Kategorien und seine eher unsystematische, methodisch nicht genau reflektierte Phänomenologie werden weithin als überholt angesehen – gelten seine Schlüsselbegriffe wie das Numinose weiterhin als unverzichtbar, um Religion als Phänomen von anderen ästhetisch zugänglichen Erscheinungen abzugrenzen und damit Religionswissenschaft als eigenständige Wissenschaft zu begründen (Raphael 1997).

Was bleibt? Am überzeugendsten ist Rudolf Ottos Klassiker ‚Das Heilige' immer dann, wenn er die überwältigende, alles Geschöpfliche in den Schatten stellende, unbegreifliche Erscheinung des Heiligen beschreibt und in den unterschiedlichsten religiösen Dokumenten wiederfindet. Damit gibt er der Religion ihr Gewicht und ihre Bedeutung zurück. Niemals darf sie darum verweltlicht, also innerweltlichen Zwecken unterworfen werden. Ihre überwältigende, alle Welt in die Grenzen weisende Erscheinung stellt vielmehr eine letzte Instanz dar, vor der alles Irdische versinkt. Daran zu erinnern ist aktueller denn je. Denn heutige Religiosität in der westlichen Welt hat sich weitgehend funktionalisieren und subjektivieren lassen, ja sie ist nicht selten zu einer Ware geworden, die zu möglichst günstigen

---

[26] Zusammengefasst bei Ballard (2000, 13–19; 18 f.). Auch kurz neuere Marburger Positionen bei Kurt Rudolph, Rainer Flasche, Hans Jürgen Greschat (Ballards Doktorvater), Christoph Elsas, Carsten Colpe et al. Zur heutigen Otto-Rezeption und -kritik vgl. Ballard (2000, 40–42).

Preisen (also etwa ohne letzten sittlichen Einsatz und Gehorsam gegenüber Gott oder einer verbindlichen Gliedschaft in der Kirche) bestimmte Restbedürfnisse befriedigen soll. Damit scheint sie ein Epiphänomen psychischer Bedürfnisse nach innerem Frieden, Annahme und Übereinstimmung mit sich und der Natur geworden zu sein, oder sie leistet bei Verunsicherungen und Krisen eine Absicherung als Kontingenzbewältigung. Das Heilige ist dem Verwertbaren gewichen, das *tremendum* dem unverbindlichen Spiel, das ‚Du allein bist heilig' einem ‚Mir ist nichts heilig, alles steht zu meinem Gebrauch'. Selbst die Liturgie als Feier des Heiligen ist vielfach zu einem mehr oder wenig ästhetischen Spiel oder einer endlosen Belehrung geworden. In eindringlichen Worten und mit einer weiten Reise durch den Quellgrund des Religiösen kann Otto zeigen, wie nichtig, billig und unangemessen solche Formen sind. Wenn die Menschen nur ahnen würden, welche einzigartigen Erfahrungen sie machen könnten, wenn sie sich nur auf das einlassen würden, was Otto vielfach selbst mehr erspürt als genau erfasst.

Literatur

Aguti, Andrea: *Autonomia ed eteronomia della religione. Ernst Troeltsch, Rudolf Otto, Karl Barth.* Assisi 2007.

Alles, Gregory D.: The rebirth of cultural colonialism as „Religionswissenschaft". Rudolf Otto's import house. In: *Temenos* 43 (2007), 29–51.

Almond, Philip C.: Rudolf Otto and the Kantian tradition. In: *Neue Zeitschrift für systematische Theologie und Religionsphilosophie* 25 (1983), 52–67.

Almond, Philip C.: Rudolf Otto: the context of his thought. In: *Scottish journal of theology* 36 (1983), 347–362.

Ballard, Steven: *Rudolf Otto and the synthesis of the rational and the non-rational in the idea of the holy. Some encounters in theory and practice* (= Theion 12). Frankfurt a. M. u. a. 2000.

Beyer, Gudrun: *Streitpunkt „Jesus". Theologische Kontroversen zwischen Rudolf Bultmann und Rudolf Otto in ihren Bezügen zur religionsgeschichtlichen Schule und zu Richtungen des Kantianismus im beginnenden 20. Jahrhundert* (= Studien und Texte zur religionsgeschichtlichen Schule 7). Frankfurt a. M. 2013.

Blencke, Erna: Zur Geschichte der Neuen Fries'schen Schule und der Jakob Friedrich Fries-Gesellschaft. In: *Archiv für Geschichte der Philosophie* 60 (1978), 199–208.

Braeunlich, Hans: *Das Verhältnis von Religion und Theologie bei Ernst Troeltsch und Rudolf Otto. Untersuchungen zur Funktion der Religion als Begründung der Theologie.* Bonn 1978.

Bultmann, Rudolf: Die liberale Theologie und die jüngste theologische Bewegung. In: Ders.: *Glauben und Verstehen.* Tübingen ^{5}1964, 1–25.

Djuvara, Marcel T.: *Wissenschaftliche und religiöse Weltansicht. Ein Vortrag.* Göttingen 1906.

Ellis, Ettienne: Reconsidering the Fear of God in Job 37:14–24 and Qohelet 3:1–17 in the Light of Rudolf Otto's Das Heilige. In: *Old Testament essays* N. S. 28 (2015), 53–69.

Ellis, Ettienne: Reconsidering the fear of God in the Wisdom literature of the Hebrew Bible in the light of Rudolf Otto's Das Heilige. In: *Old Testament essays* N. S. 27 (2014), 82–99.

Feldmeier, Reinhard: Der Heilige. Rudolf Ottos Impulse für eine biblische Gotteslehre. In: Jörg Lauster u. a. (Hg.): *Rudolf Otto. Theologie – Religionsphilosophie – Religionsgeschichte.* Berlin u. a. 2014, 81–93.

Fries, Jakob Friedrich: *Die Geschichte der Philosophie dargestellt nach den Fortschritten ihrer wissenschaftlichen Entwicklung.* Bd. 2. Halle 1840.

Fries, Jakob Friedrich: Sämtliche Schriften. Nach der Ausgabe letzter Hand zusammengestellt, eingeleitet und mit einem Fries-Lexikon versehen von Gert König. Aalen (Neudruck) 1967–1978.

Fries, Jakob Friedrich: *Wissen, Glaube und Ahndung.* Neu herausgegeben von Leonhard Nelson (1905). Göttingen 1931.

Fries, Jakob: *System der Philosophie als evidente Wissenschaft aufgestellt.* Leipzig 1804.

Iff, Markus: Religionsphilosophie und Theologie. Rudolf Ottos Bezug auf Wilhelm Martin Leberecht de Wette. In: Jörg Lauster u. a. (Hg.): *Rudolf Otto. Theologie – Religionsphilosophie – Religionsgeschichte.* Berlin u. a. 2014, 191–202.

Korsch, Dietrich: Rudolf Ottos Aufnahme der Fries'schen Religionsphilosophie. In: Jörg Lauster u. a. (Hg.). *Rudolf Otto. Theologie – Religionsphilosophie – Religionsgeschichte.* Berlin u. a. 2014, 295–306.

Kraatz, Martin: „[…] meine stellung als ‚modernistischer pietistisch angehauchter lutheraner mit gewissen quakerneigungen' ist eigen […]" – Bio- und Epistolographisches zu Rudolf Otto. In: Jörg Lauster u. a. (Hg.): *Rudolf Otto. Theologie – Religionsphilosophie – Religionsgeschichte.* Berlin u. a. 2014, 3–17.

Lattke, Michael: Rudolf Bultmann on Rudolf Otto. In: *The Harvard theological review* 78 (1985), 353–360.

Laube, Martin: Rudolf Otto und die Religionsgeschichtliche Schule. In: Jörg Lauster u. a. (Hg.): *Rudolf Otto. Theologie – Religionsphilosophie – Religionsgeschichte.* Berlin u. a. 2014, 219–234.

Löhr, Gebhard: Rudolf Otto und das Heilige. In: *Zeitschrift für Religions- und Geistesgeschichte* 45 (1993), 113–135.

Murphy, Tim: „Religionswissenschaft" as colonialist discourse. The case of Rudolf Otto. In: *Temenos* 43 (2007), 7–27.

Nelson, Leonard: *Fortschritte und Rückschritte der Philosophie. Von Hume und Kant bis Hegel und Fries. Aus dem Nachlaß herausgegeben von Julius Kraft* (= Gesammelte Schriften in neun Bänden 7). Hamburg [2]1977.

Nelson, Leonard: Jakob Friedrich Fries und seine jüngsten Kritiker. In: *Abhandlungen der Fries'schen Schule* N. F. 1,2. Göttingen 1905, 236–319.

Nelson, Leonard: *Über wissenschaftliche und ästhetische Naturbetrachtung. Ein Vortrag.* Göttingen 1908.

Osthövener, Claus-Dieter: Ottos Auseinandersetzung mit Schleiermacher. Religionstheorie als Zeitdiagnose. In: Jörg Lauster u. a. (Hg.): *Rudolf Otto. Theologie – Religionsphilosophie – Religionsgeschichte.* Berlin u. a. 2014, 179–190.

Otto, Rudolf: *Anschauung vom heiligen Geiste bei Luther. Eine historisch-dogmatische Untersuchung.* Göttingen 1898.

Otto, Rudolf: *Aufsätze das Numinose betreffend.* Gotha 1923.

Otto, Rudolf: *Autobiographical and Social Essays* (= History of Religions in Translation 2). Translated and edited by Gregory D. Alles. Berlin-New York 1996.

Otto, Rudolf: *Das Gefühl des Überweltlichen (sensus numinis).* München 1932.

Otto, Rudolf: *Das Heilige. Über das Irrationale in der Idee des Göttlichen und sein Verhältnis zum Rationalen* (1917). München [31–35]1963.

Otto, Rudolf: *Kantisch-Fries'sche Religionsphilosophie und ihre Anwendung auf die Theologie. Zur Einleitung in die Glaubenslehre für Studenten der Theologie,* Tübingen 1909.

Otto, Rudolf: *Naturalistische und religiöse Weltansicht* (= Lebensfragen 2). Tübingen 1904.

Otto, Rudolf: *Rückwort zu F. D. E. Schleiermacher, Über die Religion.* Göttingen 1899.

Raphael, Melissa: *Rudolf Otto and the concept of holiness.* Oxford 1997.

Ratschow, Carl Heinz: Art. „Otto, Rudolf (1869–1937)". In: Theologische Realenzyklopädie 25 (1995), 559–563.

Schleiermacher, Friedrich: *Über die Religion. Reden an die Gebildeten unter ihren Verächtern. Zum Hundertjahr-Gedächtnis ihres ersten Erscheinens in ihrer ursprünglichen Gestalt neu herausgegeben und mit Übersichten und mit Vor- und Nachwort versehen von Rudolf Otto.* Göttingen 1899.

Schüßler, Werner: Gott erfahren – Gott denken. Paul Tillich im Anschluss an Rudolf Otto. In: Jörg Lauster u. a. (Hg.): *Rudolf Otto. Theologie – Religionsphilosophie – Religionsgeschichte.* Berlin u. a. 2014, 347–360.

Schütte, Hans-Walter: *Religion und Christentum in der Theologie Rudolf Ottos.* Berlin 1969.

Schüz, Peter: Schlüsselerlebnis in der Synagoge. Lange vergessen, heute wieder entdeckt: Rudolf Otto, der vor 75 Jahren starb. In: *Zeitzeichen* 14/1 (2013), 22 f.

Tillich, Paul: Auf der Grenze. Eine Auswahl aus dem Lebenswerk, München u. a. 1987.

Tillich, Paul: *Auf der Grenze. Aus dem Lebenswerk Paul Tillichs.* München 1964.

Tillich, Paul: *Rede bei der Verleihung des Friedenspreises des Deutschen Buchhandels am 23. September 1962 in der Paulskirche in Frankfurt a. M.* Stuttgart 1962.

Tribuljak, Tomislav: *Philosophie und Theologie bei Rudolf Otto.* München 2000.

Wiefel-Jenner, Katharina: Rudolf Otto (1869–1937). In: *Gottesdienst als Feld theologischer Wissenschaft im 20. Jahrhundert.* (= Liturgiewissenschaftliche Quellen und Forschungen 98) Münster 2011, 874–885.

Wittekind, Folkart: Transzendenz und Mystik. Bultmanns Rezeption von Ottos Religionsphilosophie. In: Jörg Lauster u. a. (Hg.): *Rudolf Otto. Theologie – Religionsphilosophie – Religionsgeschichte.* Berlin u. a. 2014, 235–250.

Franz Oppenheimer und Leonard Nelson

23

Volker Kruse

„Nelson […] übernahm meine theoretische Auffassung ebenso vollkommen wie ich seine philosophische. Seine Schüler wurden auch meine und umgekehrt" (Oppenheimer 1929, 103). Franz Oppenheimer (1864–1943) gebrauchte in einem Nachruf auf Leonard Nelson das Bild von zwei ineinandergreifenden Zahnrädern, um die Kooperation beider zu illustrieren.[1] „Er übernahm meine theoretische Auffassung ebenso vollkommen wie ich seine philosophische" (Oppenheimer 1929, 103).

Nelson seinerseits würdigt Oppenheimer als Schöpfer des „liberalen Sozialismus", welcher der Welt den rettenden Ausweg zwischen „der Skylla der kapitalistischen Ausbeutung" und der „Charybdis der Ausbeutung durch die kollektivistische Bürokratie" weise (Nelson 1972c, 600 f.). „Seine Lehre als Ganzes genommen birgt in sich die einzige, sowohl vom Standpunkt der Ökonomie als auch von dem der Gerechtigkeit befriedigende Lösung der sozialen Frage" (Nelson 1972c, 602).

Mit Oppenheimer und Nelson trafen sich zwei als kongenial verstehende Denker, die sich vor allem in drei zentralen Punkten einig wussten: Kant als philosophisch-erkenntniskritische Grundlage, ein ethisch inspirierter Sozialismus als weltanschauliches Fundament sowie eine enge, unabdingbare Verknüpfung von

[1] „Nicht die menschliche Gleichheit forderte er, die der Kommunismus erstrebt, sondern die rationale Gleichheit entsprechend der Leistung für die Gesellschaft. Hier griff seine Lebensarbeit in meine eigene ein, genau wie zwei Zahnräder ineinander fassen; er hat meine Lehre vom liberalen Sozialismus angenommen und seinen Schülern weitergereicht" (Frankfurter Zeitung vom 02. 11. 1927, zit. nach Haselbach 1985, 148).

V. Kruse (✉)
Fakultät für Soziologie, Universität Bielefeld, Bielefeld, Deutschland
E-Mail: volker.kruse@uni-bielefeld.de

K. Herrmann und B. Schwitzer (Hrsg.), *Der Geist der kritischen Schule*,
https://doi.org/10.1007/978-3-662-68345-3_23

Theorie und Praxis. Diese Prämissen waren bei Oppenheimer schon vor dem Einfluss des jungen Leonard Nelson präsent. In diesem Beitrag soll gezeigt werden: Die Bedeutung von Nelson für Oppenheimer lag darin, dass er für dessen Wirtschaftstheorie und Soziologie eine (aus seiner Sicht) adäquate tragfähige philosophisch-erkenntnistheoretische Grundlage offerierte. Für Nelson eröffnete Oppenheimers Lehre des liberalen Sozialismus die Möglichkeit, die eigene Ethik und deren praktisch-politische Konsequenzen gesellschaftstheoretisch einzuordnen.

Der folgende Beitrag möchte zunächst in einem kurzen Abriss das ökonomische und soziologische Denken Oppenheimers vorstellen, also die eigentlichen Schwerpunkte seines wissenschaftlichen Werks (Kap. 1). Danach skizziert er die Denkansätze Nelsons und Oppenheimers in ihrer fundamentalen Differenz (Kap. 2). Es folgt eine Analyse des Einflusses von Nelsons auf die Allgemeine Grundlegung der Soziologie Franz Oppenheimers (Kap. 3). Danach wird gezeigt, dass Oppenheimer einem wichtigen Element von Nelsons Theorie, der Kritik an der Demokratie und dem Postulat einer „Herrschaft der Weisen", nicht zustimmt (Kap. 4). Ein Resümee zum wechselseitigen theoretischen Einfluss von Nelson auf Oppenheimer beschließt diesen Beitrag.

‚Liberaler Sozialismus' – zur ökonomischen und politischen Lehre von Franz Oppenheimer

Franz Oppenheimer begann beruflich 1886 als Arzt. Seine Praxis im westpreußischen Dorf Pakosch und in einem Berliner Armenviertel sensibilisierte ihn für die Soziale Frage, für die materielle und kulturelle Verelendung der ländlichen und städtischen Unterschichten (Oppenheimer 1964, 90–103). Unter dem Einfluss des intellektuellen Milieus der Hauptstadt begann Oppenheimer seit 1893, sich wissenschaftlich mit der sozialen Frage auseinanderzusetzen. Dafür gab er 1895/96 die ärztliche Praxis auf.

Danach verdingte sich Oppenheimer (1929, 37 f.; 1964, 179–189) als freier Schriftsteller und Journalist. Parallel arbeitete er sich in die wirtschaftswissenschaftliche Theorie ein, promovierte und habilitierte in der Nationalökonomie. Als außerordentlich erfolgreicher Privatdozent lehrte er seit 1909 in Berlin, 1919 wurde er auf eine Professur für Soziologie und nationalökonomische Theorie an der Universität Frankfurt berufen. Nach der sogenannten ‚Reichskristallnacht' vom 09. November 1938 musste Oppenheimer, als Sozialist und Jude doppelt im Fadenkreuz des NS-Regimes, ins Exil gehen, zunächst nach Tokio, dann über die Zwischenstation Schanghai nach Los Angeles, wo er 1943 starb.[2]

[2] Zur Biografie Oppenheimers vgl. Willms (2018), Caspari und Lichtblau (2014), außerdem die Autobiografien Oppenheimer (1964), Oppenheimer (1929). Zur Einführung in das wissenschaftliche Werk Oppenheimers Caspari und Lichtblau (2014), außerdem Haselbach (1985), Kruse (1990), Vogt (1997), Kruck (1997). Zur wissenschaftlich-politischen Beziehung zwischen Oppenheimer und Nelson vgl. Haselbach (1985, 146–155), Franke (1991, 177–179), Caspari und Lichtblau (2014, 119–122).

Oppenheimer bezeichnete seine wissenschaftliche Lehre als ‚Liberalen Sozialismus'. Er verstand sie als Synthese von liberalen und sozialistischen Theorien. Der Liberale Sozialismus zielte im Kern auf den Nachweis, dass man das soziale Elend, das der moderne Kapitalismus hervorbringe, nicht der freien Konkurrenz zurechnen dürfe, sondern dass dies vielmehr dem Großgrundbesitz anzulasten sei. Die Großgrundbesitzer hätten direkt (durch Vertreibung) oder indirekt (durch niedrige Löhne und unzumutbare Arbeitsbedingungen) das Landvolk zur Abwanderung in die Städte genötigt, was gemäß dem Gesetz von Angebot und Nachfrage ein Sinken der Löhne zur Folge habe. Entsprechend forderte Oppenheimer in einer Zeit, zu der das ostelbische Junkertum noch gesellschaftlich und politisch dominierte, die Beseitigung des Großgrundeigentums und die Möglichkeit genossenschaftlicher Ansiedlung der Landarbeiter und des arbeitslosen städtischen Proletariats auf den Großgütern. Eine Aufhebung der ‚Bodensperre', so die Erwartung Oppenheimers, werde zu einer freien Wirtschaftsgesellschaft ohne Klassenherrschaft und Ausbeutung führen. Die Grundlagen dieser Lehre legte er in seinem Frühwerk ‚Großgrundeigentum und soziale Frage' (1898).

Oppenheimer hatte die soziale Frage nicht über forciertes industrielles Wachstum, sondern in einer Zeit, in der die Agrarwirtschaft noch einen bedeutsamen Raum einnahm, über eine Umgestaltung der sozialen Verhältnisse auf dem Land lösen wollen, besonders mittels Bildung ländlicher Produktionsgenossenschaften. In diesem Zusammenhang erarbeitete er eine historisch orientierte Theorie des Genossenschaftswesens, die vor allem in seinem Frühwerk ‚Die Siedlungsgenossenschaft' (1896) enthalten ist. Er engagierte sich auch für Siedlungsprojekte in Deutschland und Palästina.

Ein weiterer Schwerpunkt in Oppenheimers wissenschaftlicher Arbeit war seine Theorie der Entstehung des Staates. Sowohl die Theoretiker des klassischen Liberalismus als auch die Marxisten waren von einer endogenen Entstehung des Staates und sozialer Ungleichheit ausgegangen. Demgegenüber versuchte Oppenheimer im Anschluss an Ludwig Gumplowicz deduktiv und empirisch nachzuweisen, dass der historische Staat exogen, nämlich durch den Sieg eines (Nomaden-) Stammes über einen anderen (Ackerbauern-) Stamm als Herrschafts- und Ausbeutungsinstrument entstanden sei. Diese These entwickelte Oppenheimer (1954) erstmals im Jahr 1907/1910 in ‚Der Staat'.

Oppenheimers politische und sozialökonomische Lehren gingen in sein acht Teilbände umfassendes Hauptwerk ‚System der Soziologie' ein. Band 2 (Der Staat, 1926) und Band 3,1 und 3.2 (Theorie der reinen und politischen Ökonomie, 1923) waren in ihren Grundzügen bereits vorhanden, bevor Oppenheimer begann, Werke von Leonard Nelson zu rezipieren. Die letzten drei Teilbände des Systems der Soziologie enthalten eine Sozialgeschichte Europas, mit der Oppenheimer versuchte, seine Theorien historisch zu untermauern. Sie wurden in den Jahren 1929 bis 1935 publiziert, also erst nach dem Tod von Leonard Nelson. Die ersten beiden Teilbände (1922, 1923) enthalten eine ‚Allgemeine Soziologie', so der Titel. Hier sind Bezüge zur Philosophie Nelsons deutlich sichtbar.

Oppenheimer verstand Soziologie in Tradition zum 19. Jahrhundert als eine universalistische, übergreifende Sozialwissenschaft, welche ökonomische, politische und historische Aspekte integrierte.

Unterschiedliche Denkansätze bei Oppenheimer und Nelson

Das erste Treffen zwischen Nelson und Oppenheimer kam auf Initiative des Philosophen in Neuhaus am Solling im Frühjahr 1914 auf einer Arbeitstagung von dessen Schülerkreis zustande[3]. Daraus entwickelte sich rasch eine facettenreiche persönliche und wissenschaftliche Beziehung. Beide standen in einem regen Briefkontakt. Nelson redigierte Oppenheimers ersten Band des Systems der Soziologie, umgekehrt Oppenheimers Nelsons „Sozialpolitik" (Vogt 1997, 124). Die Nelson-Schüler Walter Ackermann und Julius Kraft arbeiteten eine Zeitlang als Assistenten Oppenheimers (Haselbach 1985, 181, Anm. 80.). Oppenheimers Lehre prägte zu Lebzeiten Nelsons und auch darüber hinaus das Wirtschaftsprogramm des Internationalen Sozialistischen Kampfbundes (Haselbach 1985, 150–152). Nelson bezeichnete 1924 in einer Postkarte an seinen Vater Oppenheimer als „ungewöhnlichen, verständnisvollen und treuen Freund" (zit. nach Franke 1991, 178).

Dennoch: Nelson und Oppenheimer waren in unterschiedlichen wissenschaftlichen, universitären Disziplinen zu Hause – der eine Ökonom und Soziologe, der andere Philosoph des 20. Jahrhunderts. Entsprechend gab es im jeweiligen paradigmatischen Ansatz fundamentale Unterschiede.[4]

Oppenheimer definiert Soziologie als Theorie des sozialen Prozesses und unterscheidet sie als „reine ‚Seinswissenschaft'" von der Sozialphilosophie als „Sollwissenschaft". „Die Sozialphilosophie orientiert sich an Werten, die Soziologie, wie wir sie begreifen, ist eine rein theoretische, rein rationalistische Wissenschaft" (Oppenheimer 1964 1, 1, 69). Es versteht sich, dass Nelson aus Oppenheimers Sicht der Sozialphilosophie zuzuordnen ist, während Oppenheimer für die Soziologie steht. Immerhin bemerkt Oppenheimer sogleich:

> Selbstverständlich gehören beide auf das engste zusammen, und nur aus ihrer Verbindung kann, wenn überhaupt, die Lösung der großen Probleme hervorgehen, denen beide dienen; aber wir sollen reinlich scheiden, damit wir um so sicherer zusammenfügen können. (Oppenheimer 1964 1, 1, 69)

---

[3] So Ludwig Y. Oppenheimer, Sohn des Soziologen, in einem Brief an Prof. Martin H. Schäfer 1958; vgl. Haselbach (1985, 182, Anm. 84).

[4] Einschränkend ist zu bedenken, dass die Fachgrenzen in den 1920er Jahren längst nicht so strikt waren wie seit den 1950er Jahren. Gerade Oppenheimer (1910a, b, 3–5) propagierte die ‚Einheitswissenschaft': „Es gibt nur eine Wissenschaft! Alle Grenzen, die wir zwischen den einzelnen Disziplinen gezogen haben, sind künstliche, nicht natürliche Grenzen, vergleichbar den Grenzen der Verwaltungsstaaten eines zentralisierten Einheitsstaates".

So interessiere sich die Soziologie für Recht als „soziologische Tatsache, nicht mehr als absoluter Wert". (Oppenheimer 1964 1, 1, 398).

Diese Unterscheidung wird mit Blick auf Nelsons Rechtsphilosophie getroffen.

Auch in puncto Handlungstheorie finden wir unterschiedliche axiomatische Positionen vor. Oppenheimer bediente sich der Figur des homo oeconomicus als heuristischer und analytischer Kategorie. Er spricht vom ‚Prinzip des kleinsten Mittels'. Es besagt, „daß der Mensch, wenn er wirtschaftlich handelt, sich immer bemüht, sein erstrebtes Wunschziel mit der kleinsten Anstrengung, bzw. mit dem kleinsten Opfer an verfügbaren Gütern zu erreichen [...]" (Oppenheimer 1919, 19). In diesem Sinn stand er in der Tradition der klassischen Nationalökonomie von Smith, Ricardo und Marx. Das ‚Prinzip des kleinsten Mittels' ist ein universal vorfindbares Phänomen, aber es äußert sich unter historisch unterschiedlichen gesellschaftlichen und wirtschaftlichen Handlungs- und Strukturprozessen. Oppenheimer begreift wissenschaftlich den Menschen als ein rational denkendes und handelndes Wesen. Für Nelson steht hingegen die anthropologisch bedingte, historisch invariante Disposition des Menschen zum Recht im Mittelpunkt. Der Mensch wäre demgemäß ein auf ethisches Handeln angelegtes Wesen.

Oppenheimers Theorie ist eine Strukturtheorie. Sie setzt an bei der gesellschaftlichen Ordnung. Bei Nelson liegt der Fokus nicht auf der gesellschaftlichen Struktur, sondern auf dem handelnden Menschen. Denn „Gegenstand eines ethischen Urteils können nur Handlungen sein" (Nelson 1972a, 75).

Der Einfluss von Leonard Nelson auf Franz Oppenheimers Allgemeine Soziologie

Wenn wir nun nach dem Einfluss von Nelson auf das wissenschaftliche Werk Oppenheimers fragen, haben wir zu bedenken, dass Oppenheimer 1914, im Jahr der ersten Begegnung mit Nelson, bereits im 50. Lebensjahr stand. Oppenheimers Analyse der modernen Gesellschaft, seine Theorie der reinen und politischen Ökonomie, seine Theorie des Staates lagen bereits fertig vor und blieben auch in der Folgezeit weithin unverändert. Eine gewisse Bedeutung hat Nelson lediglich für Oppenheimers Programm einer klassenlosen Gesellschaft gewonnen, aber eher im Sinne einer negativen Abgrenzung. Geht man vom vierbändigen System der Soziologie, dem Hauptwerk Oppenheimers aus, sind die Bände 2 bis 4 (Der Staat; Theorie der reinen und politischen Ökonomie; Abriß einer universalen Sozial- und Wirtschaftsgeschichte) eher geringfügig von Nelson beeinflusst.

Anders verhält es sich mit Band 1, der Allgemeinen Soziologie, die in zwei Teilbänden 1922 und 1923 erschien. Welche Einflüsse Nelsons lassen sich auf die ‚Allgemeine Soziologie' feststellen?

Ein erster Anknüpfungspunkt betrifft die Kategorien Gesetz und Zufall. Es sei, so Oppenheimer, ein „Aberglaube", „daß das Geschehen durch die Naturgesetze völlig bestimmt sei" (Oppenheimer 1964 1, 1, 178). Es handele sich um ein Missverständnis des wahren Satzes, dass alles Geschehen unter Naturgesetzen stehe. Dieser Satz besage jedoch nur, dass Naturgesetzlichkeit die notwendige

Bedingung allen Geschehens sei, aber nicht, dass Naturgesetzlichkeit auch seine hinreichende Bedingung sei (Oppenheimer 1964 1, 1, 178). Dabei beruft sich Oppenheimer auf ‚Nelsons Kritik der praktischen Vernunft' und zitiert ihn ausführlich, u. a. die Passage, „daß die Physik zwar die Naturgesetzlichkeit des Geschehens notwendig voraussetzen muß, den Schluß aber, der die Zufälligkeit des Naturgeschehens ausschließt, sich keineswegs zu eigen machen kann, sondern geradezu sein Gegenteil verlangt" (Oppenheimer 1964 1, 1, 179).

Oppenheimer vertritt die Auffassung, dass die Individualpsychologie die unentbehrliche Grundlage einer (Allgemeinen) Soziologie darstelle. So wie es für Nelson für eine wissenschaftliche Ethik keinen anderen Zugang gibt als die Psychologie, so muss auch die Soziologie auf der Psychologie aufbauen (Oppenheimer 1964 1, 1, 350).

Ein anderes Theorem Nelsons, das Oppenheimer zustimmend zitiert, ist, dass ethische Erkenntnis ursprünglich ‚dunkel' sei (Oppenheimer 1964 1, 1, 350). Was der Selbstbeobachtung gegeben ist, sei zunächst einmal ein ‚Gefühl': Pflichtgefühl, Rechtsgefühl, Gewissen. Das Gefühl beziehe sich auf die Pflicht als ethischen Sachverhalt, die Anschauung jedoch nur auf das Gefühl der Pflicht als psychologischen Sachverhalt (Oppenheimer 1964, 1, 1, 351). Dieter Haselbach (1985, 147) stellt treffend fest: „Das ursprünglich dunkle sittliche Gefühl konvergiert augenfällig mit dem Oppenheimerschen Theorem der triebhaften Bestimmtheit von Sittlichkeit, Consensus und ‚Wir-Interesse' der sozialen Gruppen".

Nelson folgend, besteht auch Oppenheimer darauf, dass „reine praktische Vernunft" existiert (Oppenheimer 1964, 350). Auch übernimmt Oppenheimer die Unterscheidung zwischen hypothetischem und kategorischem Imperativ.

Einen Grundpfeiler von Oppenheimers Soziologie bildet der Begriff des ‚Interesses', der elementarste Begriff zur Beschreibung des menschlichen Motivationsapparates. Oppenheimer bescheinigt Nelson „die uns bekannte genaueste Analyse der Interessen" (Oppenheimer 1964, 217), der er zu folgen gedenkt. Über fünf Seiten referiert Oppenheimer Nelsons Begriff der Interessen, wie er in dessen ‚Kritik der reinen Vernunft' niedergelegt ist (Oppenheimer 1964, 217–222).

Oppenheimer bindet im System der Soziologie den Interessenbegriff an den Begriff der Gruppe, nicht mehr der Klasse. Das wichtigste Gruppeninteresse ist das ethische an der Aufrechterhaltung bzw. der Wiederherstellung des Consensus (Oppenheimer 1964 1, 2, 809). Dieses Verständnis könnte maßgeblich von Leonard Nelsons Begriff des Interesses beeinflusst sein.

Oppenheimer folgt Nelson auch hinsichtlich der Kategorie des wahren Interesses. Es gäbe ein „‚wahres' Interesse jedes Menschen auf vernünftige Selbstbestimmung". Daher dürfe niemand von der Möglichkeit der Bildung ausgeschlossen werden. Die Vorstellung, man könne die Unterklasse ohne Bildung leichter beherrschen, sei „Klassenmoral" (Oppenheimer 1964 1, 2, 386). Oppenheimer schränkt dann ein, dies seien Dinge, „die mehr in die wertende Sozialphilosophie als in die wertfrei vorgehende Soziologie gehören" (Oppenheimer 1964 1, 2, 386).

Wie ist nun, insgesamt gesehen, der Einfluss von Nelson auf die Allgemeine Soziologie von Oppenheimer einzuschätzen?

Die Bezüge zu anderen zeitgenössischen Theoretikern wie z. B. Emile Durkheim, Ferdinand Tönnies, Georg Simmel, Max Weber, Alfred Vierkandt oder Leopold v. Wiese, dienen Oppenheimer dazu, teils kritisch, teils zustimmend die eigene Position herauszuarbeiten. Oppenheimers Referenzen zu Nelson sind hingegen durchgehend affirmativ. Die Positionen Nelsons werden ausführlich wiedergegeben, oft über mehrere Seiten, mit vielen Zitaten. Sie betreffen zentrale Begriffe einer Allgemeinen Soziologie.

Andererseits ist die funktionale Bedeutung der Lehren Nelsons für die Staatssoziologie und die Politische Ökonomie Oppenheimers als eher gering einzuschätzen. Die grundlegenden Theorien zu Staat und Wirtschaft wurden von Oppenheimer im Kern entwickelt, bevor Nelson in sein Leben trat. Dafür stehen exemplarisch ‚Großgrundeigentum und soziale Frage' (1898), ‚Theorie der reinen und der politischen Ökonomie' (1910) sowie ‚Der Staat' (1910). Sie wurden verfeinert und besser fundiert, aber sie waren schon vor Nelson „da". Überhaupt erscheint die Allgemeine Soziologie für Oppenheimers materiale Theorien zu Staat und Gesellschaft eigentümlich funktionslos. Sie ist nachträglich eingefügt, um ein Hauptwerk zu komplettieren.

Diese Funktionslosigkeit gilt insbesondere für die Lehren Nelsons. Z. B. die elaborierte, feingegliederte Theorie des Interesses ist empirisch-analytisch schwer einsetzbar. De facto operiert Oppenheimer im System der Soziologie in seinen Staats- und Gesellschaftsanalysen mit den Kategorien des ökonomischen Prinzips und des Klasseninteresses, so wie er es in seinen Schriften vor der Begegnung mit Nelson auch getan hatte. Denkt man sich Bd. 1 des Systems der Soziologie und damit die Einflüsse von Nelson weg – die Bände 2 bis 4 wären kaum anders ausgefallen.

Sind dann die zahlreichen und ausführlichen Passagen zu Nelson in Oppenheimers ‚Allgemeiner Soziologie' nur schmückendes Beiwerk?

Einer solchen Interpretation hätte Oppenheimer selbst keinesfalls zugestimmt. Auch wenn Nelsons Lehren ‚objektiv' keine wirkliche Funktion für seine Gesellschaftsanalyse (also dem soziologischen Kerngeschäft) zukam, betrachtete er sie als wertvollen, ja unentbehrlichen Beitrag für seine eigene Wissenschaft. Denn Oppenheimer war ein skrupulöser Wissenschaftler, der die Ergebnisse seiner Forschungen und theoretischen Überlegungen hieb- und stichfest beweisen wollte, dem es aber auch darum ging, diese axiomatisch zu grundieren. Nelsons Lehren dienten Oppenheimer zur selbstvergewissernden Reflexion dessen, was er forschte und dachte. Auch schwebte Oppenheimer, wie er rückblickend feststellte, schon seit den späten 1890er Jahren ein „System der Soziologie" vor (Caspari und Lichtblau 2014, 129 f.), und für ein solches System brauchte man eine philosophisch-erkenntniskritisch fundierte Allgemeine Soziologie. Und für diese war aus Oppenheimers Sicht Nelson unentbehrlich, auch wenn die Allgemeine Soziologie für die Gesellschaftsanalyse Oppenheimers eher funktionslos blieb.

Als Ökonom sah Oppenheimer sich in der Tradition der objektiven Wertlehre der klassischen Nationalökonomie von Smith, Ricardo und Marx. Nelsons Lehre gab Oppenheimer die Chance, seine Soziologie darüber hinaus auch philosophisch zu fundieren. Der Mensch ist aus seiner Sicht nicht nur ein rationales Wesen (‚Prinzip des kleinsten Mittels'), sondern er ist auch ein Wesen, das nach dem Sittengesetz handelt. Allerdings nur, so die soziologische Einschränkung Oppenheimers, wenn es eine ‚gesunde' Gesellschaftsordnung gibt. Eine Gesellschaft der Gewalt und Ausbeutung bringt zwingend soziale Devianzen hervor, die mit dem Sittengesetz nicht vereinbar sind.

Die klassenlose Zukunftsgesellschaft bei Oppenheimer und Nelson

Teil von Oppenheimers Lehre des „liberalen Sozialismus" ist das Programm einer klassenlosen Zukunftsgesellschaft. Es bildet die politisch-praktische Konsequenz aus der Gesellschaftsanalyse Oppenheimers zur sozialen Frage. Demnach sei die soziale Frage nicht dem Markt und der freien Konkurrenz anzulasten. Es habe noch keine wirklich freie Konkurrenz gegeben ohne staatliche Intervention und ohne soziale Herrschaftspositionen in Form von Klassenmonopolverhältnissen. In der kapitalistischen Gesellschaft bestehe das Klassenmonopolverhältnis der Produktionsmittelbesitzer zu den -nichtbesitzern in doppelter Konstellation: zwischen Großgrundbesitzern und Landproletariat sowie zwischen Kapitalisten und Industrieproletariat. Fällt das Bodenmonopol, die Bodensperre, dann fällt auch das Kapitalmonopol. Jeder Landarbeiter und Industrieproletarier könne sich potentiell in einen freien Bauern verwandeln, womit der Zwang entfalle, die Arbeitskraft unter Wert zu verkaufen.

Freie Konkurrenz bestehe dort, und nur dort, wo es keine staatliche Intervention in den Wirtschaftsablauf und keine Klassenmonopolverhältnisse gäbe. Sei aber ein System wirklich freier Konkurrenz gegeben, so könnten sich keine klassenbildenden Besitz- und Einkommensunterschiede herausbilden. Durch eine Abschaffung des Großgrundbesitzes und eine innere Kolonisation lasse sich eine klassenlose Gesellschaft vorstellen. Die politische Verwirklichung stellte sich Oppenheimer so vor: Der Staat kauft einen Bruchteil des Großgrundbesitzes auf und stellt ihn dem landbedürftigen Proletariat zur Verfügung. Die ‚Absaugung' der Arbeitskräfte treibt mehr und mehr Großgrundbesitzer in den Ruin, deren Land wiederum vom Staat erworben und dem Proletariat zur Verfügung gestellt wird. Mit einer inneren Kolonisation werde das Abströmen des Landproletariats in die Städte verhindert. Damit würden dann auch die Löhne der Industriearbeiter steigen.

Die wirtschaftliche Form der klassenlosen Gesellschaft sei die ‚reine Ökonomie', die adäquate politische Form die ‚Freibürgerschaft'. Doch dazu später.

Zunächst lässt sich feststellen: Dieses Programm entstand, so weit gesehen, ohne Einfluss von Leonard Nelson, denn es lag schon fest, bevor Oppenheimer die Philosophie Nelsons rezipierte. Nelson war mit diesem Programm voll einverstanden. „Seine Lehre als Ganzes genommen birgt in sich die einzige, sowohl vom Standpunkt der Ökonomie wie auch dem der Gerechtigkeit befriedigenden Lösung der sozialen Frage" (Nelson 1972c, 602).

Dennoch ist die Position Nelsons für Oppenheimer nicht unbedeutend. Oppenheimer stellte eine Übereinstimmung seiner ‚Freibürgerschaft' mit Nelsons ‚gesellschaftlichem Rechtszustand' fest. (Oppenheimer 1964 1, 1, 394). Diese Übereinstimmung bestätigt und legitimiert seine eigene Sicht der Dinge.

Eine Bestätigung sieht Oppenheimer auch in seinem Begriff einer „rationellen Gleichheit". Jeder Arbeiter solle entsprechend seines Anteils an der wirtschaftlichen Wertschöpfung entlohnt werden:

> Denn aller Sozialismus baut grundsätzlich seine Forderung auf das Prinzip, daß die Arbeit, die einzige Schöpferin aller Güter, auch ihre einzige Genießerin sein soll. Daraus schließen wir [...], daß auch jeder einzelne Arbeiter nach dem Werte seiner Arbeit zu entlohnen ist. Zu diesem Ergebnis kommt auch Nelson, der ‚den unaufhebbaren Widerspruch in der Idee des Kommunismus als der vollendeten Durchführung des Sozialismus' feststellt. (Oppenheimer 1964, 2, 215, unter Bezug auf Nelsons ‚System der philosophischen Rechtslehre und Politik')

Es gibt allerdings eine gravierende Differenz zwischen Oppenheimer und Nelson. Nelson (1972b, 489–496) postuliert für den Sozialismus die „Herrschaft der Weisen". Er verharre, so Oppenheimer (1964 2, 806), „noch allzusehr im zentralisierten Allmachtsstaat der Gegenwart" (Oppenheimer 1964 2, 806). Oppenheimer propagiert die ‚Freibürgerschaft' als politische Form des liberalen Sozialismus. Der Staat würde schrumpfen. Die repressiven Funktionen des Klassenstaates zur Kontrolle und Unterdrückung der ausgebeuteten Klassen würden nun wegfallen, ebenso wie wirtschaftspolitische Intervention, derer eine ‚reine Ökonomie' nicht bedürfe. Auch eine Umverteilungspolitik sei nicht mehr angezeigt, denn „Die Zahl der öffentlichen Beamten" (Oppenheimer 1964 2, 747), so Oppenheimer, würde „außerordentlich einschrumpfen" (Oppenheimer 1964 2, 747). Diese Differenz zu Nelsons „Herrschaft der Weisen" sei „fast der einzige Punkt, in dem ich von Nelson ein wenig abweiche" (Oppenheimer 1964 2, 806).

Diese sanfte Formulierung verschleiert allerdings einen zentralen Unterschied im Denkansatz. Nelson möchte eine gerechte Gesellschaft, zugespitzt formuliert, auf pädagogischem Weg erreichen. Eine geistige Elite soll herangezogen werden, welche die Gesellschaft in einen Zustand der Gerechtigkeit und Freiheit führt. Diesem Zweck diente ja auch das Walkemühle-Projekt (Franke 1991, 196). Oppenheimer setzt nicht beim Menschen, sondern bei der sozialen Ordnung an. Gelingt es, eine Gesellschaftsordnung ohne Gewalt und Ausbeutung zu schaffen, dann ergeben sich Gerechtigkeit und Freiheit quasi von selbst. Gewalt- und ausbeutungsfreie Ordnungen bringen Menschen hervor, die nach dem Sittengesetz handeln.

Resümee

Was Leonard Nelson an der Wissenschaft Franz Oppenheimers überzeugte, ja faszinierte, hat er in einem Aufsatz (1972c) verdeutlicht: Die Menschheit stehe „unter dem Bann jenes Dogmas, wonach ihr nur die Wahl bleibt zwischen Kapitalismus und Sozialismus" (Nelson 1972c, 600). Oppenheimer hingegen habe auf die offenkundigen Übel des Kapitalismus nicht, wie üblich, mit der Forderung nach

Aufhebung des Privateigentums an Produktionsmitteln reagiert, sondern mit einer Gesellschaftstheorie, die eine Synthese von Liberalismus und Sozialismus im Hegel'schen Sinne propagierte. Er spricht in diesem Zusammenhang von „unsterblichen Verdienst" (Nelson 1972c, 600) Oppenheimers.

Für Nelson bedeutete Oppenheimers Theorie des Liberalen Sozialismus eine Art ‚Landkarte für sachgerechtes ethisches Handeln'. Man mag hier an Max Webers Grundsätze der Gesinnungsethik und der Verantwortungsethik denken. Es genügt nicht, mit der „richtigen" Gesinnung zu handeln, der politisch aktive Mensch hat auch die realen Konsequenzen seines Handelns zu bedenken. Oppenheimers Theorie ermöglichte es Nelson, seine Ethik und ihre politische Umsetzung quasi verantwortungsethisch zu denken und entsprechend zu handeln.

Oppenheimer seinerseits war auch ein Mann mit ethischen Prinzipien. Seine Wirtschaftstheorie ging aber von einem Homo oeconomicus, von einem rational handelnden Wirtschaftsmenschen aus. Mit Nelsons Philosophie erweitert er sein Menschenbild und verleiht ihm auch ein ethisches Profil.

Das Ziel, der liberale bzw. der ethische Sozialismus, ist für beide gleich, der Weg, um zu einer solchen zu gelangen, jedoch gegensätzlich. Für Oppenheimer bringt eine ‚gute' Gesellschaftsordnung ‚gute' Menschen hervor. Menschen sind ‚von Natur aus' zu einer ethischen Lebensweise disponiert, aber Gewalt und Ausbeutung führen zu sozialen Devianzen. Umgekehrt Nelson: ‚Gute' Menschen schaffen eine ‚gute' Gesellschaftsordnung. Entsprechend besaß die Pädagogik für ihn, anders als für Oppenheimer, einen hohen Stellenwert (Franke 1991, 196).

Auch Oppenheimer startete praktische Experimente, aber keine pädagogischen Projekte, sondern die Gründung von Siedlungsgenossenschaften. Siedlungsgenossenschaften würden mit höheren Löhnen die Arbeiter der Großgüter zu sich ziehen und damit die Institution des Großgrundbesitzes zum Zusammenbruch bringen. Und dieser Zusammenbruch würde wiederum eine deutliche und leistungsgerechte Erhöhung der Arbeitslöhne in der Industrie induzieren. Die Oppenheimer'schen Siedlungsgenossenschaften sollten nicht die Köpfe, sondern die Strukturen verändern. Mit den Strukturen verändern sich dann auch die Köpfe.

So erscheint Oppenheimers eingangs erwähntes Bild der Zahnräder, die bruchlos ineinandergreifen, als treffende Metapher, um die Kooperation beider Gelehrter zu erfassen. In ihren Denkansätzen unterschiedlich, verkörpert ihr Werk und ihr politisches Handeln aus der Sicht beider Gelehrter eine kongeniale Komplementarität.

Literatur

Caspari, Volker/Lichtblau, Klaus: *Franz Oppenheimer. Ökonom und Soziologe der ersten Stunde.* Frankfurt a. M. 2014

Haselbach, Dieter (1985), *Franz Oppenheimer. Soziologie, Geschichtsphilosophie und Politik des ‚liberalen Sozialismus'.* Opladen 1985

Franke, Holger: *Leonard Nelson. Ein biographischer Beitrag unter besonderer Berücksichtigung seiner rechts- und staatsphilosophischen Arbeiten.* Ammersbek 1991

Kruck, Werner: *Franz Oppenheimer – Vordenker der Sozialen Marktwirtschaft und Selbsthilfegesellschaft.* Berlin 1997

Kruse, Volker: *Soziologie und „Gegenwartskrise". Die Zeitdiagnosen Franz Oppenheimers und Alfred Webers.* Wiesbaden 1990

Meyer, Thomas: Ethischer Sozialismus bei Leonard Nelson, in: Helmut Holzhey (Hg.): *Ethischer Sozialismus. Zur politischen Philosophie des Neokantianismus.* Frankfurt a. M. 1994, 301–315

Nelson, Leonard: System der philosophischen Rechtslehre und Politik (1924). In: Ders.: *Gesammelte Schriften, Bd. 6.* Hamburg 1964

Nelson, Leonard: *System der philosophischen Ethik und Pädagogik. Aus dem Nachlaß herausgegeben von Grete Hermann und Minna Specht (1949).* Hamburg 1970

Nelson, Leonard: Kritik der praktischen Vernunft (1917). In: Ders.: *Gesammelte Schriften, Bd. 4.* Hamburg 1972a

Nelson, Leonard: Demokratie und Führerschaft (1927/1920). In: Ders.: *Gesammelte Schriften, Bd. 9.* Hamburg 1972b, 385–571

Nelson, Leonard: Franz Oppenheimer: der Arzt der Gesellschaft (1927). In: Ders.: *Gesammelte Schriften, Bd. 9.* Hamburg 1972c, 595–602

Oppenheimer, Franz: *Theorie der Reinen und Politischen Ökonomie. Ein Lehr- und Lesebuch für Studierende und Gebildete.* Berlin 1910

Oppenheimer, Franz: *Kapitalismus, Kommunismus, Wissenschaftlicher Sozialismus.* Berlin 1919.

Oppenheimer, Franz: *Mein wissenschaftlicher Weg.* Leipzig 1929

Oppenheimer, Franz: *Der Staat* (1910/1907). Stuttgart 1954

Oppenheimer, Franz: *Erlebtes, Erstrebtes, Erreichtes. Lebenserinnerungen (1931).* Düsseldorf 1964

Oppenheimer, Franz: *System der Soziologie, Bd. 1, 1. Allgemeiner Soziologie, erster Teil. Grundlegung (1922).* Stuttgart 1964, 1, 1

Oppenheimer, Franz: *System der Soziologie, Bd. 1, 2. Allgemeine Soziologie, zweiter Teil. Der soziale Prozess (1923).* Stuttgart 1964, 1, 2

Oppenheimer, Franz: *System der Soziologie, Bd. 2. Der Staat (1926).* Stuttgart 1964

Vogt, Bernhard: *Franz Oppenheimer. Wissenschaft und Ethik der sozialen Marktwirtschaft.* Bodenheim 1997

Willms, Claudia: *Franz Oppenheimer (1864–1943): Liberaler Sozialist, Zionist, Utopist.* Wien/Köln/Weimar 2018

Kritizismus und Werturteile bei Gerhard Weisser und Alexander Rüstow

24

Remi Maier-Rigaud und Frank Maier-Rigaud

Der Einfluss des Denkens in der Tradition von Jakob Friedrich Fries und Leonard Nelson hat auch in den Gesellschaftswissenschaften bis heute Spuren hinterlassen. Alexander Rüstow, einer der bekanntesten ordoliberalen Vordenker der sozialen Marktwirtschaft, war 1903 Gründungsmitglied der Neuen Fries'schen Schule in Göttingen.[1] Auch Gerhard Weisser, der für die Sozialpolitik der Nachkriegszeit und die sozialpolitische Forschungstradition an der Universität zu Köln zentral war, gehörte zum Nelsonkreis und war Mitherausgeber der neunbändigen Gesammelten Schriften Nelsons. Rüstow (1903 bis 1905) und später Weisser (1919 bis 1920) studierten an der Universität Göttingen und wurden dort persönlich durch Nelson geprägt. Rüstow war darüber hinaus bereits zu Schulzeiten in Berlin mit Nelson befreundet (Peckhaus 1995, 167) und kam mit ihm 1903 nach Göttingen: Nelson als Doktorand und Rüstow als Erstsemester, wie sich Rüstow später in einem Brief erinnert (Peckhaus 1999, 358).

Sowohl in Rüstows ordnungspolitischen Überlegungen zur Wirtschafts- und Sozialordnung als auch in der axiomatischen Herangehensweise des Weisser'schen Lebenslagenansatzes im Bereich der Sozialpolitik lässt sich die Prägung durch das Wirken Nelsons nachweisen. Während Weisser (1953, 1969, 1978a, b, c) häufig

[1] Rüstow war durch seinen ‚Mentor und Freund' Nelson zunächst stark beeinflusst, löste sich dann aber später von der Friesschen Lehre (Vorholt 1998, 24).

R. Maier-Rigaud
Fachbereich Sozialpolitik und Soziale Sicherung, Hochschule Bonn-Rhein-Sieg, Sankt Augustin, Deutschland
E-Mail: remi.maier-rigaud@h-brs.de

F. Maier-Rigaud (✉)
ABC economics, Berlin, Deutschland
E-Mail: Frank.Maier-Rigaud@ABCecon.com

K. Herrmann und B. Schwitzer (Hrsg.), *Der Geist der kritischen Schule*,
https://doi.org/10.1007/978-3-662-68345-3_24

explizit auf den Arbeiten Nelsons aufbaute, sind die Verbindungen zwischen dem Werk Nelsons und Rüstows und der anderen Ordoliberalen eher impliziter Natur.[2] Im Folgenden werden die Verbindungslinien hergestellt und damit einer breiteren Diskussion zugeführt. Im ersten Abschnitt wird die axiomatische Methode und die Interessentheorie Nelsons erläutert und ihre grundsätzliche Bedeutung für die Arbeiten Rüstows und Weissers herausgestellt. Hieraufaufbauend widmet sich der zweite Abschnitt der Sozialpolitiklehre Weissers, die explizit auf den Arbeiten Nelsons beruht und so der Sozialpolitikforschung eine theoretische Fundierung liefert. Der dritte Abschnitt entwickelt die Hypothese, dass die Ethik und Interessentheorie Nelsons Gemeinsamkeiten mit dem Konzept normativer Wertvorstellungen bei Rüstow aber auch allgemein im Ordoliberalismus aufweist. Die Überwindung naturalistischer Tendenzen im Liberalismus hat von der kritizistischen Methode profitiert. Das abschließende Fazit stellt die aktuelle Bedeutung der Fries-Nelson'schen Philosophie in sozial- und wirtschaftswissenschaftlicher Hinsicht heraus.

Die axiomatische Methode und Nelsons Interessentheorie

Weisser studierte bei Nelson an der Universität Göttingen Philosophie und kam so auch mit den für ihn ebenfalls prägenden Philosophen Kurt Grelling in Kontakt, der lange Zeit engster Mitarbeiter von Nelson war. Grelling starb in einem der Vernichtungslager des Nationalsozialismus. In seinem späteren Nachruf auf Grelling sieht sich Weisser in der Aufgabe, die „gewaltsam abgebrochene Linie der geistigen Entwicklung Grellings fortzuführen", insbesondere in dem Anliegen, die „Axiomatik der Sozialwissenschaften von dem psychologischen Phantom ‚der Mensch' in der Tradition von Fries und Nelson zu befreien (Weisser 1972, 13). Grelling und Weisser (Grelling bereits sehr früh, Weisser ab 1934) gelangten zu der übereinstimmenden Einsicht, dass allgemeingültige Wahrheiten bezogen auf die Menschen erkenntniskritisch nicht möglich seien. Alle Versuche, das ‚Dunkle' anthropologisch und psychologisch aufzuhellen, bleiben unvollständig in Bezug auf den Bereich des „schlechthin Dunklen" (Weisser 1972, 8–10). Unmittelbare Interessen, wie Nelson sie nannte, und die von Weisser auch als „Grundanliegen" und „Grundentscheidungen" bezeichnet wurden, können weder empirisch über Psychologie und Anthropologie, noch logisch vollständig begründet werden.

Fries suchte im Bereich der theoretischen Vernunft zureichende Begründungen für Urteile und glaubte, diese in der unmittelbaren Erkenntnis gefunden zu haben. Nelson übertrug dies auf die praktische Vernunft und sah die zureichende Begründung in den unmittelbaren Interessen gegeben (Katterle 1972, 51). Die erkenntniskritische Position der Fries-Nelson-Tradition geht vom ‚Selbstvertrauen der

[2] Ähnliches gilt im Übrigen für Franz Oppenheimer, einem engen Freund von Leonard Nelson, bei dem es wiederum Anknüpfungspunkte zu Rüstows Konzept eines drittten Weges zwischen Kapitalismus und Kommunismus gibt (siehe Kap. 23).

Vernunft' aus, d. h., die Person kann durch vernünftige Selbstbesinnung *für sich* gültige Grundentscheidungen gewinnen. Insofern trifft auch der Psychologismusvorwurf von Popper (1976, 60–61) nicht zu, denn die unmittelbare Erkenntnis ist keine Sinneswahrnehmung. Da diese Grundentscheidungen entsprechend interpersonell variieren können und auch die Rangordnungen unterschiedliche sein können, bleibt uns nichts anderes übrig, als Wertungen bekenntnishaft oder axiomatisch einzuführen (Weisser 1969, 53–58):

> Zu dem, was uns der richtige Gebrauch unserer – personellen – Wahrnehmungs-, Denk- und Wertungsvermögen liefert, können wir uns nur personell bekennen. Natürlich können wir in Wissenschaften wie den Sozialwissenschaften Grundsätze feststellenden oder wertenden Inhalts axiomatisch auch als bloße Unterstellungen einführen und auf sie die soziotechnischen Empfehlungen stützen; aber das sollte aus außerwissenschaftlichen Gründen der Haltung nicht die Regel sein. (Weisser 1969, 58)

Der letzte Teil dieses Zitats ist in Abgrenzung zum Kritischen Rationalismus zu verstehen. Axiomatisch eingeführte Bekenntnisse sind zwar klar identifizierbar und korrigierbar, also vereinbar mit der Vorläufigkeit der Erkenntnis im Paradigma des Kritischen Rationalismus, gehen aber darüber hinaus, indem sie auch eine Haltung widerspiegeln sollen, die für die praktische Sozialwissenschaft und Politikberatung bedeutsam ist. Weisser (1972, 10) betont immer wieder die Notwendigkeit politischer Empfehlungen und größerer Syntheseleistungen der Sozialwissenschaften, die durch „Stückchen-Methoden" (Weisser 1969, 52) nicht erreicht werden können:

> Er [Weisser] will den wissenschaftlichen Berater der Politik zu einer optimalen Wahrnehmung dieser Rolle instandsetzen, und er glaubt, daß die Beraterrolle auf der Grundlage einer praktischen (normativen) Sozialwissenschaft, die Wertentscheidungen vorgängig reflektiert, besser wahrgenommen werden kann, als anhand einer informativen Sozialtechnologie, zu der die in der Beratungssituation nötigen Werturteile ad hoc eingeführt werden müssen. (Katterle 1972, 57)

Die gemeinsame Basis von Neuer Fries'schen Schule und Kritischem Rationalismus[3] ist der Kritizismus und die Ablehnung des Positivismus (Neumann 1969, 76). Da die Fries- und Nelson-Rezeption durch den Kritischen Rationalismus auf Missverständnissen beruht, wie etwa dem Psychologismusvorwurf einer sinnlichen unmittelbaren Erkenntnis (Neumann 1969), ist die konflikthafte Gegenüberstellung in erkenntniskritischer Hinsicht überzogen.[4] Katterle legt dies ausführlich dar und gelangt zu dem Schluss, dass

---

[3] Karl Popper hatte sich mit den Arbeiten von Nelson und Fries beschäftigt, und so fanden deren Überlegungen „Eingang in den Kritischen Rationalismus und wirken von dort aus fort" (Peckhaus 1999, 357).

[4] So besonders Albert im Rahmen des Positivismusstreits, der die „Idee der kritischen Prüfung" im Kritischen Rationalismus der „Idee der positiven Rechtfertigung" gegenüberstellt. Letztere Auffassung bringt er mit dem Fries'schen Trilemma bestehend aus Dogmatismus, infinitem Regress und Psychologismus in Verbindung (Albert 1970, 228–229; 1980).

> eine praktische (normative) Sozialwissenschaft im Sinne Weissers, die ihre normativen Prämissen für Kritik und mögliche Revision offenhält und die Erkenntnisse der theoretischen Sozialwissenschaften systematisch für ihre Ableitungen heranzieht, zwar den Rahmen von Poppers Wissenschaftslehre überschreitet, aber innerhalb seiner allgemeineren Konzeption des Kritischen Rationalismus bleibt [Namen im Original gesperrt]. (Katterle 1972, 5)

Ähnlich argumentiert auch Petrak (1999, 41), der bei Weisser eine Ausdehnung des Kritischen Rationalismus auf praktische Werte und Normen ausmacht.

Den „Operationalitätsperfektionismus" (Weisser 1972, 10) des Kritischen Rationalismus lehnt Weisser ab und lokalisiert sich in der Tradition des „streng philosophische[n] Denken[s] der Fries-Nelson-Schule" (Weisser 1972, 10). Das Programm der offenen Gesellschaft ist für Weisser primär der wissenschaftstheoretischen Vorgehensweise der ‚kleinen Schritte' verpflichtet, und er bemängelt daran, dass es eben nicht auf politischen Traditionen oder den von Weisser für zentral angesehenen ‚Haltungen' beruht. Auf die praktische Sozialpolitik bezogen, bedeutet die Position Weissers die Notwendigkeit, Grundanliegen bekenntnishaft einzuführen. Der Dissens mit Hans Albert[5], der sich als Assistent von Weisser im Detail mit diesem auseinandergesetzt hat, ist letztlich nicht so bedeutsam, da Weisser keine unumstößlichen normativen Axiome setzt, sondern praktische, der Kritik auszusetzende Prämissen aufstellt, die keinen universellen Gültigkeitsanspruch behaupten. Dies ist gerade kein Rekurs auf ein Dogma, auch wenn die von Weisser verwendeten Begrifflichkeiten, z. B. die „persönliche Gewißheit", „Haltung" oder die „Grundwerturteile", dies suggerieren. Katterle (1972, 54) erklärt den schmalen Grat der verwendeten Begriffe damit, dass Weisser den Eindruck vermeiden wolle, einen in Bezug auf Werte unverbindlichen ethischen Subjektivismus zu vertreten.

Weisser hat folglich die kritizistische Axiomatik nicht nur übernommen, sondern sozialwissenschaftlich weiterentwickelt und dabei vor allem auf Nelsons

[5] Albert sieht die von Weisser bekenntnishaft eingeführten Grundurteile als eine Überschreitung der Wertfreiheit der Wissenschaft, da sie gegen Kritik immunisiert seien. Tatsächlich arbeitet die Praktische Sozialwissenschaft nach Weisser mit Werturteilen. Diese beanspruchen auch Geltung und werben um Anerkennung durch andere Personen, werden aber nicht als zureichend begründet angesehen, sondern sind kritischer Diskussion ausgesetzt. Ausführlich zur Debatte zwischen Weisser und Albert: Katterle (1972, 49–61). Die Sorge Alberts, dass sich das Werturteil in den Sozialwissenschaften als „Einfallstor des dogmatischen Denkens" (Albert 1972, 181) erweise, das dann im Widerspruch zu einer kritischen Herangehensweise stehe, trifft daher weder auf Weisser noch auf den Kritizismus Fries-Nelson'scher Tradition zu. Auch Albert (1972, 183) konzediert: „Natürlich kommt bei der praktischen Anwendung der Wissenschaften irgendwo einmal die Stelle, an der wissenschaftliche Aussagen eine normierende Funktion für das praktische Handeln gewinnen." Auch wenn also aus Sicht Alberts und des Kritischen Rationalismus insbesondere die intersubjektive Überprüfbarkeit der Werturteile Weissers fehlt, hebt Albert dennoch bedeutsame Gemeinsamkeiten hervor: „Ich möchte an dieser Stelle betonen, daß ich in vielen Punkten, besonders in kritischer Beziehung, mit Weisser und anderen Vertretern dieser Richtung übereinstimme. Nur halte ich die Ziele des Neonormativismus für erreichbar *ohne* eine Normativierung der Sozialwissenschaften." (Albert 1972, 208, Fußnote 38).

Theorie des Interesses (Nelson 1972a, Dritter Teil, 1. Abschnitt) aufgebaut (auch Oppenheimer bezieht sich stark auf die Interessentheorie Nelsons, siehe Kap. 23). In der praktischen Sozial- und Gesellschaftspolitik sind normative Axiome unausweichlich, werden aber durch die axiomatische Setzung explizit und damit kritisierbar und revidierbar. Das Praktische bezieht sich auf den Willen zum Handeln, speziell auf die wissenschaftliche Politikberatung. Der Antrieb zum Handeln entsteht nicht aus der Erkenntnis eines Gegenstandes, sondern aus dem Interesse an diesen Gegenständen. Dies führt ihn zu einer Einteilung unterschiedlicher Arten des Interesses. Heute würde man eher den Begriff der Präferenzen verwenden. Im Mittelpunkt steht die Unterscheidung zwischen mittelbaren und unmittelbaren Interessen. Unmittelbare Interessen beziehen sich direkt auf den gewünschten Gegenstand, mittelbare Interessen hingegen führen über weitere Interessen indirekt zum Gegenstand. Nelson sieht bei mittelbaren Interessen die Notwendigkeit eines Reflexionsakts, der für eine Zielerreichung im Sinne eines unmittelbaren Interesses genutzt wird. Aus diesem Grund können die mittelbaren Interessen auch als instrumentell bezeichnet werden. Als Beispiel führt Nelson (1972a, 355–356) den Frierenden an, dessen unmittelbares Interesse darin liegt, sich wärmen zu wollen. Mittelbar reflektiert er darüber und überlegt, über Erwerbsarbeit die nötigen wirtschaftlichen Ressourcen zu gewinnen, um sein unmittelbares Interesse z. B. durch den Kauf eines Mantels zu decken. Jeder Reflexionsprozess beinhaltet aber die Möglichkeit des Irrtums, weshalb Nelson zwischen faktischen und den „wahren oder wohlverstandenen Interesse[n]" (Nelson 1972a, 583) einer Person unterscheidet. Dies bedeutet, dass eine Person sich ihrer wahren Interessen nicht klar sein muss, aber ihre wahren Interessen dennoch zu achten sind, auch wenn sie, wie Nelson es nennt *„ursprünglich dunkel"* (Nelson 1972a, 583), d. h. für die Person selbst verborgen sind. Gerade im Marktprozess können die Interessen der Konsumierenden durch Werbung und Marketing manipuliert sein und eine Diskrepanz zwischen den tatsächlichen und den wohlverstandenen Interessen auftreten.[6]

Die Interessentheorie folgt in konsistenter Weise den erkenntnistheoretischen Überlegungen Nelsons (Nelson 1972a, 584), wonach Erkenntnis von Einsicht zu unterscheiden ist. Empirische (induktive) Erkenntnis kann Irrtümern unterliegen, da sie mittelbar ist und entsprechend reflexive Schlüsse erforderlich sind. Rationale Einsicht ist hingegen unmittelbar, da die Wahrheit aus der reinen Vernunft geschöpft wird und keiner Empirie Bedarf (Nelson 1972a, 362–367). Nelson führt als Beispiel für rationale, unmittelbare Einsicht an, dass „der Betrag einer Summe von der Reihenfolge ihrer Glieder unabhängig ist" (Nelson 1972a, 363):

---

[6] Ähnlich weist auch Schumpeter (1993, 409–418) auf die häufig nicht rationalen Handlungen der Bedürfnisbefriedigung aufgrund der ‚Überredungsmethoden' der Produzenten hin. Vergleichbar dem Einfluss der Werbung auf die Konsumenten, entsteht nach Schumpeter auch im politischen Prozess ein ‚fabrizierter Wille', ein Thema, das auch anhand der technischen Entwicklungen bspw. durch soziale Medien eine wachsende Bedeutung annimmt.

> Der Irrtum beruht auf der Abweichung des reflektierten Interesses von dem unmittelbaren. Das unmittelbare Interesse selbst ist als solches irrtumsfrei, kraft des Prinzips des Selbstvertrauens der Vernunft. (Nelson 1971, 18)

Dies bedeutet nicht, dass die theoretischen Wissenschaften nicht auch irren können. Aber Nelson betont die zentrale Rolle der Begründung: In der Erkenntnistheorie müssen Urteile unmittelbarer Einsicht entspringen und in analoger Weise sind Werturteile durch unmittelbare Interessen zu begründen. Einsichten und Interessen können demnach durch Begründung objektiv und wahr sein (Nelson 1972a, 589–590).

Die unmittelbaren Interessen teilt Nelson in drei Arten ein: sinnliche, ästhetische und sittliche Interessen. Sinnliche Interessen betreffen die physischen Bedürfnisse und den Lebenswillen. Sie können auch auf andere Personen bezogen sein. Ästhetische Interessen beziehen sich auf den individuellen Lebenssinn und die Gestaltung unserer Persönlichkeit auch in Bezug auf Gemeinschaft. Sie stellen Aufgaben. Mit den sittlichen Interessen sind schließlich Pflichtvorstellungen gemeint, die am Sittengesetz orientierte Korrekturen der tatsächlichen Interessen möglich machen. Die Pflichtanforderung an den Menschen bedeutet im Konfliktfall, die Interessen anderer Menschen derart einzubeziehen, als wären es die eigenen.

Nelson (1972a, 246–247) unterscheidet darüber hinaus den objektiven und subjektiven Charakter von Interessen. Sie können einen objektiven Wert behaupten, also wahr oder falsch sein, wofür Nelson das Beispiel der Ehrlichkeit anführt. Hier besteht die Möglichkeit eines logischen Widerspruchs, der zwischen zwei Personen aufkommen kann, die Ehrlichkeit unterschiedlich bewerten. Subjektive Interessen sind hingegen nicht widerspruchsfähig, denn sie hängen von der individuellen Empfindung ab, die eben nur mit der Empfindung anderer Personen kollidieren kann. Nelson veranschaulicht dies am Beispiel zweier Reisender in einem Zugabteil, von denen der eine die Öffnung eines Fensters wünscht und der andere nicht. Hier schließt sich die gleichzeitige Befriedigung der subjektiven Interessen aus, aber es gibt kein wahr oder falsch. Insofern können objektive Interessen durch die Einsicht der Person gebildet werden, während subjektive Interessen nur auf Empfindungen beruhen. Nelson (1972a, 247–249) meint damit die Bildung und Weiterbildung der Person, die eine Einsicht in den Wert objektiver Interessen möglich macht und so zum Bewertungsmaßstab für andere Interessen werden kann. Durch den Reflexionsprozess beanspruchen diese mittelbaren Interessen Objektivität, die aber mit den unmittelbaren Interessen nicht übereinstimmen müssen und somit einen „*praktischen Irrtum*“ (Nelson 1972a, 584) darstellen können (Nelson 1972a, 582–584).

Das einzige wahre Interesse, das sich seinem Gegenstand nach (und nicht in seinem empirischen Inhalt) aus der reinen Vernunft ergibt, ist das Interesse „jedes vernünftigen Wesens an dem Wert seines Lebens“ (Nelson 1971, 19). Dies ist eine Gestaltungsaufgabe, die dem Einzelnen nicht abgenommen werden kann, aber wie später im Lebenslagenansatz von Weisser konkretisiert, besteht die ethische

Aufgabe darin, Entfaltungsspielräume zu eröffnen. Ob Menschen aber tatsächlich aus sich heraus zu ethischem Handeln im Sinne eines „reinen unmittelbaren sittlichen Vernunftinteresses" (Henry-Hermann 1953, 111) gelangen können, wie Henry-Hermann (1953) bezweifelt, muss an dieser Stelle unbeantwortet bleiben.[7] Es wird hingegen deutlich, dass die von Nelson auf die praktische Philosophie bezogene unmittelbare Erkenntnis bei Weisser zu axiomatisch und bekenntnishaft eingeführten Grundanliegen der Menschen weiterentwickelt und als Theoriefundament für eine normativ-praktische Sozialpolitikwissenschaft eingesetzt wird.

Nelson selbst hat im Jahr 1913 seine Theorie des Interesses im Rahmen eines Vortrags vor der Fries-Gesellschaft auf die Wirtschaftspolitik bezogen: Das Ziel, der Bevölkerung, die gleichen Möglichkeiten des Zugangs zu den Gütern der Volkswirtschaft zu sichern, sei verkürzt, denn nach der Theorie des wahren Interesses wären beispielsweise auch kulturelle Bedürfnisse zu berücksichtigen. Wohlstand umfasst nach seiner Theorie also unterschiedliche Bedürfnisse (oder Interessen), deren Befriedigung ein menschenwürdiges Leben bedingt (Nelson 1971, 23). Weisser entwickelt diese Überlegungen Nelsons konkret weiter, indem er das Sozialprodukt als Wohlstandsindikator hinterfragt und die Notwendigkeit eines außerökonomischen Standpunkts herausstellt. Ähnlich sind auch die Überlegungen Rüstows (Rüstow 1960), der eine den Menschen dienende Rolle der Wirtschaft betont und damit letztlich eine normativ-soziale Einbettung der Wirtschaft fordert. Bei Rüstow wird die Idee der mittelbaren Interessen auf das gesamte Wirtschaftssystem bzw. das Wirtschaften schlechthin bezogen. Der Wirtschaft kommt eine der Menschlichkeit dienende Funktion zu also als Instrument der eigentlichen, im Zentrum stehenden, unmittelbaren Interessen, die sich im gesellschaftlichen Ordnungsrahmen niederschlagen sollen. In beiden Fällen ist Nelsons Theorie der Interessen eine adäquate Fundierung. Während sich in Rüstows Werk keine expliziten Verweise auf diese Arbeiten Nelsons finden, fußen viele Überlegungen Weissers zum Lebenslageansatz explizit auf der Unterscheidung Nelsons zwischen mittelbaren und unmittelbaren Interessen.

Bedeutung für die Sozialpolitiklehre Gerhard Weissers

Weisser hat die sozialpolitischen Überlegungen Nelsons in vielfältiger Weise aufgegriffen und weiterentwickelt (Vorholt 1998, 100). Seine Kritik am Sozialprodukt beruht auf der Überlegung, dass sich die unmittelbaren Interessen der Menschen nicht auf ein in Marktpreisen ausgedrücktes Sozialprodukt beziehen und somit das Sozialprodukt bestenfalls ein mittelbares Interesse abgibt. Auch müssten die zur Produktion notwendigen „Beschaffungswiderstände" (Weisser 1953, 160) gegengerechnet werden, denn diese beeinflussen maßgeblich die Lebenslage und Zufriedenheit der Menschen. Schließlich müsste für die Bedürfnisbefriedigung der

[7] Die Theorie der Interessen erfuhr vielfältige Kritik und wird auch von Neumann (1976, 155) als „rationalistischer Überbau ohne empirische Absicherung" bezeichnet.

Menschen nicht nur die Verteilung des Sozialprodukts betrachtet werden, sondern es wären auch die außerökonomischen unmittelbaren Interessen der Menschen zu berücksichtigen (Weisser 1953, 158–163).[8] Dieser letzte Punkt ist ganz entscheidend, denn dies sind die sinnlichen, ästhetischen und sittlichen Interessen in den Kategorien Nelsons:

> Es ist hiernach auch klar, daß die absolute Größe des Sozialprodukts uninteressant ist, solange wir nicht wissen, in welcher Weise die einzelnen physischen Glieder der Gesellschaft an ihm partizipieren. Wir müssen zunächst die Interessen dieser einzelnen Gesellschaftsmitglieder (einschließlich der auf ‚Gesellschaftlichkeit' gerichteten!) kennen. Vor allem aber muß die *Verteilung* der Güter und Dienste beachtet warden. (Weisser 1953, 161, Hervorhebung im Original gesperrt)

Schließlich sind die tatsächlichen Interessen, anders als beim normativen Individualismus, zu hinterfragen. Auch hier knüpft Weisser (1953, 169–186) direkt an Nelsons Interessentheorie an. Die Gültigkeit des Postulats der Maximierung des Sozialprodukts kann nur durch einen Vergleich von mittelbaren mit den unmittelbaren Interessen überprüft werden. Allerdings – und hier liegt eine Abweichung zur Interessentheorie Nelsons vor – sind Weisser zufolge unterschiedliche Interpretationen der unmittelbaren Interessen möglich, die dem Postulat zugrunde liegen. Irrtümer bewirken, dass wir die „wahre Gestalt" (Weisser 1953, 180) der unmittelbaren Interessen nicht direkt erkennen und den Weg der Begründung einschlagen müssen: „Aufgabe der Begründung ist die Aufzeigung unserer wahren unmittelbaren Interessen" (Weisser 1953, 180). Aufgrund der Irrtumsmöglichkeit kommt folglich der kritizistischen Prüfung eine entscheidende Rolle zu, um zu den ‚wahren Interessen'[9] vorzudringen. Diese Prüfung war bei Nelson noch auf die mittelbaren Interessen beschränkt. Bei Weisser betrifft sie darüber hinaus die ästhetischen Interessen als eine Kategorie der unmittelbaren Interessen, die nicht einfach „begrifflich aufhellbar" sind, da es um „die Interessen an der

[8] Dem Sozialprodukt liegt ein Einkommensbegriff zugrunde, der seit Adam Smith privatwirtschaftlich orientiert und damit materiell definiert war. Bedürfnisse sind volkswirtschaftlich aber umfassender und beinhalten auch Präferenzen beispielsweise für Umwelt, Kultur oder Ästhetik, die sich nicht direkt in Preisen ausdrücken lassen. Die einzelwirtschaftliche Verengung der Perspektive auf Umsatz und Produktionskosten, hat die Sicht auf Umwelt als volkswirtschaftlich hochrelevantes Gut lange Zeit verstellt und damit eine ökonomische Diskriminierung des Umweltschutzes hervorgerufen (Flassbeck und Maier-Rigaud 1982, 22–23).

[9] Anders als Nelson unterscheidet Weisser ‚wahre' von ‚wohlverstandenen' Interessen. Der Begriff der ‚wahren Interessen' findet nach seiner Interpretation nur auf die unmittelbaren Interessen Anwendung, weil es um wahrheitsfähige, objektive Interessen geht. Das ‚wohlverstandene Interesse' bezieht sich hingegen nur auf mittelbare Interessen (Weisser 1953, 180). Möglicherweise ist die Unterscheidung Weissers dadurch zustande gekommen, dass Nelson (1971, 7) den Begriff des wohlverstandenen Interesses im Kontext des Beispiels einer vergifteten Speise verwendet. Die Person hat ein (mittelbares) Interesse an der Speise, weil sie nichts vom Gift weiß und es eine Pflicht darstellt, sie an der Befriedigung des Interesses auf die ein oder andere Weise zu hindern.

Vervollkommnung der Persönlichkeit, an der Kultur der Gesellschaft und um die religiöse Bindung" (Weisser 1953, 187) geht:

> Alle aufgabenstellenden und Pflichten auferlegenden unmittelbaren Interessen sind nicht von vornherein klar. [...] Wie können wir mit dieser Schwierigkeit fertig werden? Bei der Erörterung dieses Problems unter dem Gesichtspunkt der Ausbildung von Postulaten zur Gestaltung des sozialen Lebens werden wir in mancher Hinsicht über die von der Fries'schen Schule bisher erzielten Ergebnisse hinausgehen müssen. (Weisser 1953, 187–188)

An diesem Punkt wendet sich Weisser den ästhetischen Interessen zu und argumentiert, wir würden Kultur und Persönlichkeit als etwas Einmaliges und Individuelles aus einem Gefühl heraus schätzen. Dieses Gefühl ist bildungsfähig und sollte auch Aufgabe der Forschung sein (Weisser 1953, 189), wie etwa in der Gestaltforschung oder der Diskussion von Leitbildern in der Utopieforschung. Aufgrund von Wechselwirkungen sind diese Interessen nicht kleinteilig zu begründen, denn die „aufgabenstellenden unmittelbaren Interessen der Menschen bestimmen nicht einzeln als Katalog von Idealen, sondern in ihrer Gesamtheit den Sinn des menschlichen Lebens und der Gesellschaft" (Weisser 1953, 189).

Die Weisser'sche Schulrichtung weist sogar Parallelen zur angelsächsischen Sozialpolitiktheorie in der Tradition von Titmuss auf (Schulz-Nieswandt 1990). Ausgangspunkt ist die Frage nach dem ‚guten Leben'. Weisser stellt diese zentrale normative Frage der praktischen Philosophie ins Zentrum seiner (praktischen) Sozialpolitiktheorie. Die Verteilung und Gestaltung von Lebenslagen setzt die axiomatische und transparente Einführung von Grundanliegen voraus. Dadurch kann verdeckte Normativität vermieden werden und ein explikativer Abgleich der tatsächlichen sozialpolitischen Verhältnisse mit dem postulierten Wünschenswerten ist möglich, was Schulz-Nieswandt (1990, 274) pointiert als „explikativ-normativen Doppelcharakter" der Sozialpolitikwissenschaft bei Weisser und Titmuss bezeichnet. Das Lebenslagenkonzept von Weisser ist entsprechend nicht auf Sozialindikatoren beschränkt, sondern hat den Anspruch der gesellschaftspolitischen Gestaltung und verbindet explikative mit praktisch-normativer Sozialwissenschaft (Petrak 1999, 93–103). Zentrum dieses an Lebenslagen ausgerichteten Sozialpolitikverständnisses ist die Ausrichtung an sozialethischen Grundwerturteilen, die Weisser als begründungsbedürftige unmittelbare Interessen einführt.

Der Lebenslageansatz von Weisser beruht auf der Vorstellung einer Erweiterung von Handlungsspielräumen, die aber eben auch von der Person genutzt werden müssen. Auch dieser Aspekt ist im Einklang mit der Interessentheorie von Nelson:

> Das wahre Interesse hat nun das Eigentümliche, daß seine Befriedigung nur durch Selbsttätigkeit möglich ist. Es kann also nie die Pflicht entstehen, dies Interesse bei einem anderen Menschen zu befriedigen, sondern es kann nur Pflicht sein, ihm die Möglichkeit zu gewähren, es selbst zu befriedigen. Hierzu gehört auch die Pflicht, Hindernisse der Selbsttätigkeit, die den Menschen von anderer Seite in den Weg gelegt werden, hinwegzuräumen. (Nelson 1971, 19)

Es besteht zwar eine ethische Pflicht, sich für soziale Gerechtigkeit einzusetzen, aber eben nur, indem der einzelnen Person die Selbsttätigkeit ermöglicht wird (Vorholt 1998, 99), d. h., es werden Handlungsspielräume sozialpolitisch eröffnet. Aus der Interessentheorie heraus kann beispielsweise für eine sozialpolitische Gleichstellung von Erwerbs- und Carearbeit argumentiert werden (siehe Kap. 12).

Insbesondere die Theorie der Interessen war für die Weissersche Sozialpolitiktradition prägend. Auch wenn beispielsweise Werner Wilhelm Engelhardt (2001, 208–210) als einer der Nachfolger Weissers an der Universität zu Köln den axiomatischen Rückgriff auf unmittelbare Interessen skeptisch betrachtet, hält er die kritizistische Gemeinwohlkonzeption und die Orientierung an Leitbildern für ein wichtiges Erbe der Fries-Nelson Tradition für die Kölner Lehre der Sozialpolitik.[10] Die praktische Philosophie bei Fries und Nelson stellt den axiomatischen Grundsatz der Würde der Person ins Zentrum. Hierauf baute Weisser umfassend mit seinem personenzentrierten Lebenslagenansatz und dem zugehörigen Axiomensystem auf (Petrak 1999, 154). Der Lebenslagenansatz von Weisser ist allein deshalb auch nicht weit von Rüstows Verständnis von Sozialpolitik als eine über das Materielle hinausgehende, das Wohlbefinden der Menschen ins Zentrum rückende Vitalpolitik entfernt, da man beide auf Nelson zurückführen kann (Maier-Rigaud 2015, 13–14; Maier-Rigaud und Maier-Rigaud 2009, 72–74). Beide eint das Bestreben, eine menschenwürdige Ordnung zu etablieren.

Bedeutung für die Gesellschaftsordnungskonzeption einer sozialen Marktwirtschaft bei Alexander Rüstows

Rüstow verweist nur an wenigen Stellen auf Nelson: Im dritten Band der ‚Ortsbestimmung der Gegenwart' schreibt Rüstow (1957, 29) im Kapitel über ‚Rationalistische Tendenzen': „Auch ich selbst, als eines der Gründungsmitglieder der Neuen Friesschen Schule, verdanke ihm [Nelson] an logischer und dialektischer Schulung Wesentliches". Fast ein halbes Jahrhundert früher bringt Rüstow (1909, 534) in einer Besprechung von Nelsons Monographie ‚Über das sogenannte Erkenntnisproblem' bereits seine Wertschätzung für den Kritizismus und die axiomatische Methode[11] zum Ausdruck. Da es keinen ‚Standpunkt außerhalb unserer Erkenntnis' gibt, verwerfe Nelson die Erkenntnistheorie und stellt an seine Stelle die ‚Methode der Kritik':

> An dieses Ergebnis knüpft Nelson die höchst beachtenswerte Aufforderung zu einer Aenderung des auf Wissenschaftlichkeit Anspruch machenden Philosophiebetriebes nach

[10] Als weitere Vertreter seien hier Theo Thiemeyer und Frank Schulz-Nieswandt genannt. Letzterer führt bis heute die kritizistische Sozialpolitiktradition fort.

[11] Hierunter ist die moderne axiomatische Methode nach Hilbert zu verstehen, die hypothetische Zusammenhänge zwischen Voraussetzungen und Resultaten herstellt, die unabhängig von den Überzeugungen des Einzelnen erforscht werden können (Neumann 1969, 77–79).

> dem Vorbild der in der Mathematik und theoretischen Physik längst zur Anerkennung gelangten axiomatischen Methode, da man offenbar auch bei Gegnerschaft in Prämissen und Folgerungen über deren logische Abfolge und Zusammengehörigkeit zu einander sich vollkommen einigen kann, und hiedurch [sic!] erstmalig in der Philosophie ein Gebiet geschaffen würde, das dem haltlosen Widerstreit sich bekämpfender Meinungen entzogen wäre. (Rüstow 1909, 534)

Nelsons Nachweis der Unmöglichkeit einer Erkenntnistheorie basiert auf der Abwesenheit eines erkenntnistheoretischen Kriteriums für die Wahrheit von Erkenntnis. Als Ausweg sieht Nelson nur die unmittelbare Erkenntnis der Vernunft, die keiner weiteren Begründung bedürfe, da sie nicht-urteilsmäßig sei (Herrmann 1999, 373–377). Damit kann der übliche infinite Regress, wie Albert (1980, 8–35) und Popper (1976, 60) es im Rahmen ihrer Erkenntnistheorie nennen, aus Sicht von Nelson mit einem Apriori abgebrochen werden.

Im umfangreichen Werk Rüstows, sind die expliziten Bezüge zur Philosophie Nelsons randständig. Die direkte Prägung des Denkens Rüstows durch Nelson ist in der frühen akademischen Entwicklungsphase von Rüstow zu verorten. Neben der erwähnten von Rüstow verfassten Buchbesprechung von 1909 ist der Einfluss Nelsons auf die Dissertation Rüstows nachgewiesen: Rüstow promovierte mit einem Thema im Bereich der Logik mit dem Titel ‚Der Lügner. Theorie, Geschichte und Auflösung des Russell'schen Paradoxons' und reichte die Arbeit 1908 an der Universität Erlangen ein (Peckhaus 1995, 168). Die Veröffentlichung dauerte aber noch zwei Jahre, da Nelson das ursprüngliche Manuskript nicht veröffentlichen wollte und in der zwei Jahre später veröffentlichten Fassung substanzielle Änderungen von Rüstow auf der Basis eines Aufsatzes von Nelson und Grelling vorgenommen wurden (Peckhaus 1995, 168). Darauf spielt Rüstow mit seinem Hinweis auf die logische Schulung durch Nelson (s. o.) vermutlich an.

Dennoch ist der Einfluss auf das Denken Rüstows auch außerhalb des Bereichs der reinen Logik klar zu erkennen. Seine Ordnungsvorstellung einer sozialen Marktwirtschaft basiert, genau wie auch bei der ordoliberalen Freiburger Schule, allgemein auf einem axiomatischen Anker außerhalb der Wirtschaft und eben nicht auf einem normativen Individualismus, wie dies später zumindest für die Ordnungsökonomik teilweise behauptet wurde.[12]

Ähnlich wie auch Weisser[13] treten Rüstow und andere prominente Ordoliberale gegen eine ökonomistische Verkürzung auf rein wirtschaftliche Aspekte ein. Für Rüstow stehen übergreifende Werte im Zentrum. Dies zeigt sich auch grundsätzlich im Ansatz der Ordoliberalen, die, auch wenn konkrete Anknüpfungspunkte an

[12] Vgl. dazu insbesondere Maier-Rigaud (2012, 139–150) wobei letztlich die Ausführungen vieler Ordoliberaler hier keine Zweifel lassen dürften. Vgl. beispielsweise Miksch (1950) zu Euckens Konzept der ‚menschenwürdigen Ordnung' oder auch Lenel (1975) und Mantzavinos (1994). Walter Eucken ist als der zentrale Vertreter der ordoliberalen Schule anzusehen.

[13] Einen Hinweis auf Weisser, den Albert durch viele seiner Arbeiten hindurch gegeben hat, betrifft Weissers Betonung der Bedeutung außerökonomischer Faktoren (Albert 1963, 433, Fußnote 51).

die Tradition von Fries und Nelson fehlen, Werturteile an den Anfang ihrer Überlegungen stellen. Der Ausgangspunkt ihrer wissenschaftlichen Arbeiten ist die normative Frage nach der guten Gesellschaft bzw. der guten Gesellschaftsform und deren Institutionen. Aufgrund der Verdienste des Ordoliberalismus im Bereich der Institutionenökonomik, insbesondere der Unterscheidung zwischen Handlungs- und Regelebene, wird dies oft übersehen.

Den für Ordoliberale allgemein instrumentellen Charakter des Marktes betont Rüstow eindrücklich:

> Schließlich hatte ich im Jahre 1932 den Begriff des Marktrandes entwickelt. Aber keineswegs in dem Sinne, dass der Rand eine Nebensache wäre und die Hauptsache der Markt – sondern gerade umgekehrt. Ich habe immer wieder betont, dass der Marktrand, der Marktrahmen, das eigentliche Gebiet des Menschlichen ist, hundertmal wichtiger als der Markt selber. Der Markt selber hat lediglich eine dienende Funktion. (Rüstow 1961, 68)

Die oftmals betonte freiheitliche Wettbewerbsordnung ist rein instrumentell für die Etablierung einer menschenwürdigen Ordnung. Wobei die Freiheit oder auch die wirtschaftliche Freiheit nicht das ist, was zu dieser Ordnung führt. Freiheit wird erst durch eine gute Ordnung ermöglicht und ist somit allein das Ergebnis einer wünschenswerten Ordnung, nicht deren Ausgangspunkt oder Voraussetzung.[14] Ein durch die Wettbewerbsordnung sichergestelltes Funktionieren des Marktes soll dem Menschen nicht nur die Wirtschaftsfreiheit erlauben, sondern seiner so genannten Vitalsituation dienen:

> Dieses Sichfühlen des Menschen in seiner Lebenslage hängt zwar als Grundlage ebenfalls von ökonomischen Dingen ab, aber in weit höherem Maße von überökonomischen Dingen. Daher muß in der Wirtschaftspolitik und in der Sozialpolitik […] auf die überwirtschaftliche Seite der allergrößte Wert gelegt werden, wenn die Ziele, die man besten Willens mit dem materiellen Teil der Wirtschafts- und Sozialpolitik verfolgt, auch wirklich erreicht werden sollen. (Rüstow 1960, 12)

Die Bedeutung dieser überwirtschaftlichen Werte wird auch gegenüber Effizienzargumenten deutlich vertreten, selbst wenn Rüstow an anderer Stelle betont, dass solche Abstriche, mindestens grundsätzlich, eher nicht zu erwarten sind:

> Wir müssen bereit sein und wären bereit, für das aus überwirtschaftlichen Gründen vorzugswürdigere Wirtschaftssystem auch dann einzutreten, wenn es weniger produktiv wäre als andere. Wir wären bereit und müssten bereit sein, dafür wirtschaftliche Opfer zu bringen. (Rüstow 1963b, 79)[15]

---

[14] Hierin unterscheiden sich Rüstow und andere Ordoliberale einerseits vom hergebrachten, naturalistischen Liberalismus und andererseits auch von neueren, neoliberalen Strömungen, für die Wirtschaftsfreiheit ein Wert an sich darstellt.

[15] Vgl. auch Rüstow (2001 [1950], 153).

Ähnlich wie bei Nelson finden sich bei den Ordoliberalen also durchaus klare normative Positionierungen. Gerade Rüstow entwickelt neben den noch auszuführenden konkreten Vorstellungen zur von ihm so benannten Vitalpolitik auch aktuelle Überlegungen, beispielsweise zu Fragen von Heimarbeit oder ‚home office'. Rüstow hält Heimarbeit, konform mit seinen anderen vitalpolitischen Vorstellungen, zumindest für viele Menschen für erstrebenswert. Auch wenn ihm bewusst ist, dass es „gewiß nicht möglich [ist], dem Arbeiter einen kleinen Hochofen in die gute Stube zu stellen" (Rüstow 1949, 142), versucht er mit seinen normativen Vorstellungen eine Diskussion zur Heimarbeit anzuregen. Aus seiner Sicht wäre Heimarbeit auch dann erstrebenswert, wenn die Ermöglichung einer solchen Heimarbeit zu Lohneinbußen führt, da der Lohn

> nicht Selbstzweck ist, sondern nur ein Mittel, um dem Arbeiter die vitalen Möglichkeiten zu geben, die er sich mit seiner Hilfe verschaffen kann. Kann er sich bei geringerem Lohn eine befriedigendere Vitalsituation schaffen, so ist er offenbar nicht schlechter, sondern besser dran. (Rüstow 1949, 142)

Die Parallelen zu Nelsons Interessentheorie und damit auch zu Weissers Betonung der Relevanz der Lebenslage gegenüber dem Sozialprodukt, liegen auf der Hand.[16]

Auch wenn sich Rüstow und andere Ordoliberale wohl nie direkt an methodologischen Auseinandersetzungen beteiligt haben, dürften die persönlichen Schicksale und Erlebnisse im Nationalsozialismus – nach seinem Wirken gegen die Machtergreifung der Nationalsozialisten emigrierte Rüstow 1933 in die Türkei[17] – einflussreich gewesen sein. Die konkrete Frage der Ordoliberalen nach der wünschenswerten Ordnung und deren subjektive Beantwortung kann als Weiterentwicklung naturalistischer Tendenzen im (Vulgär-) Liberalismus gesehen werden. Zum Problem der sozialen Ordnung als normativem Problem hat sich später auch Albert geäußert (Albert 1994), der die Notwendigkeit von regulativen Ideen[18], also von Wertgesichtspunkten, in diesem Kontext explizit anerkennt und in dieser Hinsicht wiederum eine ähnliche Position wie Weisser bezieht. Entsprechend können die normativen Aussagen von Rüstow und den Ordoliberalen insgesamt als regulative Ideen interpretiert und somit durchaus auch aus Sicht des kritischen Rationalismus wissenschaftlich diskutiert werden. Wenn Rüstow also beispielsweise von Heimarbeit spricht, ist es für ihn weiterhin denkbar, „dass es Menschen gibt, denen Arbeit nach Kommando im Takt und in der Kolonne vital befriedigender

---

[16] Die Auszüge stammen aus einem Aufsatz von Rüstow aus dem Jahr 1949 mit dem Titel ‚Zwischen Kapitalismus und Kommunismus', ein Titel, der sicher nicht zufällig an die Arbeiten eines anderen Weggefährten von Nelson, Franz Oppenheimer und dessen Buch ‚Der dritte Weg' (Oppenheimer 1933) anknüpft. Im Aufsatz von Rüstow gibt es im Übrigen nicht nur den Hinweis auf Oppenheimer, sondern auch ein Kapitel mit dem gleichnamigen Titel (siehe Kap. 23).

[17] Vgl. Maier-Rigaud und Maier-Rigaud (2001, 310).

[18] Regulative Ideen gehen auf Kant zurück und sind nicht empirisch, haben aber eine ordnende Funktion für unser Denken.

ist als eine mehr bäuerliche Selbstverantwortlichkeit und Familieneinbettung" (Rüstow 1949, 142).

Für Rüstow scheint es vor allem wichtig, gesellschaftliche Entwicklungen nicht einfach hinzunehmen, sondern, will man dieses Beispiel weiter strapazieren, die sich ändernde Lage von Arbeitnehmerinnen und Arbeitnehmern im Rahmen der wirtschaftlichen Entwicklung kritisch zu hinterfragen. Die Arbeiten Rüstows zeichnen sich gerade in Fragen der Vitalpolitik durch klare und streitbare Positionen aus. Für ihn geht es nicht um eine Begleitung im Sinne einer Bekämpfung marktwirtschaftlicher Exzesse aus sozialpolitischer Sicht, sondern um eine Diskussion der Eigenschaften einer wünschenswerten Ordnung, der wirtschaftliche Gesichtspunkte selbstverständlich untergeordnet werden bzw. eine rein subsidiäre Rolle spielen. Insofern ist im Lichte der Interessentheorie eine wirtschafts- und sozialpolitische Fokussierung auf monetäre Größen, wie der Lohn, als verkürzt abzulehnen und weiterreichende Überlegungen zu einem gesellschaftlichen Ordnungsrahmen anzustellen, der den unmittelbaren Interessen entspricht, also der guten Ordnung.

Im Rahmen seines Konzepts der Vitalpolitik misst Rüstow der Wirtschaft eine mittelbare Funktion zu, die überwirtschaftlichen Werten (qualitative Faktoren z. B. Familie, Religion, sinnstiftende Arbeit) der Kultur und eines erfüllenden Lebens im Einklang mit einer ‚natürlichen' Umwelt dient. Die konkreten Inhalte seiner Vitalpolitik, wie etwa traditionelle Familienwerte und ein Leben im Eigenheim mit Garten, mögen aus heutiger Sicht anders bewertet werden, aber er liegt konzeptionell auf einer Linie mit der gestaltenden Gesellschaftspolitik Weissers, die den normativen Anspruch hat, Lebenslagen zu gestalten (Maier-Rigaud 2015, 21). Die Gemeinsamkeiten des Konzepts der Lebenslage und der Vitalsituation sowie der jeweils korrespondierenden Lebenslagen- und Vitalpolitik hat Rüstow (1963a, 285) selbst herausgestellt. Entsprechend finden sich bei Alexander Rüstow vielfältige normative Setzungen über das Leben in einer guten Ordnung, die der Einflusssphäre der Marktkonkurrenz bewusst entzogen werden sollen. Die Wirtschaft soll den Menschen dienen und nicht umgekehrt. Hier zeigt sich ein humanistischer Liberalismus in der Tradition von Nelson, denn der Mensch dürfe nicht als Mittel herhalten, sondern man müsse sich an der Würde der Person als leitendes Prinzip orientieren (Vorholt 1998, 73–75). In seiner Pflichtethik vermeidet Nelson geschickt Egoismus und Altruismus, indem er ausgehend von der Würde der Person eine Rücksichtnahme auf die Interessen anderer Personen fordert, sofern diese durch eigene Handlungen betroffen sind (De George 1960, 265). Er führt hierfür das Beispiel der Reklame an, deren Plakate die „Schönheit der Landschaft verderben und dadurch den Naturgenuß der Reisenden beeinträchtigen" (Nelson 1971, 9). Nelson verdeutlicht hieran die Notwendigkeit eines Interessenausgleichs zwischen Reisenden und Geschäftsleuten sowie die Bedeutung des Werts und der Stärke von Interessen. Rüstow hat diese Frage nicht nur als Beispiel interessiert, sondern er fordert „Landschaftsreklame (ebenso wie Luftreklame) sollte radikal verboten werden" (Rüstow 1963a, 294). Rüstow (übrigens in seinem Beitrag in einer Festschrift für Gerhard Weisser) ist sehr deutlich in Bezug auf die unmittelbaren Interessen der Menschen, die sich in einer normativen Ordnung niederschlagen sollten, die den Schutz von Wäldern, guter Luft und sauberem Wasser beinhalten (Rüstow 1963a, 292–294).[19]

Nelson (Vorholt 1998, 98) und Rüstow (1957, 90–104) vertreten auch beide die liberal-meritokratische Position der Herstellung von Chancengleichheit, beispielsweise in Hinblick auf offenen Bildungszugang. Entsprechend fordert Nelson nicht eine sozialpolitische Nivellierung des Besitzes, sondern ein Recht auf persönliche Entfaltung, was unterschiedliche Bedürfnisse beinhalte: „Die Gerechtigkeit fordert Gleichheit der persönlichen Würde, aber nicht Gleichheit des physischen Besitzes" (Nelson 1972b, 41). Ganz ähnlich wie in der späteren Konzeption Rüstows, in dessen Vitalpolitik überwirtschaftliche Werte eine zentrale Bedeutung haben, spielen in Nelsons Sozialpolitikverständnis ebendiese nicht-materiellen Aspekte eine wichtige Rolle:

> *Sozialpolitik* [umfasst] im weitesten Sinne des Wortes [...] die wirtschaftliche und kulturelle Hebung der unteren Volksschichten und die Herbeiführung einer *gerechteren Verteilung* des nationalen Einkommens. (Nelson 1972b, 108)

In der Frage der Beschränkung von Privatbesitz und Luxus geht Nelson über die ordoliberale Position Rüstows hinaus, aber die Bedeutung von Kultur und Bildung schätzen beide ähnlich hoch ein. Bildungs- und Kulturbedürfnisse gehören zu Nelsons nicht rein materiell definiertem Wohlstandsverständnis dazu (Vorholt 1998, 96–97). Dies verdeutlicht die fundamentale Bedeutung von Nelsons Theorie der Interessen, denn aller Besitz, alle materiellen Güter können nur Ausdruck mittelbarer Interessen sein – die echten Bedürfnisse entspringen den dahinterliegenden grundlegenden unmittelbaren Interessen. In dieser Hinsicht ist das moderne Sozialpolitikverständnis, das Teilhabe und Befähigung in den Vordergrund rückt, vermittelt über Weissers Kritik am Sozialprodukt als Wohlstandsindikator und Rüstows Vitalpolitik, in einer Linie auf Nelson zurückzuführen.

Fazit

Die Offenlegung des vielfältigen Einflusses von Leonard Nelson in eher impliziter Form auf das Werk von Alexander Rüstow und in dezidierter Form bei Gerhard Weisser ist nicht nur von ideengeschichtlichem Interesse. Nelsons Wirkung bis in die heutige Zeit kann einerseits auf seinen erfolgreichen Aufbau einer interdisziplinären Schule zurückgeführt werden und andererseits seinem Bestreben, die politische Praxis zu beeinflussen.[20] Darüber hinaus lassen sich aus der vorstehenden

[19] Zu frühen umweltpolitischen Bezügen im Ordoliberalismus bei Rüstow und Röpke vgl. Maier-Rigaud (2022).

[20] Möglicherweise lässt sich die Interdisziplinarität der Nelson-Schule auch auf dessen langjährigen Status als Privatdozent ohne Promotionsrecht zurückführen. Jedenfalls sind die von ihm gegründeten politischen Bewegungen (Internationaler Jugend-Bund und Internationaler Sozialistische Kampf-Bund) Ausdruck seines Bestrebens, praktische Philosophie auch in politischer Praxis aufgehen zu lassen (Peckhaus 1999, 356–357).

Analyse zwei Argumentationslinien erkennen, die bis heute eine große Relevanz für wirtschafts- und sozialpolitische Fragen haben. Zum einen die ordoliberale Einsicht, dass der Markt den Menschen dienen müsse und hierzu in eine normative, soziale Ordnung eingebettet gehört, die viele Gemeinsamkeiten mit einer gestaltenden Lebenslagenpolitik hat. Zum anderen die Korrekturbedürftigkeit tatsächlicher Interessen, die eine Nähe zum finanzwissenschaftlichen Konzept der Meritorik aufweist. Beiden Argumentationslinien ist die Ablehnung des normativen Individualismus gemeinsam.

Welche Bedeutung könnte Nelsons Theorie der Interessen für die Wirtschaftswissenschaften heute haben? Obwohl Rüstow das Konzept der Sozialen Marktwirtschaft als Wirtschaftsordnung der Nachkriegszeit entscheidend mitgeprägt hat und auch Weisser eine zentrale Figur sozialpolitischer Beratung der Bundesrepublik war, haben sie die Theoriebildung der Wirtschaftswissenschaften nicht beeinflusst. Damit haben auch die Überlegungen Nelsons keinen Eingang in die Wirtschaftswissenschaften gefunden, wie er bereits 1917 attestiert:

> In der *Nationalökonomie* ist es zu einer Art Axiom geworden, daß ethische Gesichtspunkte aus der wissenschaftlichen Erörterung volkswirtschaftlicher Fragen auszuschalten seien. Über die Erforschung der Gesetzmäßigkeit der Tatsachen des Wirtschaftslebens hinaus Wünsche darüber zu äußern, wie das Wirtschaftsleben gestaltet werden solle, sei mit der Objektivität der Wissenschaft unvereinbar. (Nelson 1972a, 659)

Die Entwicklung des Faches in den vergangenen hundert Jahren hat diese Ausklammerung normativer Fragestellung weiter verstärkt. Selbst weitverbreitete Konzepte wie die Meritorik, werden als querstehend zur klassischen ökonomischen Gütertheorie empfunden, da sie den Boden des methodologischen Individualismus verlassen. Musgrave selbst sieht korrigierende Eingriffe in die Konsumentenpräferenzen aus demokratischer Sicht als „äußert heikle Aufgabe" (Musgrave 1974, 16). Interessanterweise ist dieses Konzept von Musgrave nah an der Interessentheorie von Nelson. Meritorische Güter sind solche, bei denen die politischen Entscheidungsträger, die in den individuellen Zahlungsbereitschaften der Konsumenten zum Ausdruck kommenden Präferenzen korrigieren möchten.[21] In der Terminologie Nelsons wären dies mittelbare tatsächliche Interessen der Konsumenten, die im Sinne eines wohlverstandenen Interesses korrigiert werden sollten. Typische Beispiele wären Tabakprodukte, deren Konsum die politischen Entscheidungsträger einschränken wollen oder Impfungen, die in größerem Umfang von der Bevölkerung in Anspruch genommen werden sollen. In der Ökonomik Sozialer Arbeit in der Tradition der Kölner Sozialpolitiklehre ist das Konzept einer autonomiesteigernden Meritorik bekannt: Beispielsweise können pädagogische Interventionen indirekt über die Präferenzbildung Handlungsspielräume bei den

[21] Wie Head (1974) betont, setzt die Meritorik allerdings nicht ausschließlich bei Problemen verzerrter Präferenzen, also Unsicherheit und unvollständige Informationen, insbesondere auch irreführende Information sowie Irrationalität an, also den Bereichen, bei denen die Interessentheorie von Nelson vor allem bedeutsam wäre.

Klienten erkennen lassen (Finis Siegler 2021, 248). Wer weiß, wo die Volkswirtschaftslehre stehen würde, wenn am Markt geäußerte Präferenzen nicht als unhinterfragbar, sondern als durchaus manipulations- und irrtumsanfällige mittelbare Interessen verstanden würden und auch die unmittelbaren, tieferliegenden Präferenzen als begründungswürdige Bekenntnisse verstanden würden?

Literatur

Albert, Hans: Modell-Platonismus. Der neoklassische Stil des ökonomischen Denkens in kritischer Beleuchtung. In: Friedrich Karrenberg/Hans Albert (Hg.): *Sozialwissenschaft und Gesellschaftsgestaltung – Festschrift für Gerhard Weisser*, 45–76, Berlin 1963

Albert, Hans: Der Mythos der totalen Vernunft. In: Theodor W. Adorno et al. (Hg.): *Der Positivismusstreit in der deutschen Soziologie*. Neuwied/Berlin 1970, 193–234

Albert, Hans: Wertfreiheit als methodisches Prinzip. Zur Frage der Notwendigkeit einer normativen Sozialwissenschaft [1963]. In: Ernst Topitsch (Hg.): *Logik der Sozialwissenschaften*. Auflage. Köln ^{8}1972, 181–210

Albert, Hans: *Traktat über kritische Vernunft*. Tübingen ^{4}1980

Albert, Hans: *Das Ideal der Freiheit und das Problem der sozialen Ordnung*. Albert-Ludwigs-Universität Freiburg im Breisgau; Walter-Eucken-Institut. Freiburg im Breisgau 1994

De George, Richard T.: Duties and Ideals in Leonard Nelson's Ethics. In: *Kant Studien* 51 (1–4) (1960), 259–271

Engelhardt, Werner W.: *Sozial- und Gesellschaftspolitik – grundlagenbezogen diskutiert*, Berlin 2001

Eucken, Walter: *Grundsätze der Wirtschaftspolitik* [1952]. Tübingen ^{7}2004

Flassbeck, Heiner/Maier-Rigaud, Gerhard: *Umwelt und Wirtschaft. Zur Diskriminierung des Umweltschutzes in der ökonomischen Analyse*. Tübingen 1982

Finis Siegler, Beate: Entwicklung einer Ökonomik Sozialer Arbeit aus der Retrospektive, Wiesbaden 2021

Head, John G.: *Public Goods and Public Welfare*. Durham North Carolina 1974

Henry-Hermann, Grete: Die Überwindung des Zufalls. Kritische Betrachtung zu Leonard Nelsons Begründung der Ethik als Wissenschaft. In: Minna Specht und Willi Eichler (Hg.): *Leonard Nelson. Zum Gedächtnis*. Frankfurt a. M. 1953, 25–111

Herrmann, Kay: Nelsons Kritik der Erkenntnistheorie und ihre Konsequenzen. In: Wolfram Hogrebe und K. Herrmann (Hg.): *Jakob Friedrich Fries. Philosoph, Naturwissenschaftler und Mathematiker*. Frankfurt a. M. 1999, 369–391

Katterle, Siegfried: *Sozialwissenschaft und Sozialethik. Logische und theoretische Probleme praktischer Sozialwissenschaften, besonders christlicher Soziallehren*. Göttingen 1972

Lenel, Hans-Otto: Walter Euckens ordnungspolitische Konzeption, die wirtschaftspolitische Lehre in der Bundesrepublik und die Wettbewerbstheorie von heute. In: *ORDO, Jahrbuch für die Ordnung von Wirtschaft und Gesellschaft* 26 (1975), 22

Maier-Rigaud, Frank P.: On the normative foundations of competition law – efficiency, political freedom and the freedom to compete. In: Daniel Zimmer (Hg.): *The Goals of Competition Law*. Cheltenham 2012, 132–168

Maier-Rigaud, Frank/Maier-Rigaud, Gerhard: Alexander Rüstow: Leben und Werk. In: Frank Maier-Rigaud und Gerhard Maier-Rigaud (Hg.): *Das Versagen des Wirtschaftsliberalismus*. Marburg 2001, 307–318

Maier-Rigaud, Frank P./Maier-Rigaud, Remi: Rüstows Konzept der Sozialen Marktwirtschaft. Sozial und wettbewerbspolitische Dimensionen einer überwirtschaftlichen Ordnung. In: Michael S. Aßländer und P. Ulrich (Hg.): *60 Jahre Soziale Marktwirtschaft. Illusionen und Reinterpretationen einer ordnungspolitischen Integrationsformel*. Bern et al. 2009, 69–94

Maier-Rigaud, Remi: Vitalpolitik und Sozialstaatskritik: Zwei Gesichter Alexander Rüstows? In: Julia Dörr/N. Goldschmidt/G. Kubon-Gilke/W. Sesselmeier (Hg.): *Vitalpolitik, Inklusion und der sozialstaatliche Diskurs. Theoretische Reflexionen und sozialpolitische Implikationen*. Berlin 2015, 11–34

Maier-Rigaud, Remi: Social Policy in an Entrepreneurial Society. In: Thomas Biebricher/ W. Bonefeld/P. Nedergaard (Hg.): *The Oxford Handbook of Ordoliberalism*. Oxford 2022, 500–513

Mantzavinos, Chrysostomos: *Wettbewerbstheorie. Eine kritische Auseinandersetzung*. Berlin 1994

Miksch, Leonhard: Walter Eucken. In: *Kyklos*, 4/4 (1950), 279–90

Musgrave, Richard A.: *Finanztheorie*, Tübingen 1974

Nelson, Leonard: Sittlichkeit und Bildung. In: Ders.: *Gesammelte Schriften, Bd. 8*. Hamburg 1971

Nelson, Leonard: *Kritik der praktischen Vernunft* [1917]. In: Ders.: *Gesammelte Schriften, Bd. 4*. Fürth 1972a

Nelson, Leonard: *Recht und Staat*. In: Ders.: *Gesammelte Schriften, Bd. 9*. Hamburg 1972b

Neumann, Lothar: Kritischer Rationalismus und antiplatonischer ‚Neo-Normativismus' im Lichte der ‚kritischen Philosophie'. In: *Archiv für Rechts- und Sozialphilosophie* 55/1 (1969), 73–86

Neumann, Lothar: Rezension von Leonard Nelson ‚Gesammelte Schriften in neun Bänden'. In: *Ratio* 18 (1976), 152–163

Oppenheimer, Franz: *Der dritte Weg – weder Kapitalismus noch Kommunismus*. Potsdam 1933

Peckhaus, Volker: Rüstow's Thesis on Russell's Paradox. In: *Modern Logic* 5/2 (1995), 167–169

Peckhaus, Volker. 1999. Fries in ‚Hilberts Göttingen': Die Neue Fries'sche Schule. In: Wolfram Hogrebe/K. Herrmann (Hg.): *Jakob Friedrich Fries. Philosoph, Naturwissenschaftler und Mathematiker. Verhandlungen des Symposiums ‚Probleme und Perspektiven von Jakob Friedrich Fries' Erkenntnislehre und Naturphilosophie' vom 9.10.–11. 10. 1997 an der Friedrich-Schiller-Universität Jena*. Frankfurt a. M., 353–368

Petrak, Peter: *Ethik und Sozialwissenschaft: Der Einfluß der Philosophie Jakob Friedrich Fries auf das Konzept einer normativen Sozialwissenschaft Gerhard Weissers*. Regensburg 1999

Popper, Karl R.: *Logik der Forschung*. Tübingen 1976

Rüstow, Alexander. Buchbesprechung von Leonard Nelson ‚Über das sogenannte Erkenntnisproblem'. In: *Beilage der Münchner Neuesten Nachrichten*, Nr. 64 vom 18.3.1909, 534–535

Rüstow, Alexander: *Ortsbestimmung der Gegenwart. Eine universalgeschichtliche Kulturkritik, Bd. 3: Herrschaft oder Freiheit?* Erlenbach-Zürich und Stuttgart 1957

Rüstow, Alexander: Wirtschaft als Dienerin der Menschlichkeit. In: Alexander Rüstow et al. (Hg.): *Was wichtiger ist als Wirtschaft. Vorträge auf der fünfzehnten Tagung der Aktionsgemeinschaft Soziale Marktwirtschaft am 29. Juni 1960 in Bad Godesberg*. Ludwigsburg 1960, 7–16

Rüstow, Alexander: Paläoliberalismus, Kommunismus und Liberalismus. In: Franz Greiß/Fritz W. Meyer (Hg.): *Wirtschaft, Gesellschaft und Kultur, Festgabe für Alfred Müller-Armack*. Berlin 1961, 61–70

Rüstow, Alexander: Garten und Familie. In: Friedrich Karrenberg/Hans Albert (Hg.): *Sozialwissenschaft und Gesellschaftsgestaltung. Festschrift für Gerhard Weisser*. Berlin 1963a, 285–303

Rüstow, Alexander: Wirtschaft als Dienerin der Menschlichkeit [1960]. In: Alexander Rüstow (Hg.): *Alexander Rüstow – Rede und Antwort*. Ludwigsburg 1963b, 76–91

Rüstow, Alexander: *Das Versagen des Wirtschaftsliberalismus* [1945]. Marburg ^{3}2001

Schulz-Nieswandt, Frank: Die Weisser'sche Schultradition der deutschen Sozialpolitikwissenschaft im Vergleich zur modernen britischen Sozialpolitiklehre in der Tradition von Titmuss. In: *Sozialer Fortschritt* 39/12 (1990), 273–279

Schumpert, Joseph A.: *Kapitalismus, Sozialismus und Demokratie*. Tübingen/Basel ^{7}1993

Vorholt, Udo: *Die politische Theorie Leonard Nelsons. Eine Fallstudie zum Verhältnis von philosophisch-politischer Theorie und konkret-politischer Praxis*. Baden-Baden 1998

Weisser, Gerhard: Über die Unbestimmtheit des Postulats der Maximierung des Sozialproduktes. In: Minna Specht und Willi Eichler (Hg.): *Leonard Nelson. Zum Gedächtnis*. Frankfurt a. M. 1953, 151–191

Weisser, Gerhard: Jakob Friedrich Fries als Sozialpolitiker. In: Franz Greiß/Philipp Herder-Dorneich/Wilhelm Weber (Hg.): *Der Mensch im sozio-ökonomischen Prozeß: Festschrift für Wilfrid Schreiber zum 65. Geburtstag*. Berlin 1969, 49–60

Weisser, Gerhard: Erinnerung an den Philosophen Kurt Grelling. In: *Mitteilungsblätter des Forschungsinstituts für Gesellschaftspolitik und beratende Sozialwissenschaft e. V.*, Nr. 16/17 (1972), 6–14

Weisser, Gerhard: Normative Sozialwissenschaft im Dienst der Gestaltung des sozialen Lebens. In: Ders.: *Beiträge zur Gesellschaftspolitik*. Göttingen 1978a, 19–44

Weisser, Gerhard: Die ‚praktischen' Aussagen von Politologie und Wirtschaftswissenschaften. In: Ders.: *Beiträge zur Gesellschaftspolitik*. Göttingen 1978b, 72–96

Weisser, Gerhard: Axiomatik der Einzelwirtschaftspolitik. In: Ders.: *Beiträge zur Gesellschaftspolitik*. Göttingen 1978c, 692–763